Jürgen Tietze

Übungsbuch zur angewandten Wirtschaftsmathematik

Jürgen Tietze

Übungsbuch zur angewandten Wirtschaftsmathematik

Aufgaben, Testklausuren und ausführliche Lösungen

8., überarbeitete und erweiterte Auflage

STUDIUM

VIEWEG+
TEUBNER

Bibliografische Information der Deutschen Nationalbibliothek
Die Deutsche Nationalbibliothek verzeichnet diese Publikation in der Deutschen Nationalbibliografie; detaillierte bibliografische Daten sind im Internet über <http://dnb.d-nb.de> abrufbar.

Prof. Dr. Jürgen Tietze
Fachbereich Wirtschaftswissenschaften
Fachhochschule Aachen
Eupener Straße 70
52066 Aachen

tietze@fh-aachen.de

1. Auflage 2000
2., erweiterte Auflage 2001
3., korrigierte Auflage 2002
4., korrigierte Auflage 2003
5., erweiterte Auflage 2005
6., aktualisierte Auflage 2007
7., aktualisierte Auflage 2009
8. überarbeitete und erweiterte Auflage 2010

Lektorat: Ulrike Schmickler-Hirzebruch

Vieweg+Teubner Verlag ist eine Marke von Springer Fachmedien.
Springer Fachmedien ist Teil der Fachverlagsgruppe Springer Science+Business Media.
www.viewegteubner.de

Umschlaggestaltung: KünkelLopka Medienentwicklung, Heidelberg

Gedruckt auf säurefreiem und chlorfrei gebleichtem Papier.

ISBN 978-3-8348-1236-0

Vorwort zur 8. Auflage

Das vorliegende wirtschaftsmathematische Übungsbuch dient zweierlei Zielsetzung: Zum einen soll es *(als eigenständiges Übungsbuch)* zur Festigung und Vertiefung des wirtschaftsmathematischen Basiswissens und -könnens beitragen, zum anderen aber auch *(als Ergänzung meines Lehrbuches*[2] *zur angewandten Wirtschaftsmathematik)* die Examensvorbereitungen für Hörer und Hörerinnen der Grundvorlesungen in Wirtschaftsmathematik unterstützen.

Die Aufgaben *(erster Teil der Übungssammlung)* stammen im wesentlichen aus dem Lehrbuch Einführung in die angewandte Wirtschaftsmathematik. Der zweite Teil des Übungsbuches *(Lösungen)* dient daher gleichzeitig als Lösungsbuch für die Aufgaben des Lehrbuches.

Das hiermit in 8. Auflage vorliegende Übungsbuch wurde sorgfältig durchgesehen, ergänzt, verbessert und wesentlich erweitert durch nunmehr ausführliche Lösungshinweise zu jeder Problemstellung. Es enthält – außer den thematisch angeordneten Übungen – eine Reihe von Test- oder Übungsklausuren. Sämtliche Testklausuren sind aus zweistündigen Original-Klausuren entstanden und sollen dem Studierenden neben Informationen über Umfang und Schwierigkeitsgrad die Möglichkeit bieten, im Selbsttest innerhalb begrenzter Zeit seine Kenntnisse und Fertigkeiten auf dem Gebiet der Wirtschaftsmathematik zu überprüfen *(etwa durch Simulation der Klausursituation zu Hause oder in einer Lerngruppe)*. Bemerkungen zu den Anforderungen bei der Bearbeitung der Klausuraufgaben finden sich vor dem Klausurenteil und vor den Lösungshinweisen zu den Testklausuren.

Die Aufgaben sind kapitelweise durchnummeriert. Neben der Aufgabennummer ist kursiv die entsprechende Aufgabennummer aus dem Lehrbuch *(sofern die Aufgabe dort vorhanden ist)* angegeben. So handelt es sich etwa bei „Aufgabe 6.44 *(6.3.70 ii)*" um die laufende Aufgabe 44 aus Kapitel 6 dieses Übungsbuches und zugleich um die entsprechende Aufgabe 6.3.70 ii) des Lehrbuches. Da die Reihenfolgen der Aufgaben von Übungs- und Lehrbuch übereinstimmen, dürfte das Auffinden der Aufgaben/Lösungen des Lehrbuches wenig problematisch sein. Ein * an einer Aufgabe weist auf einen etwas erhöhten Schwierigkeitsgrad hin.

Alle im Übungsbuch auftretenden Verweise *(z.B. Kap. 10.7.1, Beispiel 10.1.11 usw.)* beziehen sich auf das genannte Lehrbuch, gelegentlich einfach mit *Lehrbuch* oder abgekürzt mit *LB* bezeichnet.

---

[2] Lehrbuch: Einführung in die angewandte Wirtschaftsmathematik, Vieweg+Teubner Verlag, Wiesbaden, 15. Auflage 2010

Die hohe Zahl von mehr als 1500 Teil-Aufgaben in über 375 Übungsteilen deutet darauf hin, dass es zu jedem *(wirtschafts-)* mathematischen Sachverhalt meist mehrere unterschiedliche Übungsangebote gibt, so dass die Lernenden reichlich Gelegenheit erhalten, die gleiche Sache mehrfach übend zu wiederholen, aus verschiedenen Blickwinkeln zu betrachten und somit zunehmend Sicherheit zu gewinnen.

Numerische Resultate wurden mit einem elektronischen Taschenrechner *(Genauigkeit: 9-10 Nachkommastellen)* ermittelt. Dabei wurden in aller Regel Zwischenergebnisse mit voller Stellenzahl gespeichert und ungerundet weiterverarbeitet.

Lediglich das Endresultat wurde auf i.a. zwei bis vier Nachkommastellen gerundet. Je nach Baujahr und Genauigkeit der vom Leser verwendeten Rechengeräte sowie abhängig von der Anzahl bzw. Komplexität der Rechenschritte oder von der Rundung von Zwischenresultaten können beim Bearbeiten leichte Abweichungen von den hier angeführten numerischen Endergebnissen auftreten.

Durch die Neubearbeitung und Erweiterung des Lösungsteils sind sämtliche Lösungshinweise *(auch für die enthaltenen Testklausuren)* erstmals so ausführlich dargestellt, dass auch für Einsteiger in die Wirtschaftsmathematik die Problemlösungen nachvollziehbar sein sollten. Einleitend zu den Testklausuren sowie zu den entsprechenden Lösungshinweisen finden sich Ausführungen zum erwarteten Lösungs-Standard für den „Ernstfall".

Sollten trotz intensiver eigener Anstrengung Fragen zur Problemlösung übrigbleiben *(oder sollten Sie meine – trotz aller Sorgfalt kaum zu vermeidenden – Böcke, Fehler oder Ungereimtheiten aufspüren)*, bitte ich um kurze Rückmeldung, z.B. per E-Mail: tietze@fh-aachen.de – ich werde jeder/jedem von Ihnen antworten und in allen Fällen um schnelle Antwort bemüht sein.

Zum Schluss gebührt mein Dank dem Vieweg+Teubner Verlag und hier besonders Frau Ulrike Schmickler-Hirzebruch und Frau Nastassja Vanselow für die stets gute und verständnisvolle Zusammenarbeit.

Aachen, im April 2010 *Jürgen Tietze*

Inhalt

Abkürzungen

BL	Basislösung	ME	Mengeneinheit
BV	Basisvariable	Mio.	Millionen (10^6)
bzgl.	bezüglich	Mrd.	Milliarden (10^9)
c.p.	ceteris paribus	NB	Nebenbedingung
DB	Deckungsbeitrag	NBV	Nichtbasisvariable
DM	Deutsche Mark	NNB	Nichtnegativitätsbedingung
€	Euro	p.a.	pro Jahr
f	falsch	q.e.d.	quod erat demonstrandum *(≙ w.z.b.w.)*
EE	Energieeinheit	s.	siehe
FE	Faktoreinkommen	TDM	tausend DM
GE	Geldeinheit	T€	Tausend Euro
LE	Leistungseinheit	u.d.	unter der
LGS	Lineares Gleichungssystem	w	wahr
LO	Lineare Optimierung	w.z.b.w.	was zu beweisen war *(≙ q.e.d.)*
LB	Lehrbuch *(siehe Vorwort)*	ZE	Zeiteinheit

Häufig verwendete Variablennamen

a_t, a(t)	Auszahlung d. Periode t	K_0	Barwert *(eines Kapitals)*
A, A(t)	Annuität; Arbeitsinput *(in t)*	K_t	Zeitwert *(eines Kapitals im Zeitpunkt t)*
B	Bestand; *(zulässiger)* Bereich	k_v	stückvariable Kosten
C	Konsum, Konsumsumme	K_v	variable Kosten
C_0	Kapitalwert	L	Lösungsmenge; Lagrange-Funktion; Liquidationserlös
e	Eulersche Zahl	λ	Lagrange-Multiplikator
e_t, e(t)	Einzahlung d. Periode t	p	Preis; Zinsfuß
E	Erlös, Umsatz, Ausgaben; Einheitsmatrix	q	Zinsfaktor *(= 1+i)*
ε	Elastizität	r	Input; Homogenitätsgrad; *(stetiger)* Zinssatz; Matrix-Rang
g	Stückgewinn	R	Rate; Zahlungsstrom
g_D	Stückdeckungsbeitrag	R_n	Renten-Endwert
G	Gewinn	S	Sparen, Sparsumme
G_D	Deckungsbeitrag	t	Zeit
h	Stunde*(n)*	T	Laufzeit
i	Zinssatz *(= p/100)*	U	Nutzen*(index)*; Umsatz
I, I(t)	Investition *(im Zeitpunkt t)*	x	Nachfrage; Angebot; Output; Menge
k	Stückkosten	Y	Einkommen; Sozialprodukt
K	Kosten; Kapital*(input)*	Z	Zielfunktion
k_f	stückfixe Kosten		
K_f	Fixkosten		
K_n	Endwert *(eines Kapitals)*		

Teil I

Aufgaben

1 Grundlagen und Hilfsmittel

Aufgabe 1.1 *(1.1.11)*[2]**:**

Geben Sie die Elemente der folgenden Mengen in aufzählender Form an:

i) A = Die Menge der Buchstaben des Wortes „MINIMALNUMMER"

ii) $B = \{x \in \mathbb{Z} \mid x < 3\}$ **iii)** $C = \{x \in \mathbb{N} \mid 2 < x < 3\}$

iv) $D = \{x \in \mathbb{R} \mid x^2 = 2\}$ **v)** $E = \{x \in \mathbb{N} \mid x + 4 = 3\}$

vi) $F = \{z \in \mathbb{R} \mid z^2 + 36 = 25\}$ **vii)** $G = \{y \in \mathbb{R} \mid y^2 - y = 6\}$

Aufgabe 1.2 *(1.1.12)***:**

Zu welcher der Mengen $\mathbb{N}$, $\mathbb{Z}$, $\mathbb{Q}$, $\mathbb{R}$ gehören die folgenden Zahlen?

i) $\sqrt{4}$ **ii)** 0,333... **iii)** $\frac{12}{6}$ **iv)** $\sqrt{-4}$

v) 0 **vi)** 0,125 **vii)** $\sqrt{\pi + e}$

Aufgabe 1.3 *(1.1.33)***:**

i) In welchen Fällen handelt es sich um **Aussagen**, in welchen Fällen um **Aussageformen**?

a) $x^2 + 1 = 1 + x^2$ **b)** $A + B = 1$

c) $4 + 1 = 0$ **d)** $0 \le 0^2 + \sqrt{4} - 1$

e) $x + y = 4$ **f)** $y = x^2 + 1$

g) $\frac{1}{0} = 0$ **h)** 2 ist Lösung von $x > 4$

i) $a^2 + b^2$

ii) Man gebe die **Lösungsmengen** folgender Aussageformen an. Welche Aussageformen sind **allgemeingültig**, welche **unerfüllbar**? *(Grundmenge: $\mathbb{R}$)*

a) $x^2 = 49$ **b)** $p^2 \ge 0$ **c)** $0x = 5x$

d) $(y + 1)(y + 2) = 0$ **e)** $0 + x = 5 + x$ **f)** $2z + 1 = 1 + 2z$

g) p ist eine gerade Primzahl; $p \in \mathbb{N}$ **h)** $x^2 > 36$ **i)** $u^2 < 81$

---

[2] Die geklammerte Nummerierung bezieht sich auf die entsprechende Aufgabe im Lehrbuch „Einführung in die angewandte Wirtschaftsmathematik", siehe Erläuterungen im Vorwort.

Aufgabe 1.4 *(1.1.43)*:

Man überprüfe durch Aufstellen von Wahrheitstabellen die folgenden **Gesetze der (zweiwertigen) Aussagenlogik** („Aussagenalgebra"). Dabei behauptet der Äquivalenzpfeil $\Leftrightarrow$, dass die Wahrheitstabellen übereinstimmen:

1a) $(A \vee B) \vee C \quad \Leftrightarrow \quad A \vee (B \vee C)$ — *Assoziativgesetze für* $\vee, \wedge$
1b) $(A \wedge B) \wedge C \quad \Leftrightarrow \quad A \wedge (B \wedge C)$
(d.h. bei gleichartigen Operatoren kommt es auf die Klammerung *nicht* an)

2a) $A \vee (B \wedge C) \quad \Leftrightarrow \quad (A \vee B) \wedge (A \vee C)$ — *Distributivgesetze für* $\vee, \wedge$
2b) $A \wedge (B \vee C) \quad \Leftrightarrow \quad (A \wedge B) \vee (A \wedge C)$
(d.h. bei ungleichartigen Operatoren ist die Klammerung wesentlich !)

3a) $A \vee A \quad \Leftrightarrow \quad A$ — *Idempotenzgesetze für* $\vee, \wedge$
3b) $A \wedge A \quad \Leftrightarrow \quad A$

4a) $A \vee (A \wedge B) \quad \Leftrightarrow \quad A$ — *Absorptionsgesetze für* $\vee, \wedge$
4b) $A \wedge (A \vee B) \quad \Leftrightarrow \quad A$

5) $A \vee \neg A$ immer wahr — *Satz vom ausgeschlossenen Dritten*
(d.h. eine Aussage muss entweder wahr oder nicht wahr sein, ein Drittes gibt es nicht.)

6) $A \wedge \neg A$ immer falsch — *Satz vom Widerspruch*
(d.h. es ist unmöglich, dass eine Aussage wahr und falsch zugleich ist.)

7) $\neg(\neg A) \quad \Leftrightarrow \quad A$ — *Gesetz von der doppelten Negation*

8a) $\neg(A \vee B) \quad \Leftrightarrow \quad \neg A \wedge \neg B$ — *Gesetze von de Morgan*
8b) $\neg(A \wedge B) \quad \Leftrightarrow \quad \neg A \vee \neg B$

Aufgabe 1.5 *(1.1.44)*:

i) Alois ist schüchtern. Trotz seiner Zurückhaltung haben ihn Ulla und Petra innigst in ihr Herz geschlossen. Ihr einziger Kummer ist, dass Alois sich nicht ausdrücklich für eine von ihnen entscheiden will – er hat Sorge, er könne eine der beiden Verehrerinnen verletzen. Schließlich wird Ulla ungeduldig und stellt Alois – in taktvoller Weise – zur Rede: „Alois, liebst du Petra, oder ist es nicht so, dass du Petra oder mich liebst?" Alois überlegt einen Moment, dann sagt er: „Nein". Was hat Alois damit zum Ausdruck gebracht?

ii) Student Alois berichtet in seiner bekannten zurückhaltenden Art von den Ergebnissen seiner Diplomprüfung:

- „Ich habe in Mathematik und in Betriebswirtschaftslehre bestanden, oder es trifft nicht zu, dass ich in Mathematik oder Volkswirtschaftslehre bestanden habe.
- Es ist unzutreffend, dass ich in Mathematik bestanden habe oder in Betriebswirtschaftslehre durchgefallen bin."

Wie sieht das Ergebnis von Alois Prüfung aus?

Aufgabe 1.6 *(1.1.52)*: Man untersuche, ob der Folgerungspfeil korrekt verwendet wurde:

i)	$x = 3 \Rightarrow x^2 = 9$	**ii)**	$x^2 - 16 = 0 \Rightarrow x = 4$
iii)	$z = \sqrt{4} \Rightarrow z^2 = 4$	**iv)**	$x(x+1) = 0 \Rightarrow x + 1 = 0$
v)	$(z-4)(z+5) = 0 \Rightarrow z = 4 \vee z = -5$	**vi)**	$\frac{1}{p} = 0 \Rightarrow p = 1$
vii)	$x^2 < 16 \Rightarrow x < 4$	**viii)**	$x^2 < 16 \Rightarrow x < 4 \wedge x > -4$
ix)	$k^2 > 4 \Rightarrow k > 2$	**x)**	$k^2 > 4 \Rightarrow k > 2 \vee k < -2$
xi)	$x < 3 \Rightarrow x^2 < 9$		

Aufgabe 1.7 *(1.1.55)*:

Man untersuche durch Vergleich der Lösungsmengen, ob die folgenden Aussageformen äquivalent sind *(d.h. ob der Äquivalenzpfeil zutreffend angewendet wurde)*.

i)	$x = 7 \Leftrightarrow x^2 = 49$	**ii)**	$x = 1 \vee x = 4 \Leftrightarrow (x-1)(x-4) = 0$
iii)	$\frac{x-1}{x-2} = 0 \wedge x \neq 2 \Leftrightarrow x = 1$	**iv)**	$x = \sqrt{4} \Leftrightarrow x = 2 \vee x = -2$
v)	$x^2 = 4 \Leftrightarrow x = 2 \vee x = -2$	**vi)**	$x(x-5) = 0 \Leftrightarrow x = 5$
vii)	$x^2 > 0 \Leftrightarrow x > 0$	**viii)**	$x^2 > 9 \Leftrightarrow x > 3 \vee x < -3$
ix)	$x^2 < 36 \Leftrightarrow x < 6 \wedge x > -6$	**x)**	$\sqrt{x} = -4 \Leftrightarrow x = 16$

In den Fällen falscher Anwendung ermittle man die korrekte Folgerungsbeziehung ($\Rightarrow$ oder $\Leftarrow$).

Aufgabe 1.8 *(1.1.62)*:

i) Man ermittle die zutreffenden Relationen (= oder $\subset$) zwischen den jeweils angegebenen Mengen:

a) $\mathbb{N}$; $\mathbb{Q}$; $\mathbb{R}$; $\mathbb{Z}$.

b) $A = \{\sqrt[3]{-8}, 0, \sqrt{25}, 2^0\}$; $B = \{0, 1, -2, 5, -5\}$.

ii) Man ermittle sämtliche Teilmengen folgender Mengen:

a) $A = \{x, y, z\}$ **b)** $B = \{0, \{\ \}\}$ **c)** $C = \{1, \{2, 3\}\}$

Aufgabe 1.9 *(1.1.79)*:

Mit Hife von Mengenbildern (Venn-Diagrammen) überprüfe man, ob die folgenden **Gesetze der Mengenalgebra** gültig sind:

1) $A \cup (B \cup C) = (A \cup B) \cup C$
2) $A \cap (B \cap C) = (A \cap B) \cap C$
} *Assoziativgesetze für* $\cup, \cap$

3) $A \cup (B \cap C) = (A \cup B) \cap (A \cup C)$
4) $A \cap (B \cup C) = (A \cap B) \cup (A \cap C)$
} *Distributivgesetze für* $\cup, \cap$

5)	$A \cup (A \cap B) = A$	*Absorptionsgesetze für* $\cup, \cap$
6)	$A \cap (A \cup B) = A$	
7)	$(A \setminus B) \cap B = \emptyset$	*Satz vom Widerspruch*
8)	$(A \setminus B) \cup B = A \cup B$	*Satz vom ausgeschlossenen Dritten*
9)	$A \setminus (B \cap C) = (A \setminus B) \cup (A \setminus C)$	*Gesetze von de Morgan*
10)	$A \setminus (B \cup C) = (A \setminus B) \cap (A \setminus C)$	

Aufgabe 1.10 *(1.1.80)*:

Gegeben seien die Mengen

$A = \{1, 2, 3, 4, 5, 6, 7, 8, 9, 10\}$;
$B = \{2, 3, 4, 5, 6\}$;
$C = \{6, 7, 8, 9, 10, 11, 12, 13\}$.

Man gebe damit die in Aufgabe 1.9 *(1.1.79)* jeweils links stehenden Mengen an.

Aufgabe 1.11 *(1.1.81)*:

Man gebe die Definitionsmengen folgender Aussageformen (Gleichungen) an:

i) G(x): $1 + x^2 = \frac{1}{x^2}$ **ii)** G(p): $\frac{p^2 - 1}{p^2 + 1} = 0$

iii) G(y): $\sqrt{y} = 7$ **iv)** G(z): $\sqrt{z + 1} + \frac{2}{z^2 - 49} = 0$

Aufgabe 1.12 *(1.1.90)*:

Man bestimme für die Mengen A, B mit $A = \{a, e, i\}$; $B = \{n, m\}$ die Produktmengen:

i) $A \times B$ **ii)** $B \times A$ **iii)** A^2 **iv)** B^2

v) $B \times A \times B$ **vi)** $A \times B \times A$ **vii)** $A \times B \times B \times A$

Aufgabe 1.13 *(1.1.91)*:

i) Man zeige *(etwa an einem selbstgewählten Beispiel)*, dass für zwei Mengen A, B i.a. gilt:

$$A \times B \neq B \times A \quad .$$

ii) Man zeige *(z.B. mit Hilfe der Produktmengendefinition, Def. 1.1.83 Lehrbuch)* die Gültigkeit folgender „Distributivgesetze“:

Es seien A, B, C drei Mengen. Dann gilt:

a) $A \times (B \cap C) = (A \times B) \cap (A \times C)$
b) $A \times (B \cup C) = (A \times B) \cup (A \times C)$
c) $A \times (B \setminus C) = (A \times B) \setminus (A \times C)$.

Aufgabe 1.14 *(1.2.20)*:

Man vereinfache so weit wie möglich *(Brüche so weit wie möglich kürzen !)*:

i) $2ab \cdot 10ab \cdot 4bx \cdot 3abx =$

ii) $ab \cdot (bc) =$

iii) $(-3x) \cdot (ay) \cdot (-2xy) =$

iv) $(x + 2y)^2 - (2x - y)^2 =$

v) $(ax + bx - cx) : x =$

vi) $(ax \cdot bx \cdot cx) : x =$

vii) $(4a + 3b - 5c) \cdot 7x - (5a - 4b + 6c) \cdot 3x =$

viii) $-(a - x)(b - y)(c - z) =$

ix) $\frac{-abc}{a-b} \cdot \frac{b-a}{(-b) \cdot c} \cdot \frac{1}{a} =$

x) $\frac{2x+1}{x} + \frac{1}{2x} - \frac{x+5}{x^2} =$

xi) $\frac{am + an}{m} : \frac{ax + ay}{x} =$

xii) $\frac{\frac{u}{v} - 1}{\frac{2u}{v} - 2} =$

xiii) $\frac{\frac{a}{b} - \frac{x}{y}}{\frac{a}{b} + \frac{x}{y}} =$

xiv) $-x + \frac{x}{1 - \frac{2}{x-1}} =$

xv) $\frac{(a-b)^2 - c^2}{a - b - c} =$

xvi) $\frac{-x^2 + 4x - 4}{x - 2} =$

xvii) $\frac{4x^2 - 9y^2}{16x^2 + 81y^2} =$

xviii) $\frac{5a - b}{b - 5a} - \frac{4a - c}{c} =$

Aufgabe 1.15 *(1.2.30)*:

Man schreibe mit Hilfe des Summenzeichens:

i) $2x_1y_1 + 2x_2y_2 + \ldots + 2x_{20}y_{20}$

ii) $1 + \frac{1}{2} + \frac{1}{3} + \ldots + \frac{1}{100}$

iii) $4^2 + 6^2 + 8^2 + \ldots + 18^2$

Aufgabe 1.16 *(1.2.31)*:

Man ermittle den Wert der folgenden Summen:

i) $\sum_{i=1}^{3} \frac{i}{i+2}$ **ii)** $\sum_{k=2}^{4} (2k^2 - k + 1)$ **iii)** $\sum_{i=1}^{2} \sum_{k=1}^{3} (i+1)(k+2)$ **iv)** $\sum_{j=1}^{4} \left(\frac{\sum_{k=2}^{5} k^2}{\sum_{i=1}^{3} i} \right) \cdot j$

v) $\sum_{i=1}^{n} i$ **vi)** $\sum_{k=1}^{n} (2k-1)$ ***vii)** $\sum_{k=1}^{n} k^2$ **viii)** $\sum_{k=1}^{n} (2k-1)^2$ **ix)** $\sum_{i=0}^{n-1} x^i$

Aufgabe 1.17 *(1.2.32)*:

Es sei $\overline{x}$ das arithmetische Mittel der n Einzelwerte $x_1, x_2, \ldots, x_n$ ($\in \mathbb{R}$), d.h. es gelte:

$$\overline{x} := \frac{1}{n}(x_1 + x_2 + \ldots + x_n) = \frac{1}{n}\sum_{i=1}^{n} x_i .$$

Man zeige, dass dann für die Summe der quadrierten Abweichungen der Einzelwerte x_i vom Mittelwert $\overline{x}$ gilt:

$$\sum_{i=1}^{n}(x_i - \overline{x})^2 = \sum_{i=1}^{n} x_i^2 - n \cdot \overline{x}^2 .$$

Aufgabe 1.18 *(1.2.35)*:

Man ermittle:

i) $\prod_{i=1}^{10} i$ **ii)** $\prod_{k=1}^{5} x_k y_k z_k$ **iii)** $\prod_{i=1}^{20} (i-2)$

Aufgabe 1.19 *(1.2.43)*:

Man berechne

i) $\frac{5!}{3!}$; $\frac{8!\,4!\,3!}{2!\,7!}$; $\frac{10!}{3!\,3!\,4!}$

ii) $\binom{100}{99}$; $\binom{100}{2}$; $\binom{8}{6}$; $\binom{0}{0}$; $\binom{10}{5}$; $\binom{9}{5} + \binom{9}{4}$

Man multipliziere die Klammern aus:

iii) $(a+b)^6 =$ **iv)** $(2x-y)^{10} =$

Aufgabe 1.20 *(1.2.64)*:

Man forme mit Hilfe der Potenzgesetze so weit wie möglich um:

i) $\sqrt[4]{e^{-3} \cdot \sqrt[3]{e^{-3}}}$ **ii)** $\sqrt[ab]{x^2} \cdot \sqrt[a]{\sqrt[b]{x}}$ **iii)** $\left(\frac{a^2 \cdot \sqrt[3]{b}}{\sqrt[4]{a}}\right)^{\frac{1}{2}}$

iv) $\sqrt[60]{\frac{\sqrt[4]{a^3} \cdot \sqrt[3]{a^2}}{\sqrt[5]{a^4}}}$ **v)** $\left(\sqrt[3]{(a^{\sqrt{3}})} \cdot \sqrt{a}\right)^{\sqrt{3}}$

Aufgabe 1.21 *(1.2.65)*:

Man ermittle die Lösungen folgender Gleichungen (Näherungswerte: elektronischer Taschenrechner):

i) $x^5 = 1024$ **ii)** $x^4 = 11$ **iii)** $16x^4 = -1$ **iv)** $243x^5 = 1024$

v) $4x^{20} - 10000 = 0$ **vi)** $4300 = 8500q^{17} - 10000\,(q^{17} - 1)$

Aufgabe 1.22 *(1.2.91)*:

1) Man forme mit Hilfe der Logarithmengesetze **L1 – L3** um:

i) $\lg\left(2x \cdot \sqrt[4]{x^2y}\right)$ **ii)** $\ln\left(2x^4 \cdot u^{2-x}\right)$ **iii)** $\ln\left(5x^2 \cdot \sqrt[4]{\dfrac{p \cdot q^2}{(a^2b)^2}}\right)$

2) **i)** Wieviele Dezimalstellen besitzt die Zahl **a)** 3^{1000} **b)** 9^{9^9} ?

ii) Wie lautet die näherungsweise Darstellung von 2^{500} als Dezimalzahl? (Zehnerpotenz!)

3) Man schreibe als Potenz zur Basis e:

i) 17 **ii)** $\sqrt[3]{7}$ **iii)** 2^x **iv)** x^x

v) $\sqrt[12]{x+1}$ **vi)** $\ln x$ **vii)** $x^{\frac{1}{\ln x}}$ **viii)** huber *(b, e, h, r, u ∈ ℝ)*

4) Man ermittle die Zahlenwerte folgender Logarithmen:

i) $\log_9 27$ **ii)** $\log_{20} 100 + \log_{100} 20$

iii) $\log_{0,5} 70 + \log_{0,1} 200 + \log_{1,5} 0{,}01$

Aufgabe 1.23 *(1.2.130)*:

Man löse nach den angegebenen Variablen auf:

i) $0 = Kq - R \cdot \dfrac{q-1}{i}$; $q = ?$; $R = ?$; $K = ?$; $i = ?$

ii) G(q): $0 = 10.000q - 12.500\,(q-1)$

iii) G(x): $0 = 200.000 - 40.000 \cdot \dfrac{x-1}{0{,}16}$

iv) G(p): $2.000 = 1.800\left(1 + \dfrac{p}{100} \cdot 0{,}5\right)$

v) G(b): $\dfrac{a+b}{2} \cdot y = F$

vi) G(y): $ky - y = by + a$

Aufgabe 1.24 *(1.2.140)*:

Man löse die folgenden Linearen Gleichungssysteme:

i) $\begin{aligned} 7x - 11y &= -7 \\ -3x + 5y &= 5 \end{aligned}$ **ii)** $\begin{aligned} 13{,}9m - 2{,}6n &= -5{,}2 \\ -10{,}4m + 6{,}5n &= 13{,}0 \end{aligned}$ **iii)** $\begin{aligned} 2x - 3y + z &= 8 \\ x + 2y - 3z &= 11 \\ 5x - 4y + 3z &= 15 \end{aligned}$

iv) $\begin{aligned} 2u - 8v + 3w &= 23 \\ u + 7v - 2w &= -2 \\ 3u - 5v - 6w &= -32 \end{aligned}$ **v)** $\begin{aligned} 3a \qquad - 4c &= -29 \\ -7a + 3b + 2c &= 7 \\ 6a + 5b \qquad &= 12 \end{aligned}$

Aufgabe 1.25 *(1.2.141)*:

Der Brauchwasserspeicher einer chemischen Fabrik ist um 9^{00} Uhr nur noch zu 50% gefüllt. Daher schaltet man um 9^{00} Uhr eine Förderpumpe an, die neues Wasser zuführt. Der *(stets kontinuierliche)* Verbrauch des Wassers im Produktionsprozess der Fabrik ist allerdings so hoch, dass trotz des Wassernachschubs der Speicherinhalt um 10^{00} Uhr auf 40% des Fassungsvermögens abgesunken ist. Daher schaltet man nun eine weitere, gleich starke Förderpumpe ein. Daraufhin füllt sich der Speicher bis 12^{00} Uhr auf 80% seines Fassungsvermögens *(bei stets gleichem Wasserverbrauch)*.

i) Nach welcher Zeit würde nun der Behälter leer sein, wenn man beide Pumpen abschaltete?

ii) Wie lange braucht eine Pumpe, um den leeren Speicherbehälter vollständig zu füllen, wenn kein Wasser entnommen wird?

Aufgabe 1.26 *(1.2.152)*:

Man löse die quadratischen Gleichungen:

i) $x^2 + x - 16 = 0$ **ii)** $x^2 - 17x + 70 = 0$

iii) $x^2 - 13x = -40$ **iv)** $x^2 + 16x + 100 = 0$

v) $10x^2 - 17x = -7$ **vi)** $2x^2 - 20x + 50 = 0$

vii) $-2.000q^2 + 5.000q - 3.120 = 0$ **viii)** $1{,}2 \cdot 10^4t^2 - 2{,}5 \cdot 10^5t - 1 = 0$

ix) $2x^2 - 3 = k(x + 1),\ k = \text{const.}$ **x)** $100q^2 - 62{,}5q - 56{,}25 = 0$

Aufgabe 1.27 *(1.2.153)*:

i) Wie muss die Konstante c $(\in \mathbb{R})$ gewählt werden, damit die Gleichung $3x^2 + 10x + c = 0$ zwei Lösungen besitzt?

ii) Man gebe die Normalform einer quadratischen Gleichung an, die folgende Lösungen besitzt:

a) $x_1 = 3\ ;\ x_2 = -7$ **b)** $x_1 = -0{,}01\ ;\ x_2 = \frac{1}{7}$

c) $x_1 = x_2 = -4$ **d)** $x_1 = 0\ ;\ x_2 = 0{,}25$

e) $x_1 = x_2 = 0$ **f)** $x_{1,2} = \frac{1}{2} \pm \frac{1}{2}\sqrt{5}$

iii) Der Preis für unverbleites Superbenzin *(Mittelwert)* lag 2009 um 22% über dem entsprechenden Preis in 2007. Um wieviel Prozent *pro Jahr* hat sich durchschnittlich der Preis in 2008 und 2009 *(gegenüber dem jeweiligen Vorjahr)* verändert?

iv) Huber leiht sich 100.000 €. Als Gegenleistung *(Rückzahlungen)* zahlt er nach einem Jahr 62.500 € und nach einem weiteren Jahr 56.250 €. Bei welchem *(positiven)* Jahreszinssatz *(= „Effektivzins")* sind Kreditauszahlung und Gegenleistungen äquivalent? *(Zinsperiode = 1 Jahr)*

Aufgabe 1.28 *(1.2.166)*:

Man ermittle die Lösungsmengen folgender Gleichungen:

i) $x^8 - 18x^4 + 32 = 0$ **ii)** $(x^2 - 7)^2 = 10(x^2 - 7) - 9$

iii) $(5 - (x - 1)^6)^{10} = 4$ **iv)** $64 - (z^2 - 2z - 6)^6 = 0$

v) $p^8 = -64p^5$ **vi)** $3y^3 - 2y^2 - y = 0$

vii) $t^4 - 8t^2 + 7 = 0$ **viii)** $x^3 - 10x^2 + 31x - 30 = 0$
*(Tipp: **eine** Lösung ist „2")*

ix) $(1 + x)^{12} = 1{,}12$ **x)** $100q^6 - 122{,}8q^3 - 86{,}4 = 0$

Aufgabe 1.29 *(1.2.167)*:

i) Um wieviel Prozent pro Jahr *(gegenüber dem jeweiligen Vorjahr)* muss die Huber AG durchschnittlich ihren Umsatz *(ausgehend vom Basisjahr 2009)* steigern, damit ihr Umsatz im Jahr 2024 siebenmal so hoch ist wie im Jahr 2009?

ii) Moser investiert 200.000 € in eine Diamantmine. Nach drei Jahren erhält er eine erste Gewinnausschüttung in Höhe von 245.600 €, nach weiteren drei Jahren in Höhe von 172.800 € *(weitere Zahlungen erfolgen nicht)*. Bei welchem Jahreszinssatz *(= Rendite)* ist Mosers Investition äquivalent zu den erhaltenen Rückflüssen? *(Zinsperiode = 1 Jahr)*

Aufgabe 1.30 *(1.2.169)*:

Man bestimme Definitions- und Lösungsmenge folgender Gleichungen:

i) $\sqrt[3]{5 + \sqrt{4x + 1}} = 2$ **ii)** $\sqrt{x + 1} = 5 - x$ **iii)** $7 = \sqrt{2x + 1} + x$

iv) $z = \sqrt{z} + 20$ **v)** $z + \sqrt{z} = 6$ **vi)** $\sqrt{x + 4} = 6 - \sqrt{x - 20}$

vii) $\sqrt{4 + x} + \sqrt{4 - x} = \sqrt{2x + 8}$ **viii)** $2\sqrt{y} + 2 = 5 \cdot \sqrt[4]{y}$

Die beiden folgenden Gleichungen sollen bzgl. x gelöst werden *(analog zur Erzeugung der Umkehrfunktionsgleichung zu einer gegebenen Funktionsgleichung)*:

ix) $r = 2\sqrt{4x - 1}$ **x)** $r = 10\sqrt{0{,}5x - 100}$ $(r \geq 0)$

Aufgabe 1.31 *(1.2.176)*:

Man löse folgende Gleichungen unter Beachtung der jeweiligen Definitionsmenge:

i) $7e^x = 63$ **ii)** $2e^x - e^{-2x} = 0$ **iii)** $0{,}5 \cdot 3^x - 1{,}3 \cdot 4^{-x+7} = 0$

iv) $200 = 50 \cdot e^{0{,}1n}$ **v)** $1 = 2 \cdot e^{\frac{p}{100} \cdot 12}$ **vi)** $10.000 = 5.000 \cdot 1{,}09^x$

vii) $0 = 200 \cdot 1{,}1^n - 30 \cdot \dfrac{1{,}1^n - 1}{0{,}1}$ **viii)** $\lg\sqrt{x^2 + 1} - 2\lg x = 0$

ix) $\log_2 p + 0{,}1 = 0$ **x)** $\ln (y + 1)^2 - 0{,}1 = 0$

xi) $\ln\sqrt{x^2 + 1} - 1 = 0$ ***xii)** $y^{\lg y} \cdot 4^{\lg y} = 0{,}25 \cdot \dfrac{1}{y}$ *($\lg = \log_{10}$)*

Aufgabe 1.32 *(1.2.179)*:

Man löse folgende Gleichungen unter Beachtung der jeweiligen Definitionsmenge:

i) $\frac{1}{x+1} - \frac{2}{x+3} = 0$

ii) $\frac{x-3}{x-7} = \frac{4}{x-7}$

iii) $\frac{5x}{x-4} + \frac{x}{x+1} = \frac{6x}{x-1}$

iv) $\frac{5x^2}{3x^2+7} + \frac{2}{3+x^2} = 1$

v) $\frac{\sqrt{2-x}}{\sqrt{x+8}} = \frac{1}{\sqrt{4x+5}}$

vi) $\frac{1}{e^x-1} + 2 = 0$

vii) $y = \frac{4x-7}{5x-2}$; $x = ?$

viii) $100 = 2x + 40 + \frac{250}{x}$

ix) $-\frac{km}{x^2} + \frac{sp}{200} = 0$; $x = ?$

x) $i^* = \frac{i}{1-in}$; $i = ?$

xi) $x = \frac{ay+b}{cy+d}$; $y = ?$

Aufgabe 1.33 *(1.2.185)*:

Man ermittle die Lösungsmengen folgender Ungleichungen und stelle sie am Zahlenstrahl graphisch dar:

i) $-6x + 4 \geq x - 6$

ii) $-\ln \frac{p}{1.000} > 5$

iii) $3\lg x > -6$

iv) $3 - x^2 < 0$

v) $x^2 - 9x \geq 20$

vi) $\frac{2x-1}{x+1} > 1$

vii) $0{,}5^x < 1.000$

viii) $\frac{-p}{8-p} < -1$.

Exkurs: Wo steckt der Fehler?

Die folgende Sammlung von **Trugschlüssen** soll dazu beitragen, das elementare mathematische Instrumentarium noch besser verstehen zu können. In sämtlichen nachfolgenden Termen oder Gleichungen/Ungleichungen sind daher Fehler eingebaut, die möglicherweise nicht auf den ersten Blick erkennbar sind. Die meisten der Umformungen und Lösungsschritte sehen vielmehr durchaus plausibel aus, plausibel jedenfalls dann, wenn man es mit den tatsächlichen Regeln nicht allzu genau nimmt, beliebten Verwechslungen *(nur allzu gerne)* unterliegt oder *(lästige)* Voraussetzungen nicht beachtet.

Besonders häufig wird verstoßen gegen die Konventionen zur Reihenfolge der elementaren arithmetischen Operationen: „Klammer vor Potenz vor Punkt vor Strich", siehe Lehrbuch Vereinbarung 1.2.8.

Ein weiteres Highlight ist die allzu häufige Verwechslung des Assoziativgesetzes der Multiplikation $a\cdot(b\cdot c) = (a\cdot b)\cdot c = a\cdot b\cdot c$ mit dem Distributivgesetz $a\cdot(b+c) = a\cdot b + a\cdot c$ (siehe Lehrbuch Satz 1.2.2)

(Detaillierte Ausführungen zum „Richtigen und Falschen in der elementaren Algebra" siehe Literaturverzeichnis)

Bei der **Lösung** einer jeden fehlerhaften Umformung oder Lösung gibt es zwei Aspekte:

(a) **Wo** steckt der Fehler und **worin** besteht er, **weshalb** ist etwas fehlerhaft?
(b) **Wie** müßte die fehler**freie** Umformung oder Lösung aussehen?

Aufgabe 1.34 *(1.2.6.1 Fehler bei Termumformungen)*

Die nachfolgenden **Terme** sind fehlerhaft umgeformt, links und rechts vom Gleichheitszeichen stehen somit **nicht äquivalente** Terme. Die meisten der falschen Umformungs„regeln" verdanke ich vielen Generationen meiner Hörerinnen und Hörer...

1) Klammervereinbarung: $5+7\cdot x \neq 12x$

2) Subtraktion geklammerter Summen: $2x-(y+x) \neq 2x-y+x = 3x-y$

3) Hintereinanderausführung mehrerer Operationen:

i) $48:8\cdot 6 \neq 48:48 = 1$ **ii)** $48-8+6 \neq 48-14 = 34$

4) Assoziativ– und Distributivgesetz:

i) $2\cdot(ab) \neq 2a\cdot 2b$ **ii)** $-(2x) \neq (-2)\cdot(-x) = 2x$

5) Bruchrechnen:

i) $-R\cdot\frac{q-1}{2} \neq -\frac{R}{2}\cdot q - \frac{R}{2}$

ii) $R\cdot\frac{q-1}{2} \neq R\cdot\frac{q}{2} - \frac{1}{2}$

6) Kürzen:

i) $\frac{5x-7y}{5a-7b} \neq \frac{x-y}{a-b}$ **ii)** $\frac{x^2+y^2}{x+y} \neq x+y$ **iii)** $\frac{9x^2-16y^2}{3x-4y} \neq 3x-4y$

7) Potenzdefinition, Potenzgesetze:

i) $5a^3 \neq 125a^3$ **ii)** $2 \cdot 1{,}5^2 \neq 3^2$

iii) $2\,(x+y)^3 \neq (2x+2y)^3$ **iv)** $-2^4 \neq (-2)\cdot(-2)\cdot(-2)\cdot(-2) = 16$

v) $-(a+b)^2 \neq (-a-b)^2 = (-a-b)(-a-b) = a^2 + 2ab + b^2 = (a+b)^2$

vi) $(a \cdot b)^2 \neq a^2 \cdot 2ab \cdot b^2$ **vii)** $5^0 \neq 0$

viii) $5^{1/2} \neq \frac{1}{2} \cdot 5^{-1/2}$ **ix)** $27^{-1/3} \neq -\frac{1}{27^3}$

x) $a^{-n} \neq -a^n$ **xi)** $9^{-1/2} \neq \frac{1}{9^2}$

xii) $0^0 \neq 1$ **xiii)** $2^{4^2} \neq 16^2 = 256$

8) Logarithmusdefinition, Logarithmengesetze:

i) **a)** $\lg 900 + \lg 100 \neq \lg(900+100) = \lg 1.000 = 3$
b) $\lg 900 \cdot \lg 100 \neq \lg(900+100) = \lg 1.000 = 3$

ii) **a)** $\frac{\ln 6}{\ln 2} \neq \ln \frac{6}{2} = \ln 3$ **b)** $\frac{\ln a}{\ln b} \neq \ln a - \ln b$

c) $\frac{\lg 1.100}{\lg 100} \neq \lg(1.100 - 100) = \lg 1.000 = 3$

iii) $\frac{\ln x}{\ln y} \neq \frac{x}{y}$ **iv)** $\ln 0 \neq 0$

v) $\ln(-4) \neq -\ln 4$ **vi)** $\ln(5e^x) \neq 5 \cdot \ln e^x = 5x$

vii) $2^x \neq x \cdot \lg 2$ **viii)** $\ln(10 \cdot e^y) \neq \ln 10 \cdot \ln e^y = y \cdot \ln 10$

9) Potenzieren einer Summe:

i) $(a-b)^4 \neq a^4 - b^4$ *Beispiel:* $\mathbf{1} = (2-1)^4 \neq 2^4 - 1^4 = \mathbf{15}$

ii) $\sqrt{a^2+b^2} \neq a + b$ *Beispiel:* $\mathbf{5} = \sqrt{25} = \sqrt{9+16} = \sqrt{3^2+4^2} \neq 3 + 4 = \mathbf{7}$

iii) $\frac{1}{n+v} \neq \frac{1}{n} + \frac{1}{v}$ *Beispiel:* $\mathbf{\frac{1}{4}} = \frac{1}{2+2} \neq \frac{1}{2} + \frac{1}{2} = \mathbf{1}$

iv) $(x+y)^0 \neq x^0 + y^0$, d.h. $1 \neq 1 + 1 = 2$

v) $(p+q)^{1/5} \neq p^{1/5} + q^{1/5}$

vi) $a^2 + a^3 \neq a^{2+3} = a^5 = a^2 \cdot a^3$

vii) $e^y + e^x \neq e^{x+y}$ *(Beispiel: $e^0 + e^0 = e^{0+0} = e^0$, d.h. $1+1 = 1$ ⚡)*

viii) $10^{2^3} \neq 100^3 = 1.000.000$

10) Logarithmieren einer Summe:

i) $\ln(e^x - e^{x^2}) \not\equiv \ln e^x - \ln e^{x^2} = x - x^2$

ii) $\lg(2^x - 5^x) \not\equiv x \cdot \lg 2 - x \cdot \lg 5$

iii) $\lg(1{,}1^n - 100) \not\equiv n \cdot \lg 1{,}1 - \lg 100 = n \cdot \lg 1{,}1 - 2$

11) Negativer Radikand:

i) $\sqrt{-16} \not\equiv -4$

ii) $20 + \sqrt{-9} \not\equiv 20$ (denn $\sqrt{-9}$ gibt es nicht in $\mathbb{R}$)

iii) $\sqrt{-1} = (-1)^{1/2} = (-1)^{2/4} = ((-1)^2)^{1/4} = 1^{1/4} = \sqrt[4]{1} = 1$ ($\sqrt{-1} = 1$???)

12) Wurzelziehen: $\sqrt{16} \not\equiv \pm 4$

13) Bruchrechnen ($x \neq 0$):

i) $\frac{x}{0} \not\equiv x$ **ii)** $\frac{x}{0} \not\equiv 1$ **iii)** $\frac{x}{0} \not\equiv 0$ **iv)** $\frac{0}{x} \not\equiv x$

v) $\frac{0}{0} \not\equiv 0$ **vi)** $\frac{0}{0} \not\equiv 1$ **vii)** $\frac{1}{0} \not\equiv \infty$

Aufgabe 1.35 *(1.2.6.2 Fehler bei der Lösung von Gleichungen)*

Im folgenden wird die „Lösungsmenge" der vorgelegten Gleichungen mit fehlerhaften Methoden gewonnen. **(a)** Wo steckt der Fehler? **(b)** Wie lautet die richtige Lösung?

1) $1{,}2 = 1 + \frac{p}{100} \mid \cdot 100 \quad \not\Leftrightarrow \quad 120 = 1 + p \quad \Leftrightarrow \quad p = 119; \quad L = \{119\}$

2) $\frac{(x-4)^2}{x-5} - \frac{1}{x-5} = 0 \mid \cdot (x-5) \quad \not\Leftrightarrow \quad (x-4)^2 - 1 = 0 \quad \Leftrightarrow \quad (x-4)^2 = 1$

$\Leftrightarrow \quad x - 4 = 1 \vee x - 4 = -1 \quad \Leftrightarrow \quad x = 5 \vee x = 3 \quad \Leftrightarrow \quad L = \{3, 5\}$

3) $x^3 - x^2 = 0 \Leftrightarrow x^2(x-1) = 0 \mid : x^2 \quad \not\Leftrightarrow \quad x - 1 = 0 \quad \Leftrightarrow \quad x = 1; \quad L = \{1\}$
(auch „0" ist Lösung – Beweis durch Einsetzen!)

4) $x^2 - 49 = 0 \mid +49 \quad \Leftrightarrow \quad x^2 = 49 \mid \sqrt{} \quad \not\Leftrightarrow \quad x = 7; \quad L = \{7\}$ *(–7 ???)*

5) $x - 1 = 0 \mid \cdot (x-2) \quad \not\Leftrightarrow \quad (x-1)(x-2) = 0 \quad \Leftrightarrow \quad x - 1 = 0 \vee x - 2 = 0$

$\Leftrightarrow \quad x = 1 \vee x = 2; \quad L = \{1, 2\}$ *(aber die Ausgangsgleichung wird für „2" falsch!)*

6) $x^2 - 2x + 37 = 0 \quad \Leftrightarrow \quad x_{1,2} = 1 \pm \sqrt{1-37} = 1 \pm \sqrt{-36} \not= 1 \pm 6; \quad L = \{7, -5\}$
(Probe stimmt nicht...)

7) $x^2 - 4x + 29 = 0 \quad \Leftrightarrow \quad x_{1,2} = 2 \pm \sqrt{4-29} = 2 \pm \sqrt{-25}$
Da es $\sqrt{-25}$ nicht gibt, folgt: $L = \{2\}$. (??? – *Probe stimmt nicht*)

8) $5 + \sqrt{x} = 0 \quad \Leftrightarrow \quad \sqrt{x} = -5 \mid (\,)^2 \quad \not\Leftrightarrow \quad x = 25; \quad L = \{25\}$ *(Probe falsch...)*

9) $\frac{1}{x} = a + b.$ Kehrwertbildung $\not\Leftrightarrow \quad x = \frac{1}{a} + \frac{1}{b}; \quad L = \{\frac{1}{a} + \frac{1}{b}\} \wedge a, b \neq 0$
(Beispiel: Kehrwert von 4 *ist* $\frac{1}{4}$. *Ist denn der Kehrwert von* 2+2 auch $\frac{1}{2} + \frac{1}{2} = 1$ (?))

10) **i)** $e^x + e^{2x} = 6 \quad \not\Leftrightarrow \quad x + 2x = \ln 6 \quad \Leftrightarrow \quad 3x = \ln 6$
$\Leftrightarrow \quad x = \frac{1}{3}\ln 6 \approx 0{,}5973$; (Probe stimmt nicht)

ii) $e^{2x} + e^x = 6 \quad \not\Leftrightarrow \quad 2x \cdot x = \ln 6 \quad \Leftrightarrow \quad 2x^2 = \ln 6$
$\Leftrightarrow \quad x^2 = \frac{1}{2}\ln 6 \quad \Leftrightarrow \quad x_1 = \sqrt{0{,}5 \cdot \ln 6} \approx 0{,}9465$ (?)
(beide Proben stimmen nicht...) $x_2 = -\sqrt{0{,}5 \cdot \ln 6} \approx -0{,}9465$ (?)

11) **i)** $5e^x = 26 \quad \not\Leftrightarrow \quad 5x = \ln 26 \quad \Leftrightarrow \quad x = \frac{1}{5}\ln 26 \approx 0{,}6516$ (?)

ii) $5e^x = 26 \quad \not\Leftrightarrow \quad \ln 5 \cdot x = \ln 26 \quad \Leftrightarrow \quad x = \frac{\ln 26}{\ln 5} \approx 2{,}0244$ (?)

iii) $5e^x = 26 \quad \not\Leftrightarrow \quad (\ln 5) \cdot x = \ln 26 \quad \Leftrightarrow \quad x = \frac{\ln 26}{\ln 5} \not= \ln(\frac{26}{5}) \approx 1{,}6487$
(zwei Fehler, aber richtiges Endergebnis...!)

12) $2e^x - e^{-2x} = 0 \quad \not\Leftrightarrow \quad 2x - (-2x) = 0 \quad \Leftrightarrow \quad 4x = 0; \quad L = \{0\}$ *(3 Fehler...!)*

13) Gegeben ist die Gleichung: $(\frac{3}{4})^x = (\frac{4}{3})^2$ *(P1–P5: Potenzgesetze)*

1. Lösung: $\Leftrightarrow$ (P5) $\quad \frac{3^x}{4^x} = \frac{4^2}{3^2} \mid \cdot 4^x \cdot 3^2 \quad \Leftrightarrow \quad 3^x \cdot 3^2 = 4^2 \cdot 4^x \mid$ (P1)
$\Leftrightarrow \quad 3^{x+2} = 4^{x+2}$ also $3 = 4$ (f); $\quad L = \{\ \}$

2. Lösung: Wegen $(\frac{4}{3})^2 = (\frac{3}{4})^{-2}$ gilt: $(\frac{3}{4})^x = (\frac{3}{4})^{-2} \mid \ln;$ L1
(L1–L3: Logarithmengesetze)
$\Leftrightarrow \quad x \cdot \ln\frac{3}{4} = -2 \cdot \ln\frac{3}{4} \mid : \ln\frac{3}{4} \ (\neq 0) \quad \Leftrightarrow \quad x = -2; \ L = \{-2\}$

Welche*(r)* Lösung*(sweg)* ist richtig ?

14) *Behauptung:* Alle Zahlen sind gleich.

Beweis: Es gilt stets: $36 - 66 = 25 - 55 \; (= -30) \quad \Leftrightarrow \quad 6^2 - 6 \cdot 11 = 5^2 - 5 \cdot 11$

Quadratische Ergänzung $\left(\frac{11}{2}\right)^2 \quad \Leftrightarrow$

$$6^2 - 6 \cdot 11 + \left(\frac{11}{2}\right)^2 = 5^2 - 5 \cdot 11 + \left(\frac{11}{2}\right)^2$$

$$\Leftrightarrow \quad \left(6 - \frac{11}{2}\right)^2 = \left(5 - \frac{11}{2}\right)^2 \;\Big|\sqrt{\;} \quad \Leftrightarrow \quad 6 - \frac{11}{2} = 5 - \frac{11}{2} \;\Big|+\frac{11}{2} \quad \Leftrightarrow \quad 6 = 5$$

Daraus folgt durch Subtraktion von fünf: $1 = 0$ und daraus *(Multiplikation mit 100 bzw. e)*: $100 = 0$; $e = 0$. Daraus folgt dann: $1 = 100 = e$ *(usw.)*. Damit ist bewiesen, dass alle Zahlen gleich sind. Wo steckt der Fehler?

15) *Behauptung:* Es gilt: $1 = 2$.

Beweis: Der Term $a^2 - a^2$ kann auf zwei Arten geschrieben werden:

i) $a^2 - a^2 = a\,(a - a)$ *(a ausklammern)*

ii) $a^2 - a^2 = (a + a)(a - a)$ *(3. binomische Formel)*

Also muss wegen der Gleichheit der linken Seite gelten:

$$a\,(a - a) = (a + a)(a - a) \;\big|\; :(a - a) \quad \Leftrightarrow \quad a = a + a = 2a \;\big|\; :a \quad \Leftrightarrow \quad 1 = 2$$

Wo steckt der Fehler?

16) Nochmals: Alle Zahlen sind gleich!

Beweis:

a und b seien zwei beliebige *(verschiedene!)* positive reelle Zahlen mit $a < b$. Dann gibt es eine positive reelle Zahl c, so dass gilt: $a + c = b$ *(denn $a < b$)*.

Die Multiplikation der Gleichung $a + c = b$ mit $b - a$ *(> 0)* liefert:

$$\begin{aligned}
(a + c)(b - a) &= b\,(b - a) \\
\Leftrightarrow \quad ab + cb - a^2 - ac &= b^2 - ba \qquad \big|\, -cb \\
\Leftrightarrow \quad ab - a^2 - ac &= b^2 - ba - cb \\
\Leftrightarrow \quad a\,(b - a - c) &= b\,(b - a - c) \qquad \big|\, :(b - a - c) \\
\Leftrightarrow \quad a &= b\,.
\end{aligned}$$

Also sind die *(beliebig gewählten)* Zahlen a und b entgegen der Annahme stets gleich. Wo steckt der Fehler?

17) Besonders beliebt ist der folgende „Lösungsweg" bei Wurzelgleichungen *(Bsp.)*:

$$3\sqrt{x} = x + 2 \quad \big|\; \textit{beide Seiten quadrieren}$$

$$\Rightarrow \quad 9x = x^2 + 4 \quad \Leftrightarrow \quad x^2 - 9x + 4 = 0$$

$$\Leftrightarrow \quad x_{1,2} = 4{,}5 \pm \sqrt{4{,}5^2 - 4} \quad \Leftrightarrow \quad x_1 \approx 8{,}5311\,; \quad x_2 \approx 0{,}4689$$

Probe an der Ausgangsgleichung: Weder x_1 noch x_2 ist Lösung!

Dagegen stellt man durch Einsetzen fest: Lösungen sind „4" und „1".
Wo steckt der Fehler im „Lösungsweg"?

Aufgabe 1.36 *(1.2.6.3 Fehler bei der Lösung von Ungleichungen)*

1) $-2x < 6 \mid : -2$

$\Leftrightarrow \quad x < -3$

Setzt man jetzt z.B. die Zahl -4 *(ist Lösung, da* $-4 < -3$*)* für x in die Ausgangs-Ungleichung ein, so ergibt sich die falsche Aussage $8 < 6$, d.h. -4 ist – entgegen der oben ermittelten Lösungsmenge – keine Lösung der Ausgangs-Ungleichung.

Wo steckt der Fehler?

2) i) $x^2 > 9 \mid \sqrt{}$

$\Leftrightarrow \quad x > 3$

Setzt man jetzt etwa die Zahl -4 *(die nach dem erhaltenen Ergebnis als Lösung **nicht** in Frage kommt)* für x in die Ausgangs-Ungleichung ein, so ergibt sich die wahre Aussage $16 > 9$, d.h. -4 ist doch Lösung – entgegen der ermittelten Lösungsmenge „$x > 3$"! Wo steckt der Fehler?

ii) $x^2 < 25 \mid \sqrt{}$

$\Leftrightarrow \quad x < 5$

Setzt man die Zahl -6 *(die zur Lösungsmenge gehört, da* $-6 < 5$*)* für x in die Ausgangs-Ungleichung ein, so ergibt sich die falsche Aussage $36 < 25$, also gehört -6 *nicht* zur Lösungsmenge entgegen der angegebenen Lösung.

Wo steckt der Fehler?

3) $2 > \frac{1}{x} \mid \cdot x$

$\Leftrightarrow \quad 2x > 1$

$\Leftrightarrow \quad x > \frac{1}{2}$

Setzt man z.B. die Zahl -1 *(die nach dem erhaltenen Ergebnis als Lösung **nicht** in Frage kommt)* für x in die Ausgangs-Ungleichung ein, so ergibt sich die wahre Aussage $2 > -1$, d.h. -1 ist doch Lösung – entgegen der Rechnung!

Wo steckt der Fehler?

4) $\frac{x}{x-10} < 0 \mid \cdot (x-10)$

$\Leftrightarrow \quad x < 0$

Setzt man jetzt etwa die Zahl 5 *(die nach dem erhaltenen Ergebnis als Lösung **nicht** in Frage kommt)* für x in die Ausgangs-Ungleichung ein, so ergibt sich die wahre Aussage $-1 < 0$, d.h. 5 ist doch Lösung – entgegen der errechneten Lösungsmenge „$x < 0$"!

Wo steckt der Fehler?

2 Funktionen einer unabhängigen Variablen

Aufgabe 2.1 *(2.1.20)***:**

Gegeben sind die Graphen in nachstehender Abbildung. Man ermittle die Fälle, in denen es sich um **Funktions**graphen *(„zu jedem x aus D_f genau ein f(x)")* handelt. Der jeweilige Definitionsbereich D_f ist durch die Ausdehnung des Graphen definiert.

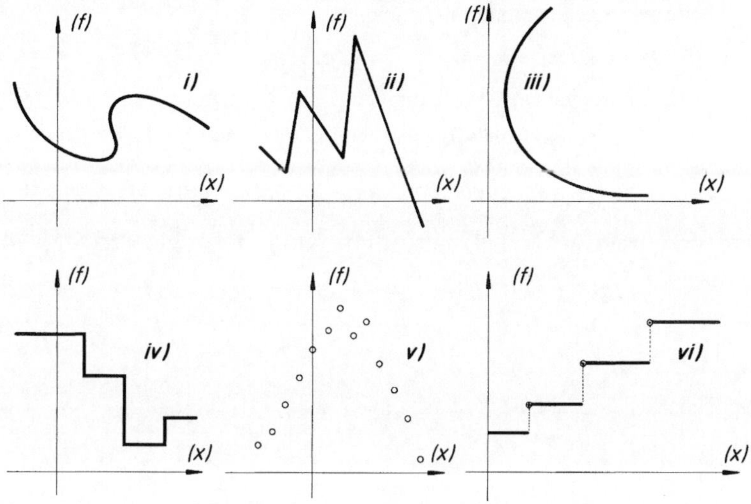

Aufgabe 2.2 *(2.1.22)***:**

i) Welche Paarmengen stellen eine Funktion dar?

a) { (1; 1), (2; 1), (3; 1), (4; 1) } **b)** { (1; 1), (2; 3), (1; 4), (2; 5) }

c)

x	−2	−1	0	1	2	3
f(x)	8	4	1	4	8	1

ii) Man ermittle von den angegebenen Funktionen den maximalen Definitionsbereich, eine Wertetabelle und skizziere den Graphen.

a) f: $f(x) = \frac{1}{2}x^2 - 1$ **b)** g: $g(x) = -2x^2 + 25$

c) h: $h(x) = \frac{1}{x^2 - 49}$ **d)** k: $k(x) = \sqrt{49 - x^2}$

iii) Welche der Punkte P_1, ..., P_8 gehören zu den Graphen der Funktionen f, g, h bzw. k der vorangegangenen Aufgabe ii)?

$P_1 = (7;0)$, $P_2 = (0;7)$, $P_3 = (-7;0)$, $P_4 = (0;-7)$, $P_5 = (4;7)$, $P_6 = (-4;7)$, $P_7 = (8;-\sqrt{15})$, $P_8 = (\sqrt{15};-34)$

iv) Im Bäckerladen. Der kleine Philipp streckt die geschlossene Faust mit Kleingeld über den Tresen: „Ein Brot, bitte." Die Bäckersfrau entnimmt das Kleingeld mit der Bemerkung: „Mal sehen, was für ein Brot es sein soll."

Welche Beziehung muss zwischen Brotpreisen und Brotsorten in diesem Fall bestehen?

Aufgabe 2.3 *(2.1.23)***:**

Gegeben sind folgende Funktionen f und g:

$$f\colon f(x) = 2x^2 + x - 4 \qquad g\colon g(t) = \sqrt{t^2 - 16}$$

i) Man ermittle jeweils den maximalen Definitionsbereich von f und g .

ii) Man ermittle für jeden der nachstehend aufgeführten Ausdrücke das entsprechende Wertepaar (x ; f) bzw. (t ; g):
(Beispiel: zu f(ab) gehört das Paar: (x ; f(x)) = (ab ; 2(ab)²+ab – 4) usw.)

$f(2)$, $f(-4)$, $g(-2)$, $g(4)$, $g(x)$, $f(-t)$, $g(2t)$, $f(\frac{a}{b})$, $g(x + \Delta x)$, $g(t-4)$,

$f(x^2-4)$, $g(\sqrt{x^2+16})$, $f(x_0 + h)$, $f(2x^2 + x - 4)$.

Aufgabe 2.4 *(2.1.24)***:**

Gegeben seien 9 (*zunächst leere*) Gefäße A bis I, vgl. Skizze:

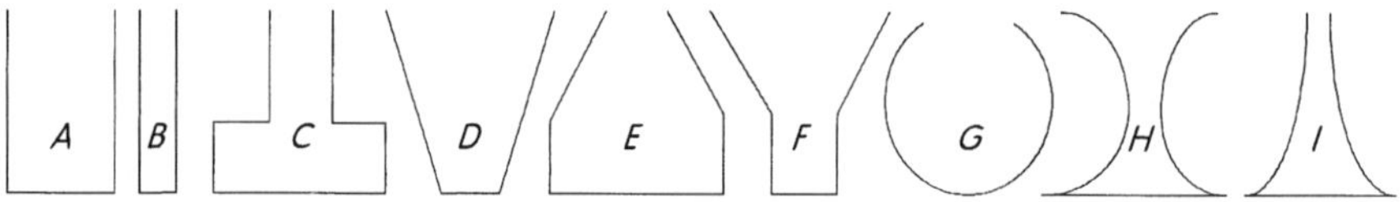

Jedes Gefäß werde nun kontinuierlich mit Wasser gefüllt, die Zuströmgeschwindigkeit des Wassers sei stets konstant. Der Füllvorgang beginne jeweils bei einer Füllhöhe h = 0 im Zeitpunkt t = 0. Zu jedem Zeitpunkt t ≥ 0 ergibt sich somit genau eine Füllhöhe h, d.h. die Füllhöhe h(t) ist eine Funktion h der Zeit t (≥ 0).

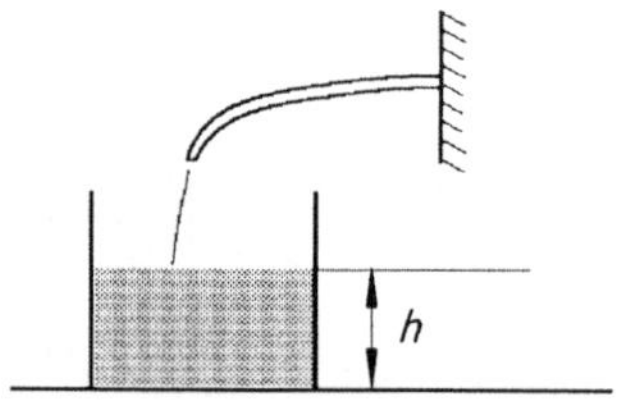

10 derartige „Füllfunktionen" h: $t \mapsto h(t)$ sind graphisch dargestellt: *(Dabei sind nur solche Zeiten t berücksichtigt, die* ***vor*** *dem Überlaufen des jeweiligen Gefäßes liegen.)*

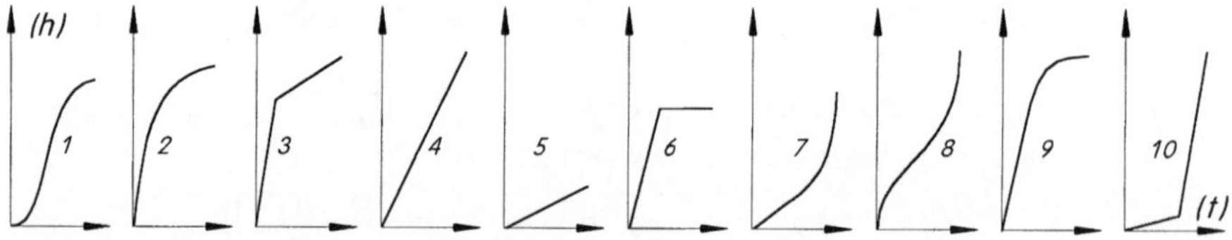

Welche Füllfunktion gehört zu welchem Gefäß?

Aufgabe 2.5 *(2.1.30)*:

Man ermittle anhand von §32 a des Einkommensteuergesetzes *(Veranlagungszeitraum 2005, siehe Beispiel 2.1.25 iii) in der 10-15. Auflage 2002/2010 des Lehrbuches)* die Einkommensteuer S(E) bei einem jährlich zu versteuernden Einkommen E von:

i) 7.670,95 € **ii)** 7.671,00 € **iii)** 12.739,99 €
iv) 12.740,00 € **v)** 12.741,98 € **vi)** 49.999,99 €
vii) 50.000,00 € **viii)** 500.000,00 €

Aufgabe 2.6 *(2.1.31)*:

Man skizziere die folgende Funktion f im Intervall [−3; 5]:

$$f(x) = \begin{cases} x^2 - 1 & \text{für } x \le 0 \\ 2x - 1 & \text{für } 0 < x \le 2 \\ \frac{4}{x} + 3 & \text{für } x > 2 \end{cases}$$

Aufgabe 2.7 *(2.1.51)*:

i) Welche der in Aufgabe 2.1 *(2.1.20)* dargestellten Graphen besitzen als Umkehrung eine **Funktion**?

ii) Von folgenden Funktionen f gebe man den maximalen Definitionsbereich sowie die Umkehrzuordnungen an. Handelt es sich um Umkehr**funktionen**?
Man skizziere jeweils f und die inverse Funktion f^{-1} bzw. Relation R^{-1}:

a) $f: f(x) = x^3 - 1$ **b)** $f: f(z) = \frac{5z - 8}{6z + 7}$ **c)** $f: f(v) = \frac{2v^2 - 3}{v + 1}$

d) $f: f(x) = \sqrt{x^3 + 3}$ **e)** $f: f(x) = \frac{1}{x^2}$

iii) Gegeben sei der Graph (siehe Abb.) einer ertragsgesetzlichen Produktionsfunktion x = x(r) *(x: mengenmäßiger Output; r: mengenmäßiger Input)*.

Man skizziere die zugehörige Umkehrfunktion $r: x \mapsto r(x)$ im gleichen Koordinatensystem.

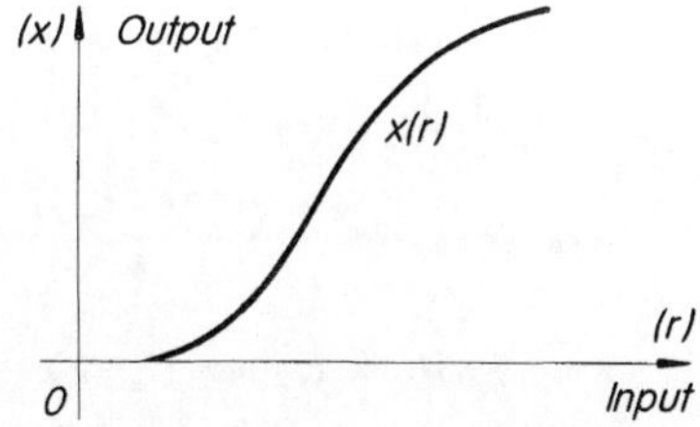

Aufgabe 2.8 *(2.1.53)*:

Man skizziere die nebenstehende Funktion f und gebe *(im gleichen Koordinatensystem)* den Graphen der Umkehrfunktion *(bzw. Umkehrrelation)* an.

$$y = f(x) = \begin{cases} \frac{1}{x} & \text{für } -3 \le x \le -1 \\ x & \text{für } -1 < x \le 0 \\ x^2 & \text{für } 0 < x \le 2 \\ 4 & \text{für } 2 < x \le 3 \end{cases}$$

Aufgabe 2.9 *(2.1.54)*:

Vier Funktionen sind durch ihre unten stehenden Funktionsgleichungen gegeben. Man ermittle von jeder dieser Funktionen

a) den *(maximalen)* Definitionsbereich,
b) die Gleichung der Umkehrfunktion *(bzw. Umkehrrelation)*,
c) den *(maximalen)* Definitionsbereich der Umkehrfunktion *(bzw. Umkehrrelation)*,
d) die Graphen von Funktion und Umkehrung:

i) $x = x(r) = 6\sqrt{3r - 120}$ **ii)** $p = p(x) = 10 \cdot e^{-0,1x}$

iii) $t = t(x) = 0,25x^2 + 2$ **iv)** $i = i(k) = \frac{5k}{k-1}$

Aufgabe 2.10 *(2.1.58)*:

Man ermittle aus den folgenden implizit gegebenen Funktionen jeweils die beiden expliziten Funktionsgleichungen:

i) $F(x,y) = 2x + 3y - 5 = 0$ **ii)** $h(u,v) = u^2 - v^2 + 1 = 0$ *(u, v ≥ 0)*

iii) $g(p,x) = \sqrt{p} - x^2 + 36 = 0$ *(p, x ≥ 0)*

Aufgabe 2.11 *(2.1.67)*:

Gegeben seien die Funktionen f, g, h und k mit den Gleichungen

$f(x) = \sqrt{x}$; $g(x) = \frac{1}{x}$; $h(x) = x^2 + 8x - 9$; $k(x) = x^{15}$.

Man ermittle die Funktionsterme und Definitionsbereiche zu folgenden Verkettungen:

i) $f(g(x))$ **ii)** $g(f(x))$ **iii)** $g(h(x))$

iv) $h(g(x))$ **v)** $k(f(g(x)))$ **vi)** $h(k(f(x)))$

Aufgabe 2.12 *(2.1.68)*:

Gegeben sind die folgenden zusammengesetzten Funktionsgleichungen:

i) $h(x) = 4\sqrt[3]{1 - x^7}$ **ii)** $h(x) = 5(6x^3 - 8x^2 + x - 4)^{2009}$

iii) $h(x) = \left(\frac{1}{\sqrt{x^2 - 7} - 10}\right)^{22}$

Man zerlege jeweils h in innere und äußere Funktionsterme, deren Verkettung wiederum die gegebene Funktion h liefert.

Aufgabe 2.13 *(2.1.69)*:

Bei welchen Funktionspaaren ist die Reihenfolge der Verkettung egal?

i) $f(x) = x^7$ **ii)** $g(x) = x^{20}$ **iii)** $h(x) = \sqrt[7]{x}$

iv) $k(x) = 14x$ **v)** $p(x) = -7x$

Aufgabe 2.14 *(2.2.26)*:

Man untersuche die Funktionen f auf Symmetrie:

i) f: $f(x) = x^6 + x^2 + 1$ **ii)** f: $f(x) = \frac{x^3}{x^2 - 2}$ **iii)** f: $f(x) = (x-4)^2 + 2$

Aufgabe 2.15 *(2.2.30)*:

Man ermittle Definitionsbereich und Nullstellen der Funktionen, die durch folgende Funktionsgleichungen definiert sind:

i) $f(x) = \frac{4}{x^2}$ **ii)** $g(z) = -z^2 + z + 6$ **iii)** $h(a) = \sqrt{a^2 - 4}$

iv) $k(x) = \frac{6x^2 - 20}{5x^2 - 45}$ **v)** $u(y) = \frac{9 - y^2}{2y + 6}$

vi) $B(t) = 100 \cdot e^{-t}$ **vii)** $f(x) = \begin{cases} x^2 - 4 & \text{für } x \le 0 \\ 2x - 4 & \text{für } 0 < x \le 3 \\ \frac{6}{x} + 1 & \text{für } x > 3 \end{cases}$

Aufgabe 2.16 *(2.3.8)*:

Welche der folgenden Funktionen sind Polynome? Man gebe gegebenenfalls den Grad des Polynoms an:

i) $f(x) = -x$ **ii)** $p(y) = ay^2 + by + c$ **iii)** $u(x) = \sqrt{10} \cdot 2^7$

iv) $v(x) = 3x^2 - x + 4 - \sqrt{x}$ **v)** $k(x) = \frac{6x^5 - 1}{26}$

vi) $r(p) = 2p^2 (p-1)(p + \sqrt{7})$.

Aufgabe 2.17 *(2.3.9)*:

Man ermittle mit Hilfe des Horner-Schemas die Funktionswerte $f(-1)$; $f(0{,}5)$; $f(2)$:

i) $f(z) = 5z^3 + 3z^2 - 4z + 12$ **ii)** $f(t) = t^5 - 8t^3 + t - 15$

iii) $f(y) = 0{,}2y^5 - 0{,}8y^4 + 2{,}1y^2 + 4{,}5y$

Aufgabe 2.18 *(2.3.41)*:

i) Man ermittle die Gleichung der zugehörigen linearen Funktion, wenn folgende Daten gegeben sind:

a) Steigung: -3 ; die Funktion verläuft durch den Punkt $P(0{,}6;\ 1{,}2)$.

b) Die Punkte $P(0{,}5;\ 3)$; $Q(-1;\ -4)$ liegen auf der Funktionsgeraden.

c) Die Funktion besitzt die Wertepaare $P(1;\ a)$; $Q(a;\ 4)$.

ii) Man ermittle jeweils den Schnittpunkt der Geraden g und h:

a) g: $y = 2x + 1$; h: $y = -0{,}5x + 6$

b) g: $x - 2y + 3 = 0$; h: $6y - 3x + 4 = 0$

c) g: $y = 0{,}25x + 1$; h: $4y - x - 4 = 0$

d) g: $ax + by + c = 0$; h: $ux + vy + w = 0$ *(a, b, c, u, v, w = const.)*

Aufgabe 2.19 *(2.3.42)*:

Die Versorgung eines Haushaltes mit elektrischer Energie kann zu zwei alternativen Tarifen erfolgen:

Tarif I: Grundgebühr: 30,-- €/ Monat ; Arbeitspreis: 0,25 €/kWh ;
Tarif II: Grundgebühr: 12,-- €/ Monat ; Arbeitspreis: 0,40 €/kWh.

i) Man ermittle für jeden der beiden Tarife die Gleichung der Kostenfunktion, die die monatlichen Gesamtkosten K in Abhängigkeit des monatlichen Energieverbrauchs x angibt.

Man zeichne beide Kostenfunktionen in ein einziges Koordinatensystem.

ii) Man berechne den monatlichen Energieverbrauch, für den sich in beiden Tarifen dieselben Kosten ergeben. Für welche Verbrauchswerte ist Tarif I günstiger als Tarif II?

Aufgabe 2.20 *(2.3.43)*:

Eine Autovermietung vermietet einen PKW über das Wochenende zu folgenden zwei alternativen Tarifen:

Tarif A: Die Grundmiete für das Wochenende beträgt 100€, zuzüglich km-Gebühren: Jeder gefahrene km bis 100 km einschließlich kostet 1 €; für jeden km über 100 km bis 200 km: 80 Cent/km; für jeden km über 200 km bis 400 km: 60 Cent/km; jeder km über 400 km hinaus kostet 50 Cent/km.

Tarif B: Wochenend-Grundmiete 150€, zuzüglich km-Gebühren: für die ersten 200 km: 70 Cent/km; für jeden km über 200 km bis 500 km: 50 Cent/km; für jeden km über 500 km hinaus: 40 Cent/km.

i) Man ermittle die Terme $K_A(x)$ und $K_B(x)$ der beiden Gesamtkostenfunktionen *(bezogen auf ein Wochenende)* in Abhängigkeit der gefahrenen Strecke x und skizziere beide Funktionen im gleichen Koordinatensystem.

ii) Für welche km-Leistung ist welcher Tarif für den Mieter am günstigsten?

Aufgabe 2.21 *(2.3.44)*:

Der Konsum C [GE/ZE] eines Haushalts ist durch eine Konsumfunktion $C = C(Y)$ in Abhängigkeit des Haushaltseinkommens Y [GE/ZE] vorgegeben:

$$C = C(Y) = 120 + 0{,}6 \cdot Y \ , \ (Y \geq 0) \ .$$

i) Wie hoch ist das Existenzminimum *(≙ dem Mindestkonsum)* des Haushaltes?

ii) Man ermittle die Sparfunktion S und gebe das Einkommen Y an, bei dessen Überschreiten die Sparsumme $S(Y)$ positiv wird.

iii) Gibt es ein Einkommen, bei dem Sparsumme und Konsum gleich groß sind? Man ermittle ggf. dieses Einkommen. *(Rechnerische **und** graphische Lösung!)*

Aufgabe 2.22 *(2.3.45)*:

Die Hubermobil AG produziert zwei Automodelle: den Huber 1,8 N *(Benziner)* sowie den Huber 2,3 D *(Diesel)*. Leistung und Ausstattung beider Modelle sind identisch.

Die neueste Betriebskostentabelle einer Automobil-Zeitschrift weist folgende Kostendaten aus:

	monatliche Fixkosten (€)	monatliche Rücklage für Neuwagen (€)	Betriebskosten pro km *(in Cent/km)*
1,8 N	97,--	218,--	21,92
2,3 D	105,--	244,--	19,28

Man untersuche, für welche **jährlichen** Fahrleistungen *(in km/Jahr)* der Typ 1,8 N und für welche Fahrleistungen der Typ 2,3 D das kostengünstigere Modell ist.

Aufgabe 2.23 *(2.3.46)*:

Man ermittle die Telefon-Kostenfunktion K, die die monatlichen Gesamtkosten K(x) eines Telefon-Mobilanschlusses in Abhängigkeit von der Anzahl x der pro Monat verbrauchten Gebühreneinheiten angibt. Dabei berücksichtige man:

a) die Grundgebühr beträgt 24,60 €/Monat ;

b) die ersten 10 Gebühreneinheiten sind kostenlos ;

c) eine Gebühreneinheit kostet 0,23 €.

***Aufgabe 2.24** *(2.3.47)*:

Auf zwei Teilmärkten eines Gesamtmarktes seien für ein Wirtschaftsgut die Nachfragefunktionen wie folgt definiert *($x \geq 0, p \geq 0$)* gegeben:

Markt I: $p_1(x) = 6 - x$; Markt II: $p_2(x) = 4 - 0{,}5x$ *(p: Preis; x: Menge)*.

Man ermittle graphisch und rechnerisch die „aggregierte" Nachfragefunktion für das Gut auf dem zusammengefassten Gesamtmarkt *(siehe auch Bem. 2.5.4 Lehrbuch)*.

Bemerkung: Die aggregierte Nachfragefunktion $p: x \mapsto p(x)$ stellt den Zusammenhang her zwischen Preis p und der Summe x aller individuellen Nachfragemengen *(hier: auf den beiden betrachteten Märkten)*.

***Aufgabe 2.25** *(2.3.48)*:

Eine Ein-Produkt-Unternehmung produziert pro Periode mit folgenden Basis-Kosten:

Fixkosten: 10.000 €;
variable Stückkosten: 50 €/ME für Outputwerte bis incl. 800 ME.

Infolge Kostendegression durch optimale Auslastung sinken für diejenigen Outputwerte, die über 800 ME *(bis incl. 2.400 ME)* liegen, die stückvariablen Kosten um 50%.

Outputwerte über 2.400 ME hinaus können nur unter extremer Überbelastung von Mensch und Material erzeugt werden, für diese Produkte *(d.h. für jede Outputeinheit über 2.400 ME hinaus)* fallen stückvariable Kosten an, die um 200% über dem Basis-Wert *(= 50 €/ME)* liegen.

Die pro Periode erzeugten Mengen können unmittelbar an den Hauptkunden der Unternehmung verkauft werden. Je nach beabsichtigter Absatzmenge müssen Rabatte eingeräumt werden:

- Verkaufs-Grundpreis 100 €/ME für Mengen bis incl. 1.000 ME;
- 20% Rabatt bei Mengen über 1.000 bis incl. 2.000 ME;
- 40% Rabatt *(bezogen auf den Verkaufs-Grundpreis)* bei Mengen über 2.000 ME .

Fall A: Der Rabatt bezieht sich auf die **gesamte** Absatzmenge;
Fall B: Der Rabatt bezieht sich nur auf das zugehörige o.a. Mengenintervall.

Innerhalb welcher Produktions- und Absatzmengen operiert die Unternehmung mit Gewinn?

Man löse das gestellte Problem in beiden Fällen (A und B) ***graphisch*** *und* ***rechnerisch****.*

Hinweise: *Koordinatensystem: Abszisse 0 – 4.000 ME; Ordinate 0 – 300.000 €.*

Für die rechnerische Lösung stelle man die Gesamtkostenfunktion sowie die beiden Erlösfunktionen auf und ermittle (unter Beachtung der ökonomischen Definitionsbereiche) die Gewinnschwellen.

Aufgabe 2.26 *(2.3.59)***:**

i) Man ermittle die Nullstellen folgender quadratischer Polynome:

a) f: $f(x) = -x^2 + 7x + 16$

b) g: $g(p) = 2p^2 + 6p + 18$

c) h: $h(y) = 1{,}2y^2 - 24y + 198$

ii) Wie lautet die Gleichung der Parabel, die durch folgende Punkte verläuft?

a) P(0; 3) ; Q(2; 4) ; R(4; 8)

b) A(2; 0) ; B(14; 1) ; C(−6; −1)

Aufgabe 2.27 *(2.3.60)***:**

Angebotspreis p_A [GE/ME] und Nachfragepreis p_N [GE/ME] für ein Gut seien durch folgende Funktionsgleichungen gegeben:

$$p_A(x) = 2(x + 1) \; ; \qquad p_N(x) = 0{,}5(36 - x^2) \qquad (x\text{: Menge [ME]}).$$

i) Man bestimme *graphisch* den ökonomisch sinnvollen Definitions- und Wertebereich von p_N und p_A.

ii) Man ermittle Gleichgewichtspreis und -menge sowie den Gesamtumsatz im Gleichgewichtspunkt *(= „Marktgleichgewicht": Schnittpunkt von Angebots- und Nachfragefunktion).*

iii) Von welchem Preis an wird die geplante Nachfrage größer als 5 ME?

Aufgabe 2.28 *(2.3.61)*:

Für ein Gut sei folgende Preis-Absatz-Funktion gegeben:

$p(x) = 1.200 - 0{,}2x$ *(p: Absatzpreis (€/ME), x: nachgefragte Menge (ME))*

i) Man ermittle die zugehörige Erlösfunktion E

a) in Abhängigkeit von der Menge *(d.h. $E = E(x)$)* ;

b) in Abhängigkeit vom Preis *(d.h. $E = E(p)$)* .

ii) Der einzige Produzent des Gutes *(Monopolfall)* produziere mit folgender Gesamtkostenfunktion K:

$K(x) = 0{,}2x^2 + 500.000$ *(K: Gesamtkosten [€], x: Output [ME])*

Der produzierte Output kann vollständig nach der o.a. Preis-Absatz-Funktion abgesetzt werden.

Man ermittle die Gewinnzone des Monopolisten *(d.h. diejenigen Output-Eckwerte, auch Gewinnschwellen genannt, innerhalb derer sich ein nichtnegativer Gewinn ergibt)*

(Lösung graphisch und rechnerisch) .

Aufgabe 2.29 *(2.3.73)*:

Gegeben sind die Polynome f und eine oder mehrere zugehörige Nullstellen x_k *($k = 1, 2, \ldots$)*. Man ermittle sämtliche reellen Nullstellen von f.

i) $f(x) = x^3 - 2x^2 - 2x + 4$; $x_1 = 2$

ii) $f(x) = x^4 - 6x^3 + 3x^2 + 26x - 24$; $x_1 = 3$; $x_2 = -2$

iii) $f(x) = x^3 - 2x + 1$; $x_1 = 1$

iv) $f(x) = 2x^4 - 3x^3 - 10x^2 + 5x - 6$; $x_1 = -2$; $x_2 = 3$

Aufgabe 2.30 *(2.3.74)*:

Man ermittle sämtliche reellen Lösungen folgender Gleichungen:

i) $x^3 = 10 - 9x$

ii) $y^3 + 12 = 34y$

iii) $3a^3 - 2a^2 + 30 = 23a$

iv) $n^3 - 3n^2 = 75 - 25n$

v) $z^3 - 5z = 3z^2 + 25$

vi) $t^4 - 4t^3 - 2t^2 - 20t + 25 = 0$

Aufgabe 2.31 *(2.3.79)*:

i) Die monatlichen Kosten K [€/Monat] für elektrische Energie eines Haushaltes setzen sich zusammen aus der monatlichen Grundgebühr in Höhe von 40 €/Monat und einem Arbeitspreis von 0,15 €/kWh. Man ermittle und skizziere die Funktion k(x), die die monatlichen Kosten pro verbrauchter kWh in Abhängigkeit vom monatlichen Gesamtverbrauch x [kWh/Monat] angibt.

ii) Ausgehend von der ertragsgesetzlichen Gesamtkostenfunktion K mit

$$K(x) = 0{,}07x^3 - 2x^2 + 60x + 267 \qquad \textit{(K: Gesamtkosten, x: Output)}$$

ermittle man die Funktionsgleichungen der variablen und fixen Kosten sowie der variablen, fixen und gesamten Stückkosten. Ökon. Definitionsbereiche? Skizze!

iii) Unter Zugrundelegung des Ergebnisses von Aufgabe 2.23 *(2.3.46)* ermittle man die Stückkostenfunktion k, die die Kosten k(x) pro Gebühreneinheit in Abhängigkeit von der Anzahl x der insgesamt pro Monat verbrauchten Gebühreneinheiten angibt. Skizze !

Aufgabe 2.32 *(2.3.92)***:**

Für die nachstehenden Funktionen ermittle man **a)** den maximalen Definitionsbereich und **b)** *(in den Fällen i) – iv))* die Gleichung der jeweiligen Umkehrrelation:

i) $y = (x+1)^2$ **ii)** $y = \sqrt[3]{x^2 - 4}$ **iii)** $y = \sqrt[4]{1 - x^2}$

iv) $y = \dfrac{x+1}{\sqrt{x-1}}$ **v)** $y = \dfrac{2\sqrt{x+8}}{5\sqrt[3]{x^2-16}}$

Aufgabe 2.33 *(2.3.93)***:**

Gegeben ist eine Produktionsfunktion x: $r \mapsto x(r)$ mit der Gleichung

$$x(r) = \sqrt{4r - 100} - 10 \qquad \textit{(x: Ouput in } ME_x\textit{; r: Faktorinput in } ME_r\textit{)}.$$

Pro eingesetzter Faktoreinheit entstehen Kosten von 8 GE/ME_r, pro produzierter Outputeinheit kann am Markt ein Preis von 100 GE/ME_x erzielt werden.

i) Man ermittle den mathematischen Definitionsbereich sowie den ökonomischen Definitionsbereich *(Output muss nichtnegativ sein!)*

ii) Es werde ein Output von 50 ME_x produziert und abgesetzt. Man berechne die entstandenen Faktorkosten sowie den Umsatz.

iii) Man ermittle die Kostenfunktion K, die die Beziehung zwischen Output x und zugehörigen Faktorkosten K(x) angibt.

iv) Welche Outputmengen müssen produziert (und abgesetzt) werden, damit die Unternehmung in der Gewinnzone produziert?

Aufgabe 2.34 *(2.3.100)***:**

Man ermittle **a)** den maximalen Definitionsbereich und **b)** die Nullstellen von

i) $f(x) = 3e^{-x} - e^{2x}$ **ii)** $g(x) = \frac{1}{2}(e^x + e^{-x})$ **iii)** $h(x) = \frac{1}{2}(e^x - e^{-x})$

iv) $k(x) = 3x^2 \cdot e^{-x^2} - 12e^{-x^2}$ **v)** $p(x) = 7 \cdot e^{\frac{x-1}{x+3}}$

Aufgabe 2.35 *(2.3.104)*:

Man ermittle **a)** den maximalen Definitionsbereich, **b)** die Nullstellen sowie **c)** die Umkehrfunktionen *(bzw. Umkehrrelationen)* der nachfolgend definierten Funktionen f, g, k, h:

i) $f(x) = \ln \sqrt{x^2 + 1}$ **ii)** $g(p) = \ln\left(\frac{p}{2}\right)$

iii) $k(x) = \ln(x + 1) + \ln x$ **iv)** $h(u) = \ln u + \ln \sqrt{u^2 - 1}$

Aufgabe 2.36 *(2.3.133)*:

i) Man gebe zu folgenden Winkeln (°, im Gradmaß) das äquivalente Bogenmaß an:

$60°$; $1°$; $-30°$; $1.400°$; $-36.000°$.

ii) Man ermittle zu folgenden Bogenmaßzahlen das entsprechende Gradmaß *(Winkelmaß)*:

$0{,}5$; $\frac{-1}{\sqrt{2}}$; 90 ; -1 ; $\frac{\pi}{6}$; $\frac{2\pi}{9}$; 20π .

iii) Wie lang ist ein Bogen auf einem Kreis mit dem Radius 4, zu dem ein Zentriwinkel von

a) $33°$ **b)** $\frac{\pi}{4}$ (im Bogenmaß) gehört?

Aufgabe 2.37 *(2.3.134)*:

i) Man ermittle folgende Funktionswerte:

$\sin 0{,}5$; $\cos 31°$; $\tan 1$; $\cot 45°$;

$\tan \frac{7\pi}{2}$; $\cos(2\pi + 1)$; $\sin \frac{\pi + 3}{2}$;

$\sin \sqrt{2} + \cos \frac{1}{3}\sqrt{3}$; $\sin 1000$; $\sin 1000°$.

ii) Zu folgenden Funktionswerten ermittle man den kleinsten positiven Winkel x im Bogen- sowie im Gradmaß:

$\sin x = -1$; $x = ?$ $\sin x = 1{,}5$; $x = ?$

$\sin 2x = 0{,}5$; $x = ?$ $\tan x = 99.999$; $x = ?$

$\cos(-x + 1) = 0{,}35$; $x = ?$ $2 \sin(3x + \pi/2) = \sqrt{2}$; $x = ?$

Aufgabe 2.38 *(2.3.135)*:

Man vereinfache folgende Terme:

i) $\cos x \cdot \tan x$ **ii)** $\frac{\sin x}{\tan x}$ **iii)** $1 - \frac{1}{\cos^2 x}$

iv) $\frac{\sin^2 x}{1 - \cos x}$ **v)** $\tan x \cdot \sin x + \cos x$ **vi)** $\frac{\tan x - 1}{\sin x - \cos x}$

Aufgabe 2.39 *(2.3.136)*:

Mit Hilfe der trigonometrischen Basis-Definitionen/-Relationen *((2.3.126), (2.3.127), (2.3.128), (2.3.110), (2.3.123), (2.3.124) sowie (2.3.125) im Lehrbuch)* zeige man die Allgemeingültigkeit folgender trigonometrischer Gleichungen:

i) $\cos(x_1 \pm x_2) = \cos x_1 \cos x_2 \mp \sin x_1 \sin x_2$ **ii)** $\sin 2x = 2 \sin x \cos x$

iii) $\cos 2x = 1 - 2\sin^2 x = 2\cos^2 x - 1 = \cos^2 x - \sin^2 x$ **iv)** $\tan 2x = \frac{2 \tan x}{1 - \tan^2 x}$

v) $1 - \cos x = 2 \sin^2 \frac{x}{2}$ **vi)** $1 + \cos x = 2 \cos^2 \frac{x}{2}$

Aufgabe 2. 40 *(2.4.10)*:

Man ermittle *(z.B. mit Hilfe der Regula falsi)* auf 4 Dezimalen nach dem Komma genau die Lösungen folgender Gleichungen *(es gibt jeweils genau eine Lösung)*:

i) $x^2 - x^5 = 1$ **ii)** $0{,}1x^3 - x^2 - 2x = 7$ **iii)** $\ln x + e^x = x^2 - 1$

iv) $0 = 100 \cdot q^{20} - 10 \cdot \frac{q^{20} - 1}{q - 1}$ **v)** $0 = -100q^5 + 20q^4 + 30q^3 + 40q^2 + 50q + 60$

Aufgabe 2.41 *(2.4.11)*:

Für eine Ein-Produkt-Unternehmung seien Gesamtkostenfunktion K: $x \mapsto K(x)$ und Preis-Absatz-Funktion p: $x \mapsto p(x)$ gegeben durch:

$$K(x) = x^3 - 2x^2 + 30x + 98 \; ; \qquad p(x) = 100 - 0{,}5x$$

(x: produzierte und abgesetzte Menge (in ME), $x \geq 0$; K: Gesamtkosten (in GE); p: Marktpreis (in GE/ME), $p \geq 0$).

Man ermittle obere und untere Gewinnschwelle (Nutzengrenze), d.h. diejenigen Outputmengen x_1, x_2, innerhalb derer die Unternehmung mit (positivem) Gewinn (:= Erlös – Kosten) operiert *(siehe auch Lehrbuch Abb. 2.5.33)*.

Aufgabe 2.42 *(2.5.55)*:

Gegeben sind folgende ökonomische Funktionen, definiert durch ihre Funktionsgleichungen *(Definitionsbereich = ökonomischer Definitionsbereich)*:

- Preis-Absatz-Funktion: $x = x(p) = 120 - 0{,}4p$ — x: nachgefragte Menge (ME); p: Preis (GE/ME)
- Erlösfunktion: $E = E(x) = 300x - 2{,}5x^2$ — x: Menge (ME); E: Erlös (GE)
- Kostenfunktion: $K = K(x) = 0{,}01x^2 + 10x + 200$ — x: Output (ME); K: Gesamtkosten (GE)
- Produktionsfunktion: $x = x(r) = \sqrt{r - 10}$ — r: Input (ME_r); x: Output (ME_x)
- Konsumfunktion: $C = C(Y) = 500 + 0{,}4Y$ — Y: Einkommen (GE); C: Konsumausgaben (GE)

i) Für welche Outputmengen betragen

a) die Gesamtkosten 509 GE
b) die gesamten Stückkosten 13 GE/ME
c) die variablen Kosten 416 GE
d) die durchschnittlichen fixen Kosten 8 GE/ME?

ii) Für welche Preise ist die nachgefragte Menge kleiner als 91,2 ME?

iii) Bei welchem Einkommen wird für Konsumzwecke genauso viel ausgegeben wie gespart wird?
*(**Hinweis:** Konsumausgaben + Sparsumme = Einkommen)*

iv) Welche Inputwerte führen zu einem Output von 20 ME_x?

v) Welche Absatzmengen führen zu einem Gesamterlös von 8.000 GE?

vi) Bei welchen Absatzmengen wird der Erlös Null? *(ökonomische Erklärung?)*

vii) Bei welcher produzierten und abgesetzten Menge ist der Gewinn
a) Null **b)** positiv?

Aufgabe 2.43 *(2.5.56)*:

Die Ein-Produkt-Unternehmung eines Monopolisten sehe sich folgender Nachfragefunktion gegenüber:

$$x\colon x(p) = 125 - 1{,}25p\,, \qquad x \geq 0, p \geq 0\,.$$

Die Kostenfunktion K des Monopolisten sei gegeben durch:

$$K(x) = 0{,}2x^2 + 4x + 704\,, \qquad x \geq 0\,.$$

Man ermittle das Mengenintervall, innerhalb dessen die Unternehmung mit positivem Gewinn produziert (Gewinnschwellen).

Aufgabe 2.44 *(2.5.57)*:

Gegeben ist eine Produktionsfunktion $x\colon r \mapsto x(r)$ mit der Gleichung:

$$x(r) = \sqrt{2r - 200}\,, \quad r > 100. \qquad (x\text{: Output } [ME_x]\,;\ r\text{: Input } [ME_r]\,).$$

Der Preis p_r des variablen Produktionsfaktors betrage 2 €/ME_r, der Marktpreis p_x des Produktes betrage 30 €/ME_x.

i) Man ermittle die Gesamtkostenfunktion K(x).

ii) Man ermittle die Gewinnfunktion G(x).

iii) Man ermittle die Gewinnschwellen.

iv) Innerhalb welcher Outputwerte ist der
a) Stückgewinn **b)** Deckungsbeitrag **c)** Stückdeckungsbeitrag
positiv?

Aufgabe 2.45 *(2.5.58)*:

Der Wert W (in €) eines PKW sei in Abhängigkeit seines Alters (in Jahren) durch folgende Funktion W(t) gegeben:

$$W(t) = 10.000 \cdot \frac{15-t}{t+2}; \quad t \geq 0 .$$

i) Nach wieviel Jahren ist der Wert auf Null (= Schrottwert) abgesunken?

ii) In welchem Zeitpunkt beträgt der gesamte Wertverlust 60% des ursprünglichen Neuwagenwertes?

Aufgabe 2.46 *(2.5.59)*:

Eine Ein-Produkt-Unternehmung produziert ihren Output x (in ME) zu folgenden Gesamtkosten K (in GE):

$$K(x) = 200 \cdot e^{0,01x} + 400 , \quad x \geq 0 .$$

i) Man ermittle die Höhe K_f der Fixkosten.

ii) Wie hoch sind die durchschnittlichen variablen Kosten für einen Output von 120 ME?

iii) Der Output kann (in beliebiger Höhe) zu einem Preis von 30 GE/ME abgesetzt werden. Man ermittle die Gewinnzone der Unternehmung. *(Näherungsverfahren!)*

Aufgabe 2.47 *(2.5.60)*:

Gegeben sei die Produktionsfunktion x durch folgende Zuordnungsvorschrift:

$$x = x(r) = -2r^4 + 8r^3 + 27r^2 \qquad \textit{(r: Input, in } ME_r \textit{; x: Output, in } ME_x\textit{)}.$$

Für welche Inputwerte ist diese Funktion ökonomisch sinnvoll definiert?

Aufgabe 2.48 *(2.5.61)*:

Ein Handelsunternehmen kann das Produkt „P" zu einem Preis von 140 €/ME absetzen, pro Monat werden dann 600 ME nachgefragt.

Bei Preiserhöhung auf 170 €/ME reagieren die Kunden mit einem Nachfragerückgang auf 500 ME/Monat.

Die Nachfragefunktion $x: p \mapsto x(p)$ (x: Menge (ME/Monat); p: Preis (€/ME)) ist vom Typ

$$x(p) = \frac{a}{p+b}, \qquad a,b \in \mathbb{R} .$$

Wie müssen die Konstanten a und b gewählt werden, damit die o.a. empirischen Preis-/Mengen-Kombinationen durch die Nachfragefunktion beschrieben werden?

Aufgabe 2.49 *(2.5.62)*:

Die monatlichen Konsumausgaben C(Y) eines Haushaltes seien in Abhängigkeit des Haushaltseinkommens Y (≥0) gegeben durch die Funktionsgleichung:

$$C(Y) = 900 + 0{,}6Y .$$

Das Einkommen Y des Haushalts teile sich auf in Konsum (C) plus Sparen (S).

i) Man ermittle die Sparfunktion S: S = S(Y) des Haushaltes.

ii) Wie hoch ist das monatliche Existenzminimum des Haushaltes?

iii) Bei welchem monatlichen Haushaltseinkommen wird das gesamte Einkommen für Konsumzwecke verwendet?

iv) Man ermittle das Haushaltseinkommen, bei dessen Überschreiten die Sparsumme erstmals positiv wird.

v) Man zeige graphisch mit Hilfe von Fahrstrahlen, dass die durchschnittliche Konsumquote (d.h. der Quotient aus C(Y) und Y) mit steigendem Einkommen abnimmt.

Aufgabe 2.50 *(2.5.63)*:

Die Konsumausgaben C(Y) (in €/Monat) eines Haushaltes hängen vom Haushaltseinkommen Y (in €/Monat) in folgender Weise ab:

$$C(Y) = 80 \cdot \sqrt{0{,}2Y + 36} .$$

i) Man ermittle den mathematischen sowie den ökonomischen Definitionsbereich der Konsumfunktion.

ii) Wie hoch ist das Existenzminimum?

iii) Von welchem Monatseinkommen an wird die monatliche Sparsumme positiv?

iv) Bei welchem Monatseinkommen verbraucht der Haushalt für Konsumzwecke genau 90% seines Einkommens? *(Man sagt, die „Verbrauchsquote" betrage 90% bzw. die „Sparquote" betrage 10%.)*

Aufgabe 2.51 *(2.5.64)*:

Der monatliche Butterverbrauch B *(in €/Monat)* eines Haushaltes hänge vom monatlichen Haushaltseinkommen Y *(in 100€/Monat)* in folgender Weise ab:

$$B = B(Y) = 35 \cdot e^{-\frac{15}{Y}}, \quad (Y > 0) .$$

i) Man ermittle den ökonomischen Definitionsbereich und skizziere die Funktion.

ii) Wie hoch ist der monatliche Butterverbrauch bei einem Haushaltseinkommen von 2.800 €/ Monat?

iii) Welches Monatseinkommen erzielt ein Haushalt, dessen monatlicher Butterverbrauch eine Höhe von 10 €/Monat erreicht?

iv) Man ermittle und skizziere die Umkehrfunktion Y = Y(B). Wie lautet der ökonomische Definitionsbereich der Umkehrfunktion?

Aufgabe 2.52 *(2.5.65)*:

Für ein Gut existiere die folgende Preis-Absatz-Funktion p: $x \mapsto p(x)$ mit:

$$p(x) = \frac{100}{\sqrt{x}} - 4\sqrt{x} + 20 \; ; \; x > 0; \; p > 0 \quad \textit{(x: Menge (in ME) ; p: Preis (in GE/ME))}$$

i) Man ermittle den Erlös, wenn 60 ME abgesetzt werden.

ii) Für welche nachgefragten Mengen ist der Preis positiv?

Aufgabe 2.53 *(2.5.66)*:

Für einen Haushalt sind die (monatlichen) Ausgaben A(Y) für Energie (in €/Monat) in Abhängigkeit vom Haushaltseinkommen Y (in €/Monat) gegeben durch die Funktionsgleichung

$$A(Y) = 200 \cdot \ln (Y + 100) - 750 \quad , \quad Y \geq 0 .$$

i) Die monatlichen Energieausgaben betragen 900 €. Welches Haushaltseinkommen wird realisiert?

ii) Bei welchem Haushaltseinkommen bewirkt eine Einkommenserhöhung um 500 € eine Steigerung der Energieausgaben um genau 100 €?

iii) Bei welchem Einkommen werden 20% dieses Einkommens für Energie ausgegeben? *(Näherungsverfahren!)*

Aufgabe 2.54 *(2.5.67)*:

Huber will ein neues – nur für Glatzköpfe entwickeltes – Haarwuchsmittel vermarkten. Pro abgesetzter Mengeneinheit (ME) des Haarwuchsmittels erzielt er einen Erlös von 10 Geldeinheiten (GE).

Er will nun in allen Medien eine aufwendige Werbekampagne starten, die einmalig Fixkosten in Höhe von 10.000 GE verursacht und zusätzlich pro Werbe-Tag 20.000 GE kostet.

Die kumulierte Absatzmenge x (in ME) des Haarwuchsmittels hängt von der Laufzeit t (in Tagen) der Werbekampagne ab und kann durch folgende Funktionsgleichung beschrieben werden:

$$x = x(t) = 100.000\,(1 - e^{-0,1t}) \; , \; t \geq 0 .$$

i) Man ermittle die Funktionsgleichung $G = G(t)$, die Hubers Gesamtgewinn $G(t)$ in Abhängigkeit von der Laufzeit t der Werbekampagne beschreibt.

ii) Wie hoch ist sein durchschnittlicher Gewinn pro Tag, wenn die Werbekampagne 20 Tage läuft?

iii) Welchen Gesamtgewinn erzielt er, wenn er völlig auf die Werbekampagne verzichtet? *(jetzt gilt also $t = 0$)*

iv) Wie hoch ist die *(theoretische)* kumulierte Absatzhöchstmenge?

v) Von welcher Laufzeit an wird der kumulierte Gesamtgewinn erstmals negativ?

Aufgabe 2.55 *(2.5.68)*:

In einer Modell-Volkswirtschaft kann die jährliche Produktionmenge von Schwefelsäure *(Produktionsmenge: x (in 1.000 t/Jahr))* in Abhängigkeit des erzielten Bruttosozialproduktes (BSP) *(y, in Millionen €/ Jahr)* beschrieben werden durch folgende Funktionsgleichung:

$$x = x(y) = 1{,}2y^{0{,}5} + 420\,, \quad (y > 1)\,.$$

Im Jahr 2005 wurden 900.000 t Schwefelsäure produziert. Wie hoch war das BSP in 2005?

Aufgabe 2.56 *(2.5.69)*:

Gegeben seien für ein Gut eine Preis-Absatz-Funktion p mit

$$p(x) = 200 \cdot e^{-0{,}2x}$$

und eine Angebotsfunktion p_a mit $\quad p_a(x) = 12 + 0{,}5x \quad , \quad x \geq 0\,.$

Man ermittle Menge x und Preis p $(= p_a)$ im Marktgleichgewicht.
(Näherungsverfahren!)

Aufgabe 2.57 *(2.5.70)*:

Die Nachfrage x (in ME/Jahr) nach einem Markenartikel hänge – c.p. – ab von seinem Preis p (in GE/ME) und von den Aufwendungen w (in GE/Jahr) für Werbung (und andere marketing-politische Instrumente).

Langjährige Untersuchungen führen zur folgenden funktionalen Beziehung zwischen x, p und w:

$$x = x(p, w) = 3.950 - 20p + \sqrt{w}\ ; \quad (p, w > 0)\ .$$

Bei der Produktion des Artikels fallen fixe Kosten in Höhe von 7.950 GE/ Jahr an, die stückvariablen Produktionskosten betragen stets 79 GE/ME. Selbstverständlich sind auch die jährlichen Marketingausgaben w als direkte Kosten für den Artikel anzusehen. Im betrachteten Jahr werden 1.600 GE für Werbung/Marketing ausgegeben.

Man ermittle die Gleichung G = G(p) der Gewinnfunktion in Abhängigkeit vom Preis p des Gutes.

Aufgabe 2.58 *(2.5.71)*:

Gegeben sei eine Investitionsfunktion I, die den Zusammenhang von Investitionsausgaben I(i) für den Wohnungsbau *(in Mio. €/Jahr)* und dem *(effektiven)* Kapitalmarktzinssatz i *(in % p.a.: z.B. i = 0,08 = 8% p.a. usw.)* beschreibt:

$$I = I(i) = \frac{50.000}{250i + 1}\ ; \quad (i \geq 0)\ .$$

Bei welchem Marktzinssatz werden pro Jahr 2 Milliarden € in den Wohnungsbau investiert?

Aufgabe 2.59 *(2.5.72)*:

Betrachtet werde ein „durchschnittlicher“ Unternehmer, dessen Jahreseinkommen Y mit einer Steuer belastet wird. Der Steuersatz s sei vorgegeben *(z.B. bedeutet s = 0,6: 60% des Unternehmereinkommens werden als Steuer an den Staat abgeführt usw.)*; Der Steuersatz s kann vom Staat geändert werden.

Langjährige Untersuchungen zeigen, dass die Gesamteinnahmen T des Staates an dieser Steuer wiederum von der Höhe des Steuersatzes s abhängen, d.h. $T = T(s)$. Für die Eckwerte von s *(nämlich 0 % und 100 %)* ergaben sich folgende Erfahrungswerte:

i) Wenn $s = 0$ (≙ 0%), so benötigt der Staat offenbar keine Steuern, es gilt $T = 0$, das gesamte Einkommen verbleibt beim Unternehmer.

ii) Wenn $s = 1$ (≙ 100%), so muss der Unternehmer sein gesamtes Einkommen an den Staat abführen, daher wird der Unternehmer in diesem Fall – getreu dem ökonomischen Prinzip – überhaupt kein Einkommen erzielen wollen, d.h. auch jetzt wird der Staat keine Steuereinnahmen erzielen, $T = 0$.

iii) Nur wenn der Steuersatz größer als 0, aber kleiner als 1 ist, erzielt der Staat Steuereinnahmen, $T > 0$.

Es werde nun unterstellt, dass die eben beschriebene Funktion T folgende Gestalt besitzt:

$$T = T(s) = 1800 \cdot s \cdot (1-s)\,; \qquad (0 \le s \le 1) \quad .$$

(T: Steuereinnahmen des Staates
s: Steuersatz)

Man zeige, dass diese Funktion T die in i), ii) und iii) beschriebenen Eigenschaften besitzt.

Aufgabe 2.60 *(2.5.73)*:

Die Huber AG will ihr neues Produkt vermarkten, pro Mengeneinheit (ME) erzielt sie einen Verkaufserlös von 50 Geldeinheiten (GE).

Bei der Produktion des Produktes fallen Fixkosten in Höhe von 5.000 GE/Jahr an, darüber hinaus verursacht jede hergestellte Mengeneinheit Produktionskosten in Höhe von 4 GE.

Um den Markterfolg ihres Produktes langfristig zu sichern, beauftragt die Huber AG eine Werbeagentur.

Bezeichnen wir die jährlichen Gesamtaufwendungen für Werbung mit w (in GE/Jahr), so besteht zwischen nachgefragter Menge x (in ME/Jahr) und Werbeaufwand w (in GE/Jahr) folgende funktionale Beziehung:

$$x = x(w) = 1.000 - 200 \cdot e^{-0{,}001w}, \quad (x, w \ge 0)\,.$$

i) Man ermittle die Gewinnfunktion für dieses Produkt in Abhängigkeit des (jährlichen) Werbeaufwandes: $G = G(w)$.

ii) Wie hoch ist der Gewinn, falls für Werbung 500 GE/Jahr aufgewendet werden?

Aufgabe 2.61 *(2.5.74)*:

Die Huber GmbH produziere in der hier betrachteten Periode ausschließlich Gimmicks. Dazu benötigt sie *(außer festen Inputfaktoren)* einen einzigen variablen Inputfaktor, nämlich Energie.

Bezeichnet man die Gesamtheit der in der Bezugsperiode produzierten Gimmicks mit m *(in kg)* und die dafür insgesamt benötigte Energiemenge mit E *(in Energieeinheiten (EE))*, so besteht zwischen m und E der folgende funktionale Zusammenhang:

$$m = m(E) = 20\sqrt{0{,}5E - 80}\,, \qquad E \geq 160\,.$$

Eine Energieeinheit kostet die Huber GmbH 20 GE.

Die Gimmicksproduktion kann unmittelbar am Markt abgesetzt werden zum Marktpreis p, der von der Huber GmbH festgesetzt wird. Zwischen nachgefragter Menge m und Absatzpreis p *(in GE/kg)* besteht folgender Zusammenhang:

$$m = m(p) = 400 - 0{,}25p\,, \quad (m, p \geq 0)\,.$$

i) Man ermittle die Kostenfunktion K = K(m), die den Zusammenhang zwischen Gimmick-Output m und die dafür angefallenen benötigten Energiekosten K beschreibt.

ii) Man ermittle die Gewinnfunktion G, die zu jedem Gimmick-Preis p den zugehörigen Gesamtgewinn G(p) aus Produktion und Absatz beschreibt.

***iii)** Man ermittle die von E abhängige Gewinnfunktion G(E).

iv) Man ermittle die von m abhängige Gewinnfunktion G(m).

***Aufgabe 2.62** *(2.5.75)*:

Gegeben sei eine doppelt-geknickte Preis-Absatz-Funktion p = p(x) *(nach Gutenberg)* gemäß nebenstehender Skizze.

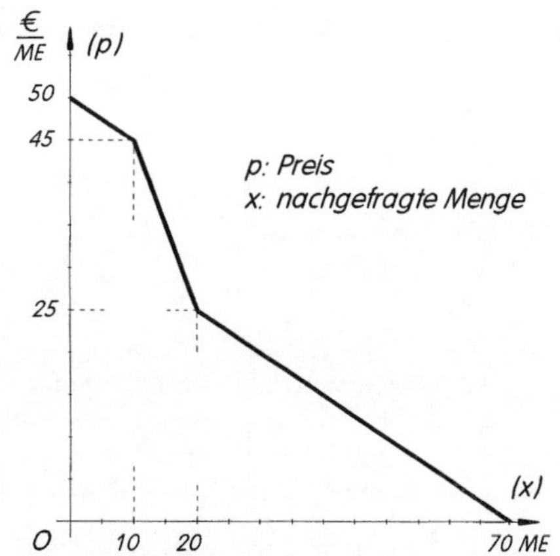

i) Man gebe die mathematische Darstellung dieser Preis-Absatz-Funktion an. ***(Hinweis:*** *Es handelt sich hier um eine abschnittsweise definierte Funktion!)*.

ii) Man gebe die mathematische Darstellung der Erlösfunktion E = E(x) an.

Die Gesamtkostenfunktion des *(einzigen)* Anbieters sei gegeben durch

$$K(x) = 10x + 250$$

(K: Gesamtkosten (GE), x: Output (ME)).

iii) Man ermittle die Gewinnzone des Monopolisten a) graphisch b) rechnerisch.

***Aufgabe 2.63** *(2.5.76)*:

Gegeben seien für ein Gut auf zwei verschiedenen Märkten jeweils Angebots- und Nachfrageverhalten durch folgende Funktionsgleichungen:

	Markt 1	Markt 2
Angebotsfunktion:	$p_A(x) = 2x + 2$	$p_A(x) = x + 4$
Nachfragefunktion:	$p_N(x) = 16 - 2x$	$p_N(x) = 10 - x$

i) Man ermittle für jeden Markt getrennt den Gleichgewichtspunkt und gebe die Gesamtsumme der Gleichgewichtsumsätze beider Märkte an.

ii) Die zunächst getrennten Märkte werden nun zu einem Gesamtmarkt zusammengefasst *(„aggregiert")*. Zu jedem Marktpreis ergibt sich nunmehr die resultierende Angebots- bzw. Nachfragemenge als Summe der entsprechenden Einzelmengen auf jedem Teilmarkt.

Man ermittle zunächst *graphisch* und dann *rechnerisch* jeweils die aggregierte Angebots- bzw. Nachfragefunktion und berechne den Gleichgewichtspunkt des aggregierten Gesamtmarktes.

Welcher Gesamtumsatz ergibt sich nun? *(Man vergleiche mit i)!)*

Aufgabe 2.64 *(2.5.77)*:

Eine Phillips-Kurve sei gegeben durch die Funktionsgleichung

$$p^* = \frac{(12 - A) \cdot 10}{\sqrt{A\,(40 - A)}}$$

(A: Arbeitslosenquote (%); p: Inflationsrate (%),*
z.B. bedeutet A = 2 eine Arbeitslosenquote von 2%,
p = 6 bedeutet eine Preisänderungsrate von 6% usw.)*

i) Für welche Preisänderungsrate ergibt sich eine Arbeitslosenquote von 4%?

ii) Wie hoch ist die Arbeitslosenquote bei absoluter Preisstabilität?

Aufgabe 2.65 *(2.5.78)*:

Eine Indifferenzlinie (Nutzenisoquante) für das konstante Nutzenniveau

$$U = 32 = \text{const.}$$

sei vorgegeben durch die Gleichung:

$$2x_1^{0,5} \cdot x_2^{0,8} = 32\,.$$

(x_1, x_2: Konsummengen (≥ 0) zweier nutzenstiftender Güter (in ME_1, ME_2))

i) Man ermittle die explizite Darstellung $x_2 = f(x_1)$ der Indifferenzlinie.

ii) Von Gut 2 sollen 10 ME_2 konsumiert werden. Welche Konsummenge x_1 benötigt der Haushalt, um das gegebene Nutzenniveau einhalten zu können?

Aufgabe 2.66 *(2.5.79)*:

Eine Bevölkerung wachse exponentiell mit der stetigen Wachstumsrate i = 0,02 (d.h. stetiger Wachstumssatz 2% p.a.).

Nach wie vielen Jahren hat sich die Bevölkerungszahl verdoppelt?

Aufgabe 2.67 *(2.5.80)*:

Die Bevölkerungszahl des Staates Transsylvanien (Fläche: 17.800 km^2) betrug im Jahr 2004 1,8 Millionen Menschen. Nach den vorliegenden demographischen Prognosen wird sich die Bevölkerung in 16 Jahren verdoppeln.

i) Man ermittle die entsprechende stetige Wachstumsrate.

ii) In welchem Jahr – unveränderte Wachstumsrate vorausgesetzt – ist Transsylvanien genauso dicht bevölkert wie Deutschland 2003 *(349.000 km^2; 80,6 Mio. Einwohner)*?

iii) In welchem Jahr – unveränderte Wachstumsrate vorausgesetzt – wird *(rechnerisch)* auf jedem Flächenstück Transsylvaniens von der Größe 100 m^2 genau ein Mensch wohnen?

3 Funktionen mit mehreren unabhängigen Variablen

Aufgabe 3.1 *(3.2.29)*:

Gegeben sei eine Produktionsfunktion x mit

$$x = x(r_1, r_2) = 2 \cdot \sqrt{r_1 \cdot r_2}$$

(r_i: Input des i-ten Faktors (ME_i), x: Output (ME)).

i) Man ermittle die Gleichungen der Isoquanten

a) für $x = x_0 = 2$ ME

b) für $x = x_0 = 4$ ME

c) für $x = x_0 = 6$ ME

und skizziere sie.

ii) Man ermittle die Kostenfunktion K: $x \mapsto K(x)$, wenn vom zweiten Faktor stets 4 ME_2 eingesetzt werden *(d.h. wenn nur die Einsatzmenge r_1 des ersten Faktors variiert wird)* und die Faktorpreise mit 32 €/ME_1 bzw. 20 €/ME_2 fest vorgegeben sind.

iii) Es möge eine Produktion realisiert werden mit den Inputs $r_1 = 100$ ME_1, $r_2 = 150$ ME_2. Es sei nun vom ersten Faktor eine Einheit zusätzlich einsetzbar. Wieviel Einheiten des zweiten Faktors können eingespart werden, wenn das bisherige Produktionsniveau unverändert bleiben soll?

Aufgabe 3.2 *(3.3.8)*:

Welche der folgenden Funktionen f sind homogen? Homogenitätsgrad?

i) $f(x, y) = 5 \cdot \sqrt{x^2 y^5}$

ii) $f(u, v) = 3u^2 v^3 + 1$

iii) $f(x, y) = x \cdot e^y$

iv) $f(a, b) = \dfrac{2ab}{a^2 + b^2}$

Aufgabe 3.3 *(3.3.9)*:

Man konstruiere die Funktionsgleichung einer homogenen Funktion mit vier unabhängigen Variablen, deren Homogenitätsgrad 3 ist.

Aufgabe 3.4 *(3.3.10)*:

Gegeben sei eine Nutzenfunktion U mit der Gleichung $U(x_1, x_2) = x_1^{0,5} \cdot x_2$.

Wie ändert sich der Nutzenindex U, wenn man - ausgehend von einer Güterkombination x_1, x_2 - die Konsummengen x_1, x_2 der nutzenstiftenden Güter jeweils verdoppelt?

Aufgabe 3.5 *(3.3.11)*:

Gegeben sei eine linear-homogene (makroökonomische) Produktionsfunktion Y mit der Gleichung $Y = f(A, K)$ (Y: Sozialprodukt; A: Bevölkerung (=Arbeit); K: Kapitalausstattung).

Man zeige, daß das Sozialprodukt pro Kopf (= Y/A) eine Funktion g(K/A) der Kapitalausstattung pro Kopf (= K/A) ist.

(Tipp: Dazu dividiere man die Funktionsgleichung durch A und beachte die lineare Homogenität.)

4 Grenzwerte und Stetigkeit von Funktionen

Aufgabe 4.1 *(4.1.36)*:

Eine Funktion f: $y = f(x)$ besitze den nebenstehenden Graphen.

Man beschreibe mit Hilfe der Grenzwert-Symbolik das Verhalten von f an jeder der zehn durch Pfeile markierten Stellen der Abszisse.

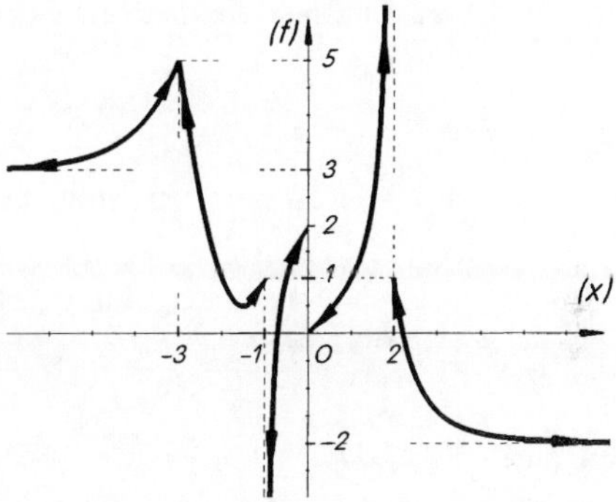

(Beispiel: $\lim\limits_{x \to -\infty} f(x) = \ldots$

$\lim\limits_{x \to -3^-} f(x) = \ldots$ *usw.)*

Aufgabe 4.2 *(4.3.11)*:

Man ermittle folgende Grenzwerte (sofern sie existieren):

i) $\lim\limits_{x \to \infty} \frac{5x^3 - 4}{x^2}$ ii) $\lim\limits_{y \to \infty} \frac{2y + 1}{3y^5 - y}$ iii) $\lim\limits_{z \to \infty} \left(\frac{-a - b}{2cz + d}\right)^3$

iv) $\lim\limits_{p \to 0^+} \sqrt[3]{\frac{p^3 - 3p^2 + 8p}{p^4 + p}}$ v) $\lim\limits_{h \to 0} \frac{(x + h)^3 - x^3}{h}$

vi) $\lim\limits_{x \to 0^+} \frac{e^x}{\ln x}$ vii) $\lim\limits_{t \to 0^+} \frac{3t^5 - 3t^3}{5t^2 - 8t^4}$ viii) $\lim\limits_{z \to 1} 5 \left(\ln \frac{2z^2 - 3z + 1}{z^2 - 1}\right)^2$

ix) $\lim\limits_{x \to -2^{\pm}} \frac{x^2 + x - 2}{x^3 + 5x^2 + 8x + 4}$ x) $\lim\limits_{n \to \infty} R \cdot \frac{q^n - 1}{q - 1} \cdot \frac{1}{q^n}$, *(q > 1)*

Aufgabe 4.3 *(4.3.12)*:

i) Für $f(x) = \frac{71}{e^{\frac{2}{x}} + 10}$ bestimme man die Grenzwerte für $x \to 0^+; 0^-; \infty; -\infty$.

ii) Für nebenstehende Funktion bestimme man an der Stelle $x_0 = 1$ den links- und den rechtsseitigen Grenzwert:

$$f(x) = \begin{cases} \frac{x - 1}{1 + x^2} & \text{für } 0 < x < 1 \\ 2 & \text{für } x = 1 \\ \frac{x^3 - 1}{6(1 - x)} & \text{für } x > 1 \end{cases}$$

Aufgabe 4.4 *(4.3.13)*:

i) Gegeben sei die Preis-Absatz-Funktion p mit $p(x) = 10 \cdot \ln \frac{100}{x-2}$, $(x>2)$.

Gegen welchen Wert strebt die nachgefragte Menge x, wenn der Preis p über alle Grenzen wächst ?

ii) Der Nahrungsmittelkonsum C (in GE/Jahr) eines Haushaltes sei in Abhängigkeit vom Haushaltseinkommen Y (in GE/Jahr) gegeben durch die Konsumfunktion C mit:

$$C(Y) = \frac{40Y - 140}{Y + 8} \quad ; Y \geq 0 \; .$$

a) Man ermittle den Sättigungswert des Nahrungsmittelkonsums.

b) Gegen welchen Zahlenwert strebt die durchschnittliche Konsumquote für Nahrungsmittel (d.h. C(Y)/Y), wenn das Einkommen über alle Grenzen steigt?

Aufgabe 4.5 *(4.7.11)*:

Für die nachfolgend durch ihre Gleichungen beschriebenen Funktionen f,g,h ermittle man **a)** den maximalen Definitionsbereich, **b)** die Nullstellen sowie **c)** Ort und Art ihrer Unstetigkeiten:

i) $f(x) = \frac{3x^2 - 3x}{(x-1)(x^2 - 3x + 2)}$

ii) $f(x) = \frac{(x^2 - 2x + 1)(x-4)}{(x-1)(x^2 - 4x + 3)}$

iii) $f(y) = \begin{cases} e^{\frac{1}{2y-4}} & \text{für } y \neq 2 \\ 0 & \text{für } y = 2 \end{cases}$

iv) $f(z) = \ln \left(\frac{z-1}{z-2}\right)$

v) $f(h) = \begin{cases} \frac{(x+h)^4 - x^4}{h} & \text{für } h \neq 0 \\ 4x^3 & \text{für } h = 0 \\ & (x = \text{const}) \end{cases}$

vi) $h(p) = \frac{p^2 - 4}{2^{-\frac{1}{p}} - 2}$

vii) $g(t) = \begin{cases} e^{\frac{-1}{t^2}} & \text{für } t \neq 0 \\ 0 & \text{für } t = 0 \end{cases}$

viii) $g(x) = \frac{(x+1)(x-1)}{\sqrt{x} - 2}$

ix) $f(x) = \begin{cases} x^2 + 1 & \text{für } -\infty < x \leq 2 \\ -4x + 13 & \text{für } 2 < x \leq 3 \\ x^2 - 2x - 1 & \text{für } 3 < x < 4 \\ 5 & \text{für } x = 4 \\ \frac{14}{6-x} & \text{für } 4 < x < \infty \end{cases}$

x) $f(x) = 0{,}5 \, | x - 2 | + 1$

Aufgabe 4.6 *(4.8.12)*:

Man ermittle die Asymptoten für $x \to \pm\infty$ folgender Funktionen und skizziere f für sehr große und sehr kleine x:

i) $f(x) = \frac{x}{1+x}$ **ii)** $f(x) = \frac{6x^2 + x - 1}{2x^3 - 1}$ **iii)** $f(x) = \frac{5x^3}{1 - 2x^2}$

iv) $f(x) = \frac{9x^3 + x^2 + 1}{3x^3 + x + 4}$ **v)** $f(x) = \frac{x^5}{x^2 + x + 1}$ **vi)** $f(x) = \frac{5}{e^x + 4}$

vii) $f(x) = \frac{e^x - 10}{e^x + 2}$ **viii)** $f(x) = -16 \cdot e^{\frac{2}{3x}}$ **ix)** $f(x) = \frac{x\sqrt{x} + 1}{\sqrt{x}}$

Aufgabe 4.7 *(4.8.13)*:

Man ermittle jeweils eine möglichst einfach gebaute gebrochen-rationale Funktion, die folgende Asymptotenfunktionen A *(für $x \to \infty$)* besitzt:

i) $A(x) = -2{,}5$

ii) $A(x) = 0$

iii) $A(x) = \frac{1}{2}x + 3$

iv) $A(x) = 2x^2 - 2x - 3$

Aufgabe 4.8 *(4.8.14)*:

Es sei $K(x) = ax^3+bx^2+cx+d,\ x > 0$, die Gleichung einer (ertragsgesetzlichen) Gesamtkostenfunktion K. Man zeige, dass die durchschnittlichen variablen Kosten $k_v(x)$ Asymptotenfunktion (für $x \to \infty$) der durchschnittlichen Gesamtkosten $k(x)$ sind.

Aufgabe 4.9 *(4.8.15)*:

Gegeben sind die Konsumfunktionen C mit:

a) $C(Y) = \frac{8Y + 4}{Y + 1},\ Y \geq 0.$

b) $C(Y) = \frac{0{,}5Y^2 + 5{,}5Y + 45}{Y + 9},\ Y \geq 0$

(Y: Einkommen in GE ; C: Konsum in GE).

i) Man untersuche jeweils das asymptotische Verhalten des Konsums für unbeschränkt wachsendes Einkommen.

ii) Gibt es einen Sättigungswert *(für unbeschränkt wachsendes Einkommen)* für den Konsum? Falls ja, gebe man seinen Wert an.

iii) Man skizziere jeweils den Konsumverlauf.

5 Differentialrechnung für Funktionen mit einer unabhängigen Variablen – Grundlagen und Technik

Aufgabe 5.1 *(5.1.22)*:

Für die nachstehenden Funktionen ermittle man mit Hilfe der Ableitungsdefinition

$$f'(x) = \lim_{\Delta x \to 0} \frac{f(x+\Delta x) - f(x)}{\Delta x}$$

(siehe auch Lehrbuch, Relation (5.1.18))

a) die Ableitungsfunktion $f': x \mapsto f'(x)$

b) die Funktionssteigung an der Stelle $x_0 = 1$;

c) die Gleichung der Kurventangente an der Stelle $x_0 = 2$;

d) diejenigen Stellen $x_0, x_1, \ldots$, in denen der Graph von f eine horizontale Tangente (d.h. mit $f'(x_i) = 0$, Funktionssteigung = 0) besitzt:

i) $f(x) = -2x^2 + x$ **ii)** $f(x) = 2010x + 1$ **iii)** $f(x) = \sqrt{x}$ $(x > 0)$

iv) $f(x) = -5x - \frac{2}{x}$ $(x \neq 0)$ **v)** $f(x) = 0{,}1x^4$

Aufgabe 5.2 *(5.1.28)*:

Man ermittle die Ableitung $f'(x_0)$ folgender Funktionen an der angegebenen Stelle x_0. Falls f in x_0 nicht differenzierbar sein sollte, gebe man den näheren Grund dafür an (z.B. Ecke, senkrechte Tangente oder Unstetigkeit von f).

Dazu benutze man ausschließlich die Ableitungsregeln

$$(x^n)' = n \cdot x^{n-1}; \qquad (\text{const.})' = c' = 0;$$
$$(c \cdot f(x))' = c \cdot f'(x); \qquad (f(x) \pm g(x))' = f'(x) \pm g'(x) \;:$$

i) $f(x) = \begin{cases} 0{,}5x^2 - 1 & \text{für } x \le 2 \\ -x^2 + 5 & \text{für } x > 2 \end{cases}; \quad x_0 = 2$

ii) $f(x) = \sqrt[5]{x}\;; x_0 = 0$

iii) $f(x) = \begin{cases} x^2 & \text{für } x \le 3 \\ x^2 + 3 & \text{für } x > 3 \end{cases}; \quad x_0 = 3$

iv) $f(x) = x + |x - 1|\;; x_0 = 1$

Aufgabe 5.3 *(5.2.21)*:

Man gebe die erste Ableitung der folgenden Funktionen bzgl. der in Klammern stehenden unabhängigen Variablen an. Alle übrigen Variablen sind wie Konstanten zu behandeln *(außer den für Aufg. 5.2 genannten Ableitungsregeln verwende man für diese Aufgabe ausschließlich noch zusätzlich: $(e^x)' = e^x$; $(\ln x)' = 1/x$)* :

i) $f(t) = \frac{1}{t}$, $(t \neq 0)$ **ii)** $f(x) = x^2 \cdot x^7 \cdot x^9$ **iii)** $g(z) = z\sqrt{z}$, $(z > 0)$

iv) $g(z) = z^{17} \cdot \sqrt{z}$, $(z > 0)$ **v)** $h(p) = \frac{1}{\sqrt[17]{p^{23}}}$, $(p > 0)$

vi) $x(y) = y^{\ln 20}$, $(y > 0)$ **vii)** $f(k) = e^{k/2} \cdot e^{k/2}$

viii) $k(x) = x^{2e} \cdot x^{-\ln 2}$, $(x > 0)$ **ix)** $t(n) = \frac{1}{\sqrt[3]{n^{\sqrt{2}}}}$, $(n > 0)$

x) $f(y) = \ln x$, $(x > 0)$ **xi)** $t(z) = \ln(\sqrt{z} \cdot \sqrt{z})$, $(z > 0)$

xii) $k(p) = e^{\ln p^2}$, $(p > 0)$ **xiii)** $u(v) = \ln e^{\ln(v^7)}$, $(v > 0)$

Aufgabe 5.4 *(5.2.38)*:

Man differenziere folgende Funktionen nach der geklammerten Variablen:
(alle Ableitungsregeln mit Ausnahme der Kettenregel können verwendet werden)

i) $f(z) = \frac{29}{\sqrt[7]{z^{15}}}$ **ii)** $g(t) = 4(2t^3 - 1)\sqrt{t^5}$ **iii)** $f(y) = 4x^3 y \sqrt{y}$

iv) $h(p) = \frac{4p^2 + 1}{(p^2 - 1)(2p^4 + p)}$ **v)** $k(x) = k_3 x^3 + k_2 x^2 + k_1 x + \frac{k_0}{x}$

vi) $u(v) = x^2 \cdot \frac{2v - x}{5v + x}$ **vii)** $p(u) = \frac{u^2 \cdot \ln u}{e^u}$ **viii)** $a(x) = e^x + \frac{1}{e^x}$

ix) $b(x) = e^x - \frac{1}{e^x}$ **x)** $c(t) = \frac{e^t + 1}{e^t - 1}$ **xi)** $t(b) = \frac{2 \ln b}{2b^2 + e^b}$

Aufgabe 5.5 *(5.2.39)*:

Man untersuche die angegebenen Funktionen f

a) auf Stetigkeit in ℝ ; **b)** auf Differenzierbarkeit in ℝ ;
c) auf Stetigkeit der ersten Ableitung in ℝ und skizziere f sowie ihre Ableitung f' :

i) $f(x) = \begin{cases} x^2 + x - 6 & \text{für } x < 2 \\ x^2 + 5x - 14 & \text{für } x \geq 2 \end{cases}$ **ii)** $f(x) = \begin{cases} x^2 + 2x & \text{für } x \leq 2 \\ 1{,}5\,x^2 & \text{für } x > 2 \end{cases}$

iii) $f(x) = \begin{cases} x^2 - x & \text{für } x \leq 1 \\ \ln x & \text{für } x > 1 \end{cases}$

Aufgabe 5.6 *(5.2.40)*:

i) Man ermittle die Gleichung der Tangente an den Graphen von f:

$$f(x) = \frac{x-1}{x^2+1}$$

an der Stelle $x_0 = 2$.

ii) Mit welchem Steigungsmaß schneidet der Graph der Funktion f mit:

$$f(x) = \frac{\ln x}{e^x} \qquad \text{die Abszisse?}$$

Aufgabe 5.7 *(5.2.53)*:

Man ermittle die Ableitung folgender Funktionen nach der jeweils angegebenen unabhängigen Variablen *(alle Ableitungsregeln incl. Kettenregel anwendbar)*:

i) $f(x) = 0{,}5\,(4x^7 - 3x^5)^{64}$ **ii)** $g(y) = \sqrt[7]{y^2 - y^7}$

iii) $k(z) = z^5 \cdot \ln(1 - z^5)$ **iv)** $p(u) = e^{-2u}$

v) $k(t) = 5\ln(\ln t)$ **vi)** $N(y) = 20 \cdot e^{-17/y} \cdot \sqrt[3]{\ln 7}$

vii) $C(I) = \sqrt[3]{2I} \cdot e^{-I^2}$ **viii)** $k(x) = x^n \cdot e^{-nx}$

ix) $Q(s) = \ln\sqrt{\frac{1+s^4}{6+s^2}}$ **x)** $P(W) = \left(\ln\frac{W^2+1}{e^W}\right)^{20}$

xi) $p(a) = [\,\ln(a^x - e^a)\,]^x \cdot e^{x^2+1}$

Aufgabe 5.8 *(5.2.59)*:

Man zeige mit Ableitungsregel für die Umkehrfunktion *(siehe auch Lehrbuch Satz 5.2.56))*, dass für $x > 0$ die Ableitung der allgemeinen Wurzelfunktion

$$f:\; y = \sqrt[n]{x} \qquad (n \in \mathbb{R})$$

nach der Potenzregel: $(x^n)' = n \cdot x^{n-1}$ erfolgen kann.

Aufgabe 5.9 *(5.2.67)*:

Man ermittle (unter Beachtung der jeweiligen Definitionsbereiche) die erste Ableitung folgender Funktionen:

i) $f(x) = x^3 \cdot 3^x$ **ii)** $g(y) = y^{\ln 10} + (\ln 10)^y$

iii) $h(z) = 2^{\ln z} \cdot (\ln z)^{10}$ **iv)** $f(x) = \dfrac{5^{\sqrt{x}} + (\sqrt{2})^{1-x}}{\sqrt{x}}$

v) $k(t) = t^{\sqrt{t}}$ **vi)** $H(u) = (u^2 + e^{-u})^{1-u}$

vii) $p(v) = v^{\ln v}$ **viii)** $C(y) = (\ln y)^{\ln y}$

ix) $Q(s) = s^{(s^s)}$ **x)** $r(t) = (1 + t^2)^{\frac{t-1}{t+1}}$

xi) $f(x) = \log_7 \frac{x^2 + 4}{x^4 + 2}$ **xii)** $n(a) = \log_a a^4$

xiii) $L(b) = \log_{\ln b}(b^2 + 1), \ (b > 1)$

Aufgabe 5.10 *(5.2.72)*:

Man differenziere mit Hilfe der logarithmischen Ableitung:

i) $f(x) = \frac{\sqrt[7]{2x^2 + 1} \cdot (x^4 + x^2)^{22}}{e^{-x} \cdot \sqrt{1 + x^6}}$ **ii)** $g(y) = y^2 \cdot 10^{\sqrt[3]{y}}$

iii) $p(t) = (1 - t^2)^{1 + t^2}$ **iv)** $h(z) = (2 \ln z)^{4z}$

v) $k(v) = e^{7v} \cdot (\ln v)^{-2/v}$ **vi)** $s(p) = (4p)^{\lg p}$

Aufgabe 5.11 *(5.2.77)*:

Man ermittle die Ableitungen erster bis dritter Ordnung folgender Funktionen:

i) $f(x) = x^{10}$ **ii)** $g(y) = y \cdot \ln y$ **iii)** $h(z) = \frac{z + 1}{(z - 1)^2}$

iv) $p(t) = t \cdot e^t$ **v)** $k(r) = e^{1/r}$ **vi)** $F(x) = 10^x + \lg x$

vii) $N(Y) = (1 + 2Y)^{Y^2}$ *(nur N' und N'' bilden!)*

Aufgabe 5.12 *(5.2.78)*:

Man untersuche, wie oft die folgenden *(stetigen)* Funktionen auf ℝ differenzierbar sind. Sind – sofern sie existieren – auch die Ableitungen überall stetig?

i) $f(x) = |x^3| = \begin{cases} -x^3 & \text{für } x < 0 \\ x^3 & \text{für } x \geq 0 \end{cases}$

ii) $f(x) = \begin{cases} 0{,}5x^2 + x + 1 & \text{für } x < 0 \\ e^x & \text{für } x \geq 0 \end{cases}$

iii) $f(x) = \begin{cases} -0{,}5x^2 + 2x - 1{,}5 & \text{für } x < 1 \\ \ln x & \text{für } x \geq 1 \end{cases}$

Aufgabe 5.13 *(5.3.10)*:

Man ermittle folgende Grenzwerte *(durch Anwendung der Regeln von L'Hôspital)*:

i) $\lim\limits_{x \to 0} \frac{x^5}{e^x - 1}$ **ii)** $\lim\limits_{x \to \infty} \frac{x^4}{e^x}$ **iii)** $\lim\limits_{x \to 0^+} x^3 \cdot \ln x$

iv) $\lim\limits_{x \to \infty} \frac{\ln x}{x^2}$ **v)** $\lim\limits_{x \to 1^+} \frac{\sqrt{x-1}}{\ln x}$ **vi)** $\lim\limits_{x \to 0} \left(\frac{1}{\ln(x+1)} - \frac{1}{x}\right)$

vii) $\lim\limits_{x \to 2} \frac{x^4 + x^3 - 30x^2 + 76x - 56}{x^4 - 5x^3 + 6x^2 + 4x - 8}$ **viii)** $\lim\limits_{x \to \infty} (\ln x)^{\frac{1}{x}}$

ix) $\lim\limits_{x \to 1} \frac{\ln x}{x-1}$ **x)** $\lim\limits_{x \to 2} (x-2)^{x-2}$ **xi)** $\lim\limits_{x \to 1} \sqrt[3]{1-x^2} \cdot \frac{1}{e^x - e}$

xii) $\lim\limits_{x \to 1} x^{\frac{1}{x-1}}$ **xiii)** $\lim\limits_{x \to \infty} \left(1 - \frac{1}{x}\right)^x$ **xiv)** $\lim\limits_{x \to 0^+} (1+x^3)^{\frac{1}{x^3}}$

xv) $\lim\limits_{x \to 0^+} (1-x)^{\frac{1}{x}}$ **xvi)** $\lim\limits_{x \to \infty} \frac{2x + e^x}{(x+3)\, e^x}$ **xvii)** $\lim\limits_{x \to \infty} \frac{2e^x}{3x + 7e^x}$

xviii) $\lim\limits_{x \to \infty} \frac{2\sqrt{x}}{x-1}$ **xix)** $\lim\limits_{x \to 0} \frac{e^x - e^{-x}}{2x}$ **xx)** $\lim\limits_{x \to \infty} (x - \sqrt[3]{x^3 - x^2})$

xxi) $\lim\limits_{x \to 1} \left(\frac{2x}{x-1} - \frac{1}{\ln x}\right)$ **xxii)** $\lim\limits_{x \to \infty} (x - \sqrt{x^2 - 4x + 7})$ **xxiii)** $\lim\limits_{x \to 0^+} x^{\frac{1}{\ln x}}$

xxiv) Es sei $\lim\limits_{x \to \infty} f(x) = \infty$ *(f sei differenzierbar mit $f'(x) \neq 0$)*.

Zeigen Sie: $\lim\limits_{x \to \infty} \left(1 + \frac{1}{f(x)}\right)^{f(x)} = e$.

Aufgabe 5.14 *(5.4.6)*:

Man ermittle die Nullstellen folgender Funktionen mit Hilfe des Newton-Verfahrens auf 6 Nachkommastellen:

i) $f(x) = x^3 + 3x - 6$ **ii)** $g(x) = 2 + x^3 - 0{,}25x^4$ **iii)** $h(x) = e^x + x$

iv) $k(x) = x + \ln x$ **v)** $f(q) = 20q^{30} - 3\frac{q^{30} - 1}{q - 1} - 10$

vi) $C_0(q) = 100 - \frac{20}{q} - \frac{20}{q^2} - \frac{30}{q^3} - \frac{50}{q^4} - \frac{60}{q^5}$

(die Lösung von $C_0(q) = 0$ entspricht der Ermittlung des internen Zinssatzes einer Investition)

6 Anwendungen der Differentialrechnung bei Funktionen mit einer unabhängigen Variablen

Aufgabe 6.1 *(6.1.16)*:

Man ermittle das Differential folgender Funktionen und berechne damit die angenäherten Funktionsänderungen unter Berücksichtigung der gegebenen Abszissenänderungen. Zur Kontrolle ermittle man die entsprechenden wahren Funktionsänderungen:

i) $k(x) = 0{,}2x^2 - 4x + 60 - \frac{200}{x}$; $x_0 = 20$; $dx = 1$

ii) $f(z) = e^{-z}$; $z_0 = 2$; $dz = 0{,}3$

iii) $p(t) = \ln t$; $t_0 = 7$; $dt = -0{,}6$.

Aufgabe 6.2 *(6.1.17)*:

Gegeben sei die ertragsgesetzliche Produktionsfunktion x mit:

$$x(r) = -r^3 + 12r^2 + 30r \qquad \textit{(x: Output [ME}_x\textit{] ; r: Input [ME]).}$$

Man ermittle mit Hilfe des Differentials dx(r) näherungsweise die Outputänderung, wenn – ausgehend von einer Inputmenge von 11 ME – diese Inputmenge um 0,25 ME gesteigert wird.

Aufgabe 6.3 *(6.1.18)*:

Man ermittle näherungsweise (ohne Taschenrechner!) den Zahlenwert von $\sqrt{105}$. Dabei benutze man das Differential von $f(x) = \sqrt{x}$ an der Stelle $x_0 = 100$ für den Zuwachs $dx = 5$.

Aufgabe 6.4 *(6.1.65)*:

Folgende ökonomische Funktionen seien vorgegeben:

- Gesamtkostenfunktion: $K(x) = 0{,}06x^3 - x^2 + 50x + 400$ *(x > 0)*
  (K: Gesamtkosten in GE; x: Output in ME)

- Produktionsfunktion: $x(r) = -\frac{1}{60}r^3 + \frac{5}{4}r^2 + 3r$ *(r ≥ 0, x ≥ 0)*
  (x: Output in ME_x*; r: Input in* ME_r*)*

- Preis-Absatz-Funktion: $p(x) = 150 - 0{,}4x$ *(x ≥ 0, p ≥ 0)*
  (p: Preis in GE/ME; Nachfrage in ME)

- Konsumfunktion: $C(Y) = 1.000 + 0{,}2\,Y$ *(Y ≥ 0)*
  (C: Konsum in GE; Y: Haushaltseinkommen in GE)
  Voraussetzung: Konsum + Sparen = Einkommen, d.h. C(Y)+S(Y) = Y)

- Nutzenfunktion: $U(x) = 10 \cdot \sqrt{x}$ *(x ≥ 0)*
  (U: Nutzenindex in NE; x: konsumierte Gütermenge in ME) .

Man ermittle:

1) die Grenzkosten bei einem Output von 70 ME,
2) die durchschnittlichen variablen Kosten für eine Produktmenge von 70 ME,
3) die Grenzstückkosten für den Output 100 ME,
4) die Produktivität (d.h. der Durchschnittsertrag) für den Faktorinput 40 ME_r,
5) die Grenzproduktivität für eine Faktoreinsatzmenge von 40 ME_r,
6) den Anstieg der Grenzproduktivitätsfunktion bei einem Input von 40 ME_r,
7) Gesamtdeckungsbeitrag sowie Stückdeckungsbeitrag für den Output 30 ME,
8) Grenzdeckungsbeitrag sowie Grenzstückdeckungsbeitrag für den Output 30 ME,
9) den Grenzerlös bzgl. der Menge bei einer Absatzmenge von 150 ME,
10) den Grenzerlös bzgl. des Preises bei einem Marktpreis von 120 GE/ME,
11) den Grenzgewinn bzgl. der Menge bei einem Marktpreis von 100 GE/ME,
12) die marginale Sparquote bei einem Haushaltseinkommen von 1.000 GE,
13) die durchschnittliche Konsumquote für das Einkommen 2.000 GE,
14) den Grenzstückgewinn für den Output 40 ME,
15) den Grenznutzen bei einer konsumierten Gütermenge von 4 ME,
16) das durchschnittliche Nutzenniveau für eine Konsummenge von 4 ME,
17) denjenigen Output, bei dem
    i) die durchschnittlichen variablen Kosten den Anstieg Null haben,
    ii) die durchschnittlichen Gesamtkosten den Anstieg Null haben,
    iii) die Grenzkosten gleich den (gesamten) Stückkosten sind,
18) das Haushaltseinkommen, bei dem
    i) von *jedem* eingenommenen Euro
    ii) von nächsten *zusätzlich* eingenommenen Euro 60% gespart werden,
19) denjenigen Faktorinput, für den
    i) der Anstieg des Gesamtertrages Null wird,
    ii) die Grenzproduktivität Null wird,
    iii) die Produktivität Null wird,
    iv) Grenzproduktivität und Durchschnittsertrag übereinstimmen,
20) denjenigen Marktpreis, für den der Grenzgewinn bzgl. der Menge Null wird,
21) denjenigen Output, für den Grenzkosten und Grenzerlös übereinstimmen,
22) diejenige produzierte Menge, für die die Grenzkostenfunktion eine horizontale Tangente besitzt,
23) denjenigen Marktpreis, bei dem eine Preiserhöhung von 0,1 GE/ME zu einer Erlösminderung von (ca.) 0,5 GE führt,
24) diejenige Faktoreinsatzmenge, bei der ein zusätzlicher Input von 2 ME_r die Produktionsmenge um (ca.) 0,1 ME_x steigert,
25) denjenigen Output, bei dem die Stückkosten um (ca.) 0,4 GE/ME sinken, wenn der Output um eine ME gesteigert wird,
26) diejenige Faktoreinsatzmenge, bei der die Produktivität um (ca.) 0,5 ME_x/ME_r zunimmt, wenn eine Inputeinheit weniger eingesetzt wird,

27) denjenigen Output, bei dem der Stückgewinn um (ca.) 2 GE/ME abnimmt, wenn die Produktion um 10 ME gesteigert wird,

28) diejenige konsumierte Gütermenge, bei der
i) der Grenznutzen
ii) das durchschnittliche Nutzenniveau
den Wert a) 0,5 b) Null annimmt,

29) denjenigen Output, bei dem der Gesamtdeckungsbeitrag um (ca.) 80 GE zunimmt, wenn die Produktion um 4 ME gedrosselt wird.

Aufgabe 6.5 *(6.1.66)*:

Für die folgenden ökonomischen Funktionen beantworte man die Fragen **1)** bis **29)** von Aufgabe 6.4 *(6.1.65)*:

- Gesamtkostenfunktion: $K(x) = e^{0{,}001x+10} + 10.000$ $(0 \le x \le 15.000\ ME)$
- Produktionsfunktion: $x(r) = \sqrt{4r - 100}$ $(r \ge 25\ ME_r)$
- Nachfragefunktion: $x(p) = -100 \cdot \ln(0{,}0005p)$ $(0 \le p \le 2.000\ GE/ME)$
- Konsumfunktion: $C(Y) = \dfrac{200Y + 10.000}{Y + 80}$ $(Y \ge 0)$
- Nutzenfunktion: $U(x) = -\frac{1}{3}x^3 + 1{,}5x^2 + 2x$ $(x \ge 0)$

Weiterhin ermittle man:

30) den Produktionskoeffizienten für einen Output von 20 ME_x,

31) die Faktorverbrauchsfunktion $r = r(x)$,

32) den Grenzverbrauch des Produktionsfaktors bei einem Output von 20 ME_x,

33) den Sättigungswert des Konsums sowie der durchschnittlichen Konsumquote für unbegrenzt wachsendes Einkommen,

34) die Sättigungswerte von marginaler Konsumquote und marginaler Sparquote für unbeschränkt wachsendes Einkommen,

35) Bei welcher Kapazitätsauslastung (in % der Maximalkapazität) haben die Grenzstückkosten den Wert Null? Für diese Kapazitätsauslastung ermittle man die Werte der Stückkosten sowie der Grenzkosten.

Aufgabe 6.6 *(6.1.67)*:

Man ermittle und interpretiere die Grenzrate der Substitution in folgenden Fällen:

i) Produktionsfunktion: $x(r_1; r_2) = 5r_1^{0{,}8} \cdot r_2^{0{,}4}$
(x: Output in ME; r_1, r_2: Inputs in ME_1, ME_2 (> 0))
Der Output sei mit 20 ME fest vorgegeben:
a) $r_1 = 4\ ME_1$ **b)** $r_2 = 1\ ME_2$.

ii) Nutzenfunktion: $U(x_1, x_2) = 2x_1 \cdot \sqrt{x_2}$

(U: Nutzenindex; x_1, x_2: konsumierte Gütermengen in ME_1, ME_2 (> 0))

Der Nutzenindex U sei fest vorgegeben mit $U_0 = 100$:

a) $x_1 = 10\ ME_1$ **b)** $x_2 = 4\ ME_2$.

[3] **Aufgabe 6.7** *(6.2.48)*:

Man ermittle die Bereiche, in denen die jeweils angegebene Funktion monoton wachsend bzw. fallend ist:

i) $f(x) = -12x^2 + 8x - 1$ **ii)** $g(y) = y^3 - 12y^2 + 60y + 90$

iii) $h(t) = 2t^3 + 15t^2 - 84t + 25$ **iv)** $x(A) = 20 \cdot A^{0,7}$

v) $g(x) = \frac{x}{1-x}$ **vi)** $f(r) = 8 + 2\sqrt{r-10}$

vii) $N(x) = 100 \cdot e^{-20/x}$ **viii)** $r(z) = \ln(z^2 + 3)$

Aufgabe 6.8 *(6.2.49)*:

In welchen Intervallen sind die nachstehenden Funktionen konvex (bzw. konkav)?

i) $K(x) = x^3 - 2x^2 + 60x + 100$ **ii)** $f(x) = -4x^3 - 30x^2 + 168x - 6$

iii) $x(r) = -r^3 + 6r^2 + 15r$ **iv)** $g(z) = -z^4 + 4z^3 + 12z^2$

v) $p(y) = \frac{y^2-1}{y}$ **vi)** $x(r) = 10 + \sqrt{r-100}$

vii) $y(K) = 0,4 \cdot K^{0,6}$ **viii)** $p(x) = 5 \cdot e^{-0,1x}$

Aufgabe 6.9 *(6.2.50)*:

Man ermittle Lage und Typ der relativen Extrema folgender Funktionen:

i) $k(t) = 12 - 12t + t^3$ **ii)** $f(x) = x^3 - 6x^2 + 9x + 3$

iii) $f(u) = u^4 - 12u^3 - 17$ **iv)** $g(v) = v^4 - 8v^3 + 4v^2 + 20$

v) $h(y) = y(y-2)^5$ **vi)** $t(z) = z^2 + \frac{1}{z^2}$

vii) $f(x) = x \cdot \ln x$ **viii)** $s(y) = \frac{2y^2}{\sqrt{y^2-9}}$

ix) $g(u) = \frac{10 \ln u}{u}$ **x)** $f(x) = x^3 \cdot e^{-x}$

xi) $p(r) = r^r$ **xii)** $r(t) = 2t^2 - e^{t^2}$

xiii) $f(x) = 1000x - x \cdot e^{2x}$ *(Näherungsverfahren!)*

[3] In den Aufgaben 6.7-6.10 ist stets der maximale Definitionsbereich zugrunde zu legen.

Aufgabe 6.10 *(6.2.51)*:

Man ermittle Lage und Typ der Wendepunkte folgender Funktionen:

i) $f(x) = x^3 - 16x^2 + 6x - 4$ **ii)** $x(r) = r^4 - 12r^2 + 1$

iii) $g(u) = u^4 - 4u^3 + 6u^2 - 3u + 1$ **iv)** $h(y) = 12 \cdot y^{0,2}$

v) $f(x) = \dfrac{1 + x}{1 + x^2}$ **vi)** $p(t) = \dfrac{3t^2}{\sqrt{t^2 + 3}}$

vii) $k(s) = e^{1/s}$ **viii)** $f(x) = e^{-x^2}$

Aufgabe 6.11 *(6.2.52)*:

i) Man zeige, dass jedes kubische Polynom f mit $f(x) = ax^3+bx^2+cx+d$ *($a \neq 0$)* genau einen Wendepunkt besitzt.

ii) Man zeige, dass die Wendestelle eines kubischen Polynoms stets genau in der Mitte zwischen den beiden Extremstellen (sofern diese existieren) liegt.

Aufgabe 6.12 *(6.2.53)*:

Man diskutiere *(siehe z.B. das Gliederungsschema LB Kap. 6.2.4)* folgende Funktionen und skizziere ihren Graph. *(Gelegentlich ist es erforderlich, zur Gleichungslösung ein Näherungsverfahren (z.B. die „Regula falsi", siehe auch Lehrbuch Kap 2.4, oder das „Newton-Verfahren", siehe auch Lehrbuch Kap. 5.4) zu benutzen.)*:

i) $f(x) = x^2 - 5x + 4$ **ii)** $f(x) = x^3 - 12x^2 - 24x + 100$

iii) $f(x) = x^3 - 3x^2 + 60x + 100$ **iv)** $f(x) = x^4 - 8x^2 - 9$

v) $f(x) = \frac{1}{12}x^4 - 2x^3 + 7{,}5x^2$ **vi)** $f(x) = \dfrac{5x - 4}{8x - 2}$

vii) $f(x) = \dfrac{x^2}{x - 1}$ **viii)** $f(x) = \dfrac{3x}{(1 - 2x)^2}$

ix) $f(x) = 2\sqrt{x - 3}$ **x)** $f(x) = 10 \cdot x^{0,8}$

xi) $f(x) = x^2 \cdot e^{-x}$

Aufgabe 6.13 *(6.2.54)*:

Die Funktionsgleichung $f(x) = ax^3+bx^2+cx+d$ eines kubischen Polynoms f soll bestimmt werden. Dazu ermittle man die Konstanten a, b, c, d jeweils derart, dass f folgende Eigenschaften besitzt:

i) f hat für $x_0 = 0$ eine Nullstelle, die gleichzeitig Wendestelle ist. Ein relatives Extremum liegt bei $x_1 = -2$. Die Kurventangente an der Stelle $x_2 = 4$ hat die Steigung 3.

ii) f hat in (1; 0) einen Wendepunkt mit der Steigung -9. f schneidet die Ordinatenachse im Punkt (0; 8).

iii) f hat im Punkt (0; 16) die Steigung 30 und besitzt einen Wendepunkt in (3; 52).

Aufgabe 6.14 *(6.2.55)*:

Man bestimme die Konstanten a, b, c der gebrochen-rationalen Funktion f mit

$$f(x) = \frac{ax + b}{x^2 + c}$$

derart, dass f in $x_1 = -2$ einen Pol und in $x_2 = 1$ ein relatives Extremum mit dem Funktionswert $-0,25$ besitzt.

Aufgabe 6.15 *(6.2.56)*:

Welchen Bedingungen müssen die Konstanten a, b genügen, damit für die Funktion f mit $f(x) = a \cdot e^{bx}$ gilt:

i) f ist überall positiv, aber monoton fallend.

ii) f ist überall konkav gekrümmt *(ohne Berücksichtigung von Aufgabenteil i))*.

Kann f die Eigenschaften i), ii) gleichzeitig besitzen? *(Begründung!)*

Aufgabe 6.16 *(6.2.67)*:

Man diskutiere folgende Funktionen f und skizziere ihren Graphen:

i) $f(x) = e^{-1/x}$

ii) $f(x) = e^{-1/x^2}$

iii) $f(x) = x^2 \cdot \ln x$

***iv)** $f(x) = (x+1)^3 \cdot \sqrt[3]{x^2}$

v) $f(x) = \begin{cases} -x^2 + 2x + 1 & \text{für } 0 \le x < 2 \\ 2x - 3 & \text{für } 2 \le x < 4 \\ x^2 - 6x + 7 & \text{für } 4 \le x < 5 \\ -x^2 + 14x - 43 & \text{für } 5 \le x \le 8 \end{cases}$

Aufgabe 6.17 *(6.2.68)*:

Man skizziere den Graphen einer Funktion f, die folgende Eigenschaften aufweist:

i) f ist überall stetig differenzierbar *(keine Ecken!)*, und es gelte:

a) $f(3) = 4$; $f'(3) > 0$; $f''(x) < 0$ für $x < 3$: $f''(x) > 0$ für $x > 3$.

b) $f(0) = 3$; $f(4) = 5$; $f'(0) = 0$; $f''(x) < 0$ für $x < 1$; $f''(x) > 0$ für $x > 1$.

c) $f(2) = 10$; $f(6) = 4$; $f'(2) = f'(6) = 0$; $f''(x) > 0$ für $x < 2$; $f''(x) < 0$ für $x > 6$.

ii) f ist überall stetig *(Ecken möglich)*, und es gelte:

a) $f'(x) < 0$ für $x < 2$; $f'(x) > 0$ für $x > 2$; $f''(x) > 0$ für $x < 2$; $f''(x) < 0$ für $x > 2$.

b) $f'(x) > 0$ für $x < 3$; $f'(x) < 0$ für $x > 3$; $f''(x) > 0$ für $x \neq 3$.

Aufgabe 6.18 *(6.3.17)*:

Man überprüfe *(graphisch-anschaulich)*, ob die nachstehenden Produktionsfunktionen einen ertragsgesetzlichen Verlauf besitzen *(siehe etwa Lehrbuch Abb. 6.3.8)*:

i) $x(r) = -r^3 + 12r^2 - 40r$ **ii)** $x(r) = -r^3 + 10r^2 + r$

iii) $x(r) = -2r^3 + 18r^2 - 60r$ **iv)** $x(r) = -4r^3 + 24r^2 - 60r$

Aufgabe 6.19 *(6.3.18)*:

Welchen Bedingungen müssen die Koeffizienten a, b, c, d der Funktion x mit

$$x(r) = ar^3+br^2+cr+d\ ; \quad a \neq 0, \qquad [r\text{: Input in } ME_r;\ x\text{: Output in } ME_x]$$

genügen, damit es sich um eine ertragsgesetzliche Produktionsfunktion handelt *(siehe Abb. 6.3.8 Lehrbuch)* ?

Aufgabe 6.20 *(6.3.19)*:

Eine neoklassische Produktionsfunktion $x(r) = a \cdot r^b$ *$(r \geq 0)$* ist gekennzeichnet durch positive Erträge und positive, aber abnehmende Grenzerträge für jeden positiven Input r. Welchen Bedingungen müssen dazu die Koeffizienten a, b genügen?

Aufgabe 6.21 *(6.3.20)*:

Man ermittle die Gleichung einer ertragsgesetzlichen Gesamtkostenfunktion vom Typ eines kubischen Polynoms, die folgende Eigenschaften besitzt:

- Fixkosten: 98 GE;
- Minimum der Grenzkosten bei einem Output von 4 ME;
- Minimum der gesamten Stückkosten bei einem Output von 7 ME.

Ist die Funktionsgleichung eindeutig bestimmt?

Aufgabe 6.22 *(6.3.21)*:

Man überprüfe, ob die Produktionsfunktion

$$x(r) = (0{,}6r^{0{,}5} + 1)^2$$

vom neoklassischen Typ ist.

Aufgabe 6.23 *(6.3.22)*:

Bei der Produktion eines Gutes wirken sich die mit steigenden Stückzahlen gewonnenen Produktionserfahrungen kostensenkend aus *(Lerneffekt!)*:

Die in einer Mengeneinheit (ME) des Produktes enthaltenen Stückkosten k (in €/ME) (ohne Berücksichtigung von Materialkosten) hängen von der (kumulierten) Gesamtproduktionsmenge x (in ME) ab gemäß einer Produktionsfunktion des Typs

$$(*) \qquad k = k(x) = a \cdot x^b \quad , \quad (x \geq 1) \ , \quad (\text{„Lernkurve"};\ a, b \in \mathbb{R}) .$$

Es werde nun folgendes beobachtet:

- Die erste produzierte Einheit verursacht (ohne Material) Kosten von 160€ .
- Verdoppelt man die Produktionsmenge (ausgehend von einer beliebigen Stückzahl), so sinken die Stückkosten um 20% gegenüber dem Wert vor Stückzahlverdoppelung.

i) Wie lautet die konkrete Funktionsgleichung (∗) der Lernkurve?

ii) Wie hoch muss die Gesamtproduktionsmenge sein, damit die gesamten Produktionskosten (ohne Material) 80.000 € betragen?

Aufgabe 6.24 *(6.3.58)*:

Gegeben ist eine ertragsgesetzliche Kostenfunktion K mit

$$K(x) = 0,1x^3 - 2,4x^2 + 30x + 640 ;$$

(K: Gesamtkosten (GE) ; x: Output (ME))

i) Man bestimme die Schwelle des Ertragsgesetzes.

ii) Man ermittle das Betriebsminimum.

iii) Man zeige, dass das Betriebsoptimum für $x = 20$ ME angenommen wird.

iv) Man ermittle diejenige Produktionsmenge, für die die Grenzkosten minimal werden.

v) Man zeige, dass im Betriebsoptimum die Grenzkosten gleich den Durchschnittskosten sind.

Aufgabe 6.25 *(6.3.59)*:

Gegeben sei die Kostenfunktion K eines Monopolisten mit

$$K(x) = 0,01x^3 - 1,5x^2 + 120x + 4.000$$ *(K: Gesamtkosten; x: Output)*

Der Monopolist operiere am Markt mit folgender Nachfragefunktion p

$$p(x) = 1.044 - 0,3x$$ *(p: Preis; x: nachgefragte Menge)*

(Er sei in der Lage, Produktion und Absatz zu synchronisieren; $p \geq 0,\ x \geq 0$.)

i) Bei welchem Preis bewirkt die Erhöhung des Preises um eine GE/ME einen Nachfragerückgang um 0,3 ME?

ii) Ermitteln Sie die Höhe des zu produzierenden Outputs, bei dem die variablen Kosten pro produzierter Outputeinheit minimal werden.

iii) Welche Menge muss der Monopolist produzieren und absetzen, um seinen
a) Gesamtgewinn
b) Stückgewinn
c) Deckungsbeitrag
d) Stückdeckungsbeitrag
e) Gesamtumsatz
f) Umsatz pro Stück zu maximieren?

Man ermittle die zugehörigen Preise.

iv) Für welchen Preis sind die Grenzkosten des Monopolisten minimal?

v) Es werde nunmehr angenommen, der Produzent habe zwar die oben angegebene Kostenfunktion, operiere aber an einem polypolistischen Markt mit einem festen und von ihm nicht beeinflussbaren Marktpreis p für sein Produkt.

a) Welches ist der kleinste Preis p, bei dem der Produzent gerade noch seine gesamten Kosten decken kann?

b) Wie lautet die (langfristige) Angebotsfunktion des Polypolisten? Bei welchem minimalen Preis tritt er erstmals am Markt auf?

Aufgabe 6.26 *(6.3.60)*:

Gegeben sei eine Produktionsfunktion x mit der Gleichung

$$x(r) = -0{,}4r^3 + 18r^2 + 24r \qquad \text{(x: Output ; r: Input } (\geq 0)) .$$

Dabei darf der Input maximal 25 ME_r betragen.

i) Für welchen Faktorinput wird die Grenzproduktivität maximal?
ii) Man zeige, dass im vorgegebenen Inputbereich kein relatives Ertragsmaximum existiert.
iii) Für welchen Faktorinput ist der Durchschnittsertrag maximal?
iv) Für welchen Faktorinput sind Grenz- und Durchschnittsertrag identisch?

Aufgabe 6.27 *(6.3.61)*:

Eine monopolistische Unternehmung produziert ihren Output x (in ME_x) mit Hilfe eines einzigen variablen Produktionsfaktors (Input r in ME_r) gemäß folgender Produktionsfunktion $x: r \mapsto x(r)$ mit

$$x(r) = 4\sqrt{r-100} \qquad (r \geq 100).$$

Der Faktorpreis betrage 16 €/ME_r.

Der Output x kann gemäß der Preis-Absatz-Funktion $x: p \mapsto x(p)$ mit

$$x(p) = 196 - 0{,}4p \qquad (p \text{ in } €/ME_x)$$

abgesetzt werden.

i) Bei welchem Output operiert die Unternehmung im Betriebsoptimum?
ii) Wie lauten die Gewinnschwellenpreise der Unternehmung?
iii) Welchen Marktpreis muss die Unternehmung fordern, um maximalen Gewinn zu erzielen?

***Aufgabe 6.28** *(6.3.62-I)*:

Gegeben sei für ein Gut die Preis-Absatz-Funktion p mit

$$p(x) = \begin{cases} 180 - 2x & \text{für } 0 \leq x \leq 60 \\ 78 - 0{,}3x & \text{für } x > 60 \end{cases} \qquad \text{(p: Preis [GE/ME]; x: Menge[ME]) } (p>0)$$

Die Gleichung der Gesamtkostenfunktion K lautet: $K(x) = 15x + 3000$.
Man ermittle:

i) das Erlösmaximum **ii)** die Gewinnschwellen **iii)** das Gewinnmaximum.

***Aufgabe 6.29** *(6.3.62-II)*:

Für einen Polypolisten auf dem unvollkommenen Markt sei die folgende doppelt-geknickte Preis-Absatz-Funktion p gegeben:

$$p(x) = \begin{cases} -0{,}5x + 50 & \text{für } \; 0 \le x \le 10 \text{ ME} \\ -2x + 65 & \text{für } \; 10 < x \le 20 \text{ ME} \\ -0{,}5x + 35 & \text{für } \; 20 < x \le 70 \text{ ME.} \end{cases}$$

(siehe Lehrbuch Kap. 6.3.2.4)

i) Man ermittle jeweils Preis, Menge und Gewinn im Gewinnmaximum, wenn der Anbieter mit folgenden Kostenfunktionen K *(2 separate Fälle)* produziert:

a) $K(x) = 0{,}008x^3 - 0{,}6x^2 + 20x + 150$ **b)** $K(x) = 30x + 100$.

ii) Im Fall i) b) haben die Grenzkosten den konstanten Wert $K' \equiv 30$. Welches ist der höchste Grenzkosten-Wert *(statt „30“)*, der gerade noch zu einem nicht-negativen Gewinn führt?

Aufgabe 6.30 *(6.3.63-I)*:

Die Eisbär AG liefert in kontinuierlicher Weise pro Jahr 48.000 Kühlschränke ihres Typs QXL aus.

Bei jeder Produktionsumstellung auf den Typ QXL fallen Rüstkosten in Höhe von 7.680 € an. Für Lagerung rechnet die AG mit 6 € pro Kühlschrank und Monat.

i) Man ermittle für jeden der beiden Fälle a) und b) die Anzahl und Größe der pro Jahr erforderlichen Produktionslose sowie die jeweiligen Gesamtkosten für Umrüstung und Lagerung, wenn die Eisbär AG kostenoptimale Politik betreibt:

a) Die Produktionszeit wird als vernachlässigbar klein angenommen;

b) Die Produktion erfolgt mit einer kontinuierlichen Rate von 5.000 Kühlschränken pro Monat.

ii) Man zeige mit Hilfe der Losgrößen-Formel *(siehe z.B. Lehrbuch (6.3.55)*:
Für die optimale Losgröße x^* gilt unter den gegebenen Voraussetzungen stets *(d.h. unabhängig von speziellen Ausgangsdaten)*: $K_L = K_R$ *(d.h. Lagerkosten = Rüstkosten im Optimum)*.

Aufgabe 6.31 *(6.3.63-II)*:

Gelegentlich wird die Meinung vertreten, die optimale Losgröße (bzw. Bestellmenge) werde an der Stelle angenommen, an der sich Lager- und Rüstkostenkurve schneiden.

Man zeige, dass diese Behauptung richtig ist, sofern die Lagerkostenkurve eine Ursprungsgerade ($K_L = ax$) und die Rüstkostenkurve eine Hyperbel ($K_R = \frac{b}{x}$) ist.

Aufgabe 6.32 *(6.3.64)*:

In einem Reparaturwerk befindet sich eine zentrale Materialausgabestelle, die pro Stunde im Durchschnitt von 40 Monteuren aufgesucht wird.

Die mittlere Wartezeit t (in Minuten) der Ankommenden bis zum Erhalt des verlangten Materials hängt umgekehrt proportional ab von der Anzahl x der in der Ausgabe Beschäftigten:

$$t = t(x) = \frac{20}{x} .$$

Der Lohn des Monteurs betrage 24 €/h, der eines in der Ausgabe Beschäftigten 20 €/h.

Wieviele Arbeitnehmer sollte das Werk in der Materialausgabe einsetzen, damit die stündlichen Gesamtkosten für die Materialausgabe (= Lohnkosten plus Wartekosten) minimal werden?

Aufgabe 6.33 *(6.3.65)*:

Die Produktionskapazität P (in Leistungseinheiten (LE)) eines Unternehmens, das im Jahre 2000 (t = 0) gegründet wurde, sei im Zeitablauf t (in Jahren) durch folgende Funktion beschrieben:

$$P(t) = \frac{38.500}{700 + (t-20)^2} \; ; t \geq 0 .$$

i) Mit welcher Anfangskapazität startete das Unternehmen im Jahr 2000?

ii) In welchem Jahr erreicht(e) die Unternehmung ihre maximale Produktionskapazität? Höhe der maximalen Produktionskapazität?

Aufgabe 6.34 *(6.3.66)*:

Die Rentabilität R (= Jahresgewinn dividiert durch das eingesetzte Produktivkapital, ausgedrückt in % p.a.) einer Unternehmung hänge vom Marktanteil m (in %) des hergestellten Produktes in folgender Weise ab:

$$R(m) = -5m^2 + 3{,}6m - 0{,}35 .$$

Die Unternehmung kann mit ihren vorhandenen Kapazitäten einen Marktanteil von höchstens 80% realisieren, d.h. $0 \leq m \leq 0{,}80$.

i) Welchen Marktanteil sollte die Unternehmung zu erreichen suchen, um eine möglichst große Rentabilität zu erreichen?
Wie groß ist die maximale Rentabilität?

ii) Die Unternehmensleitung fordert eine Mindestrentabilität von 15% p.a.
Innerhalb welcher Werte darf der Marktanteil schwanken, wenn dieses Ziel erreicht werden soll?

iii) Wie hoch ist der Unternehmensgewinn beim höchsterreichbaren Marktanteil, wenn das eingesetzte Produktivkapital 9,2 Mio. € beträgt?

Aufgabe 6.35 *(6.3.67)*:

Der Markt für ein bestimmtes Produkt lasse sich vom Produzenten marketingbezogen in mehrere Segmente (Zielgruppen) zerlegen:

Je höher der Segmentierungsgrad s (s kann zwischen 0 (%) und 100 (%) schwanken), desto höher der erzielbare Gesamtumsatz U (in T€), desto höher aber auch die aus der Segmentierungsstrategie resultierenden gesamten Produktions- und Marketingkosten K (in T€).

Der quantitative Zusammenhang werde durch folgende Funktionen beschrieben:

$$U(s) = -0{,}1\,(s-100)^2 + 500\,; \qquad K(s) = 0{,}02\,s^2 + 200\,; \qquad 0 \le s \le 100\,.$$

i) Welchen Segmentierungsgrad muss die Unternehmung mindestens erreichen, damit die Umsätze die Kosten decken?

ii) Bei welchem Segmentierungsgrad erzielt der Produzent maximalen Gesamtgewinn? Wie hoch ist dieser Maximalgewinn?

Aufgabe 6.36 *(6.3.68)*:

Ein Monopolist produziere mit folgender Kostenfunktion K:

$$K(x) = x^3 - 12x^2 + 60x + 98 \qquad \textit{(x: Output [ME], K: Gesamtkosten [GE])}$$

und sehe sich der Nachfragefunktion p mit

$$p(x) = -10x + 120 \text{ gegenüber.} \qquad \textit{(x: Menge [ME], p: Preis [GE/ME])}$$

i) Auf jede produzierte und abgesetzte Mengeneinheit werde eine Mengensteuer in Höhe von t = 24 GE/ME erhoben, so dass sich die Gesamtkosten des Produzenten um die abzuführende Gesamtsteuer $T = t \cdot x$ erhöhen.
Man ermittle die gewinnmaximale Menge sowie die dann abzuführende Steuer und den Gesamtgewinn.

***ii)** Welche Mengensteuerhöhe t (GE/ME) müsste der Staat festlegen, damit er im Gewinnmaximum des Produzenten maximale Steuereinnahmen erzielt?
Wie lauten jetzt der gewinnmaximale Preis, die abzuführende Gesamtsteuer sowie der Gewinn des Produzenten?

iii) Statt einer Mengensteuer werde nun vom Staat eine Gewinnsteuer in Höhe von 40% des Gewinns *(vor Steuern)* erhoben.
Wie lautet die gewinnmaximale Menge?
Welchen Einfluss hat die Höhe des Gewinnsteuersatzes auf den gewinnmaximalen Output?

Aufgabe 6.37 *(6.3.69 i)*:

Die Gesamtkostenfunktion K einer Unternehmung lautet

$$K(x) = 0{,}5x + 1 + \frac{36}{x+9}\,, \quad x \ge 0.$$

Bei welcher Produktionsmenge x operiert die Unternehmung im Betriebsminimum?

Aufgabe 6.38 *(6.3.69 ii)*:

Nach einem Betriebsunfall in einem Chemie-Werk am Rhein wurde die Konzentration c (in μg/l) eines Gefahrstoffes an einer ausgewählten Stelle des Rheins permanent gemessen.

Es stellte sich heraus, dass diese Konzentration c in Abhängigkeit der Zeit t *(in Tagen, gezählt seit dem Zeitpunkt des Unfalls)* durch folgende Funktion beschrieben werden konnte:

$$c = c(t) = (50t+4) \cdot e^{-t} \quad , \quad t \geq 0 \ .$$

i) Nach welcher Zeit *(in Stunden, gezählt seit dem Unfall)* war die Konzentration maximal?

***ii)** Nach wieviel Stunden war die Konzentration auf 15% des Maximalwertes gesunken?

Aufgabe 6.39 *(6.3.69 iii)*:

Kunstmaler Huber kopiert im Museum einen berühmten „Rembrandt". Seine monatliche Produktion b (in Bildern/Monat) hängt c.p. ab von der Gesamtzahl B (in Bildern) aller bis dahin kopierten Bilder („Lerneffekt") und richtet sich nach folgender Funktion:

$$b = b(B) = 10 - 9 \cdot e^{-0,005 \cdot B} \quad , \quad B \geq 0 \ .$$

i) Man überprüfe mathematisch, ob Hubers monatlicher Output mit zunehmender Gesamtmenge tatsächlich (wie man es eigentlich erwarten müsste) **zunimmt**.

ii) Wieviele Bilder kann Huber auch bei „unendlich großer Erfahrung" höchstens pro Monat kopieren?

Aufgabe 6.40 *(6.3.69 iv)*:

Der Kapitalwert C_0 einer Investition sei in Abhängigkeit des Zinssatzes i gegeben durch die Gleichung (mit $q = 1+i$) :

$$C_0 = -400 + 500 \cdot \frac{1}{q} + 700 \cdot \frac{1}{q^2} - 800 \cdot \frac{1}{q^3}, \qquad (q>0) \ .$$

Bei welchem Zinssatz i ist der Kapitalwert maximal?

Aufgabe 6.41 *(6.3.69 v)*:

Das Huber-Movies-Programmkino hat eine Kapazität von 200 Sitzplätzen. In den Wintermonaten richten sich die Heizkosten H (in GE) während einer Filmvorführung nach der Auslastung x (= Besucherzahl pro Vorstellung) und können durch folgende Funktion beschrieben werden:

$$H = H(x) = 60 - 0,001 \cdot x^2 \quad ; \quad (0 \leq x \leq 200) \ .$$

Für welche Besucherzahl werden die während einer Filmvorführung entstehenden Heizkosten minimal?

Aufgabe 6.42 *(6.3.69 vi)*:

Gegeben sei eine Investitionsfunktion $I\ (=I(i))$, die den Zusammenhang von Investitionsausgaben I für den Wohnungsbau *(in Mio. €/ Jahr)* und dem *(eff.)* Kapitalmarktzinssatz i *(in % p.a.: z.B. i=0,08 = 8 % p.a. usw.)* beschreibt:

$$I = I(i) = \frac{50.000}{250i + 1} \quad ; \quad (i \geq 0) \ .$$

i) Bei welchem Zinssatz werden 2 Milliarden €/Jahr in den Wohnungsbau investiert?

ii) Bei welchem Zinssatz sind in den Wohnungsbau-Investitionen maximal?

Aufgabe 6.43 *(6.3.70 i)*:

Die Huber AG will ihr neues Produkt vermarkten, pro Mengeneinheit (ME) erzielt sie einen Verkaufserlös von 50 Geldeinheiten (GE).

Bei der Produktion des Produktes entstehen Fixkosten von 5.000 GE/Jahr, darüber hinaus verursacht jede hergestellte Mengeneinheit Produktionskosten von 4 GE.

Um den Markterfolg ihres Produktes langfristig zu sichern, beauftragt die Huber AG eine Werbeagentur. Bezeichnet man die jährlichen Gesamtaufwendungen für Werbung mit w, so besteht zwischen nachgefragter Menge x (in ME/Jahr) und Werbeaufwand w (in GE/Jahr) folgende funktionale Beziehung:

$$x = x(w) = 1000 - 200 \cdot e^{-0,05\,w} \quad , \quad (x, w \geq 0) \ .$$

Welchen jährlichen Werbeaufwand muss die Huber AG tätigen, damit ihr Gesamtgewinn aus Produktion und Vermarktung *(d.h. Erlös minus Produktionskosten minus Werbeaufwand)* maximal wird?

Aufgabe 6.44 *(6.3.70 ii)*:

Die Huber AG produziert in der hier betrachteten Periode ausschließlich Gimmicks. Dazu benötigt sie *(außer festen Inputfaktoren)* einen einzigen variablen Inputfaktor, nämlich Energie.

Bezeichnet man die Gesamtheit der in der Bezugsperiode produzierten Gimmicks mit m *(in kg)* und die dafür insgesamt benötigte Energiemenge mit E *(in Energieeinheiten (EE))*, so besteht zwischen m und E der folgende funktionale Zusammenhang:

$$m = m(E) = 20\sqrt{0,5E - 80} \quad , \quad E \geq 160 \ .$$

Eine Energieeinheit kostet die Huber GmbH 20 GE.

Die Gimmicksproduktion kann unmittelbar am Markt abgesetzt werden zum Marktpreis p, der von der Huber GmbH festgesetzt wird. Zwischen nachgefragter Menge m und Absatzpreis p *(in GE/kg)* besteht folgender Zusammenhang:

$$m = m(p) = 400 - 0,25p \quad , \quad (m, p \geq 0) \ .$$

Wie muss die Huber GmbH den Marktpreis für ihre Gimmicks festsetzen, um in der betrachteten Periode maximalen Gesamtgewinn zu erzielen?

Aufgabe 6.45 *(6.3.70 iii)*:

Emir Huber will in der Sahara nach Wasser bohren und das damit evtl. gefundene Wasser fördern und für Trinkwasserzwecke aufbereiten.

Wegen der damit verbundenen Kosten sucht er herauszufinden, in welchem Abstand x (in Längeneinheiten (LE)) er die Bohrungen einbringen soll, um per Saldo die Kosten pro Tonne (t) geförderten und aufbereiteten Wassers zu minimieren. Dabei ist zu beachten:

Je größer der Abstand x zwischen zwei Bohrstellen, desto geringer fallen die durchschnittlichen reinen Bohrkosten k_B (in GE/t) aus (und umgekehrt).

Die durchschnittlichen Bohrkosten k_B pro t geförderten Wassers lauten in Abhängigkeit vom Abstand x (> 0) zwischen zwei Bohrstellen:

$$k_B = \frac{2000}{x}$$ *(siehe Abbildung)*

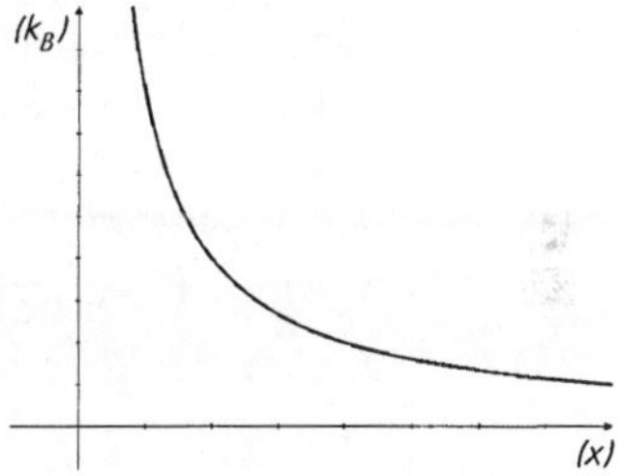

Andererseits steigen mit zunehmendem Abstand zwischen zwei Bohrstellen die Kosten k_W (in GE /t) für die Wassergewinnung, da die genaue Lokalisierung der Wasserstellen ungenauer wird und außerdem die Aufbereitung des Wassers schwieriger wird. Für die pro t geförderten Wassers durchschnittlich anfallenden Gewinnungs- und Aufbereitungskosten k_W gilt (mit x > 0):

$$k_W = 5000 \cdot e^{-\frac{2}{x}} + 300$$ *(siehe Abb.)*

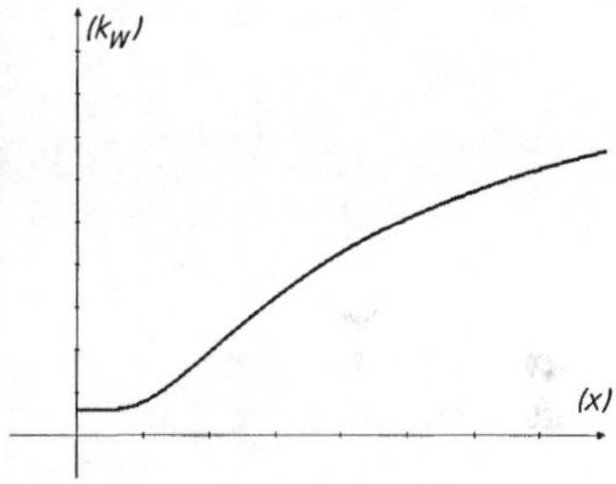

Die gesamten Förderkosten k (pro Tonne geförderten und aufbereiteten Wassers) setzen sich schließlich additiv aus den Bohrkosten k_B und den Wassergewinnungskosten k_W zusammen.

Bei welchem Bohrabstand sind die (durchschnittlichen) gesamten Förderkosten (pro t Wasser) für Huber minimal?

Aufgabe 6.46 *(6.3.70 iv)*:

Das Angebot A *(in Stunden pro Monat (h/M.))* an Arbeitskräften für die Baumwollernte in den USA hängt ab vom gezahlten Arbeitslohn p *(in GE/h)* und richtet sich nach folgender Funktion:

$$A = A(p) = 0{,}05 \cdot p \cdot (120 - p)\ ; \quad (0<p<100).$$

i) Bei welchem Stundenlohn ergibt sich das höchste Angebot an Arbeitskräften pro Monat? Welche Lohnsumme wird dann pro Monat insgesamt gezahlt?

ii) Bei welchem Stundenlohn ist die pro Monat insgesamt gezahlte Lohnsumme (d.h. für alle Arbeitnehmer zusammen) maximal? Wie hoch ist die maximale Lohnsumme?

Aufgabe 6.47 *(6.3.70 v)*:

Betrachtet werde ein „durchschnittlicher" Unternehmer, dessen Jahreseinkommen Y mit einer Steuer belastet wird. Der Steuersatz s sei vorgegeben *(z.B. bedeutet s = 0,6: 60% des Unternehmereinkommens werden als Steuer an den Staat abgeführt usw.)* Der Steuersatz s kann vom Staat geändert werden.

Langjährige Untersuchungen zeigen, dass die Gesamteinnahmen T des Staates an dieser Steuer wiederum von der Höhe des Steuersatzes s abhängen, d.h. T = T(s). Für die Eckwerte von s *(nämlich 0% und 100%)* gelten folgende Überlegungen:

- Wenn s = 0 (≙ 0%), so benötigt der Staat offenbar keine Steuern, es gilt T=0, das gesamte Einkommen verbleibt beim Unternehmer.
- Wenn s = 1 (≙ 100%), so muss der Unternehmer sein gesamtes Einkommen an den Staat abführen, daher wird der Unternehmer in diesem Fall – getreu dem ökonomischen Prinzip – überhaupt kein Einkommen erzielen wollen, d.h. auch jetzt wird der Staat keine Steuereinnahmen erzielen, T = 0.
- Nur wenn der Steuersatz zwischen 0 und 1 liegt, erzielt der Staat Steuereinnahmen, T > 0.

Es werde nun unterstellt, dass die eben beschriebene Funktion T folgende Gestalt besitzt:

(∗) $$T = T(s) = a \cdot s \cdot (1 - s) \qquad (0 \le s \le 1), \quad a = \text{const.}\ (>0)$$

*(T: Steuereinnahmen des Staates
s: Steuersatz)*

i) Man zeige, dass (∗) T(s) die drei eben beschriebenen Eigenschaften besitzt.

ii) Für welchen Steuersatz erzielt der Staat die höchsten Steuereinnahmen?

iii) Wie müsste in der Steuerfunktion (∗) die Konstante a gewählt werden, damit für einen Steuersatz von 20% die Elastizität der Steuereinnahmen bzgl. des Steuersatzes den Wert 0,75 aufweist?

(Für den Aufgabenteil iii) ist die Kenntnis des Elastizitätsbegriffs notwendig, siehe etwa Lehrbuch Kap. 6.3.3)

Aufgabe 6.48 *(6.3.70 vi)*:

Die pro Stunde Fahrt entstehenden Treibstoffkosten k_t *(in €/h)* einer Diesellokomotive sind proportional zum Quadrat der Lokomotivgeschwindigkeit v *(in km/h)*, d.h. es gilt:

$$k_t = c \cdot v^2 \; ; \; (c = const.) \quad .$$

Messungen ergaben, dass bei einer Geschwindigkeit von 40 km/h die Treibstoffkosten 25 €/h betragen.

Die darüber hinaus *(unabhängig von der Lokomotivgeschwindigkeit)* entstehenden Kosten betragen 100 €/h.

Mit welcher Geschwindigkeit sollte die Lokomotive fahren, damit die insgesamt pro gefahrenem Kilometer entstehenden Kosten minimal werden?

Aufgabe 6.49 *(6.3.70 vii)*:

Während ihrer umfangreichen Reisetätigkeit mit der Deutschen Bahn AG ist der Wirtschaftsprüferin Prof. Dr. Z. aufgefallen, dass ein bemerkenswerter Zusammenhang besteht zwischen der Höhe h (in cm) der Absätze ihrer Stilettos *(„High-Heels")* und der Wahrscheinlichkeit W dafür, dass sie ihren Reisekoffer selbst vom Bahnsteig zum Taxi tragen muss.

Der funktionale Zusammenhang zwischen W und h kann durch folgende Funktionsgleichung beschrieben werden:

$$W = W(h) = 0{,}01 \cdot h^2 - 0{,}16h + 0{,}9; \quad (0 \le h \le 10).$$

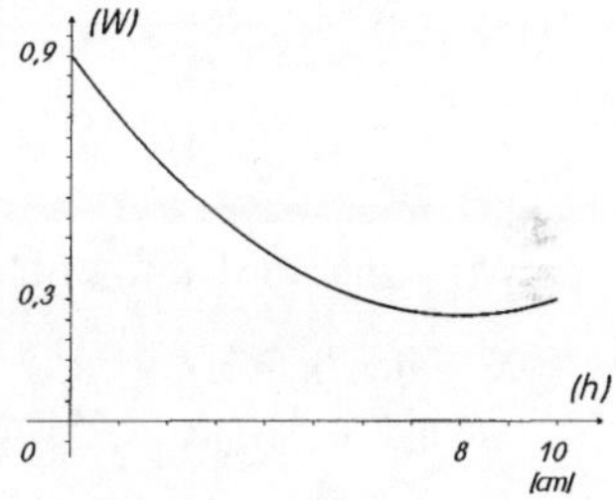

Lesebeispiel:

Bei Absatzhöhe 10 cm ist die Wahrscheinlichkeit dafür, den Koffer selbst tragen zu müssen, 30% (= 0,3), bei flachen Absätzen (h = 0) findet sich nur in 10% aller Fälle ein hilfreicher Kofferträger (denn W(0) = 0,9), usw.

Auf den ersten Blick scheint sich eine Absatzhöhe zu empfehlen, die W minimiert, d.h. 8 cm (s.o.).

Andererseits steigt bei hohem Absatz der Ärger Ä (in Strafpunkten), der immer dann entsteht, wenn sie den Koffer doch einmal selbst tragen muss: Je höher der Absatz, desto ärgerlicher das eigenhändige Koffertragen.

Die zugehörige Ärgerfunktion lautet:

$$Ä = Ä(h) = 0{,}25h + 1\ ; \quad (0 \le h \le 10).$$

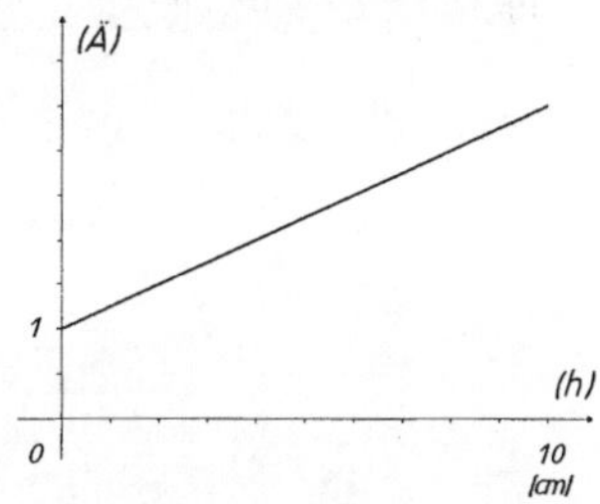

(d.h. der Ärger (oder die „Strafe") bei eigenhändigem Koffertragen nimmt linear mit der Stöckelhöhe zu.)

Der zu jeder Stöckelhöhe h zu erwartende *Gesamtfrust* F(h) ist nun definitionsgemäß gegeben als Produkt aus der Wahrscheinlichkeit W(h), den Koffer selbst tragen zu müssen, und der Strafe Ä(h) beim eigenhändigen Tragen des Koffers *(F(h) ist ein „Erwartungswert")*.

Welche Absatzhöhe würden Sie Frau Prof. Dr. Z. zukünftig empfehlen, damit ihr Gesamtfrust beim Koffertransport möglichst gering ausfällt?

Aufgabe 6.50 *(6.3.96)*:

Man ermittle die Elastizitätsfunktionen $\varepsilon_{f,x}$ zu den folgenden Funktionen f mit:

i) $f(x) = 10x^7$

ii) $f(x) = a \cdot x^n; \quad a, n \neq 0; x > 0$

iii) $f(x) = 4x^3 + 2x^2 - x + 1$

iv) $f(x) = \frac{3x - 4}{8x + 2}, \quad x \neq -0{,}25$

v) $f(x) = 2x \cdot e^{-5x}$

vi) $f(x) = e^{1/x} \cdot \sqrt{x^2 + 1}$

vii) $f(x) = x^3 \cdot \ln(x^2+1)$

viii) $f(x) = x^4 \cdot 2^x$

ix) $f(x) = (3x)^{2x}$ *(x > 0)*

x) $f(x) = a \cdot e^{bx}; \quad a, b \neq 0$

Aufgabe 6.51 *(6.3.97)*:

Man zeige die Gültigkeit folgender Rechenregeln für die Elastizität:

Es seien u: u(x), v: v(x) zwei differenzierbare Funktionen, ferner gelte $u, v, x \neq 0$. Dann lassen sich die Elastizitätsfunktionen $\varepsilon_{f,x}$ der kombinierten Funktionen

1) $f := u \pm v$ **2)** $f := u \cdot v$ **3)** $f := \frac{u}{v}$

durch die einfachen Elastizitäten $\varepsilon_{u,x}$ und $\varepsilon_{v,x}$ ausdrücken, und es gilt:

1) $\varepsilon_{u \pm v, x} = \frac{u \cdot \varepsilon_{u,x} \pm v \cdot \varepsilon_{v,x}}{u \pm v}$

2) $\varepsilon_{u \cdot v,x} = \varepsilon_{u,x} + \varepsilon_{v,x}$

3) $\varepsilon_{u/v,x} = \varepsilon_{u,x} - \varepsilon_{v,x}$

Mit Hilfe dieser Rechenregeln ermittle man die Elastizität $\varepsilon_{f,x}$ folgender Funktionen f:

i) $f(x) = 4x^3 + 20x^5$ **ii)** $f(x) = e^{-2x} \cdot x^5$ **iii)** $f(x) = \frac{\sqrt{x} \cdot e^{0,1x}}{7x^4}$

Aufgabe 6.52 *(6.3.99)*:

Gegeben sind folgenden Nachfragefunktionen x: x(p) bzw. p: p(x):

1) $x(p) = 18 - 2p$; $\quad 0 \le p \le 9$

2) $p(x) = 12 - 0{,}1x$; $\quad 0 \le x \le 120$

3) $x(p) = 10 \cdot e^{-0,2p}$; $\quad p \ge 0$

4) $p(x) = 800 \cdot e^{-0,01x}$; $\quad x \ge 0$

i) Man ermittle und interpretiere den Wert der Preiselastizität der Nachfrage bei einem Preis p von

a) 5 GE/ME **b)** 9 GE/ME **c)** 100 GE/ME **d)** 600 GE/ME.

ii) Bei welchem Preis bewirkt eine 3% ige Preissenkung eine (ca.) 6% ige Nachfragesteigerung?

iii) Bei welcher Nachfragemenge geht eine 4% ige Mengenreduzierung mit einer ebenfalls 4% igen Preissteigerung einher?

Aufgabe 6.53 *(6.3.100)*:

Man zeige, dass der Wert des Elastizitätskoeffizienten $\varepsilon_{f,x}$ durch proportionale Änderungen der Maßeinheiten nicht verändert wird.

Hinweis: *Proportionale Maßänderungen (wie z.B. bei kg* $\longleftrightarrow$ *t,* $m^2 \longleftrightarrow cm^2$ *, €* $\longleftrightarrow$ *Dollar usw.) können durch die Transformation* $x^* = a \cdot x$; $f^* = b \cdot f$ *beschrieben werden, wobei* x^*, f^* *die Variablen im neuen und* x, f *die Variablen im alten Maßsystem bedeuten;* a, b *sind nicht verschwindende Konstanten.*

Aufgabe 6.54 *(6.3.117)*:

Die Preis-Absatz-Funktion eines Gutes sei gegeben durch die Gleichung *(2 Fälle)*

a) $x(p) = 20 - 0{,}4p$ **b)** $p(x) = 120 \cdot e^{-0{,}1x}$ *$(x > 0, p > 0)$*

i) Für welche Preise ist die Nachfrage elastisch bzgl. des Preises?

ii) Bei welchem Preis bewirkt eine 2% ige Preissteigerung einen Umsatzrückgang von 10%?

Aufgabe 6.55 *(6.3.118)*:

Gegeben sei für einen Haushalt die Funktion E: E(W), die den funktionalen Zusammenhang zwischen Ausgaben W für Wohnung (in €/Monat) und den Ausgaben E für Energie (in €/Monat) beschreibt:

$$E = E(W) = 10 \cdot \sqrt{1 + 2W} \; .$$

Weiterhin sei bekannt, dass die Ausgaben für Wohnung W in folgender Weise vom Haushaltseinkommen Y (in €/Monat) abhängen:

$$W = W(Y) = 400 + 0{,}05Y \, .$$

i) Man ermittle für Wohnungsausgaben in Höhe von 800 €/Monat die Elastizität der Energieausgaben bzgl. der Ausgaben für Wohnung und interpretiere den gefundenen Wert ökonomisch.

ii) Man ermittle mit Hilfe des Elastizitätsbegriffs, um wieviel % sich bei einem Einkommen von 4.000 €/Monat der Energieverbrauch erhöht, wenn das Einkommen um 3% steigt.

Aufgabe 6.56 *(6.3.119)*:

Die Preiselastizität der Nachfrage nach Weizen betrage während eines mehrjährigen Zeitraumes konstant etwa – 0,2. Man erläutere, wieso nach schlechten Ernten dennoch der Gesamtumsatz im Weizengeschäft (gegenüber Jahren mit guten Ernten) zunimmt.

Aufgabe 6.57 *(6.3.120)*:

Man zeige, dass die Outputelastizität der Gesamtkosten im Betriebsoptimum stets den Wert 1 annimmt.

Aufgabe 6.58 *(6.3.121)*:

Man ermittle die Preiselastizität des Grenzerlöses für p = 150 GE/ME, wenn die Preis-Absatz-Funktion x durch $x(p) = 100 - 0{,}5p$ $(x, p > 0)$ gegeben ist.

Wieso ist diese Elastizität positiv, obwohl die Steigung E'' des Grenzerlöses $E'(p)$ stets negativ ist?

Aufgabe 6.59 *(6.3.122)*:

Eine Funktion f: f(x) heißt **isoelastisch**, wenn für alle x ($\neq 0$) gilt: $\boldsymbol{\varepsilon_{f,x} \equiv c = \text{const.}}$ $(\in \mathbb{R})$.

i) Man zeige:
Alle Potenzfunktionen f: $f(x) = a \cdot x^n$ sind isoelastisch, und es gilt: $\varepsilon_{f,x} = n = \text{const.}$

Bemerkung: *Man kann zeigen, daß die* ***Potenzfunktionen*** *die* ***einzigen isoelastischen Funktionen*** *sind, siehe auch Lehrbuch Kap. 8.6.3.2.*

ii) Im Jahr 08 wurden (bei einem Zuckerpreis von 3.500 €/ t) 5,04 Mio t Zucker nachgefragt. Durch Zeitreihenanalysen war bekannt, dass die Preiselastizität der Zuckernachfrage den konstanten Wert −0,383 besaß.
Wie lautete die Nachfragefunktion nach Zucker?

iii) Man ermittle die Gleichungen und zeichne die Graphen der isoelastischen Nachfragefunktionen p: p(x) mit folgenden Eigenschaften:

Beim Preis 2 beträgt die Nachfrage 5, weiterhin gelte:

a) überall fließende Nachfrage, d.h. $\varepsilon_{x,p} \equiv -1$;
b) überall vollkommen unelastische Nachfrage, d.h. $\varepsilon_{x,p} \equiv 0$;
c) überall vollkommen elastische Nachfrage, d.h. $\varepsilon_{x,p} \equiv$ „$\pm\infty$“ .

***Aufgabe 6.60** *(6.3.123)*:

Gegeben sei das Sozialprodukt Y einer Volkswirtschaft in Abhängigkeit von der Kapitalausstattung K und dem Arbeitseinsatz A durch die Produktionsfunktion Y mit:

$$Y = 100 \cdot A^{0,8} \cdot K^{0,2}$$

Man ermittle die Substitutionselastizität $\sigma_{A,K}$ und interpretiere den erhaltenen Wert.

Aufgabe 6.61 *(6.3.137)*:

i) Man ermittle anhand der nachstehenden Abbildung näherungsweise die Elastizitätswerte $\varepsilon_{f,x}$ in den gegebenen Punkten A, B, ... der graphisch vorgegebenen Funktion f: $x \mapsto f(x)$:

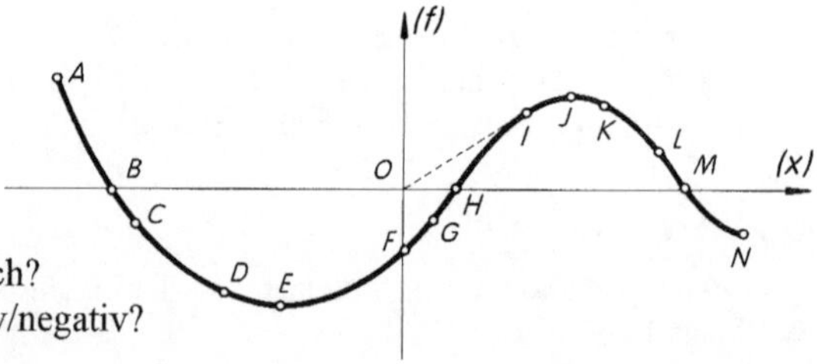

ii) In welchen Bereichen ist

a) f elastisch/unelastisch?
b) die Elastizität positiv/negativ?

Aufgabe 6.62 *(6.3.139)*:

Gegeben sind nachstehend der Graph je einer ertragsgesetzlichen Produktionsfunktion x: x(r) und Gesamtkostenfunktion K: K(x).

i) Man ermittle näherungsweise die Elastizitäten $\varepsilon_{x,r}$ und $\varepsilon_{K,x}$ in sämtlichen markierten Punkten P, Q, ...

ii) Welcher spezielle ökonomische Sachverhalt lässt sich mit Hilfe des Elastizitätswertes jeweils im Punkt S formulieren?

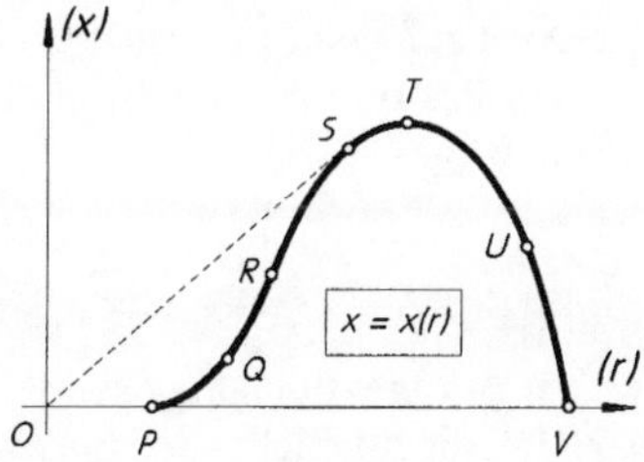

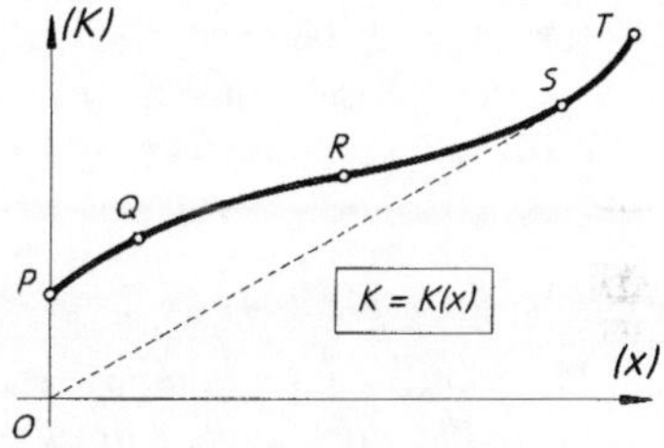

Aufgabe 6.63 *(6.3.161)*:

Der Zusammenhang zwischen Wohnungsausgaben W (in €/Monat) und Gesamtkonsum C (in €/Monat) eines Haushaltes sei alternativ durch eine der beiden folgenden Ausgabenfunktionen $W: C \mapsto W(C)$ beschrieben:

a) $W(C) = 0{,}1C + 350\,; \qquad C > 0$

b) $W(C) = 350 + 0{,}5 \cdot C^{0,9}\,; \quad C > 0\,.$

i) Man untersuche in beiden Fällen, ob das **„Schwabesche Gesetz"** erfüllt ist.

(Das Schwabesche Gesetz besagt: Die Wohnungsausgaben eines Haushaltes nehmen bei steigendem Gesamtkonsum des Haushaltes prozentual weniger stark zu als die gesamten Konsumausgaben.)

ii) Man untersuche, ob die Grenzausgaben für Wohnung stets kleiner sind als die durchschnittlichen Ausgaben für Wohnung (bezogen auf den Gesamtkonsum).

Aufgabe 6.64 *(6.3.162)*:

Man zeige, dass eine Produktionsfunktion $x: r \mapsto x(r)$ des Typs

$$x(r) = a \cdot r^b\,, \qquad r > 0,$$

genau dann dem „1. Gossenschen Gesetz" *(siehe etwa Lehrbuch Beispiel 6.3.5)* genügt, wenn für die Koeffizienten a, b gilt:

$$a > 0\,,\ \ 0 < b < 1 \qquad\qquad (z.B.\ \ x{:}\ x(r) = 25 \cdot r^{0,7}).$$

Aufgabe 6.65 *(6.3.163)*:

Die Nachfrage (d.h. die Ausgaben) N (in €/Monat) eines Haushaltes nach Nahrungsmitteln sei in Abhängigkeit des monatlichen Gesamtkonsums C (in €/Monat) durch eine der folgenden Funktionen N beschrieben:

a) $N(C) = 1{,}5 \cdot C^{0{,}8} + 200\,; \quad C > 0$

b) $N(C) = 200 + 0{,}2C\,; \quad C > 0\,.$

Man überprüfe in beiden Fällen, ob das „**Engelsche Gesetz**" erfüllt ist.

(Das Engelsche Gesetz besagt: Die Ausgaben eines Haushaltes für Nahrungsmittel nehmen bei steigendem Gesamtkonsum des Haushaltes prozentual weniger stark zu als die Konsumausgaben des Haushaltes insgesamt.)

***Aufgabe 6.66** *(6.3.164)*:

Man zeige, dass im Polypol im Fall der Faktorentlohnung nach seiner Wertgrenzproduktivität *(siehe auch Lehrbuch 6.3.159)* die hinreichenden Bedingungen für ein Gewinnmaximum erfüllt sind, wenn eine Produktionsfunktion mit überall abnehmender Grenzproduktivität vorliegt.

Für den allgemeineren Monopol-Fall *(siehe auch Lehrbuch (6.3.158)* zeige man dies entsprechend, wenn zusätzlich noch eine lineare Preis-Absatz-Funktion sowie positive Grenzproduktivitäten unterstellt werden.

***Aufgabe 6.67** *(6.3.165)*:

Man zeige: Ist eine gewinnmaximierende Ein-Produkt-Unternehmung (Produktionsfunktion: x: x(r)) sowohl monopolistischer Anbieter auf dem Gütermarkt (Preis-Absatz-Funktion: p: p(x)) als auch monopolistischer Nachfrager (Monopsonist) auf dem Faktormarkt (Faktornachfragefunktion: p_r: $p_r(r)$), so ist jede der fünf folgenden Bedingungen notwendig für einen gewinnmaximalen Faktoreinsatz:

i) $x'(r) \cdot (x \cdot p'(x) + p(x)) = r \cdot p_r'(r) + p_r(r)$

ii) $x'(r) \cdot E'(x) = K'(r)$

iii) $x'(r) = \dfrac{p_r}{p} \cdot \dfrac{1 + \dfrac{1}{\varepsilon_{r,p_r}}}{1 + \dfrac{1}{\varepsilon_{x,p}}}$

(dabei bedeuten:
E: $E(x) = E(x(r)) = x(r) \cdot p(x(r))$: Erlösfunktion
K: $K(r) = r \cdot p_r(r)$: (Faktor-) Kostenfunktion)

iv) $x'(r) = \dfrac{p_r}{p} \cdot \dfrac{\varepsilon_{K,r}}{\varepsilon_{E,x}}$

v) Der zusätzliche Erlös für die mit der letzten eingesetzten Inputeinheit erzeugten Produktmenge muss übereinstimmen mit den zusätzlichen Aufwendungen für diese letzte Inputeinheit.

7 Differentialrechnung bei Funktionen mit mehreren unabhängigen Variablen

Aufgabe 7.1 *(7.1.15)*:

Man bilde sämtliche partiellen Ableitungen erster Ordnung:

i) $f(x,y) = (xy)^3 + xy^2$ **ii)** $f(x,y) = 3x^2 - 4y^2 + 5xy + 4y$

iii) $K(x_1,x_2) = \frac{5x_1}{x_2}$ **iv)** $f(x,y) = \frac{x^4 - 3x^2y}{3x + 2y^2}$

v) $g(x,y,z) = 5x^2yz^4 + 8\frac{y^2}{x^5}$ **vi)** $K(x_1,x_2,x_3) = x_2 \cdot e^{4x_1 + 5x_3}$

vii) $p(r_1,r_2,r_3) = r_1^2 \cdot \ln(r_1r_3) - e^{-2r_1r_2}$ **viii)** $x(A,K) = 120 \cdot A^{0,85} \cdot K^{0,3}$

ix) $f(u,v,w) = (w \cdot \ln w + u^3)\sqrt{2v}$

x) $L(x,y,\lambda) = 8x^{0,3}y^{0,7} + \lambda(200-6x-5y)$

xi) $L(r_1,r_2,r_3,\lambda_1,\lambda_2) = 2\sqrt{r_1^2 + 3r_2^2 - 5r_3^2} + \lambda_1(10-r_1-2r_2+r_3) + \lambda_2(20-r_1r_2r_3)$

***xii)** $f(x,y) = (x^3y^2)^y$ ***xiii)** $f(x,y) = 2y^{3x} \cdot \ln\frac{x}{y}$

Aufgabe 7.2 *(7.1.19)*:

Gegeben sei die Produktionsfunktion y: $y = y(L,K) = 90 \cdot L^{0,8} \cdot K^{0,2}$ *(L: Arbeitsinput in Arbeitseinheiten (AE); K: Kapitalinput in GE; y: Output in* GE_y*;* $L,K > 0$*).*

Man ermittle und interpretiere die partiellen Grenzproduktivitäten der Arbeit und des Kapitals

i) für $L = 1.000$ AE; $K = 200$ GE;

ii) wenn pro eingesetzter AE eine Kapitalausstattung von 8 GE vorhanden ist.

Aufgabe 7.3 *(7.1.20)*:

Für zwei verbundene Güter seien die möglichen Absatzmengen x_1, x_2 in Abhängigkeit der Marktpreise p_1, p_2 durch folgende Preis-Absatz-Funktionen x_1, x_2 gegeben:

$$x_1(p_1,p_2) = -0,5p_1 + 2p_2 + 10$$
$$x_2(p_1,p_2) = 0,8p_1 - 1,5p_2 + 15$$

i) Man untersuche mit Hilfe der vier möglichen partiellen Ableitungen $\frac{\partial x_i}{\partial p_k}$ (i, k = 1,2) , wie sich die Nachfrage x_i nach Gut i ändert bei Änderung des Preises p_k des Gutes k (i, k = 1,2).

ii) Handelt es sich um komplementäre oder substitutive Güter?

iii) Man ermittle für jedes Gut die individuelle Erlösfunktion und interpretiere die partiellen Grenzerlöse

a) bzgl. der Preise sowie
***b)** bzgl. der Mengen

bei einer Preiskombination $p_1 = 8$ GE/ME$_1$, $p_2 = 5$ GE/ME$_2$
(siehe auch Lehrbuch Beispiel 6.1.40).

Aufgabe 7.4 *(7.1.28)***:**

Gegeben sei die Funktion f mit $f(x,y) = xy \cdot e^{xy}$.

Man zeige durch explizites Ausrechnen in der gegebenen Reihenfolge die Gültigkeit von $f_{yxx} = f_{xyx} = f_{xxy}$.

Aufgabe 7.5 *(7.1.29)***:**

Man bilde die partiellen Ableitungen zweiter Ordnung der Funktionen von Aufgabe 7.1 *(7.1.15).*

Aufgabe 7.6 *(7.1.35)***:**

Gegeben sei die Produktionsfunktion y mit

$$y(A,K) = -3A^3 + 2A^2 + 50A - 3A^2K + 2AK^2 - 3K^3 + 5K^2 \ ,$$

(A: Arbeitsinput; K: Kapitalinput; y: Sozialprodukt; A, K > 0).

Man ermittle für

a) $A = 2; \ K = 5$ sowie
b) $A = 10; \ K = 2$

jeweils sämtliche partiellen Ableitungen erster und zweiter Ordnung und gebe damit eine ökonomische Charakterisierung des Verhaltens der Produktionsfunktion in der näheren Umgebung der jeweiligen vorgegebenen Inputkombinationen.

Aufgabe 7.7 *(7.1.49)***:**

Bei der Produktion eines Gutes hängt der Output x von der Einsatzmengenkombination (r_1,r_2,r_3) dreier Produktionsfaktoren gemäß folgender Produktionsfunktion ab:

$$x: \quad x(r_1,r_2,r_3) = 0{,}5r_1^{0,5}r_2^{0,5} + 0{,}1r_1^{0,4}r_3^{0,6} + 0{,}2r_2^{0,3}r_3^{0,7} \ , \quad r_i \geq 0.$$

Für eine vorgegebene Inputkombination $(r_1,r_2,r_3) = (4; 5; 9)$ ermittle man die partiellen und totalen Grenzprodukte, wenn man r_1 um 0,2 Einheiten erhöht und gleichzeitig r_2 und r_3 um jeweils 0,1 Einheiten vermindert.

Aufgabe 7.8 *(7.1.59)*:

Man bilde die totale bzw. die totalen partiellen Ableitungen erster Ordnung:

i) $f(x,y,z) = x^2+3y^2+4z^2$ mit $x=x(t)=e^t; y=y(t)=t; z=z(t)=t^2+1$: $\frac{df}{dt}=?$

ii) $p(u,v,w) = 2u^2v\sqrt[3]{w}$
mit $u=u(x,y)=x^2+y^2; v=v(x,y)=x\cdot e^{-y}; w=w(x,y)=x\cdot \ln y$: $\frac{\partial p}{\partial x}=?$ $\frac{\partial p}{\partial y}=?$

iii) $f=f(a,b,c)$ mit $a=a(x)$; $b=b(a)$; $c=c(b)$. $\frac{df}{dx}=?$

Aufgabe 7.9 *(7.1.60)*:

Gegeben sei die Produktionsfunktion y mit

$$y=y(A,K)=5\cdot A^{0,4}\cdot K^{0,6}$$

Die jeweils verfügbaren Inputmengen A (=Arbeit) und K (=Kapital) seien zeitabhängige Größen, und es gelte:

$$A = A(t) = 20\cdot e^{-0,01t}$$
$$K = K(t) = 2.000 + 100t\,.$$

Dabei bedeuten:
A: Arbeitsinput (in Mio Arbeitnehmern); K: Kapitalinput (in Mrd. €); t: Zeit (in Perioden); t = 0 soll den Planungszeitpunkt, z.B. 01.01.2012, angeben; y: Output (in Mrd. € pro Periode).

i) Man ermittle die Funktion, deren Werte die Outputänderung pro Zeiteinheit zu jedem beliebigen Zeitpunkt t angibt (= totale Ableitung von y bzgl. t).

ii) Man zeige, dass der Output im Zeitablauf erst zunimmt und später abnimmt. Zu welcher Zeit wird ein maximaler Output erwirtschaftet? Wieviele Arbeitnehmer stehen dann noch zur Verfügung? Um wieviel Prozent ist die durchschnittliche Arbeitsproduktivität dann größer (bzw. kleiner) als im Planungszeitpunkt?

Aufgabe 7.10 *(7.1.75)*:

Man ermittle die Ableitungen der nachfolgend definierten impliziten Funktionen:

i) $6x^2-0,5y^2+10=0$: $y'(x)=?$

ii) $ue^v-v^2e^{-u}+uv=0$: $\frac{dv}{du}=?$

iii) $\ln ab-b^2\ln a+a\ln b=0$: $\frac{db}{da}=?$

iv) $2x^2+3y^2+4z^4=0$: $\frac{\partial z}{\partial x}=?$ $\frac{\partial z}{\partial y}=?$

Aufgabe 7.11 *(7.1.76)*:

Gegeben ist die (ordinale) Nutzenfunktion U mit

$$U(x_1,x_2)=2x_1^{0,8}x_2^{0,6}\,.$$

Für das mit den verfügbaren Konsummengen $x_1 = 24\ ME_1$, $x_2 = 32\ ME_2$ erreichbare Nutzenniveau ermittle man die Grenzrate der Substitution und interpretiere den erhaltenen Wert.

Aufgabe 7.12 *(7.1.77)*:

Es sei die (ordinale) Nutzenfunktion U mit

$$U(x_1,x_2,x_3,x_4) = 2\sqrt{x_1x_2} + 8\sqrt{x_2x_3} + \sqrt{x_4}$$

gegeben. Das erzielbare Nutzenniveau U_0 ergibt sich aus den verfügbaren Konsummengen: $x_1 = 20\ ME_1$, $x_2 = 20\ ME_2$, $x_3 = 5\ ME_3$, $x_4 = 25\ ME_4$. Um wieviel Einheiten muss – c.p. – der Konsum des zweiten Gutes gesteigert werden, wenn vom dritten Faktor eine halbe Einheit substituiert werden soll und das erreichte Nutzenniveau erhalten bleiben soll?

***Aufgabe 7.13** *(7.1.78)*:

i) Man zeige mit Hilfe der Kettenregel, dass die Indifferenzlinien einer neoklassischen Nutzenfunktion U: $U(x_1,...,x_n)$ sicher dann konvex sind, wenn für jede Gütermengenkombination x_i, x_k die gemischten zweiten partiellen Ableitungen $U_{x_ix_k}$ überall positiv sind.

(Hinweis: Eine neoklassische Nutzenfunktion genügt dem „1. Gossen'schen Gesetz": Der partielle Grenznutzen eines jeden Gutes ist positiv, aber mit zunehmendem Güterkonsum abnehmend, siehe auch Lehrbuch Beisp. 6.3.5a)

ii) Man zeige: Die Eigenschaften

$$\frac{\partial U}{\partial x_i} > 0\,; \quad \frac{\partial^2 U}{\partial x_i^2} < 0$$

einer neoklassischen Nutzenfunktion sind weder notwendig noch hinreichend für die Konvexität ihrer Indifferenzlinien.

Aufgabe 7.14 *(7.1.79)*:

Man zeige:

i) Die Indifferenzlinien einer Nutzenfunktion U mit $U(x_1,x_2) = c \cdot x_1^a \cdot x_2^b$ *($a, b, c, x_i > 0$)* vom Cobb-Douglas-Typ sind monoton fallend und konvex.

***ii)** Die Isoquanten einer CES-Produktionsfunktion x: $x = (a \cdot r_1^{-\rho} + b \cdot r_2^{-\rho})^{-1/\rho}$ mit $a, b > 0$; $\rho > -1$; $r_i > 0$ sind monoton fallend und konvex.

Aufgabe 7.15 *(7.2.10)*:

An welchen Stellen können die folgenden Funktionen relative Extremwerte besitzen? *(bei Funktionen mit 2 unabh. Variablen überprüfe man die Art der stationären Stellen)*

i) $f(x,y) = x^2 + 2xy + 0{,}5y^2 + 2x + 4y - 7$ **ii)** $f(x,y) = y^3 - 3x^2y$

iii) $f(x,y) = 3x^2 + 3xy + 3y^2 - 9x + 1$ **iv)** $p(u,v) = 3u^3 + v^3 - 3v^2 - 36u$

v) $x(A,K) = 2A^{0,5} \cdot K^{0,5}\ (A,K > 0)$ **vi)** $K(x_1,x_2) = x_1 \cdot x_2 - \ln(x_1^2 + x_2^2)$

vii) $g(r_1,r_2,r_3,r_4) = r_1^4 - 4r_1^3 + r_2r_3r_4 - 2r_3r_4 - 2r_2 - 4r_3 - 8r_4 + 1$.

Aufgabe 7.16 *(7.2.25)*:

An welchen Stellen können die nachfolgend definierten Funktionen unter Berücksichtigung der angegebenen Nebenbedingungen (NB) Extrema besitzen?

i) $f(x,y) = x^2 - 2xy$ u.d. NB $y = 2x - 6$

ii) $E(x_1,x_2,x_3) = x_1x_2 + 2x_1x_3 + 4x_2x_3$ u.d. NB $x_1 + x_2 + 2x_3 = 8$

iii) $K(u,v,w,z) = 2u + v + 4w + z$ u.d. NB $u^2 + v^2 + w^2 + 2z^2 = 86$

iv) $x(r_1,r_2) = 10r_1^{0,4} \cdot r_2^{0,6}$ u.d. NB $8r_1 + 3r_2 = 100$.

Aufgabe 7.17 *(7.2.28)*:

An welchen Stellen kann ein relatives Extremum unter Berücksichtigung der angegebenen Nebenbedingungen (NB) vorliegen?

i) $f(x,y,z) = x^2 + y^2 + z^2$ u.d. NB $x + y = 1 ; y + z = 2$

ii) $f(u,v,w) = 4u + 3v + w$ u.d. NB $uv = 6 ;\quad vw = 24$.

Aufgabe 7.18 *(7.3.7)*:

Man ermittle die partiellen Elastizitäten der nachfolgend definierten Funktionen an den angegebenen Stellen und interpretiere die erhaltenen Zahlenwerte:

i) $y(A,K) = 4 \cdot A^{0,7} \cdot K^{0,3}$ für $A = 100 ; K = 400$;

ii) $f(u,v,w) = 4u^2 + v^2 + 3w^2 - 2uvw$ für $u = 1 ; v = 2 ; w = 3$.

Aufgabe 7.19 *(7.3.8)*:

Die Nachfrage x_1, x_2 nach zwei Gütern X1, X2 sei in Abhängigkeit der Güterpreise p_1, p_2 vorgegeben. Man untersuche mit Hilfe der **Kreuzpreiselastizität** ε_{x_1,p_2}, ε_{x_2,p_1} *(siehe etwa Lehrbuch Beispiel 6.3.104)*, ob es sich um substitutive oder komplementäre Güter handelt:

i) $x_1(p_1,p_2) = 100 - 0,8p_1 + 0,3p_2$
$x_2(p_1,p_2) = 150 + 0,5p_1 - 0,6p_2$

ii) $x_1(p_1,p_2) = 4e^{p_2-p_1}$
$x_2(p_1,p_2) = 3e^{p_1-p_2}$

iii) $x_1(p_1,p_2) = \dfrac{100}{p_1 \cdot p_2}$; $x_2(p_1,p_2) = 5e^{p_2-p_1}$.

Aufgabe 7.20 *(7.3.27)*:

Für die nachfolgend definierten homogenen Produktionsfunktionen ermittle man

a) den Homogenitätsgrad r ; **b)** die partiellen Elastizitätsfunktionen
c) die Skalenelastizität und überprüfe die Gültigkeit der Relation:

$$(*) \qquad \varepsilon_{f,\lambda} = \varepsilon_{f,x_1} + \varepsilon_{f,x_2} + \ldots + \varepsilon_{f,x_n} = r$$

i) $y = (2A^{-0,5} + 4K^{-0,5})^{-2}$ **ii)** $y = (10A^{0,4} + 15K^{0,4})^{2,5}$

iii) $x(r_1,r_2,r_3,r_4) = 4r_1r_2^2 + 2r_2r_3r_4 - 0,5r_4^3$.

Aufgabe 7.21 *(7.3.28)*:

Sind in der Funktion f: $f(x_1,...,x_n)$ die Werte x_i der Variablen durch gleiche *proportionale Änderungen* aus den ursprünglichen Werten $\bar{x}_i$ hervorgegangen, d.h. gilt $x_i = \lambda\bar{x}_i$, (d.h. auch: $\bar{x}_i = \frac{x_i}{\lambda}$), so folgt wegen $\frac{dx_i}{d\lambda} = \bar{x}_i = \frac{x_i}{\lambda}$:

$$\frac{dx_1}{x_1} = \frac{dx_2}{x_2} = \ldots = \frac{dx_n}{x_n} = \frac{d\lambda}{\lambda}$$

Mit Hilfe dieser Beziehung zeige man durch Bildung des vollständigen Differentials von f, dass auch für *nichthomogene* Funktionen an jeder Stelle $(x_1,...,x_n)$ der erste Teil der Relation (∗) von Aufgabe 7.20 gültig ist:

Die Skalenelastizität ist stets gleich der Summe aller partiellen Elastizitäten („Wicksell-Johnson"-Theorem): $\varepsilon_{f,\lambda} = \varepsilon_{f,x_1} + \ldots + \varepsilon_{f,x_n}$.

Aufgabe 7.22 *(7.3.45)*:

Gegeben sei die Produktionsfunktion y mit $y(A,K) = A^{0,4} \cdot K^{0,5}$.
Man ermittle *(bei einem Outputpreis $p \equiv 1$ GE/ME)*

i) die Einsatzmengen A, K von Arbeit und Kapital, wenn die Faktoren nach ihrer Grenzproduktivität entlohnt werden und die Faktorlohnsätze (≙ Faktorpreise) mit $k_A = 0{,}2$ GE/ME$_A$ bzw. $k_K = 0{,}4$ GE/ME$_K$ fest vorgegeben sind;

ii) den Gesamtwert des Produktionsvolumens

iii) das gesamte Faktoreinkommen sowie einen evtl. verbleibenden Produktionsgewinn

iv) die Einkommensanteile der Faktoren am a) Gesamtproduktionswert sowie b) Gesamteinkommen

v) das Einkommensverhältnis beider Faktoren.

Aufgabe 7.23 *(7.3.73)*:

Der Output Y einer Produktbranche werde in Abhängigkeit der Inputs A, K von Arbeit und Kapital gemäß der folgenden Produktionsfunktion Y: $Y = 10 \cdot A^{0,8} \cdot K^{0,2}$ erzeugt. Für den Output existiere die Preis-Absatz-Funktion p: $p(Y) = 500 - Y$. Unter der Annahme, dass die Branche ihren Gesamtgewinn maximieren will, ermittle man

i) die Faktornachfragefunktionen A: $A = A(k_A,k_K)$, K: $K = K(k_A,k_K)$ in Abhängigkeit der Faktorpreise k_A, k_K;

ii) für die Faktorpreiskombinationen $(k_A,k_K)=(120; 15)$ und $(k_A,k_K)=(2.000; 500)$.

- **a)** die Inputmengen
- **b)** das Produktionsniveau
- **c)** den Branchenumsatz
- **d)** den maximalen Branchengewinn.

Aufgabe 7.24 *(7.3.82)*:

Gegeben sind Nachfrage- und Kostenfunktion dreier monopolistischer 2-Produktunternehmungen. Man untersuche jeweils, ob die beiden Güter *(substitutiv bzw. komplementär)* miteinander verbunden sind und ermittle jeweils die gewinnmaximalen Marktpreise, Absatzmengen und Gewinne:

i) $p_1 = 16 - 2x_1$; $p_2 = 12 - x_2$; $K(x_1,x_2) = 2x_1^2 + x_1x_2 + 3x_2^2$

ii) $x_1 = 8 - 2p_1 + p_2$; $x_2 = 10 + p_1 - 3p_2$; $K(x_1,x_2) = x_1^2 + x_2^2$

iii) $p_1 = 400 - 2x_1 - x_2$; $p_2 = 150 - 0{,}5x_1 - 0{,}5x_2$; $K(x_1,x_2) = 50x_1 + 10x_2$

(p_i : Marktpreise; x_i : Produktions- und Absatzmengen)

Aufgabe 7.25 *(7.3.83)*:

Eine monopolistische Unternehmung produziere zwei Güter mit den stückvariablen Kosten $k_1 = 2$ GE/ME$_1$, $k_2 = 5$ GE/ME$_2$. Die Nachfrage x_1, x_2 nach diesen Gütern wird in Abhängigkeit der Güterpreise p_1, p_2 beschrieben durch die beiden Funktionen

x_1: $x_1 = 600 - 50p_1 + 30p_2$
x_2: $x_2 = 800 + 10p_1 - 40p_2$.

Wie muss man die stückvariablen Produktionskosten k_1 (=const.) für das erste Gut einstellen, damit die gewinnmaximalen Absatzpreise beider Produkte identisch sind? *(Bemerkung: Bei den oben vorgegebenen stückvariablen Produktionskosten ergeben sich als gewinnoptimale Absatzpreise: $p_1 = 14$ GE/ME$_1$ sowie $p_2 = 18{,}75$ GE/ME$_2$.)*

Aufgabe 7.26 *(7.3.96)*:

Eine monopolistische Unternehmung produziere zwei Produkte (Outputs x_1,x_2) mit jeweils zwei Faktoren (Inputs r_{11},r_{12} bzw. r_{21},r_{22}). Die Faktorpreise betragen k_1,k_2 (= const.) *(siehe Lehrbuch Beispiel 7.3.92)*.

Die Outputs unterliegen folgenden Produktionsfunktionen x_1 bzw. x_2:

$$x_1 = 10 \cdot r_{11}^{0,5} \cdot r_{12}^{0,5} ; \qquad x_2 = 5 \cdot r_{21}^{0,4} \cdot r_{22}^{0,6} .$$

Die Güter genügen den folgenden Preis-Absatz-Beziehungen:

$$p_1 = 100 - 0{,}2x_1 + 0{,}1x_2 ; \qquad p_2 = 400 + 0{,}2x_1 - 0{,}4x_2 .$$

Man ermittle das Gewinnmaximum (Inputs, Outputs, G_{max}) für die folgenden vorgegebenen Faktorpreise: $k_1 = 40$ GE/ME$_1$; $k_2 = 60$ GE/ME$_2$.

Aufgabe 7.27 *(7.3.107)*:

Man ermittle Preise, Absatzmengen sowie den maximalen Gewinn einer preisdifferenzierenden Unternehmung und vergleiche mit den entsprechenden Daten ohne Preisdifferenzierung:

i) $p_1 = 36 - 0{,}2x_1$; $p_2 = 60 - x_2$; $K(x) = 20x + 100$, *($x = x_1 + x_2$)*

ii) $p_1 = 75 - 6x_1$; $p_2 = 63 - 4x_2$; $p_3 = 105 - 5x_3$; $K(x) = 15x + 20$, *($x = x_1 + x_2 + x_3$)*

iii) $p_1 = 60 - x_1$; $p_2 = 40 - 0{,}5x_2$; $K(x) = x^2 + 10x + 10$, *($x = x_1 + x_2$)*.

Aufgabe 7.28 *(7.3.121)*:

i) Wie lauten die allgemeinen Normalgleichungen einer Regressionsparabel f: $f(x) = a + bx + cx^2$? *(siehe auch Lehrbuch (7.3.115), (7.3.116))*

ii) Mit Hilfe von i) ermittle man die Regressionsparabel, wenn folgende Messwertreihe vorliegt:

x_i	1	2	3	4	5
y_i	4	3	1	2	5

?

Aufgabe 7.29 *(7.3.122)*:

Man ermittle die Normalgleichungen für folgende Regressionsfunktionstypen:

i) f: $f(x) = a \cdot x^b$ **ii)** f: $f(x) = a \cdot b^x$ **iii)** f: $f(x) = a \cdot e^{bx}$.

(Hinweis: Man logarithmiere beide Seiten der Funktionsgleichung und verwende dann die Normalgleichungen für die Regressions-Gerade, siehe auch Lehrbuch (7.3.115), (7.3.116).)

***Vorbemerkung** zu den nachfolgenden Aufgaben 7.30–7.40: Sofern die Lagrange-Methode anwendbar ist, gebe man eine **ökonomische Interpretation** des **Lagrangemultiplikators** im Optimum.*

Aufgabe 7.30 *(7.3.144)*:

Eine Unternehmung produziere ein Gut gemäß nachfolgender Produktionsfunktion x:

$x = x(A,K) = 100 \cdot A^{0,8} \cdot K^{0,2}$ *(x: Output; A,K: Arbeits- bzw. Kapitalinput)*

Pro Arbeitseinheit wird ein Lohn von 20 GE fällig, eine Kapitaleinheit verursacht 10 GE an Zinskosten. Man ermittle für einen vorgegebenen Output von 10.000 ME den kostengünstigsten Faktoreinsatz.

Aufgabe 7.31 *(7.3.145)*:

Eine Produktion verlaufe gemäß der Produktionsfunktion x mit:

$x = x(r_1,r_2) = 40r_1^{0,5} \cdot r_2^{0,5}$.

Die Gleichung der Faktorgesamtkostenfunktion lautet: $K = r_1 + 4r_2 + r_1r_2$.

Man ermittle die Minimalkostenkombination für einen Output von 800 ME.

Aufgabe 7.32 *(7.3.146)*:

Huber hat sich im Badezimmer eine Hobby-Dunkelkammer eingerichtet und produziert nun nach Feierabend für Freunde, Verwandte und Nachbarn semi-professionelle Schwarz-Weiß-Vergrößerungen.

Die Anzahl x der von ihm pro Monat hergestellten Vergrößerungen *(Einheitsformat)* hängt ab von der investierten Arbeitszeit t *(in h/Monat)* sowie der Einsatzdauer einer gemieteten Entwicklungsmaschine *(die Einsatzdauer m wird gemessen in h/Monat)* gemäß folgender Funktion x:

$$x = 30 \cdot \sqrt{t} \cdot \sqrt{m}\,.$$

(Arbeitszeit und Maschinenzeit sind also substituierbare Faktoren!)

Statt in der Dunkelkammer könnte Huber in einer Diskothek als zusätzlicher Disk-Manager arbeiten *(Nettogage 40€/h)*. Pro Einsatzstunde der Entwicklungsmaschine muss Huber eine Mietgebühr von € 10,-- bezahlen.

Im Februar soll er 900 Karnevalsbilder herstellen. Huber denkt darüber nach, wieviele Arbeitsstunden er im Februar einsetzen soll und wie lange er die Entwicklungsmaschine einsetzen soll, damit für ihn die Kosten *(incl. entgangene Gagen)* minimal werden.

Zu welchem Ergebnis kommt Huber?

Aufgabe 7.33 *(7.3.147)*:

Man ermittle den Radius und die Höhe eines zylindrischen Gefäßes *(ohne Deckel)* von einem Liter Inhalt und möglichst kleiner Oberfläche *(d.h. möglichst geringem Materialverbrauch)*.

Aufgabe 7.34 *(7.3.148)*:

Kunigunde Huber näht in Heimarbeit Modellkleider *(Modell „Diana")*.

Wenn sie t_1 Stunden pro Woche näht, kann sie $0{,}5 \cdot \sqrt{t_1}$ Kleider fertigstellen.

Ihre Heimarbeit kostet sie pro Nähstunde 10 €, die sie sonst als Aushilfsserviererin in der Mensa des Fachbereichs Wirtschaftswissenschaften verdienen könnte.

Zusätzlich zu ihrer eigenen Arbeit könnte Frau Huber im Nähstudio „Kledasche" arbeiten lassen. Das Nähstudio verlangt pro Stunde 30 €, in t_2 Stunden pro Woche können dort $\sqrt{t_2}$ Kleider fertiggestellt werden.

Frau Huber will genau 7 Kleider pro Woche produzieren.

i) Wie soll sie Eigen- und Fremdarbeit kombinieren, damit sie ihr Produktionsziel mit möglichst geringen Kosten erreicht?

ii) Zu welchem Stückpreis muss Frau Huber ihre Kleider mindestens verkaufen, wenn sie pro Woche einen Gewinn *(= Erlös minus Kosten)* von mindestens 560 € erwirtschaften will?

Aufgabe 7.35 *(7.3.149)*:

Eine Unternehmungsabteilung setzt Facharbeiter und Hilfsarbeiter ein. Der wöchentliche Output Y bei Einsatz von F Facharbeiterstunden und H Hilfsarbeiterstunden ist durch die folgende Produktionsfunktion Y gegeben:

$$Y = Y(F, H) = 120F + 80H + 20FH - F^2 - 2H^2 .$$

Der Facharbeiterlohn beträgt 6 GE/h, der Hilfsarbeiterlohn 4 GE/h. Zur Entlohnung der Arbeitskräfte stehen der Abteilung pro Woche 284 GE zur Verfügung. Mit welchen Zeiten pro Woche soll die Abteilung Facharbeiter bzw. Hilfsarbeiter einsetzen, damit die Produktionsmenge möglichst groß wird?

Aufgabe 7.36 *(7.3.150-a)*:

Die Xaver Huber AG muss 210 kg eines Gefahrstoffes beseitigen. Drei unterschiedliche *(sich gegenseitig nicht ausschließende)* Verfahren stehen zur Verfügung:

Verfahren I: Beseitigung durch das selbst entwickelte Verfahren „Ordurex", das allerdings mit zunehmender Prozessdauer immer weniger effektiv arbeitet:

In t_1 Stunden können $20\sqrt{t_1}$ kg des Stoffes beseitigt werden. Pro Verarbeitungsstunde fallen variable Kosten in Höhe von 30,-- € an.

Verfahren II: Verbrennung im kommunalen Abfallverbrennungsofen. In t_2 Stunden können dort $30\sqrt{t_2}$ kg unschädlich gemacht werden. Pro Nutzungsstunde müssen 90,-- € gezahlt werden.

Verfahren III: Entsorgung durch die Spezialfirma „Pubelle" GmbH & Co KG. Pro kg des zu beseitigenden Abfalls werden 12 € in Rechnung gestellt.

Auf welche Weise muss die Unternehmung ihr Abfallproblem lösen, damit die mit der Abfallbeseitigung verbundenen Gesamtkosten möglichst gering ausfallen?

Aufgabe 7.37 *(7.3.150-b)*:

Gegeben seien die Produktionsfunktion x: $x(r_1,r_2,r_3) = 10 \cdot r_1^{0,2} \cdot r_2^{0,3} \cdot r_3^{0,5}$ sowie die Faktorpreise $k_1 = 12{,}8$ GE/ME$_1$, $k_2 = 614{,}4$ GE/ME$_2$, $k_3 = 100$ GE/ME$_3$.

i) Man ermittle die kostenminimale Inputkombination für den Output $\overline{x} = 64$ ME.

ii) Man ermittle die outputmaximale Inputkombination für das Budget $\overline{K} = 2048$ GE.

Aufgabe 7.38 *(7.3.150-c)*:

Bei einer verfahrenstechnischen Produktion richtet sich der Produktionsoutput x (in ME) – c.p. – nach folgender Produktionsfunktion x:

$$x = x(E,A) = 500E + 800A + EA - E^2 - 2A^2 \qquad (E, A \geq 0) .$$

Dabei bedeuten: E: Energieinput *[MWh]*; A: Arbeitsinput *[h]*.
Der Energiepreis beträgt 100 €/MWh, der Preis für Arbeit beträgt 50 €/h.

i) Bei welcher Inputkombination wird die höchste Produktionsleistung erbracht?

ii) Bei welcher Inputkombination wird die höchste Produktionsleistung erbracht, wenn die Produktionskosten genau 27.500,-- € betragen sollen?

Aufgabe 7.39 *(7.3.150-d)*:

Das Weingut Pahlgruber & Söhne setzt zur Düngung der Weinstöcke für den bekannten Qualitätswein „Oberföhringer Vogelspinne" drei Düngemittelsorten ein:

Sorte A *(Einkaufspreis 3,-- €/kg)*; Sorte B *(6,-- €/kg)* ; Sorte C *(12,-- €/kg)*.

Der jährliche Weinertrag E *(in Hektolitern (hl))* hängt – c.p. – ab von den eingesetzten Düngemittelmengen a, b, c *(jeweils in kg der Sorten A, B, C)* gemäß der folgenden Produktionsfunktion E :

$$E = 5000 + 20a + 45b + 40c + ac + 4bc - a^2 - 2b^2 - c^2 \quad , \quad (a, b, c \geq 0) .$$

Pro Jahr will das Weingut 1.200,-- € für alle Düngemittel zusammen ausgeben. Außerdem muss beachtet werden, dass zur Vermeidung von schädlichen chemischen Reaktionen die Düngemittel A und B genau im Mengenverhältnis 2:1 *(d.h. auf je 2 kg A kommt ein kg B)* eingesetzt werden.

Bei welchem Düngemitteleinsatz erzielen Pahlgruber & Söhne unter Beachtung der Restriktionen einen maximalen Ernteertrag?

Aufgabe 7.40 *(7.3.151)*:

Eine Unternehmung produziere zwei Produkte (Output: x_1, x_2) jeweils mit den Faktoren Arbeit und Kapital gemäß den beiden Produktionsfunktionen x_1, x_2 :

$$x_1 = 2\,A_1^{0,8} \cdot K_1^{0,2} \, ; \qquad x_2 = 4\,A_2^{0,5} \cdot K_2^{0,1}$$

(A_i, K_i: Faktoreinsatzmengen (> 0) für das Produkt i).

Die Faktorpreise sind vorgegeben: $k_A = 20$ GE/ME$_A$, $k_K = 10$ GE/ME$_K$.

Man ermittle die gesamtkostenminimalen Faktoreinsatzmengen für beide Produktionsprozesse, wenn vom ersten Produkt 1.000 ME$_1$, vom zweiten Produkt 800 ME$_2$ produziert werden sollen.

Aufgabe 7.41 *(7.3.164)*:

Gegeben sind die Produktionsfunktion x: $x = 10 \cdot r_1^{0,7} \cdot r_2^{0,3}$ sowie die konstanten Faktorpreise $k_1 = 12$, $k_2 = 18$.

Man ermittle

i) die Gleichung des Expansionspfades;

ii) die Faktornachfragefunktion für das Kostenbudget $\overline{K} = 400$;

iii) die Gleichung der Kostenfunktion K: K(x);

iv) die Minimalkostenkombination für das Produktionsniveau 200.

Aufgabe 7.42 *(7.3.165)*:

Gegeben sind die Produktionsfunktion x: $x = r_1 \cdot r_2 \cdot r_3$ sowie die konstanten Faktorpreise $k_1 = 2$; $k_2 = 3$; $k_3 = 5$. Man ermittle die Gleichung der Gesamtkostenfunktion, sofern stets Minimalkostenkombinationen realisiert werden.

***Aufgabe 7.43** *(7.3.166)*:

Man zeige, dass die Gleichung der Kostenfunktion K: K(x) einer Cobb-Douglas-Produktionsfunktion x mit $x = c \cdot r_1^{a} \cdot r_2^{b}$ bei festen Faktorpreisen k_1, k_2 explizit lautet:

$$K(x) = \left[\frac{1}{c}\left(\frac{k_1}{a}\right)^a\left(\frac{k_2}{b}\right)^b\right]^{\frac{1}{a+b}} \cdot (a+b) \cdot x^{\frac{1}{a+b}}$$

(siehe auch Lehrbuch (7.3.159))

Aufgabe 7.44 *(7.3.168)*:

Gegeben sind eine Produktionsfunktion $x = 2r_1^{0,5} \cdot r_2^{0,5}$ sowie entsprechende Faktorpreise $k_1 = 8$; $k_2 = 18$. Vom zweiten Faktor werden stets genau $\bar{r}_2 = 100$ ME eingesetzt.

i) Man ermittle über $K = k_1r_1 + k_2r_2$ die Kostenfunktion K(x).

ii) Man ermittle den Output x im Betriebsoptimum.

iii) Man zeige, dass im Betriebsoptimum gleichzeitig die Minimalkostenkombination realisiert wird.

Aufgabe 7.45 *(7.3.169)*:

Gegeben seien die Cobb-Douglas-Produktionsfunktion x: $x = c \cdot r_1^{a} \cdot r_2^{b}$ sowie die festen Faktorpreise k_1, k_2. Vom zweiten Faktor werden konstant stets $\bar{r}_2$ ME eingesetzt.

i) Man ermittle (über $K = k_1r_1 + k_2r_2$) die Gleichung der Kostenfunktion K: K(x) sowie die Outputmenge im Betriebsoptimum.

ii) Man ermittle die Outputmenge bei Realisierung der Minimalkostenkombination (mit $\bar{r}_2 = \text{const.}$).

iii) Man zeige, dass im Betriebsoptimum genau dann die Minimalkostenkombination realisiert ist, wenn die Produktionsfunktion linear-homogen ist.

***Vorbemerkung** zu den nachfolgenden Aufgaben 7.46–7.59: Sofern die Lagrange-Methode anwendbar ist, gebe man eine **ökonomische Interpretation** des **Lagrangemultiplikators** im Optimum.*

Aufgabe 7.46 *(7.3.180-a)*:

Ein Haushalt gibt sein Budget in Höhe von genau 4.200 GE für den Konsum zweier Güter X, Y aus (konsumierte Mengen: x in ME_x bzw. y in ME_y).

Die Güterpreise sind fest: $p_x = 40$ GE/ME_x bzw. $p_y = 50$ GE/ME_y.

Durch den Konsum dieser Güter erreicht der Haushalt ein Nutzenniveau U, das wie folgt von den konsumierten Mengen x,y abhängt: $U = U(x,y) = 2 \cdot \sqrt{x} + 4 \cdot \sqrt{y}$.

Welche Gütermengen soll der Haushalt beschaffen und konsumieren, damit – im Rahmen seines Budgets – das damit erzielte Nutzenniveau maximal wird?

Aufgabe 7.47 *(7.3.180-b)*:

Xaver Huber ist als vielbeschäftigter Film- und Fernsehkritiker spezialisiert auf die Beurteilung von bekannten Fernsehserien („soap-operas"). Jeden Abend sieht er sich die Vorab-Versionen von „Lindenstraße" und „Schwarzwaldklinik" an.

Sein Frustrationsniveau F *(in Säuregrad)* setzt sich kumulativ *(d.h. additiv)* aus Frust über die „Lindenstraße" *(pro Fernsehstunde belasten ihn 3 Grad)* und über „Schwarzwaldklinik" *(5 Grad pro Stunde)* zusammen.

Sein Honorar H *(in € pro Abend)* ergibt sich aus einer degressiv wachsenden Lohnfunktion in Abhängigkeit der Zeitdauern L bzw. S *(jeweils in h/Tag)*, die er vor der „Lindenstraße" bzw. vor der „Schwarzwaldklinik" zugebracht hat:

$$H:\ H(L,S) = 40\sqrt{L \cdot S} \quad ; \quad (L,\ S \geq 0)\ .$$

Wieviele Stunden pro Tag wird er vor welcher „soap-opera" zubringen, um ein Honorar von 100,-- €/Abend mit möglichst wenig Frustration zu verdienen?

Aufgabe 7.48 *(7.3.181-a)*:

Auf der Suche nach einer billigen Bude verschlägt es den Studenten Pfiffig spätabends in den „Goldenen Ochsen", den einzigen Gasthof in Schlumpfhausen. Hungrig und durstig setzt er sich an einen Tisch und zählt seine Barschaft: Genau 12 € hat er noch bei sich.

Die Küche ist schon geschlossen, nur noch Erdnüsse und Bier sind zu haben. Eine Tüte *(= 50g)* gerösteter Erdnüsse kostet € 1,--, ein Glas Bier *(= 0,2 Liter)* kostet € 1,50. Aus langer Erfahrung weiß Pfiffig, dass sein persönliches Wohlbefinden W in folgender Weise von den Verzehrmengen x_1 von Erdnüssen *(in 100g)* bzw. x_2 von Bier *(in Litern)* abhängt: $W = 2\sqrt{x_1} \cdot \sqrt{x_2}$.

Wieviele Tüten Erdnüsse bzw. wieviele Gläser Bier wird Pfiffig bestellen und verzehren, damit sein persönliches Wohlbefinden (im Rahmen seines Budgets) maximal wird?

Aufgabe 7.49 *(7.3.181-b)*:

Alois Huber fühlt sich besonders wohl bei Bach und Mozart. Sein täglich erreichbares Lustniveau N beim Hören bachscher und mozärtlicher Klänge hängt von der Hördauer b (*in h/Tag für Musik von Bach*) und m (*in h/Tag für Musik von Mozart*) ab gemäß folgender Nutzenfunktion:

$$N:\quad N(b,m) = -10 + 2m + b + 2\sqrt{mb} \qquad (b, m \geq 0).$$

Da Alois seinen Lebensunterhalt mit geregelter Arbeit *(und ohne dass er dabei seinen mp3-Player benutzen dürfte)* verdienen muss, bleiben ihm pro Tag noch genau 5 h für sein musikalisches Hobby.

Wie lange pro Tag wird Alois Bach hören und wie lange Mozart, damit er sein tägliches Wohlbefinden maximiert?

Aufgabe 7.50 *(7.3.182-a)*:

Der individuelle Nutzenindex U eines Haushaltes sei in Abhängigkeit vom Konsum x_1, x_2 (in ME pro Periode) zweier Güter gegeben durch folgende Nutzenfunktion:

$$U: U(x_1,x_2) = 10 \cdot \sqrt{x_1} \cdot x_2^{0,6}.$$

Für eine ME des ersten Gutes muss der Haushalt 8,-- € bezahlen, für eine ME des zweiten Gutes 12,-- €. Der Haushalt will insgesamt genau 440 € pro Periode für den Konsum beider Güter ausgeben.

Wieviele ME pro Periode eines jeden Gutes soll der Haushalt kaufen (und konsumieren), damit er seinen Nutzen maximiert?

Aufgabe 7.51 *(7.3.182-b)*:

Im Keller seines Einfamilienhauses hat Huber ein chemisches Laboratorium eingerichtet und produziert nun nach Feierabend eine chemische Substanz *(Output x (in ME_x))* mit Hilfe zweier Faktoren R1 und R2 *(Inputs r_1 (in ME_1) bzw. r_2 (in ME_2))*.

Hubers Produktion kann beschrieben werden durch folgende Produktionsfunktion x:

$$x: x(r_1,r_2) = 10 - \frac{4}{r_1} - \frac{1}{r_2} \;; \quad (r_1, r_2 > 0) \quad .$$

i) Welches ist die höchste Ausbeute an Substanz *(in ME_x)*, die Huber *(theoretisch)* erzielen kann? Wie müsste er dazu die Input-Faktoren kombinieren?

ii) Huber kann seinen Output zu einem festen Preis *($p = 9$ GE/ME_x)* absetzen. Für die Input-Stoffe zahlt er ebenfalls feste Preise auf dem Beschaffungsmarkt: $p_1 = 1$ GE/ME_1 *(für R1)*; $p_2 = 4$ GE/ME_2 *(für R2)*.

Wie muss er jetzt die Inputs kombinieren, um maximalen Gewinn zu erzielen? Wie hoch ist der maximale Gewinn?

iii) Die Absatz- und Beschaffungspreise entsprechen den Daten unter ii). Huber will aber für die Input-Stoffe nur genau 8 GE ausgeben. Wie muss er nun die Inputs kombinieren, um maximalen Gewinn zu erzielen?

Wie hoch ist jetzt der maximale Gewinn?

Aufgabe 7.52 *(7.3.182-c)*:

Student Harro Huber ernährt sich von Bier und Pommes frites *(„Fritten")*.

Für jedes Nahrungsmittel existiert für ihn eine individuelle Nutzenbeziehung, die den Grad Bedürfnisbefriedigung in Abhängigkeit von den konsumierten Nahrungsmittelmengen angibt.

Für Bier lautet sie: $N_B = 128x_1 - 10x_1^2$ *(N_B: Nutzenindex in NE, x_1: Bierkonsum in Glas (0,2Liter)/Tag)*

Für Fritten lautet sie: $N_F = 50x_2 - 5x_2^2$ *(N_F: Nutzenindex in NE, x_2: Frittenkonsum in Tüten/Tag)*

Der Gesamtnutzen N beim Konsum beider Nahrungsmittel setzt sich additiv aus beiden Nutzenwerten – *zuzüglich des „Synergie-Terms"* x_1x_2 – zusammen:

$$N = N_B + N_F + x_1x_2 .$$

H.H. will pro Tag genau 20,-- € für Nahrungsmittel ausgeben.

Wieviel Bier *(zu 2,-- €/Glas)* und wieviel Fritten *(zu 1,-- €/Tüte)* wird er pro Tag konsumieren, um im Rahmen seines Budgets maximalen Nutzen zu erzielen?

Aufgabe 7.53 *(7.3.182-d)*:

Der Student Alois Huber muss unbedingt seinen Kenntnisstand in Mathematik und Statistik verbessern, um die kommende Klausur erfolgreich bestehen zu können. Nun ist sein Wissensstand W *(gemessen in Wissenseinheiten (WE))* eine Funktion a) der Anzahl t der bis zur Prüfung aufgewendeten Lerntage *(zu je 8 Lernstunden)* und b) der Menge m *(in g)* der von ihm konsumierten Wunderdroge „Placebologica", die ihm die bekannte Astrologin Huberta Stussier empfohlen hat.

Der Zusammenhang kann beschrieben werden durch die Lernfunktion W mit

$$W(m,t) = 160 + 6m + 9t - 0{,}25m^2 - 0{,}20t^2 \qquad (m,\ t \geq 0) \quad .$$

Jeder Lerntag kostet Alois 80 € *(denn soviel könnte er andernfalls als Aushilfskraft in der Frittenbude McDagobert verdienen)*, die Wunderdroge kostet pro Gramm 120 €.

i) Wie lange soll Alois lernen, und welche Dosierung der Wunderdroge soll er wählen, damit sein Wissenssstand in Mathematik/Statistik maximal wird?

ii) Wie soll Alois Lernzeit und Wunderdroge kombinieren, wenn er insgesamt 2.680 € „opfern" will?

iii) Man ermittle in beiden Fällen i) und ii) die Höhe des maximalen Wissensstandes sowie den dafür erforderlichen finanziellen Aufwand. Kommentar!?

Aufgabe 7.54 *(7.3.182-e)*:

In Knöselshausen haben die Geschäftsleute nur ein einziges Ziel, nämlich den Drupschquotienten D (in DE) ihrer Produkte zu maximieren.

Der Drupschquotient D seinerseits hängt ausschließlich ab von der Höhe B (in BE) des eingesetzten Blofels sowie von der Höhe S (in SE) des aufgewendeten Stölpels. Der zugrundeliegende Zusammenhang kann kann durch die sogenannte Drupschfunktion beschrieben werden:

$$D:\ D(B,S) = 400 \cdot B^{0,25} \cdot S^{0,75} \qquad ; \qquad (B,\ S > 0) \ .$$

i) Bei welchem Blofeleinsatz und bei welchem Stölpelaufwand wird der Drupschquotient maximal?

ii) Wegen eingeschränkter Ressourcen muss die insgesamt eingesetzte/aufgewendete Menge von Blofel und Stölpel zusammen genau 100 Einheiten betragen. Bei welchem Blofeleinsatz und bei welchem Stölpelaufwand wird nun der Drupschquotient maximal?

Aufgabe 7.55 *(7.3.183-a)*:

Ein Haushalt gebe pro Monat für Nahrungsmittel, Wohnung, Energie und Körperpflege genau 2.400,-- € aus. Das durch den Konsum dieser vier Güter erzielbare Nutzenniveau $U(x_1,x_2,x_3,x_4)$ des Haushaltes richtet sich nach folgender Nutzenfunktion U mit:

$$U(x_1,x_2,x_3,x_4) = 1.000x_1 + 4.880x_2 + 2x_2x_3 + x_1x_4 .$$

Es bedeuten: x_1: monatl. Nahrungsmittelausgaben (in €/Monat);
x_2: zur Verfügung stehende Wohnfläche (in m^2);
x_3: monatl. Energieverbrauch (in kWh/Monat);
x_4: monatliche Ausgaben für Körperpflege (in €/Monat).

Die monatlichen Wohnungskosten (Miete, Zinsen...) betragen 8 €/m^2, der Energiepreis beträgt 0,20 €/kWh. In welchen Mengen soll der Haushalt die vier Güter „konsumieren", damit er daraus maximalen Nutzen zieht?

Aufgabe 7.56 *(7.3.183-b)*:

Nach dem aufsehenerregenden Bericht des Entenhausener Forschungsinstitutes hängt die Höhe H des Barvermögens von Onkel Dagobert einzig und allein ab von der Höhe R (in RE) des von ihm eingesetzten Raffs und der Höhe S (in SE) des von ihm aufgewendeten Schnapps.

Es konnte außerdem jetzt erstmalig der zugrundeliegende funktionale Zusammenhang beschrieben werden:

$$H = H(R,S) = 200\sqrt{R} \cdot S^{0,8} \qquad , (R,S > 0) \quad .$$

i) Bei welchem Raffeinsatz und bei welchem Schnappaufwand wird Onkel Dagoberts Barvermögen maximal?

ii) Später stellt sich heraus, dass aus umwelthygienischen Gründen die insgesamt eingesetzte Menge von Raff und Schnapp zusammen nur 130 Einheiten betragen kann. Bei welchem Raffeinsatz und welchem Schnappaufwand wird nunmehr Onkel Dagoberts Barvermögen maximal?

***Aufgabe 7.57** *(7.3.183-c)*:

In einem abgegrenzten Testmarkt hängt die Nachfrage x *(in ME/Jahr)* nach DVD-recordern des Typs „Glozz" ab a) vom Preis p *(in GE/ME)* des Gerätes sowie b) vom Service s *(Kundendienst...)* des Produzenten *(s (in GE/Jahr) = Höhe der jährlichen Serviceaufwendungen)*.

Der Jahresabsatz x in Abhängigkeit von p und s kann wie folgt beschrieben werden:

$$x = x(p,s) = 5.000 - 2p - \frac{1.000}{s} \quad , \qquad p,s > 0 \ .$$

Die durch Produktion und Absatz *(aber noch ohne Service-Aufwendungen)* hervorgerufenen Kosten setzen sich wie folgt zusammen: Fixkosten: 10.000 GE/Jahr; stückvariable Kosten: 10 GE/ME. Für die Gesamtkosten pro Jahr müssen außerdem die Service-Kosten berücksichtigt werden.

Wie soll die Unternehmung den Preis festsetzen, und welche jährlichen Service-Aufwendungen soll sie tätigen, damit der jährliche Gesamtgewinn maximal wird?

Aufgabe 7.58 *(7.3.183-d)*:

Die Nachfrage x *(in ME/Jahr)* nach einem Markenartikel hänge –c.p.– ab von seinem Preis p *(in GE/ME)* und von den Aufwendungen w *(in GE/Jahr)* für Werbung (und andere marketingpolitische Instrumente).

Langjährige Untersuchungen führen zur folgenden funktionalen Beziehung zwischen x, p und w:

$$x = x(p,w) = 3950 - 20p + \sqrt{w}\,; \qquad (p,w > 0)\,.$$

Bei der Produktion des Artikels entstehen fixe Kosten von 7950 GE/Jahr, die stückvariablen Produktionskosten betragen stets 79 GE/ME. Selbstverständlich sind auch die jährlichen Marketingausgaben w als direkte Kosten für den Artikel anzusehen.

Wie soll die Unternehmung den Preis p festlegen, und welche Marketingausgaben w soll sie jährlich tätigen, damit der Jahres-Gesamtgewinn maximal wird?

Aufgabe 7.59 *(7.3.184)*:

Der Bundesbildungsminister will in einer Sonderaktion Professoren, Assistenten und Tutoren zur Schulung von Erstsemester-Studenten in Prozentrechnung einsetzen. Bezeichnet man die Einsatzzeiten (für Curricularentwicklung, didaktische Umsetzung, Seminare, Gruppenarbeiten, Korrektur von Übungsaufgaben usw.) von Assistenten, Professoren bzw. Tutoren mit A, P bzw. T (jeweils in Stunden), so ergibt sich der studentische Lernerfolgsindex E gemäß folgender Beziehung:

$$E(A,P,T) = 100 + 50A + 80P + 10T + AP + PT - A^2 - 0{,}5P^2 - 2T^2.$$

Das Einsatzhonorar beträgt für Assistenten 18 €/h, für Professoren 36 €/h und für Tutoren 12 €/h.

i) Wieviele Stunden jeder Kategorie sollten geleistet werden, damit der studentische Lernerfolg in Prozentrechnung möglichst hoch wird? Wieviel Prozent der **a)** Gesamtarbeitszeit **b)** Gesamtkosten entfallen dann auf den Tutoreneinsatz?

ii) Wie müssen die Einsatzzeiten geplant werden, wenn ein möglichst hoher Lernerfolg angestrebt wird, der Bildungsminister für diese Schulungsaktion aber nur 5.430,-- € ausgeben kann und will?

Mit Hilfe von Prozentzahlen (!) vergleiche man Lernerfolgindizes und dafür erforderliche Kosten von i) und ii).

Aufgabe 7.60 *(7.3.214)*:

Gegeben sei für einen Haushalt die Nutzenfunktion U mit $U(x_1,x_2) = (x_1+1)\,(x_2+4)$. Der Preis p_2 des zweiten Gutes sei fest vorgegeben: $p_2 = 4$ GE/ME$_2$.

i) Für $p_1 = 1$ GE/ME$_1$ und die Konsumsumme C = 100 GE ermittle man das Haushaltsoptimum.

ii) Wie lautet für konstantes p_1 (z.B. $p_1 = 1$) die Gleichung $x_1 = x_1(C)$ der Engelfunktion des ersten Gutes?

iii) Wie lautet für konstantes Haushaltsbudget (z.B. C = 100) die Gleichung $x_1 = x_1(p_1)$ der Nachfragefunktion nach dem ersten Gut? Ist $x_1(p_1)$ monoton abnehmend?

iv) Wie lautet für konstantes Haushaltsbudget die Nachfragefunktion $x_2 = x_2(p_1)$, die die Nachfrage nach dem zweiten Gut in Abhängigkeit vom Preis des ersten Gutes beschreibt? Handelt es sich um substitutive oder komplementäre Güter?

v) Man ermittle im (x_1,x_2)-System die Gleichungen der

a) Engelfunktion $x_2(x_1)$ *($p_1 = 12$; $p_2 = 4$; C variabel)*

b) Preis-Konsum-Kurve (offer-curve) $x_2(x_1)$ *($p_2 = 4$; $C = 100$; p_1 variabel)*

8 Einführung in die Integralrechnung

Aufgabe 8.1 *(8.1.25)*:

Man ermittle die folgenden unbestimmten Integrale:

i) $\int \left(4x^7 - 2x^3 + 4 - \frac{10}{x}\right) dx$ **ii)** $\int \frac{dz}{z\sqrt{z}}$

iii) $\int 4\sqrt[3]{4y-3}\, dy$ **iv)** $\int 18 \cdot e^{-0,09t}\, dt$

v) $\int \frac{30\, dx}{\sqrt[5]{5x-1}}$ **vi)** $\int \frac{4\, du}{\sqrt{1-u}}$

vii) $\int \frac{4\, du}{(1-u)^2}$ **viii)** $\int \left(24 \cdot (2x+1)^{11} - e^{-x} + \frac{\sqrt{x}}{2x^2} + \frac{30}{16-5x}\right) dx$

Aufgabe 8.2 *(8.1.26)*:

Eine Ein-Produkt-Unternehmung produziere mit folgender Grenzkostenfunktion K′:

$$K'(x) = 1{,}5x^2 - 4x + 4.$$

Bei einem Output von 10 ME betragen die Gesamtkosten 372 GE.
Man ermittle die Gleichungen der Gesamtkosten- und Stückkostenfunktion.

Aufgabe 8.3 *(8.1.27)*:

Die marginale Konsumquote C′(Y) eines Haushaltes werde durch die Beziehung

$$C'(Y) = \frac{7{,}2}{\sqrt{0{,}6Y + 4}}$$

beschrieben. Das Existenzminimum *(= Konsum beim Einkommen Null)* betrage 50 GE. Man ermittle die Gleichungen von Konsum- und Sparfunktion.

Aufgabe 8.4 *(8.1.28)*:

Beim Absatz eines Produktes sei die Grenzerlösfunktion E′ bekannt:

i) $E'(x) = 4 - 1{,}5x$ **ii)** $E'(x) = \frac{500}{(2x+5)^2}$

Man ermittle in beiden Fällen die Preis-Absatz-Beziehung $p = p(x)$.

Aufgabe 8.5 *(8.2.15)*:

Man berechne mit Hilfe des Grenzwerts der Flächen-Zwischensumme das bestimmte Integral $\int_a^b x^2 dx$ *(siehe auch Lehrbuch Kap. 8.2.2)*.

$\left(\text{Hinweis: Es gilt: } 1^2 + 2^2 + \ldots + n^2 = \sum_{i=1}^{n} i^2 = \frac{1}{6} n(n+1)(2n+1)\right)$

Aufgabe 8.6 *(8.3.26)*:

Man berechne folgende bestimmte Integrale:

i) $\int_0^2 (3x^3 - 24x^2 + 60x - 32)\, dx$ **ii)** $\int_1^2 \left(7 + 2e^x - \frac{3}{x}\right) dx$

iii) $\int_0^1 \sqrt{0{,}5x + 1}\, dx$ **iv)** $\int_0^3 2e^{-t}\, dt$ **v)** $\int_0^T R \cdot e^{-rt}\, dt$

Aufgabe 8.7 *(8.3.38)*:

Man ermittle den Flächeninhalt zwischen Abszisse, Funktionsgraph und den Grenzen a und b. Zum Vergleich ermittle man das bestimmte Integral von f zwischen a und b:

i) $f(x) = 0{,}4x^2 - 2{,}2x + 1{,}8$; $a = 0$; $b = 6$

ii) $f(z) = -z^2 + 8z - 15$; $a = 0$; $b = 10$

iii) $f(p) = (p-1)(p-2)(p+3)$; $a = -4$; $b = 4$

iv) $k(y) = e^y - 4$; $a = 0$; $b = 3$

v) $k(t) = 0{,}3t^2 - \frac{8{,}1}{t}$; $a = 1$; $b = 4$

Aufgabe 8.8 *(8.3.39)*:

Man ermittle den Flächeninhalt der zwischen den Graphen von f und g liegenden Flächenstücke:

i) $f(x) = x^2$; $g(x) = -2x^2 + 27$; $a = 0$; $b = 2$;

ii) $f(x) = 0{,}2x^2$; $g(x) = 0{,}4x + 3$; $a = -6$; $b = 6$;

iii) $f(x) = (x-2)^2$; $g(x) = -x^2 + 8$; Bereichsgrenzen = Schnittpunkte der Graphen

Aufgabe 8.9 *(8.4.8)*:

Man ermittle folgende Integrale mit Hilfe partieller Integration:

i) $\int x \cdot e^x\, dx$ **ii)** $\int z^2 \cdot e^{-z}\, dz$ **iii)** $\int (x^2 + x + 1) \cdot e^x\, dx$

iv) $\int (a + bx) \cdot e^{-rx}\, dx$ **v)** $\int_0^2 t^2 \cdot e^{2t}\, dt$ **vi)** $\int_0^T (500 - 40t) \cdot e^{-0{,}1t}\, dt$

vii) $\int_1^7 \ln x\, dx$

Aufgabe 8.10 *(8.4.18)*:

Man ermittle folgende Integrale durch geeignete Substitution:

i) $\int \frac{x^7}{x^8+1}\,dx$ **ii)** $\int \frac{e^{ax}}{1+e^{ax}}\,dx$ **iii)** $\int x\sqrt{e^{x^2}+1}\cdot e^{x^2}\,dx$;

iv) $\int_0^2 x^2 \cdot e^{x^3}\,dx$ **v)** $\int_1^2 4e^{-2x^2+x^3}\cdot(4x-3x^2)\,dx$; **vi)** $\int \frac{dx}{2\sqrt{x}+x}$

***vii)** $\int \frac{dx}{x^a - x}$ $(a = \text{const.} \neq 1;\ x > 0)$ *(Hinweis: x^a ausklammern.)*

Aufgabe 8.11 *(8.5.16)*:

Gegeben sind die Grenzkosten K′ sowie der Grenzerlös E′ einer Ein-Produkt-Unternehmung durch folgende Funktionsgleichungen:

$$K'(x) = 3x^2 - 24x + 60$$
$$E'(x) = -18x + 132.$$

Die Gesamtkosten für den Output 10 ME betragen 498 GE.

Man ermittle
i) die Erlösfunktion
ii) die Kostenfunktion
iii) die Preis-Absatz-Funktion
iv) den gewinnmaximalen Preis
v) den maximalen Gesamtgewinn.

Aufgabe 8.12 *(8.5.24)*:

Gegeben seien die Nachfragefunktion p_N mit $p_N(x) = -ax + b$
sowie die Angebotsfunktion p_A mit $p_A(x) = cx + d$
(mit a, b, c, d > 0 sowie b > d)

i) Man ermittle die Konsumentenrente im Marktgleichgewicht.

ii) Welchen Wert muss der (absolute) Steigungsfaktor a der Nachfragefunktion aufweisen, damit die Konsumentenrente maximal wird?

Aufgabe 8.13 *(8.5.25)*:

Für die Nachfragefunktion p_N mit $p_N(x) = 18 - 0{,}1x^2$
und die Angebotsfunktion p_A mit $p_A(x) = 0{,}5x + 3$

ermittle man die Höhe der Konsumentenrente im Marktgleichgewicht.

Aufgabe 8.14 *(8.5.26)*:

Eine Ein-Produkt-Unternehmung operiere mit der Gesamtkostenfunktion K: $K(x) = 5x+80$ und sehe sich der Preis-Absatz-Funktion p: $p(x) = \sqrt{125-x}$; $x \leq 125$ ME, gegenüber. Man ermittle die Konsumentenrente im Gewinnmaximum.
(Hinweis: Für die Lösungen von Wurzelgleichungen ist stets die Probe zu machen!)

Aufgabe 8.15 *(8.5.31)*:

Gegeben seien die

	Angebotsfunktion p_A mit	$p_A(x) = 0{,}5x^2 + 9$
und die	Nachfragefunktion p_N mit	$p_N(x) = 36 - 0{,}25x^2$.

Man ermittle im Marktgleichgewicht

i) die Konsumentenrente
ii) die Produzentenrente.

Aufgabe 8.16 *(8.5.32)*:

Gegeben seien die Nachfrage- und Angebotsfunktion wie in Aufgabe 8.12 *(8.5.24)*.

i) Man ermittle die Produzentenrente im Marktgleichgewicht.

ii) Bei welchem Steigungswert c der Angebotsfunktion ist die Produzentenrente maximal?

Aufgabe 8.17 *(8.5.52)*:

Ein Ertragsstrom der konstanten Breite R = 98.000 €/Jahr fließe vom Zeitpunkt $t_1 = 2$ an für 20 Jahre (d.h. bis $t_2 = 22$). Stetiger Zinssatz: r = 7% p.a.

Man ermittle

i) den Wert aller Erträge im End- sowie Anfangszeitpunkt des Zahlungsstroms

ii) den Gegenwartswert (t = 0) aller Erträge

iii) den Gegenwartswert (t = 0) aller Erträge, wenn der Ertragsstrom von unbegrenzter Dauer ist

iv) den Gegenwartswert (t = 0) des Ertragsstroms, wenn seine Breite R(t) im Intervall $2 \le t \le 22$ gegeben ist durch

a) $R(t) = 98.000 \cdot e^{0{,}02\,(t-2)}$

b) $R(t) = 98.000 \cdot (1 + 0{,}02(t-2))$.

Aufgabe 8.18 *(8.5.53)*:

Gegeben ist die Dichtefunktion f einer stetigen Zufallsvariablen X durch

$$f(x) = \begin{cases} 3 \cdot e^{-3x} & \text{für } 0 \le x < \infty \\ 0 & \text{für } \quad x < 0 \end{cases}$$

Man ermittle die Wahrscheinlichkeit dafür, dass gilt:

i) $X \le 0$ **ii)** $X > 0$ **iii)** $X \le 3$

iv) $X > 1$ **v)** $2 < X \le 3$

Aufgabe 8.19 *(8.5.59)*:

Der Nettoinvestitionsfluss I(0) im Zeitpunkt t = 0 betrage 1.000 Mrd. €/Jahr. Der sich aus „Urzeiten" ($t \to -\infty$) bis heute (t = 0) gebildete Kapitalstock habe sich aufgebaut durch jährlich mit 10% (stetige Zunahmerate) steigende Nettoinvestitionen.

Man ermittle

i) die Nettoinvestitionsfunktion I(t) (Hinweis: Es muss gelten: $I(t) = c \cdot e^{0,1t}$)

ii) den Kapitalstock in t = 0

iii) den Kapitalstock in t = T

iv) die Kapitalakkumulation zwischen

a) t = 9 und t = 11

b) t = −100 und t = 0.

Aufgabe 8.20 *(8.5.75)*:

Es seien $\int_0^T a(t)\,dt + A$ die gesamten während der Nutzungsdauer T einer Investition geleisteten nominellen Auszahlungen

(a(t): stetiger Auszahlungsstrom; A: Anschaffungsauszahlung).

Gesucht ist diejenige *Nutzungsdauer* T, für die die *pro Zeiteinheit* anfallenden durchschnittlichen *Auszahlungen minimal* werden *(Zinseszinseffekt wird vernachlässigt)*.

i) Man zeige, dass für T die folgende Relation gültig ist *(siehe auch Lehrbuch (8.5.70))*:

$$\int_0^T a(t)\,dt + A = a(T) \cdot T$$

ii) Man ermittle die optimale Nutzungsdauer T, wenn die Investition Anschaffungsausgaben von 40.500 € verursacht und von einem stetigen Reparaturkostenstrom a(t) = 2.000 + 1.000t (€/Jahr) begleitet wird.

Aufgabe 8.21 *(8.5.76)*:

Ein isoliertes Investitionsprojekt erfordert eine Anschaffungsauszahlung in Höhe von 200.000 €.

Der Rückflussstrom R(t) ist gegeben durch R(t) = 50.000 (1 − 0,08t), der Liquidationserlös im Zeitpunkt t (≥ 0) beträgt L(t) = 200.000 (1 − 0,1t).

Der stetige Kalkulationszinssatz lautet: r = 10% p.a.

Man ermittle die optimale Nutzungsdauer der Investition sowie den entsprechenden maximalen Kapitalwert.

Aufgabe 8.22 *(8.5.77)*:

Ein Instrumentenhändler besitzt eine wertvolle italienische Meister-Viola, die er heute ($t = 0$) zum Preis p_0 verkaufen könnte.

Der Preis $p(t)$ im Zeitpunkt t (> 0) sei aufgrund von Vergangenheitsdaten zuverlässig schätzbar (*p(t) sei monoton wachsend*).

Wird die Viola (um einen höheren Verkaufspreis zu erzielen) zu einem späteren Zeitpunkt verkauft, so entstehen bis dahin für Lagerung, Pflege, Versicherung usw. Lagerkosten (als stetiger konstanter Auszahlungsstrom) in Höhe von s €/Jahr, der stetige Kalkulationszinssatz werde mit „r" bezeichnet.

i) Man ermittle und interpretiere in allgemeiner Weise die Bedingungsgleichung für den optimalen Verkaufszeitpunkt T.

ii) Der Preis der Viola steige von $p_0 = 200.000$ € linear um 20% p.a., d.h. es gelte $p(t) = 200.000\,(1 + 0{,}2t)$; der Lagerkostenstrom betrage $s = 4.800$ €/ Jahr, stetiger Kalkulationszins: $r = 8\%$ p.a.
Wann und zu welchem Preis sollte der Händler die Viola verkaufen? Welchem Kapitalwert entspricht der optimale Verkaufszeitpunkt?

***iii)** Man beantworte die Fragen zu ii), wenn die Wertsteigerung des Instrumentes mit der stetigen Zuwachsrate von 9% p.a. geschieht, d.h. $p(t) = 200.000 \cdot e^{0{,}09t}$.

(Hinweis: Der maximale Planungshorizont des Händlers betrage 15 Jahre.)

Aufgabe 8.23 *(8.6.17)*:

Für die folgenden Differentialgleichungen gebe man

a) die allgemeine Lösung
b) die spezielle Lösung

(unter Berücksichtigung der vorgegebenen Anfangsbedingungen) an:

i) $y' = 8x^2 + \sqrt{2x} - 1;\quad y(0) = 4$

ii) $K'(t) = i \cdot K(t);\quad K(0) = K_0\ (> 0)$

iii) $f'(x) = \frac{1}{x} \cdot f(x);\quad f(1) = 100$

iv) $f'(x) = \frac{f(x)}{x}(0{,}5x-2);\quad f(1) = 1$

v) $G'(x) = 50 - 2G(x);\quad G(0) = 0$

vi) $y'(x) + y(x) = 1;\quad y(0) = 0$

vii) $x^2y' = 1 + y;\quad y(1) = 2$

viii) $y''' + 3x^2 = 4;$
$y''(1) = 9;\ y'(0) = 1;\ y(0) = 8$

ix) $y' = \frac{x}{y};\quad y(2) = 4$

***x)** $\dot{x} = 100\sqrt{x} - 0{,}01x \quad (x = x(t))$
$x > 0;\quad x(0) = 250.000;$
(Tipp: Man substituiere $z = \sqrt{x}$)

Aufgabe 8.24 *(8.6.18)*:

Man ermittle die allgemeine Lösung der Differentialgleichung $\dot{k} = k^n$ (mit $k = k(t)$ sowie $k(t) > 0$) für die folgenden Werte von n und skizziere (außer für vii)) jeweils eine spezielle Lösungsfunktion:

i) $n = -1$ **ii)** $n = 0$ **iii)** $n = \frac{1}{2}$ **iv)** $n = 1$

v) $n = 2$ **vi)** $n = 3$ **vii)** $n = a$ *($\neq 1$)*

Aufgabe 8.25 *(8.6.49)*:

Die zeitliche Änderung $\dot{Y}(t)$ des Bruttosozialproduktes $Y(t)$ sei proportional zum jeweiligen Wert $Y(t)$ des Bruttosozialproduktes.

Der konstante Proportionalitätsfaktor k sei vorgegeben:

i) $k = 0{,}03$

ii) $k = -0{,}02$.

Im Zeitpunkt $t = 0$ betrage das Bruttosozialprodukt 1.500 GE.

Man prognostiziere über die Lösungen der entsprechenden Differentialgleichungen den Wert des Bruttosozialproduktes im Zeitpunkt $t = 10$.

Aufgabe 8.26 *(8.6.50)*:

Es seien K^* die Höhe des von einer Volkswirtschaft angestrebten Kapitalstocks und $K(t)$ der im Zeitpunkt t tatsächlich erreichte Kapitalstock, $K(t) \leq K^*$.

Durch Vornahme von Nettoinvestitionen wird beabsichtigt, den (bekannten) Wert $K^* = \text{const.}$ zu erreichen. Dabei werde unterstellt, dass die zeitliche Änderung $\dot{K}(t)$ des Kapitalstocks proportional zur Differenz $K^* - K(t)$ zwischen angestrebtem und vorhandenem Kapitalstock sei (Proportionalitätsfaktor sei a (> 0)).

i) Man stelle die Differentialgleichung für $K(t)$ auf und ermittle **a)** die allgemeine Lösung, **b)** die spezielle Lösung, wenn der Kapitalstock in $t = 0$ den Wert K_0 besitzt.

ii) Man ermittle und skizziere die spezielle Lösung für

$$K^* = 100\,\text{GE}, \quad K_0 = 10\,\text{GE}, \quad a = 0{,}5.$$

iii) Nach welcher Zeit hat sich die ursprüngliche Differenz $K^* - K_0$ um die Hälfte verringert?

Aufgabe 8.27 *(8.6.51)*:

Gegeben ist die Elastizitätsfunktion $\varepsilon_{f,x}$ einer Funktion f. Man ermittle $f(x)$ unter Berücksichtigung der gegebenen Anfangsbedingungen *($x > 0$; $f(x) > 0$)*:

i) $\varepsilon_{f,x} = \frac{1}{x}$; $f(1) = 1$; $x > 0$ **ii)** $\varepsilon_{f,x} = 2x^2 - 3x + 4$; $f(3) = 162$; $x > 0$

iii) $\varepsilon_{f,x} = \sqrt{x}$; $f(0{,}25) = e$; $x > 0$.

Aufgabe 8.28 *(8.6.52)*:

Man ermittle jeweils die zutreffende Nachfragefunktion x mit $x = x(p)$ für ein Gut, wenn folgende Informationen vorliegen *($x > 0$; $p > 0$)*:

i) Die Preiselastizität der Nachfrage hat den stets konstanten Wert −2. Bei einem Preis von 10 GE/ME werden 100 ME nachgefragt.

ii) Die Preiselastizität der Nachfrage hat nur an der Stelle p = 1 GE/ME ; x = 1 ME den Wert −2, ist aber allgemein von der Form $\varepsilon_{x,p} = ap$ (a = const.).

iii) Die Preiselastizität der Nachfrage hat die Gestalt $\varepsilon_{x,p} = \frac{-2p^2}{72 - p^2}$. Für den Preis 4 GE/ME werden 28 ME nachgefragt.

iv) Die Preiselastizität der Nachfrage lautet $\varepsilon_{x,p} = \frac{-p}{625 - p}$, für p = 50 GE/ME gilt: x = 115 ME.

Aufgabe 8.29 *(8.6.53)*:

Für ein Gut seien Angebots- und Nachfragefunktion x_A und x_N gegeben durch:

$$x_A(p) = p - 20 \; ; \qquad x_N(p) = 100 - 2p \; .$$

Dabei werde der Preis p als zeitabhängige Variable p(t) aufgefasst.

Für den Nicht-Gleichgewichtsfall werde unterstellt, dass die zeitliche Änderung $\dot{p}(t)$ des Marktpreises proportional zum Nachfrageüberhang $x_N(t) - x_A(t)$ ist, der Proportionalitätsfaktor sei a (> 0).

i) Man stelle die Differentialgleichung für p(t) auf und ermittle für den Ausgangspreis $p_0 = p(0)$ die spezielle Lösung. Man ermittle – sofern er existiert – den für $t \to \infty$ sich einstellenden Gleichgewichtspreis.

ii) Man löse i) unter Berücksichtigung folgender Daten: a = 0,04 ; p_0 = 25 GE/ME.

Aufgabe 8.30 *(8.6.54)*:

Man löse jeweils das Solow-Modell

$$\dot{k}(t) = s \cdot k(t)^a - b \cdot k(t) \qquad \text{mit} \quad k(t) := \frac{K(t)}{A(t)}$$

(K(t), A(t): Kapitalstock, Arbeitsangebot im Zeitpunkt t)
(s: Spar- bzw. Investitionsquote in % des Nettosozialprodukts, 0 < s < 1)
(b: Änderungsrate (%) des Arbeitsangebots (der Bevölkerung))
(a: Kapital-Elastizität der Produktion, 0 < a < 1)

(siehe etwa Lehrbuch (8.6.41)) für die folgenden beiden Fälle:

i) Es findet keine Bevölkerungsveränderung statt ($b \equiv 0$) ;
ii) Die Bevölkerung nimmt im Zeitablauf ab (b < 0, z.B. b = − 0,01).

Dabei benutze man speziell die Daten s = 0,2 ; a = 0,5 ; k(0) = 1. Man ermittle – sofern existent – in beiden Fällen den *(stabilen)* Gleichgewichtswert der Pro-Kopf-Kapitalausstattung für $t \to \infty$.

Aufgabe 8.31 *(8.6.55)*:

Auf einem *(abgegrenzten)* Markt werde ein High-Tech-Haushaltsgerät erstmalig angeboten *(zum Zeitpunkt $t = 0$)*. Die theoretisch mögliche Absatz-Obergrenze *(Sättigungsmenge)* betrage in diesem Markt x_s *(= 100.000 ME)*.

Die bis zum Zeitpunkt t *(≥ 0)* insgesamt verkaufte Menge werde mit x(t) bezeichnet.

Gesucht ist die Funktionsgleichung *(sowie der Graph)* der Absatz-Zeit-Funktion x(t), wenn gilt:

- In jedem Zeitpunkt t *(> 0)* ist die Zahl der in der nächsten Zeiteinheit verkauften Stücke (d.h. die zeitliche Änderung $\dot{x}(t)$ des Absatzes) proportional zum Abstand $x_s - x(t)$ zwischen Sättigungsmenge x_s und kumulierter Absatzmenge x(t).

  (Dies bedeutet: Je näher im Zeitablauf der (kumulierte) Absatz x(t) an die Sättigungsmenge x_s heran reicht, desto schwieriger (und somit kostspieliger) wird es, weitere Stücke abzusetzen.)

- Im Zeitpunkt t = 12 *(d.h. nach 12 Zeiteinheiten)* sind bereits 20.000 ME verkauft.

i) Wie lautet der Absatz-Zeit-Funktionsterm x(t) ? *(Skizze !)*

ii) Nach welcher Zeit sind 80 % der höchstens absetzbaren Stücke verkauft?

iii) Angenommen, der Deckungsbeitrag für jedes Gerät betrage 10 GE *(ohne Berücksichtigung der mit dem Absatz verbundenen Kosten)*. Die mit dem Absatz der Geräte verbundenen Kosten betragen pro Zeiteinheit einheitlich 1.000 GE.

Man ermittle diejenige kumulierte Absatzmenge x, für die gilt: Das nächste verkaufte Stück verursacht genauso hohe Absatz-Kosten, wie es Deckungsbeitrag erwirtschaftet.

9 Einführung in die Lineare Algebra

Aufgabe 9.1 *(9.1.62)*:

Welche Relationen bestehen zwischen den folgenden Matrizen?

$$\mathbf{A}=\begin{pmatrix}1&2&7\\2&0&3\\3&7&1\end{pmatrix}\quad;\quad \mathbf{B}=\begin{pmatrix}1&2&3\\2&0&7\\7&3&1\end{pmatrix}\quad;\quad \mathbf{C}=\begin{pmatrix}1&2&7\\2&1&8\\13&7&1\end{pmatrix}.$$

Aufgabe 9.2 *(9.1.63)*:

Gegeben sind die Matrizen

$$\mathbf{A}=\begin{pmatrix}2&0&1\\3&-1&1\\2&1&0\end{pmatrix}\;;\;\mathbf{B}=\begin{pmatrix}-1&3&2\\4&1&5\end{pmatrix}\;;\;\mathbf{C}=\begin{pmatrix}0&1\\1&0\\2&2\end{pmatrix}\;;\;\mathbf{D}=\begin{pmatrix}2&-1\\1&0\end{pmatrix}.$$

Man ermittle folgende Matrizen (sofern sie existieren):

i) $\mathbf{AB}$ ii) $\mathbf{A}^T\mathbf{B}$ iii) $\mathbf{BA}$ iv) $3\mathbf{BC}+2\mathbf{D}^2$

v) $\mathbf{DC}$ vi) $\mathbf{CD}$ vii) $6(\mathbf{CB})^T-2\mathbf{B}^T\cdot 3\mathbf{C}^T$ viii) $\mathbf{CBA}$

ix) $(\mathbf{B}+\mathbf{C}^T)\cdot(\mathbf{B}^T+\mathbf{C})$ x) $(\mathbf{CB}+\mathbf{A})^2$ xi) $(\mathbf{CB})^2+2\mathbf{CBA}+\mathbf{A}^2$

Aufgabe 9.3 *(9.1.64)*:

Man bilde die angegebenen Produkte und überprüfe, inwieweit die Ergebnisse mit den bekannten Rechenregeln für reelle Zahlen vereinbar sind:

$$\mathbf{A}=\begin{pmatrix}1&0&0\\0&1&0\\4&0&0\end{pmatrix};\quad \mathbf{B}=\begin{pmatrix}2&6\\-1&-3\end{pmatrix};\quad \mathbf{C}=\begin{pmatrix}3&6\\-1&-2\end{pmatrix};\quad \mathbf{D}=\begin{pmatrix}7&3\\-16&-7\end{pmatrix};$$

$$\mathbf{F}=\begin{pmatrix}2&1\\-4&-2\end{pmatrix};\quad \mathbf{G}=\begin{pmatrix}3&3\\3&3\end{pmatrix};\quad \mathbf{H}=\begin{pmatrix}2&4\\0&8\end{pmatrix};\quad \mathbf{K}=\begin{pmatrix}0&6\\2&6\end{pmatrix}:$$

i) $\mathbf{BC}$ ii) $\mathbf{A}^2$ iii) $\mathbf{D}^2$ iv) $\mathbf{F}^2$ v) $\mathbf{GH}$ und $\mathbf{GK}$.

Aufgabe 9.4 *(9.1.65)*:

Gegeben sei das lineare Gleichungssystem $\mathbf{A}\vec{x}=\vec{b}$ mit

$$\mathbf{A}=\begin{pmatrix}2&3&-5&1&4\\0&-1&3&-4&2\\-5&0&1&2&1\end{pmatrix}\quad;\quad \vec{b}=\begin{pmatrix}b_1\\b_2\\b_3\end{pmatrix}.$$

Wie lautet der Vektor $\vec{b}$ der rechten Seite, wenn *ein* Lösungsvektor $\vec{x}$ mit $\vec{x}=(x_1\;x_2\;x_3\;x_4\;x_5)^T=(1\,;0\,;-2\,;1\,;3)^T$ vorgegeben ist?

Aufgabe 9.5 *(9.1.66)*:

Eine 3-Produkt-Unternehmung kann pro Woche maximal 100 ME des Produktes P_1 oder aber maximal 250 ME des Produktes P_2 oder aber maximal 400 ME des Produktes P_3 herstellen (die entsprechenden Produktionsvektoren lauten also: $(100 ; 0 ; 0)^T$; $(0 ; 250 ; 0)^T$; $(0 ; 0 ; 400)^T$).

Daneben lassen sich auch beliebige konvexe Linearkombinationen der genannten Produktionsvektoren herstellen.

i) Man gebe einen allgemeinen mathematischen Ausdruck für sämtliche Produktionskombinationen an, die die wöchentliche Kapazität der Unternehmung voll auslasten.

ii) Man gebe drei mögliche Produktkombinationen mit je drei Produkten an.

Aufgabe 9.6 *(9.1.67)*:

Ein Betrieb montiert aus fünf Einzelteilen $T_1, ..., T_5$ vier Baugruppen $B_1, ..., B_4$ und fertigt aus den Baugruppen drei Enderzeugnisse E_1, E_2, E_3.

Die beiden folgenden Tabellen zeigen, wie viele Einzelteile für die Montage einer Baugruppe und wie viele Baugruppen für die Fertigung eines Endproduktes benötigt werden:

	B_1	B_2	B_3	B_4
T_1	2	1	3	4
T_2	2	0	5	3
T_3	6	3	4	2
T_4	3	4	0	1
T_5	1	1	1	9

	E_1	E_2	E_3
B_1	3	6	2
B_2	4	1	6
B_3	0	4	5
B_4	8	0	0

i) Der Betrieb soll vom ersten Endprodukt (E_1) 400, von E_2 500 und von E_3 300 Stück liefern. Fassen Sie diese Mengen im Produktionsvektor $\vec{p}$ zusammen.

Wie lässt sich mit Hilfe der Matrizenrechnung der Vektor $\vec{b} = (b_1 \ b_2 \ b_3 \ b_4)^T$ bestimmen, der angibt, wie hoch der Gesamtbedarf der einzelnen Baugruppen im vorliegenden Fall ist?

ii) Gesucht ist der Bedarfsvektor $\vec{x} = (x_1 \ x_2 \ x_3 \ x_4 \ x_5)^T$, der für den vorgegebenen Produktionsvektor $\vec{p}$ den Gesamtbedarf an Einzelteilen angibt. Man bestimme $\vec{x}$

a) mit Hilfe des zuvor ermittelten Baugruppenvektors $\vec{b}$

b) direkt mit Hilfe einer noch zu ermittelnden Matrix C, deren Elemente c_{ik} angeben, wieviel Einzelteile der Art T_i in eine Einheit des Enderzeugnisses E_k eingehen.

***iii)** Man ermittle den Produktionsvektor $\vec{p}$, wenn der Bedarfsvektor $\vec{x}$ (≙ Vorrat an Einzelteilen) wie folgt gegeben ist:

$$\vec{x} = (20.100 \quad 18.000 \quad 29.300 \quad 18.100 \quad 27.400)^T.$$

Aufgabe 9.7 *(9.1.95)*:

i) Man ermittle (sofern sie existieren) die Inversen folgender Matrizen:

a) $\mathbf{A} = \begin{pmatrix} 2 & 0 \\ 3 & 1 \end{pmatrix}$; **b)** $\mathbf{B} = \begin{pmatrix} 1 & -3 \\ -2 & 6 \end{pmatrix}$; **c)** $\mathbf{C} = \begin{pmatrix} 2 & 1 & 0 \\ 1 & 1 & 0 \\ 0 & 0 & 1 \end{pmatrix}$;

d) $\mathbf{D} = \begin{pmatrix} 1 & 2 & -1 \\ 0 & 1 & 3 \\ 0 & 0 & 2 \end{pmatrix}$; **e)** $\mathbf{F} = \begin{pmatrix} 2 & 0 & 0 \\ -1 & 1 & 0 \\ 3 & 2 & 1 \end{pmatrix}$.

ii) Man löse die Matrizengleichung $\mathbf{AX} + \mathbf{X} = \mathbf{BX} + \mathbf{C}$ nach $\mathbf{X}$ auf. (Sämtliche vorkommenden Matrizen seien regulär und vom gleichen Typ.)

Aufgabe 9.8 *(9.1.96)*:

Ein zweistufiger Produktionsprozess werde durch die folgenden Tabellen der Produktionskoeffizienten beschrieben:

		Zwischenprodukte		
		Z_1	Z_2	Z_3
Roh-	R_1	2	1	2
stoffe	R_2	1	3	1

		Endprodukte	
		E_1	E_2
Zwischen-	Z_1	2	1
produkte	Z_2	1	2
	Z_3	0	2

Man ermittle die Endproduktmengen (Produktionsvektor $\vec{x} = (x_1\ x_2)^T$), wenn die zur Verfügung stehenden Rohstoffmengen r_1, r_2 durch den Vektor

$$\vec{r}^{\,T} = (r_1\ r_2) = (3.000\ ;\ 3.200)$$

gegeben sind und voll für die Produktion eingesetzt werden

Aufgabe 9.9 *(9.1.97)*:

Eine Volkswirtschaft bestehe aus zwei Sektoren, jeder Sektor stellt nur ein Produkt her. Die Lieferungen der Sektoren untereinander und an die (exogene) Endnachfrage gehen aus der nebenstehenden Tabelle hervor:

	Lieferung an Sektor		Endverbrauch
Sektor	1	2	
1	20	15	5
2	8	12	40

i) Man ermittle die Produktionskoeffizientenmatrix.

ii) Welche Gütermengen müssen die Sektoren produzieren, um eine Endnachfrage $\vec{y} = (140\ ;84)^T$ befriedigen zu können?

iii) Welcher Endverbrauch ist möglich, wenn Sektor 1 100 Einheiten und Sektor 2 120 Einheiten produziert?

Aufgabe 9.10 *(9.2.25)*:

Man löse die folgenden Gleichungssysteme mit Hilfe des Gaußschen Verfahrens der vollständigen Elimination:

i) $$\begin{aligned} x_1 + 4x_2 + 3x_3 &= 1 \\ 2x_1 + 5x_2 + 4x_3 &= 4 \\ x_1 - 3x_2 - 2x_3 &= 5 \end{aligned}$$

ii) $$\begin{aligned} x_1 + 2x_2 - 3x_3 &= 6 \\ 2x_1 + x_2 + x_3 &= 1 \\ 3x_1 - 2x_2 - 2x_3 &= 12 \end{aligned}$$

iii) $$\begin{aligned} x_1 \phantom{{}+x_2} + x_3 + x_4 &= 1 \\ x_1 + x_2 \phantom{{}+x_3} + x_4 &= 2 \\ x_1 + x_2 + x_3 \phantom{{}+x_4} &= 3 \\ x_2 + x_3 + x_4 &= 4 \end{aligned}$$

Aufgabe 9.11 *(9.2.30)*:

Man ermittle mit Hilfe der vollständigen Elimination die Lösungen der folgenden linearen Gleichungssysteme:

i) $$\begin{aligned} x_1 + x_3 + x_4 &= 2 \\ x_2 + x_3 &= 1 \\ 2x_1 + x_2 + x_4 &= 2 \\ 3x_1 + 2x_2 + 2x_3 + 2x_4 &= 5 \end{aligned}$$

ii) $$\begin{aligned} 2x_1 - x_2 + 3x_3 &= 2 \\ 3x_1 + 2x_2 - x_3 &= 1 \\ x_1 - 4x_2 + 7x_3 &= 6 \end{aligned}$$

Aufgabe 9.12 *(9.2.44)*:

Man löse die angegebenen linearen Gleichungssysteme durch Pivotisieren:

i) $$\begin{pmatrix} 1 & 2 & -1 \\ 2 & -1 & 3 \\ -1 & 1 & 2 \end{pmatrix} \begin{pmatrix} x_1 \\ x_2 \\ x_3 \end{pmatrix} = \begin{pmatrix} -9 \\ 17 \\ 0 \end{pmatrix}$$

ii) $$\begin{pmatrix} 1 & 4 & -2 & -2 \\ -2 & 1 & 3 & 1 \\ 1 & 2 & 2 & -1 \\ 2 & -2 & -1 & -1 \end{pmatrix} \begin{pmatrix} x_1 \\ x_2 \\ x_3 \\ x_4 \end{pmatrix} = \begin{pmatrix} -7 \\ 14 \\ 5 \\ -9 \end{pmatrix}$$

iii) $$\begin{pmatrix} 2 & -4 & 1 & -1 \\ 3 & 2 & -1 & 2 \\ 1 & -1 & 2 & -2 \\ 4 & -2 & -3 & 1 \end{pmatrix} \begin{pmatrix} x_1 \\ x_2 \\ x_3 \\ x_4 \end{pmatrix} = \begin{pmatrix} -8 \\ 12 \\ -5 \\ 0 \end{pmatrix}$$

iv) $$\begin{pmatrix} 1 & -10 & 2 & -9 \\ -8 & 4 & -7 & 5 \\ 6 & -5 & 7 & -4 \\ -3 & 9 & -2 & 10 \end{pmatrix} \begin{pmatrix} x_1 \\ x_2 \\ x_3 \\ x_4 \end{pmatrix} = \begin{pmatrix} 3 \\ -6 \\ 8 \\ -1 \end{pmatrix}$$

Aufgabe 9.13 *(9.2.71)*:

Man untersuche die folgenden LGS auf ihre Lösbarkeit und gebe im Fall eindeutiger Lösbarkeit den Lösungsvektor, im Fall mehrdeutiger Lösung die allgemeine Lösung, zwei spezielle Nichtbasislösungen sowie zwei verschiedene Basislösungen an:

i) $$\begin{aligned} -x_2 + x_3 &= 38 \\ 4x_1 + 2x_2 + 3x_3 &= -19 \\ 3x_1 - x_3 &= 19 \end{aligned}$$

ii) $$\begin{aligned} 2x_1 - 4x_2 + x_3 - x_4 &= x_5 + 1 \\ 6x_1 - 3x_2 - x_3 + 2x_4 &= x_6 - 1 \end{aligned}$$

iii) $$\begin{aligned} y_1 - 4y_2 + 3y_3 &= 16 \\ -2y_1 + y_2 - 5y_3 &= -12 \\ 4y_1 + 5y_2 + 9y_3 &= 4 \\ 7y_2 - y_3 &= -20 \end{aligned}$$

iv) $$\begin{pmatrix} 1 & 0 & 0 & -2 & 0 \\ 1 & 3 & 0 & 0 & 0 \\ 0 & 0 & 1 & 0 & -3 \\ 0 & 1 & 2 & 0 & 0 \\ 0 & 1 & 0 & -2 & -1 \\ 0 & -3 & 2 & 6 & -3 \end{pmatrix} \begin{pmatrix} x_1 \\ x_2 \\ x_3 \\ x_4 \\ x_5 \end{pmatrix} = \begin{pmatrix} 0 \\ 30 \\ 0 \\ 20 \\ 0 \\ 0 \end{pmatrix}$$

v) $$\begin{aligned} -u_1 - 2u_2 + u_3 &= 8 \\ 2u_1 + 3u_2 - u_3 &= -10 \\ -u_1 - 4u_2 + 3u_3 &= 10 \end{aligned}$$

Aufgabe 9.14 *(9.2.72)*:

Man bestimme den Rang der Koeffizientenmatrizen **A** sowie sämtlicher erweiterten Koeffizientenmatrizen $\mathbf{A}\vec{b}$ der linearen Gleichungssysteme aus Aufgabe 9.13 *(9.2.71)* und mache damit eine Aussage über die Lösbarkeit des zugrunde liegenden LGSs.

Aufgabe 9.15 *(9.2.73)*:

i) Wieviele verschiedene Basislösungen kann ein unterbestimmtes lineares Gleichungssystem, bestehend aus m Gleichungen mit n Variablen (m < n) höchstens besitzen?

ii) Man beantworte Frage i) für die mehrdeutig lösbaren linearen Gleichungssysteme von Aufgabe 9.13 *(9.2.71)*.

Aufgabe 9.16 *(9.2.74)*:

Man gebe sämtliche Basislösungen des folgenden linearen Gleichungssystems an:

$$\begin{aligned} 2x_1 - 3x_2 - x_3 &= 4 \\ x_1 + 2x_2 - x_3 &= -1 \end{aligned}$$

Aufgabe 9.17 *(9.2.75)*:

Weshalb ist ein lineares Gleichungssystem $\mathbf{A}\vec{x} = \vec{b}$ *nicht* lösbar, wenn gilt:

$$\text{rg}\,\mathbf{A} < \text{rg}\,(\mathbf{A}\vdots\vec{b})\ ?$$

(siehe auch Lehrbuch Bemerkung 9.2.64)

Aufgabe 9.18 *(9.2.81)*:

Man ermittle jeweils die Inverse zu **A**:

i) $\mathbf{A} = \begin{pmatrix} 2 & 2 & -5 \\ -2 & -1 & 4 \\ 1 & 0 & -1 \end{pmatrix}$ ii) $\mathbf{A} = \begin{pmatrix} 1 & 2 & -1 \\ 2 & -1 & 3 \\ -1 & 1 & 2 \end{pmatrix}$

iii) $\mathbf{A} = \begin{pmatrix} 1 & 4 & -2 & -2 \\ -2 & 1 & 3 & 1 \\ 1 & 2 & 2 & -1 \\ 2 & -2 & -1 & -1 \end{pmatrix}$ iv) $\mathbf{A} = \begin{pmatrix} -1 & -2 & 1 \\ 2 & 3 & -1 \\ -1 & -4 & 3 \end{pmatrix}$

Aufgabe 9.19 *(9.2.82)*:

Man löse die folgenden linearen Gleichungssysteme $\mathbf{A}\vec{x} = \vec{b}$ mit Hilfe der Inversen $\mathbf{A}^{-1}$:

i) $\mathbf{A} = \begin{pmatrix} 1 & 2 & -1 \\ 2 & 4 & 2 \\ 1 & 1 & 1 \end{pmatrix}$; $\vec{b}_1 = \begin{pmatrix} 5 \\ 2 \\ -1 \end{pmatrix}$; $\vec{b}_2 = \begin{pmatrix} -2 \\ 1 \\ 10 \end{pmatrix}$; $\vec{b}_3 = \begin{pmatrix} 9{,}8 \\ 4{,}2 \\ -3{,}5 \end{pmatrix}$

ii) $\mathbf{A} = \begin{pmatrix} 2 & -2 & -1 \\ 1 & -1 & 2 \\ 1 & 1 & 3 \end{pmatrix}$; $\vec{b}_1 = \begin{pmatrix} 8 \\ 7 \\ -3 \end{pmatrix}$; $\vec{b}_2 = \begin{pmatrix} 100 \\ -200 \\ 500 \end{pmatrix}$; $\vec{b}_3 = \begin{pmatrix} 21{,}7 \\ -1{,}6 \\ 3{,}7 \end{pmatrix}$

Aufgabe 9.20 *(9.2.94)*:

Eine Unternehmung besitzt die beiden Hilfsbetriebe „Stromerzeugung" und „Reparaturwerkstatt", die einerseits ihre Leistungen an die beiden Hauptbetriebe „Dreherei" und „Endmontage" abgeben, daneben aber auch gegenseitig Leistungen liefern und verbrauchen. Die entsprechenden Daten sind in folgender Tabelle zusammengestellt:

	Strom	Reparatur-werkstatt	Dreherei	Endmontage
primäre Kosten	30.540€	60.000€	240.000€	300.000€
abgegebene Leistungen	200.000 kWh	1.600 h		
empfangene Leistungen	400 h	8.000 kWh	92.000 kWh 400 h	100.000 kWh 800 h

Man führe eine innerbetriebliche Leistungsverrechnung durch:

i) Man ermittle die Verrechnungspreise für Strom und Reparatur.

ii) Mit Hilfe der unter i) ermittelten Verrechnungspreise führe man eine Kostenumlage durch und bestimme die Gesamtkosten der beiden Fertigungshauptstellen.

Aufgabe 9.21 *(9.2.95)*:

Eine Unternehmung weist vier Hilfskostenstellen auf, die 3 Hauptkostenstellen sowie sich selbst untereinander wechselseitig beliefern:

Hilfskostenstelle	Empfänger (in LE)				Abgabe an Hauptkostenstelle (LE)			primäre Kosten (GE)
	K_1	K_2	K_3	K_4	H_1	H_2	H_3	
K_1	10	30	40	50	80	90	100	2.020
K_2	40	10	50	100	100	150	150	3.700
K_3	100	80	-	40	180	70	30	1.960
K_4	80	20	20	30	250	200	200	7.700

Man ermittle

i) die Verrechnungspreise (GE/LE) für die Leistungen der vier Hilfskostenstellen;

ii) die Kostenumlage der Primärkosten auf die drei Hauptkostenstellen.

Aufgabe 9.22 *(9.2.9)*

In einer Unternehmung der chemischen Industrie werden zwei Endprodukte P_6, P_7 über verschiedene Zwischenprodukte erstellt. Die Materialverflechtung ist durch einen Gozintographen (siehe Abb.) vorgegeben. Man ermittle den Gesamtbedarf der Produkte P_1 bis P_6, wenn vom Endprodukt P_6 82 ME und vom Endprodukt P_7 100 ME an den Markt geliefert werden sollen.

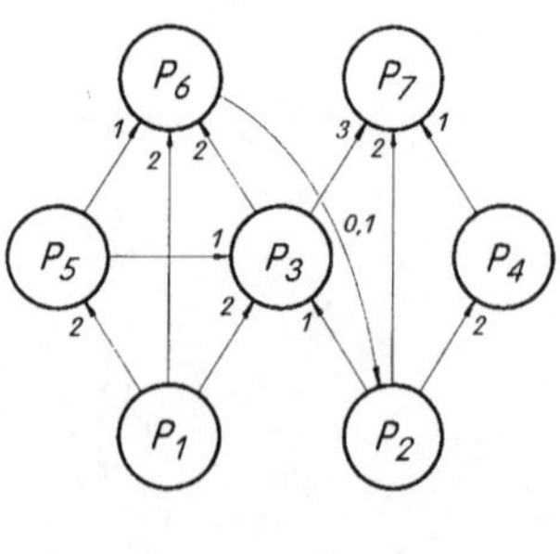

10 Lineare Optimierung

Aufgabe 10.1 *(10.1.26)*:

Gegeben sei das folgende Restriktionensystem:

$$\begin{aligned} -x_1 + 4x_2 &\leq 24 \\ x_1 + 2x_2 &\leq 30 \\ 2x_1 - x_2 &\leq 30 \\ x_1 + 2x_2 &\geq 12 \\ x_1 &\geq 4 \\ x_2 &\geq 2 \end{aligned}$$

i) Man ermittle graphisch die optimalen Lösungen, wenn folgende Zielfunktionen gegeben sind:

a) $Z = 3x_1 + 3x_2 \rightarrow$ Max. **b)** $Z = 3x_1 + 3x_2 \rightarrow$ Min.

c) $Z = 7x_1 + 14x_2 \rightarrow$ Max **d)** $Z = 7x_1 + 14x_2 \rightarrow$ Min.

ii) Man ermittle für die Fälle a) bis d) jeweils die optimalen Lösungen, wenn das gegebene Restriktionssystem um die Restriktionsgleichung $3x_1 + 4x_2 = 56$ erweitert wird.

Aufgabe 10.2 *(10.1.27)*:

Man ermittle graphisch das Maximum von

$$Z = 2x_1 + 3x_2$$

unter Einhaltung der Nebenbedingungen

$$\begin{aligned} 2x_1 + x_2 &\leq 12 \\ x_1 + x_2 &\leq 7 \\ x_1 + 3x_2 &\leq 15 \\ x_1 + 4x_2 &\leq 24 \qquad (\text{mit } x_1, x_2 \geq 0). \end{aligned}$$

Aufgabe 10.3 *(10.1.28)*:

Man ermittle graphisch die optimale Lösung von

$$Z = x_1 + 2x_2 \rightarrow \text{Max.}$$

unter Berücksichtigung der Restriktionen

$$\begin{aligned} -2x_1 + x_2 &\leq 4 \\ -x_1 + 10x_2 &\leq 135 \qquad \text{und } x_1, x_2 \geq 0. \end{aligned}$$

Aufgabe 10.4 *(10.1.29)*:

In einem Fertigungsbetrieb werden die Produkte I und II jeweils in drei Fertigungsstellen bearbeitet. Aus der nachfolgenden Tabelle gehen die Produkt-Deckungsbeiträge, Fertigungskapazitäten (pro Periode), Bearbeitungszeiten sowie Absatzhöchstmengen hervor:

Produktart	I	II	Kapazitäten
Deckungsbeiträge	3 T€/Stck.	4 T€/Stck.	
Fertigungsstelle 1	6 h/Stck.	2 h/Stck.	480 h
Fertigungsstelle 2	4 h/Stck.	4 h/Stck.	400 h
Fertigungsstelle 3	3 h/Stck.	6 h/Stck.	480 h
Absatzhöchstmengen (pro Periode)	75 Stck.	70 Stck.	

Man ermittle graphisch das Produktions- und Absatzprogramm mit maximalem Deckungsbeitrag.

Aufgabe 10.5 *(10.1.30)*:

Studentin Susanne hat zwei Freunde, Daniel und Peter, mit denen sie gerne ausgeht. Sie weiß aus Erfahrung:

a) Daniel besucht gerne exklusive Lokalitäten, pro Abend *(3 Stunden)* gibt Susanne dafür 12 € aus.

b) Peter dagegen ist mit etwas anspruchsloserer Unterhaltung zufrieden, das Zusammensein mit ihm *(3 Stunden)* kostet Susanne 8 €.

c) Susanne gibt sich eine monatliche Ausgabenobergrenze von 68 € für ihre Treffen mit Daniel und Peter vor.

Ihr Studium lässt außerdem pro Monat höchstens 18 Stunden sowie den Einsatz von höchstens 4.000 emotionalen Energieeinheiten für derartige soziale Aktivitäten zu.

d) Für jedes Treffen *(3 Stunden)* mit Daniel verbraucht sie 500 Energieeinheiten, Peter beansprucht doppelt soviel von Susannes emotionalem Energievorrat.

i) Wenn sie mit 6 „Vergnügungseinheiten" pro Treffen mit Daniel und 5 „Vergnügungseinheiten" pro Treffen mit Peter rechnet: Wie sollte Susanne das Ausmaß ihrer sozialen Aktivitäten planen, damit sie dabei – unter Beachtung der angeführten Einschränkungen – maximales Vergnügen erreicht?

ii) Wie sollte sie sich entscheiden, wenn ihr das Zusammensein mit Peter doppelt soviel Vergnügen bereitet wie mit Daniel?

Aufgabe 10.6 *(10.1.31)***:**

Der Betreiber zweier Kiesgruben hat als einzigen Abnehmer seiner Produkte eine große Baustoffabrik.

Laut Liefervertrag müssen wöchentlich mindestens geliefert werden:

120 Tonnen Kies
240 Tonnen mittelfeiner (m.f.) Sand
80 Tonnen Quarz(sand).

Die täglichen Förderleistungen in den beiden Kiesgruben lauten:

Kiesgrube 1:	60 t Kies
	40 t m.f. Sand
	20 t Quarz
Kiesgrube 2:	20 t Kies
	120 t m.f. Sand
	20 t Quarz.

Pro Fördertag entstehen folgende Betriebskosten:

Kiesgrube 1: 2.000 €/Tag
Kiesgrube 2: 1.600 €/Tag.

Gesucht ist die Anzahl der Fördertage in jeder der beiden Gruben, die zu minimalen wöchentlichen Förderkosten führt.

Aufgabe 10.7 *(10.1.32)***:**

Eine Unternehmung stellt 2 Produkte auf 2 Fertigungsstellen her. Die Produktionskoeffizienten *(in Stunden pro Mengeneinheit)* sind aus der nachstehenden Tabelle ersichtlich:

	Fertigungs-stelle A	Fertigungs-stelle B
Produkt I	4	3
Produkt II	6	2

Fertigungsstelle A steht für höchstens 6.000 h, Fertigungsstelle B steht für höchstens 4.000 h *(in der Referenzperiode)* zur Verfügung.

Vom Produkt II müssen aufgrund fester Lieferverpflichtungen mindestens 100 ME produziert werden.

Folgende Deckungsbeiträge werden erzielt: Produkt I: 40 €/ME; Produkt II: 50 €/ME.

Ziel der Unternehmung ist die Maximierung des Deckungsbeitrages.

Man ermittle das optimale Produktionsprogramm, wenn

i) insgesamt *genau* 1.100 Produkteinheiten;
ii) insgesamt *mindestens* 1.100 Produkteinheiten hergestellt werden sollen.

Aufgabe 10.8 *(10.1.33)*:

Eine Großbäckerei unterhält zwei Backbetriebe. Aus Rationalisierungsgründen stellt jeder Betrieb jeweils nur drei Einheitsprodukte in festgelegten Mengen her:

Die tägliche Backleistung im Backbetrieb A beträgt:

6 t Weißbrot ; 4 t Schwarzbrot ; 2 t Kuchen.

Die tägliche Backleistung im Backbetrieb B beträgt:

2 t Weißbrot ; 12 t Schwarzbrot ; 2 t Kuchen.

Die Bäckerei muss aufgrund fester Lieferverträge wöchentlich folgende Mindestlieferungen erbringen:

24 t Weißbrot ; 48 t Schwarzbrot ; 16 t Kuchen.

Infolge der determinierten Backleistungen entstehen pro Backtag konstante Betriebskosten:

Backbetrieb A: 4.000 €/Tag
Backbetrieb B: 6.000 €/Tag.

An wieviel Tagen pro Woche muss in den Backbetrieben A und B gearbeitet werden, damit die Bäckerei im Rahmen ihrer Lieferverpflichtungen die Betriebskosten minimieren kann?

Aufgabe 10.9 *(10.2.37)*:

Man ermittle mit Hilfe des Simplexverfahrens die optimalen Lösungen folgender Standard-Maximum-Probleme:

i) $Z = 30x_1 + 40x_2 \rightarrow \text{Max.}$

$$\text{mit} \quad \begin{aligned} x_1 \phantom{{}+x_2} &\le 8 \\ x_2 &\le 16 \\ 2x_1 + x_2 &\le 24 \end{aligned}$$

sowie $x_1, x_2 \ge 0$

ii) $Z = 2x_1 + 3x_2 \rightarrow \text{Max.}$

$$\text{mit} \quad \begin{aligned} 2x_1 + x_2 &\le 12 \\ x_1 + x_2 &\le 7 \\ x_1 + 3x_2 &\le 15 \end{aligned}$$

sowie $x_1, x_2 \ge 0$

iii) $Z = 20x_1 + 20x_2 + 12x_3 \rightarrow \text{Max.}$

$$\text{mit} \quad \begin{aligned} 10x_1 + 5x_2 + 2x_3 &\le 0{,}6 \\ 4x_1 + 5x_2 + 6x_3 &\le 1 \end{aligned}$$

sowie $x_1, x_2, x_3 \ge 0$

iv) $Z = 2u_1 + 5u_2 + u_3 + 2u_4 + u_5 \rightarrow \text{Max.}$

$$\text{mit} \quad \begin{aligned} 3u_1 + u_2 \phantom{{}+u_3+2u_4} + u_5 &\le 10 \\ u_1 + u_2 + u_3 &\le 4 \\ u_2 + u_3 + 2u_4 + u_5 &\le 8 \\ 2u_1 + u_2 + 3u_3 + u_4 + 2u_5 &\le 12 \end{aligned}$$

sowie $u_1, u_2, u_3, u_4, u_5 \ge 0$

Aufgabe 10.10 *(10.2.38)*:

Man ermittle mit Hilfe des Simplexverfahrens die optimalen Lösungen von

i) Aufgabe 10.4 *(10.1.29)* **ii)** Aufgabe 10.5 i) *(10.1.30 i)*.

Aufgabe 10.11 *(10.2.39)*:

Eine Unternehmung produziert aus zwei verschiedenen Zwischenprodukten (Z_1, Z_2) insgesamt 4 Produkttypen P_1, ..., P_4.

Materialbedarf, Produktivität, Kapazitäten und Deckungsbeiträge sind folgender Tabelle zu entnehmen:

	Produkttypen P_1	P_2	P_3	P_4	Kapazität (pro Tag)
Materialbedarf Z_1 (kg/ME)	4	5	4	3	475 kg/Tag
Materialbedarf Z_2 (kg/ME)	8	8	6	10	720 kg/Tag
Produktivität (ME/h)	15	30	10	15	14 h/Tag
Deckungsbeitrag (€/ME)	10	13	10	11	

Man ermittle das deckungsbeitrags-maximale tägliche Produktionsprogramm der Unternehmung.

Aufgabe 10.12 *(10.3.15)*:

Man ermittle die Lösung der beiden folgenden LO-Probleme mit Hilfe der 2-Phasen-Methode:

i) $Z = 3x_1 + 3x_2 \rightarrow \text{Max.}$

$$\text{mit} \quad \begin{aligned} -x_1 + 4x_2 &\le 24 \\ x_1 + 2x_2 &\le 30 \\ 2x_1 - x_2 &\le 30 \\ x_1 &\ge 4 \\ x_2 &\ge 2 \\ x_1 + 2x_2 &\ge 12 \end{aligned}$$

und $x_1, x_2 \ge 0$

ii) Man löse i), wenn Z *minimiert* werden soll.

Aufgabe 10.13 *(10.3.16)*:

Eine Unternehmung produziert 4 Produkte I, ..., IV.

Dazu stehen zwei Fertigungsstellen A, B sowie zwei Rohstoffe R_1, R_2 zur Verfügung.

Da die Rohstoffe nur begrenzt lagerfähig sind, müssen sie bei der Produktion vollständig verbraucht werden.

Produktionskoeffizienten, Kapazitäten und Deckungsbeiträge sind aus der folgenden Tabelle ersichtlich:

	Produkte I	II	III	IV	vorhandene Kapazität
Fertigungsstelle A (h/ME)	2	4	1	0	150 (h)
Fertigungsstelle B (h/ME)	1	0	5	1	250 (h)
Rohstoff R_1 (kg/ME)	0	1	4	2	200 (kg)
Rohstoff R_2 (kg/ME)	1	1	0	1	150 (kg)
Deckungsbeiträge (T€/ME)	2	−2	−1	1	

(Bemerkung: Die Produkte II, III erzielen einen negativen Deckungsbeitrag, etwa im Zusammenhang mit den bei ihrer Produktion entstehenden Entsorgungskosten!)

Bei welcher Produktmengen-Kombination erzielt die Unternehmung maximalen Deckungsbeitrag?

Aufgabe 10.14 *(10.3.17)*:

Eine Bergwerksunternehmung fördert zwei verschiedene Erzsorten E_1, E_2. Aus jedem dieser Erze können sowohl Aluminium (Al) als auch Zink (Zn) gewonnen werden:

Aus einer t E_1 kann man 0,1 t Al und 0,6 t Zn gewinnen,
aus einer t E_2 kann man 0,5 t Al und 0,5 t Zn gewinnen.

Pro Monat müssen aufgrund fester Lieferverträge genau 100 t Al und mindestens 200 t Zn produziert werden.

Die monatliche Verarbeitungskapazität beträgt für die Erzsorte E_1 höchstens 400 t, für E_2 höchstens 180 t.

An Produktions- und Verarbeitungskosten fallen an:

für E_1: 10 T€/t;
für E_2: 100 T€/t.

Man ermittle mit Hilfe der Simplex-Methode das kostenminimale monatliche Produktionsprogramm.

Aufgabe 10.15 *(10.4.30)*:

Man ermittle die optimale Lösung folgender LO-Probleme mit Hilfe der Simplex-Methode (bei *mehrdeutigen* optimalen Lösungen gebe man *sämtliche optimalen Basis*lösungen, die *allgemeine* optimale Lösung sowie *zwei spezielle Nicht*basislösungen an):

i)
$$Z = x_1 + x_2 + x_3 \rightarrow \text{Max}$$
$$\text{mit} \quad \begin{aligned} 3x_1 + 6x_2 + 2x_3 &\leq 6 \\ 4x_1 + 3x_2 + 3x_3 &\geq 12 \end{aligned}$$
$$\text{sowie} \quad x_1, x_2, x_3 \geq 0$$

ii)
$$Z = 5x_1 + 4x_2 - 32x_3 - 24x_4 \rightarrow \text{Max}$$
$$\text{mit} \quad \begin{aligned} x_1 + 3x_2 - 7x_3 - 5x_4 &\leq 5 \\ -x_1 + x_2 + 6x_3 + 5x_4 &\leq 3 \end{aligned}$$
$$\text{sowie} \quad x_1, x_2, x_3, x_4 \geq 0 .$$

iii)
$$Z = 6x_1 + 12x_2 + 4x_3 \rightarrow \text{Max}$$
$$\text{mit} \quad \begin{aligned} 3x_1 + 6x_2 + 2x_3 &\leq 6 \\ -x_1 + 2x_2 &\leq 2 \end{aligned}$$
$$\text{sowie} \quad x_1, x_2, x_3 \geq 0$$

iv)
$$Z = -2x_1 + x_2 \rightarrow \text{Max}$$
$$\text{mit} \quad \begin{aligned} -2x_1 - x_2 &\leq 16 \\ x_1 - 3x_2 &\leq 27 \\ -x_1 - 2x_2 &\geq 8 \\ x_1 - x_2 &\geq 1 \end{aligned}$$
$$\text{sowie} \quad x_1 \lesseqgtr 0 \,;\; x_2 \leq 0$$

Aufgabe 10.16 *(10.5.23)*:

Man gebe eine ökonomische Interpretation sämtlicher Koeffizienten der optimalen Simplextableaus von

i) Aufgabe 10.4 *(10.1.29)*
ii) Aufgabe 10.5 *(10.1.30)*
iii) Aufgabe 10.6 *(10.1.31)*
iv) Aufgabe 10.7 *(10.1.32)*
v) Aufgabe 10.8 *(10.1.33)*
vi) Aufgabe 10.11 *(10.2.39)*
viii) Aufgabe 10.13 *(10.3.16)*
ix) Aufgabe 10.14 *(10.3.17)*.

Aufgabe 10.17 *(10.5.23 vii – siehe auch Lehrbuch Beispiel 10.3.11)*

Eine Unternehmung stellt drei Produkte in zwei Fertigungsstellen her. Produktionskoeffizienten, Kapazitäten und Stück-Deckungsbeiträge gehen aus folgender Tabelle hervor:

	Produkte I	II	III	Kapazitäten (h)
Fertigungsstelle A (h/ME)	4	6	8	5.000
Fertigungsstelle B (h/ME)	3	2	4	2.000
Deckungsbeitrag (€/ME)	40	50	60	

Von Produkt III müssen aufgrund fester Lieferverpflichtungen mindestens 100 ME produziert werden.

Aus Lagerhaltungsgründen müssen von Produkt I und II zusammen genau 400 Einheiten produziert werden. Ziel der Unternehmung ist die Maximierung des Deckungsbeitrags.

Man gebe eine ökonomische Interpretation sämtlicher Koeffizienten des optimalen Simplex-Tableaus an.

Aufgabe 10.18 *(10.6.8)*:

Man zeige, dass sich das folgende LO-System vereinfachen lässt auf zwei Restriktionen (davon eine Gleichung) mit 3 Variablen, von denen eine beliebige reelle Werte annehmen kann:

$$Z' = 8u_1 + 7u_2 - 7u_3 - 4u_4 \to \text{Min.}$$

$$\begin{aligned}\text{mit} \quad 3u_1 + 2u_2 - 2u_3 + 4u_4 &\geq -10\\ 5u_1 + 8u_2 - 8u_3 + u_4 &\geq 12\\ -5u_1 - 8u_2 + 8u_3 - u_4 &\geq -12\end{aligned}$$

$$\text{und} \quad u_1, u_2, u_3, u_4 \geq 0$$

Aufgabe 10.19 *(10.6.17)*:

Man löse die dualen Probleme von

i) Aufgabe 10.4 *(10.1.29)*
ii) Aufgabe 10.5 *(10.1.30)*
iii) Aufgabe 10.6 *(10.1.31)*
iv) Aufgabe 10.7 *(10.1.32)*
v) Aufgabe 10.8 *(10.1.33)*
vi) Aufgabe 10.11 *(10.2.39)*
vii) Aufgabe 10.17
viii) Aufgabe 10.12 *(10.3.15)*
ix) Aufgabe 10.13 *(10.3.16)*
x) Aufgabe 10.14 *(10.3.17)*
xi) Aufgabe 10.15 *(10.4.30)*

Aufgabe 10.20 *(10.7.9 i)*:

Man interpretiere das *duale* Problem sowie dessen Optimal-Lösung zu folgendem primalen LO-Problem *(siehe auch Lehrbuch Beispiel 10.1.11)*:

Um seine Gesundheit und Leistungsfähigkeit aufrecht erhalten zu können, benötigt der Mensch täglich ein Minimum unterschiedlicher Nährstoffe. Aus Vereinfachungsgründen sei unterstellt, dass ausschließlich folgende Nahrungsmittelbestandteile erforderlich sind: Eiweiß, Fett und Energie. Weiterhin wird angenommen, dass lediglich zwei verschiedene Nahrungsmittelsorten I, II zur Verfügung stehen, deren Preise und Nährstoffzusammensetzung ebenso wie die täglichen Nährstoffmindestmengen aus nachstehender Tabelle ersichtlich sind:

	Nahrungsmitteltyp I	Nahrungsmitteltyp II	täglicher Mindestbedarf
Eiweiß (ME/100g)	3	1	15 ME
Fett (ME/100g)	1	1	11 ME
Energie (ME/100g)	2	8	40 ME
Preis (€/100g)	1,-	2,-	

Die *primale* Zielsetzung lautet: Wie muss der fiktive Verbraucher sein tägliches Menü zusammenstellen, damit er einerseits genügend Nährstoffe erhält und andererseits die dafür aufzuwendenden Geldbeträge möglichst gering sind?
(Primal-Lösung: siehe auch Lehrbuch Tableau (10.3.9))

Man stelle das formale Dualproblem dar, erläutere die Bedeutung der Dualvariablen, die duale Zielsetzung und die Dualrestriktionen und gebe eine ökonomische Interpretation der optimalen Lösung des Dualproblems.

Aufgabe 10.21 *(10.7.9 ii - vi)*

Man interpretiere das duale Problem sowie dessen Optimal-Lösung zu folgenden primalen Problemstellungen:

i) Aufgabe 10.4 *(10.1.29)*
ii) Aufgabe 10.5 *(10.1.30)*
iii) Aufgabe 10.6 *(10.1.31)*
iv) Aufgabe 10.8 *(10.1.33)*
v) Aufgabe 10.11 *(10.2.39)*

Testklausuren
Aufgaben

Bemerkungen zu den Testklausuren

Wie bereits im Vorwort angedeutet, stammen die nachfolgenden Testklausuren aus Originalklausuren *(Dauer: 2 Zeitstunden)* am Fachbereich Wirtschaftswissenschaften der FH Aachen und dokumentieren somit den geforderten Leistungsstandard im Fach Wirtschaftsmathematik *(ökonomische Anwendung mathematischer Grundlagen und der Analysis)*[4] für angehende Diplom-Kaufleute bzw. Bachelor-Absolventen. Der auf den ersten Blick (zu) große Umfang der Klausuren resultiert aus der Tatsache, dass es sich um Auswahlklausuren handelt, zu deren Bestehen in der Regel ein Drittel aller angebotenen Punkte ausreichend ist. Ein „sehr gut" kann bereits bei richtiger Lösung von etwa 70-75% der angebotenen Punkte erreicht werden.

Die nachfolgenden Testklausuren sollen dem Studierenden neben Informationen über Umfang und Schwierigkeitsgrad die Möglichkeit bieten, im Selbsttest innerhalb begrenzter Zeit seine Kenntnisse und Fertigkeiten in Wirtschaftsmathematik zu überprüfen *(etwa durch Simulation der Klausursituation zu Hause oder in einer Lerngruppe)*.

Entscheidend für einen Erfolg bei der Bearbeitung der vorliegenden Klausuraufgaben wird dabei *(neben guter Vorbereitung)* die Fähigkeit und Bereitschaft sein, ohne vorherigen Blick auf die Lösungshinweise eine entsprechend lange Zeit konzentriert an den Klausurbeispielen arbeiten zu können und insbesondere den womöglich erkannten eigenen Schwächen auf ihren wahren Grund gehen zu können.

---

4 Der entsprechende Leistungsstandard für das Gebiet der Finanzmathematik ist definiert im „Übungsbuch zur Finanzmathematik", Vieweg+Teubner Verlag, Wiesbaden, 6. Aufl. 2010.

Ein Wort noch zum geforderten Umfang der Aufgabenlösungen:

Zu einer vollständigen Klausuraufgaben-Lösung gehören – neben der Beantwortung der ausdrücklich gestellten Fragen *(siehe Lösungshinweise zu den Testklausuren)* – aus Sicht des Autors folgende Aspekte:

- Bei jeder Problemlösung muss der Gedankengang erkennbar sein, die mathematischen Formulierungen sollen kurz, aber nachvollziehbar erfolgen. Ein fertiges Ergebnis ohne erkennbare Gedankenführung ist wertlos. Ausnahme: Aufgaben, bei denen die Antwort lediglich angekreuzt werden muss, siehe weiter unten.
- Falls Schlussfolgerungen aus graphischen Funktions-Darstellungen abzuleiten sind, sollen die dazu notwendigen geometrisch-graphischen „Bemerkungen" aus der Skizze erkennbar hervorgehen.
- Bei ökonomischen Problemen sind die gefundenen Lösungen verbal zu interpretieren *(unter Verwendung der korrekten Maß-Einheiten)*
- Bei Extremwertproblemen ist stets eine Überprüfung von Existenz und Typ eines Extremums durchzuführen. Ausnahmen: Probleme, die mit Hilfe der Lagrange-Methode gelöst wurden oder wenn ausdrücklich anders im Text vermerkt.
- Extremwertprobleme bei Funktionen mit mehreren unabhängigen Variablen unter Berücksichtigung von Restriktions-Gleichungen sollen stets mit Hilfe der Lagrange-Methode gelöst werden *(die Extremwert-Überprüfung kann entfallen)*. In jedem dieser Fälle soll die ökonomische Interpretation der Lagrangeschen Multiplikatoren und ihrer Lösungswerte durchgeführt werden.

Bei der Bewertung der vereinzelt anzutreffenden „ja/nein"-Ankreuz-Aufgaben-Lösungen wird in der Praxis wie folgt verfahren:

Jede richtige Antwort wird mit einem Punkt bewertet, jede falsche Antwort führt zum Abzug eines Punktes, eine nicht beantwortete Frage wird mit 0 Punkten bewertet *(dabei kommt es nur auf das gesetzte Kreuz an, eine eventuell zusätzlich aufgeführte Herleitung geht nicht in die Bewertung ein)*. Eine negative Punktsumme wird aufgewertet auf 0 Punkte. Wegen unvermeidlicher Rundungsdifferenzen bei numerischen Berechnungen gilt: Wenn selbstermittelte Zahlenwerte innerhalb einer Streubreite von ±0,05% der im Aufgabentext angegebenen Werte liegen, so handelt es sich dabei um übereinstimmende Werte.

11 Testklausuren

Testklausur Nr. 1

A1: Eine monopolistische Ein-Produkt-Unternehmung benötigt zur Produktion ihres Outputs q *(in ME)* einen Produktionsfaktor, dessen Einsatzmenge mit r *(in ME_r)* bezeichnet werde. Die entsprechende Produktionsfunktion q lautet:

$$q = q(r) = 6 \cdot \sqrt{2r - 100} \quad , \qquad (r \geq 50).$$

Die Stückkosten für den variablen Inputfaktor betragen 36€/ME_r.

Die Unternehmung ist in der Lage, ihren Output q am Markt gemäß folgender Nachfragebeziehung abzusetzen:

$$q(p) = 277{,}5 - 0{,}5p \,, \qquad \textit{(p: Marktpreis des Outputs in €/ME)}.$$

i) Bei welchem Output operiert die Unternehmung im Betriebsoptimum?
ii) Bei welchem Marktpreis erzielt die Unternehmung ihren Maximalgewinn?

A2: Gegeben ist die Produktionsfunktion y mit $y(a,k) = 500\, a^{0,7} k^{0,9}$.
(Dabei bedeuten: y: Sozialprodukt, a: Arbeitsinput, k: Kapitalinput)
Man zeige mit den Methoden der Differentialrechnung:

i) Die partiellen Grenzproduktivitäten bzgl. Arbeit und bzgl. Kapital sind mit steigendem Arbeits- bzw. Kapitalinput *(c.p.)* abnehmend.

ii) Die Isoquanten *(= Linien gleichhohen Sozialproduktes y (=const., y>0))* sind konvex gekrümmt.

iii) Die Exponenten „0,7“ *(am Arbeitsinput)* bzw. „0,9“ *(am Kapitalinput)* sind identisch mit den partiellen Elastizitäten $\varepsilon_{y,a}$ bzw. $\varepsilon_{y,k}$. Ökonomische Interpretation!

A3: Für einen Haushalt gelte die folgende Sparfunktion S mit:

$$S = S(Y) = Y + e^{-0,8Y} - 2 \,. \quad \textit{(S: Sparsumme in GE/ZE ; Y: Einkommen in GE/ZE)}$$

i) Bei welchem Einkommen spart der Haushalt *(näherungsweise)* 70% vom nächsten zusätzlich eingenommenen Euro?

ii) Man ermittle den Sättigungswert **a)** des Konsums **b)** der marginalen Konsumquote, wenn das Einkommen über alle Grenzen wächst.

A4: Gegeben sei der Grenzumsatz U′ eines Gutes in Abhängigkeit von der nachgefragten Menge x :

$$\frac{dU}{dx} = -x + 120 \;.$$

Bei welchem Marktpreis p nimmt der Umsatz U *(näherungsweise)* um 10% zu, wenn der Preis um 4% abnimmt?

A5: Eine monopolistische Unternehmung produziere ihren Output x *(in ME)* mit folgenden stückvariablen Kosten k_V *(in GE/ME)*:

$$k_V(x) = 0{,}1x + 0{,}4\,.$$

Es fallen Fixkosten in Höhe von 150 GE an. Die Unternehmung ist in der Lage, ihren Output x gemäß der Preis-Absatz-Funktion p mit

$$p(x) = 20 - 0{,}2x^2 \qquad \textit{(p: Marktpreis in GE/ME)}$$

am Markt abzusetzen.

i) Für welchen Output sind die Grenzkosten minimal?

ii) Welcher Output muss produziert und abgesetzt werden, damit die Unternehmung ihren Deckungsbeitrag maximiert?

iii) Bei welcher produzierten und abgesetzten Menge ist der Stückgewinn maximal?

A6: Die Knörzer GmbH produziert ihr erfolgreiches Produkt „Alpha" alternativ auf zwei Anlagen A und/oder B.

Bezeichnet man die monatlichen Laufzeiten der beiden Anlagen mit a bzw. b *(jeweils in h/Monat)*, so ergibt sich der monatliche Output x *(in ME/Monat)* zu

$$x = x(a,b) = 60a - 0{,}5a^2 + 10ab + 40b - b^2\,.$$

Die durchschnittlichen variablen Kosten betragen bei A: 3 GE/h und bei B: 2 GE/h.

i) In welchem zeitlichen Umfang pro Monat soll die Knörzer GmbH auf den beiden Anlagen produzieren, damit sie ein möglichst hohes Produktionsniveau *(Höhe?)* erreicht und dabei ihre monatliche Kostenvorgabe in Höhe von 142 GE/Monat genau einhält? *(Überprüfung nicht erforderlich!)*

ii) Abweichend vom Vorhergehenden muss die Knörzer GmbH nun wegen fester Lieferverpflichtungen monatlich 25.000 ME produzieren. In welchem zeitlichen Umfang soll sie nunmehr ihre beiden Produktionsanlagen auslasten, um ihr Produktionsziel möglichst kostengünstig zu erreichen?
(Bitte nur – explizit – die notwendigen Extremalbedingungen angeben, keine Lösung)

A7: Die Huber GmbH möchte einen Farbkopierer mieten. Zwei Angebote gehen ein:

Angebot I:	monatliche Grundmiete:	400 €/Monat
	für die ersten 600 Kopien:	2,00 €/Kopie
	für jede Kopie darüberhinaus:	50 Cent/Kopie ;
Angebot II:	monatliche Grundmiete:	600 €/Monat
	für die ersten 2000 Kopien:	1,00 €/Kopie
	für jede Kopie darüber hinaus:	25 Cent/Kopie .

Man ermittle *(rechnerisch und graphisch)*, für welche monatlichen Kopierleistungen Angebot I und für welche monatlichen Kopierleistungen Angebot II für die Huber GmbH günstiger ist.

A8: Gegeben ist *(für eine Ein-Produkt-Unternehmung)* der Graph einer Deckungsbeitrags-Funktion D in Abhängigkeit von der produzierten und abgesetzten Menge x. *(D(x): Gesamt-Deckungsbeitrag in GE; x: produzierte/abgesetzte Menge in ME)*

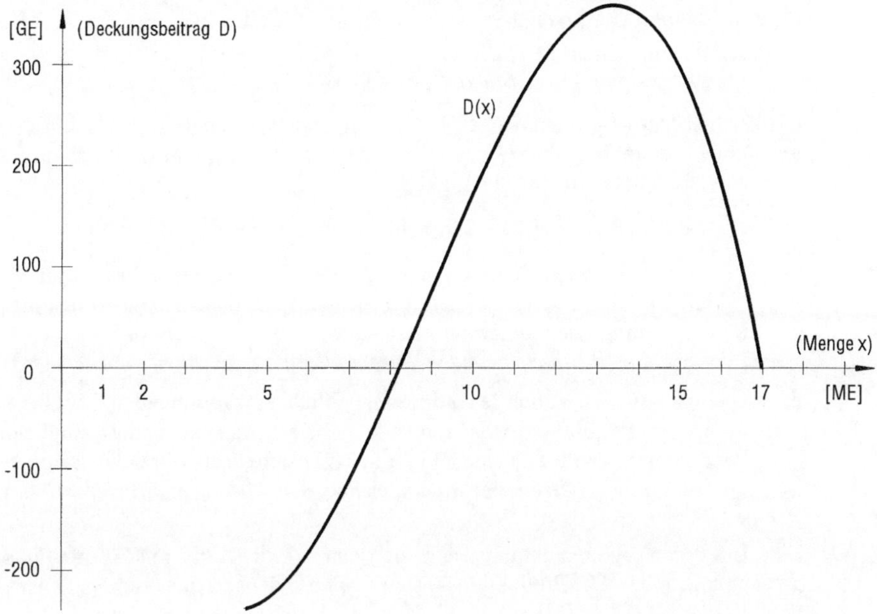

i) Man ermittle graphisch *(d.h. näherungsweise, so gut die Graphik es erlaubt – aber erkennbar, notfalls genauer mit Worten beschreiben)* diejenigen Mengen-Intervalle, in denen gilt:

a) Der Grenz-Deckungsbeitrag ist abnehmend.

b) Der Stück-Deckungsbeitrag ist zunehmend.

ii) Man ermittle graphisch *(s. o.)* diejenige Menge x, für die gilt:

a) Der Stück-Deckungsbeitrag ist minimal.

b) Der Grenz-Deckungsbeitrag ist maximal.

A9: Wir betrachten einen Haushalt hinsichtlich seiner monatlichen Ausgaben A für den PKW sowie der monatl. Ausgaben E für Energie in Relation zum Haushaltseinkommen *(=Y)*. Die folgenden funktionalen Beziehungen werden als gegeben vorausgesetzt:

(a) $A = A(E) = \sqrt{100+200E}$ (b) $E = E(Y) = 0{,}2Y + 500$

(alle Variablen werden in der Einheit €/Monat gemessen).

i) Man ermittle für Energieausgaben in Höhe von 400 €/Monat die Elastizität der Ausgaben für das Auto bzgl. der Ausgaben für Energie und interpretiere den gefundenen Wert ökonomisch.

ii) Man ermittle mit Hilfe des Elastizitätsbegriffes, um wieviel Prozent sich bei einem Einkommen von 5.000 €/Monat die Ausgaben für das Auto erhöhen *(bzw. vermindern)*, wenn das Einkommen um 4% steigt.

Testklausur Nr. 2

A1: Der Weinbauer Max Pallhuber düngt seine weltbekannten Bacchus-Rebstöcke stets mit einer Kombination zweier Spezialdüngersorten, nämlich

- der Sorte Nitrovinum *(Einkaufspreis 12,-- €/kg)*
- der Sorte Vinophoska *(Einkaufspreis 8,-- €/kg)*.

Die jährlich geerntete Weinmenge W *(in Hektolitern (hl))* hängt c.p. von den eingesetzten Düngemittelmengen n *(in kg der Sorte N.)* und v *(in kg der Sorte V.)* ab, und zwar gemäß der folgenden Ernteertragsfunktion W:

$$W = W(n,v) = 2000 + 85n + 40v + 2nv - 2n^2 - v^2, \qquad (n, v \geq 0).$$

i) Pro Jahr kann Pallhuber 1120,-- € für Düngemittel ausgeben. In welcher Menge sollte Pallhuber welche Düngemittel einsetzen, damit sein Ernteertrag unter Berücksichtigung seines beschränkten Budgets möglichst hoch wird? *(Überprüfung der hinreichenden Extremalbedingungen nicht erforderlich!)*

ii) Unabhängig vom Vorhergehenden will Pallhuber im kommenden Jahr eine Ernte in Höhe von 6.300 hl realisieren. Wie sollte er jetzt seine Düngemittelmengen kombinieren, damit er sein Ziel möglichst kostengünstig erreicht? *(Explizit nur die notwendigen Extremalbedingungen angeben, Lösung nicht erforderlich!)*

A2: Eine Ein-Produkt-Unternehmung sehe sich einer *(fallenden)* Preis-Absatz-Funktion p: p(x) gegenüber. Die Produktionskosten richten sich nach einer vorgegebenen *(monoton steigenden)* Kostenfunktion K: K(x). Das Unternehmungsziel laute einzig und allein: Gewinnmaximierung.

Dann verwirklicht die Unternehmung ihr Ziel auf jeden Fall dann, wenn sie sich entscheidet für die Realisierung *(bitte entsprechend ankreuzen)*

	richtig	**falsch**
a) der niedrigsten Gesamtkosten	O	O
b) des höchstmöglichen Absatzpreises	O	O
c) des höchsten Gesamtumsatzes	O	O
d) des höchsten Deckungsbeitrages pro Stück	O	O
e) des höchsten Gesamt-Deckungsbeitrages	O	O
f) der höchsten Differenz zwischen Preis und variablen Stückkosten	O	O
g) der niedrigsten Grenzkosten pro Stück	O	O
h) des maximalen Produkts aus i) Produktions-/Absatzmenge und ii) der Differenz zwischen Preis und variablen Stückkosten	O	O
i) der höchstmöglichen Produktions-/Absatzmenge	O	O
j) der höchsten positiven Differenz zwischen Umsatz und gesamten variablen Kosten	O	O
k) der maximalen Differenz zwischen Gesamtumsatz und Gesamtkosten	O	O

(Hinweis zur Bearbeitung: Als Beispiel können Sie die Gesamtkostenfunktion K mit $K(x) = 0{,}1x^2 + 1000$ und die Preis-Absatz-Funktion $p(x) = 126 - 2x$ unterstellen.)

A3: Eine monopolistische Ein-Produkt-Unternehmung sieht sich der folgenden Preis-Absatz-Funktion p gegenüber:

$$p = p(x) = 100 - 0{,}5x \qquad \textit{(x: abgesetzte Menge in ME; p: Marktpreis in GE/ME).}$$

Weiterhin seien die folgenden Details bekannt:

- die für die Produktion des Gutes maßgebliche Gesamtkostenfunktion K: K(x) ist ein quadratisches Polynom;
- das Betriebsoptimum wird für einen Output von 140 ME angenommen;
- das Gewinnmaximum wird für eine Menge von 75 ME erzielt;
- die Grenzkosten betragen im Betriebsoptimum 38 GE/ME.

Wie lautet die Gleichung der Gewinnfunktion G: G(x) = ?

A4: Für die Produktion eines Gutes existiere die folgende Produktionsfunktion x:

$$x = x(r) = 0{,}5r - 10\,, \qquad \textit{(r: Input in } ME_r\textit{; x: Output in } ME_x\textit{)}\,.$$

Für den Inputfaktor ist kein fester Preis, sondern eine Faktornachfragefunktion p_r gegeben, d.h. der Preis p_r des Inputs hängt von der Einsatzmenge r des Inputs ab:

$$p_r\colon\ p_r(r) = 120 - 0{,}5r, \qquad \textit{(}p_r\textit{: Faktorpreis in GE/}ME_r\textit{)}.$$

Die Unternehmung kann in der Referenzperiode höchstens 50 ME_x ihres Gutes produzieren. Auf dem Gütermarkt besteht die folgende Preis-Absatz-Funktion für das Gut:

$$p\colon\ p(x) = 1000 - 20x\,, \qquad \textit{(p: Marktpreis in GE/}ME_x\textit{)}\,.$$

Man ermittle den gewinnmaximalen Output.

A5: Die Wasserwerke Entenhausen bieten Onkel Dagobert zwei alternative Tarife zum Wasserbezug an:

Tarif I: Grundpreis 120,-- €/Monat, pro m^3 Wasser werden 1,20 € berechnet.

Tarif II: Grundpreis 60,-- €/Monat,
bei einem Verbrauch bis incl. 150 m^3/Monat: 2,40 €/m^3,
für jeden m^3 Wasser über 150 m^3/Monat: 1,-- €/m^3.

i) Man ermittle für jeden der Tarife die zugrundeliegende Kostenfunktion K *(K(x): monatl. Gesamtkosten für Wasser, x: monatlicher Wasserverbrauch in m^3).*

ii) Man ermittle, für welche monatlichen Wasserverbrauchswerte welcher Tarif für Onkel D. am günstigsten ist.

A6: Die Hubermetal GmbH produziert hochwertige Messer, Gabeln und Scheren. In der Bezugsperiode ergeben sich die gesamten Produktionskosten K *(in GE)* in Abhängigkeit der produzierten Stückzahlen m *(Messer)*, g *(Gabeln)* und s *(Scheren)* wie folgt:

$$K = K(m,g,s) = 4m^2 + 2g^2 + 3s^2 + mg + gs + 815\,, \qquad (m,\ g,\ s \geq 0)\,.$$

Pro Messer erzielt die Hubermetal GmbH einen Marktpreis von 130 GE, die entsprechenden Absatzpreise für Gabeln bzw. Scheren lauten 62 GE/Stck. bzw. 52 GE/Stck. Man ermittle das gewinnmaximale Produktionsprogramm der Hubermetal GmbH. *(Überprüfung nicht erforderlich!)*

A7: Folgende ökonomische Funktionen sind durch ihre Zuordnungsvorschrift gegeben:

Gewinnfunktion:	$G(x) = -15x^2 + 120x - 120,$	*(x: prod. u. abgesetzte Menge (ME) G: Gewinn (GE))*
Preis-Absatz-Funktion:	$p(x) = 200 \cdot e^{-0,2x}$	*(p: Marktpreis in GE/ME)*
Nutzenfunktion:	$U(v,w) = 1000 \cdot v^{0,5} \cdot w^{1,2}$	*(v,w: Konsummengen zweier nutzenstiftender Güter, U: Nutzenindex)*
Angebotsfunktion:	$p_a(x) = 12 + 0,5x$	*(p_a: Angebotspreis (GE/ME))*

i) Für welchen Marktpreis wird der Umsatz maximal? *(ohne Überprüfung)*

ii) Man ermittle die Preis-Elastizität der Nachfrage bei einer Nachfrage von 10 ME und interpretiere den erhaltenen Wert.

iii) Man ermittle Menge und Preis im Marktgleichgewicht. *(Tip: Die gesuchte Menge liegt zwischen 10 ME und 15 ME)*

Überprüfen Sie mit ausführlicher Begründung den Wahrheitsgehalt folgender Aussagen *(unter Bezug auf die o.a. ökonomischen Funktionen)*:

iv) Der Gewinn wird für denselben Output maximal wie der Umsatz.

v) Der Deckungsbeitrag wird für denselben Output maximal wie der Gewinn.

vi) Der *(partielle)* Grenznutzen bzgl. des zweiten Gutes *(Konsummenge w)* ist bei der o.a. Nutzenfunktion mit zunehmender Konsummenge w (c.p.) abnehmend.

A8: Gegeben ist eine Erlösfunktion E in Abhängigkeit von der Nachfragemenge x:

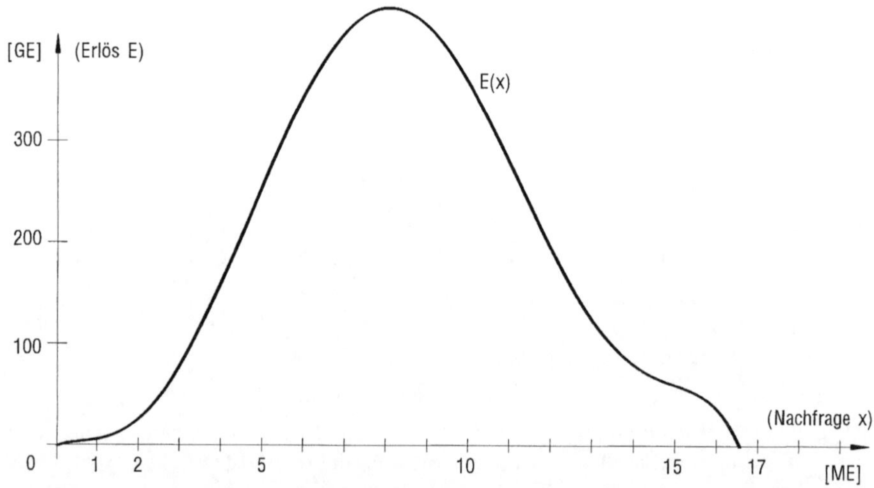

i) Man ermittle graphisch *(d.h. näherungsweise, so gut die Graphik es erlaubt – aber erkennbar)* diejenigen Mengen-Intervalle, in denen gilt:

a) Der Grenzerlös ist abnehmend. **b)** Der Stück-Erlös ist zunehmend.

ii) Man ermittle graphisch *(s.o.)* diejenige Nachfragemenge x, für die gilt:

a) Der Stück-Erlös ist minimal. **b)** Der Grenzerlös ist maximal.

Testklausur Nr. 3

A1: Gegeben ist für eine Unternehmung die Stück-Deckungsbeitragsfunktion d : d(x) mit

$d(x) = -2x + 18 \quad ; \quad (x > 0)$ *(d: Stückdeckungsbeitrag (GE/ME); x: Output (ME) (= Absatzmenge); p: Preis (in GE/ME))*

sowie die Preis-Absatz-Funktion x mit:

$x(p) = 10 - 0{,}5p \quad ; \quad (p > 0, x > 0)$

i) Wie hoch dürfen die Fixkosten maximal sein, damit im Gewinnmaximum der Gewinn nicht geringer als 30 GE ist?

ii) Angenommen, die Fixkosten betragen 32 GE. Ermitteln Sie Menge, Preis und Stückgewinn im Stückgewinn-Maximum.

A2: Eine Ein-Produkt-Unternehmung operiert mit folgender Produktionsfunktion x:

x: $x(r) = ar^3 + br^2 + cr \quad (a, b, c = const.)$ *x: Output [ME]; r: Input [ME_r]*

Wie lautet die konkrete Funktionsgleichung, wenn folgendes bekannt ist:

- Für einen Input von 3 ME_r wird die Grenzproduktivität maximal.
- Der Output wird maximal, wenn vom Input 6,5 ME_r eingesetzt werden.
- Wenn der Faktorinput 4 ME_r beträgt, werden 238 ME produziert.

A3: Alois Huber kann in zwei Wertpapiere (WP1, WP2) investieren, die Investitionsbeträge werden mit x [Mio €] für WP1 und y [Mio €] für WP2 bezeichnet.

Das Risiko R *(gemessen in Risiko-Punkten: höhere Punktzahl = höheres Risiko)* ist abhängig von den Investitionssummen sowie der sog. „Volatilität" der Papiere und ist in diesem Fall gegeben durch die Beziehung:

$$R = R(x,y) = (x+10)^2 + (y+4)^2 - 116 .$$

Der Gewinn *(pro Referenzperiode)* aus den Investitionen beträgt 10 Prozent des Investitionsbetrages bei WP1 und 4 Prozent des Investitionsbetrages bei WP2.

i) Huber hat insgesamt 30 Mio € für seine Investionen vorgesehen. Wie soll er diesen Betrag auf die beiden Wertpapiere aufteilen, damit sein Risiko minimal wird? Resultiernde Gesamtrendite *(bezogen auf eine Referenzperiode)*?

ii) Abweichend vom Vorhergehenden ist Huber jetzt bereit, ein Risiko von 928 Punkten zu realisieren. Wie soll er in die beiden Wertpapiere investieren, damit er maximalen Gewinn erzielt? Wie hoch ist jetzt Hubers Rendite *(bezogen auf das eingesetzte Kapital und eine Periode)*?

iii) Abweichend vom Vorhergehenden will Huber nun einen Gewinn von 3,7 Mio € erzielen. Wie soll er jetzt die Investitionsbeträge aufteilen, damit seine gesamte Investitionssumme minimal wird? Welche Gesamtrendite *(bezogen auf eine Referenzperiode)* erzielt Huber jetzt mit dieser Investition?

A4: Die Preis-Absatz-Funktion p: p(x) einer Unternehmung sei vorgegeben mit

$p(x) = 8 \cdot e^{-0{,}2x} \quad (p, x \geq 0)$ *(p: Preis [GE/ME]; x: Menge [ME]).*

i) Bei welcher Preis-Mengen-Kombination ist der Erlös maximal?

ii) Ermitteln Sie die Preis-Elastizität des Erlöses bei einem Preis von 7 GE/ME und geben Sie eine ökonomische Interpretation des erhaltenen Wertes.

A5: Eine Ein-Produkt-Unternehmung operiert in folgender Situation:
Die Grenzkosten GK [GE/ME] sind durch folgende Beziehung gegeben:

$$GK = 0{,}3x^2 - 10x + 80\,,$$ *(x: Output bzw. abgesetzte Menge [ME]).*

Bei einer produzierten Menge von 10 ME betragen die Gesamtkosten 1300 GE.

Die Nachfragefunktion p: p(x) *(p(x): Absatzpreis [GE/ME])* verläuft linear. Es ist bekannt, dass bei einem Preis von 50 GE/ME 200 ME und bei einem Preis von 70 GE/ME 120 ME abgesetzt werden.

i) Gesucht ist der Output x, der folgende Eigenschaft besitzt: Produziert man eine weitere Outputeinheit über dieses „x" hinaus, so betragen die zusätzlichen Kosten dafür weniger als es bei allen anderen Outputwerten der Fall wäre.

ii) Zeigen Sie: Die Stückkosten sind minimal für einen Output von 30 ME.

A6: Gegeben ist die graphische Darstellung einer Kostenfunktion K: K(x) sowie einer Erlösfunktion E: E(x) *(x: produzierte u. abgesetzte Menge [ME]; K(x): Gesamtkosten [GE]; E(x): Erlös [GE])*:

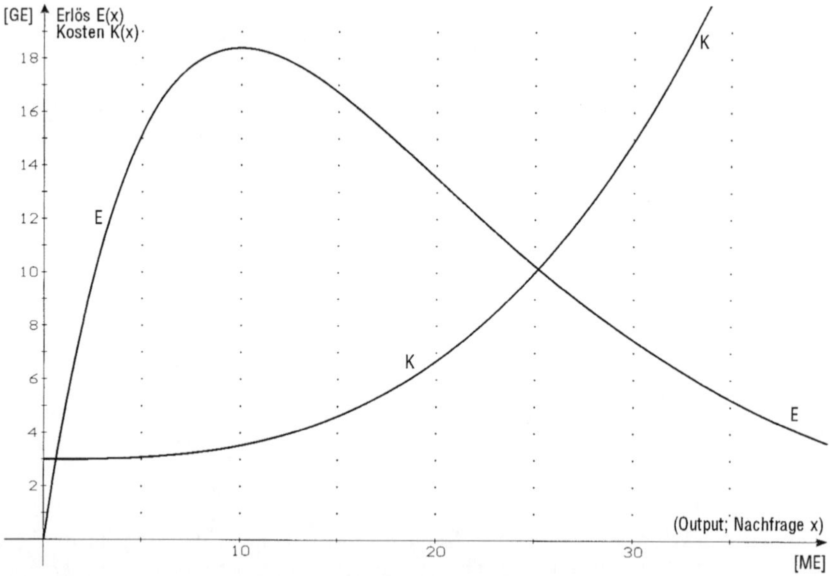

i) Man ermittle graphisch *(d.h. näherungsweise, so gut die Graphik es erlaubt – bitte erkennbar, notfalls genau beschreiben!)* diejenigen Mengen-Intervalle, in denen

a) der Grenzerlös mit zunehmender Nachfrage zunimmt;

b) die Stückkosten *(Kosten pro ME)* mit zunehmendem Output abnehmen.

ii) Geben Sie bitte jeweils diejenige Menge „x" an, für die gilt:

a) der Grenzerlös ist maximal;
b) der Stückerlös ist minimal;
c) die Grenzkosten sind minimal;
d) die Stückkosten sind minimal;
e) der Gesamtgewinn ist maximal.

A7: Die Nachfrage B *(in Stück/Tag)* nach dem letzten Larry-Dotter-Buch ist eine Funktion des Buchpreises p *(in GE/Stück)* sowie der Zeit t *(in Monaten)*, die seit dem erstmaligen Erscheinen des Buches vergangen ist. Die Nachfragefunktion ist gegeben durch:

$$B = B(p,t) = 500 + \frac{2000}{1+t^2} - 40p \quad , \qquad (p, t \geq 0)$$

Wenn pro Tag B Bücher abgesetzt werden, betragen dafür die entsprechenden Produktions- und Vertriebskosten $100 + 0{,}1B^2$ [GE].

i) Angenommen, der Buchpreis schwanke nur zwischen 10 und 20 GE/Stück. Welche maximale Stückzahl kann schließlich pro Tag abgesetzt werden, wenn die Zeit beliebig weit vorangeschritten ist?

***ii)** Angenommen, der Buchpreis sei nun mit 12,– GE/Stück fest vorgegeben. Nach welcher Zeit seit Erscheinen des Buches wird der Tagesgewinn maximal? *(Maximum-Nachweis nicht erforderlich!)*

A8: Richtig oder falsch? Kreuzen Sie an! **richtig falsch**

1) Die Funktion f mit $f(x) = \frac{7+2x}{x+4}$ ist für $x > 0$ konkav gekrümmt. O O

2) Die Grenzgewinnfunktion laute: $G'(x) = -3x^2 + 4x + 60$. Dann kann die Stückgewinn-Funktion auf gar keinen Fall folgendes Aussehen haben: $g(x) = -x^2 + 2x + 60 - \frac{4712}{x}$. O O

3) Eine Produktionsfunktion lautet: $y = f(r_1,r_2) = r_1 \cdot \sqrt{r_2}$. Dann lautet die Gleichung $r_2(r_1)$ der Isoquante für y = 25: $r_2(r_1) = \frac{5}{\sqrt{r_1}}$ O O

4) Eine Kostenfunktion laute: $K(x) = x^3 - 12x^2 + \frac{60}{x+0{,}1} + 400$. Dann betragen die Fixkosten 400 *(GE)*. O O

5) Gegebene Funktion f mit: $f(x,y) = x \cdot e^y$. Dann gilt (für y=const.) überall: $\varepsilon_{f,x} = 1$. O O

6) Konsumfunktion gegeben durch: $C(Y) = \frac{400 + 3Y}{10 + 0{,}6Y}$. Dann strebt der Konsum für ein gegen Null strebendes Einkommen gegen den Wert „5". O O

7) Die erste partielle Ableitung nach x der Funktion f mit $f(x,y) = x^2 \cdot y^x$ lautet: $f_x = x \cdot y^x (2 + x \cdot \ln y)$. O O

8) $\lim\limits_{x \to 0+} \frac{3x^5 + 4x^3}{21x^5 + 20x^3} = \frac{1}{5}$ O O

9) Die Grenzproduktivität $x'(r)$ sei für alle Inputs r mit $r \in [80; 150]$ fallend. Dann gilt im Innern dieses Intervalls: Wenn der Input zunimmt, nimmt der Output ab. O O

10) Eine Nutzenfunktion laute: $U(x,y) = x^{0,8} \cdot y^{1,2}$ *(x,y > 0)*. Wenn man – ausgehend von einer beliebigen Wertekombination (x,y) – die Werte von x und y zugleich um 10% erhöht, so erhöht sich der Nutzen um 21%. O O

Testklausur Nr. 4

A1: Sechs ökonomische Funktionen sind wie folgt definiert:

- durchschnittliche variable Kosten: $k_v(x) = x^2 - 11x + 50$;
- durchschnittliche Fixkostenfunktion: $k_f(x) = \frac{7350}{x}$
- Erlösfunktion: $E = E(p) = 237{,}5p - 0{,}25p^2$; *(p>0, E>0)*
  (k_v, k_f, und E gehören zu derselben Ein-Produkt-Unternehmung)
- Angebotsfunktion: $a(p_a) = 50 \cdot \ln\left(\frac{p_a}{30}\right)$; *($p_a > 30$)*
- Nutzenfunktion: $N = N(u,v) = -2u^2 + uv - v^2 + 3u + v$; *(u,v>0)*
- Konsumfunktion *(monatlich für Lederwaren in Abhängigkeit vom monatlichen Einkommen y)*

$$L = L(y) = 20 \cdot e^{-\frac{300.000}{y^2}} + 4 \; ; \qquad (y > 0)$$

k_v: stückvariable Kosten (GE/ME
x: Output (ME) (x>0)
k_f: stückfixe Kosten (GE/ME)
p: Preis (GE/ME)
E: Erlös (GE)
a: Angebotsmenge (ME)
p_a: Angebotspreis (GE/ME)
N: Nutzen(index) (in NE)
u,v: Konsummengen zweier Güter U,V (ME_1, ME_2)
L: Ausgaben f. Lederwaren in GE/Monat
y: Einkommen (GE/Monat)

i) Bei welcher produzierten und abgesetzten Menge (in ME) und bei welchem Preis operiert die Ein-Produkt-Unternehmung im Gewinnmaximum?

ii) Huber behauptet, das Betriebsoptimum werde erreicht für einen Output von 17,5 ME. Bitte begründen Sie *(Rechnung!)*, ob Huber Recht hat oder nicht.

iii) Für welche Preise ist das Angebot preis-unelastisch?

iv) Bei welchem monatlichen Einkommen werden 7,5% dieses Einkommens für Lederwaren ausgegeben? *(Bitte nur die Gleichung angeben, die man lösen muss!)*

v) Man ermittle die Einkommenselastizität der Lederwarennachfrage für ein Einkommen von 1.000 GE/Monat und gebe eine ökonomische Interpretation dieses Wertes.

vi) Der Grenznutzen des 1. Gutes (U) hat den Wert 30 NE/ME_1, wenn man davon 7 ME_1 konsumiert. Wie hoch muss dann der Konsum des zweiten Gutes (V) sein?

vii) Für welche konsumierten Gütermengen u, v wird der Nutzen maximal?

A2: Die Spielstärke eines Schachspielers *(oder Schachcomputers)* wird international durch die sogenannte „Elo-Zahl“ E angegeben. Der Schachprofi Garry Huber müsste – um als Schachgroßmeister anerkannt zu werden – eine Elo-Zahl von 2400 erreichen.

Zur Steigerung seiner Spielstärke stehen ihm in den nächsten drei Monaten *(= 13 Wochen)* einerseits Trainingszeiten mit einem Super-Schach-Computer zur Verfügung, jede Trainingsstunde kostet 1500 €, die wöchentliche Trainingszeit beträgt t h/Woche *($0 < t \leq 60$)*. Außerdem kann er seine Spielstärke steigern durch eine spezielle Schach-Leistungsdiät, pro Monat gibt er dafür A € aus *($0 < A \leq 100.000$ €/M.)*.

Der Zusammenhang zwischen der *(in den verbleibenden drei Monaten = 13 Wochen)* erreichbaren Elo-Zahl E, der wöchentlichen Trainingszeit t sowie den monatlichen Ausgaben A für die Diät lässt sich durch folgende Leistungsfunktion E beschreiben:

$$E: \quad E(A,t) = 400 \cdot A^{0,1} \cdot t^{0,2} \quad , \quad (A, t > 0) \, .$$

i) Bei welchem Trainingsumfang und bei welchem Umfang der Diät-Ausgaben erreicht Garry H. eine möglichst große Spielstärke?

ii) Wieviele Stunden pro Tag soll Garry Huber trainieren und wieviel Geld soll er monatlich für die Leistungsdiät aufwenden, damit er sein Ziel „Schachgroßmeister“ *(d.h. eine Elo-Zahl von 2400)* möglichst kostengünstig erreicht?

A3: Sind die nachstehenden Behauptungen richtig oder falsch?
(Bitte nur ankreuzen!)

	richtig	falsch
1) Die Funktion p mit $p(x) = e^{-x} + x^2$ *(x>0)* ist überall konvex gekrümmt.	O	O
2) Die Funktion f mit $f(x) = \ln(x+1)$ ist für $x = 0$ stetig.	O	O
3) Die Produktionsfunktion x mit $x(r) = \frac{1500}{r} + 4711$ ist mit zunehmendem Input r monoton wachsend.	O	O
4) Der Grenzhang zum Konsum sei 1,07. Das bedeutet, dass von einem zusätzlich eingenommenen Euro 7% konsumiert werden.	O	O
5) Die Nutzenfunktion U mit $U(x) = x^2 + \frac{16}{x}$, *(x>0)*, hat ein relatives Maximum für $x = 2$.	O	O
6) Bei der Angebotsfunktion x: $x(p) = \frac{5+5p}{1+0{,}5p}$ strebt das Angebot x für wachsenden Angebotspreis p immer mehr gegen 5.	O	O
7) Die erste partielle Ableitung nach y der Funktion f mit $f(x,y) = e^{-\frac{x}{y}}$, *(x, y>0)*, ist stets positiv.	O	O
8) Die Kostenfunktion K mit $K(x) = \begin{cases} 2x + 40 & (\text{für } 0 < x < 400) \\ 0{,}02x^2 - 14x + 3240 & (\text{für } x \geq 400) \end{cases}$ hat an der Stelle $x = 400$ ME einen Knick.	O	O
9) Die Funktion f mit $f(x) = \log_x 2$ *(x > 1)* ist monoton fallend.	O	O
10) Wenn eine Ein-Produkt-Unternehmung im Betriebsoptimum operiert, so muss dort gelten: Grenzkosten = Grenzerlös.	O	O

A4: Die Huber-Automobil-AG hat festgestellt, dass sich (c.p.) die Nachfrage x *(ME/Jahr)* nach ihrem Modell Hubercar 2009 GTi durch die vier absatzpolitischen Instrumente

Preis p *(GE/ME)*; Werbung w *(GE/Jahr)*;
Kundendienst s *(„Service"; GE/Jahr)*; Produktentwicklung a *(GE/Jahr)*

beeinflussen lässt. Der Zusammenhang zwischen Absatzmenge x und den vier absatzpolitischen Variablen p, w, s, a lässt sich beschreiben durch die Funktionsgleichung

$$x = x(p,w,s,a) = 100 - 0{,}5p + \frac{60}{\sqrt{p+1}} \cdot \sqrt{s} + 100 \cdot w^{0{,}5} s^{0{,}5} + 300 \cdot \ln(a+1); \quad (p,w,s,a > 0)$$

i) Im nächsten Jahr muss aus marktpolitischen Gründen der Preis auf 224 GE/ME fixiert werden, außerdem stehen für Werbung keinerlei Mittel zur Verfügung, der Kundendienstsektor wird 10.000 GE ausgeben. Wie müssen die Produktentwicklungsausgaben im kommenden Jahr angesetzt werden, damit ein Jahresabsatz von 3000 ME erwartet werden kann?

ii) Abweichend von i) werden im kommenden Jahr keine Entwicklungsaufwendungen getätigt, der Preis ist erneut auf 224 GE/ME fixiert, für den Bereich Werbung und Kundendienst sollen insgesamt genau 10.000 GE aufgewendet werden.

Wie müssen diese 10.000 GE im kommenden Jahr auf Werbung und Kundendienst aufgeteilt werden, damit sich ein möglichst großer Markterfolg einstellt? *(Explizit nur die notwendigen Extremalbedingungen angeben, keine Lösung!)*

A5: Von einer Nachfragefunktion N: N(y) ist bekannt: Die Nachfrage N *(in GE)* strebt für unbeschränkt wachsendes Einkommen y *(in GE)* dem Sättigungswert $N_\infty = 400$ GE zu. Nachfolgend sind einige Nachfragefunktionen *(für y > 0)* definiert.
Bitte begründen Sie *(Rechnung!)* für jedes einzelne Beispiel, ob die jeweilige Nachfragefunktion den angegebenen Sättigungswert „400" besitzt oder nicht:

i) $N(y) = y + 400$ **ii)** $N(y) = 80 \cdot \frac{1+5y}{y+2}$ **iii)** $N(y) = 400 \cdot \frac{2y}{2y+1}$

iv) $N(y) = 200 + 200 \cdot e^{-y^2}$ **v)** $N(y) = 400 \cdot e^{-\frac{0,1}{y^2}} + 360$ **vi)** $N(y) = 400 \cdot e^{-0,1y}$

A6: Eine Angebotsfunktion p_a: $p_a(x)$ kann durch den nebenstehenden Funktionsgraphen dargestellt werden *(p_a: Angebotspreis in GE/ME; x: angebotene Menge in ME)*:

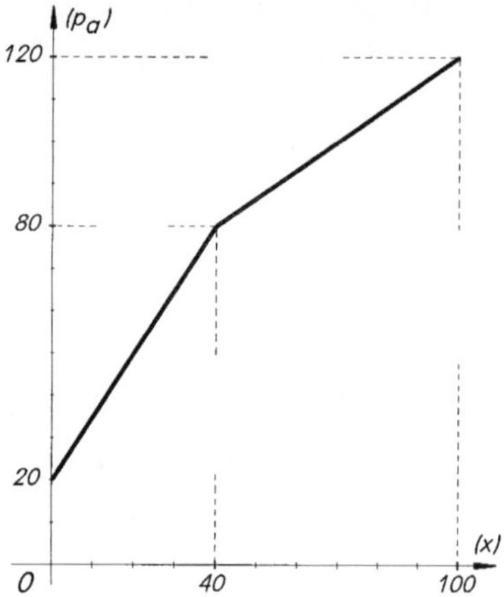

i) Man gebe eine mathematische Funktionsdarstellung für diese Angebotsfunktion.

ii) Für das in der Abbildung angebotene Gut existiert eine Nachfragefunktion x mit

$$x(p_N) = 100 - 0,4p_N$$

(p_N: Nachfragepreis in GE/ME;
x: nachgefragte Menge in ME).

Man ermittle rechnerisch Menge und Preis im Marktgleichgewicht *(falls nur auf graphischem Weg gelöst: halbe Punktzahl)*.

A7: Gegeben ist die graphische Darstellung einer Produktionsfunktion x: x(r) mit r: Input in ME_r; x(r): Output in ME_x.

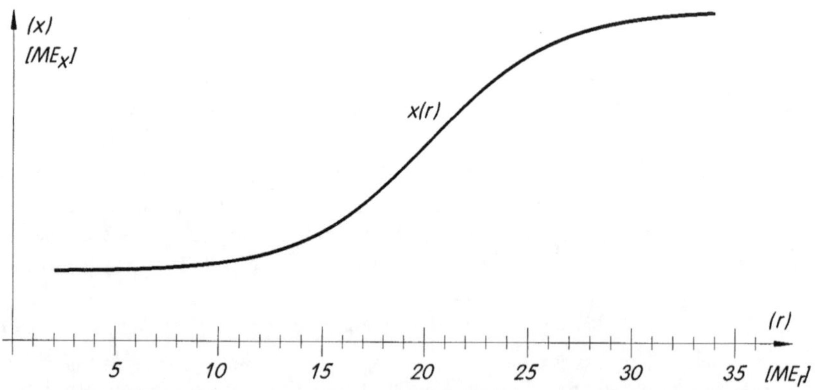

Man ermittle graphisch diejenigen Inputs, für die durchschnittliche Produktivität

i) ihr relatives Minimum $r_1 \approx$ **iii)** ihr relatives Maximum $r_3 \approx$

ii) ihr absolutes Minimum $r_2 \approx$ **iv)** ihr absolutes Maximum $r_4 \approx$ besitzt.

(Näherungswerte – so gut die Graphik es erlaubt – sind zulässig.)

Testklausur Nr. 5

A1: Gegeben ist für eine Unternehmung die Grenzgewinnfunktion G′ mit

$$G'(x) = -0{,}12x^2 - 8x + 480 \quad ; \quad (x > 0)$$

G′: Grenzgewinn (GE/ME)
x: Output (ME) (= Absatzmenge)

sowie die Preis-Absatz-Funktion x mit: $x(p) = 60 - 0{,}4p$; *(p, x > 0)* p: Preis (in GE/ME)

- **i)** Für welche Preis-Mengen-Kombination erzielt die Unternehmung maximalen Gesamtgewinn?
- **ii)** Bei welcher produzierten und abgesetzten Menge ist der Grenzgewinn maximal?
- **iii)** Für die Menge 10 ME beträgt der Gewinn 200 GE. Höhe des Maximalgewinns?
- **iv)** Man ermittle die Nachfrage-Elastizität des Erlöses für eine Nachfragemenge von 50 ME und interpretiere den erhaltenen Wert.

A2: Eine Produktionsfunktion P: $P(F_1, F_2)$ sei vorgegeben durch die Funktionsgleichung

$$P = P(F_1, F_2) = 250\sqrt{F_1} \cdot F_2^{0{,}6} \; ; \quad (F_1, F_2 > 0 \quad F_1, F_2 \le 1024)$$

P: Produktionsertrag (in GE)
F_1, F_2: Inputs (Faktoreinsatzmengen) (in ME_1, ME_2)

- **i)** Für welche Faktoreinsatzmengen F_1, F_2 wird der Produktionsertrag *(Output)* maximal? Höhe des maximalen Outputs?
- **ii)** Man ermittle die *(partielle)* Elastizität des Outputs bzgl. des zweiten Produktionsfaktors, wenn vom ersten Faktor 625 ME_1 und vom zweiten Faktor 500 ME_2 eingesetzt werden und interpretiere den erhaltenen Wert.

A3: Die Huber Chemie AG produziert das Reinigungsmittel „Blubb" mit Hilfe zweier Substanzen A und B. Die Reinigungswirkung R einer Anwendungs-Packung *(ausreichend für 5 Liter Wasser)* hängt dabei von den Anteilen a und b *(jeweils in Gramm (g))* der beiden Substanzen A und B ab. Dabei wird R gemessen in „Punkten": Je größer die Punktzahl R einer Packung „Blubb", desto besser die Reinigungswirkung.

Die Reinigungswirkung *(ausgedrückt in der Punktzahl R)* einer Anwendungs-Packung kann beschrieben werden durch die Funktion R mit:

$$R(a,b) = 5a + 4b - 0{,}9a^2 - 0{,}2b^2 + 0{,}4ab \, .$$

Die Substanzen verursachen folgende Kosten für die Huber AG:
Substanz A: 0,08 €/g Substanz B: 0,06 €/g

- **i)** In welchen Mengen müssen die beiden Substanzen in einer Packung „Blubb" vorhanden sein, damit sich eine möglichst große Reinigungswirkung ergibt? Höhe der Reinigungswirkung?
- **ii)** In welchen Mengen müssen die beiden Substanzen in einer Packung „Blubb" vorhanden sein, damit sich bei einem Packungsgewicht von 40 g eine möglichst große Reinigungswirkung ergibt? Höhe der Reinigungswirkung?
- **iii)** In welchen Mengen müssen die beiden Substanzen in einer Packung „Blubb" vorhanden sein, damit sich bei einer Reinigungswirkung von 20 Punkten ein möglichst geringes Packungsgewicht ergibt? *(nur das zu lösende konkrete Gleichungssystem aufstellen, keine Lösung !)*
- **iv)** In welchen Mengen müssen die beiden Substanzen in einer Packung „Blubb" vorhanden sein, damit sich eine möglichst große Reinigungswirkung ergibt und die Kosten der pro Packung eingesetzten Substanzen insgesamt 80 Cent betragen? Höhe der Reinigungswirkung?

A4: Gegeben ist die graphische Darstellung einer Nachfragefunktion N in Abhängigkeit vom Einkommen Y *(Y: Einkommen GE/Periode; N(Y): Nachfrage in GE/Periode)*

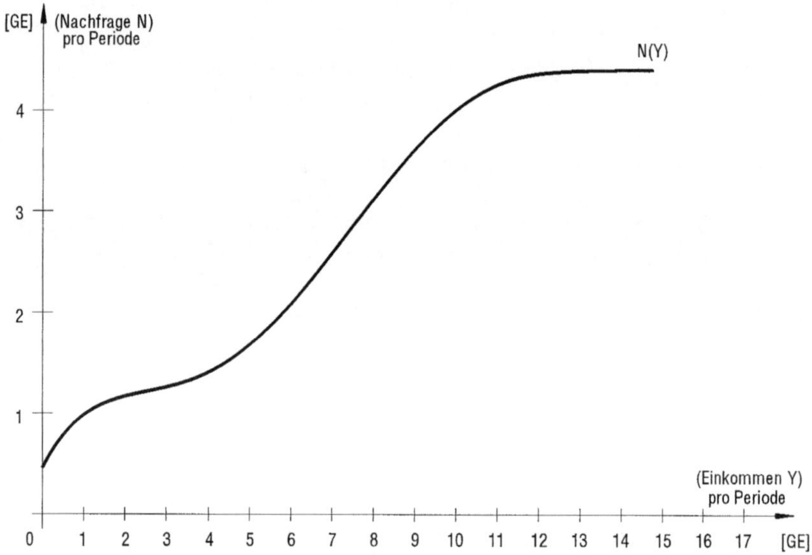

Man ermittle graphisch *(d.h. näherungsweise, so gut die Graphik es erlaubt, bitte erkennbar skizzieren!)* diejenigen Einkommensintervalle, in denen

i) die Grenznachfrage mit zunehmendem Einkommen zunimmt;

ii) die durchschnittliche Nachfrage *(Nachfrage pro Einkommens-€)* mit zunehmendem Einkommen abnimmt.

A5: Der Zusammenhang zwischen der Arbeitslosenquote A *(%-Satz)* eines Staates und der allgemeinen Preissteigerungsrate i *(%-Satz p.a.)* sei – c.p. – gegeben durch folgende Funktionsgleichung:

$$i = i(A) = \frac{0{,}02 - 0{,}05\sqrt{A}}{\sqrt{A}}; \qquad (A > 0).$$

i) Wie hoch ist die Arbeitslosenquote bei Preisniveaustabilität? Wie hoch bei einer Preissteigerungsrate von 2% p.a.?

ii) Gegen welchen Wert strebt *(theoretisch)* die Preissteigerungsrate, wenn die Arbeitslosenquote **a)** gegen den maximal möglichen Wert **b)** gegen Null strebt?

A6: Die Sparfunktion S: S(Y) einer abgeschlossenen Volkswirtschaft ohne staatliche Aktivitäten sei gegeben durch die Funktionsgleichung

$$S = S(Y) = 0{,}4\,Y - 100$$

S: Sparsumme, in GE
Y: Einkommen (> 0), in GE.

i) In welchem Einkommensintervall ist der Durchschnittskonsum *(= Konsumsumme pro Einkommens-€)* steigend bzw. fallend? *(mathematische Begründung!)*

ii) In welchem Einkommensintervall ist die Funktion der durchschnittlichen Sparsumme *(= Sparsumme pro Einkommens-€)* konvex bzw. konkav gekrümmt? *(mathematische Begründung!)*

A7: Richtig oder falsch? *(Bitte nur ankreuzen!)*

	richtig	falsch
1) Die Funktion f mit $f(x) = x^2 + e^{-x}$ ist überall konvex gekrümmt.	O	O
2) Die Funktion f: $f(x) = \frac{4712}{x} \cdot \sqrt{2356 - 0{,}5x}$ hat einen Pol in x = 4712.	O	O
3) Die Stückkostenfunktion k mit $k(x) = 2015 - \frac{2015}{x^2}$ ist mit zunehmendem Output x monoton fallend.	O	O
4) Die Grenzproduktivität bzgl. des Faktors Kapital betrage 0,08. Das bedeutet, dass die nächste zusätzlich eingesetzte Kapitaleinheit den Output um 8% erhöht.	O	O
5) Die Stückkostenfunktion k mit $k(x) = \ln(x^2) - x^2$, *(x > 0)*, hat ein relatives Minimum für x = 1.	O	O
6) Bei der Sparfunktion S mit $S(Y) = \frac{100 + 3Y}{25 + 0{,}6Y}$ strebt die Sparsumme S für wachsendes Einkommen Y immer mehr gegen 5.	O	O
7) Die erste partielle Ableitung nach x der Funktion f: $f(x,y) = y \cdot e^{-\frac{y}{x}}$ *(x,y > 0)* ist überall positiv.	O	O
8) Die Angebotsfunktion p_A: $p_A(x) = \begin{cases} 4{,}5x + 60 & (\text{für } 0 \le x \le 40) \\ 2x + 160 & (\text{für } 40 < x \le 100) \end{cases}$ ist im Intervall $0 < x < 100$ überall stetig.	O	O
9) Die Grenzkosten K′(x) seien für alle Outputs x mit $x \in [100; 2000]$ negativ. Dann gilt im Innern dieses Intervalls: Wenn der Output zunimmt, nehmen die Gesamtkosten ab.	O	O
10) Das Betriebsminimum wird für einen Output angenommen, für den die variablen Kosten minimal sind.	O	O

A8: Eine Nutzenfunktion U: $U(x_1, x_2)$ ist vom Typ

$$U = U(x_1,x_2) = a \cdot x_1^b \cdot \sqrt{x_2} \quad ; \quad (a,b = const.).$$

U: Nutzenindex (in NE)
x_i: Konsummengen in ME_i
$x_i > 0$

Man ermittle die konkrete Funktionsgleichung der Nutzenfunktion, wobei die folgenden Informationen bekannt sind:

- Der *(partielle)* Grenznutzen bzgl. des ersten Konsumgutes besitzt bei $x_1 = 32\ ME_1$ und $x_2 = 64\ ME_2$ den Wert 6,5 NE/ME_1;
- Der Durchschnitts-Nutzenindex bezüglich des 2. Konsumgutes besitzt für die eben genannten Konsummengen den Wert 16,25 NE/ME_2.

Testklausur Nr. 6

A1: Nachfolgend sind einige ökonomische Funktionen definiert:

- durchschnittliche variable Kosten: $k_v(x) = 0{,}5x^2 - 5x + 25$;
- Fixkostenfunktion: $K_f(x) = 6000$
- Erlösfunktion: $E = E(p) = 400p - 0{,}4p^2$; *(p>0, E>0)*
  (k_v, K_f, und E gehören zu derselben Ein-Produkt-Unternehmung)
- Angebotsfunktion: $a(p_a) = 20 \cdot e^{0{,}01p_a}$;
- Produktionsfunktion: $m = m(r_1,r_2) = 150 \cdot r_1^{0{,}6} \cdot r_2^{0{,}8}$; *($r_1$, r_2 > 0)*
- Nachfragefunktion *(monatlich für Brot in Abhängigkeit vom monatlichen Einkommen y)*

$$B = B(y) = 60 + 50 \cdot e^{-\frac{400.000}{y^2}} \quad ; \qquad (y > 0)$$

k_v: stückvariable Kosten (GE/ME
x: Output (ME) (x>0)
K_f: fixe Kosten (GE)
p: Preis (GE/ME)
E: Erlös (GE)
a: Angebotsmenge (ME)
p_a: Angebotspreis (GE/ME)
m: Output (in GE)
r_1,r_2: Inputs (in ME_1,ME_2)
B: Ausgaben f. Brot in GE/Monat
y: Einkommen (GE/Monat)

i) Bei welcher produzierten und abgesetzten Menge (in ME) und bei welchem Preis operiert die Ein-Produkt-Unternehmung im Gewinnmaximum?

ii) Huber behauptet, das Betriebsoptimum werde erreicht für einen Output von 20 ME. Bitte begründen Sie *(Rechnung!)*, ob Huber recht hat oder nicht.

iii) Für welche Mengen ist das Angebot preis-elastisch ?

iv) Bei welchem monatlichen Einkommen werden 18% dieses Einkommens für Brot ausgegeben? *(Bitte nur die zu lösende Gleichung angeben, keine Lösung!)*

v) Man ermittle die Einkommenselastizität der Brotnachfrage für ein Einkommen von 1.000 GE/Monat und gebe eine ökonomische Interpretation dieses Wertes.

vi) Gegen welchen Wert strebt die monatliche Brotnachfrage, wenn das Einkommen
a) gegen Null strebt? **b)** über alle Grenzen wächst?

vii) Die Grenzproduktivität des 1. Inputs beträgt 160 GE/ME_1, wenn man von diesem Inputfaktor 243 ME_1 einsetzt. Wie hoch ist die Einsatzmenge des zweiten Faktors?

viii) Für welche Inputs r_1,r_2 wird der Output $m(r_1,r_2)$ maximal? *(ohne Überprüfung!)*

A2: Die Spielstärke S *(in Leistungspunkten)* des Tennisprofis A. Huber hängt ab von seiner wöchentlichen Trainingszeit t *(in h/Woche; $0 < t \le 40$)* und seinen monatlichen Ausgaben A *(in€/Monat; $0 < A \le 50.000$)* für Trainer, Platz etc. Das Consulting-Unternehmen „ATP-Performance" hat für Huber folgenden Zusammenhang ermittelt:

$$S = S(A,t) = 20 \cdot A^{0{,}2} \cdot t^{0{,}3} \;, \quad (A,\, t > 0).$$

i) Wie muss er seine wöchentliche Trainingszeit t und seine Ausgaben A festlegen, damit er eine möglichst große Spielstärke erreicht?

ii) Damit Huber beim nächsten Grand-Slam-Turnier eine ernstzunehmende Rolle spielen kann, will er eine Spielstärke von 400 Punkten erreichen. Neben den allgemeinen monatlichen Ausgaben A kostet ihn jede Trainingsstunde 384,-- € *(denn in dieser Zeit könnte er sonst lukrative Werbeverträge erfüllen)*.

Wieviele Stunden pro Tag soll A. Huber trainieren und wieviel Geld soll er monatlich für Trainer etc. aufwenden, damit er seine angestrebte Spielstärke möglichst kostengünstig erreicht? *(1 Monat ≙ 4 Wochen)*

A3: Eine Produktionsfunktion habe die Darstellung *(x: Output [ME_x]; r: Input [ME_r])*:

$$x = x(r) = -r^3 + a \cdot r^2 + b \cdot r \quad , \quad (a, b = const.;\ r > 0).$$

Man bestimme die konkrete Funktionsgleichung dieser Produktionsfunktion, wenn folgende Informationen vorliegen:

– der Durchschnittsertrag wird maximal für einen Input von 5 ME_r;
– die Inputelastizität des Outputs hat für den Input 1 ME_r den Wert 1,8.

A4: Sind die nachstehenden Behauptungen richtig oder falsch?
(Bitte nur ankreuzen!) **richtig falsch**

1) Die Funktion g mit $g(x) = \ln\left(\frac{1}{x}\right)$ *(x>0)* ist überall konkav gekrümmt. O O

2) Die Funktion f mit $f(x) = (x-7) \cdot \sqrt{7-x}$ ist für $x = 7$ unstetig. O O

3) Die Lernfunktion x mit $x(t) = 2008 - \frac{2009}{t}$ ist mit zunehmender Zeit t monoton wachsend. O O

4) Der Grenzhang zum Sparen sei 0,08. Dies bedeutet, dass von einem zusätzlich eingenommenen Euro 8% gespart werden. O O

5) Die Produktionsfunktion x mit $x(r) = r^2 + \frac{2}{r}$, *(r>0)*, hat ein relatives Maximum für $r = 1$. O O

6) Bei der Konsumfunktion C mit $C(Y) = \frac{7 + 2{,}5Y}{1 + 0{,}5Y}$ strebt der Konsum C(Y) für wachsendes Einkommen Y immer mehr gegen 7. O O

7) Die erste partielle Ableitung nach y der Funktion f mit $f(x,y) = e^{-\frac{x}{y}}$ (x,y>0), ist stets negativ. O O

8) Die Kostenfunktion K mit $K(x) = \begin{cases} 0{,}1x + 40 & \textit{(für } 0<x<400\textit{)} \\ 0{,}02x^2 - 10x + 880 & \textit{(für } x \geq 400\textit{)} \end{cases}$ O O
hat an der Stelle $x = 400$ ME einen Sprung.

9) Die Grenzkosten $K'(x)$ seien überall konstant gleich 10. Dann muss die Gleichung der Gesamtkostenfunktion lauten: $K(x) = 10x$. O O

10) Der Stückgewinn wird niemals für denselben Output maximal, für den der Gesamtgewinn maximal wird. O O

A5: Die Huber AG produziert Gimmicks nach folgender Produktionsfunktion x:

$$x:\ x(r) = 2 \cdot r - 40 \qquad (r\text{: Input in } ME_r;\ x\text{: Output in } ME_x;\ 20 \le r \le 140;\ 0 \le x \le 240).$$

Für den Inputfaktor ist der Preis p_r nicht konstant, sondern durch eine Nachfragefunktion p_r: $p_r(r)$ gegeben; d.h. der Preis p_r des Inputs hängt von der Einsatzmenge r *(= Nachfrage nach Faktorinput)* ab, und zwar hier wie folgt:

$$p_r = p_r(r) = 240 - 0{,}2 \cdot r \qquad (p_r\text{: Faktorpreis in } GE/ME_r).$$

Auf dem Gütermarkt besteht die folgende Preis-Absatz-Funktion p für den Output x:

$$p:\ \ p(x) = 360 - 1{,}5 \cdot x \qquad (p\text{: Marktpreis des Outputs in } GE/ME_x)$$

Man ermittle den gewinnmaximalen Output, Input sowie den max. Gewinn.

A6: Von einer Kosumfunktion C: C(Y) ist bekannt, dass sie für unbeschränkt wachsendes Einkommen Y einem Sättigungswert $C_\infty = 2000$ GE zustrebt. Nachfolgend sind einige Konsumfunktionen definiert *(C(Y): Konsum in GE; Y: Einkommen in GE)*.

i) Begründen Sie *(Rechnung!)*, welche dieser Konsumfunktionen den angegebenen Sättigungswert „2000" besitzt *(es kann eine oder mehrere solcher Konsumfunktionen geben)*:

a) $C(Y) = 0{,}4Y + 2000$ **b)** $C(Y) = 500 \cdot \frac{1+4Y}{Y+3}$

c) $C(Y) = 2000 \cdot \frac{Y}{2Y+1}$ **d)** $C(Y) = 250 + 1750 \cdot e^{-\frac{1}{Y^2}}$

e) $C(Y) = 1100Y + 900 \cdot e^{-\frac{2}{Y^2}}$ **f)** $C(Y) = 2000 \cdot e^{-\frac{4}{Y^2}} + 10$

ii) Für die Konsumfunktion **c)** ermittle man das Einkommen Y, bei dem von jeder Einkommens-GE 20% gespart werden. *(Hinweis: Es handelt sich hier um eine Volkswirtschaft ohne staatliche Aktivitäten.)*

iii) Man gebe zur Konsumfunktion **a)** die entsprechende Sparfunktion S: S(Y) an und ermittle das Einkommen Y, bei dem von einem zusätzlichen Einkommens-Euro 20% gespart werden *(Hinweis siehe ii))*.

A7: i) Gegeben ist der Graph einer Grenz-Gewinnfunktion G′: G′(t) in Abhängigkeit von der Zeit t *(siehe linke Abbildung (a)*.
Skizzieren Sie *(grob)* im selben Koordinatensystem den Verlauf der Gewinnfunktion G: G(t) *(als Startpunkt den eingezeichneten Wert G(1) = 3 verwenden!)*.

ii) Gegeben ist der Graph einer Gewinnfunktion G: G(x) in Abhängigkeit von der nachgefragten Menge x *(siehe rechte Abbildung (b)*.
Skizzieren Sie *(grob)* im selben Koordinatensystem den Verlauf der Grenzgewinn-Funktion G′: G′(x).

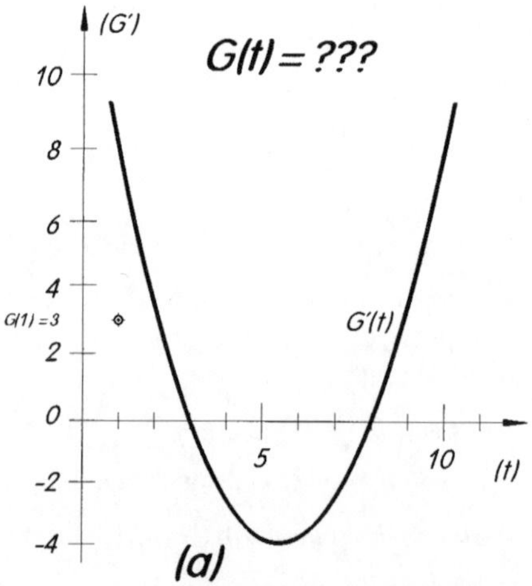

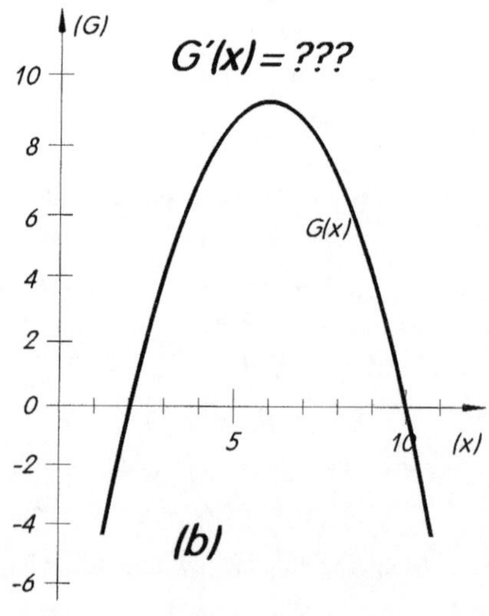

Testklausur Nr. 7

A1: Huber produziert pinkfarbene Trend-Krawatten. Zur Produkteinführung sollen laut einer Marketing-Studie einerseits Konzerte mit einer krawattentragenden Big-Band gesponsert werden und zum anderen TV-Werbe-Spots direkt ausgestrahlt werden.

Die *(bezogen auf eine Referenzperiode)* Umsatz-Wirkung W bei k gesponserten Konzerten pro Periode *($0 \le k \le 60$)* und t TV-Spots pro Periode *($0 \le t \le 135$)* kann beschrieben werden durch die Nutzen-Funktion W mit

$$W: \quad W(k,t) = k + t + 4 \cdot \sqrt{k \cdot t}, \qquad \text{(W: Umsatz-Wirkung in Nutzen-„Punkten“)}$$

Ein gesponsertes Konzert kostet Huber 20 GE, für die Ausstrahlung eines Werbespots muss er ebenfalls 20 GE bezahlen.

i) Huber möchte eine möglichst hohe Umsatz-Wirkung erzielen. Wieviele Konzerte pro Periode muss er sponsern, und wieviele TV-Spots muss er senden lassen, damit er sein Ziel erreicht? Wie hoch ist die maximale Umsatz-Wirkung?

ii) Abweichend von i) möchte Huber nunmehr eine Umsatz-Wirkung von 330 Punkten erzielen: Bei wieviel Konzerten und bei wievielen TV-Spots pro Periode erreicht er sein Ziel möglichst kostengünstig?

iii) Abweichend von i), ii) will Huber für die beschriebenen Marketing-Aktivitäten 1800 GE *(pro Periode)* ausgeben. Wie sollte er jetzt Konzerte und TV-Spots kombinieren, um eine möglichst hohe Umsatz-Wirkung zu erzielen?

A2: Die Nachfrage N *[kWh/Monat]* eines durchschnittlichen Haushalts nach elektrischer Energie in Abhängigkeit vom Haushaltseinkommen Y *[Tausend€ (T€)/Monat]* kann beschrieben werden durch eine Funktion N: N(Y) des Typs:

$$N: \quad N(Y) = \frac{a}{b + e^{-Y}}, \quad b > 0. \qquad (a, b = const.; \ Y > 0)$$

Folgende Daten sind bekannt:

- Der Sättigungswert der Energienachfrage für unbeschränkt wachsendes Einkommen beträgt 2700 kWh/Monat.
- Die monatliche Energienachfrage eines Haushalts ohne eigenes Einkommen beträgt 300 kWh *(„Existenzminimum“ bzgl. elektrischer Energie)*.

i) Wie lautet die Gleichung der konkreten Energie-Nachfrage-Funktion?

ii) Eine *(etwas mühsame)* Rechnung ergibt, dass die einkommensbezogene Grenznachfrage nach Energie für ein Monatseinkommen von 2079 € maximal wird. Ermitteln Sie die Höhe der maximalen Grenznachfrage und geben Sie eine ökonomische Interpretation dieses Wertes.

A3: Hubers Ein-Produkt-Unternehmung operiert mit folgender Gesamtkostenfunktion K:

$$K: \quad K(x) = 0{,}5x^3 - 5x^2 + 20x + \frac{10}{x+1} + 200, \quad (x > 0).$$

k: Stückkosten in GE/ME
x: Output in ME

Welche Gleichung müsste Huber lösen, um den Output in seinem Betriebsminimum zu erhalten?

A4: Das Sozialprodukt Y (in GE) hängt vom Einsatz a , b (in ME_a, ME_b) zweier Input-Faktoren A und B gemäß folgender Produktionsfunktion f ab:

$$Y = f(a,b) = 32 \cdot a^{0,4} \cdot \sqrt{b} \qquad (a,b > 0;\ \ a,b \le 2048) \ .$$

i) Für welche Inputmengen a, b wird das Sozialprodukt maximal? Höhe des maximalen Sozialprodukts?

ii) Man ermittle die partielle Elastizität des Sozialprodukts bzgl. des ersten Inputfaktors, wenn vom ersten Faktor 500 ME_a und vom zweiten Faktor 729 ME_b eingesetzt werden, und interpretiere den erhaltenen Wert.

iii) Man untersuche mit Hilfe der Differentialrechnung, ob die Isoquanten konvex oder konkav gekrümmt sind.

A5: Richtig oder falsch? *(Bitte nur ankreuzen!)*

	richtig	**falsch**
1) Die Funktion f mit $f(x) = 5x^2 + 2e^{-x}$ ist überall konvex gekrümmt.	O	O
2) Die Funktion f mit $f(x) = \frac{2010}{x} \cdot \sqrt{1005-0{,}5x}$ hat einen Pol für x = 2010	O	O
3) Die Stückkostenfunktion k mit $k(x) = 4713 - \frac{4713}{x^2}$ ist mit zunehmendem Output x monoton fallend.	O	O
4) Die Grenzproduktivität bzgl. des Faktors Arbeit betrage 0,10. Das bedeutet, dass die nächste zusätzlich eingesetzte Arbeitseinheit den Output (c.p.) um 10% erhöht.	O	O
5) Die Stückgewinnfunktion g mit $g(x) = x^2 - \ln(x^2)$, $(x>0)$, hat ein relatives Maximum für x = 1.	O	O
6) Bei der Sparfunktion S mit $S(Y) = \frac{200 + 3Y}{25 + 0{,}6Y}$ strebt die Sparsumme S für wachsendes Einkommen Y immer mehr gegen 8.	O	O
7) Die erste partielle Ableitung nach u der Funktion f: $f(u,v) = v \cdot e^{-\frac{v}{u}}$ *(u,v > 0)* ist überall positiv.	O	O
8) Die Grenzproduktivität $x'(r)$ sei für alle Inputs r mit $r \in [50; 700]$ fallend. Dann gilt im Innern dieses Intervalls: Wenn der Input zunimmt, nimmt der Output ab.	O	O
9) $\lim\limits_{y \to 0} \frac{(30x + 4y)^2 - 900x^2}{80y} = 3x$	O	O

10) Huber steht auf dem Marktplatz und verkauft zwei Sorten Kartoffeln *(Sorte A und B)*. Ein Drittel seiner Gesamt-Angebotsmenge entfällt auf *(die teurere)* Sorte B. Der Verkaufspreis für diese Sorte (B) ist 1,2-mal so hoch wie der Verkaufspreis für die restlichen 180 kg von Sorte A. Am Abend sind sämtliche Kartoffeln verkauft.

Wir nehmen an: Der Verkaufspreis von Sorte A beträgt p [€/kg].

Wie hoch ist Hubers Tages-Gesamterlös? *(richtig: 3 Punkte, falsch: −1 Punkt, nicht beantwortet: 0 Punkte)*

O $240 \cdot p$ O $270 \cdot p$ O $300 \cdot p$ O alles falsch, richtig ist ....

A6: Die Huber AG operiert mit den nachfolgend definierten ökonomischen Funktionen:

– variable Kostenfunktion: $K_v(x) = 0{,}4x^2 + 20x$; *(0 ≤ x ≤ 70)*

– Fixkostenfunktion: $K_f(x) = 1000$

– Nachfragefunktion: $x = x(p) = 80 - 0{,}2p$; *(p ≥ 0, x ≥ 0)*

K_v: variable Kosten (GE)
K_f: fixe Kosten (GE)
x: Output, Absatzmenge (ME)
p: Preis (GE/ME)

i) Bei welchem Absatzpreis operiert die Huber AG mit maximalem Gewinn?

ii) Bei welchem Absatzpreis operiert die Huber AG mit maximalem Stückgewinn?

iii) Man ermittle die Preis-Elastizität des Umsatzes für eine nachgefragte Menge von 10 ME und gebe eine ökonomische Interpretation des erhaltenen Wertes.

iv) Bei welchem Absatzpreis operiert die Huber AG mit maximalem Grenzgewinn? Wie hoch ist der maximale Grenzgewinn?

v) Ermitteln Sie die Werte der Grenzkosten sowie der Stückkosten im Betriebsoptimum. Falls die beiden Werte übereinstimmen sollten: Woran könnte das liegen?

A7: Gegeben ist die graphische Darstellung einer Nutzenfunktion U: U(X) in Abhängigkeit von der konsumierten Menge X *[ME]* eines Gutes *(U(x): Nutzenindex)*:

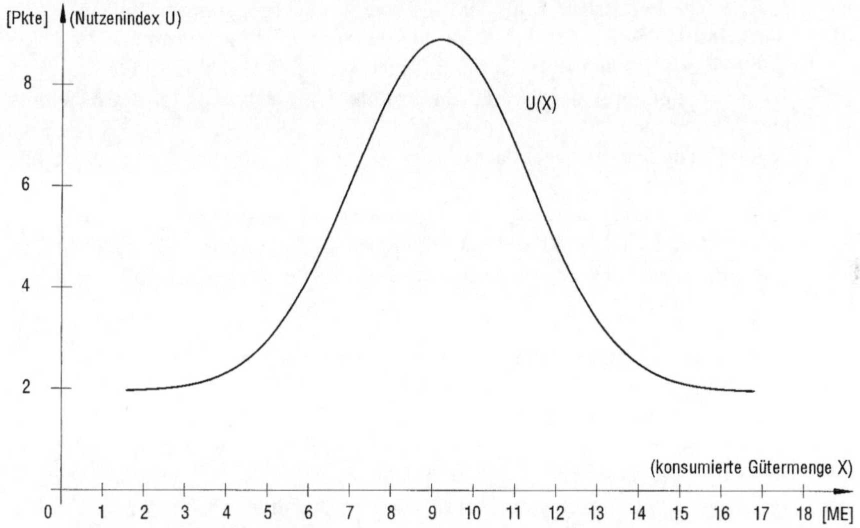

Man ermittle graphisch *(d.h. näherungsweise, so gut die Graphik es erlaubt)* diejenigen Konsum-Intervalle, in denen

i) der Grenznutzen mit zunehmendem Konsum zunimmt;

ii) der durchschnittliche Nutzen *(Nutzen pro Konsum-Einheit)* mit zunehmendem Konsum abnimmt.

iii) Für welche Konsummenge nimmt der durchschnittliche Nutzen ein
a1) relatives Maximum an? **b)** relatives Minimum an?
a2) Höhe des in a1) ermittelten maximalen durchschnittlichen Nutzens?

iv) Für welche Konsummenge ist **a)** der Grenznutzen maximal?
b) der Durchschnittsnutzen maximal *(absolutes Maximum)*?

Testklausur Nr. 8

A1: Einige ökonomische Funktionen sind wie folgt definiert:

– Stückdeckungsbeitragsfunktion: $g_D(x) = -0{,}02x^2 - 2x + 240$; *(x>0)*

– Fixkostenfunktion: $K_f(x) = 2000$ (GE)

– Nachfragefunktion: $x = x(p) = 200 - 0{,}4p$; *(p>0, x>0)*

($g_D(x)$, K_f und $x(p)$ gehören zu derselben Ein-Produkt-Unternehmung.)

g_D: Stückdeckungsbeitrag (GE/ME)
x: Output (ME) (= Absatzmenge)
p: Preis (GE/ME)

– Produktionsfunktion: $P = P(u_1,u_2) = 200\sqrt{u_1} \cdot u_2^{0,3}$; *($u_1,u_2 > 0$)*

P: Produktionsertrag (in GE)
u_i: Inputs (in ME_i)

– Konsumfunktion *(eines Haushalts)*: $C = C(Y) = \dfrac{90}{1 + 9 \cdot e^{-0,1Y}} + 11$

Y: Einkommen (GE)
C: Konsumausgaben (GE)

i) Bei welcher produzierten und abgesetzten Menge *(in ME)* operiert die Ein-Produkt-Unternehmung im Gewinnmaximum?

ii) Bei welchem Preis ist der Erlös der Ein-Produkt-Unternehmung minimal?

iii) Man ermittle *(für die Ein-Produkt-Unternehmung)* die Preiselastizität des Erlöses für einen Preis von 180 GE/ME und interpretiere den erhaltenen Wert.

iv) Bei welchem Output operiert die Ein-Produkt-Unternehmung im Betriebsminimum?

v) Gegen welchen Wert strebt der Konsum, wenn das Einkommen über alle Grenzen wächst?

vi) Für welche Inputs u_1,u_2 wird der Produktionsertrag P maximal?

*vii) Für welche(s) Einkommen könnte die Sparfunktion relative Maxima/Minima besitzen? *(etwas rechenaufwendig – Überprüfung nicht erforderlich!)*

A2: Die Weinkellerei Pahlgruber & Söhne produziert den Spitzenwein „Oberföhringer Vogelspinne" mit Hilfe zweier Geheimsubstanzen X und Y. Die Gesamtqualität Q einer Flasche *(0,75 Liter)* „Oberföhringer Vogelspinne" hängt dabei von den in einer Flasche enthaltenen Mengen x und y *(jeweils in Gramm (g))* der beiden Substanzen X und Y ab. Dabei wird Q gemessen in „Qualitäts-Punkten": Je größer die Punktzahl Q einer Flasche „Oberföhringer Vogelspinne", desto höher die Qualität des Weines.

Die Qualität *(Intensität und Ausgewogenheit von Farbton, Geruch, Pelzigkeit, Säurespiel, Nachklang,..., ausgedrückt in der Punktzahl Q)* einer Flasche „Oberföhringer Vogelspinne" kann beschrieben werden durch die Funktionsgleichung:

$$Q = Q(x,y) = 50x + 40y - 9x^2 - 2y^2 + 4xy \ .$$

Die Geheimsubstanzen verursachen folgende Kosten für Pahlgruber & Söhne:

Substanz X: 0,08 €/g Substanz Y: 0,06 €/g

i) In welchen Mengen müssen die beiden Geheimsubstanzen in einer Flasche „Oberföhringer Vogelspinne" vorhanden sein, damit sich eine möglichst hohe Qualität ergibt? Maximale Qualitäts-Punktzahl?

ii) Pahlgruber & Söhne beschließen, dass pro Flasche Weines insgesamt genau 40 g von beiden Substanzen zusammen vorkommen müssen *(denn: nimmt man weniger, leidet die Qualität, nimmt man mehr, lassen sich gesundheitheitliche Schäden beim Konsumenten nicht ausschließen).*
In welchen Einzel-Mengen müssen nun die beiden Geheimsubstanzen in einer Flasche vorhanden sein, damit der Wein möglichst qualitätvoll wird? Wie hoch ist dann die Qualitäts-Punktzahl?

iii) Abweichend von i) und ii) beschließt nun die Geschäftsleitung von Pahlgruber & Söhne, dass eine konstante Qualität von 200 Qualitätspunkten erreicht werden soll. In welchen Mengen müssen die beiden Geheimsubstanzen in einer Flasche vorhanden sein, damit sich bei dieser Qualitätsvorgabe das Gesamtgewicht der beiden Substanzen möglichst gering wird? *(nur das zu lösende konkrete Gleichungssystem aufstellen, keine Lösung!)*

iv) Abweichend vom Vorhergehenden beschließt der Vorstand, dass die Gesamtkosten der Geheimsubstanzen pro Flasche insgesamt 70 Cent betragen sollen. Wie müssen jetzt die Geheimsubstanzen pro Flasche kombiniert werden, damit sich eine möglichst hohe Qualität ergibt? Höhe der entsprechenden Q-Punktzahl?

A3: Richtig oder falsch? *(Bitte nur ankreuzen!)*

	richtig	**falsch**
1) Die Funktion g: $g(x) = x^2 + 2010 \cdot e^{-x}$ ist überall konkav gekrümmt.	O	O
2) Die Funktion f mit $f(z) = \frac{7}{z} \cdot \sqrt{49 - z^2}$ ist für $z = 7$ unstetig.	O	O
3) Die Angebotsfunktion x mit $x(p) = 2009 + \frac{4714}{p}$ ist mit zunehmendem Preis p monoton wachsend.	O	O
4) Der Grenzhang zum Konsum sei 0,12. Dies bedeutet, dass von jedem eingenommenen Euro 12 Cent konsumiert werden.	O	O
5) Die Produktionsfunktion x mit $x(r) = r^2 - 8 \cdot \ln r$, (r>0), hat ein relatives Maximum für $r = 2$.	O	O
6) Bei der Sparfunktion S mit $S(Y) = \frac{22 + 4{,}5Y}{11 + 0{,}5Y}$ strebt die Sparsumme S für wachsendes Einkommen Y immer mehr gegen 2.	O	O
7) Die erste partielle Ableitung nach y der Funktion f: $f(x,y) = e^{-x^2 y^2}$ *(x,y>0)*, ist stets negativ.	O	O
8) Die Kostenfunktion K mit $K(x) = \begin{cases} 0{,}05x + 40 & \text{(für } 0<x<400\text{)} \\ 0{,}01x^2 - 5x + 460 & \text{(für } x \geq 400\text{)} \end{cases}$ hat an der Stelle $x = 400$ ME einen Sprung.	O	O
9) Der Grenzgewinn $G'(x)$ sei im Mengenintervall $x \in [2;8]$ überall positiv. Dann gilt im Innern dieses Intervalls: Wenn die Menge abnimmt, muss auch der Gewinn abnehmen.	O	O
10) Im Betriebsminimum sind stets die variablen Kosten minimal.	O	O

A4: Die Stückkostenfunktion k einer Unternehmung ist vom Typ: $k(x) = ax + b + \frac{c}{x}$.
(a,b,c sind Konstanten; Output x>0).

Wie müssen die Konstanten a,b,c gewählt werden *(d.h. wie lautet die genaue Gleichung der Stückkostenfunktion)*, damit

– das Betriebsoptimum für einen Output von 5 ME angenommen wird,
– die Grenzstückkosten den Wert 1,5 für einen Output von 10 ME annehmen sowie
– die Gesamtkosten im Betriebsoptimum 225 GE betragen ?

A5: Gegeben ist die graphische Darstellung einer Gewinnfunktion G: $x \mapsto G(x)$
(x: Output (ME); G(x): Gewinn (GE)):

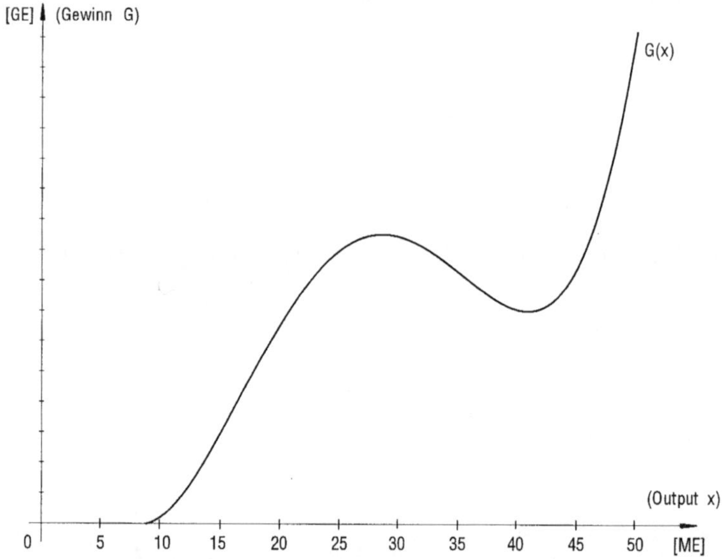

Man ermittle graphisch *(näherungsweise, so gut die Graphik es erlaubt – bitte erkennbar, notfalls mit Worten beschreiben!)* diejenigen Outputintervalle, in denen

i) der Grenzgewinn mit zunehmendem Output zunimmt;
ii) der Stückgewinn mit zunehmendem Output abnimmt;
iii) Für welchen Output wird der Grenzgewinn minimal?
iv) Für welchen Output wird der Stückgewinn maximal?

A6: Die Gesamtkostenfunktion K einer Unternehmung hat die Gleichung

$$K(x) = 40x + \frac{4800}{x+12} + 200, \qquad (x > 0) \quad .$$

Bei welcher Produktionsmenge x operiert die Unternehmung im Betriebsminimum?

Testklausur Nr. 9

A1: Huber baut im Garten Tomaten an. Da ihn schon seit langem das Rheuma plagt, lässt er die Arbeiten von einem Gärtner ausführen, der pro Arbeitsstunde 24 GE erhält.

Der Jahresertrag E(t,x) *(ME/Jahr)* hängt außer vom zeitlichen Umfang t *(h/Jahr)*, die der Gärtner mit der Pflege der Tomaten zubringt, noch ab von der Höhe x *(GE/Monat, durchschnittlich)* des eingesetzten Kapitals *(für Spezialdünger, Pflanzenschutz, Geräte, Winteranzucht, ...)* und kann durch folgende Gleichung beschrieben werden:

$$E: \quad E(t,x) = 50t + 10x + x \cdot t - 0{,}5x^2 - t^2 \qquad (x, t \geq 0).$$

i) Wie muss Huber Gärtnerarbeit und Kapital einsetzen, damit er möglichst viele Tomaten pro Jahr ernten kann? Man ermittle den maximalen Ernteertrag und die dafür insgesamt notwendigen Kosten.

ii) Abweichend von i) will Huber für den Tomatenanbau pro Jahr insgesamt genau 900 GE aufwenden. Wie muss er nunmehr Arbeit und Kapital kombinieren, um eine möglichst große Tomatenernte pro Jahr zu erzielen?

iii) Abweichend von i) und ii) will Huber pro Jahr einen Ernteertrag von genau 1.200 ME erzielen. Wie muss er nunmehr Arbeit und Kapital kombinieren, um sein Ziel möglichst kostengünstig zu erreichen?
(Zur Beantwortung der Frage iii) bitte nur das mathematische Modell aufstellen (d.h. Zielfunktion und – sofern nötig – Nebenbedingungen) und die notwendigen Bedingungen für ein Extremum explizit angeben. Lösung nicht erforderlich!)

A2: Huber beteiligt sich an einem Spekulationsgeschäft. Dazu investiert er heute 400 T€, nach einem Jahr erhält er 1.000 T€, nach einem weiteren Jahr erhält er 800 T€ zurück, nach einem weiteren Jahr muss er dagegen noch 1.200 T€ zahlen *(Abschlussverlust)*.

Bezeichnet man den Kalkulationszinssatz mit i *(in % p.a.)*, so lautet der Saldo B der abgezinsten Zahlungen *(„Kapitalwert" der Investition, in T€, bezogen auf heute)*:

$$B = -400 + \frac{1.000}{1+i} + \frac{800}{(1+i)^2} - \frac{1.200}{(1+i)^3} \quad , \; i > 0 \; .$$

Bei welchem Kalkulationszinssatz i ist Hubers Kapitalwert maximal? Höhe des maximalen Kapitalwerts?

A3: Gegeben ist für eine Unternehmung die Stückgewinnfunktion g: g(x) mit

$$g(x) = -0{,}02x^2 - 2x + 240 - \frac{2000}{x} \; ; \qquad (x > 0)$$

g: Stückgewinn (GE/ME)
x: Output (ME) (= Absatzmenge)

sowie die Erlösfunktion E mit: $E(x) = 500x - 5x^2$.

E: Erlös (in GE)

i) Ermitteln Sie Preis und Menge im Gesamtgewinn-Maximum.

ii) Bei welcher produzierten und abgesetzten Menge ist der Stückdeckungsbeitrag maximal?

iii) Man ermittle die Preis-Elastizität des Erlöses für einen Preis von 100 GE/ME und interpretiere den erhaltenen Wert.

iv) Bei welchem Output sind die Grenzkosten minimal?

A4: Die Konsumfunktion C: C(Y) einer abgeschlossenen Volkswirtschaft ohne staatliche Aktivitäten sei gegeben durch die Funktionsgleichung

$$C = C(Y) = 0{,}6\,Y + 100 \qquad \begin{array}{l}\text{C: Konsumsumme, in GE)}\\ \text{Y: Einkommen, in GE) .}\end{array}$$

i) In welchem Einkommensintervall ist die durchschnittliche Sparsumme *(= Sparsumme pro Einkommens-€)* steigend/ fallend? *(mathematische Begründung!)*

ii) In welchem Einkommensintervall ist der Durchschnittskonsum konvex bzw. konkav gekrümmt? *(mathematische Begründung!)*

A5: Richtig oder falsch? *(Bitte nur ankreuzen!)*

	richtig	falsch
1) Die Funktion f: $f(x) = x^3 - \ln x$ *(x>0)* ist überall konkav gekrümmt.	O	O
2) Die Funktion f mit $f(x) = \frac{2}{x} \cdot \sqrt{2-x}$ hat einen Pol für x = 2.	O	O
3) Die Stückkostenfunktion k mit $k(x) = 4715 - \frac{2011}{x^2}$ ist mit zunehmendem Output x monoton fallend.	O	O
4) Die Grenzproduktivität bzgl. des Faktors Arbeit betrage 0,03. Das bedeutet, dass die nächste zusätzlich eingesetzte Arbeitseinheit den Output um 3% erhöht.	O	O
5) Die Verbrauchsfunktion v mit $v(x) = \ln x - 0{,}5 \cdot x^2$, *(x > 0)*, hat ein relatives Minimum für x = 1.	O	O
6) Bei der Konsumfunktion C mit $C(Y) = \frac{14 + 2Y}{2 + 0{,}2Y}$ strebt der Konsum C für wachsendes Einkommen Y immer mehr gegen 7.	O	O
7) Die erste partielle Ableitung nach y der Funktion f: $f(x,y) = x \cdot e^{\frac{x}{y}}$ *(x, y > 0)* ist überall positiv.	O	O
8) Die Kostenfunktion K mit $K(x) = \begin{cases} 0{,}05x + 85 & (\text{für } 0 < x < 300) \\ 0{,}01x^2 - 5x + 700 & (\text{für } x \geq 300) \end{cases}$ ist an der Stelle x = 300 ME stetig.	O	O
9) Der Grenzgewinn G′(x) sei im Outputintervall x ∈ [100; 220] überall negativ. Dann gilt im Innern dieses Intervalls: Wenn der Output abnimmt, nimmt der Gewinn zu.	O	O
10) Das Betriebsoptimum wird für einen Output angenommen, für den die Grenzkosten minimal sind.	O	O

A6: Die durchschnittlichen Kosten k(x) *(in GE/ME)* bei der wöchentlichen Lagerung von x *(in ME)* Spezialcontainern lassen sich in zwei *(additive)* Bestandteile zerlegen:

$k_1(x)$ = wöchentliche Stückkosten für Zinsen auf gebundenes Kapital $= 49 + 3{,}5x$;
$k_2(x)$ = wöchentliche Stückkosten für Einlagerung und Bewachung etc. $= \frac{5600}{x}$.

Die gesamten *(wöchentlichen)* Stückkosten k(x) setzen sich additiv aus diesen beiden Bestandteilen zusammen.

i) Bei welcher wöchentlich gelagerten Containeranzahl sind die pro ME aufzuwendenden Lager*(stück)*-kosten minimal?

ii) Bei wieviel wöchentlich gelagerten Containern sind die Gesamtkosten minimal?

A7: Die Nachfrage x *(in ME_x)* nach Multimedia-Computern des Typs High-Hubi *(HH)* hängt ab

a) vom Preis p_x *(GE/ME_x)* des Gerätes sowie
b) vom Preis p_m *(GE/ME_m)* des Konkurrenzmodells Multi-Moser *(MM)* sowie
c) von der durchschnittlichen Einkommenshöhe Y *(in GE/Monat)* der potentiellen Computer-Nachfrager.

Die entsprechende Nachfragefunktion hat die Gleichung:

$$x = x(p_x, p_m, Y) = Y^{0,5} \cdot (3.200 - 3p_x + 4p_m + Y), \qquad (p_x, p_m, Y > 0).$$

i) Man ermittle die Elastiziät ε_{x,p_m} der Nachfrage nach dem Modell HH bzgl. des Preises des Modells MM *(d.h. die sog. „Kreuzpreiselastizität")* für $p_x = 100$ GE/ME_x, $p_m = 120$ GE/ME_m, $Y = 225$ GE/Monat und interpretiere den erhaltenen Wert.

ii) Wie muss der Preis p_x des Modells HH festgesetzt werden, damit bei gegebenem Preis p_m des Modells MM *($p_m = 100$ GE/ME_m)* und vorgegebenem Einkommen Y = 225 GE/Monat der Gesamterlös für das Modell HH maximal wird?

A8: Gegeben ist die graphische Darstellung einer Produktionsfunktion Y: Y(A) in Abhängigkeit vom Einsatz A *(in AE)* des Inputfaktors Arbeit *(Y (A) = Sozialprodukt, in GE)*:

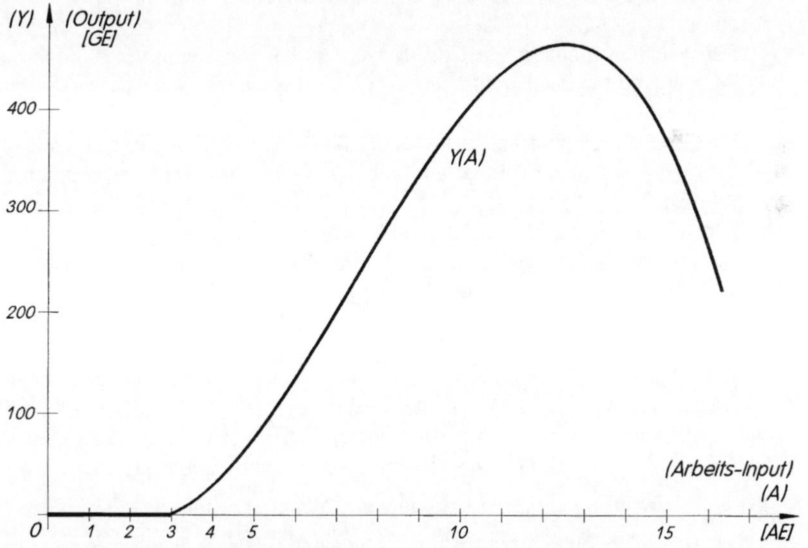

i) Ermitteln Sie graphisch *(d.h. näherungsweise, so gut die Graphik es erlaubt – aber erkennbar!)* diejenigen Input-Intervalle, für die gilt:

a) die Grenzproduktivität ist zunehmend;
b) die (durchschnittliche) Produktivität ist abnehmend.

ii) Für welchen Arbeits-Input ist die (durchschnittliche) Produktivität maximal?

iii) Für welchen Arbeits-Input ist die Grenzproduktivität minimal?

Testklausur Nr. 10

A1: Vier ökonomische Funktionen sind wie folgt definiert:

- Gewinnfunktion: $G(x) = -0{,}02\,x^3 - 2x^2 + 240\,x - 2000;$ *(x>0)* — G: Gewinn (GE); x: Output (ME) (= Absatzmenge)
- Nachfragefunktion: $x = x(p) = 100 - 0{,}2p$; *(p>0, x>0)* — p: Preis (GE/ME)

  (G(x) und x(p) gehören zu derselben Ein-Produkt-Unternehmung)

- Produktionsfunktion: $P = P(I_1,I_2) = 300\sqrt{I_1} \cdot I_2^{0,4}$; $I_1,I_2 > 0$; $I_1,I_2 \leq 1024$ — P: Produktionsertrag (GE); I_1,I_2: Inputs (ME_1,ME_2)
- Ausgabenfunktion *(jährlich für Werbung in Abhängigkeit vom monatlichen Umsatz U)*

$$w = w(U) = 200 + 500\,e^{-\frac{100.000}{U^2}} \quad ; \quad (U>0)$$

w: Ausgaben für Werbung (in GE/Jahr); U: Umsatz (in GE/Monat)

i) Bei welcher produzierten und abgesetzten Menge (in ME) operiert die Ein-Produkt-Unternehmung im Gewinnmaximum?

ii) Bei welchem Preis ist der Erlös der Ein-Produkt-Unternehmung minimal?

iii) Man ermittle (für die Ein-Produkt-Unternehmung) die Preiselastizität des Erlöses für einen Preis von 200 GE/ME und interpretiere den erhaltenen Wert.

iv) Bei welchem Output operiert die Ein-Produkt-Unternehmung im Betriebsminimum?

v) Bei welchem monatlichen Umsatz werden 7% dieses Umsatzes monatlich für Werbung ausgegeben? *(Bitte nur die Gleichung angeben, die man lösen müsste. Lösung nicht erforderlich!)*

vi) Man ermittle die Umsatzelastizität der jährlichen Werbungsausgaben für einen Umsatz von 250 GE/Monat und gebe eine ökonomische Interpretation dieses Wertes.

vii) Für welche Inputs I_1, I_2 wird der Produktionsertrag P maximal?

viii) Der monatliche Umsatz möge über alle Grenzen wachsen. Gegen welchen Wert streben dann die Ausgaben für Werbung?

A2: Dem Betreiber eines Yachthafens entstehen für jedes im Hafen liegende Segelboot *(Einheitstyp)* pro Tag Lager*(stück)*kosten in Höhe von k *(GE/Boot)*. Diese Lager-Stückkosten k hängen von der *(durchschnittlich)* pro Tag im Hafen liegenden Zahl x von Booten ab *(d.h. k = k(x))* und setzen sich aus zwei Bestandteilen zusammen:

$k_1(x)$ = tägliche Stückkosten für Abnutzung, Steuern, Gebühren $= 98 + 7x$;

$k_2(x)$ = tägliche Stückkosten für Einweisung und Bewachung etc. $= \frac{11.200}{x}$, *(x > 0)*.

Die gesamten *(täglichen)* Stückkosten k(x) setzen sich additiv aus den genannten beiden Bestandteilen zusammen.

i) Bei wieviel pro Tag im Hafen liegenden Booten sind die pro Boot entstehenden Lager*(stück)*kosten minimal?

ii) Bei wieviel Booten sind die täglichen Gesamtkosten *(für alle Boote zusammen)* minimal ?

A3: Man zeige am Beispiel der Gewinnfunktion G mit $G(x) = -x^3 + 60x^2 + 123x$, *(x>0),* dass für die stückgewinnmaximale Produktions- und Absatzmenge der Gewinn pro Stück identisch ist mit dem Grenzgewinn.

A4: Die Leibspeise des Studenten Alois Huber ist die von ihm täglich selbst gekochte *(und gelöffelte)* Spezial-Suppe „Madelaine", bestehend aus Wasser, Salz, Mehl und Butter. Während Wasser und Salz in ausreichender Menge *(und für ihn kostenlos)* vorhanden sind, muss er für Butter 4,-- €/kg und für Mehl 50 Cent/kg *(Sonderangebot der Hubaldi-Kette)* zahlen.

Je nach den Butter-Mehl-Anteilen schmeckt die Suppe ihm mal besser, mal schlechter. In langen Testreihen hat Alois seine individuelle Geschmacksfunktion G in Abhängigkeit von der Mehlmenge m und der Buttermenge b herausgefunden:

$$G: \quad G(m,b) = 1 - (b - 0{,}8)^2 - (m - 0{,}2)^2$$

m: Mehlmenge (in kg) in der Suppe
b: Buttermenge (in kg) in der Suppe
G: Geschmacksgüte (in Index-Punkten)

i) Wie muss Alois die Zutaten Mehl und Butter kombinieren, damit er eine besonders schmackhafte Suppe erhält?

ii) Alois will mit seiner Suppe einen Geschmacksgüte-Index von 0,7 erreichen. Wie muss er Mehl und Butter kombinieren, um dieses Ziel möglichst kostengünstig zu erreichen? *(nur das zu lösende konkrete Gleichungssystem aufstellen, keine Lösung!)*

iii) Alois hat pro Tag genau 1,35 € für die Suppen-Zutaten zur Verfügung. Wie muss er Mehl und Butter kombinieren, um eine möglichst gut schmeckende Suppe zubereiten zu können? *(Überprüfung nicht erforderlich!)*

A5: Die Huber-Automobil-AG weiß, dass sich (c.p.) die Nachfrage x *(ME/Jahr)* nach ihrem Top-Modell Hubercar 2019 GTi durch die vier absatzpolitischen Instrumente

– Marktpreis p *(in TGE/ME)*;
– Werbung w *(in TGE/Jahr)*;
– Kundendienst s *(„Service"; in TGE/Jahr)*;
– Produktentwicklung t *(„technischer Fortschritt"; in TGE/Jahr)*

beeinflussen lässt. Der funktionale Zusammenhang zwischen jährlicher Absatzmenge x und den vier absatzpolitischen Variablen p, w, s, t lässt sich beschreiben durch die Funktionsgleichung

$$x = x(p,w,s,t) = 104 - 0{,}5p + \frac{72}{\sqrt{p+1}} \cdot \sqrt{s} + 0{,}2 \cdot w^{0,5} s^{0,5} + 300 \cdot \ln(t+1); \quad (p,w,s,t \geq 0).$$

Im kommenden Jahr sind keine Entwicklungsausgaben geplant, der Preis ist auf 8 TGE/ME fixiert. Man ermittle die Ausgaben für Werbung und Kundendienst im kommenden Jahr,

i) die zu einer möglichst hohen Nachfrage führen

ii) die den Jahresgewinn maximieren *(Kosten: Fixkosten: 500 TGE; stückvariable Kosten: 6 TGE/ME; hinzu kommen die Service- und Werbekosten)* *(ohne Überprüfung der Maximum- Eigenschaft)*

A6: In einer geschlossenen Volkswirtschaft ohne staatliche Aktivitäten sei die Konsumfunktion C durch folgende Gleichung definiert:

$$C(Y) = \frac{300Y + 20.000}{Y + 100}, \quad Y \geq 0.$$

C: Konsum (GE/ZE)
Y: Einkommen (GE/ZE)

i) Bei welchem Einkommen Y werden 80% dieses Einkommens für Konsumzwecke ausgegeben?

ii) Gegen welchen Wert strebt die marginale Sparquote, wenn das Einkommen über alle Grenzen wächst? Interpretieren Sie bitte den erhaltenen Wert.

A7: Gegeben ist die graphische Darstellung einer Kostenfunktion K: K(x) sowie einer Erlösfunktion E: E(x) *(x: produzierte und abgesetzte Menge [in ME]; K(x): Gesamtkosten [GE]; E(x): Erlös [GE])*

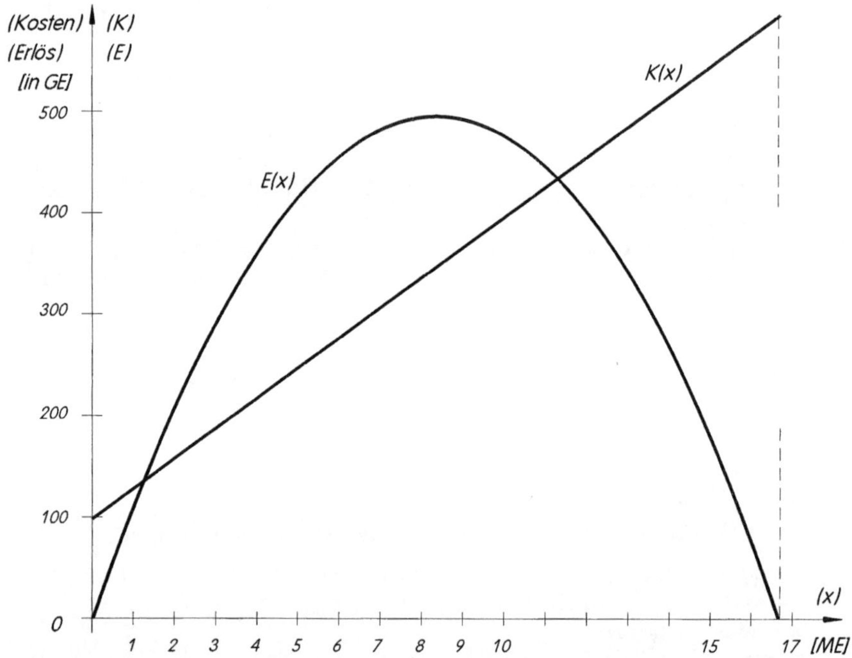

i) Man ermittle graphisch *(d.h. näherungsweise, so gut die Graphik es erlaubt – bitte erkennbar, notfalls genau beschreiben!)* diejenigen Mengen-Intervalle, in denen

a) der Grenzerlös mit zunehmender Nachfrage abnimmt;
b) die Stückkosten *(Kosten pro ME)* mit zunehmendem Output abnehmen;
c) die Grenzkosten mit zunehmendem Output zunehmen.

ii) Geben Sie bitte jeweils diejenige Menge „x" an, für die gilt:

a) der Grenzerlös ist maximal;
b) die Grenzkosten sind minimal;
c) der Gesamtgewinn ist maximal;
d) der Stückerlös ist minimal;
e) die Stückkosten sind minimal;
f) der Stückerlös ist maximal.

Teil II

Lösungshinweise*

* siehe auch die Bemerkungen zum Gebrauch des Übungsbuches im Vorwort

1 Grundlagen und Hilfsmittel

Aufgabe 1.1 *(1.1.11)* [5] **:**

- **i)** $A = \{A,E,I,L,M,N,R,U\}$ (jedes Element nur einmal aufführen, Reihenfolge beliebig)
- **ii)** $B = \{2;\ 1;\ 0;\ -1;\ -2;\ ...\}$ (d.h. sämtliche ganzen Zahlen kleiner als 3)
- **iii)** $C = \{\ \}$ (zwischen 2 und 3 liegt keine weitere natürliche Zahl)
- **iv)** $D = \{-\sqrt{2};\ \sqrt{2}\}$ (= Lösungen der vorliegenden Gleichung)
- **v)** $E = \{\ \}$ (−1 ist keine natürliche Zahl)
- **vi)** $F = \{\ \}$ (die Gleichung $z^2 = -9$ besitzt keine reelle Lösung, $\sqrt{-9} \notin \mathbb{R}$)
- **vii)** $G = \{-2\,;3\}$ (= Lösungen der quadratischen Gleichung $y^2-y-6 = 0$: $y = \frac{1}{2} \pm\sqrt{(\frac{1}{2})^2+6}$)

Aufgabe 1.2 *(1.1.12)***:**

- **i)** $\sqrt{4} = 2 \in \mathbb{N}\ (\subset\mathbb{Z}\subset\mathbb{Q}\subset\mathbb{R})$ **ii)** $0{,}333... = \frac{1}{3} \in \mathbb{Q}\ (\subset\mathbb{R})$
- **iii)** $\frac{12}{6} = 2 \in \mathbb{N}\,(\subset\mathbb{Z}\subset\mathbb{Q}\subset\mathbb{R})$ **iv)** $\sqrt{-4} \notin \mathbb{R}$ **v)** $0 \in \mathbb{Z}\ (\subset\mathbb{Q}\subset\mathbb{R})$
- **vi)** $0{,}125 = \frac{1}{8} \in \mathbb{Q}\ (\subset\mathbb{R})$ **vii)** $\sqrt{\pi+e} \in \mathbb{R}\ (\notin\mathbb{N};\ \notin\mathbb{Z};\ \notin\mathbb{Q})$

Aufgabe 1.3 *(1.1.33)***:**

i)
- **a)** Aussageform (AF) (da Variablen vorhanden) **b)** AF (wie in a))
- **c)** Aussage (A) (falsch) **d)** A (wahr!) **e)** AF **f)** AF
- **g)** $\frac{1}{0}$ ist nicht definiert, d.h. es ist weder eine Aussage noch eine Aussageform.
- **h)** A (falsch) **i)** weder A noch AF (da weder wahr noch falsch angebbar)

ii)
- **a)** $L=\{-7;\ 7\}$ **b)** $L=\mathbb{R}$, AF ist allgemeingültig, d.h. stets wahr
- **c)** $L = \{0\}$ (folgt aus $0 = 5x \iff x = 0$) **d)** $L = \{-1;\ -2\}$ (denn das Produkt der beiden Klammern ist genau dann Null, wenn die erste oder die zweite Klammer Null wird)
- **e)** $L=\{\ \}$, AF ist unerfüllbar (da $0 = 5$ stets falsch) **f)** $L=\mathbb{R}$, AF ist allgemeingültig
- **g)** $L=\{2\}$ **h)** $L= \{x\in\mathbb{R} \mid x>6 \text{ oder } x<-6\}$ **i)** $L= \{u\in\mathbb{R} \mid -9<u<9\}$

Aufgabe 1.4 *(1.1.43)***:** Die logischen Gesetze 1a) bis 8b) sind allgemeingültig, denn zu jeder der acht möglichen Wahrheitswert-Kombinationen der Teilaussagen A, B, C ergeben sich identische Wahrheitswerte *(eingerahmt)* der beiden *(sich dadurch als äquivalent erweisenden)* zusammengesetzten Aussagen:

1a)

A	B	C	$A \vee B$	$(A \vee B) \vee C$	$B \vee C$	$A \vee (B \vee C)$
w	w	w	w	w	w	w
w	w	f	w	w	w	w
w	f	w	w	w	w	w
w	f	f	w	w	f	w
f	w	w	w	w	w	w
f	w	f	w	w	w	w
f	f	w	f	w	w	w
f	f	f	f	f	f	f

5 Eingeklammerte Aufgabennummern bezeichnen die entsprechende Aufgabe im Lehrbuch „Einführung in die angewandte Wirtschaftsmathematik", siehe Erläuterungen im Vorwort.

1b)

A	B	C	A ∧ B	(A ∧ B) ∧ C	B ∧ C	A ∧ (B ∧ C)
w	w	w	w	w	w	w
w	w	f	w	f	f	f
w	f	w	f	f	f	f
w	f	f	f	f	f	f
f	w	w	f	f	w	f
f	w	f	f	f	f	f
f	f	w	f	f	f	f
f	f	f	f	f	f	f

2a)

A	B	C	B ∧ C	A ∨ (B ∧ C)	A ∨ B	A ∨ C	(A ∨ B) ∧ (A ∨ C)
w	w	w	w	w	w	w	w
w	w	f	f	w	w	w	w
w	f	w	f	w	w	w	w
w	f	f	f	w	w	w	w
f	w	w	w	w	w	w	w
f	w	f	f	f	w	f	f
f	f	w	f	f	f	w	f
f	f	f	f	f	f	f	f

2b)

A	B	C	B ∨ C	A ∧ (B ∨ C)	A ∧ B	A ∧ C	(A ∧ B) ∨ (A ∧ C)
w	w	w	w	w	w	w	w
w	w	f	w	w	w	f	w
w	f	w	w	w	f	w	w
w	f	f	f	f	f	f	f
f	w	w	w	f	f	f	f
f	w	f	w	f	f	f	f
f	f	w	w	f	f	f	f
f	f	f	f	f	f	f	f

3a/b) Ist A wahr, so auch A ∧ A sowie A ∨ A *(nach Definition von ∧ bzw. ∨);*
Ist A falsch, so auch A ∧ A sowie A ∨ A *(nach Definition von ∧ bzw. ∨).*

4a)

A	B	A ∧ B	A ∨ (A ∧ B)	A
w	w	w	w	w
w	f	f	w	w
f	w	f	f	f
f	f	f	f	f

4b)

A	B	A ∨ B	A ∧ (A ∨ B)	A
w	w	w	w	w
w	f	w	w	w
f	w	w	f	f
f	f	f	f	f

5)

A	¬A	A ∨ ¬A	wahr
w	f	w	w
f	w	w	w

6)

A	¬A	A ∧ ¬A	falsch
w	f	f	f
f	w	f	f

7)

A	¬A	¬(¬A)	A
w	f	w	w
f	w	f	f

8a)

A	B	A ∨ B	¬ (A ∨ B)	¬A	¬B	¬A ∧ ¬B
w	w	w	f	f	f	f
w	f	w	f	f	w	f
f	w	w	f	w	f	f
f	f	f	w	w	w	w

8b)

A	B	A ∧ B	¬ (A ∧ B)	¬A	¬B	¬A ∨ ¬B
w	w	w	f	f	f	f
w	f	f	w	f	w	w
f	w	f	w	w	f	w
f	f	f	w	w	w	w

Aufgabe 1.5 *(1.1.44)*:

i) Mit den Abkürzungen: U ≙ Alois liebt Ulla; P ≙ Alois liebt Petra schreibt sich Alois' Antwort wie folgt: $\neg(P \vee \neg(P \vee U))$.
Dies bedeutet nach den Gesetzen der Aussagenlogik, siehe vorherige Aufgabe:

$$\neg(P \vee \neg(P \vee U)) \iff \neg P \wedge \neg\neg(P \vee U) \iff \neg P \wedge (P \vee U) \iff$$
$$\iff (\neg P \wedge P) \vee (\neg P \wedge U) \iff \text{Falsch} \vee (\neg P \wedge U) \iff \neg P \wedge U$$

d.h. Alois liebt Petra nicht, er liebt aber Ulla.

ii) Mit B ≙ BWL bestanden, V ≙ VWL bestanden sowie M ≙ Mathe bestanden lautet die Aussage: $[(M \wedge B) \vee \neg(M \vee V)] \wedge \neg(M \vee \neg B)$. Daraus folgt:

$$[(M \wedge B) \vee (\neg M \wedge \neg V)] \wedge \neg M \wedge B$$
$$\iff [\{(M \wedge B) \vee \neg M\} \wedge \{(M \wedge B) \vee \neg V)\}] \wedge \neg M \wedge B$$
$$\iff [\{(M \vee \neg M) \wedge (B \vee \neg M)\} \wedge \{(M \wedge B) \vee \neg V)\}] \wedge \neg M \wedge B$$
$$\iff [\{\text{wahr} \wedge (B \vee \neg M)\} \wedge \{(M \vee \neg V) \wedge (B \vee \neg V)\}] \wedge \neg M \wedge B$$
$$\iff [\{B \vee \neg M\} \wedge (M \vee \neg V) \wedge (B \vee \neg V)] \wedge \neg M \wedge B$$
$$\iff (B \vee \neg M) \wedge (M \vee \neg V) \wedge (B \vee \neg V) \wedge \neg M \wedge B$$
$$\iff \underbrace{\neg M \wedge (B \vee \neg M)} \wedge (M \vee \neg V) \wedge \underbrace{(B \vee \neg V) \wedge B}$$
$$\iff \neg M \wedge (M \vee \neg V) \wedge B$$
$$\iff \underset{\text{(stets falsch)}}{(\neg M \wedge M)} \vee (\neg M \wedge \neg V) \wedge B$$
$$\iff \neg M \wedge \neg V \wedge B,$$

d.h. Mathe und VWL nicht bestanden, BWL bestanden.

Einfacher geht's mit Hilfe einer Wahrheitswerttabelle:

[(M	$\wedge$	B)	$\vee$	$\neg$(	M	$\vee$	V)]	$\wedge$	$\neg$	[M	$\vee$	$\neg$	B]
w	w	w	w	f	w	w	w	f	f	w	w	f	w
w	w	w	w	f	w	w	f	f	f	w	w	f	w
w	f	f	f	f	w	w	w	f	f	w	w	w	f
w	f	f	f	f	w	w	f	f	f	w	w	w	f
f	f	w	f	f	f	w	w	f	w	f	f	f	w
f	f	**w**	w	w	f	f	**f**	**w**	w	f	f	f	w
f	f	f	f	f	f	w	w	f	f	f	w	w	f
f	f	f	w	w	f	f	f	f	f	f	w	w	f

Zu jeder der acht möglichen Wahrheitswertkombination von M, B und V werden nach und nach die in der Aussage vorkommenden Verknüpfungen mit den entsprechenden Wahrheitswerten versehen, das Endresultat ist eingerahmt und liefert als einzige wahre Möglichkeit die drittletzte Kombination: Nur wenn M falsch ist, B wahr ist und V falsch ist, hat Alois die Wahrheit gesagt. Dies bedeutet: Mathe nicht bestanden, BWL bestanden, VWL nicht bestanden.

Aufgabe 1.6 *(1.1.52)*:

i) wahr **ii)** falsch (denn für $x = -4$ ist A wahr, nicht aber B) **iii)** wahr
iv) falsch (denn für $x = 0$ ist A wahr, nicht aber B) **v)** wahr **vi)** falsch (A ist stets falsch!)
vii) wahr **viii)** wahr
ix) falsch (denn für $k < -2$ ist A wahr, nicht aber B) **x)** wahr
xi) falsch (denn für $x < -3$ ist A wahr, nicht aber B)

Aufgabe 1.7 *(1.1.55)*: $L_1 / L_2 :=$ Lösungsmenge der linken / rechten (Un-) Gleichung

i) $L_1 = \{7\} \subset \{-7;\ 7\} = L_2$: falsch (*richtig ist:* $\Rightarrow$)
ii) wahr
iii) wahr
iv) $L_1 = \{2\} \subset \{-2;\ 2\} = L_2$: falsch (*richtig ist:* $\Rightarrow$)
v) wahr
vi) $L_1 = \{0;\ 5\} \supset \{5\} = L_2$: falsch (*richtig ist:* $\Leftarrow$)
vii) $L_1 = \mathbb{R}\setminus\{0\} \supset \mathbb{R}^+ = L_2$: falsch (*richtig ist:* $\Leftarrow$)
viii) wahr
ix) wahr
x) $L_1 = \{\ \} \subset \{16\} = L_2$: falsch (*richtig ist:* $\Rightarrow$)

Aufgabe 1.8 *(1.1.62)*:

i) **a)** $\mathbb{N} \subset \mathbb{Z} \subset \mathbb{Q} \subset \mathbb{R}$
b) $A \subset B \quad (A \neq B!)$

ii) **a)** $\{\ \}, \{x\}, \{y\}, \{z\}, \{x;y\}, \{x;z\}, \{y;z\}, \{x;y;z\}$
b) $\{\ \}, \{0\}, \{\{\ \}\}, \{0;\{\ \}\}$ **c)** $\{\ \}, \{1\}, \{\{2;3\}\}, \{1;\{2;3\}\}$

Aufgabe 1.9 *(1.1.79)*: Die Gesetze 1) - 10) der Mengenalgebra sind allgemeingültig, erkennbar an den jeweils gleichgetönten „Ergebnis" - Mengen für die linke und rechte Seite des jeweiligen Mengen-Gesetzes:

1)

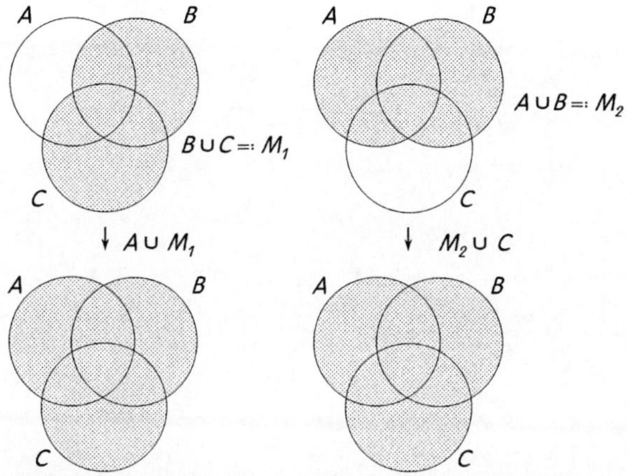

$$A \cup (B \cup C) = (A \cup B) \cup C$$

2)

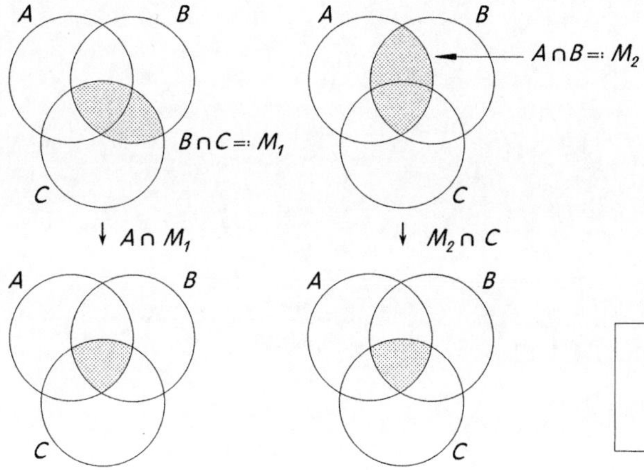

$$A \cap (B \cap C) = (A \cap B) \cap C$$

3)

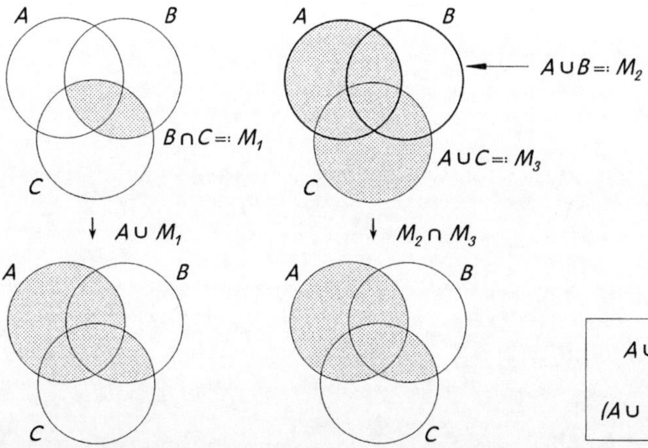

$$A \cup (B \cap C) = (A \cup B) \cap (A \cup C)$$

4)

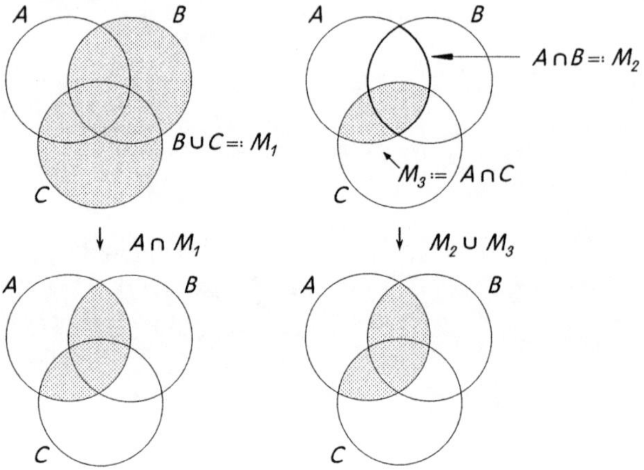

$$A \cap (B \cup C) = (A \cap B) \cup (A \cap C)$$

5)

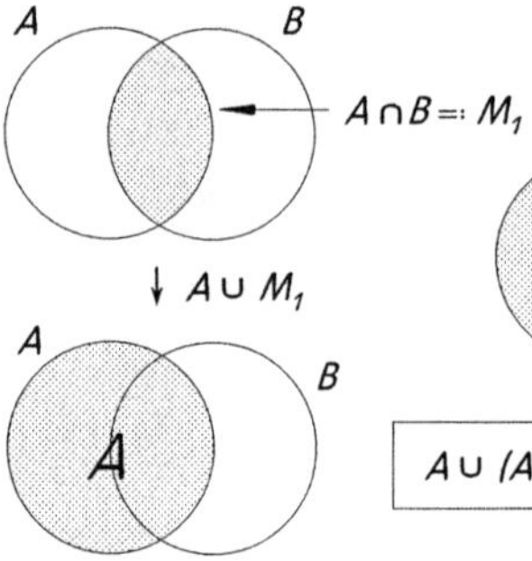

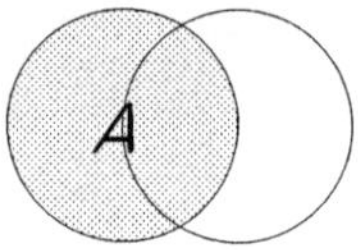

$$A \cup (A \cap B) = A$$

6)

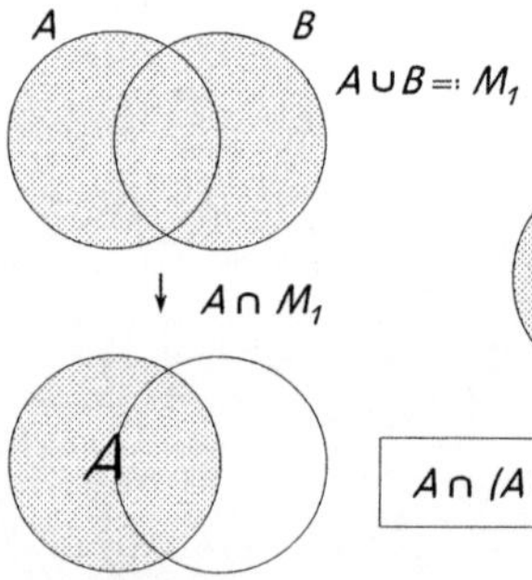

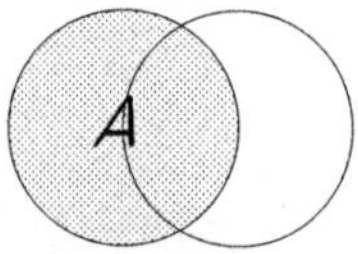

$$A \cap (A \cup B) = A$$

7)

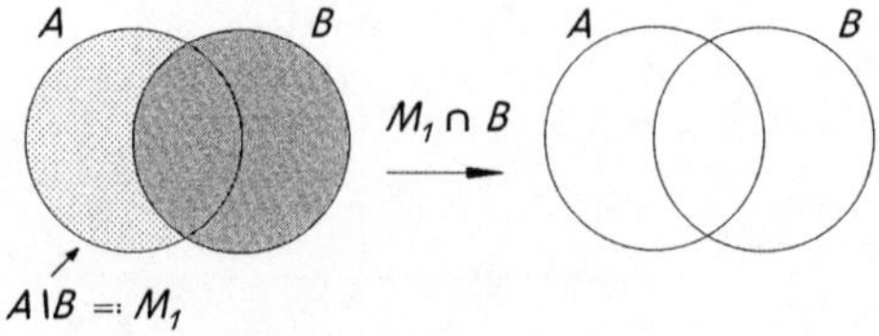

$$(A \setminus B) \cap B = \{\ \}$$

8)

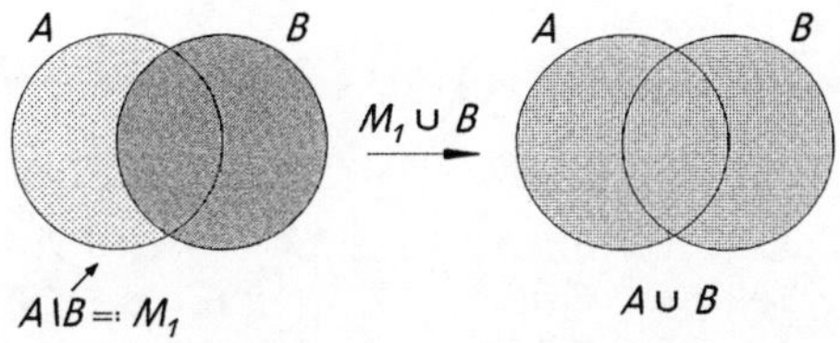

$$(A \setminus B) \cup B = A \cup B$$

9)

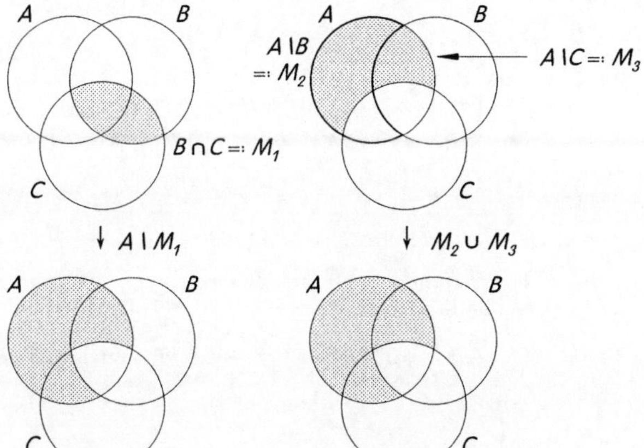

$$A \setminus (B \cap C) \quad = \quad (A \setminus B) \cup (A \setminus C)$$

10)

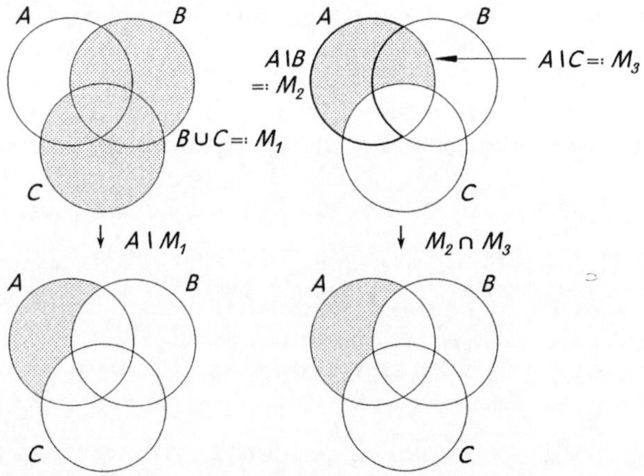

$$A \setminus (B \cup C) \quad = \quad (A \setminus B) \cap (A \setminus C)$$

Aufgabe 1.10 *(1.1.80)*:

1) $A \cup (B \cup C) = \{1;\ 2;\ \ldots\ 12;\ 13\}$ **2)** $A \cap (B \cap C) = \{6\}$

3) $A \cup (B \cap C) = \{1;\ 2;\ \ldots\ 9;\ 10\}$ **4)** $A \cap (B \cup C) = \{2;\ 3;\ \ldots\ 9;\ 10\}$

Ausführliche Herleitung von **4)**:

$$\begin{aligned} A \cap (B \cup C) &= \{1;2;3;4;5;6;7;8;9;10\} \cap (\{2;3;4;5;6\} \cup \{6;7;8;9;10;11;12;13\}) \\ &= \{1;2;3;4;5;6;7;8;9;10\} \cap \{2;3;4;5;6;7;8;9;10;11;12;13\} \\ &= \{2;3;4;5;6;7;8;9;10\} \end{aligned}$$
(Die übrigen Herleitungen verlaufen analog)

5) $A \cup (A \cap B) = \{1;\ 2;\ \ldots\ 9;\ 10\} = A$ **6)** $A \cap (A \cup B) = \{1;\ 2;\ \ldots\ 9;\ 10\} = A$

7) $(A \setminus B) \cap B = \{\ \}$ **8)** $(A \setminus B) \cup B = \{1;\ 2;\ \ldots\ 9;\ 10\} = A$

9) $A \setminus (B \cap C) = \{1;\ 2;\ 3;\ 4;\ 5;\ 7;\ 8;\ 9;\ 10\}$ **10)** $A \setminus (B \cup C) = \{1\}$

Ausführliche Herleitung von **10)**:

$$\begin{aligned} A \setminus (B \cup C) &= \{1;2;3;4;5;6;7;8;9;10\} \setminus (\{2;3;4;5;6\} \cup \{6;7;8;9;10;11;12;13\}) \\ &= \{1;2;3;4;5;6;7;8;9;10\} \setminus \{2;3;4;5;6;7;8;9;10;11;12;13\} = \{1\} \end{aligned}$$

Aufgabe 1.11 *(1.1.81)*:

i) $D_G = \mathbb{R} \setminus \{0\}$ *(Null im Nenner „verboten")* **ii)** $D_G = \mathbb{R}$ *(Nenner ist stets $\neq 0$)*

iii) $D_G = \mathbb{R}_0^+$ *(Der Radikand unter einer Wurzel mit geradzahligem Wurzelexponenten darf nicht negativ sein.)*

iv) $D_G = \{z \in \mathbb{R} \mid z \geq -1 \wedge z \neq 7\}$ *(denn für „-1" und „7" wird der Nenner Null – „verboten")*

Aufgabe 1.12 *(1.1.90)*:

i) $A \times B = \{$(an), (am), (en), (em), (in), (im)$\}$

ii) $B \times A = \{$(na), (ma), (ne), (me), (ni), (mi)$\}$

iii) $A^2 = \{$(aa), (ae), (ai), (ea), (ee), (ei), (ia), (ie), (ii)$\}$

iv) $B^2 = \{$(nn), (nm), (mn), (mm)$\}$

v) $B \times A \times B = \{$(nan), (man), (nen), (men), (nin), (min), (nam), (mam), (nem), (mem), (nim), (mim)$\}$

vi) $A \times B \times A = \{$(ana), (ama), (ena), (ema), (ina), (ima), (ane), (ame), (ene), (eme), (ine), (ime), (ani), (ami), (eni), (emi), (ini), (imi)$\}$

vii) $A \times B \times B \times A = (A \times B) \times (B \times A) =$
$= \{$(anna), (anma), (anne), (anme), (anni), (anmi), (amna), (amma), (amne), (amme), (amni), (ammi), (enna), (enma), (enne), (enme), (enni), (enmi), (emna), (emma), (emne), (emme), (emni), (emmi), (inna), (inma), (inne), (inme), (inni), (inmi), (imna), (imma), (imne), (imme), (imni), (immi)$\}$.

Aufgabe 1.13 *(1.1.91)*: **i)** siehe Lösungen zu Aufg. 1.12 i) und ii)

ii a)
$$\begin{aligned} A \times (B \cap C) &= \{(x,y) \mid x \in A \wedge y \in (B \cap C)\} \\ &= \{(x,y) \mid x \in A \wedge (y \in B \wedge y \in C)\} \\ &= \{(x,y) \mid (x \in A \wedge y \in B) \wedge (x \in A \wedge y \in C)\} \qquad (\text{denn } A = A \wedge A) \\ &= (A \times B) \cap (A \times C)\ . \end{aligned}$$

b)
$$\begin{aligned} A \times (B \cup C) &= \{(x,y) \mid x \in A \wedge y \in (B \cup C)\} \\ &= \{(x,y) \mid x \in A \wedge (y \in B \vee y \in C)\} \\ &= \{(x,y) \mid (x \in A \wedge y \in B) \vee (x \in A \wedge y \in C)\} \qquad (\text{siehe Aufg. 1.4, 2b}) \\ &= (A \times B) \cup (A \times C)\ . \end{aligned}$$

c) Man beweist dieses Gesetz am besten „von rechts nach links“ *(siehe Aufg. 1.4)*:

$$\begin{aligned}(A\times B)\setminus(A\times C) &= \{(x,y)\,|\,(x,y)\in(A\times B)\wedge\neg((x,y)\in(A\times C))\}\\ &= \{(x,y)\,|\,(x\in A\wedge y\in B)\wedge\neg(x\in A\wedge y\in C)\}\\ &= \{(x,y)\,|\,(x\in A\wedge y\in B)\wedge(\neg(x\in A)\vee\neg(y\in C))\}\quad\textit{(de Morgan)}\\ &= \{(x,y)\,|\,((x\in A\wedge y\in B)\wedge\neg(x\in A))\vee((x\in A\wedge y\in B)\wedge\neg(y\in C))\}\\ &= \{(x,y)\,|\,\underbrace{(x\in A\wedge y\in B\wedge\neg(x\in A))}_{\textit{immer falsch}}\vee(x\in A\wedge y\in B\wedge\neg(y\in C))\}\\ &= \{(x,y)\,|\,(x\in A\wedge(y\in B\wedge\neg(y\in C))\} = A\times(B\setminus C)\,.\end{aligned}$$

Aufgabe 1.14 *(1.2.20)*:

i) $2\cdot 10\cdot 4\cdot 3\cdot a\cdot a\cdot a\cdot b\cdot b\cdot b\cdot b\cdot x\cdot x = 240\cdot a^3b^4x^2$ *(Assoziativgesetz!)*

ii) $a\cdot b\cdot b\cdot c = ab^2c$ *(Assoziativgesetz!)*

iii) $(-3)\cdot x\cdot a\cdot y\cdot(-2)\cdot x\cdot y = 6ax^2y^2$ *(Assoziativgesetz: jeder Faktor tritt nur einmal auf!)*

iv) $x^2+4xy+4y^2 - (4x^2-4xy+y^2) = -3x^2+8xy+3y^2$

v) *x ausklammern (Distributivgesetz) und dann kürzen:* $\dfrac{(a+b-c)\cdot x}{x} = a+b-c$

vi) *Jetzt das Assoziativgesetz anwenden, x* **nicht** *„ausklammern“:* $\dfrac{abc\cdot x^3}{x} = abcx^2$

vii) $x(28a+21b-35c) - x(15a-12b+18c) = x(13a+33b-53c)$

viii) Dies ist die einfachste Form, da faktorisiert! Ausmultiplizieren verkompliziert!

ix) $\dfrac{(-abc)\cdot(b-a)}{(a-b)\cdot(-abc)} = \dfrac{b-a}{a-b} = \dfrac{(-1)(a-b)}{a-b} = -1$

x) Hauptnenner: $2x^2$, d.h. den 1. Bruch mit 2x, den 2. Bruch mit x, den 3. Bruch mit 2 erweitern: $\dfrac{2x(2x+1)}{2x^2} + \dfrac{x}{2x^2} - \dfrac{2(x+5)}{2x^2} = \dfrac{4x^2+x-10}{2x^2}$

xi) $\dfrac{a(m+n)}{m}\cdot\dfrac{x}{a(x+y)} = \dfrac{(m+n)x}{m(x+y)}$

xii) $\dfrac{\frac{u}{v}-\frac{v}{v}}{\frac{2u}{v}-\frac{2v}{v}} = \dfrac{\frac{u-v}{v}}{\frac{2u-2v}{v}} = \dfrac{u-v}{v}\cdot\dfrac{v}{2(u-v)} = \dfrac{1}{2}$

xiii) $\dfrac{\frac{ay}{by}-\frac{bx}{by}}{\frac{ay}{by}+\frac{bx}{by}} = \dfrac{\frac{ay-bx}{by}}{\frac{ay+bx}{by}} = \dfrac{ay-bx}{ay+bx}$

xiv) $-x+\dfrac{x}{\frac{x-1-2}{x-1}} = \dfrac{-x^2+3x}{x-3} + \dfrac{x^2-x}{x-3} = \dfrac{2x}{x-3}$

xv) $\dfrac{(a-b-c)(a-b+c)}{a-b-c} = a-b+c$ *(3. Binomische Formel:* $u^2-v^2 = (u-v)(u+v)$ *)*

xvi) $\dfrac{-(x^2-4x+4)}{x-2} = \dfrac{-(x-2)^2}{x-2} = -(x-2) = 2-x$

xvii) $\dfrac{(2x-3y)(2x+3y)}{16x^2+81y^2}$

xviii) $-1-\dfrac{4a-c}{c} = \dfrac{-c}{c}-\dfrac{4a-c}{c} = \dfrac{-4a}{c}$

Aufgabe 1.15 *(1.2.30)*:

i) $2\sum_{i=1}^{20} x_i y_i$ **ii)** $\sum_{k=1}^{100}\dfrac{1}{k}$ **iii)** $\sum_{n=2}^{9}(2n)^2 = \sum_{n=2}^{9}4n^2 = 4\sum_{n=2}^{9}n^2$

Aufgabe 1.16 *(1.2.31)*:

i) $\dfrac{1}{3}+\dfrac{1}{2}+\dfrac{3}{5} = \dfrac{43}{30} = 1{,}4\overline{3}$ **ii)** $7+16+29 = 52$

iii) $3\cdot\sum_{i=1}^{2}(i+1) + 4\cdot\sum_{i=1}^{2}(i+1) + 5\cdot\sum_{i=1}^{2}(i+1) = 12\cdot\sum_{i=1}^{2}(i+1) = 24+36 = 60$

iv) $\sum_{j=1}^{4}\dfrac{2^2+3^2+4^2+5^2}{1+2+3}\cdot j = \sum_{j=1}^{4}9j = 9\sum_{j=1}^{4}j = 9\cdot 10 = 90$

v) Mit S bezeichnen wir die gesuchte Summe $\sum_{i=1}^{n} i = 1+2+3+\ldots+n$.

Nun schreiben wir diese Summe S auf zweierlei Weise:

$S = 1+2+3+\ldots+(n-1)+n$ *(normale Reihenfolge)*
$S = n+(n-1)+(n-2)+\ldots+2+1$ *(umgekehrte Reihenfolge)*

Die Summe von je zwei untereinander stehenden Zahlen beträgt stets $n+1$, insgesamt gibt es n dieser Paare. Addition der beiden Gleichungen liefert daher:

$2S = n\cdot(n+1)$ und somit: $S = \sum_{i=1}^{n} i = \dfrac{n(n+1)}{2}$.

vi) Dieselbe Überlegung wie im Aufgabenteil v): Die n untereinander stehenden Zahlenpaare haben jeweils die Summe 2n, d.h. $2S = n\cdot 2n$ und daher $S = n^2$.

vii) Zur Ermittlung von $\sum_{i=1}^{n} i^2$ benötigen wir das Ergebnis von v): $\sum_{i=1}^{n} i = \dfrac{n(n+1)}{2}$.

Zunächst erhält man durch Ausmultiplizieren *(binom. Formel)* die allgemeingültige Relation: $(k+1)^3 = k^3+3k^2+3k+1 \iff (k+1)^3-k^3 = 3k^2+3k+1$.

Wir schreiben für $k = 1, 2, 3, \ldots$ die ersten n dieser Gleichungen untereinander und addieren danach alle Zeilen spaltenweise:

$$\begin{array}{llll}
2^3 - 1^3 &= 3\cdot 1^2 + 3\cdot 1 + 1 & & (k=1)\\
3^3 - 2^3 &= 3\cdot 2^2 + 3\cdot 2 + 1 & & (k=2)\\
4^3 - 3^3 &= 3\cdot 3^2 + 3\cdot 3 + 1 & & (k=3)\\
\dots & \dots & & \dots\\
n^3 - (n-1)^3 &= 3\cdot(n-1)^2 + 3\cdot(n-1) + 1 & & (k=n-1)\\
(n+1)^3 - n^3 &= 3\cdot n^2 + 3\cdot n + 1 & & (k=n).
\end{array}$$

Bei Addition aller Zeilen hebt sich auf der linken Seite fast alles weg.

$$(n+1)^3 - 1 = 3\cdot\underbrace{(1^2+2^2+\dots n^2)}_{\text{Diese Summe } (=S) \text{ ist gesucht!}} + 3\cdot\underbrace{(1+2+\dots+n)}_{\text{Diese Summe ist bekannt, siehe v): } \frac{n(n+1)}{2}} + n$$

Somit folgt aus der letzten Gleichung:

$$\begin{aligned}
3\cdot S &= (n+1)^3 - 1 - 3\cdot\frac{n(n+1)}{2} - n\\
&= (n+1)^3 - 3\cdot\frac{n(n+1)}{2} - (n+1)\\
&= (n+1)\cdot\left((n+1)^2 - \frac{3n}{2} - 1\right)\\
&= \frac{1}{2}(n+1)\cdot\underbrace{\left(2(n+1)^2 - 3n - 2\right)}_{=n(2n+1)} = \frac{1}{2}(n+1)\cdot n\cdot(2n+1)
\end{aligned}$$

d.h. $$S = \sum_{i=1}^{n} i^2 = 1^2 + 2^2 + 3^2 + \dots + n^2 = \frac{1}{6}n\cdot(n+1)\cdot(2n+1)\ .$$

viii) Die Berechnung von $\sum_{k=1}^{n}(2k-1)^2 =: \sum(2k-1)^2$ lässt sich mit Hilfe von vii) und vi) durchführen:

$$\begin{aligned}
\sum(2k-1)^2 &= \sum(4k^2-4k+1) = 4\sum k^2 - 4\sum k + n = \frac{2}{3}n(n+1)(2n+1) - n(2n+1)\\
&= (2n+1)\left(\frac{2}{3}n(n+1) - n\right) = (2n+1)\cdot\frac{1}{3}n\cdot(2n-1)
\end{aligned}$$

und daher: $$\sum_{k=1}^{n}(2k-1)^2 = \frac{1}{3}n(4n^2-1)\ .$$

ix) Es handelt sich bei $\sum_{i=0}^{n-1} x^i =: \sum x^i$ um die Summe S_n der „endlichen geometrischen Reihe":

$$S_n = 1+x+x^2+x^3+\dots+x^{n-3}+x^{n-2}+x^{n-1}\ .$$ Multiplikation mit x liefert:

$$x\cdot S_n = x+x^2+x^3+x^4+\dots+x^{n-2}+x^{n-1}+x^n\ .$$

Subtrahiert man jetzt diese beiden Gleichungen, so heben sich sämtliche Potenzen weg bis auf die „1" in der ersten Gleichung und „x^n" in der zweiten Gleichung:

$$S_n - x\cdot S_n = 1 - x^n \quad\Leftrightarrow\quad S_n(1-x) = 1-x^n \quad\underset{x\neq 1}{\Leftrightarrow}\quad S_n = \frac{1-x^n}{1-x}$$ und daher:

$$\sum_{i=0}^{n-1} x^i = 1+x+x^2+x^3+\ldots+x^{n-3}+x^{n-2}+x^{n-1} = \frac{1-x^n}{1-x} = \frac{x^n-1}{x-1}, \quad (x \neq 1).$$

Für den Sonderfall $x = 1$ gilt: $\sum_{i=0}^{n-1} x^i = 1+1+1+\ldots+1 = n \cdot 1 = n$.

Aufgabe 1.17 *(1.2.32)*: *(siehe auch die Ergebnisse von Satz 1.2.27 im Lehrbuch)*

Mit den Abkürzungen $\sum := \sum_{i=1}^{n}$ sowie $\bar{x} := \frac{1}{n}\sum x_i$ erhält man:

$$\sum(x_i-\bar{x})^2 = \sum(x_i^2 - 2x_i\bar{x} + \bar{x}^2) = \sum x_i^2 - 2\bar{x}\sum x_i + \sum \underbrace{\bar{x}^2}_{=\text{const.!}} =$$

$$\sum x_i^2 - 2\bar{x}\cdot n \cdot \underbrace{\frac{1}{n}\sum x_i}_{=\bar{x}} + n\cdot\bar{x}^2 = \sum x_i^2 - 2n\bar{x}^2 + n\bar{x}^2 = \sum x_i^2 - n\bar{x}^2.$$

Aufgabe 1.18 *(1.2.35)*:

i) $1\cdot 2\cdot 3 \ldots \cdot 9\cdot 10 = 10! = 3.628.800$

ii) $x_1 x_2 x_3 x_4 x_5 y_1 y_2 y_3 y_4 y_5 z_1 z_2 z_3 z_4 z_5$

iii) Der 2. Faktor wird Null und somit das gesamte Produkt.

Aufgabe 1.19 *(1.2.43)*:

i) $\frac{1\cdot 2\cdot 3\cdot 4\cdot 5}{1\cdot 2\cdot 3} = 20$; 576 ; 4200

ii) $\frac{100!}{99!\cdot 1!} = 100$; $\frac{100!}{98!\cdot 2!} = \frac{100\cdot 99}{1\cdot 2} = 4950$; 28 ;

$\frac{0!}{0!} = \frac{1}{1} = 1$; $\frac{10!}{5!\cdot 5!} = \frac{10\cdot 9\cdot 8\cdot 7\cdot 6}{1\cdot 2\cdot 3\cdot 4\cdot 5} = 252$; $2\cdot\binom{9}{4} = 2\cdot\frac{9\cdot 8\cdot 7\cdot 6}{1\cdot 2\cdot 3\cdot 4} = 252$.

iii) $(a+b)^6 = a^6 + 6a^5b + 15a^4b^2 + 20a^3b^3 + 15a^2b^4 + 6ab^5 + b^6$ *(s. LB Satz 1.2.42)*

iv) $(2x-y)^{10} = 1024x^{10} - 5120x^9y + 11520x^8y^2 - 15360x^7y^3 + 13440x^6y^4 - 8064x^5y^5 + 3360x^4y^6 - 960x^3y^7 + 180x^2y^8 - 20xy^9 + y^{10}$ *(siehe LB Satz 1.2.42)*

Aufgabe 1.20 *(1.2.64)*: *(Idee: Wurzeln in Potenzen umwandeln, Potenzgesetze P1-P5 anwenden und Ergebnis ggf. in Wurzelform zurückschreiben)*

i) $\left(e^{-3}\cdot(e^{-3})^{\frac{1}{3}}\right)^{\frac{1}{4}} = \left(e^{-3}\cdot e^{-1}\right)^{\frac{1}{4}} = \left(e^{-4}\right)^{\frac{1}{4}} = e^{-1} = \frac{1}{e}$

ii) $x^{\frac{2}{ab}}\cdot x^{\frac{1}{ab}} = \sqrt[ab]{x^3}$

iii) $\left(\frac{a^2\cdot b^{\frac{1}{3}}}{a^{\frac{1}{4}}}\right)^{\frac{1}{2}} = \left(a^{\frac{7}{4}}\cdot b^{\frac{1}{3}}\right)^{\frac{1}{2}} = a^{\frac{7}{8}}\cdot b^{\frac{1}{6}} = \sqrt[8]{a^7}\,\sqrt[6]{b}$

iv) $\left(\frac{a^{\frac{3}{4}}\cdot a^{\frac{2}{3}}}{a^{\frac{4}{5}}}\right)^{\frac{1}{60}} = \left(a^{\frac{3}{4}+\frac{2}{3}-\frac{4}{5}}\right)^{\frac{1}{60}} = \left(a^{\frac{37}{60}}\right)^{\frac{1}{60}} = a^{\frac{37}{3600}} = \sqrt[3600]{a^{37}}$

v) $\left(a^{\frac{\sqrt{3}}{3}}\cdot a^{\frac{1}{2}}\right)^{\sqrt{3}} = a\cdot a^{\frac{1}{2}\sqrt{3}} = a^{1+0,5\sqrt{3}}$

Aufgabe 1.21 *(1.2.65)*:

i) $x = \sqrt[5]{1024} = 4$, d.h. $L = \{4\}$

ii) $x = \sqrt[4]{11} \vee x = -\sqrt[4]{11}$ d.h. $L = \{1{,}8212; -1{,}8212\}$

iii) $x = \pm\sqrt[4]{-1/16} \notin \mathbb{R}$ d.h. $L = \{\ \}$ **iv)** $x = \sqrt[5]{1024/243} = 4/3$, d.h. $L = \{4/3\}$

v) $x = \pm\sqrt[20]{2500}$ d.h. $L = \{-1{,}4788; 1{,}4788\}$

vi) $1500 \cdot q^{17} = 5700$, d.h. $L = \{1{,}0817\}$

Aufgabe 1.22 *(1.2.91)*:

1) **i)** $\lg(2x) + 0{,}25 \cdot \lg(x^2 \cdot y) = \lg 2 + \lg x + 0{,}25 \cdot (2 \cdot \lg x + \lg y)$

ii) $\ln(2 \cdot x^4) + \ln(u^{2-x}) = \ln 2 + 4 \cdot \ln x + (2-x) \cdot \ln u$

iii) $\ln(5x^2) + 0{,}25 \cdot \{\ln(p \cdot q^2) - 2 \cdot \ln(a^2 b)\} =$
$= \ln 5 + 2 \cdot \ln x + 0{,}25 \cdot \ln p + 0{,}5 \cdot \ln q - \ln a - 0{,}5 \cdot \ln b$

2) **i) a)** $3^{1000} = (10^{\lg 3})^{1000} \approx 10^{477{,}12}$, d.h. 478 Dezimalstellen

b) $9^{9^9} := 9^{(9^9)} = 9^{387.420.489} = (10^{\lg 9})^{387.420.489} \approx 10^{369.693.099{,}6}$,
d.h. 369.693.100 Dezimalstellen.

ii) $2^{500} = (10^{\lg 2})^{500} \approx 10^{150{,}515} = 10^{0{,}515} \cdot 10^{150} \approx 3{,}27 \cdot 10^{150}$

3) **i)** $17 = e^{\ln 17} \approx e^{2{,}8332}$ **ii)** $(e^{\ln 7})^{\frac{1}{3}} = e^{\frac{1}{3}\ln 7} \approx e^{0{,}6486}$

iii) $2^x = (e^{\ln 2})^x \approx e^{0{,}6931x}$ **iv)** $x^x = (e^{\ln x})^x = e^{x \ln x}$ **v)** $e^{\ln(x+1)/12}$

vi) $e^{\ln(\ln x)}$ **vii)** $(e^{\ln x})^{\frac{1}{\ln x}} = e^1 = e$ **viii)** $\text{huber} = e^{\ln(\text{huber})}$

4) Nach Lehrbuch (1.2.88) gilt allgemein: $\log_a b = \frac{\ln b}{\ln a}$. Damit folgt:

i) $\log_9 27 = \frac{\ln 27}{\ln 9} = 1{,}5$ *(auch: $\log_9 27 = \log_9(9 \cdot 3) = \log_9(9 \cdot 9^{0{,}5}) = \log_9 9^{1{,}5} = 1{,}5$)*

ii) $\frac{\ln 100}{\ln 20} + \frac{\ln 20}{\ln 100} \approx 2{,}1878$ **iii)** $\frac{\ln 70}{\ln 0{,}5} + \frac{\ln 200}{\ln 0{,}1} + \frac{\ln 0{,}01}{\ln 1{,}5} \approx -19{,}7881$

Aufgabe 1.23 *(1.2.130)*:

i) $0 = Kqi - R(q-1) = Kqi - Rq + R \Leftrightarrow q(R - Ki) = R \Leftrightarrow q = \frac{R}{R - Ki}$

$0 = Kqi - R(q-1) \Leftrightarrow R(q-1) = Kqi \Leftrightarrow R = \frac{Kqi}{q-1}$

$0 = Kqi - R(q-1) \Leftrightarrow Kqi = R(q-1) \Leftrightarrow K = \frac{R(q-1)}{qi}$

$0 = Kqi - R(q-1) \Leftrightarrow Kqi = R(q-1) \Leftrightarrow i = \frac{R(q-1)}{Kq}$

ii) $0 = -2500q + 12500 \Leftrightarrow q = 5$

iii) $0 = 200000 - 250000x + 250000 \Leftrightarrow x = 1{,}8$

iv) $2000 = 1800 + 9p \Leftrightarrow p = 22{,}\overline{2}$

v) $(a+b)y = 2F \quad \Leftrightarrow \quad by = 2F - ay \quad \Leftrightarrow \quad b = \frac{2F-ay}{y}$

vi) $ky - y - by = a \quad \Leftrightarrow \quad y \cdot (k-1-b) = a \quad \Leftrightarrow \quad y = \frac{a}{k-1-b}$

Aufgabe 1.24 *(1.2.140)*:

i) Multiplikation der 1. Gleichung mit „3" und der 2. Gleichung mit „7" liefert:

$$\left.\begin{matrix} 21x - 33y = -21 \\ -21x + 35y = 35 \end{matrix}\right\}$$ Addition liefert: $2y = 14$, d.h. $y = 7$. Einsetzen $\Rightarrow x = 10$ d.h. $(x; y) = (10; 7)$

ii) Multiplikation der 1. Gleichung mit „5" und der 2. Gleichung mit „2" liefert:

$$\left.\begin{matrix} 69{,}5m - 13n = -26 \\ -20{,}8m + 13n = 26 \end{matrix}\right\}$$ Addition liefert: $48{,}7m = 0$, d.h. $m = 0$. Einsetzen $\Rightarrow n = 2$ d.h. $(m; n) = (0; 2)$

iii) z.B. zuerst „x" eliminieren:

a) Multiplik. der 2. Gl. mit „2" und von 1. Gl. abziehen:

$$\begin{matrix} 2x - 3y + z = 8 \\ 2x + 4y - 6z = 22 \end{matrix} \quad \Rightarrow \quad -7y + 7z = -14 \quad (*)$$

b) Multiplik. der 2. Gl. mit „5" und 3. Gl. davon abziehen:

$$\begin{matrix} 5x + 10y - 15z = 55 \\ 5x - 4y + 3z = 15 \end{matrix} \quad \Rightarrow \quad 14y - 18z = 40\text{, d.h. } 7y - 9z = 20.$$

Addiert man die letzte Gleichung zur Gl. (∗), so folgt: $-2z = 6$, d.h. $z = -3$; Einsetzen: Es folgt sukzessive $y = -1$, $x = 4$, d.h. $(x; y; z) = (4; -1; -3)$.

iv) z.B. zuerst „u" eliminieren:

a) Multiplik. der 2. Gl. mit „2" und von 1. Gl. abziehen:

$$\left.\begin{matrix} 2u - 8v + 3w = 23 \\ 2u + 14v - 4w = -4 \end{matrix}\right\} \quad \Rightarrow \quad -22v + 7w = 27$$

b) Multiplik. der 2. Gl. mit „3" und 3. Gl. davon abziehen:

$$\left.\begin{matrix} 3u + 21v - 6w = -6 \\ 3u - 5v - 6w = -32 \end{matrix}\right\} \quad \Rightarrow \quad 26v = 26 \Leftrightarrow v = 1.$$ Einsetzen $\Rightarrow w = 7; u = 5$ d.h. $(u; v; w) = (5; 1; 7)$

v) Elimination von „c" aus Gl. 1/2 durch Mult. von Gl.2 mit „2": $-11a + 6b = -15$ (∗) Jetzt Gl.(∗) mit „−5" und Gl.3 mit „6" multiplizieren und beide Gl. addieren:

$$\left.\begin{matrix} 55a - 30b = 75 \\ 36a + 30b = 72 \end{matrix}\right\} \quad \Rightarrow \quad 91a = 147 \quad \Leftrightarrow \quad a = 21/13 \quad \Rightarrow \quad b = 6/13$$

Einsetzen in Gl. 1 $\Rightarrow c = (3a+29)/4 = 110/13$

d.h. $(a; b; c) = (\frac{21}{13}; \frac{6}{13}; \frac{110}{13}) \approx (1{,}6154;\ 0{,}4615;\ 8{,}4615)$

Aufgabe 1.25 *(1.2.141)*:

Bezeichnet man die *(konstante)* Zulaufgeschwindigkeit einer Pumpe mit x *(in Volumeneinheiten (VE) pro Stunde (h))*, die Abflussgeschwindigkeit des Wassers in den Produktionsprozess mit y *(in VE/h)* und nimmt man etwa an, dass die Kapazität des Behälters 100 VE beträgt, so müssen die folgenden beiden Gleichungen gelten:

$x - y = -10$ *(Abnahme innerhalb einer Stunde um 10 VE)*
$4x - 2y = 40$ *(Zunahme innerhalb von zwei Stunden um 40 VE).*

Lösung: $x = 30$ VE/h *(oder: eine einzelne Pumpe füllt alleine in einer Stunde 30% des Gesamtspeichers)*

$y = 40$ VE/h *(oder: ohne Zufluss werden pro Stunde 40% der Kapazität des Speichers im Produktionsprozess benötigt)*

i) 80 VE *($= 2y = 2[h] \cdot 40[VE/h]$)* leeren sich ohne Zufluss in 2 h.

ii) 100 VE *($= 3,\overline{3}x = 3,\overline{3}[h] \cdot 30[VE/h]$)* werden durch eine einzige Pumpe in 3h 20min gefüllt.

Aufgabe 1.26 *(1.2.152)***:**

Anwendung von LB (1.2.145): $x^2+px+q=0 \quad \Leftrightarrow \quad x_{1,2} = -\frac{p}{2} \pm \sqrt{\left(\frac{p}{2}\right)^2 - q}$

i) $x_{1,2} = -0,5 \pm \sqrt{0,25+16}$ d.h. $L = \{-4,5311\,;\ 3,5311\}$

ii) $x_{1,2} = 8,5 \pm \sqrt{72,25-70}$, d.h. $L = \{7\,;10\}$

iii) $x_{1,2} = 6,5 \pm \sqrt{42,25-40}$ d.h. $L = \{5;\ 8\}$

iv) $x_{1,2} = -8 \pm \sqrt{64-100} \notin \mathbb{R}$, d.h. $L = \{\ \}$

v) Normalform herstellen: $x^2 - 1,7x + 0,7 = 0 \quad \Longleftrightarrow$

$x_{1,2} = 0,85 \pm \sqrt{0,7225-0,7}$ d.h. $L = \{0,7;\ 1\}$

vi) $x_{1,2} = 5 \pm \sqrt{25-25} = 5$, d.h. $L = \{5\}$

vii) $q_{1,2} = 1,25 \pm \sqrt{1,5625-1,56}$ d.h. $L = \{1,2;\ 1,3\}$

viii) $t_{1,2} = t^2 - 20,8\overline{3}t - 0,00008\overline{3} = 0 \quad \Rightarrow \quad L = \{-0{,}000\,004;\ 20,8333\} \approx \{0;\ 20,8\overline{3}\}$

ix) $x^2 - 0,5kx - 0,5 \cdot (3+k) = 0 \quad \Leftrightarrow \quad x_{1,2} = 0,25k \pm \sqrt{0,0625k^2 + 0,5k + 1,5}$

x) $q^2 - 0,625q - 0,5625 = 0 \quad \Leftrightarrow \quad q_{1,2} = 0,3125 \pm \sqrt{0,3125^2 + 0,5625}$

d.h. $L = \{-0,5\,;\ 1,125\}$.

Aufgabe 1.27 *(1.2.153)***:**

i) $x = -\frac{5}{3} \pm \frac{1}{3}\sqrt{25-3c}$, d.h. es gibt genau dann zwei Lösungen, wenn die Diskriminante positiv ist, d.h. für $25 - 3c > 0$ bzw. $c < \frac{25}{3}$

ii) **a)** $(x-3)(x+7) = x^2 + 4x - 21 = 0$

b) $(x+0,01)(x-\frac{1}{7}) = x^2 - \frac{93}{700}x - \frac{1}{700} = 0$

c) $(x+4)^2 = x^2 + 8x + 16 = 0$

d) $x(x-0,25) = x^2 - 0,25x = 0$ **e)** $x^2 = 0$

f) $(x-0,5-0,5\sqrt{5})(x-0,5+0,5\sqrt{5}) = (x-0,5)^2 - 1,25 = x^2 - x - 1 = 0$

iii) Für die gesuchte durchschnittliche Preisänderungsrate i (% p.a.) muss gelten:
$100 \cdot (1+i)^2 = 122 \Rightarrow 1+i = \sqrt{1{,}22} \approx 1{,}1045$, d.h. $i \approx 10{,}45\%$ p.a. *($i_2 < 0$)*.

iv) Zahlungsreihe: (Zeit)

100 | −62,5 | − 56,25 *(T€)*

Aufzinsung auf den Tag der letzten Leistung liefert die Äquivalenzgleichung für i *(i := eff. Jahreszins; 1+i = Zinsfaktor)*:

$100(1+i)^2 = 62{,}5(1+i) + 56{,}25 \Leftrightarrow (1+i)^2 - 0{,}625(1+i) - 05625 = 0 \Rightarrow$
(siehe Aufg. 1.5.152 x) $1+i = 1{,}1250$ d.h. $i_{eff} = 12{,}50\%$ p.a.
($1+i_2 = -0{,}5$, d.h. $i_2 = -150\% < 0$, ökon. irrelevant)

Aufgabe 1.28 *(1.2.166)*:

i) $z = x^4$ substituieren: $z^2 - 18z + 32 = 0 \Leftrightarrow z_{1,2} = 9 \pm \sqrt{81-32} = 9 \pm 7$, d.h. $z_1 = 16$, $z_2 = 2$
Resubstitution: $x_{1,2} = \pm\sqrt[4]{16}$; $x_{3,4} = \pm\sqrt[4]{2}$ d.h. $L = \{-2;\ -1{,}1892;\ 1{,}1892;\ 2\}$

ii) $z = x^2 - 7$ substituieren: $z^2 - 10z + 9 = 0 \Leftrightarrow z_{1,2} = 5 \pm 4$, d.h. $z_1 = 1$; $z_2 = 9$
Resubstitution: $x_{1,2} = \pm\sqrt{1+7}$; $x_{3,4} = \pm\sqrt{9+7}$ d.h. $L = \{-4; -2{,}8284; 2{,}8284; 4\}$

iii) $5 - (x-1)^6 = \pm\sqrt[10]{4} \Leftrightarrow (x-1)^6 = 5 \pm 4^{0,1}$ d.h. $(x-1)_{1,2} = \pm(5+4^{0,1})^{\frac{1}{6}}$ sowie
$(x-1)_{3,4} = \pm(5-4^{0,1})^{\frac{1}{6}}$ und daher: $L = \{-0{,}3535; -0{,}2520; 2{,}2520; 2{,}3535\}$

iv) $(z^2 - 2z - 6)^6 = x^6 = 64 \Leftrightarrow x_{1,2} = \pm 2 \Rightarrow x_1 = z^2 - 2z - 6 = 2$ d.h. $z_{1,2} = 1 \pm 3$
sowie $x_2 = z^2 - 2z - 6 = -2$ d.h. $z_{3,4} = 1 \pm \sqrt{5} \Rightarrow L = \{-2;\ -1{,}2361;\ 3{,}2361;\ 4\}$

v) $p^8 + 64p^5 = 0 \Leftrightarrow p^5(p^3+64) = 0 \Leftrightarrow p^5 = 0 \vee p^3 + 64 = 0 \Rightarrow L = \{0; -4\}$

vi) $3y \cdot (y^2 - \frac{2}{3}y - \frac{1}{3}) = 0 \Leftrightarrow y = 0 \vee y = \frac{1}{3} \pm \sqrt{4/9} \Leftrightarrow L = \{-\frac{1}{3};\ 0;\ 1\}$

vii) $z = t^2$ substituieren: $z^2 - 8z + 7 = 0 \Leftrightarrow z_{1,2} = 4 \pm \sqrt{4^2 - 7} = 4 \pm 3$
Resubstitution: $t_{1,2} = \pm\sqrt{7}$; $t_{3,4} = \pm\sqrt{1}$ d.h. $L = \{-\sqrt{7}; -1; 1; \sqrt{7}\}$

viii) Polynomdivision:

$$
\begin{array}{l}
x^3 - 10x^2 + 31x - 30 \ :\ x - 2 = x^2 - 8x + 15 \\
\underline{x^3 - 2x^2} \\
\quad -8x^2 + 31x \\
\quad \underline{-8x^2 + 16x} \\
\qquad\qquad 15x - 30 \\
\qquad\qquad \underline{15x - 30} \\
\qquad\qquad\quad 0
\end{array}
$$

Damit lässt sich die Gleichung schreiben:
$(x-2)(x^2 - 8x + 15) = 0$, d.h.
$x - 2 = 0 \vee x^2 - 8x + 15 = 0$,
d.h. $x = 2 \vee (x = 4 \pm \sqrt{1})$
und daher $L = \{2;\ 3;\ 5\}$

ix) $(1+x)_{1,2} = \pm\sqrt[12]{1{,}12}$ d.h. $x_{1,2} = -1 \pm \sqrt[12]{1{,}12}$ d.h. $L = \{-2{,}009489;\ 0{,}009489\}$

x) Substitution $x := q^3 \Leftrightarrow x^2 - 1{,}228x - 0{,}864 = 0 \Leftrightarrow x_{1,2} = 0{,}614 \pm \sqrt{0{,}614^2 + 0{,}864}$
$x_1 = 1{,}728$; $x_2 = -0{,}5$. Wegen $q = \sqrt[3]{x} \Rightarrow L = \{\sqrt[3]{-0{,}5}; \sqrt[3]{1{,}728}\} = \{-0{,}7937;\ 1{,}2000\}$

Aufgabe 1.29 *(1.2.167)*:

Der Umsatz in 2009 (= U_{2009}) soll 15 Jahre später (= U_{2024}) auf das 7-fache (= $7 \cdot U_{2009}$) angewachsen sein, d.h. mit der gesuchten jährlichen Wachstumsrate i muss gelten: $U_{2024} = 7 \cdot U_{2009} = U_{2009}(1+i)^{15} \Leftrightarrow (1+i)^{15} = 7 \Rightarrow i = 13{,}85\%$ p.a.

ii) Zahlungsstrahl:

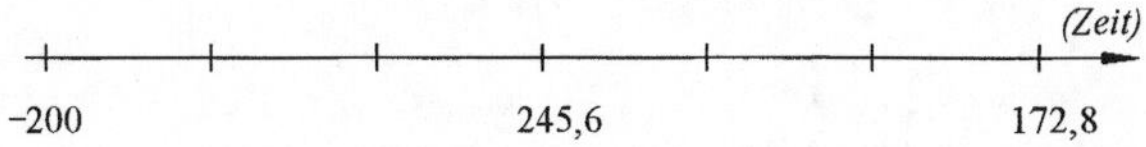

Äquivalenzgleichung: $-200(1+i)^6 + 245{,}6 \cdot (1+i)^3 + 172{,}8 = 0$ *(mit $i = i_{eff}$)*

Substitution $x := (1+i)^3 \Leftrightarrow x^2 - 1{,}228x - 0{,}864 = 0 \Rightarrow x = (1+i)^3 = 1{,}728$

$\Rightarrow 1+i = 1{,}2000 \Rightarrow i_{eff} = 20{,}00\%$ p.a. ($x_2 < 0 \Rightarrow i_2 < 0$: ökonomisch irrelevant)

Aufgabe 1.30 *(1.2.169)*:

*Grundidee zur Bestimmung des Definitionsbereiches bei Wurzeltermen: Der **Radikand** unter einem **gerad**zahligen Wurzelexponenten darf **nicht negativ** werden.*

*Wird im Verlauf des Lösungsweges eine Gleichung **quadriert**, so muss mit den erhaltenen Lösungswerten die **Probe** an der Ausgangsgleichung gemacht werden.*

i) $4x+1 \geq 0$, d.h. $D_G = \{x \in \mathbb{R} \mid x \geq -0{,}25\}$

$5+\sqrt{4x+1} = 8 \Leftrightarrow \sqrt{4x+1} = 3 \Rightarrow 4x+1 = 9 \Leftrightarrow x = 2.$ $L = \{2\}$

ii) $x+1 \geq 0$, d.h. $D_G = \{x \in \mathbb{R} \mid x \geq -1\}$

$x+1 = (5-x)^2 = 25 - 10x + x^2 \Leftrightarrow x^2 - 11x + 24 = 0;\ x_1 = 3; x_2 = 8$ aber: $L = \{3\}$

iii) $2x+1 \geq 0$, d.h. $D_G = \{x \in \mathbb{R} \mid x \geq -0{,}5\}$

$2x+1 = (7-x)^2 = 49 - 14x + x^2 \Leftrightarrow x^2 - 16x + 48 = 0;\ x_1 = 4; x_2 = 12$ aber: $L = \{4\}$

iv) $z \geq 0$, d.h. $D_G = \mathbb{R}_0^+$. Lösungsweg: $\sqrt{z} = z - 20 \Rightarrow z = z^2 - 40z + 400 = 0$

$z^2 - 41z + 400 = 0 \Leftrightarrow z_{1,2} = 20{,}5 \pm \sqrt{20{,}25}$ d.h. $z_1 = 25; z_2 = 16$ aber: $L = \{25\}$

v) $z \geq 0$, d.h. $D_G = \mathbb{R}_0^+$. $\sqrt{z} = 6 - z \Rightarrow z = 36 - 12z + z^2;\ z_1 = 4; z_2 = 9$ aber: $L = \{4\}$

vi) Wegen $x \geq -4$ und zugleich $x \geq 20$: $D_G = \{x \in \mathbb{R} \mid x \geq 20\}$

Lösung: Wurzeln auf eine Seite und dann quadrieren: $\sqrt{x+4} + \sqrt{x-20} = 6 \Rightarrow$

$x+4 + 2\sqrt{(x+4)(x-20)} + x - 20 = 36 \Leftrightarrow \sqrt{(x+4)(x-20)} = 26 - x \Rightarrow$

$(x+4)(x-20) = (26-x)^2 \Leftrightarrow x^2 - 16x - 80 = 676 - 52x + x^2 \Leftrightarrow 36x = 756$

$x = 21$ *(Probe stimmt)*: $L = \{21\}$

vii) $4+x \geq 0 \wedge 4-x \geq 0 \wedge 2x+8 \geq 0$: $D_G = \{x \in \mathbb{R} \mid -4 \leq x \leq 4\}$

Lösung: $\Rightarrow 4+x+2 \cdot \sqrt{(4+x)(4-x)} + 4 - x = 2x+8 \Leftrightarrow \sqrt{16-x^2} = x$

$\Rightarrow 16 - x^2 = x^2 \Leftrightarrow x^2 = 8 \Leftrightarrow x_{1,2} = \pm\sqrt{8} = \pm 2\sqrt{2}$ aber: $L = \{+2\sqrt{2}\}$

viii) $D_G = \mathbb{R}_0^+$. Lösung: Substitution $x := \sqrt[4]{y}$, d.h. $x^2 = \sqrt{y}$, führt zur Gleichung: $2x^2+2 = 5x$, d.h. $x^2-2{,}5x+1=0$,Lösung $x_{1,2} = 1{,}25 \pm \sqrt{0{,}5625}$, d.h. $x_1 = 2$; $x_2 = 0{,}5$ Resubstitution $y = x^4$ liefert $y_1 = 16$; $y_2 = 1/16$ und *(Proben stimmen)* $L = \{16; 1/16\}$

ix) $D_G = \{x \in \mathbb{R} \mid x \geq 0{,}25\}$. $(0{,}5r)^2 = 4x-1 \Leftrightarrow 0{,}25r^2+1 = 4x \Leftrightarrow x = 0{,}0625r^2+0{,}25$

x) Wegen $0{,}5x-100 \overset{!}{\geq} 0$: $D_G = \{x \in \mathbb{R} \mid x \geq 200\}$. Lösung: $0{,}5x-100 = (0{,}1r)^2 \Leftrightarrow$ $0{,}5x = 0{,}01r^2+100$ d.h. $x = 0{,}02r^2 + 200$ *$(r \geq 0)$*

Aufgabe 1.31 *(1.2.176)***:**

i) $D_G = \mathbb{R}$ *(gilt für alle Potenzen mit positiver Basis).* $e^x = 9 \Leftrightarrow x = \ln 9 \approx 2{,}1972$

ii) $D_G = \mathbb{R}$. Mult. mit e^{2x}: $2e^x e^{2x} = 1 \Leftrightarrow e^{3x} = 0{,}5 \Leftrightarrow 3x = \ln 0{,}5$ d.h. $L = \{-0{,}2310\}$

iii) $D_G = \mathbb{R}$. $0{,}5 \cdot 3^x = 1{,}3 \cdot 4^{-x} \cdot 4^7 \Leftrightarrow 0{,}5 \cdot 3^x \cdot 4^x = 1{,}3 \cdot 4^7 \Leftrightarrow 3^x \cdot 4^x = 2{,}6 \cdot 4^7$ $\Leftrightarrow 12^x = 42\,598{,}4 \Leftrightarrow x = \ln 42\,598{,}4 / \ln 12$ d.h. $L = \{4{,}2897\}$

iv) $D_G = \mathbb{R}$. $e^{0,1n} = 4 \underset{(\ln)}{\Leftrightarrow} 0{,}1n = \ln 4 \Leftrightarrow n = 10 \cdot \ln 4$ d.h. $L = \{13{,}8629\}$

v) $D_G = \mathbb{R}$. $\frac{p}{100} \cdot 12 = \ln 0{,}5 \Leftrightarrow p = (100 \cdot \ln 0{,}5)/12 \approx -5{,}7762$, d.h. $L = \{-5{,}7762\}$

vi) $D_G = \mathbb{R}$. $1{,}09^x = 2 \underset{(\ln)}{\Leftrightarrow} x \cdot \ln 1{,}09 = \ln 2 \Leftrightarrow x = \ln 2 / \ln 1{,}09$, d.h. $L = \{8{,}0432\}$

vii) $D_G = \mathbb{R}$. Mult. mit 0,1: $0 = 20 \cdot 1{,}1^n - 30 \cdot (1{,}1^n - 1) = 20 \cdot 1{,}1^n - 30 \cdot 1{,}1^n + 30$ $\Leftrightarrow 10 \cdot 1{,}1^n = 30 \Leftrightarrow 1{,}1^n = 3 \underset{(\ln)}{\Leftrightarrow} n = \ln 3 / \ln 1{,}1 \approx 11{,}5267.$

viii) $D_G = \mathbb{R}^+$. $0{,}5 \cdot \lg(x^2+1) = 2 \cdot \lg x \Leftrightarrow \lg(x^2+1) = 4 \cdot \lg x \underset{10^{\cdots}}{\Leftrightarrow} x^2+1 = 10^{\lg x \cdot 4} = x^4$ $x^4 - x^2 - 1 = 0$. Substitution: $y := x^2 \Rightarrow y^2 - y - 1 = 0 \Leftrightarrow$ $y_{1,2} = 0{,}5 \pm \sqrt{1{,}25}$. Resubst.: $y_1 = x^2 = 0{,}5 + \sqrt{1{,}25}$ d.h. $x_1 \approx 1{,}2720$ $(x_2 < 0)$; $y_2 = x^2 = 0{,}5 - \sqrt{1{,}25} < 0$, d.h. $x_{3,4} \notin \mathbb{R}$, d.h. $L = \{1{,}2720\}$

ix) $D_G = \mathbb{R}^+$. $\log_2 p = -0{,}1 \underset{2^{\cdots}}{\Leftrightarrow} p = 2^{-0,1} \approx 0{,}9330$ d.h. $L = \{0{,}9330\}$

x) $D_G = \mathbb{R}$. $\ln(y+1)^2 = 0{,}1 \underset{e^{\cdots}}{\Leftrightarrow} (y+1)^2 = e^{0,1} \Leftrightarrow y+1 = \pm e^{0,05} \approx \pm 1{,}0513$ d.h. $L = \{-2{,}0513; 0{,}0513\}$

xi) $D_G = \mathbb{R}$. $0{,}5 \cdot \ln(x^2+1) = 1 \Leftrightarrow \ln(x^2+1) = 2 \underset{e^{\cdots}}{\Leftrightarrow} x^2+1 = e^2 \Leftrightarrow x_{1,2} = \pm\sqrt{e^2-1}$ d.h. $L = \{-2{,}5277; 2{,}5277\}$

xii) $D_G = \mathbb{R}^+$. $y^{\lg y} \cdot 4^{\lg y} = 0{,}25 \cdot \frac{1}{y} = \frac{1}{4} \cdot \frac{1}{y} = \frac{1}{4y} = (4y)^{-1} \Leftrightarrow$

$(4y)^{\lg y} = (4y)^{-1} \underset{(\ln)}{\Leftrightarrow} \lg y \cdot \ln(4y) = (-1) \cdot \ln(4y) = -\ln(4y) \Leftrightarrow$

$\lg y \cdot \ln(4y) + \ln(4y) = 0 \Leftrightarrow \ln(4y) \cdot (\lg y + 1) = 0 \Leftrightarrow$

$\ln(4y) = 0 \vee \lg y + 1 = 0 \underset{e^{\cdots}\,10^{\cdots}}{\Leftrightarrow} 4y = e^0 = 1 \vee y = 10^{-1} \Leftrightarrow$

$y = \frac{1}{4} \vee y = 0{,}1 \Leftrightarrow L = \{0{,}25 ; 0{,}1\}$.

Aufgabe 1.32 *(1.2.179)*:

Bei Bruchgleichungen stets zuerst – unter Beachtung des Definitionsbereiches – die Nenner entfernen (durch Multiplikation der Gleichung mit dem Hauptnenner), anschließend kürzen.

i) $D_G = \mathbb{R}\backslash\{-1;-3\}$. Mit Hauptnenner $(x+1)(x+3)$ multiplizieren und kürzen:
$\Leftrightarrow\ 1\cdot(x+3)-2\cdot(x+1) = 0 \quad \Leftrightarrow \quad -x+1=0$
$\Leftrightarrow\ x=1$ d.h. $L=\{1\}$

ii) $D_G = \mathbb{R}\backslash\{7\}$. Mit $x-7$ multiplizieren und kürzen:
$\Leftrightarrow\ x-3=4 \Leftrightarrow x=7 \notin D_G$, d.h. $L=\{\ \}$

iii) $D_G = \mathbb{R}\backslash\{-1;1;4\}$. Mit $(x-4)(x+1)(x-1)$ multiplizieren und kürzen:
$\Leftrightarrow\ 5x\cdot(x+1)(x-1)+x\cdot(x-4)(x-1) = 6x\cdot(x-4)(x+1)$. x ausklammern:
$\Leftrightarrow\ x\cdot\{5(x^2-1) + (x^2-5x+4) - 6(x^2-3x-4)\} = 0$. Zusammenfassen:
$\Leftrightarrow\ x\cdot(5x^2-5+x^2-5x+4-6x^2+18x+24) = x\cdot(13x+23) = 0 \quad \Leftrightarrow \quad L=\{-\frac{23}{13};0\}$

iv) $D_G = \mathbb{R}$. Substitution $z=x^2$, dann mit $(3z+7)(3+z)$ multiplizieren:
$\Leftrightarrow\ 5z\cdot(3+z)+2\cdot(3z+7) = (3z+7)(3+z)$ Ausrechnen und zusammenfassen:
$\Leftrightarrow\ 2z^2+5z-7=0 \Leftrightarrow z_{1,2} = -1{,}25 \pm \sqrt{5{,}0625} = -1{,}25 \pm 2{,}25$. Resubstitution:
$x^2=1 \Leftrightarrow x_1=1;\ x_2=-1$; $x^2=-3{,}5$ liefert keine weiteren Lösungen: $L=\{-1;1\}$

v) Für den Definitionsbereich muss gelten: $2-x\geq 0 \wedge x+8>0 \wedge 4x+5>0 \quad \Leftrightarrow$
$x\leq 2 \wedge x>-8 \wedge x>-\frac{5}{4}$, d.h. $D_G=\{x\in\mathbb{R}\,|\,-\frac{5}{4}<x\leq 2\}$.
Multiplikation mit Hauptnenner, anschließend Gleichung quadrieren *(Probe!)*:
$(2-x)(4x+5) = x+8 \quad \Leftrightarrow \quad x^2-0{,}5x-0{,}5=0 \quad \Leftrightarrow \quad x_{1,2} = 0{,}25 \pm \sqrt{0{,}5625}$
d.h. $L=\{-0{,}5;1\}$ *(Probe stimmt)*

vi) $D_G = \mathbb{R}\backslash\{0\}$. $1+2\cdot(e^x-1)=0 \Leftrightarrow e^x=0{,}5 \underset{(\ln)}{\Leftrightarrow} x=\ln 0{,}5 \Leftrightarrow L\approx\{-0{,}6931\}$

vii) $D_G = \mathbb{R}\backslash\{2/5\}$. Mult. mit $5x-2$: $y\cdot(5x-2)=4x-7 \quad \Leftrightarrow \quad 5xy-2y = 4x-7$
$5xy-4x = 2y-7 \Leftrightarrow x\cdot(5y-4) = 2y-7 \quad \Leftrightarrow \quad x=\frac{2y-7}{5y-4}$

viii) $D_G = \mathbb{R}\backslash\{0\}$. Mult. mit x: $100x = 2x^2+40x+250 \quad \Leftrightarrow \quad x^2-30x+125=0$
$x_{1,2} = 15\pm\sqrt{100} = 15\pm 10$ d.h. $L=\{5;25\}$

ix) $D_G = \mathbb{R}\backslash\{0\}$. Mult. mit $200\cdot x^2$: $-200km+spx^2=0 \Leftrightarrow spx^2=200km$

$$x^2=\frac{200km}{sp} \quad \Leftrightarrow \quad x=\pm\sqrt{\frac{200\cdot k\cdot m}{s\cdot p}}$$

x) $D_G = \mathbb{R}\backslash\{\frac{1}{n}\}$ Mult. mit $1-in$: $i^*\cdot(1-in)=i \quad \Leftrightarrow \quad i^*-i^*in=i \Leftrightarrow i^*=i+i^*in$
Seitentausch, i ausklammern: $i\cdot(1+i^*n)=i^* \quad \Leftrightarrow \quad i=\frac{i^*}{1+i^*n}$

xi) $D_G = \mathbb{R}\backslash\{-\frac{d}{c}\}$ Mult. mit $cy+d$: $x(cy+d) = ay+b \quad \Leftrightarrow \quad xcy+xd = ay+b$
$\Leftrightarrow\ xcy-ay = b-xd \quad \Leftrightarrow \quad y\cdot(xc-a) = b-xd \quad \Leftrightarrow$
$$y=\frac{b-dx}{cx-a}=\frac{dx-b}{-cx+a}=-\frac{dx-b}{cx-a}$$

Aufgabe 1.33 *(1.2.185)*:

i) $-6x+4 \geq x-6 \quad \Leftrightarrow$

$10 \geq 7x \quad \Leftrightarrow$

$x \leq \frac{10}{7}$ d.h.

$L = \{x \in \mathbb{R} \mid x \leq \frac{10}{7}\}$

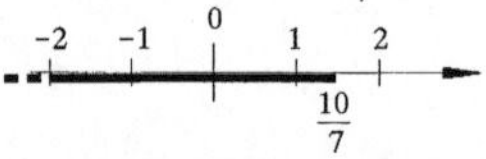

ii) $-\ln \frac{p}{1000} > 5 \ (p > 0) \quad \underset{\cdot(-1)}{\Leftrightarrow}$

$\ln \frac{p}{1000} < -5 \quad \underset{(e^{\cdots})}{\Leftrightarrow}$

$\frac{p}{1000} < e^{-5} \Leftrightarrow p < 1000 \cdot e^{-5} \approx 6{,}7379$

d.h. $L = \{p \in \mathbb{R}^+ \mid p < 6{,}7379\}$

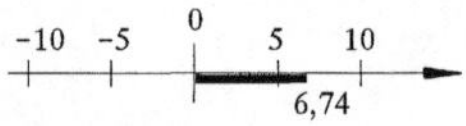

iii) $3 \cdot \lg x > -6 \ (x > 0) \quad \Leftrightarrow$

$\lg x > -2 \quad \underset{(10^{\cdots})}{\Leftrightarrow}$

$x > 10^{-2} = 0{,}01 \ (> 0)$

d.h. $L = \{x \in \mathbb{R}^+ \mid x > 0{,}01\}$

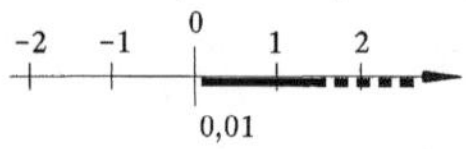

iv) $3 - x^2 < 0 \quad \Leftrightarrow$

$x^2 > 3 \quad \Leftrightarrow$ *(s. LB Bsp. 1.2.184 v)*

$x > \sqrt{3} \ \vee \ x < -\sqrt{3}$ d.h.

$L = \{x \in \mathbb{R} \mid x > \sqrt{3} \ \vee \ x < -\sqrt{3}\}$

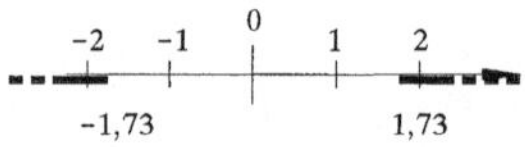

v) $x^2 - 9x \geq 20$ *Idee: Quadratische Ergänzung zu $T(x)^2 \geq c$ und dann LB Bsp. 1.2.184 v) anwenden*

$\underset{+4{,}5^2}{\Leftrightarrow} \quad x^2 - 9x + 4{,}5^2 \geq 20 + 4{,}5^2$

$\Leftrightarrow \quad (x-4{,}5)^2 \geq 40{,}25$

$\Leftrightarrow \quad x - 4{,}5 \geq \sqrt{40{,}25} \quad \vee \quad x - 4{,}5 \leq -\sqrt{40{,}25}$

$\Leftrightarrow \quad x \geq 4{,}5 + \sqrt{40{,}25} \quad \vee \quad x \leq 4{,}5 - \sqrt{40{,}25}$

d.h. $\quad L = \{x \in \mathbb{R} \mid x \leq -1{,}8443 \ \vee \ x \geq 10{,}8443\}$

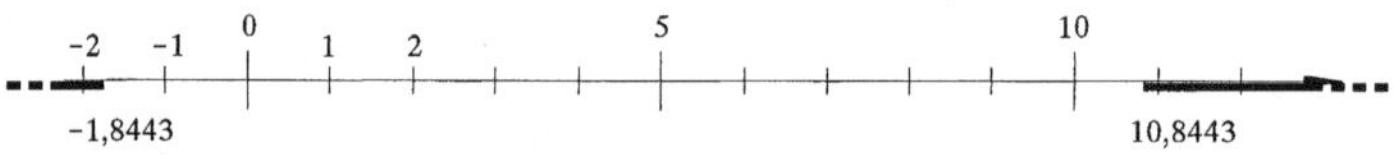

vi) $\frac{2x-1}{x+1} > 1 \quad (x \neq 1)$. Fallunterscheidung für Nenner: a) $x+1 > 0$ b) $x+1 < 0$

a) Vorgabe: $x+1 > 0$ (d.h. $x > -1$). Dann bleibt bei Multiplikation mit $x+1$ die Richtung der Ungleichung ($>$) erhalten:

$2x-1 > x+1 \quad \Leftrightarrow \quad x > 2$ *(> -1, d.h. die Vorgabe ist erfüllt)*

b) Vorgabe: $x+1 < 0$ (d.h. $x < -1$). Dann ändert sich bei Multiplikation mit $x+1$ die Richtung der Ungleichung (nach „$<$"):

$2x-1 < x+1 \quad \Leftrightarrow \quad x < 2$, wegen der Vorgabe aber muss gelten: $x < -1$ *(< 2)*.

Insgesamt liefern die beiden möglichen Fälle a) und b) als Lösungsmenge:

$L = \{x \in \mathbb{R} \mid x < -1 \quad \vee \quad x > 2\}$

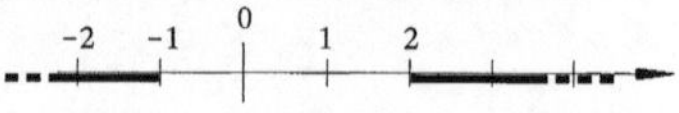

vii) $0{,}5^x < 1000 \underset{(\ln)}{\Leftrightarrow} \ln(0{,}5^x) = x \cdot \ln 0{,}5 < \ln 1000 \underset{\ln 0{,}5 < 0\,(!)}{\Leftrightarrow} x > \dfrac{\ln 1000}{\ln 0{,}5} \approx -9{,}9658$

d.h. $L = \{x \in \mathbb{R} \mid x > -9{,}9658\}$

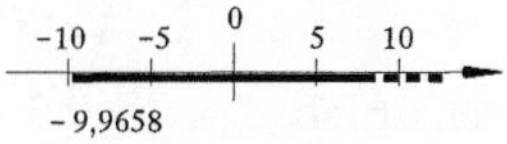

viii) $\dfrac{-p}{8-p} < -1$ *$(p \neq 8)$*. Zwei unterschiedliche Lösungswege werden demonstriert:

Lösungsweg **a)** mit Fallunterscheidung für das Vorzeichen des Nenners

Lösungsweg **b)** nach Satz 1.2.183 (9) Lehrbuch: $\frac{a}{b} < 0 \Leftrightarrow (a>0 \wedge b<0) \vee (a<0 \vee b>0)$

a) Fall 1) Voraussetzung: $8 - p > 0$ (d.h. $p < 8$):

$\Longleftrightarrow \; -p < -8 + p \;\Longleftrightarrow\; p > 4$, d.h. $4 < p < 8$.

Fall 2) Voraussetzung: $8 - p < 0$, (d.h. $p > 8$):

$\Longleftrightarrow \; -p > -8 + p \;\Longleftrightarrow\; p < 4$, d.h. kein p in Fall 2 möglich.

Somit lautet die Lösungsmenge: $L = \{p \mid 4 < p < 8\}$.

b) $\dfrac{-p}{8-p} < -1 \;\Longleftrightarrow\; \dfrac{-p}{8-p} + 1 < 0 \;\Longleftrightarrow\; \dfrac{-p}{8-p} + \dfrac{8-p}{8-p} < 0 \;\Longleftrightarrow\; \dfrac{8-2p}{8-p} < 0$

$\Longleftrightarrow \; (8 - 2p < 0 \wedge 8 - p > 0) \vee (8 - 2p > 0 \wedge 8 - p < 0)$

$\Longleftrightarrow \; (p > 4 \wedge p < 8) \vee \underbrace{(p < 4 \wedge p > 8)}_{\textit{stets falsch}} \;\Longleftrightarrow\; p > 4 \wedge p < 8$, d.h. erneut:

$L = \{p \mid 4 < p < 8\}$:

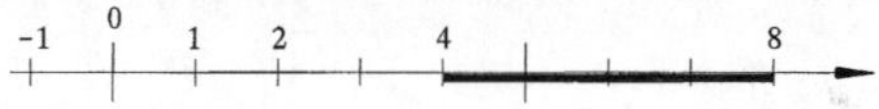

Wo steckt der Fehler ?

(Detaillierte Ausführungen zum „Richtigen und Falschen in der elementaren Algebra" siehe Literaturverzeichnis)

(Verweise wie z.B. „LB Satz 1.2.2" beziehen sich auf das zugrunde liegende Lehrbuch „Einführung in die angewandte Wirtschaftsmathematik")

Aufgabe 1.34: *(1.2.6.1 – Fehler bei Termumformungen)*

1) Verletzung der Reihenfolgekonvention *(siehe z.B. LB Vereinbarung 1.2.8)*,
richtig: $5+7 \cdot x = 5+(7 \cdot x) = 5 + 7x$ *(„Punktoperation vor Strichoperation")*

2) richtig: $2x - y - x = x - y$

3) Verletzung der Reihenfolge-Konvention 1.2.8; richtig: i) 36 ii) 46

4) Verletzung des Assoziativgesetzes *(LB Satz 1.2.2, M2)*,
richtig: i) $2 \cdot (ab) = (2a) \cdot b = 2 \cdot a \cdot b = 2ab$
ii) $-(2x) = (-1) \cdot (2x) = ((-1) \cdot 2) \cdot x = (-2) \cdot x = 2 \cdot (-x) = -2x$

5) i) Wenn ein Bruchstrich wegfällt, muss der Zähler geklammert werden!

Richtig: $-R \cdot \frac{q-1}{2} = -\frac{R}{2}(q-1) = -\frac{R}{2}q + \frac{R}{2}$

ii) Distributivgesetz *(LB Satz 1.2.2, D)* „vergessen“,

richtig: $R \cdot \frac{q-1}{2} = \frac{R}{2}(q-1) = \frac{R}{2}q - \frac{R}{2}$

6) i, ii, iii) Aus der Summe gekürzt (↯). i) und ii) nicht kürzbar!

iii) lässt sich mit Hilfe der 3. Binomischen Formel *(LB Bsp. 1.2.13 ii)* vereinfachen:

$$\frac{9x^2-16y^2}{3x-4y} = \frac{(3x-4y)(3x+4y)}{3x-4y} = 3x+4y\,.$$

7) Potenzgesetze *(LB Satz 1.2.63)* sowie Reihenfolgekonvention *(LB 1.2.8)* beachten!

i) $5a^3 = 5\cdot(a^3)$ $(\neq (5a)^3)$ nach Reihenfolgekonvention *(„Potenz vor Strich“)*

ii) wie i), richtig: $2\cdot 1{,}5^2 = 2\cdot(1{,}5^2) = 2\cdot 2{,}25 = 4{,}5$ $(\neq (2\cdot 1{,}5)^2)$

iii) wie i), d.h. erst potenzieren, dann multiplizieren:
$2\cdot(x+y)^3 = 2\cdot(x^3+3x^2y+3xy^2+y^3) = 2x^3+6x^2y+6xy^2+2y^3$

iv) $-2^4 = -(2^4) = -16$ nach Konvention *(LB 1.2.8: Potenz vor Punkt bzw. Strich)*
*(oder: in $-a^n$ gehört das Minuszeichen **nicht** zur Basis!)*

v) wie in iv), richtig: $-(a+b)^2 = -(a^2+2ab+b^2) = -a^2-2ab-b^2$

vi) Assoziativgesetz *(LB Satz 1.2.2, M2)* mit Distributivgesetz *(D)* „verwechselt“,
richtig: $(ab)^2 = (ab)(ab) = a\cdot b\cdot a\cdot b = a\cdot a\cdot b\cdot b = a^2b^2$

vii) frei phantasiert, richtig: $5^0 = 1$ *(LB Def. 1.2.50 – Potenzdefinitionen!)*

viii) phantasievolle Assoziationen an die *(hier nicht relevante)* Differentialrechnung, richtig: $5^{\frac{1}{2}} = \sqrt{5}$ *(LB Def. 1.2.54)*

ix) Potenzdefinitionen gehen durcheinander, richtig: $27^{-\frac{1}{3}} = \frac{1}{27^{\frac{1}{3}}} = \frac{1}{3}$

x) Potenzdefinitionen beachten, richtig: $a^{-n} = \frac{1}{a^n}$ *(LB Def. 1.2.50)*

xi) identisch mit ix), richtig: $\frac{1}{3}$

xii) 0^0 ist nicht sinnvoll definierbar *(siehe LB Def. 1.2.50)*

xiii) Reihenfolgekonvention *(LB 1.2.8: „von oben nach unten“)* beachten!
Richtig: $2^{4^2} := 2^{(4^2)} = 2^{16} = 65.536$ $(\neq (2^4)^2 = 16^2 = 256)$

8) Grundlage sind die Logarithmengesetze L1–L3 *(s. Kap. 1.2.3.3 Lehrbuch)*

i) a) Nach L1 richtig: $\lg 900 + \lg 100 = \lg(900\cdot 100) = \lg 90000 \approx 4{,}9542$

b) L1 falsch angewendet, Vereinfachung hier nicht möglich, d.h. man muss die Faktoren getrennt berechnen und dann multiplizieren,
Ergebnis: $\lg 900 \cdot \lg 100 \approx 5{,}9085$

ii) a) L2 falsch angewendet, Vereinfachung hier nicht möglich, d.h. man muss Zähler und Nenner getrennt ermitteln und anschließend dividieren:
Ergebnis: $\ln 6 / \ln 2 \approx 2{,}5850$ $(\neq \ln 3)$

b) wie in a) wird hier L2 falsch angewendet, ln a/ln b ist nicht zu vereinfachen

c) vgl. b), richtig: $\lg 1100 / \lg 100 \approx 1{,}5207$ *(≠3)*

iii) Funktionssymbol „gekürzt" (↯)

iv/v) ln 0 bzw. ln (−4) sind nicht definiert *(siehe Lehrbuch Bem. 1.2.68)*

vi) L1 falsch angewendet, richtig: $\ln(5e^x) = \ln 5 + \ln e^x = \ln 5 + x$

vii) $2^x = x \cdot \lg 2$ *(= blühender Unsinn)*! Verwechslung offenbar mit L3: $\lg 2^x = x \cdot \lg 2$.

viii) L1 falsch angewendet *(vgl. vi))*, richtig: $\ln(10 \cdot e^y) = \ln 10 + y$

9) i) Binomische Formel beachten *(siehe Lehrbuch Satz 1.2.42)*:

richtig: $(a-b)^4 = a^4 - 4a^3b + 6a^2b^2 - 4ab^3 + b^4 \qquad (\neq a^4 - b^4)$

ii) Es gilt stets *(bis auf triviale Sonderfälle)*:

Potenz einer Summe ≠ Summe der Potenzen: $(a+b)^x \neq a^x + b^x$

d.h. $\sqrt{a^2+b^2} = (a^2+b^2)^{\frac{1}{2}} \neq a+b$ *(Bsp.:* $\underbrace{\sqrt{3^2+4^2}}_{=\sqrt{25}=5} \neq 3+4$ *)*

$\sqrt{a^2+b^2}$ ist nicht weiter zu vereinfachen!

iii) Beliebter Fehler, es gilt aber:
„Der Kehrwert einer Summe ist **un**gleich der Summe der Kehrwerte!"
vgl. ii) mit Exponent „−1". *(Bsp.:* $1/(2+2) \neq 1/2 + 1/2$*)*

iv) vgl. ii) mit Exponent „0" *(Bsp.:* $1 = (x+y)^0 \neq x^0+y^0 = 2$ *)*

v) vgl. ii) mit Exponent „0,2": $(p+q)^{0,2}$ lässt sich nicht weiter vereinfachen!

vi) Potenzgesetz falsch angewendet: a^2+a^3 lässt sich nicht wesentlich vereinfachen, allenfalls Faktorisierung möglich: $a^2+a^3 = a^2(1+a)$

vii) vgl. vi), e^y+e^x lässt sich nicht weiter vereinfachen. *(Bsp.:* $e^0+e^0 \neq e^{0+0}$ *)*

viii) Konvention beachten *(„von oben nach unten")*: $10^{2^3} = 10^{(2^3)} = 10^8$ *(≠*10^6*)*

10) Es gilt stets *(siehe Logarithmengesetze L1-L3 (bis auf triviale Sonderfälle))*:

Logarithmus einer Summe ≠ Summe der Logarithmen: $\ln(a \pm b) \neq \ln a \pm \ln b$

i/ii/iii) die jeweilige linke Seite nicht weiter zu vereinfachen!

11) i) $\sqrt{-16}$ ist in $\mathbb{R}$ nicht definiert, kann also unmöglich den Wert −4 annehmen.

ii) Wenn ein Summand nicht existiert, so existiert auch nicht die gesamte Summe.

iii) Schönes Beispiel dafür, was passieren kann, wenn man Potenzdefinitionen und Potenzgesetze unerlaubterweise auf Potenzen mit negativer Basis anwendet.

12) Nicht auszurotten scheint die unzulässige Verschmelzung folgender *(voneinander unabhängiger)* Tatsachen, hier demonstriert an einem Beispiel:

- Die **Gleichung** $x^2 = 16$ hat **zwei Lösungen**, nämlich +4 und −4;
- Der **Term** $\sqrt{16}$ ist **ein**deutig und hat einzig und allein den Wert +4.

13) Zu beachten ist, dass jeder Versuch, eine Division durch Null zu definieren, zu Widersprüchen führt, m.a.W.: Die Division durch Null ist „verboten"! *(siehe auch Lehrbuch Bem. 1.2.6)*

Daher sind *(bis auf iv))* sämtliche Terme auf der linken Seite nicht definiert. In iv) ist der **Zähler Null** und somit *(da Nenner* $\neq 0$*)* auch der gesamte Bruch.

In vii) klingen Grenzwertideen an, allerdings in unzulässiger Notierung.

Aufgabe 1.35: *(1.2.6.2 – Fehler bei der Lösung von Gleichungen)*

1) Distributivgesetz *(LB Satz 1.2.2, D)* nicht beachtet, richtig: $120 = (1+\frac{p}{100}) \cdot 100 = 100 + p \quad \Leftrightarrow \quad p = 20$

2) $L = \{ 3 \}$, denn $5 \notin D_G$

3) Die Division durch einen Term *(hier „x")* ist keine Äquivalenzumformung, wenn – wie hier – dieser Divisor Null werden kann *(Lösungen gehen verloren)*. Richtig: $x^2(x-1) = 0 \;\Leftrightarrow\; x^2 = 0 \vee x-1 = 0 \;\Leftrightarrow\; L = \{0;1\}$

4) Wurzelziehen mit geradem Wurzelexponenten ist keine Äquivalenzumformung. Richtig: $(x-7)(x+7) = 0 \;\Leftrightarrow\; L = \{-7;7\}$

5) $L = \{1\}$. Multiplikation von Termen mit Nullstellen ist i.a. keine Äquivalenzumformung, da diese Nullstellen als Lösung hinzukommen können.

6/7) $\sqrt{-36}$ bzw. $\sqrt{-25}$ sind in $\mathbb{R}$ nicht definiert $\Rightarrow$ $L = \{\ \}$

8) Bei Wurzelgleichungen ist mit den gefundenen Lösungskandidaten stets die Probe zu machen, denn durch zwischenzeitliches Potenzieren der Gleichung können Lösungen hinzukommen. Richtig hier *(da Probe mit „25" nicht stimmt)*: $L = \{\ \}$

9) Kehrwert einer Summe $\neq$ Summe der Kehrwerte *(s.o. Lösung zu Aufgabe 1.34, 9ii)* Richtig: $x = \frac{1}{a+b} \quad (\neq \frac{1}{a} + \frac{1}{b})$

10) i) $\ln(a+b) \neq \ln a + \ln b$, d.h. $\ln(e^x+e^{2x}) \neq x+2x$! Richtig: Man substituiert: $e^x =: z \Rightarrow e^{2x} = z^2$. Damit ergibt sich als zu lösende Gleichung in z: $z^2+z-6=0$ mit der Lösung: $z_{1,2} = -0{,}5 \pm \sqrt{6{,}25} = -0{,}5 \pm 2{,}5$
$\Leftrightarrow \quad z_1 = 2 = e^x \quad \Rightarrow \quad x_1 = \ln 2.$
$z_2 = -3 = e^x$ liefert keine weitere Lösung, da e^x stets positiv ist.

ii) $\ln(a+b) \neq \ln a \cdot \ln b$ *(Vertauschung (↯) von „+" und „·" in L1)*. Richtig: Substitution usw. identisch mit Lösung zu i), da dieselbe Gleichung.

11) i) L1 falsch angewendet. Richtig: $\ln(5e^x) = \ln 26 \Leftrightarrow \ln 5 + \ln e^x = \ln 26$
$\Leftrightarrow \quad x = \ln 26 - \ln 5 = \ln(26/5) \approx 1{,}6487.$

Besser *(da weniger fehleranfällig)*: Erst e^x isolieren und dann logarithmieren: $5e^x = 26 \quad \Leftrightarrow \quad e^x = 26/5 \quad \Leftrightarrow \quad x = \ln(26/5) \approx 1{,}6487.$

ii) $\ln(5e^x) \neq (\ln 5) \cdot x$, vielmehr *(L1, L3)*: $\ln(5e^x) = \ln 5 + x$! Sonst identisch mit i).

iii) Wunderbar!! Mit etwas Glück gleichen sich mehrere Fehler zum richtigen Endresultat aus: Fehler Nr. 1: $\ln(5e^x) \neq (\ln 5) \cdot x$, vgl. ii)
Fehler Nr. 2: $\ln 26 / \ln 5 \neq \ln(26/5)$, *(wegen L2)*.

12) 3 Fehler: a) $\ln(2e^x - e^{-2x}) \neq \ln(2e^x) - \ln(e^{-2x})$
b) $\ln(2e^x) \neq 2x$
c) $\ln 0$ ist nicht definiert.

Richtig: $2e^x = e^{-2x} \Leftrightarrow \ln 2 + x = -2x \Leftrightarrow 3x = -\ln 2 \Leftrightarrow x \approx -0{,}23105$

13) Die 1. Lösung ist richtig bis incl. Gleichung $3^{x+2} = 4^{x+2}$. Die richtige Schlussfolgerung lautet nun aber nicht: 3 = 4, sondern *(Lehrbuch Satz 1.2.63,P7):*
$3 = 4 \vee x+2 = 0$ *(denn zwei Potenzen mit beliebigen positiven Basen sind auch dann identisch (und zwar gleich „1"), wenn ihr gemeinsamer Exponent Null ist).*
Daraus ergibt sich hier: $x+2=0$, d.h. $x=-2$, d.h. die 2. Lösung ist korrekt.

14) Dies Beispiel gehört *(insb. in verallgemeinerter Form)* zu den schönsten Trugschlüssen auf elementarer Basis und ist wegen der vielen umfangreichen *(den Fehler verschleiernden)* Rechnungen nicht immer auf Anhieb zu durchschauen.

Der *(einzige)* Fehler liegt in der *(falschen)* Schlussfolgerung aus der *(korrekten)* Gleichung: $(6 - \frac{11}{2})^2 = (5 - \frac{11}{2})^2$ *(d.h. $0{,}5^2 = (-0{,}5)^2$)*. Daraus folgt *nicht*: $0{,}5 = -0{,}5$
Denn: Wurzelziehen ist keine Äquivalenzumformung, vielmehr gilt *(hier)*:

$$0{,}5^2 = (-0{,}5)^2 \quad \Leftrightarrow \quad 0{,}5 = -0{,}5 \ \vee \ 0{,}5 = -(-0{,}5) = 0{,}5 .$$

Diese „oder"-Aussage aber ist wahr, da die rechte Teilaussage wahr ist. Im Fehler-Beispiel aber wurde nur die *(falsche)* linke Teilaussage betrachtet!

15) Der Fehler liegt in der *(verbotenen)* Division durch $a - a$ *(= 0)*.

16) Wie in 15), aber schwerer zu durchschauen: Der Fehler liegt in der *(verbotenen)* Division durch $b - a - c$. Der Wert dieses Divisors ist nämlich stets Null, da eingangs definiert wurde: $a + c =: b$.

17) Das Quadrat von $x+2$ ist x^2+4x+4 *(und nicht etwa x^2+4)*!

Aufgabe 1.36: *(1.2.6.3 – Fehler bei der Lösung von Ungleichungen)*

1) Multiplikation einer Ungleichung mit einer negativen Zahl ändert die Richtung der Ungleichung. Richtig: $x > -3$.

2) i) Über $x^2 - 9 > 0 \Leftrightarrow (x-3)(x+3) > 0$ *(LB Satz 1.2.183 (8)*
folgt schließlich: $x > 3 \vee x < -3$. *oder Bsp. 1.2.184 v))*

ii) Über $x^2 - 25 < 0 \Leftrightarrow (x-5)(x+5) < 0$ *(LB Satz 1.2.183 (9)*
folgt schließlich: $x > -5 \wedge x < 5$. *oder Bsp. 1.2.184 vi))*

Auch bei Ungleichungen ist Wurzelziehen keine Äquivalenzumformung!

3) Der Fehler liegt in der fehlenden Fallunterscheidung bei der Multiplikation der Ungleichung mit dem Term „x“. Dieser Term x könnte nämlich negativ werden und eine Änderung der Ungleichungsrichtung zur Folge haben.

Korrekt wäre also eine explizite Fallunterscheidung $(x \neq 0)$:

$$\text{a)}\ \underbrace{x>0:\ \Rightarrow\ x>0{,}5}_{x>0{,}5} \quad \textit{oder} \quad \text{b)}\ \underbrace{x<0:\ \Rightarrow\ x<0{,}5}_{x<0}$$

$$x>0{,}5 \quad \vee \quad x<0$$

Ebensogut könnte man *(nach Satz 1.2.183 (8) Lehrbuch)* vorgehen, indem man die Terme der Ungleichung zuvor geeignet erweitert und dann zu einem Bruchterm zusammenfasst:

$$2 > \frac{1}{x} \quad \Leftrightarrow$$

$$\frac{2x}{x} > \frac{1}{x} \quad \Leftrightarrow$$

$$\frac{2x-1}{x} > 0 \quad \Leftrightarrow$$

$$(2x-1 > 0 \ \wedge\ x > 0) \ \vee\ (2x-1 < 0 \ \wedge\ x < 0) \quad \Leftrightarrow$$

$$(x > 0{,}5 \ \wedge\ x > 0) \ \vee\ (x < 0{,}5 \ \wedge\ x < 0) \quad \Leftrightarrow$$

$$(x > 0{,}5) \ \vee\ (x < 0)$$

d.h. mit derselben Lösung: $L = \{x \in \mathbb{R} \mid x > 0{,}5 \ \vee\ x < 0\}$.

4) Derselbe Fehler wie unter 3), da der Faktor „$x - 10$“ negativ werden kann.

Lösung *(nach Satz 1.2.183 (9) Lehrbuch)*:

$$(x<0 \wedge x-10>0) \ \vee\ (x>0 \wedge x-10<0) \quad \Leftrightarrow$$

$$(x<0 \wedge x>10) \ \vee\ (x>0 \wedge x<10) \quad \Leftrightarrow$$

$$\text{„falsch“} \quad \vee\ (x>0 \wedge x<10),$$

d.h. die Lösungsmenge L lautet: $L = \{x \in \mathbb{R} \mid x>0 \wedge x<10\}$.

2 Funktionen einer unabhängigen Variablen

Aufgabe 2.1 *(2.1.20)*:

Funktionsgraphen sind ii) und vi): Jede Senkrechte innerhalb des Definitionsbereiches schneidet den (Funktions-) Graphen genau einmal.

Keine Funktionsgraphen sind i), iii) und iv), weil es x-Werte gibt, denen mehrere Funktionswerte zugeordnet sind (graphisch: es gibt Senkrechte innerhalb des Definitionsbereichs, die den Graphen mehrfach schneiden).

Ob v) einen Funktionsgraphen darstellt oder nicht, hängt davon ab, wie der Definitionsbereich D_f lautet: für (z.B.) $D_f = \mathbb{R}$ ist v) kein Funktionsgraph, da nicht alle x-Koordinaten einen zugehörigen Funktionswert besitzen; besteht D_f dagegen aus den x-Koordinaten der isolierten Punkte, handelt es sich um einen Funktionsgraphen, denn jetzt gibt es zu jedem Argument x genau einen Funktionswert f(x) *(siehe auch Lehrbuch Def. 2.1.2)*.

Aufgabe 2.2 *(2.1.22)*:

i) a) und c) sind Funktionen (zu jedem Argument (= linker Partner) gibt's genau einen Funktionswert (= rechter Partner).
b) ist keine Funktion, da der „1" und der „2" jeweils zwei verschiedene Werte zugeordnet worden sind.

ii) **a)** $D_f=\mathbb{R}$

x	−3	−2	$-\sqrt{2}$	−1	0	1	$\sqrt{2}$	2	3
f(x)	7/2	1	0	−1/2	−1	−1/2	0	1	7/2

b) $D_g=\mathbb{R}$

x	0	±1	±2	±3	$\pm 5/\sqrt{2}$	±4	±5
g(x)	25	23	17	7	0	−7	−25

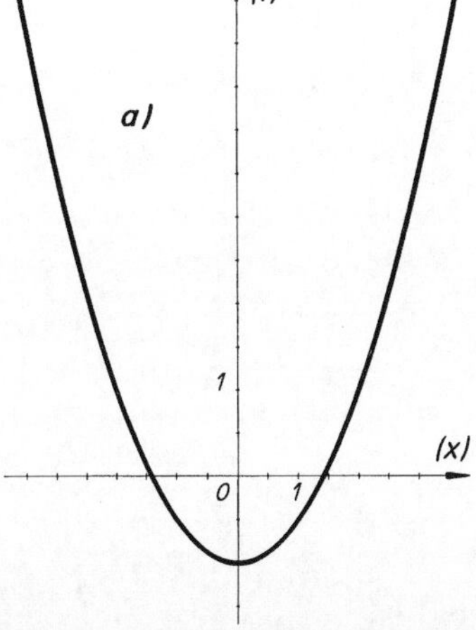

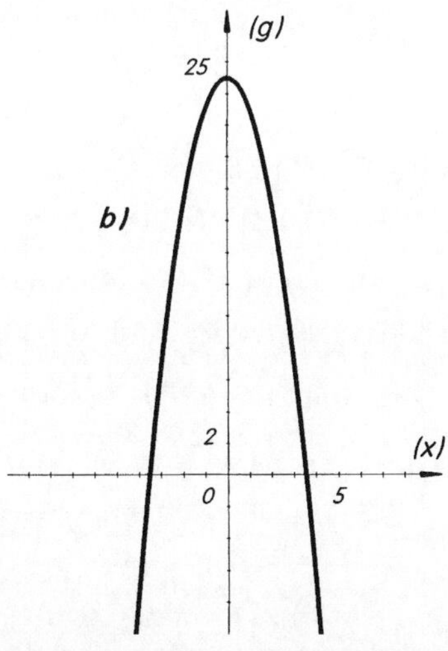

c) $D_h = \mathbb{R} \setminus \{-7;\ 7\}$, denn für $x := 7$ und $x := -7$ wird der Nenner Null *(ist „verboten")*

x	0	±3	±6	±6,9	±6,99	±7,01	±7,1	±8
h(x)	−0,020	−0,025	−0,077	−0,71	−7,1	7,1	0,71	0,0003

d) $D_k = \{x \in \mathbb{R} \mid -7 \le x \le 7\}$, denn für $|x| > 7$ wird der Radikand negativ, d.h. $k(x) \notin \mathbb{R}$.

x	0	±2	± 4	± 6	± 6,5	± 7
k(x)	7	6,7	5,7	3,6	2,6	0

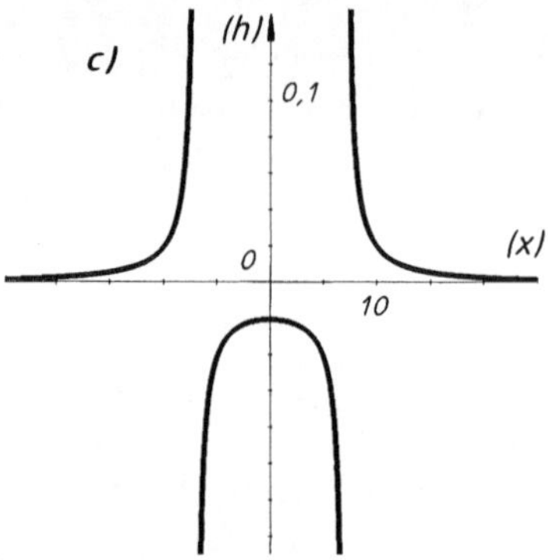

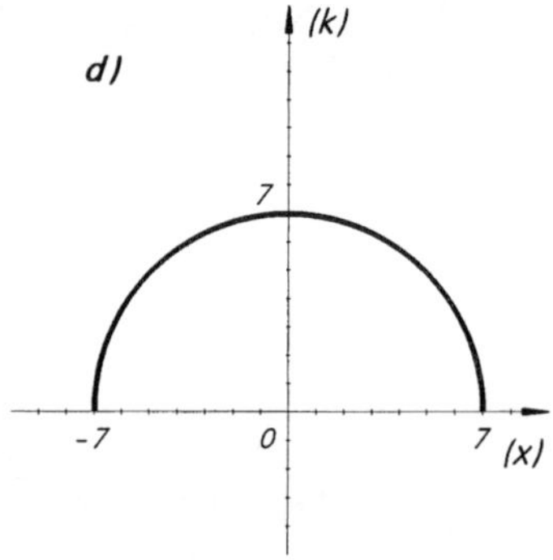

iii) Durch Einsetzen der Koordinaten in die Funktionsterme von ii) erhält man: P_1, P_2 und P_3 gehören zur Funktion k; P_5 und P_6 gehören zur Funktion f; P_4, P_7 und P_8 gehören zu keiner der Funktionen aus Aufgabenteil ii).

iv) Es darf zu jedem möglichen Brotpreis nur *eine* Brotsorte geben, d.h. alle Brotsorten haben unterschiedliche Preise.

⇒ Es handelt sich somit um eine funktionale Beziehung zwischen Brotpreis (unabhängige Variable, Argument) und Brotsorte (abhängige Variable, Funktionswert).

Aufgabe 2.3 *(2.1.23)***:**

i) $D_f = \mathbb{R}$, $D_g = \mathbb{R} \setminus]-4; 4[$ (durch Lösung der Bedingungs-Ungleichung $t^2 - 16 \ge 0$)

ii) $f(2) = 6$, $f(-4) = 24$, $g(-2)$ ist nicht definiert (denn $\sqrt{-12} \notin \mathbb{R}$), $g(4) = 0$,

$g(x) = \sqrt{x^2-16}$, $f(-t) = 2t^2 - t - 4$, $g(2t) = \sqrt{4t^2-16}$,

$f(\frac{a}{b}) = 2(\frac{a}{b})^2 + \frac{a}{b} - 4$, $g(x+\Delta x) = \sqrt{(x+\Delta x)^2 - 16}$, $g(t-4) = \sqrt{t^2 - 8t}$,

$f(x^2-4) = 2x^4 - 15x^2 + 24$, $g(\sqrt{x^2+16}) = \sqrt{(\sqrt{x^2+16})^2 - 16} = x$,

$f(x_0+h) = 2(x_0+h)^2 + (x_0+h) - 4$;

$f(2x^2+x-4) = f(f(x)) = 2f(x)^2 + f(x) - 4 = 2(2x^2+x-4)^2 + 2x^2 + x - 8.$

Daraus lassen sich unmittelbar die Wertepaare $(u\,;\,v)$ ablesen, z.B. im letzten Beispiel: $(u\,;\,v) = (2x^2+x-4\ ;\ 2(2x^2+x-4)^2 + 2x^2 + x - 8)$ *usw.*

Aufgabe 2.4 *(2.1.24)*:

A↔5; B↔4; C↔10; D↔2; E↔7; F↔9; G↔8; H↔1; I↔?; ?↔3; ?↔6

Aufgabe 2.5 *(2.1.30)*: *(siehe Steuertarif 2005, Lehrbuch 10.-15. Aufl. Beispiel 2.1.25 iii):*

i) $S = (883{,}74 \cdot 0{,}0006 + 1500) \cdot 0{,}0006 = 0{,}90$, d.h. gerundet: $S = 0$ €

ii) $S = (883{,}74 \cdot 0{,}0007 + 1500) \cdot 0{,}0007 = 1{,}05$, d.h. gerundet: $S = 1$ €

iii) $S = (883{,}74 \cdot 0{,}5075 + 1500) \cdot 0{,}5075 = 988{,}86$, d.h. gerundet: $S = 988$ €

iv) $S = (228{,}74 \cdot 0{,}0001 + 2397) \cdot 0{,}0001 + 989 = 989{,}24$, d.h. gerundet: $S = 989$ €

v) $S = (228{,}74 \cdot 0{,}0002 + 2397) \cdot 0{,}0002 + 989 = 989{,}48$, d.h. gerundet: $S = 989$ €

vi) $S = (228{,}74 \cdot 3{,}7260 + 2397) \cdot 3{,}7260 + 989 = 13\,095{,}84$, gerundet: $S = 13\,095$ €

vii) $S = (228{,}74 \cdot 3{,}7261 + 2397) \cdot 3{,}7261 + 989 = 13\,096{,}25$, gerundet: $S = 13\,096$ €

viii) $S = 0{,}42 \cdot 500\,000 - 7\,914 = 202\,086$ € *(S = Steuerbetrag in €)*

Aufgabe 2.6 *(2.1.31)*:

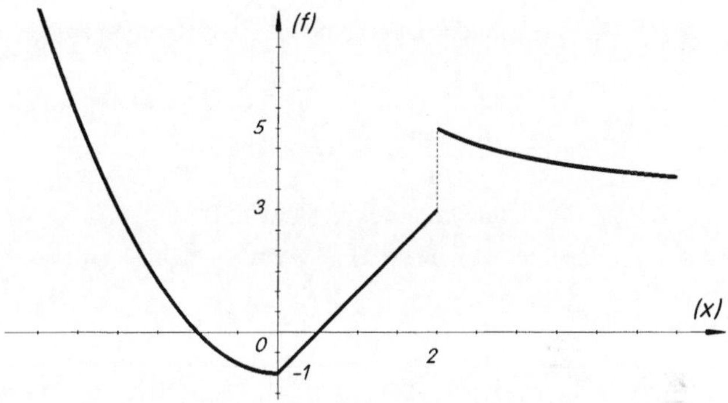

Aufgabe 2.7 *(2.1.51)*:

i) Nur zu Abb. iii) und – bei entsprechend „punktweise" gewählten Definitions- und Wertemengen – zu Abb. v) existiert eine Umkehr*funktion*, da nur dann zu jedem Ordinatenwert genau ein Abszissenwert existiert.

ii) a) Wir ersetzen f(x) durch y, d.h. die Funktion f hat die Darstellung $f\colon y = x^3 - 1$ mit $D_f = \mathbb{R}$, d.h. $x \in \mathbb{R}$.

Die Umkehrzuordnung erhält man durch Lösung der Funktionsgleichung $y = x^3 - 1$ bzgl. der unabhängigen Variablen x:

$y = x^3 - 1 \iff x^3 = y + 1$

$\iff x = \sqrt[3]{y+1}$.

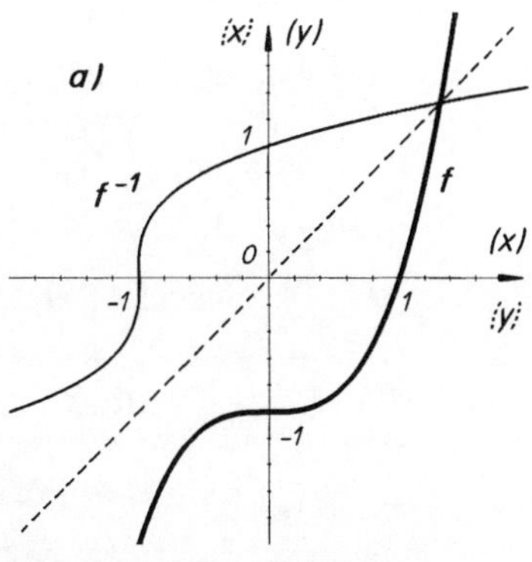

Die Lösung ist auf eindeutige Weise möglich, d.h. die Umkehrzuordnung ist ebenfalls eine Funktion, und zwar mit der Darstellung:

$$f^{-1}\colon x = \sqrt[3]{y+1} \quad ; \quad D_{f^{-1}} = \mathbb{R}\,, \text{ d.h. } y \in \mathbb{R}.$$

b) Wir setzen $y := f(z)$, d.h. die Funktionsgleichung lautet:

$$f\colon\ y = \frac{5z-8}{6z+7} \quad \text{mit } D_f = \mathbb{R}\setminus\{-\tfrac{7}{3}\}$$

(denn für $z = -\frac{7}{3}$ wird der Nenner Null)

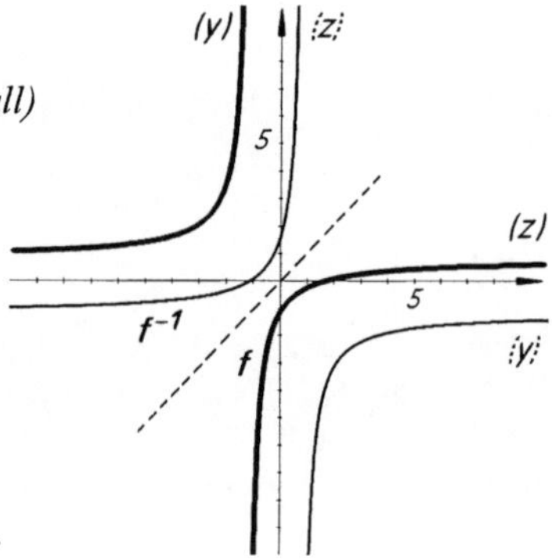

Auflösung nach z liefert die Umkehrzuordnung $z = z(y)$:

$$y = \frac{5z-8}{6z+7} \quad \Longleftrightarrow$$

$$y\cdot(6z+7) = 5z-8 \quad \Longleftrightarrow$$

$$7y+8 = 5z-6yz = z(5-6y)$$

$$\Longleftrightarrow \quad z = \frac{7y+8}{5-6y} \quad \text{mit } y \neq \frac{5}{6}.$$

Die Umkehrung ist eindeutig, also handelt es sich bei $z(y)$ um eine Funktion.

c) Wir setzen wieder $y := f(v)$, d.h. die Funktionsgleichung lautet:

$$f\colon\ y = \frac{2v^2-3}{v+1} \quad \text{mit } D_f = \mathbb{R}\setminus\{-1\}.$$

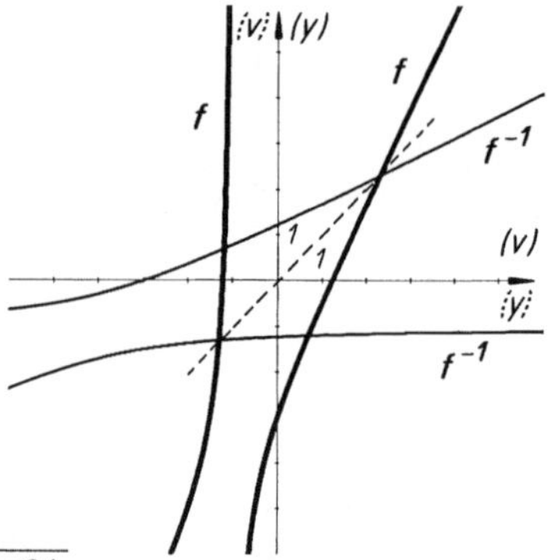

Die Umkehrzuordnung gewinnt man durch Auflösung nach v ($\neq -1$):

$$y = \frac{2v^2-3}{v+1} \quad \Longleftrightarrow \quad 2v^2-3 = y(v+1)$$

$$\Longleftrightarrow \quad 2v^2 - yv - 3 - y = 0$$

$$\Longleftrightarrow \quad v^2 - \frac{y}{2}\cdot v - \frac{3+y}{2} = 0.$$

Diese quadratische Gleichung besitzt die beiden Lösungen v_1, v_2 mit

$$v_{1,2} = \frac{y}{4} \pm \sqrt{\frac{y^2}{16} + \frac{3+y}{2}} = \frac{y \pm \sqrt{y^2+8y+24}}{4},$$

d.h. die Auflösung nach v ist nicht eindeutig, zu jedem $y \in \mathbb{R}$ gibt es zwei zugeordnete Werte v_1 und v_2, m.a.W. es handelt sich bei der Umkehrung *nicht* um eine *Funktion*, sondern um eine (zweiwertige) *Relation.*

d) $f(x) = y = \sqrt{x^3+3}$.

Der maximale Definitionsbereich ergibt sich aus der Bedingung

$$x^3+3 \geq 0 \quad \text{d.h.} \quad x^3 \geq -3 \quad \text{d.h.} \quad x \geq \sqrt[3]{-3} := -\sqrt[3]{3} \approx -1{,}44225,$$

und daher gilt für den Definitionsbereich D_f der Funktion f:

$$D_f = \{x \in \mathbb{R} \mid x \geq -\sqrt[3]{3} \approx -1{,}44225\}.$$

Umkehrung: $y = \sqrt{x^3+3} \underset{y\geq 0}{\Longleftrightarrow} y^2 = x^3+3 \Longleftrightarrow x = \sqrt[3]{y^2-3}$ mit $y \geq 0$.

Diese Umkehrung ist eindeutig, somit stellt $x(y)$ eine *Funktion* dar.

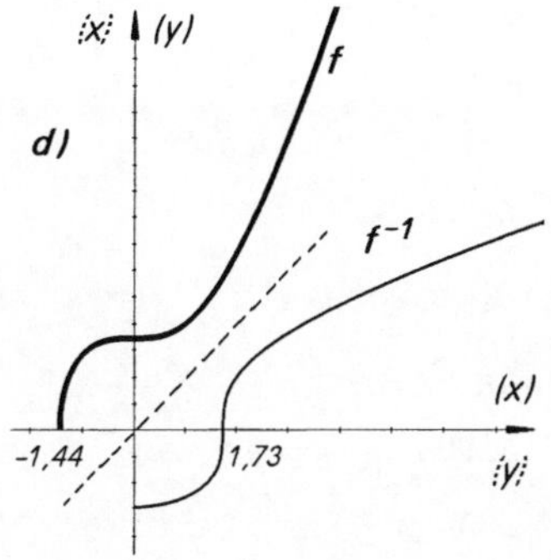

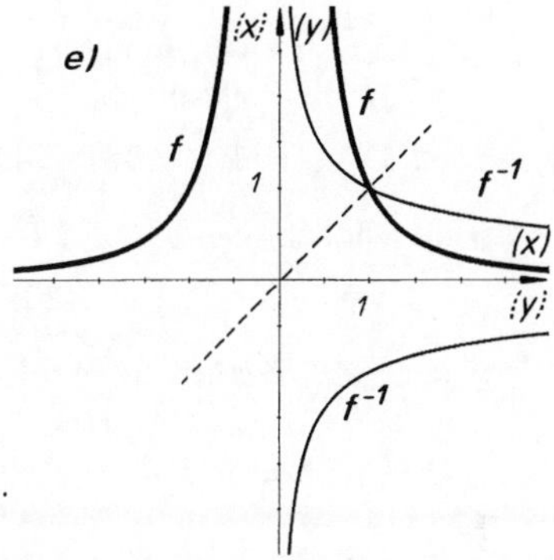

e) $f(x) = y = \frac{1}{x^2}$, d.h. $D_f = \mathbb{R} \setminus \{0\}$.

Umkehrung durch Auflösen nach x:

$$y = \frac{1}{x^2} \iff x^2 = \frac{1}{y} \iff x = \frac{1}{\sqrt{y}} \lor x = -\frac{1}{\sqrt{y}} \quad (y > 0) \quad ,$$

d.h. es gibt zu jedem y (> 0) *zwei* zugeordnete Werte x_1 bzw. x_2 , d.h. die Umkehrzuordnung stellt *keine* Funktion, sondern eine (zweiwertige) Relation dar.

iii) Der Graph der Umkehrfunktion r(x) geht aus dem Graphen der Originalfunktion x(r) durch Spiegelung an der Geraden x = r hervor (bei gleichen Maßstäben auf beiden Koordinatenachsen ist diese Spiegelachse die Winkelhalbierende des 1. und 3. Quadranten).

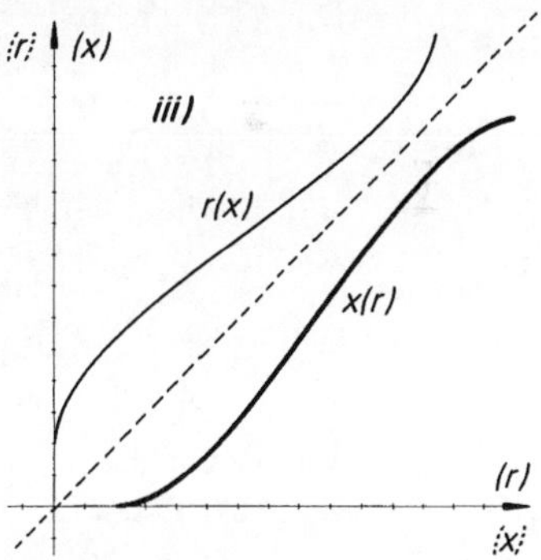

Aufgabe 2.8 *(2.1.53)*:

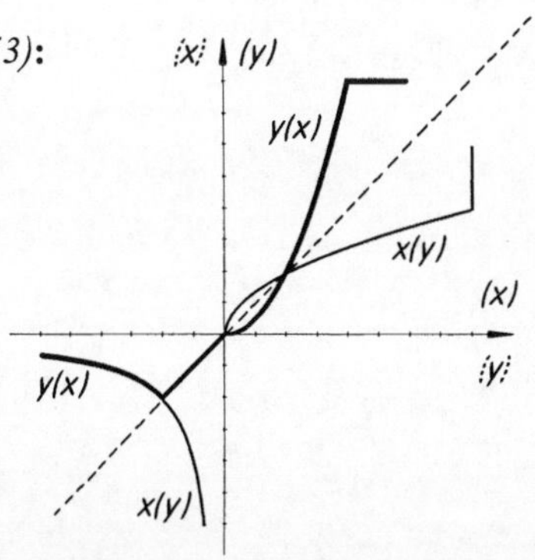

Aufgabe 2.9 *(2.1.54)*:

i) a) Aus der Bedingung: $3r - 120 \geq 0$ d.h. $r \geq 40$, folgt für den Definitionsbereich:

$D_x = \{r \in \mathbb{R} \mid r \geq 40\} = [40\,;\,\infty[$

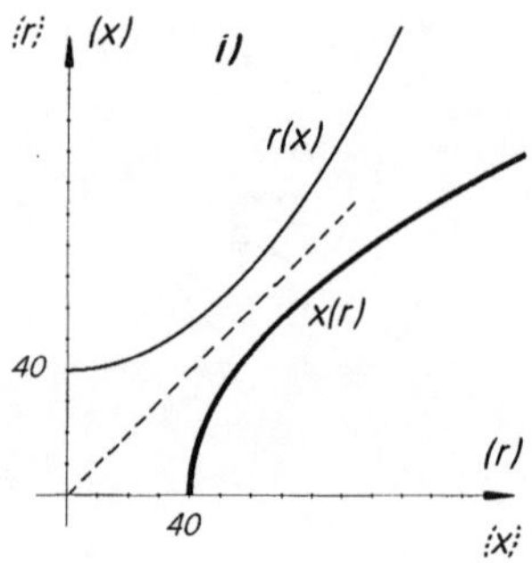

b) Umkehrung: $x = 6 \cdot \sqrt{3r-120}$ *$(x \geq 0)$*

$\Longleftrightarrow \quad x^2 = 36 \cdot (3r - 120) = 108r - 4320$

$108r = x^2 + 4320 \quad \Longleftrightarrow \quad r = \frac{1}{108}x^2 + 40$

c) $D_r = \mathbb{R}_0^+$ *(d.h. $x \geq 0$)* **d)** Skizze rechts:

ii) a) $D_p = \mathbb{R}$ *(da Exponentialfunktion)*

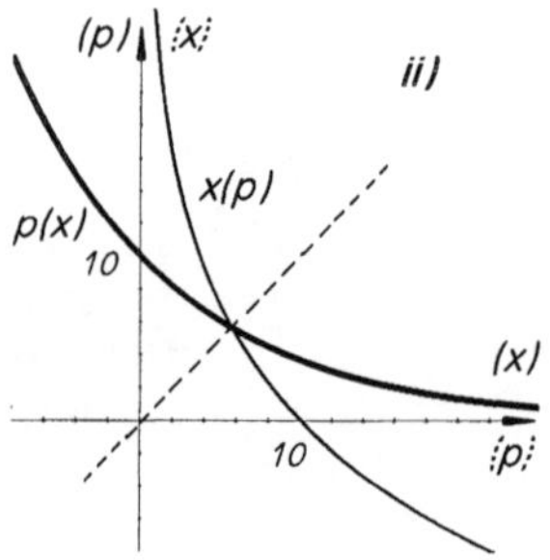

b) Umkehrung:

$p = 10 \cdot e^{-0,1x} \quad \Longleftrightarrow \quad 0,1p = e^{-0,1x}$

$\Longleftrightarrow \quad \ln(0,1p) = -0,1x$

$\Longleftrightarrow \quad x = -10 \cdot \ln(0,1p)$

c) $D_x = \mathbb{R}^+$, d.h. $p > 0$ **d)** Skizze:

iii) a) $x \in \mathbb{R}$, d.h. $D_t = \mathbb{R}$

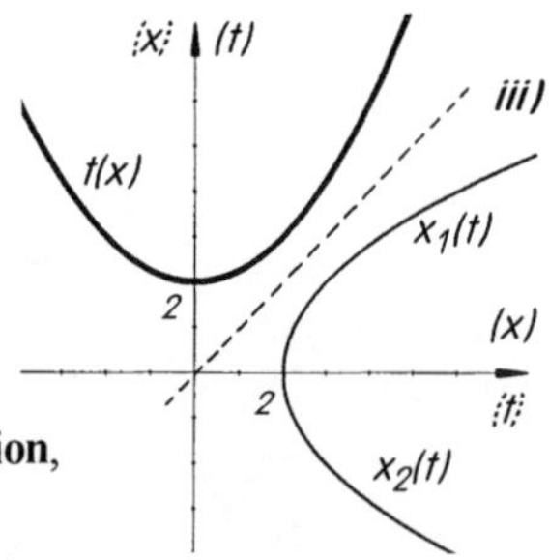

b) Umkehrung: $t = 0,25x^2 + 2$

$\Longleftrightarrow \quad 0,25x^2 = t - 2$

$\Longleftrightarrow \quad x^2 = 4t - 8$

$\Longleftrightarrow \quad x = \sqrt{4t-8} \ \vee \ x = -\sqrt{4t-8}$

d.h. die Umkehrung ist nicht eindeutig, somit existiert keine *(eindeutige)* Umkehr**funktion**, sondern eine *(zweideutige)* Umkehr**relation**.

c) $4t - 8 \geq 0 \quad \Longleftrightarrow \quad t \geq 2$ d.h. $D_x = \{t \in \mathbb{R} \mid t \geq 2\}$.

iv) a) $k \neq 1$, d.h. $D_i = \mathbb{R} \setminus \{1\}$

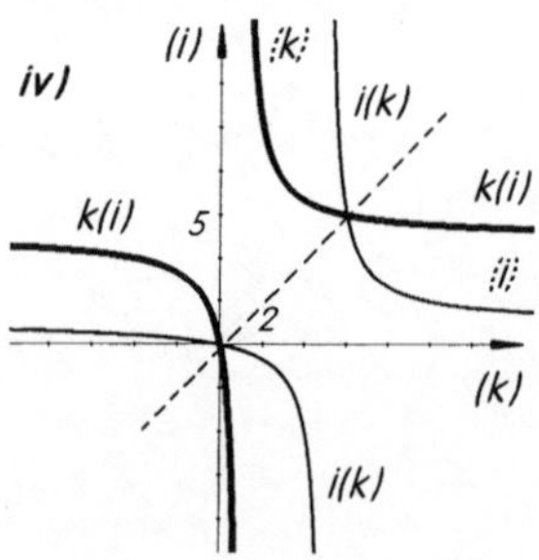

b) Umkehrung: $i(k-1) = 5k$

$\Longleftrightarrow \quad ik - i = 5k \quad \Longleftrightarrow \quad ik - 5k = i$

$\Longleftrightarrow \quad k(i-5) = i \quad \Longleftrightarrow \quad k = \frac{i}{i-5}$.

c) $i \neq 5$, d.h. $D_k = \mathbb{R} \setminus \{5\}$.

Aufgabe 2.10 *(2.1.58)*:

Man erhält die beiden expliziten Funktionsgleichungen, indem man die gegebene implizite Funktionsgleichung nach den beiden vorkommenden Variablen auflöst.

i) $2x + 3y - 5 = 0 \quad \Longleftrightarrow \quad x = \frac{5-3y}{2}$ bzw. $y = \frac{5-2x}{3}$

ii) $u^2 - v^2 + 1 = 0 \quad \Longleftrightarrow \quad u = \sqrt{v^2 - 1}$ *(v ≥ 1)* bzw. $v = \sqrt{u^2+1}$

iii) $\sqrt{p} - x^2 + 36 = 0 \quad \Longleftrightarrow \quad p = (x^2 - 36)^2$ bzw. $x = \sqrt{\sqrt{p}+36}$.

Aufgabe 2.11 *(2.1.67)*:

i) $f(g(x)) = \sqrt{g(x)} = \sqrt{\frac{1}{x}} = \frac{1}{\sqrt{x}}$; $x > 0$ d.h. $D = \mathbb{R}^+$

ii) $g(f(x)) = \frac{1}{f(x)} = \frac{1}{\sqrt{x}}$; $x > 0$ d.h. $D = \mathbb{R}^+$

iii) $g(h(x)) = \frac{1}{h(x)} = \frac{1}{x^2+8x-9}$; $x^2 + 8x - 9 \neq 0$ d.h. $D = \mathbb{R} \setminus \{-9; 1\}$

iv) $h(g(x)) = [g(x)]^2 + 8 \cdot g(x) - 9 = \frac{1}{x^2} + \frac{8}{x} - 9$; $x \neq 0$ d.h. $D = \mathbb{R} \setminus \{0\}$

v) $k(f(g(x))) = [f(g(x))]^{15} = [\sqrt{g(x)}\,]^{15} = \left(\sqrt{\frac{1}{x}}\right)^{15} = \frac{1}{\sqrt{x^{15}}}$; $x > 0$ d.h. $D = \mathbb{R}^+$

vi) $h(k(f(x))) = [k(f(x))]^2 + 8 \cdot k(f(x)) - 9 = [[f(x)]^{15}]^2 + 8 \cdot [f(x)]^{15} - 9 =$

$= (\sqrt{x}\,)^{30} + 8 \cdot (\sqrt{x}\,)^{15} - 9 = x^{15} + 8 \cdot \sqrt{x^{15}} - 9$; $x \geq 0$ d.h. $D = \mathbb{R}_0^+$

Aufgabe 2.12 *(2.1.68)*:

i) $h(x) = g(f(x))$ mit $g(x) = 4 \cdot \sqrt[3]{x}$ und $f(x) = 1 - x^7$

ii) $h(x) = g(f(x))$ mit $g(x) = 5x^{2009}$ und $f(x) = 6x^3 - 8x^2 + x - 4$

iii) $h(x) = g(f(k(s(r(x)))))$
mit $g(x) = x^{22}$, $f(x) = \frac{1}{x}$, $k(x) = x - 10$, $s(x) = \sqrt{x}$, $r(x) = x^2 - 7$

Aufgabe 2.13 *(2.1.69)*: Nur in folgenden Fällen ist die Verkettungs-Reihenfolge egal:

$f(g(x)) = (g(x))^7 = (x^{20})^7 = x^{140}$
$g(f(x)) = (f(x))^{20} = (x^7)^{20} = x^{140}$
} *Reihenfolge der Verkettung egal*

$f(h(x)) = (h(x))^7 = (\sqrt[7]{x}\,)^7 = x$
$h(f(x)) = \sqrt[7]{f(x)} = \sqrt[7]{x^7} = x$
} *Reihenfolge der Verkettung egal*

$g(h(x)) = (h(x))^{20} = (\sqrt[7]{x}\,)^{20} = \sqrt[7]{x^{20}}$
$h(g(x)) = \sqrt[7]{g(x)} = \sqrt[7]{x^{20}}$
} *Reihenfolge der Verkettung egal*

$k(p(x)) = 14 \cdot p(x) = 14 \cdot (-7x) = -98x$
$p(k(x)) = -7 \cdot k(x) = -7 \cdot (14x) = -98x$
} *Reihenfolge der Verkettung egal*

Aufgabe 2.14 *(2.2.26)*:

i) $f(-x) = (-x)^6 + (-x)^2 + 1 = x^6 + x^2 + 1 = f(x)$,
daher ist f gerade, d.h. achsensymmetrisch zur Ordinate.

ii) $f(-x) = \frac{(-x)^3}{(-x)^2-2} = \frac{-x^3}{x^2-2} = -\frac{x^3}{x^2-2} = -f(x)$,
daher ist f ungerade, d.h. punktsymmetrisch zum Ursprung.

iii) $f(-x) = (-x-4)^2 + 2 = (x+4)^2+2 > f(x)$ *(für x > 0)*
sowie: $f(-x) = (x+4)^2+2 > -(x-4)^2-2 = -f(x)$ *(für alle x)*,
d.h. f ist weder gerade noch ungerade.

Aufgabe 2.15 *(2.2.30)*:

i) $x \neq 0$ d.h. $D_f = \mathbb{R}\backslash\{0\}$.
Nullstellen: Die Gleichung $\frac{4}{x^2} = 0$ führt nach Multiplikation mit x^2 auf die stets falsche Gleichung $4 = 0$, besitzt also keine Lösung. Somit besitzt f keine Nullstellen.

ii) z beliebig, d.h. $D_g = \mathbb{R}$
Nullstellen: $-z^2+z+6=0 \iff z^2-z-6=0 \iff z_{1,2} = 0{,}5 \pm \sqrt{0{,}25+6}$
d.h. die Nullstellen lauten -2 und 3.

iii) Es muss gelten: $a^2-4 \geq 0$, d.h. $D_h = \{a \in \mathbb{R} \mid a \geq 2 \lor a \leq -2\}$
Nullstellen: $\sqrt{a^2-4} = 0 \iff a^2-4 = 0$ d.h. Nullstellen: -2 ; 2

iv) Der Nenner darf nicht Null werden, d.h. $x^2-9 \neq 0$, d.h. $D_k = \mathbb{R}\backslash\{-3;\ 3\}$
Nullstellen von k sind die Nullstellen des Zählers, d.h. $-\sqrt{\frac{10}{3}}$ und $\sqrt{\frac{10}{3}}$.

v) $2y + 6 \neq 0$, d.h. $D_u = \mathbb{R}\backslash\{-3\}$
Nullstellen können nur dort liegen, wo der Zähler Null wird:
$9-y^2=0 \iff y=3 \lor y=-3$ *($\notin D_u$!)*, d.h. nur „3" ist Nullstelle.

vi) Die Exponentialfunktion ist für beliebige Exponenten definiert, d.h. $D_B = \mathbb{R}$
Da e^{-t} stets positiv ist, besitzt die Gleichung $100 \cdot e^{-t} = 0$ keine Lösung, also besitzt die Funktion keine Nullstellen *(der rechnerische Lösungsversuch führt auf den nicht definierbaren „Term" ln 0)*.

vii) $D_f = \mathbb{R}$, da der hinsichtlich des Definitionsbereiches „kritische" Term „$\frac{6}{x} + 1$" ausdrücklich nur in $]3;\infty]$ definiert ist, d.h. $x := 0$ kommt nicht vor.

Nullstellen: Man ermittelt für jeden Abschnitt die möglichen Nullstellen und überprüft jeweils, ob diese Werte im zuständigen Intervall liegen:

Intervall $I_1 =]-\infty, 0]$: $x_1 = -2$ $(\in I_1)$; $x_2 = 2$ $(\notin I_1)$
Intervall $I_2 =]0;3]$: $x_3 = 2$ $(\in I_2)$
Intervall $I_3 =]3;\infty[$: $x_4 = -6$ $(\notin I_3)$

Somit bleiben als Nullstellen von f lediglich „-2" und „2" .

Aufgabe 2.16 *(2.3.8)*:

i) Polynom 1. Grades
ii) Polynom 2. Grades
iii) Polynom 0. Grades
iv) Kein Polynom, da $\sqrt{x} = x^{1/2}$ und $\frac{1}{2} \notin \mathbb{N}_0$.
v) Polynom 5. Grades
vi) Polynom 4. Grades

Aufgabe 2.17 *(2.3.9)*:

i) $5z^3 + 3z^2 - 4z + 12 = a_3z^3 + a_2z^2 + a_1z + a_0$

	(a_3)	(a_2)	(a_1)	(a_0)
	5	3	−4	12
z=−1:		−5	2	2
	5	−2	−2	**14** = f(−1)
z=0,5:		2,5	2,75	−0,625
	5	5,5	−1.25	**11,375** = f(0,5)
z=2:		10	26	44
	5	13	22	**56** = f(2)

ii) $a_5t^5 + a_4t^4 + a_3t^3 + a_2t^2 + a_1t + a_0 = t^5 - 8t^3 + t - 15$

	(a_5)	(a_4)	(a_3)	(a_2)	(a_1)	(a_0)
	1	0	−8	0	1	−15
z=−1:		−1	1	7	−7	6
	1	−1	−7	7	−6	**−9** = f(−1)
z=0,5:		0,5	0,25	−3,875	−1,9375	−0,46875
	1	0,5	−7,75	−3,875	−0,9375	**−15,46875** = f(0,5)
z=2:		2	4	−8	−16	−30
	1	2	−4	−8	−15	**−45** = f(2)

iii) $a_5y^5 + a_4y^4 + a_3y^3 + a_2y^2 + a_1y + a_0 = 0,2y^5 - 0,8y^4 + 2,1y^2 + 4,5y$

	(a_5)	(a_4)	(a_3)	(a_2)	(a_1)	(a_0)
	0,2	−0,8	0	2,1	4,5	0
z=−1:		−0,2	1	−1	−1,1	−3,4
	0,2	−1	1	1,1	3,4	**−3,4** = f(−1)
z=0,5:		0,1	−0,35	−0,175	0,9625	2,73125
	0,2	−0,7	−0,35	1,925	5,4625	**2,73125** = f(0,5)
z=2:		0,4	−0,8	−1,6	1	11
	0,2	−0,4	−0,8	0,5	5,5	**11** = f(2)

Aufgabe 2.18 *(2.3.41)*:

i) Lineare Funktionen sind vom Typ: $(*)\quad f(x) = y = mx + b \quad$ *(m, b = const.)* mit m = Steigung = $\frac{y_2 - y_1}{x_2 - x_1}$ $(x_2 \neq x_1)$ und b = Ordinatenabschnitt.

a) $m = -3 \Rightarrow y = -3x + b$. $\quad P(0{,}6\,;1{,}2)$: Falls $x = 0{,}6$, so $y = 1{,}2$ d.h. $1{,}2 = -3 \cdot 0{,}6 + b \iff b = 3$, d.h. Geradengleichung: $\quad y = -3x + 3$.

b) $P(0{,}5\,;3)$ und $Q(-1\,;-4)$ liegen auf der Geraden, d.h. es muss gelten:

P: $\quad 3 = 0{,}5m + b$

Q: $-4 = \quad -m + b$. Subtraktion der Gleichungen: $7 = 1{,}5m$, d.h. $m = {}^{14}/_3$.

Daraus folgt (Einsetzen in eine der beiden Gleichungen): $b = {}^2/_3$, d.h.

$$y = \frac{14}{3}x + \frac{2}{3}$$

c) Analog zu b) müssen die folgenden beiden Gleichungen wahr sein:

P: $\quad a = m + b$

Q: $\quad 4 = am + b \qquad$ *(mit a = const. und a ≠ 1)*

Subtraktion der Gleichungen liefert: $a - 4 = m - am = m(1-a)$ d.h.

$$m = \frac{a-4}{1-a} = \frac{4-a}{a-1}.$$

Einsetzen in die (z.B.) erste Gleichung liefert: $\qquad a = \frac{4-a}{a-1} + b$,

d.h. $\quad b = a - \frac{4-a}{a-1} = \frac{a(a-1)}{a-1} - \frac{4-a}{a-1} = \frac{a^2 - a - 4 + a}{a-1} = \frac{a^2-4}{a-1} \quad$ d.h.

$$y = mx + b = \frac{4-a}{a-1}x + \frac{a^2-4}{a-1}, \quad a \in \mathbb{R}\setminus\{1\}.$$

ii) Der Schnittpunkt zweier Geraden g: $y = g(x)$ und h: $y = h(x)$ ergibt sich als Lösung $(x;y)$ des aus den beiden Geradengleichungen resultierenden linearen Gleichungssystems:

a) g: $y = \quad 2x+1$

h: $y = -0{,}5x+6$.

Subtraktion der Gleichungen liefert: $2{,}5x = 5$, d.h. $\quad x = 2 \Rightarrow y = 5$.

Der Schnittpunkt der beiden Geraden lautet daher: $P(2\,;5)$

b) Beide Geraden haben dieselbe Steigung *(nämlich m = 0,5)* und sind somit parallel; sie können sich nicht schneiden, da sie unterschiedliche Ordinaten-Achsenabschnitte haben.

Rechnerische Betrachtung: g: $\quad x - 2y + 3 = 0 \quad |\cdot 3$

$3x - 6y + 9 = 0$

h: $\quad -3x + 6y + 4 = 0$. Addition liefert

$0 + 0 + 13 = 0 \quad$ *(falsche Aussage!)*

c) Beide Geraden sind identisch, alle Punkte der Geraden sind Schnittpunkte. Die Rechnung führt zur Nullzeile: $0 \cdot x + 0 \cdot y = 0$, die ersatzlos gestrichen werden kann, so dass sich das System auf eine einzige Gleichung reduziert.

d) Zu lösen ist das lineare Gleichungssystem (mit a,b,c,u,v,w = const.)

$$\begin{array}{l|l} ax + by + c = 0 & \cdot u \ (\neq 0) \\ ux + vy + w = 0 & \cdot a \ (\neq 0) \end{array}$$

$$\begin{array}{l|l} aux + buy + cu = 0 & \\ aux + avy + aw = 0 & \text{Subtraktion der beiden Gleichungen liefert:} \end{array}$$

$$y(bu - av) + cu - aw = 0, \text{ d.h. } y = \frac{aw - cu}{bu - av} = \frac{cu - aw}{av - bu} \ ; \ (bu - av \neq 0).$$

Analog erhält man die x-Koordinate des Schnittpunkts, indem man y durch Subtraktion der mit v bzw. b multiplizierten Gleichungen eliminiert:

$$\begin{array}{l|l} ax + by + c = 0 & \cdot v \ (\neq 0) \\ ux + vy + w = 0 & \cdot b \ (\neq 0) \end{array}$$

$$\begin{array}{l|l} avx + bvy + cv = 0 & \\ bux + bvy + bw = 0 & \text{Subtraktion der beiden Gleichungen liefert:} \end{array}$$

$$x(av - bu) + cv - bw = 0, \text{ d.h. } x = \frac{bw - cv}{av - bu} = \frac{cv - bw}{bu - av} \ ; \ (bu - av \neq 0).$$

Aufgabe 2.19 *(2.3.42)*:

i) Kosten [€/Monat] = Grundgebühr + (Arbeitspreis mal Monatsverbrauch x)

d.h. $K_I = 30 + 0{,}25x$; $K_{II} = 12 + 0{,}40x$

(x: Energieverbrauch in kWh/Monat, K_I bzw. K_{II} in €/Monat)

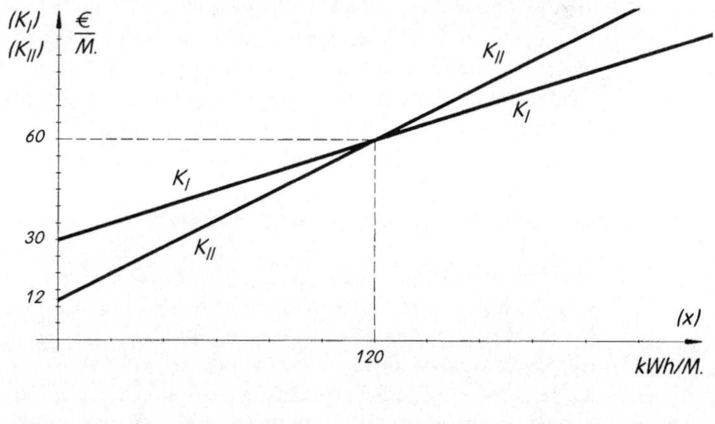

ii) $K_{II} = K_I$ d.h. $12 + 0{,}40x = 30 + 0{,}25x \iff x = 120$ [kWh/Monat]

Bei x = 120 kWh ergeben sich für beide Tarife dieselben Kosten: 60 €.
Bei einem Verbrauch von mehr als 120 kWh/Monat ist I günstiger als II.
Bei einem Verbrauch unter 120 kWh/Monat ist Tarif II günstiger als I.

Aufgabe 2.20 *(2.3.43)***:**

i)

$$K_A(x) = \begin{cases} 100 + x & \text{für} \quad 0 \le x \le 100 \quad [\text{km/WE}] \\ 120 + 0{,}8x & \text{für} \quad 100 < x \le 200 \quad [\text{km/WE}] \\ 160 + 0{,}6x & \text{für} \quad 200 < x \le 400 \quad [\text{km/WE}] \\ 200 + 0{,}5x & \text{für} \quad 400 < x \quad [\text{km/WE}] \end{cases}$$

(WE: Wochenende)

$$K_B(x) = \begin{cases} 150 + 0{,}7x & \text{für} \quad 0 \le x \le 200 \quad [\text{km/WE}] \\ 190 + 0{,}5x & \text{für} \quad 200 < x \le 500 \quad [\text{km/WE}] \\ 240 + 0{,}4x & \text{für} \quad 500 < x \quad [\text{km/WE}] \end{cases}$$

(x in km pro Wochenende (km/WE); K_A, K_B in € /WE)

Am Beispiel von Tarif A erfolgt eine ausführliche Herleitung der Kostenfunktion $K_A = K_A(x)$. Dabei bedeutet „x" stets die *gesamte* Strecke (in km/ Wochenende), die am Wochenende zurückgelegt und abgerechnet wurde.

Tarif A:

1) Streckenintervall 0-100 km/WE *(d.h. $0 \le x \le 100$)*: $K_{A1} = 100 + x \cdot 1$

2) Streckenintervall 100-200 km/WE *(d.h. $100 < x \le 200$)*:
Grundgebühr: 100 €; Kosten für die ersten 100 km: $100 \cdot 1 = 100$ [€]
Kosten für die über 100 km hinausgehende Strecke: $(x - 100) \cdot 0{,}8$ [€]
(denn von den insgesamt gefahrenen x km wird nur die über 100 km hinausgehende Fahrtstrecke (= x – 100) mit 0,80€/km abgerechnet).

   Für $100 < x \le 200$ km/WE gilt also:
   $K_{A2} = 100 + 100 + (x - 100) \cdot 0{,}8 = 120 + 0{,}8x$.

3) Streckenintervall 200-400 km/WE *(d.h. $200 < x \le 400$)*:
Grundgebühr: 100 €; Kosten für die ersten 100 km: $100 \cdot 1 = 100$ [€]
Kosten für die zweiten 100 km: $100 \cdot 0{,}80 = 80$ [€]
Kosten für die über 200 km hinausgehende Strecke: $(x - 200) \cdot 0{,}6$ [€]
(denn von den insgesamt gefahrenen x km wird nur die über 200 km hinausgehende Fahrtstrecke (= x – 200) mit 0,60€/km abgerechnet).

   Für $200 < x \le 400$ km/WE gilt also:
   $K_{A3} = 100 + 100 + 80 + (x - 200) \cdot 0{,}6 = 160 + 0{,}6x$.

4) Streckenintervall größer als 400 km/WE *(d.h. $x > 400$)*:
Grundgebühr: 100 €; Kosten für die ersten 100 km: $100 \cdot 1 = 100$ [€]
Kosten für die zweiten 100 km: $100 \cdot 0{,}80 = 80$ [€]
Kosten für weitere 200 km *(bis insg. 400 km)*: $200 \cdot 0{,}6 = 120$ [€]
Kosten für die über 400 km hinausgehende Strecke: $(x - 400) \cdot 0{,}5$ [€]
(denn von den insgesamt gefahrenen x km wird nur die über 400 km hinausgehende Fahrtstrecke (= x – 400) mit 0,50€/km abgerechnet).

   Für $x > 400$ km/WE gilt also:
   $K_{A4} = 100 + 100 + 80 + 120 + (x - 400) \cdot 0{,}5 = 200 + 0{,}5x$.

Analog ergibt sich der o.a. Kostentarif B.

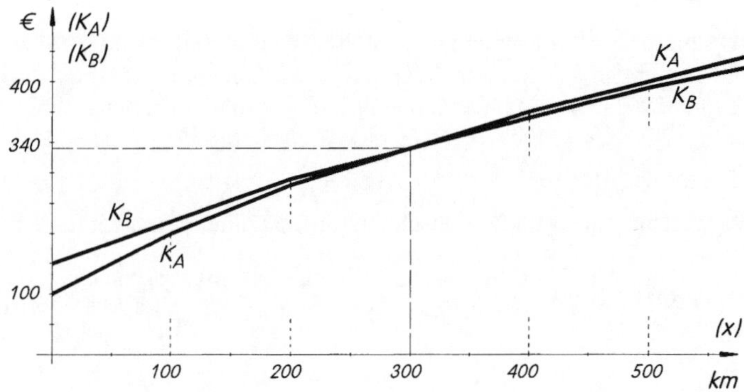

ii) Aus der Skizze liest man ab:

Bis zu 300 km/WE ist Tarif A für den Mieter am günstigsten, bei mehr als 300 km sollte er Tarif B wählen, weil die Steigung von K_B stets kleiner oder gleich der Steigung von K_A bleibt.

Aufgabe 2.21 *(2.3.44)*:

i) Existenzminimum := Konsum bei einem Einkommen von 0 GE $= C(0) = 120$ GE/ZE

ii) Aus $Y = C + S$ folgt: $S = Y - C$, d.h. $S(Y) = Y - (120+0{,}6 \cdot Y) = 0{,}4Y - 120$. $S(Y) > 0 \quad \Rightarrow \quad Y > 300$ GE/ZE.

iii) $S = C \quad \Rightarrow \quad Y = -1.200$ *(ökonomisch irrelevantes Resultat)*

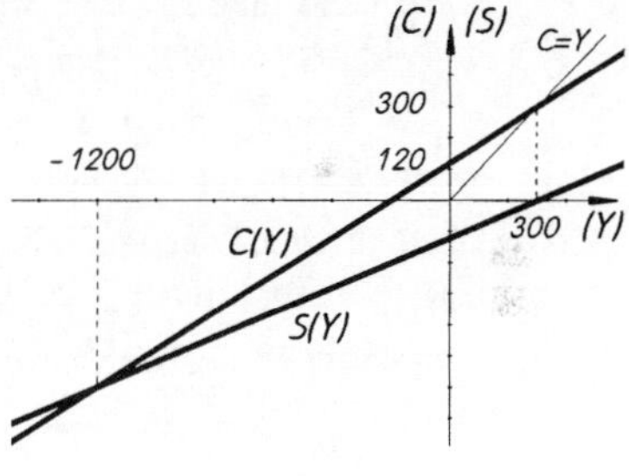

Aufgabe 2.22 *(2.3.45)*:

Die Gesamtkostenfunktionen K_N bzw. K_D *(€/Jahr)* in Abhängigkeit von der Jahresfahrleistung x *(km/Jahr)* lauten:

$$K_N(x) = 0{,}2192x + 3780 \qquad \text{bzw.} \qquad K_D(x) = 0{,}1928x + 4188 \quad .$$

Aus $K_N = K_D$ folgt: $x = 15.454{,}55$ km/Jahr, d.h. bei einer jährlichen Fahrleistung von 15.454,55 km sind beide Tarife äquivalent.

Da K_N die größere Steigung *(und den geringeren Ordinatenabschnitt)* besitzt, ist bei Jahres-Fahrleistungen *über* 15.455 km der Typ 2,3 D günstiger, andernfalls – d.h. bei Fahrleistungen unter 15.455 km/Jahr – Typ 1,8 N günstiger *(ergibt sich ebenfalls durch Einsetzen fiktiver x-Werte in die linearen Kostenfunktionen, z.B. x = 10.000 (1,8 N günstiger), x = 20.000 (2,3 D günstiger))*.

Aufgabe 2.23 *(2.3.46)*:

Da die ersten 10 Gebühreneinheiten kostenlos sind, fällt für $0 \leq x \leq 10$ nur die Grundgebühr an, erst für mehr als 10 verbrauchte Gebühreneinheiten müssen außer der Grundgebühr auch die Gesprächsgebühren berücksichtigt werden *(falls $x > 10$: Es müssen $x - 10$ Gebühreneinheiten bezahlt werden)*.

Für $x > 10$ gilt also: $K(x) = 24{,}60 + (x - 10) \cdot 0{,}23 = 22{,}30 + 0{,}23 \cdot x$.

Insgesamt lautet somit die abschnittsweise definierte Kostenfunktion:

$$K(x) = \begin{cases} 24{,}60 & \text{für } 0 \leq x \leq 10 \\ 22{,}30 + 0{,}23x & \text{für } x > 10 \end{cases} \quad \begin{array}{l}(x \text{ in Einheiten/Monat,} \\ K \text{ in €/Monat)}\end{array}$$

Aufgabe 2.24 *(2.3.47)*:

Zunächst muss ermittelt werden, wie hoch zu jedem vorgegebenen Preis p die aggregierte Nachfrage x_1+x_2 ist, d.h. wir benötigen zunächst die Umkehrfunktionen $x_1(p)$ zu $p_1(x)$ und $x_2(p)$ zu $p_2(x)$:

Markt I: $p(x) = 6-x$; $x \geq 0$, d.h. $p \leq 6$ $\iff$ $x_1(p) = 6-p$ $(0 \leq p \leq 6)$
Markt II: $p(x) = 4-0{,}5x$; $x \geq 0$, d.h. $p \leq 4$ $\iff$ $x_2(p) = 8-2p$ $(0 \leq p \leq 4)$

Wenn nun zu jedem Preis p die aggregierte Gesamtnachfrage $x_G = x_1+x_2$ gebildet wird, muss man die Fälle $0 \leq p \leq 4$ *(hier sind beide Umkehrfunktionen definiert)* und $4 < p \leq 6$ *(hier ist nur $x_I(p)$ definiert)* unterscheiden:

(∗) Für $0 \leq p \leq 4$ gilt: $x_G = x_1+x_2 = 6-p+8-2p = 14-3p$; $(2 \leq x \leq 14)$
Für $4 < p \leq 6$ gilt: $x_G = x_1 = 6-p$; $(0 \leq x < 2)$.

Gesucht ist in der Aufgabenstellung die von x abhängige aggregierte Gesamt-Nachfragefunktion $p_G(x)$, d.h. wir benötigen noch die Umkehrfunktion von (∗):

Umkehrung des 1. Terms von (∗): $x = 14-3p \iff p = \frac{14}{3} - \frac{1}{3}x$; $(2 \leq x \leq 14)$.
Umkehrung des 2. Terms von (∗): $x = 6-p \iff p = 6-x$; $(0 \leq x < 2)$.

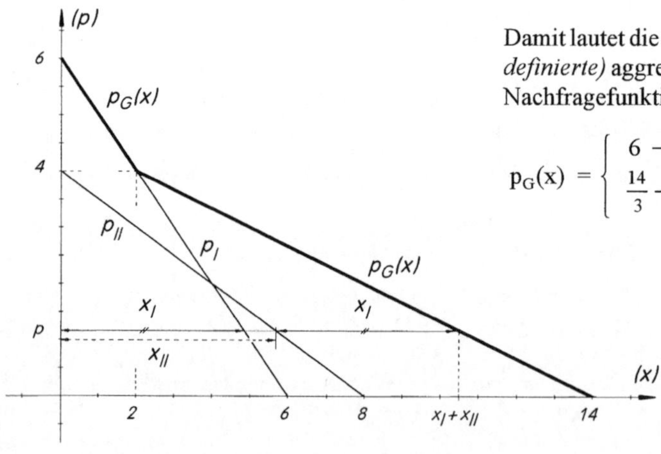

Damit lautet die *(abschnittsweise definierte)* aggregierte Nachfragefunktion $p_G = p_G(x)$:

$$p_G(x) = \begin{cases} 6 - x & (0 \leq x < 2) \\ \frac{14}{3} - \frac{1}{3}x & (2 \leq x \leq 14) \end{cases}$$

Aufgabe 2.25 *(2.3.48)*:

Herleitung der Gesamtkostenfunktion K(x):
(x sei der pro Periode produzierte Output (in ME))

Für $0 \le x \le 800$ ME gilt: K(x) = Fixkosten + x · stückvar. Kosten, d.h. K(x) = 10.000 + 50x

Für $800 < x \le 2400$ gilt: Kosten der ersten 800 ME: 10.000 + 800 · 50 = 50.000 €. Hinzu kommen die Kosten für den 800 ME *übersteigenden* Output, d.h. für x − 800 ME (zu je 25 €/ME wegen Kostendegression), d.h. K(x) = 50.000 + (x − 800) · 25 = 30.000 + 25x

Für x > 2400 gilt: Kosten der ersten 2400 ME: 10.000+800 · 50+1600 · 25 = 90.000 Der 2400 ME *übersteigende* Output (= x−2400) verursacht stückvariable Kosten in Höhe von 150 € pro ME, d.h. für diese Absatzmengen betragen die variablen Kosten insgesamt 150(x 2400), so dass sich für x > 2400 folgende Gesamtkosten ergeben:

K(x) = 150(x−2400) + 90.000 = 150x−360.000 +90.000 =
= 150x − 270.000.

Insgesamt lautet somit die Darstellung der Gesamtkostenfunktion K = K(x):

$$K(x) = \begin{cases} 50x + 10.000 & \text{für } 0 \le x \le 800 \\ 25x + 30.000 & \text{f. } 800 < x \le 2400 \\ 150x - 270.000 & \text{f. } x > 2400 \end{cases}$$

Herleitung der Erlösfunktionen $E_A(x)$ und $E_B(x)$
für die beiden Rabattfälle A und B:
(x ist jetzt der pro Periode abgesetzte Output (in ME))

Rabatt Fall A: Der Rabatt bezieht sich auf die *gesamte* Absatzmenge x, d.h. für jedes Mengenintervall wird die gesamte Menge x mit dem dafür vorgesehenen rabattierten Preis multipliziert:

$$E_A(x) = \begin{cases} 100x & \text{für } 0 \le x \le 1000 \\ 80x & \text{für } 1000 < x \le 2000 \\ 60x & \text{für } x > 2000 \end{cases}$$

Rabatt Fall B: Jetzt bezieht sich der Rabatt nur auf die Absatzmenge innerhalb des betrachteten Mengenintervalls: Für $0 \le x \le 1000$ gilt: $E_B = 100x$. Für $1000 < x \le 2000$ gilt: Die ersten 1000 ME werden zu 100 €/ME verkauft, die übersteigende Menge (=x − 1000) wird zu 80 €/ME verkauft, d.h. $E_B(x) = 1000 \cdot 100 + (x-1000) \cdot 80 = 80x + 20.000$. Für x>2000 ergibt sich analog: $E_B(x) = 1000 \cdot 100 + 1000 \cdot 80 + (x-2000) \cdot 60 = 60x + 60.000$. Insgesamt ergibt sich für Fall B:

$$E_B(x) = \begin{cases} 100x & \text{für } 0 \le x \le 1000 \\ 80x + 20.000 & \text{für } 1000 < x \le 2000 \\ 60x + 60.000 & \text{für } x > 2000 \end{cases}$$

Die Gewinnschwellen ergeben sich entweder näherungsweise aus der Skizze oder rechnerisch durch die Bedingung

$G(x) = E(x) - K(x) = 0,$

d.h. $E(x) = K(x)$:
(abschnittsweise gleichsetzen!)

$\Rightarrow$

Gewinnzone:

Fall A: $200 < x < 3000$ ME
Fall B: $200 < x < 3666{,}67$

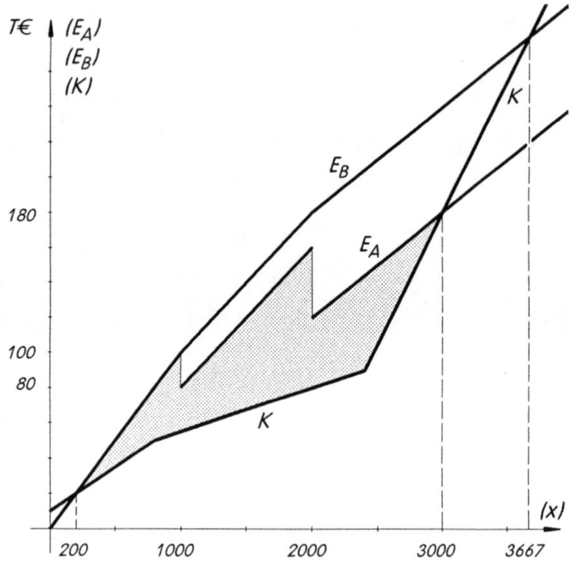

Rechnerische Ermittlung der Gewinnschwellen z.B. im letzten Intervall ($x > 2400$):

A: $K(x) = E_A(x)$ d.h. $150x - 270.000 = 60x \iff x = 3000$ ME
B: $K(x) = E_B(x)$ d.h. $150x - 270.000 = 60x + 60.000 \iff x = 3666{,}67$ ME.

Aufgabe 2.26 *(2.3.59)*:

i) **a)** $f(x) = -x^2 + 7x + 16 = 0 \iff x^2 - 7x - 16 = 0 \iff$
$x_{1,2} = 3{,}5 \pm \sqrt{12{,}25 + 16}$ d.h. die Nullstellen sind: $-1{,}8151$ und $8{,}8151$.

b) $p^2 + 3p + 9 = 0 \iff p_{1,2} = 1{,}5 \pm \sqrt{-6{,}75} \notin \mathbb{R}$, es gibt keine Nullstellen.

c) $y^2 - 20y + 165 = 0 \iff y_{1,2} = 10 \pm \sqrt{-65} \notin \mathbb{R}$, es gibt keine Nullstellen.

ii) Typ der Parabelgleichung: $y = f(x) = ax^2 + bx + c$ mit $a, b, c = \text{const.} \in \mathbb{R}$.
Gesucht sind also im konkreten Fall die drei (konstanten) Parameter a, b, c .

Die Parabelgleichung $y = ax^2 + bx + c$ muss jeweils wahr werden, wenn man für x und y die Koordinaten der gegebenen Parabelpunkte $(x\,;y)$ einsetzt:

a) P(0;3): $3 = a \cdot 0^2 + b \cdot 0 + c \Rightarrow c = 3$
Q(2;4): $4 = a \cdot 2^2 + b \cdot 2 + c \Rightarrow 4a + 2b = 1 \quad | \cdot(-2)$ und addieren
R(4;8): $8 = a \cdot 4^2 + b \cdot 4 + c \Rightarrow 16a + 4b = 5$

Aus den beiden letzten Gleichungen folgt: $a = 0{,}375$; $b = -0{,}25$
Die Parabelgleichung lautet daher: $y = 0{,}375x^2 - 0{,}25x + 3$.

b) (1) A(2;0): $0 = 4a + 2b + c$
(2) B(14;1): $1 = 196a + 14b + c$
(3) C(−6;−1): $-1 = 36a - 6b + c$

Subtraktion (2) − (1) sowie (2) − (3) liefert *(Elimination von c)*:

$$\begin{array}{rcl|l} 1 &=& 192a + 12b & \cdot 5 \\ 2 &=& 160a + 20b & \cdot(-3) \text{ und Addition:} \\ \hline -1 &=& 480a & \text{d.h.} \quad a = -\frac{1}{480} \end{array}$$

Durch Einsetzen erhält man: $b = \frac{7}{60}$ sowie $c = -\frac{9}{40}$.

Die Parabelgleichung lautet daher: $y = -\frac{1}{480}x^2 + \frac{7}{60}x - \frac{9}{40}$.

Aufgabe 2.27 *(2.3.60)*:

i) Die ökonomisch sinnvollen Definitions- und Wertebereiche lassen sich aus der Skizze ablesen:

$D_{p_A} = \{x \in \mathbb{R} \mid x \geq 0\}$

$D_{p_N} = \{x \in \mathbb{R} \mid 0 \leq x \leq 6\}$

$W_{p_A} = \{p_A \in \mathbb{R} \mid p_A \geq 2\}$

$W_{p_N} = \{p_N \in \mathbb{R} \mid 0 \leq p_N \leq 18\}$

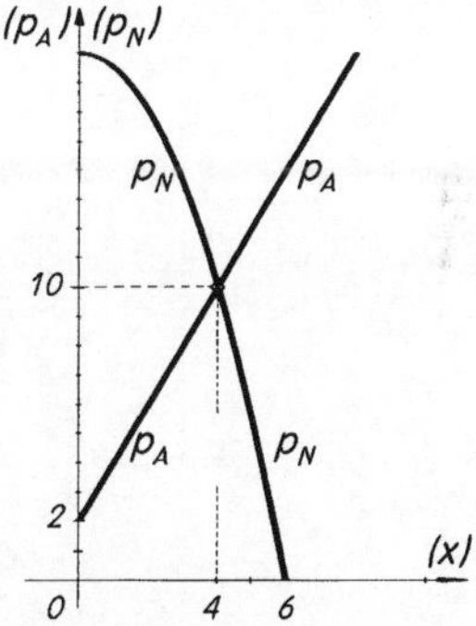

ii) Marktgleichgewicht: Schnittpunkt von $p_A(x)$ und $p_N(x)$:

Aus der Bedingungsgleichung $2(x+1) = 0{,}5 \cdot (36 - x^2)$ erhält man:

$x^2 + 4x - 32 = 0 \iff x_{1,2} = -2 \pm \sqrt{4 + 32}$, d.h. $x_1 = 4$, $x_2 = -8$.

Aus ökonomischen Gründen scheidet die negative Lösung aus, so dass sich für das Marktgleichgewicht ergibt *(siehe auch Skizze)*:

Gleichgewichtsmenge: $x = 4$ ME; Gleichgewichtspreis: $p_A = p_N = 10$ GE/ME;

⇒ Gesamtumsatz (Erlös) im Marktgleichgewicht: $U = p \cdot x = 40$ GE.

iii) Da die Bedingung lautet: $x > 5$, muss zunächst die Gleichung der Umkehrfunktion $x(p_N)$ zu $p_N(x)$ gebildet werden:

$p_N = 0{,}5 \cdot (36 - x^2) \iff 2p_N = 36 - x^2 \iff x^2 = 36 - 2p_N$ d.h. wegen $x \geq 0$:

Die Gleichung der Umkehrfunktion lautet: $x(p_N) = \sqrt{36 - 2p_N}$ *($p_N \leq 18$)*.

Die Nachfrage soll größer als 5 ME sein:

$x = \sqrt{36 - 2p_N} > 5 \Rightarrow 36 - 2p_N > 25 \iff 2p_N < 11 \iff p_N < 5{,}5$

d.h. für Preise kleiner als 5,5 GE/ME steigt die Nachfrage über 5 ME.

Aufgabe 2.28 *(2.3.61)*:

i) a) Erlös $E(x)$ = Menge x mal Preis $p(x) = x \cdot p(x)$

d.h. $E(x) = x \cdot (1200 - 0{,}2x) = 1200x - 0{,}2x^2$, $x \geq 0$.

b) Erlös E(p) = Menge x(p) mal Preis p = x(p) · p, d.h. jetzt benötigt man zunächst die Umkehrung x(p) zu p(x):

$$p = 1200 - 0{,}2x \quad \Longleftrightarrow \quad 0{,}2x = 1200 - p \quad \Longleftrightarrow \quad x = 6000 - 5p$$

d.h. $\quad E(p) = (6000 - 5p) \cdot p = 6000p - 5p^2 \quad , \; p \geq 0 \, .$

ii) Gewinnfunktion: $\quad G(x) = E(x) - K(x) = -0{,}4x^2 + 1200x - 500.000$

Gewinnschwellen: $\quad G = 0 \quad \Longleftrightarrow \quad x_1 = 500$ ME, $\; x_2 = 2500$ ME

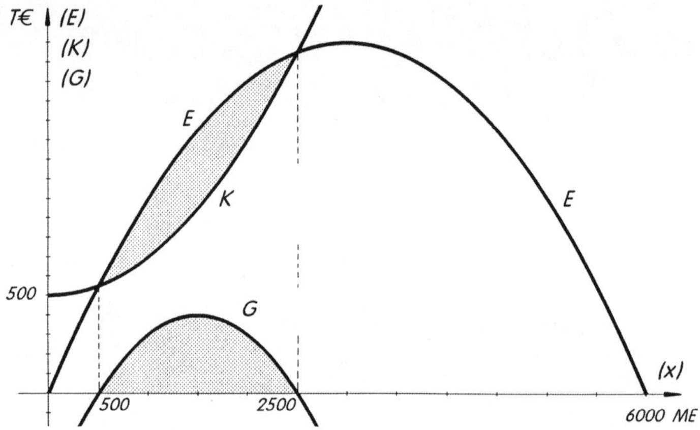

Aufgabe 2.29 *(2.3.73)*:

In allen vier Teilaufgaben i) - iv) handelt es sich um die Nullstellen von *Polynomen,* so dass eine Abspaltung von Linearfaktoren $x - x_i$ *(siehe LB Satz 2.3.62)* möglich ist, wenn x_i eine bereits bekannte Nullstelle des Polynoms ist.

Die gegebenen Polynome können also per Polynomdivision ohne Rest durch die Terme $x - x_1$, $x - x_2$ usw. geteilt werden (x_1, x_2 : bekannte Polynom-Nullstellen). Dann wird das nach der Division entstandene Restpolynom erneut auf Nullstellen untersucht usw.

i) Eine Nullstelle: $x_1 = 2$, ist vorgegeben. Also lässt sich das gegebene Polynom ohne Rest durch $x - x_1 = x - 2$ dividieren:

$$\begin{array}{l} x^3 - 2x^2 - 2x + 4 \quad : \quad x - 2 = x^2 - 2 \\ -|\, \underline{x^3 - 2x^2} \\ 0 - 0 \; -2x + 4 \\ -|\, \underline{-2x + 4} \\ 0 \end{array}$$

Daraus folgt: $\quad x^3 - 2x^2 - 2x + 4 = (x-2)(x^2-2)$

Die Nullstellen des Ausgangspolynoms ergeben sich jetzt als die Nullstellen der Teilpolynome $x - 2$ und $x^2 - 2$ *(wegen: $ab = 0 \iff a = 0 \vee b = 0$)*:

Somit lauten die drei Nullstellen des Ausgangspolynoms:

$x_1 = 2$ *(war bereits vorgegeben)*; $\quad x_2 = \sqrt{2}$, $\quad x_3 = -\sqrt{2}$.

ii) Zwei Nullstellen $(3; -2)$ sind vorgegeben, somit ist $f(x)$ durch $x-3$ und $x+2$ und daher auch durch $(x-3)(x+2) = x^2-x-6$ ohne Rest teilbar:

$$\begin{array}{l} x^4-6x^3+3x^2+26x-24 : x^2-x-6 = x^2-5x+4 \\ -|\underline{x^4-x^3-6x^2} \\ \quad -5x^3+9x^2+26x \\ -|\underline{-5x^3+5x^2+30x} \\ \qquad 4x^2-4x-24 \\ \quad -|\underline{4x^2-4x-24} \\ \qquad\qquad 0 \end{array}$$

d.h. $f(x) = (x^2-x-6)(x^2-5x+4) = 0$

$\Longleftrightarrow \quad x_1 = 3;\ x_2 = -2$ *(Vorgabe)*

$x_3 = 4;\ x_4 = 1$.

iii)

$$\begin{array}{l} x^3 \qquad -2x+1 : x-1 = x^2+x-1 \\ -|\underline{x^3-x^2} \\ \quad x^2-2x \\ -|\underline{x^2-x} \\ \quad -x+1 \\ \quad \underline{-x+1} \\ \qquad 0 \end{array}$$

Daraus folgt. $x^3-2x+1 = (x-1)(x^2+x-1) = 0$

d.h. mit $x_1 = 1$ *(Vorgabe)* folgt:

$x^2+x-1 = 0 \quad \Longleftrightarrow \quad x_{2,3} = -0{,}5 \pm \sqrt{0{,}25+1}$

d.h. $x_1 = 1;\quad x_2 \approx 0{,}6180;\quad x_3 \approx -1{,}6180$

iv) Mit $(x+2)(x-3) = x^2-x-6$ erhält man:

$$\begin{array}{l} 2x^4-3x^3-10x^2+5x-6 : x^2-x-6 = 2x^2-x+1 \\ -|\underline{2x^4-2x^3-12x^2} \\ \quad -x^3+2x^2+5x \\ -|\underline{-x^3+x^2+6x} \\ \qquad x^2-x-6 \\ \quad -|\underline{x^2-x-6} \\ \qquad\qquad 0 \end{array}$$

d.h. $f(x) = (x^2-x-6)(2x^2-x+1) = 0$

$\Longleftrightarrow \quad x_1 = -2;\ x_2 = 3$ *(Vorgabe)*

$2x^2-x+1 = 0 \Longleftrightarrow x^2-0{,}5x+0{,}5 = 0$

$x_{3,4} = 0{,}25 \pm \sqrt{0{,}25^2-0{,}5} \notin \mathbb{R}$,

d.h. das vorgegebene Polynom besitzt nur die beiden (bereits vorgegebenen) Nullstellen $x_1 = -2$ und $x_2 = 3$.

Aufgabe 2.30 *(2.3.74)*: In allen Fällen lässt sich *eine* Nullstelle x_1 (ganzzahlig) durch mehr oder weniger langes, gezieltes Probieren erraten. Dann kann man – *mit Hilfe der Polynomdivision durch* $(x-x_1)$ – das Ausgangspolynom in Faktoren $(x-x_1)\cdot R(x)$ zerlegen. Weitere Nullstellen des Ausgangspolynoms erhält man, indem man das nun erhaltene *(kleinere)* Restpolynom $R(x)$ auf Nullstellen untersucht usw.:

i) $x_1 = 1$ *(geraten bzw. durch Probieren gefunden)*

Polynomdivision durch $x-x_1$ $(= x-1)$:

$$\begin{array}{l} x^3 \qquad +9x-10 : x-1 = x^2+x+10 \\ -|\underline{x^3-x^2} \\ \quad x^2+9x \\ -|\underline{x^2-x} \\ \quad 10x-10 \\ \quad \underline{10x-10} \\ \qquad 0 \end{array}$$

Daraus folgt: $x^3+9x-10 = (x-1)(x^2+x+10) = 0$

d.h. mit $x_1 = 1$ *(Vorgabe)* folgt:

$x^2+x+10 = 0 \quad \Longleftrightarrow \quad x_{2,3} = -0{,}5 \pm \sqrt{0{,}25-10} \notin \mathbb{R}$

d.h. es gibt nur eine Lösung, nämlich $x_1 = 1$.

ii) $y_1 = -6$ *(geraten)* $\Rightarrow$ $y^3 - 34y + 12 = (y+6)(y^2 - 6y + 2) = 0$

$\Rightarrow y_{2,3} = 3 \pm \sqrt{7} \qquad \Rightarrow L = \{-6\,;\, 3+\sqrt{7}\,;\, 3-\sqrt{7}\}$

iii) $a_1 = 2$ *(geraten)* $\Rightarrow$ $3a^3 - 2a^2 - 23a + 30 = (-2)(3a^2 + 4a - 15) = 0$

$\Rightarrow a_{2,3} = -2/3 \pm 7/3 \quad \Rightarrow \quad L = \{2\,;\,-3\,;\,5/3\}$

iv) $n_1 = 3$ *(geraten)* $\Rightarrow$ $n^3 - 3n^2 + 25n - 75 = (n-3)(n^2+25) = 0$

$\Rightarrow n_{2,3} = \sqrt{-25} \notin \mathbb{R} \quad \Rightarrow \quad L = \{3\}$

v) $z_1 = 5$ *(geraten)* $\Rightarrow$ $z^3 - 3z^2 - 5z - 25 = (z-5)(z^2+2z+5) = 0$

$\Rightarrow z_{2,3} = -1 \pm \sqrt{-4} \notin \mathbb{R} \Rightarrow L = \{5\}$

vi) $t_1 = 1$ *(geraten)*: Polynomdivision durch $t - t_1$ $(= t-1)$:

$$
\begin{array}{l}
t^4 - 4t^3 - 2t^2 - 20t + 25 \;:\; t-1 \;=\; t^3 - 3t^2 - 5t - 25 \\
-|\; \underline{t^4 - t^3} \\
\quad -3t^3 - 2t^2 \\
\quad -|\; \underline{-3t^3 + 3t^2} \\
\qquad -5t^2 - 20t \\
\qquad -|\; \underline{-5t^2 + 5t} \\
\qquad\quad -25t + 25 \\
\qquad\quad -|\; \underline{-25t + 25} \\
\qquad\qquad 0
\end{array}
$$

d.h. $t^4 - 4t^3 - 2t^2 - 20t + 25 = (t-1)\underbrace{(t^3 - 3t^2 - 5t - 25)}_{=\,\text{Restpolynom}}$

Erneutes Raten (Probieren) liefert für das Restpolynom die Nullstelle $t_2 = 5$.

Somit kann das Restpolynom durch $t-5$ ohne Rest dividiert werden:

$$
\begin{array}{l}
t^3 - 3t^2 - 5t - 25 \;:\; t-5 \;=\; t^2 + 2t + 5 \\
-|\; \underline{t^3 - 5t^2} \\
\quad 2t^2 - 5t \\
\quad -|\; \underline{2t^2 - 10t} \\
\qquad 5t - 25 \\
\qquad -|\; \underline{5t - 25} \\
\qquad\quad 0
\end{array}
$$

d.h. $t^4 - 4t^3 - 2t^2 - 20t + 25 = (t-1)(t-5)(t^2+2t+5)$

Nullstellen des Restpolynoms:

$t^2 + 2t + 5 = 0 \quad \Longleftrightarrow \quad t_{3,4} = -1 \pm \sqrt{1-5} \notin \mathbb{R}$

d.h. für die Ausgangsgleichung gilt: $L = \{1\,;\,5\}$.

Aufgabe 2.31 *(2.3.79)*:

i) Monatliche *Gesamt*kosten $K(x)$:

$K(x)$ = Grundgebühr + Verbrauch (x) mal Arbeitspreis, d.h.

$K(x) = 40 + 0{,}15x$.

Daraus ergeben sich die Kosten pro kWh *(=Stückkosten k(x))* durch Division von $K(x)$ durch x:

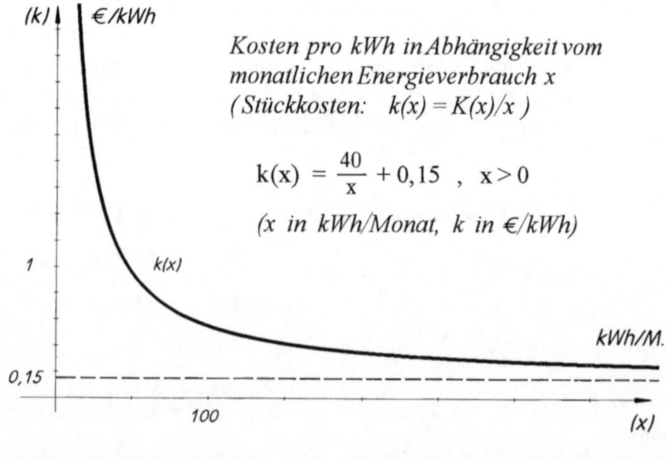

ii) Vorgegebene Gesamtkosten K: $K(x) = 0{,}07x^3 - 2x^2 + 60x + 267 \quad , \quad x \geq 0$.

Die fixen Kosten K_f sind definiert als Gesamtkosten bei Null-Beschäftigung, d.h. $K_f := K(0) = 267 = \text{const.}$ *(Fixkosten)*

Wegen der Identität: Gesamtkosten K = variable Kosten K_v plus Fixkosten K_f, d.h. $K(x) = K_v(x) + K_f$ erhalten wir für die variablen Kosten K_v:
$K_v(x) = K(x) - K_f = 0{,}07x^3 - 2x^2 + 60x$, $x \geq 0$ *(variable Kosten)*.

Die entsprechenden durchschnittlichen Kosten (Kosten pro produzierter Outputeinheit, Stückkosten) ergeben sich durch Division der entsprechenden Gesamtkosten durch den Output x (mit x > 0 !), d.h. es gilt:

(gesamte) Stückkosten $\quad k(x) = \frac{K(x)}{x} = 0{,}07x^2 - 2x + 60 + \frac{267}{x} \quad , \quad x > 0;$
(durchschnittliche gesamte Kosten, Stück-Gesamtkosten)

stückvariable Kosten $\quad k_v(x) = \frac{K_v(x)}{x} = 0{,}07x^2 - 2x + 60 \quad , \quad x > 0;$
(durchschnittliche variable Kosten, variable Stückkosten)

stückfixe Kosten $\quad k_f(x) = \frac{K_f(x)}{x} = \frac{267}{x} \quad , \quad x > 0.$
(durchschnittliche fixe Kosten, fixe Stückkosten)

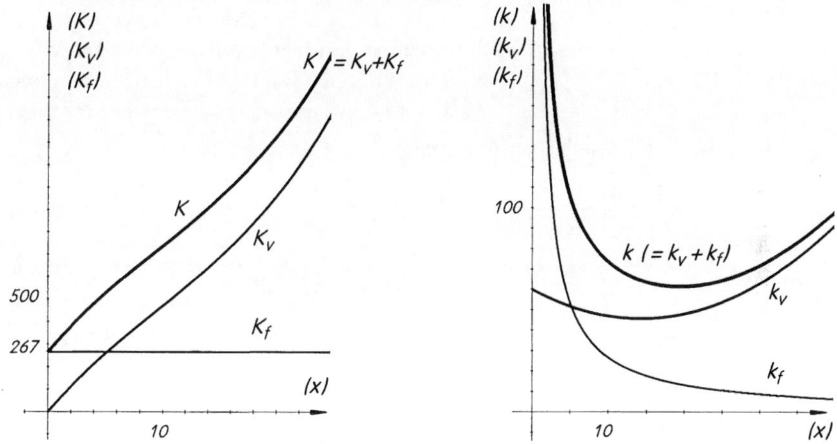

iii) Monatliche *Gesamt*kosten K(x) nach Aufg. 2.23:

$$K(x) = \begin{cases} 24{,}60 & (x \leq 10) \\ 22{,}30 + 0{,}23x & (x > 10) \end{cases}$$

Daraus ergibt sich die Stückkostenfunktion k durch Division von K(x) durch x (> 0 !):

$$k(x) = \begin{cases} \frac{24{,}60}{x} & \text{für } 0 < x \leq 10 \\ \frac{22{,}30}{x} + 0{,}23 & \text{für } 10 < x \end{cases}$$

(x in Einheiten/Monat, k in €/Einheit)

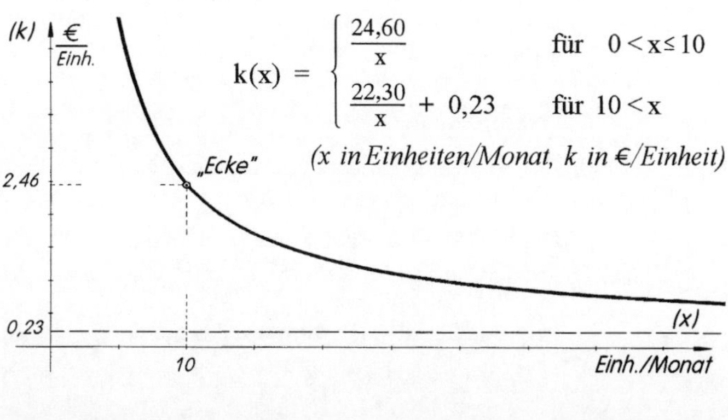

Aufgabe 2.32 *(2.3.92)*:

i) $y = (x+1)^2$ **a)** $D_y = \mathbb{R}$ (da Polynom)

b) Umkehrung: $y = (x+1)^2 \iff x+1 = \pm\sqrt{y} \iff x = -1 \pm \sqrt{y}$
(mehrdeutige Umkehr-Relation mit $y \geq 0$)

ii) $y = \sqrt[3]{x^2-4}$ **a)** $D_y = \mathbb{R}$ *(3. Wurzel ist auch für negative Radikanden definiert)*

b) Umkehrung: $y = \sqrt[3]{x^2-4} \iff y^3 = x^2-4 \iff x^2 = y^3+4$

$\iff x = \pm\sqrt{y^3+4}$ *(mehrdeutige Umkehr-Relation mit $y^3+4 \geq 0$)*

iii) $y = \sqrt[4]{1-x^2}$ (≥ 0)

a) Da der Wurzelexponent eine gerade Zahl ist, muss der Radikand nicht-negativ sein, d.h. $1-x^2 \geq 0 \iff x^2 \leq 1 \iff -1 \leq x \leq 1$, d.h.

$D_y = \{x \in \mathbb{R} \mid -1 \leq x \leq 1\}$.

b) Umkehrung *(man beachte die Voraussetzung $y \geq 0$!)*:

$y = \sqrt[4]{1-x^2} \iff y^4 = 1-x^2 \iff x^2 = 1-y^4$, d.h. $x = \pm\sqrt{1-y^4}$

(mehrdeutige Umkehrrelation mit $y \geq 0$ sowie $1-y^4 \geq 0$, d.h. $0 \leq y \leq 1$)

iv) $y = \dfrac{x+1}{\sqrt{x-1}}$ **a)** Der Nenner darf nicht Null werden (d.h. $x \neq 1$); weiterhin darf der Radikand nicht negativ werden (d.h. $x \geq 1$), insgesamt also: $D_y = \{x \in \mathbb{R} \mid x > 1\}$.

b) Umkehrung (Auflösung nach x; $x > 1$ beachten!)

$$y = \frac{x+1}{\sqrt{x-1}} \iff y \cdot \sqrt{x-1} = x+1 \iff y^2(x-1) = x^2+2x+1$$

$$\iff x^2 + \underbrace{(2-y^2)}_{=:p} \cdot x + \underbrace{y^2+1}_{=:q}$$ *(quadratische Gleichung in x)* $x^2+px+q = 0$

Lösungsformel *(siehe LB Formel 1.2.145)*: $x_{1,2} = -\frac{p}{2} \pm \sqrt{\left(\frac{p}{2}\right)^2 - q}$, d.h.

$$x_{1,2} = \frac{y^2-2}{2} \pm \sqrt{\left(\frac{y^2-2}{2}\right)^2 - y - 1}$$ *(mehrdeutige Umkehr-Relation)*

Bemerkung: Mit etwas mühevoller Umformung lässt sich der Lösungsterm vereinfachen zu: $x_{1,2} = 0{,}5 \cdot (y^2-2 \pm y\sqrt{y^2-8})$

v) $y = \dfrac{2 \cdot \sqrt{x+8}}{5 \cdot \sqrt[3]{x^2-16}}$

a) Der Nenner darf nicht Null werden, d.h. $x^2-16 \neq 0$ d.h. $x^2 \neq 16$ d.h. $x \neq -4$ und $x \neq 4$.

Der Radikand im Zähler muss nicht-negativ sein, d.h. $x+8 \geq 0$ bzw. $x \geq -8$ *(der Radikand im Nenner darf – da der Wurzelexponent ungerade ist – beliebige positive/negative Werte annehmen)*.

Insgesamt ergibt sich somit für den maximalen Definitionsbereich:

$D_y = \{x \in \mathbb{R} \mid x \geq -8 \wedge x \neq 4 \wedge x \neq -4\}$. *(Teil b) nicht verlangt)*

Aufgabe 2.33 *(2.3.93)*:

i) Mathematischer Definitionsbereich: Der Radikand muss nichtnegativ sein.
$4r - 100 \geq 0$ d.h. $r \geq 25$;

Ökonomischer Definitionsbereich: Auch jetzt muss der Radikand nichtnegativ sein, d.h. $r \geq 25$. Zusätzlich muss für den Output gelten: $x \geq 0$, d.h.
$$\sqrt{4r-100} - 10 \geq 0 \iff 4r - 100 \geq 10^2 \iff r \geq 50\ ME_r \quad .$$

ii) Faktorkosten = Gesamtkosten $p_r \cdot r\ (= 8r)$ der benötigten Faktor-Einsatz-Menge, um den Output x (= 50 ME_x) zu erzeugen. Um r zu erhalten, benötigt man zum Output x die Faktoreinsatzmenge $r = r(x)$, d.h. die Umkehrfunktion r(x) zur (gegebenen) Produktionsfunktion $x(r) = \sqrt{4r-100} - 10$ *(Umkehrung)*:
$$x = \sqrt{4r-100} - 10 \iff (x+10)^2 = 4r - 100 \iff 4r = x^2 + 20x + 200$$
d.h. $r = r(x) = 0{,}25x^2 + 5x + 50$.

Für einen vorgegebenen Output von 50 ME_x werden also $r\,(50) = 925\ ME_r$ benötigt, d.h. die Faktorkosten betragen $925\ ME_r \cdot 8\ GE/ME_r = 7.400\ GE$.
Umsatz = Menge mal Marktpreis = $50\ ME_x \cdot 100\ GE/ME_x = 5.000\ GE$.

iii) Jetzt ist die Gesamtkostenfunktion K: K(x) gesucht mit $K(x) = p_r \cdot r(x)$, wobei $p_r = 8\ GE/ME_r$ vorgegeben ist. Aus ii) kennen wir die Faktoreinsatzfunktion r mit $r(x) = 0{,}25x^2 + 5x + 50$, d.h. für die Kostenfunktion K(x) gilt:
$$K(x) = 8 \cdot r(x) = 2x^2 + 40x + 400 \ ; \ x \neq 0 .$$

iv) Die Unternehmung produziert in der Gewinnzone *(G(x) > 0)*, wenn gilt:
$$G(x) = E(x) - K(x) > 0 \qquad \text{d.h.} \qquad E(x) > K(x).$$

Erlösfunktion: $E(x) = p_x \cdot x = 100x$
Kostenfunktion: $K(x) = 2x^2 + 40x + 400$ *(siehe iii)*
$\Rightarrow$ Gewinnfunktion: $G(x) = E(x) - K(x) = -2x^2 + 60x - 400 \quad , \quad x \geq 0$.
Gewinnschwellen: $0 = G(x) = -2x^2 + 60x - 400 \iff x^2 - 30x + 200 = 0$
$\iff x_{1,2} = 15 \pm \sqrt{225-200}$; d.h. $x_1 = 10\ ME_x$; $x_2 = 20\ ME_x$.

Für Outputwerte zwischen 10 und 20 ME_x ist der Gewinn G(x) positiv (> 0) (Beweis durch Einsetzen eines Zwischenwertes, z.B. $x = 15 \Rightarrow G(15) = 50$ (> 0)), d.h. die Gewinnzone der Unternehmung umfasst alle Outputwerte x mit
$$10\ ME_x < x < 20\ ME_x \quad .$$

Aufgabe 2.34 *(2.3.100)*:

i) **a)** $D_f = \mathbb{R}$ *(da Exponentialfunktionen für beliebige reelle Exponenten definiert sind)*

b) $0 = 3 \cdot e^{-x} - e^{2x} \iff e^{2x} = \frac{3}{e^x} \iff e^{2x} \cdot e^x = e^{3x} = 3 \underset{\ln}{\iff} 3x = \ln 3$
d.h. $x = \frac{\ln 3}{3} \approx 0{,}3662$ *(einzige Nullstelle)*

ii) **a)** $D_g = \mathbb{R}$ *(da Exponentialfunktionen für beliebige reelle Exponenten definiert sind)*

b) $0{,}5\,(e^x + e^{-x}) = 0$. Es gibt keine reelle Lösung (und somit keine Nullstelle), da jeder Exponentialterm positiv ist und somit auch ihre Summe.

iii) **a)** $D_h = \mathbb{R}$ *(da Exponentialfunktionen für beliebige reelle Exponenten definiert sind)*

b) $0{,}5\,(e^x - e^{-x}) = 0 \iff e^x = e^{-x} \underset{\ln}{\iff} x = -x \iff 2x = 0$ d.h. $x = 0$.

iv) **a)** $D_k = \mathbb{R}$ *(da Exponentialfunktionen für beliebige reelle Exponenten definiert sind)*

b) $3x^2 \cdot e^{-x^2} - 12 \cdot e^{-x^2} = 0 \iff 3x^2 \cdot e^{-x^2} = 12 \cdot e^{-x^2}$. Division durch e^{-x^2} ($\neq 0$): $3x^2 = 12 \iff x^2 = 4$ d.h. $x_1 = 2$; $x_2 = -2$ *(zwei Nullstellen)*

v) **a)** Jetzt muss ausgeschlossen werden, dass der im Exponenten von e auftretende Nenner ($= x + 3$) Null wird, d.h. es gilt: $D_p = \mathbb{R} \setminus \{-3\}$.

b) $7 \cdot e^{\frac{x-1}{x+3}} = 0$. Diese Gleichung hat keine Lösung, da der Exponentialterm stets positiv ist und daher nie Null werden kann. p besitzt keine Nullstelle.

Aufgabe 2.35 *(2.3.104)*: Die Logarithmensätze LB 1.2.74/76/78 lauten:
L1: $\log(xy) = \log x + \log y$; L2: $\log(x/y) = \log x - \log y$; L3: $\log(x^r) = r \cdot \log x$

i) **a)** Da x^2+1 für alle $x \in \mathbb{R}$ positiv ist, ist auch $\sqrt{x^2+1}$ stets positiv, also ist der Funktionsterm $\ln\sqrt{x^2+1}$ für alle x mit $x \in \mathbb{R}$ definiert.

b) $\ln\sqrt{x^2+1} = 0 \underset{L3}{\iff} 0{,}5 \cdot \ln(x^2+1) = 0 \iff \ln(x^2+1) = 0$ $\underset{e^{\cdots}}{\iff} x^2+1 = e^0 = 1 \iff x^2 = 0 \iff x = 0$ *(einzige Nullstelle)*

c) Umkehrung von $f = \ln\sqrt{x^2+1} \underset{e^{\cdots}}{\iff} e^f = \sqrt{x^2+1} \iff x^2+1 = e^{2f}$ $\iff x^2 = e^{2f}-1 \iff x = \sqrt{e^{2f}-1} \vee x = -\sqrt{e^{2f}-1}$, d.h. die Umkehrung ist zweideutig. Somit existiert keine Umkehr*funktion*, sondern eine (mehrdeutige) Umkehr*relation*.

ii) **a)** $g(p) = \ln(p/2)$ ist nur definiert für $p/2 > 0$, d.h. $p > 0$.

b) Nullstellen: $\ln(p/2) = 0 \underset{e^{\cdots}}{\iff} p/2 = e^0 = 1 \iff p = 2$ *(einzige Nullstelle)*

c) Umkehrung: $g = \ln(p/2) \underset{e^{\cdots}}{\iff} e^g = p/2 \iff p = 2 \cdot e^g$ *(Umkehrfunktion)*

iii) **a)** $\ln(x+1) + \ln x$ ist definiert für $x+1 > 0 \wedge x > 0$, d.h. $x > 0$.

b) Nullstellen: $\ln(x+1) + \ln x = 0 \underset{L1}{\iff} \ln((x+1) \cdot x) = 0 \iff \ln(x^2+x) = 0$ $\underset{e^{\cdots}}{\iff} x^2+x = e^0 = 1 \iff x^2+x-1 = 0 \iff x_{1,2} = -0{,}5 \pm \sqrt{0{,}25+1}$ $\iff x_1 \approx 0{,}6180$, $x_2 \approx -1{,}6180$. Wegen $x > 0$ ist x_1 die einzige Nullstelle.

c) Umkehrung: $k = \ln(x+1) + \ln x \underset{L1}{\iff} \ln((x+1) \cdot x) = k \underset{e^{\cdots}}{\iff}$ $x^2 + x = e^k \iff x^2 + x - e^k = 0$ *(quadratische Gleichung in x)* $\iff$ $x_{1,2} = -0{,}5 \pm \sqrt{0{,}25 + e^k}$. Wegen $x > 0$ ist nur das Pluszeichen relevant, d.h. die Gleichung der Umkehrfunktion lautet: $x(k) = -0{,}5 + \sqrt{0{,}25 + e^k}$.

iv) **a)** $h(u) = \ln u + \ln\sqrt{u^2-1}$ ist definiert für $u > 0$ und $u^2 - 1 > 0$, d.h. $u > 1$.

b) Nullstellen: $0 = \ln u + \ln\sqrt{u^2-1} \underset{L1}{=} \ln(u \cdot \sqrt{u^2-1}) \underset{e^{\cdots}}{\iff} u \cdot \sqrt{u^2-1} = e^0 = 1$ $\underset{u>1}{\iff} u^2 \cdot (u^2-1) = 1 \iff u^4 - u^2 - 1 = 0$. Substitution: $v := u^2$ (> 1) $\iff v^2 - v - 1 = 0 \iff v_{1,2} = 0{,}5 \pm \sqrt{0{,}25+1}$. Wegen $v > 1$ ist nur das +Zeichen relevant. Re-Substitution: $u^2 = v = 0{,}5 + \sqrt{1{,}25}$. Mit $u > 1$ gilt:

$$u = \sqrt{0{,}5 + \sqrt{1{,}25}} \approx 1{,}2720 \quad \textit{(einzige Nullstelle)}$$

c) Umkehrung: $h = \ln u + \ln\sqrt{u^2-1} \underset{L1}{=} \ln(u\cdot\sqrt{u^2-1}) \underset{e^{\cdots}}{\Longleftrightarrow} u\cdot\sqrt{u^2-1} = e^h$
$\underset{u>1}{\Longleftrightarrow} u^2\cdot(u^2-1) = (e^h)^2 = e^{2h}$. Substitution: $u^2 =: v \ (>1) \Longleftrightarrow$
$v^2 - v - e^{2h} = 0 \underset{v>1}{\Longleftrightarrow} v = 0{,}5 + \sqrt{0{,}25 + e^{2h}} = u^2$ (Re-Substitution).
Wegen $u>1$ gilt: $u = \sqrt{0{,}5 + \sqrt{0{,}25 + e^{2h}}}$ *(Gleichung der Umkehrfunktion)*

Aufgabe 2.36 *(2.3.133)*:

i) Mit Hilfe von Satz 2.3.116: $x = \frac{\pi}{180°}\cdot\varphi$ folgt:

$x(60°) = 1{,}0472 = \pi/3$ $\quad$ $x(1°) = 0{,}0175$
$x(-30°) = -0{,}5236 = -\pi/6$ $\quad$ $x(1400°) = 24{,}4346$
$x(36.000°) = -628{,}3185 = -200\pi$

ii) Die Umkehrung: $\varphi = \frac{180°}{\pi}\cdot x$ liefert
$\varphi(0{,}5) = 28{,}6479°$ $\quad$ $\varphi(-1/\sqrt{2}) = -40{,}5142°$
$\varphi(90) = 5.156{,}6202°$ $\quad$ $\varphi(-1) = -57{,}2958°$
$\varphi(\pi/6) = 30°$ $\quad$ $\varphi(2\pi/9) = 40°$
$\varphi(20\pi) = 3.600°$

iii) a) $s = r\cdot x = r\cdot\frac{\pi}{180°}\cdot\varphi = 4\cdot\frac{\pi}{180°}\cdot 33° = 2{,}30383$
b) $s = 4\cdot\frac{\pi}{4} = \pi = 3{,}14159\ldots$

Aufgabe 2.37 *(2.3.134)*: *(Näherungswerte, erhalten mit einem elektronischen Taschenrechner, auf 4 Nachkommastellen gerundet)*

i) $\sin 0{,}5 = 0{,}4794$ $\quad$ $\cos 31° = 0{,}8572$
$\tan 1 = 1{,}5574$ $\quad$ $\cot 45° = 1$
$\tan 7\pi/2$ nicht definiert *(siehe (2.3.131) LB)* $\quad$ $\cos(2\pi+1) = 0{,}5403$
$\sin\frac{\pi+3}{2} = 0{,}0707$ $\quad$ $\sin\sqrt{2} + \cos\frac{1}{3}\sqrt{3} = 1{,}8257$
$\sin 1000 = 0{,}8269$ $\quad$ $\sin 1000° = -0{,}9848$

ii) $\sin x = -1 \Rightarrow x = \frac{3}{2}\pi \triangleq 270°$
$\sin x = 1{,}5 \Rightarrow$ Es gibt kein derartiges „x", denn für $x \in \mathbb{R}$ gilt: $|\sin x| \le 1$
$\sin 2x = 0{,}5 \Rightarrow x = 0{,}2618 \triangleq 15°$
$\tan x = 99.999 \Rightarrow x = 1{,}5708 \triangleq 89{,}9994°$
$\cos(-x+1) = 0{,}35 \Rightarrow -x+1 = 1{,}2132 \Rightarrow x = -0{,}2132 \triangleq -12{,}2169°$
$2\sin(3x+\frac{\pi}{2}) = \sqrt{2} \Rightarrow x = -0{,}2618 \triangleq -15°$

Aufgabe 2.38 *(2.3.135)*: *(man beachte: $sin^2x + cos^2x = 1$; alle Nenner $\neq 0$)*

i) $\cos x \cdot \tan x = \cos x \cdot \dfrac{\sin x}{\cos x} = \sin x$

ii) $\dfrac{\sin x}{\tan x} = \dfrac{\sin x}{\dfrac{\sin x}{\cos x}} = \cos x$

iii) $1 - \dfrac{1}{\cos^2 x} = \dfrac{\cos^2 x - 1}{\cos^2 x} = \dfrac{1 - \sin^2 x - 1}{\cos^2 x} = \dfrac{-\sin^2 x}{\cos^2 x} = -\tan^2 x$

iv) $\dfrac{\sin^2 x}{1 - \cos x} = \dfrac{\sin^2 x\,(1 + \cos x)}{(1 - \cos x)(1 + \cos x)} = \dfrac{\sin^2 x\,(1 + \cos x)}{1 - \cos^2 x} = 1 + \cos x$

v) $\tan x \cdot \sin x + \cos x = \dfrac{\sin^2 x}{\cos x} + \dfrac{\cos^2 x}{\cos x} = \dfrac{1}{\cos x}$

vi) $\dfrac{\tan x - 1}{\sin x - \cos x} = \dfrac{\dfrac{\sin x}{\cos x} - 1}{\sin x - \cos x} = \dfrac{\dfrac{\sin x - \cos x}{\cos x}}{\sin x - \cos x} = \dfrac{1}{\cos x}$

Aufgabe 2.39 *(2.3.136)*:

i) Zunächst zu zeigen: $\cos(x_1 + x_2) = \cos x_1 \cos x_2 - \sin x_1 \sin x_2$.

Nach (2.3.123/124/125) und (2.3.127) *(Lehrbuch)* gilt:

$$\cos(x_1 + x_2) = \sin\left(x_1 + x_2 + \frac{\pi}{2}\right) = \sin x_1 \cos\left(x_2 + \frac{\pi}{2}\right) + \cos x_1 \sin\left(x_2 + \frac{\pi}{2}\right)$$

$$= \sin x_1 \cdot -\sin x_2 + \cos x_1 \cos x_2 = \cos x_1 \cos x_2 - \sin x_1 \sin x_2, \quad \text{q.e.d.}$$

Setzt man jetzt „$-x_2$“ statt „x_2“, so folgt daraus die noch zu beweisende Relation:

$$\cos(x_1 - x_2) = \cos x_1 \cos(-x_2) - \sin x_1 \sin(-x_2) = \cos x_1 \cos x_2 + \sin x_1 \sin x_2 .$$

ii) Aus (2.3.127) folgt mit $x_1 = x_2 = x$:
$\sin 2x = \sin(x + x) = \sin x \cos x + \cos x \sin x = 2 \sin x \cos x$, q.e.d.

iii) Nach i) gilt: $\cos 2x = \cos(x+x) = \cos x \cos x - \sin x \sin x = \cos^2 x - \sin^2 x$.

Daraus folgt mit (2.3.126): $\sin^2 x + \cos^2 x = 1$:

$\cos 2x = 1 - 2\sin^2 x$ bzw. $\cos 2x = 2\cos^2 x - 1$, q.e.d.

iv) $\tan 2x = \dfrac{\sin 2x}{\cos 2x} = \dfrac{2 \sin x \cos x}{\cos^2 x - \sin^2 x} = \dfrac{2 \sin x \cos x}{\cos^2 x\left(1 - \dfrac{\sin^2 x}{\cos^2 x}\right)} = \dfrac{2 \tan x}{1 - \tan^2 x}$, q.e.d.

v) Aus iii) folgt: $\cos 2y = 1 - 2\sin^2 y \Rightarrow 2\sin^2 y = 1 - \cos 2y$.

Setzt man $2y =: x$, d.h. $y = x/2$, so folgt: $2\sin^2\dfrac{x}{2} = 1 - \cos x$, q.e.d.

vi) Analog zu v) benutzt man ein Ergebnis aus iii): $\cos 2y = 2\cos^2 y - 1$, d.h.
$1 + \cos 2y = 2\cos^2 y$. Mit $2y =: x$ folgt daraus: $1 + \cos x = 2\cos^2\dfrac{x}{2}$, q.e.d.

Aufgabe 2.40 *(2.4.10)*:

Im folgenden muss zur Gleichungslösung ein iteratives Näherungsverfahren angewendet werden, besonders geeignet ist (da effizient und ohne Kenntnisse der Differentialrechnung anwendbar): Die „Regula falsi" *(siehe Lehrbuch Kap. 2.4)*.

Das Prinzip der „Regula falsi" soll hier noch einmal in Kurzform dargestellt werden:

Gesucht sei die Lösung der Gleichung $f(x) = 0$ bzw. die Nullstelle von $f: x \mapsto f(x)$. Kennt man zwei Stellen x_1, x_2 mit $f(x_1) < 0$, $f(x_2) > 0$ *(oder umgekehrt)*, so liegt zwischen x_1 und x_2 eine Nullstelle $\bar{x}$ von f *(f wird als stetig vorausgesetzt)*.

Dann ist die Zahl x_3 mit

$$x_3 = \frac{x_1 \cdot f(x_2) - x_2 \cdot f(x_1)}{f(x_2) - f(x_1)} = \frac{x_2 \cdot f(x_1) - x_1 \cdot f(x_2)}{f(x_1) - f(x_2)} \qquad (*)$$

ein Näherungswert für die gesuchte Nullstelle $\bar{x}$.

Das angegebene Verfahren lässt sich iterativ fortsetzen, indem man den neu ermittelten Punkt $x_3/f(x_3)$ je nach Vorzeichen von $f(x_3)$ an die Stelle von $x_1/f(x_1)$ bzw. $x_2/f(x_2)$ setzt und zur Ermittlung des nächsten Näherungswertes x_4 erneut die Iterationsvorschrift (*) entsprechend anwendet usw.)

i) $x^2 - x^5 = 1 \quad \Longleftrightarrow \quad f(x) = x^5 - x^2 + 1 = 0$.

Startwerte z.B. (geraten...): $x_1 = 0$, $f(x_1) = 1$; $x_2 = -1$, $f(x_2) = -1$

$$\Rightarrow \; x_3 = \frac{x_1 \cdot f(x_2) - x_2 \cdot f(x_1)}{f(x_2) - f(x_1)} = \frac{0 \cdot (-1) - (-1) \cdot 1}{(-1) - 1} = -0{,}5 \text{ mit } f(x_3) = 0{,}71875 \; (>0)$$

Also wird mit x_3, $f(x_3)$ und x_2, $f(x_2)$ die Iterationsformel (*) erneut angewendet:

$$x_4 = \frac{(-0{,}5) \cdot (-1) - (-1) \cdot 0{,}71875}{(-1) - 0{,}71875} = -0{,}7091 \text{ mit } f(x_4) = 0{,}317919 .$$

Nach einigen weiteren Iterationsschritten ergibt sich schließlich auf 4 Nachkommastellen genau die Nullstelle $\bar{x}$ mit: $\bar{x} \approx -0{,}8087$.

ii) $f(x) = 0{,}1x^3 - x^2 - 2x - 7 = 0$. Mit Hilfe einer Wertetabelle findet man z.B die Startwerte $x_1 = 12$, $f(x_1) = -2{,}2$; $x_2 = 13$, $f(x_2) = 17{,}7 \quad \Rightarrow$

$$x_3 = \frac{12 \cdot 17{,}7 - 13 \cdot (-2{,}2)}{17{,}7 - (-2{,}2)} \approx 12{,}11 \text{ mit } f(12{,}11) \approx -0{,}2764 \; (<0) \text{ usw.}$$

$\bar{x} \approx 12{,}1255$ *(auf vier Nachkommastellen genau)*

iii) $f(x) = \ln x + e^x - x^2 + 1 = 0$. Mit Hilfe einer Wertetabelle findet man z.B die Startwerte $x_1 = 0{,}1$, $f(x_1) = -0{,}2074$; $x_2 = 0{,}2$, $f(x_2) = 0{,}5720 \quad \Rightarrow$

$$\Rightarrow \; x_3 = \frac{0{,}1 \cdot 0{,}5720 - 0{,}2 \cdot (-0{,}2074)}{0{,}5720 - (-0{,}2074)} \approx 0{,}1266 \quad \text{mit } f(x_3) = 0{,}05221 \; (>0)$$

$$\Rightarrow \; x_4 = \frac{0{,}1 \cdot 0{,}05221 - 0{,}1266 \cdot (-0{,}2074)}{0{,}05221 - (-0{,}2074)} \approx 0{,}12125 \quad \text{usw.} \Rightarrow \; \bar{x} \approx 0{,}1208 .$$

iv) $f(q) = 100 \cdot q^{20} - 10 \cdot \frac{q^{20}-1}{q-1} = 0 \quad , \quad q \neq 1$ *(Problem aus der Finanzmathematik)*

Startwerte z.B.: $q_1 = 1{,}10$, $f(q_1) = 100$; $q_2 = 1{,}05$, $f(q_2) = -65{,}3298$

$$\Rightarrow q_3 = \frac{1{,}10 \cdot (-65{,}3298) - 1{,}05 \cdot 100}{-65{,}3298 - 100} \approx 1{,}06976 \text{ mit } f(q_3) = -23{,}6460 \; (<0)$$

$$\Rightarrow q_4 = \frac{1{,}10 \cdot (-23{,}6460) - 1{,}06976 \cdot 100}{-23{,}6460 - 100} \approx 1{,}0755 \text{ usw.} \quad \Rightarrow \quad \bar{q} \approx 1{,}0775 .$$

v) $f(q) = -100q^5 + 20q^4 + 30q^3 + 40q^2 + 50q + 60 = 0$ *(Problem aus der Investitionsrechnung)*

Startwerte z.B. $q_1 = 1{,}23$, $f(q_1) = 2{,}08877$; $q_2 = 1{,}24$, $f(q_2) = -5{,}17551$

$$\Rightarrow q_3 = \frac{1{,}23 \cdot (-5{,}17551) - 1{,}24 \cdot 2{,}08877}{-5{,}17551 - 2{,}08877} \approx 1{,}2329 \text{ mit } f(q_3) = 0{,}02837 \ldots$$

$\bar{q} \approx 1{,}2329$ *(q_3 ist bereits auf 4 Nachkommastellen genau)*.

Aufgabe 2.41 *(2.4.11)*:

Die Gewinnschwellen entsprechen denjenigen Outputmengen x, für die der Gewinn G(x) (= Erlös E(x) minus Kosten K(x)) zu Null wird:

Mit $E(x) = x \cdot p(x) = x \cdot (100 - 0{,}5x) = 100x - 0{,}5x^2$ sowie
$K(x) = x^3 - 2x^2 + 30x + 98$ ergibt sich der Gewinn G(x) zu
$G(x) = E(x) - K(x) = -x^3 + 1{,}5x^2 + 70x - 98 \stackrel{!}{=} 0$

Die Startwerte für die Regula falsi erhält man zweckmäßigerweise durch eine Wertetabelle:

x	0	1 (x_u)	2	...	8	9 (x_o)	10	...
G(x)	−98	−27,5	40	...	46	−75,5	−248	...
		(1)	(1)		(2)	(2)		

Also liegt die untere Gewinnschwelle ($= x_u$) zwischen x = 1 und x = 2 ME und die obere Gewinnschwelle (Nutzengrenze) ($= x_o$) zwischen x = 8 und x = 9 ME.

Regula falsi:

(1) $x_u \approx \frac{1 \cdot 40 - 2 \cdot (-27{,}5)}{40 - (-27{,}5)} = 1{,}407$ ME *(exakt auf 4 Nachkommastellen: 1,3971 ME)*

(2) $x_o \approx \frac{8 \cdot (-75{,}5) - 9 \cdot 46}{-75{,}5 - 46} = 8{,}379$ ME *(exakt auf 4 Nachkommastellen: 8,4268 ME)*

Aufgabe 2.42 *(2.5.55)*:

i) a) $K(x) = 0{,}01x^2 + 10x + 200 \stackrel{!}{=} 509 \text{ GE} \iff x^2 + 1.000x - 30.900 = 0$

$\iff x_{1,2} = -500 \pm \sqrt{250.000 + 30.900} = -500 \pm 530$
$x = 30$ ME *($x_2 < 0$, ökon. irrelevant)*

b) $k(x) = 0{,}01x + 10 + 200/x \stackrel{!}{=} 13 \iff x^2 - 300x + 20.000 = 0$

$\iff x_{1,2} = 150 \pm \sqrt{22.500 - 20.000} = 150 \pm 50$ d.h. $x_1 = 100$, $x_2 = 200$ ME.

c) $K_v(x) = 0{,}01x^2 + 10x \overset{!}{=} 416 \iff x^2 + 1.000x - 41.600 = 0$

$x_{1,2} = -500 \pm \sqrt{250.000+41.600} = -500 \pm 540$ d.h. $x = 40$ ME *(x_2 irrelevant)*

d) $k_f(x) = K_f/x = 200/x \overset{!}{=} 8 \iff 8x = 200 \iff x = 25$ ME

ii) Nachfragemenge $x = 120 - 0{,}4p \overset{!}{<} 91{,}2 \iff 28{,}8 < 0{,}4p \iff p > 72\ \frac{GE}{ME}$

iii) Konsumausgaben $\overset{!}{=}$ Sparsumme, d.h. $C(Y) \overset{!}{=} S(Y)$ mit $S(Y) = Y - C(Y)$
$\iff C = Y - C \iff 2 \cdot C(Y) = Y \iff 1.000 + 0{,}8Y = Y \iff Y = 5.000$ GE

iv) Output $= x \overset{!}{=} 20\,ME_x \iff \sqrt{r-10} = 20 \iff r - 10 = 400 \iff r = 410\,ME_r$

v) Erlös $E(x) = x \cdot p(x) \overset{!}{=} 8.000$ ME. $p(x)$ ist die Umkehrfunktion zu $x(p)$:
$x = x(p) = 120 - 0{,}4p \iff 0{,}4p = 120 - x \iff p = p(x) = 300 - 2{,}5x$
d.h. $E(x) = x \cdot p(x) = 300x - 2{,}5x^2 \overset{!}{=} 8.000 \iff x^2 - 120x + 3.200 = 0$
$\iff x_{1,2} = 60 \pm \sqrt{3.600 - 3.200} = 60 \pm 20$ d.h. $x_1 = 40$ ME, $x_2 = 80$ ME

vi) $E(x) = 300x - 2{,}5x^2 \overset{!}{=} 0 \iff x \cdot (300 - 2{,}5x) = 0 \iff x = 0 \vee x = 120$ ME
Ökonomische Interpretation: Wenn nichts abgesetzt wird ($x = 0$), ist der Erlös Null. Um 120 ME absetzen zu können, muss (siehe Preis-Absatz-Funktion $p(x) = 300 - 2{,}5x$, d.h. $p(120) = 300 - 2{,}5 \cdot 120 = 0$) ein Preis von Null vorgegeben werden, also auch jetzt ist der entsprechende Erlös Null.

vii) $G(x) = E(x) - K(x) = 300x - 2{,}5x^2 - 0{,}01x^2 - 10x - 200 = -2{,}51x^2 + 290x - 200$

a) $G(x) = 0 \iff x^2 - 115{,}5378x + 79{,}6813 = 0 \iff$
$x_{1,2} = 57{,}7689 \pm \sqrt{57{,}7689^2 - 79{,}6813}$, d.h. $x_1 = 0{,}6938$, $x_2 = 114{,}844$ ME

b) $G(x) > 0$: G ist eine Parabel mit den beiden Nullstellen x_1 und x_2 *(siehe a))*. Einsetzen eines Zwischenwertes, z.B. $x = 1$, liefert positiven Gewinnwert, $G(1) \approx 87{,}5 > 0$, d.h. G muss zwischen den beiden Nullstellen positiv sein.

Aufgabe 2.43 *(2.5.56)***:**

Gewinn = Erlös minus Kosten: $G(x) = E(x) - K(x)$. Während $K(x)$ vorgegeben ist, muss zur Bildung von $E(x)$ zunächst die Umkehrung $p(x)$ zur gegebenen Nachfragefunktion $x(p)$ gebildet werden:

$x = 125 - 1{,}25p \iff 1{,}25p = 125 - x \iff p = p(x) = 100 - 0{,}8x$ d.h.
$G(x) = 100x - 0{,}8x^2 - 0{,}2x^2 - 4x - 704 = -x^2 + 96x - 704$.

G ist eine nach unten offene Parabel, d.h. der Gewinn ist zwischen den beiden möglichen Nullstellen x_1 und x_2 positiv. Ermittlung dieser Nullstellen:

$x^2 - 96x + 704 = 0 \iff x_{1,2} = 48 \pm \sqrt{48^2 - 704}$, d.h. $x_1 = 8$, $x_2 = 88$ ME.

Aufgabe 2.44 *(2.5.57)***:**

i) $K(x)$ gesucht. Idee: Kosten K des Outputs x = zur Produktion von x ME_x erforderlicher Input $r = r(x)$ mal Inputpreis p_r *(=2)*, d.h. $K(x) = p_r \cdot r(x)$. Dabei ist $r(x)$ die Umkehrfunktion der Produktionsfunktion $x(r) = x = \sqrt{2r - 200} \iff$
$x^2 = 2r - 200 \iff r = 0{,}5x^2 + 100$ d.h. $K(x) = p_r \cdot r(x) = x^2 + 200$.

ii) Gewinnfunktion $G(x) = E(x) - K(x) = p \cdot x - K(x) = 30x - (x^2 + 200)$, d.h.
$G(x) = -x^2 + 30x - 200 \quad , \quad x \geq 0$.

iii) G ist eine nach unten offene Parabel, d.h. der Gewinn ist zwischen den beiden möglichen Nullstellen *(= Gewinnschwellen)* x_1 und x_2 positiv. Aus ii) folgt:
$x^2 - 30x + 200 = 0 \iff x_{1,2} = 15 \pm \sqrt{225-200}$, d.h. $x_1 = 10$, $x_2 = 20\,ME_x$.

iv) **a)** Stückgewinn g(x): Aus $g(x) = G(x)/x > 0$ folgt: $G(x) > 0$. Nach iii) ist G *(und somit auch g)* zwischen $x_1 = 10\,ME_x$ und $x_2 = 20\,ME_x$ positiv.

b) Deckungsbeitrag $G_D(x) = E(x) - K_v(x) = 30x - x^2 \overset{!}{>} 0$.
G_D ist eine nach unten offene Parabel, ist also positiv zwischen ihren Nullstellen. Aus $G_D(x) = 30x - x^2 = x \cdot (30 - x)$ liest man die Nullstellen ab: $x_1 = 0$; $x_2 = 30\,ME_x$. G_D ist somit für alle x mit $0 < x < 30\,ME_x$ positiv.

c) Der Stückdeckungsbeitrag $g_D(x) = G_D/x = 30 - x$ ist positiv für $x < 30\,ME_x$.

Aufgabe 2.45 *(2.5.58)*:

i) Wert $\overset{!}{=} 0$, d.h. $W(t) = 10.000 \cdot \frac{15-t}{t+2} = 0 \iff 15 - t = 0 \iff t = 15$ Jahre

ii) Neuwagenwert = W(0) = 75.000 €. Ein Wertverlust von 60% bedeutet: W(t) = 75.000 · 0,4 = 30.000 €. Zu lösen ist also die Gleichung
$30.000 = 10.000 \cdot \frac{15-t}{t+2} \iff 30.000 \cdot (t+2) = 10.000 \cdot (15-t) \iff$
$40.000t = 90.000$ d.h. nach t = 2,25 Jahren beträgt der Wertverlust 60%.

Aufgabe 2.46 *(2.5.59)*:

i) Fixkosten K_f = Kosten bei Nullproduktion $= K(0) = 200 \cdot e^0 + 400 = 600$ GE

ii) Variable Kosten: $K_v(x) = K(x) - K_f = 200 \cdot e^{0{,}01x} - 200 \quad \Rightarrow$
Durchschnittl. variable Kosten: $k_v(x) = K_v(x)/x$ d.h.

$$k_v(x) = \frac{200 \cdot e^{0{,}01x} - 200}{x} \Bigg|_{x=120} = 3{,}8669 \text{ GE/ME}$$

iii) Gewinnfunktion G: $G(x) = 30x - 200 \cdot e^{0{,}01x} - 400$; $G = 0 \Rightarrow$
(Regula falsi) $x_1 = 21{,}608$ ME ; $x_2 = 408{,}123$ ME

Aufgabe 2.47 *(2.5.60)*:

Ökonomisch sinnvoll heißt hier: Input- wie Outputwerte müssen nichtnegativ sein: $r \geq 0; x \geq 0$.

Wegen $x(r) = r^2 \cdot (-2r^2 + 8r + 27) \overset{!}{\geq} 0$ muss also die Klammer ≥ 0 sein.

x(r) hat die Nullstelle „0“ sowie die Nullstellen von $-2r^2 + 8r + 27$, d.h. $r_1 = -2{,}183$; $r_2 = 0$; $r_3 = 6{,}183$ sind die drei Nullstellen.
Einsetzen eines Wertes zwischen $r_1 = 0$ und $r_2 = 6{,}183$, z.B. r = 1, liefert: $x(1) > 0$. Daher ist x(r) nur zwischen den Nullstellen r = 0 und $r = 6{,}183\,ME_r$ positiv und auch nur dort ökonomisch sinnvoll definiert.

Aufgabe 2.48 *(2.5.61)*:

Setzt man die Preis–Mengen-Paare $(p_1,x_1) = (140;600)$ sowie $(p_2,x_2) = (170;500)$ in die Preis-Absatz-Funktion ein, so ergeben sich die beiden Gleichungen

(1) $600 = \frac{a}{140+b}$ sowie (2) $500 = \frac{a}{170+b}$. Nach Multiplikation der Gleichungen mit ihrem Nenner erhält man:

(1) $a - 600b = 84.000$

(2) $a - 500b = 85.000$

Subtraktion (2) – (1) der beiden Gleichungen: $100b = 1.000$, d.h. $b = 10$.

Einsetzen in (1) oder (2) liefert: $a = 90.000$.

Damit lautet die Preis-Absatz-Funktion: $x(p) = \frac{90.000}{p+10}$.

Aufgabe 2.49 *(2.5.62)*:

i) Aus $Y = C + S$ folgt: $S = Y - C(Y) = Y - 900 - 0{,}6Y$,
d.h. die Sparfunktion S hat die Gleichung: $S(Y) = 0{,}4Y - 900$.

ii) Existenzminimum := Konsumausgaben bei Nulleinkommen: $C(0) = 900$ GE

iii) $Y \stackrel{!}{=} C(Y)$ d.h. $Y = 900 + 0{,}6Y \iff 0{,}4Y = 900 \iff Y = 2.250$ GE

iv) Für das gesuchte Schwellen-Einkommen muss die Sparsumme zu Null werden:
Aus i) folgt: $S = 0{,}4Y - 900 \stackrel{!}{=} 0$, also $Y = 2.250$ GE *(die Lösungen zu iv) und iii) müssen übereinstimmen, da es sich nur um unterschiedliche Formulierung desselben Problems handelt.)*

v)

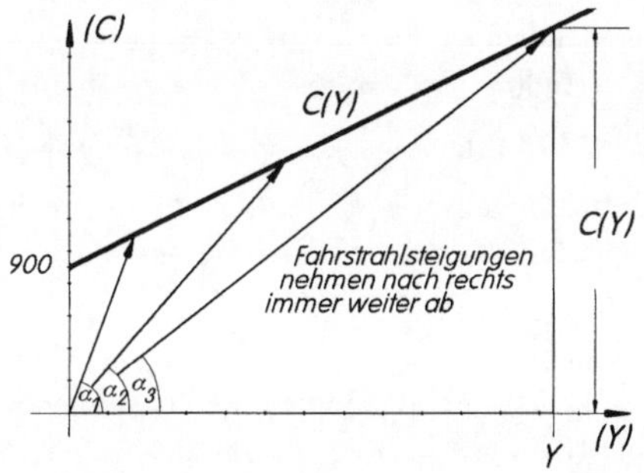

Durchschnittliche Konsumquote $\frac{C(Y)}{Y} = \tan\alpha =$ Fahrstrahlsteigung. Wegen $\alpha_1 > \alpha_2 > \alpha_3 \dots$ nehmen die Fahrstrahlsteigungen mit steigendem Einkommen ab.

Aufgabe 2.50 *(2.5.63)*:

i) math. Def.bereich: $Y \geq -180$ *(Radikand nichtnegativ!)*; ök. Def.bereich: $Y \geq 0$

ii) Existenzminimum := $C(0) = 80 \cdot \sqrt{36} = 480$ €/Monat

iii) $S(Y) = Y - C(Y) \stackrel{!}{=} 0 \iff Y = 80 \cdot \sqrt{0{,}2Y+36} \iff Y^2 = 6400 \cdot (0{,}2Y + 36)$
$\iff Y^2 - 1.280Y - 230.400 = 0 \iff Y_{1,2} = 640 \pm \sqrt{640^2 + 230.400} = 1440.$
(wegen $Y \geq 0$ kommt nur die positive Lösung in Frage). Damit gilt:
Für Einkommen Y mit $Y > 1.440$ €/M. wird die Sparsumme positiv.

iv) $C(Y) \stackrel{!}{=} 0{,}9Y \Leftrightarrow 0{,}9Y = 80\sqrt{0{,}2Y+36} \Rightarrow 0{,}81Y^2 = 6400 \cdot (0{,}2Y + 36) \iff$
$Y^2 - 1.580{,}247Y - 230.400 = 0 \iff Y = 790{,}12 \pm 953{,}28 = 1.743{,}40$
(Y_2 ist negativ!) Bei $Y = 1.743{,}40$ €/Monat beträgt die Verbrauchsquote 90%.

Aufgabe 2.51 *(2.5.64)*:

i) ökon. Def.bereich: $D_B = \mathbb{R}^+$

ii) $B(28) = 20{,}48$ €/Monat

iii) $10 = 35 \cdot e^{-\frac{15}{y}} \iff e^{\frac{15}{y}} = 3{,}5 \iff$
$\frac{15}{Y} = 3{,}5 \iff Y = \frac{15}{\ln 3{,}5} = 11{,}97$
d.h. Monatseinkommen 1.197 € (!)

iv) $B = 35 \cdot e^{-\frac{15}{y}} \iff e^{\frac{15}{y}} = \frac{35}{B} \iff$
$\frac{15}{Y} = \ln \frac{35}{B} \underset{L2}{=} \ln 35 - \ln B \iff$
$Y(B) = \frac{15}{\ln 35 - \ln B}$.

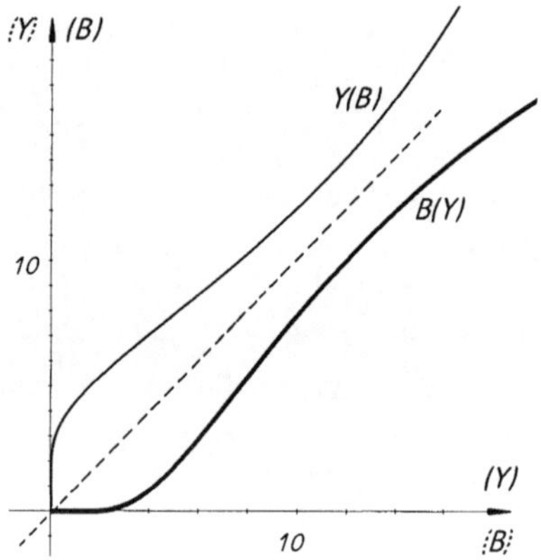

B muss *(wegen ln ...)* positiv sein.
Damit Y positiv wird, muss der Nenner positiv sein, d.h. es muss gelten: $B < 35$. Somit lautet der Definitionsbereich der Umkehrfunktion: $D_Y = \{B \mid 0 < B < 35\}$.

Aufgabe 2.52 *(2.5.65)*:

i) Erlös = Menge · Preis, d.h. $E(60) = 60 \cdot p(60) = 115{,}56$ GE

ii) Zunächst werden die Nullstellen von p(x) bestimmt:

$p(x) = 0 \iff 100 + 20 \cdot \sqrt{x} = 4x \iff 20 \cdot \sqrt{x} = 4x - 100$ *(quadrieren)* $\Rightarrow$
$400x = 16x^2 - 800x + 10.000 \iff x^2 - 75x + 625 = 0 \iff$

$x_{1,2} = 37{,}5 \pm \sqrt{37{,}5^2 - 625}$ d.h. $x_1 = 9{,}55$ und $x_2 = 65{,}45$ ME.

Da im Verlauf der Gleichungslösung *(Wurzelgleichung)* quadriert wurde, muss die Probe gemacht werden. Dabei stellt sich heraus, dass nur x_2 Lösung der Gleichung $p(x) = 0$ ist.

Einsetzen eines Zwischenwertes *(z.B.)* $x = 25$ liefert $p(25) = 20 > 0$, d.h. p(x) muss *(da stetig für x > 0)* bis zur Nullstelle x_2 positiv sein, m.a.W.:
Der Preis p(x) ist positiv für alle Mengen x mit $0 < x < 65{,}45$ ME .

Aufgabe 2.53 *(2.5.66)*:

i) $200 \cdot \ln(y + 100) - 750 \overset{!}{=} 900 \iff \ln(Y+100) = 8{,}25 \iff y + 100 = e^{8{,}25}$
d.h. $Y = e^{8{,}25} - 100 = 3.727{,}63$ €/Monat

ii) Für das gesuchte Einkommen Y muss gelten: $A(Y+500) = A(Y) + 100$ d.h.
$200 \cdot \ln(Y+600) - 750 = 200 \cdot \ln(Y+100) - 650 \iff$
$200 \cdot (\ln(Y+600) - \ln(Y+100)) = 100 \underset{L2}{\iff} \ln \frac{Y+600}{Y+100} = 0{,}5 \iff$
$\frac{Y+600}{Y+100} = e^{0{,}5} \iff Y \cdot (e^{0{,}5} - 1) = 600 - 100 \cdot e^{0{,}5}$ d.h. $Y = 670{,}75$ €/Monat

iii) Es muss gelten: $A(Y) = 0{,}2 \cdot Y$, d.h. $200 \cdot \ln(Y+100) - 750 - 0{,}2 \cdot Y = 0$;
Näherungsverfahren, z.B. Regula falsi $\Rightarrow$ $Y = 4.733{,}28$ €/Monat.

Aufgabe 2.54 *(2.5.67)*:

i) Gewinn = Erlös minus Kosten *(in Abhängigkeit der Laufzeit t [in Tagen] der Werbekampagne)*
Erlös $= E(x(t)) = p \cdot x(t) = 10 \cdot x(t) = 1.000.000 \cdot (1 - e^{-0,1t})$ *$(t \geq 0)$*
Kosten $= K(t) = 20.000t + 10.000$ *$(t \geq 0)$* d.h.
Gewinn $= G(t) = E(t) - K(t) = 1.000.000 \cdot (1 - e^{-0,1t}) - 20.000 \cdot t - 10.000$ *$(t \geq 0)$*

ii) $g(20) = G(20)/20 = 22.733{,}24$ GE/Tag

iii) Kumulierte Absatzmenge für $t = 0$: $x(0) = 1.000.000 \cdot (1 - e^{-0,1 \cdot 0}) = 0$ ME;
Wegfall der Fixkosten sowie $t = 0$: Kosten = 0 $\Rightarrow$ Gewinn = 0 GE.

iv) Für wachsendes t wird der Term $e^{-0,1t}$ immer kleiner und kann schließlich vernachlässigt werden *(Beispiel $t = 120$ Tage: $e^{-0,1 \cdot 120} = 0{,}000006 \approx 0$)* $\Rightarrow$

maximaler Absatz x *(kumuliert)*: 100.000 ME.

Da der Erlös somit nach oben begrenzt ist (= 1 Mio. GE), bewirken die linear steigenden Kosten, dass irgendwann der Gewinn negativ werden muss, vgl. v).

v) $G(t) = 0 \iff 1.000.000 \cdot (1 - e^{-0,1t}) - 20.000t - 10.000 = 0$.

Näherungsverfahren *(z.B. Regula falsi)*: $t = 49{,}13$. Dies bedeutet *(siehe iii))*:
Falls Laufzeit 49 Tage: Kumulierter Gewinn *(gerade noch)* positiv ;
Falls Laufzeit 50 Tage: Kumulierter Gewinn *(erstmalig)* negativ .

Aufgabe 2.55 *(2.5.68)*:

$$900 = 1{,}2 \cdot y^{0,5} + 420 \iff y^{0,5} = \frac{900 - 420}{1{,}2} = 400 \iff$$

$y = 160.000$ Mio €/Jahr = 160 Mrd €/Jahr

Aufgabe 2.56 *(2.5.69)*:

Im Marktgleichgewicht muss gelten: Nachfragepreis $p(x)$ = Angebotspreis $p_a(x)$

d.h. $200 \cdot e^{-0,2x} = 12 + 0{,}5x \iff 0 = 200 \cdot e^{-0,2x} - 12 - 0{,}5x =: f(x)$

Näherungsverfahren, z.B. Regula falsi *(s. Lehrbuch Kap. 2.4)*:

Startwerte z.B. $x_1 = 10 \Rightarrow f(x_1) = 10{,}0671$; $x_2 = 15 \Rightarrow f(x_2) = -9{,}5426$

$$\Rightarrow x_3 = \frac{x_1 \cdot f(x_2) - x_2 \cdot f(x_1)}{f(x_2) - f(x_1)} = \frac{10 \cdot (-9{,}5426) - 15 \cdot 10{,}0671}{-9{,}5426 - 10{,}0671} = 12{,}567 \quad \text{usw.}$$

Exakt *(auf vier Nachkommastellen)*: $x = 12{,}0349$ ME $\Rightarrow p = 18{,}017$ GE/ME

Aufgabe 2.57 *(2.5.70)*:

Gewinn = Erlös minus Kosten, d.h. $G(p) = E(p) - K(p)$; Vorgabe: $w = 1.600$

Erlös $E(p) = x(p) \cdot p = (3.950 - 20p + 40) \cdot p = 3.990p - 20p^2$
Kosten $K(p) = 7.950 + 79x + w = 7.950 + 79 \cdot (3.950 - 20p + 40) + 1.600$
$\iff K(p) = -1.580p + 324.760$

$\iff G(p) = E(p) - K(p) = -20p^2 + 5.570p - 324.760$.

Aufgabe 2.58 *(2.5.71)***:**

Investition = 2 Milliarden € = 2.000 Millionen € $\Rightarrow$ I = 2.000 $\Rightarrow$

$$2.000 = \frac{50.000}{250i+1} \iff 2.000 \cdot (250i + 1) = 50.000 \iff i = 0{,}0960 = 9{,}60\ \%\ \text{p.a.}$$

Aufgabe 2.59 *(2.5.72)***:**

Die Steuerfunktion lautet: $T(s) = 1.800 \cdot s \cdot (1-s)$ mit $0 \le s \le 1$.

Eigenschaft i): $T(0) = 1.800 \cdot 0 \cdot (1-0) = 0$, wie behauptet;
Eigenschaft ii): $T(1) = 1.800 \cdot 1 \cdot (1-1) = 0$, wie behauptet;
Eigenschaft iii): $T(s) = 1.800 \cdot \underbrace{s}_{>0} \cdot \underbrace{(1-s)}_{>0,\ \text{da } s<1}$ ist positiv, falls $0 < s < 1$, wie behauptet.

Aufgabe 2.60 *(2.5.73)***:**

i) Gewinn G(w) = Erlös E(w) minus Kosten K(w)

Erlös $E(w) = 50 \cdot x = 50.000 - 10.000 \cdot e^{-0{,}001w}$
Kosten $K(w) = 5.000 + 4x + w = 9.000 - 800 \cdot e^{-0{,}001w} + w$ $\Rightarrow$
Gewinn $G(w) = 41.000 - 9.200 \cdot e^{-0{,}001w} - w$

ii) $w = 500 \Rightarrow G(500) = 41.000 - 9.200 \cdot e^{-0{,}5} - 500 = 34.919{,}92$ GE/Jahr

Aufgabe 2.61 *(2.5.74)***:**

i) Kosten K(m) = Energie-Input (E) · Inputpreis (p_E) = E(m) · 20

Zunächst muss E(m) aus der Produktionsfunktion m(E) durch Invertieren gewonnen werden:

$$m = 20\sqrt{0{,}5E-80} \underset{E \ge 160}{\iff} m^2 = 400 \cdot (0{,}5E - 80) = 200E - 32.000 \iff$$

$$E = E(m) = 160 + \frac{1}{200} m^2 \iff K(m) = 0{,}1m^2 + 3.200 \quad .$$

ii) Gewinn G(p) = Umsatz (Erlös) U(p) − Kosten K(p)
= m(p) · p − K(m(p))

Die Preis-Absatz-Funktion m(p) ist bereits vorgegeben: $m = 400 - 0{,}25p$.
Setzt man diese Beziehung für m ein, so lautet die Gewinnfunktion G(p):

$$G(p) = m(p) \cdot p - K(m(p)) = (400 - 0{,}25p) \cdot p - 0{,}1 \cdot (400 - 0{,}25p)^2 - 3.200$$
$$= 400p - 0{,}25p^2 - 0{,}1 \cdot (160.000 - 200p + 0{,}0625p^2) - 3.200 \quad \text{d.h.}$$

$G(p) = -0{,}25625p^2 + 420p - 19.200$ *(Gewinnfunktion in Abhängigkeit von p)*

iii) $G(E) = U(E) - K(E) = m \cdot p - K(E) = \underbrace{m(E)}_{\text{gegeben}} \cdot \underbrace{p(m(E))}_{\text{Umkehrung von } m(p)} - \underbrace{20 \cdot E}_{\text{siehe i)}}$

Umkehrung von m(p):
$m = 400 - 0{,}25p \iff 0{,}25p = 400 - m \iff p = 1.600 - 4m$. Also:

$$G(E) = 20 \cdot \sqrt{0{,}5E-80} \cdot (1.600 - 4 \cdot 20 \cdot \sqrt{0{,}5E-80}) - 20 \cdot E$$
$$= 32.000 \cdot \sqrt{0{,}5E-80} - 1.600 \cdot (0{,}5E - 80) - 20 \cdot E$$
$$= 32.000 \cdot \sqrt{0{,}5E-80} - 820 \cdot E + 128.000 \quad , \quad (E \ge 160) \quad .$$

iv) $G(m) = U(m) - K(m)$ *(siehe iii))*

Umsatz *(Erlös)*: $U(m) = m \cdot p(m) = m \cdot (1.600 - 4m) = 1.600m - 4m^2$

Kosten: $K(m) = 0,1m^2 + 3.200$ *(siehe i))*

Gewinn $= G(m) = U(m) - K(m) = 1.600m - 4m^2 - 0,1m^2 - 3.200$ d.h.

$$G(m) = -4,1m^2 + 1.600m - 3.200$$

Aufgabe 2.62 *(2.5.75)*:

i) Durch Einsetzen der Randpunkte bzw. Knickpunkte der doppelt - geknickten Preis-Absatz-Funktion in die allgemeine lineare Gleichung $p(x) = mx + b$ erhält man für p(x) die Darstellung:

$$p(x) = \begin{cases} -0,5x + 50 & \text{für } 0 \le x \le 10 \\ -2x + 65 & \text{für } 10 < x \le 20 \\ -0,5x + 35 & \text{für } 20 < x \le 70 \end{cases}$$

(p: Preis (GE/ME),
x: nachgefragte Menge (ME))

ii) Für jeden Abschnitt gilt $E(x) = x \cdot p(x)$. Somit folgt aus aus i):

$$E(x) = \begin{cases} -0,5x^2 + 50x & \text{für } 0 \le x \le 10 \\ -2x^2 + 65x & \text{für } 10 < x \le 20 \\ -0,5x^2 + 35x & \text{für } 20 < x \le 70 \end{cases}$$

(E: Erlös (GE),
x: nachgefragte Menge (ME))

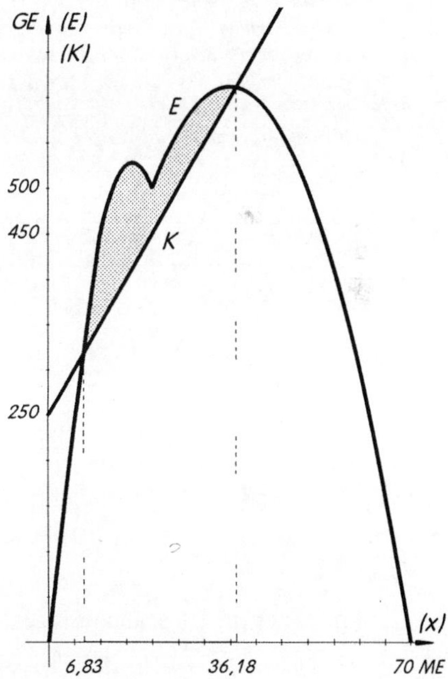

iii) a) Graphische Lösung siehe Skizze, Gewinnzone ca. $6,8 < x < 36,2$.

b) Rechnerische Lösung: In jedem der drei Abschnitte ermittelt man die Schnittpunkte x_i zwischen E und K und stellt durch Einsetzen von Zwischenwerten fest, in welchem Bereich $E > K$ (d.h. $G>0$) ist:

$0 \le x \le 10$: $x_1 = 6,83 \in [0;10]$
($x_2 = 73,17 \notin [0;10]$)

$10 < x \le 20$: *($x_3 = 5,75 \notin [10;20]$)*
($x_4 = 21,75 \notin [10;20]$)

$20 < x \le 70$: *($x_5 = 13,82 \notin [20;70]$)*
$x_6 = 36,18 \in [20;70]$

Durch Einsetzen von Zwischenwerten in jedem Abschnitt folgt:
Die Gewinnzone umfasst alle Outputwerte x mit $6,83 \text{ ME} < x < 36,18 \text{ ME}$.

Aufgabe 2.63 *(2.5.76)*:

i) Gleichgewicht Markt 1: $p_{A1}(x) = p_{N1}(x) \quad \Leftrightarrow \quad x = 3{,}5$ ME, $p = 9$ GE/ME ;
Gleichgewicht Markt 2: $p_{A2}(x) = p_{N2}(x) \quad \Leftrightarrow \quad x = 3$ ME, $p = 7$ GE/ME .
Summe der Gleichgewichtsumsätze: $E_1 + E_2 = 31{,}50 + 21{,}00 = 52{,}50$ GE.

ii) Auf dem aggregierten Markt ist die zum Preis p nachgefragte (bzw. angebotene) Gesamtmenge x gleich der Summe x_1+x_2 der zu diesem Preis p auf den beiden bisherigen Teilmärkten nachgefragten bzw. angebotenen) Mengen:

$$x(p) = x_1(p) + x_2(p) .$$

Zur Bildung dieser Summe muss daher zu jeder Nachfrage- (bzw. Angebots-) funktion zuvor die Umkehrfunktion ermittelt werden.

*(In der graphischen Lösung mit x als der unabhängigen Variablen ist dieses Verfahren entbehrlich (vgl. Skizze), wenn man beachtet, dass zu jedem Preis p die zugehörigen Nachfrage- (bzw. Angebots-) mengen **waagerecht** addiert werden !)*

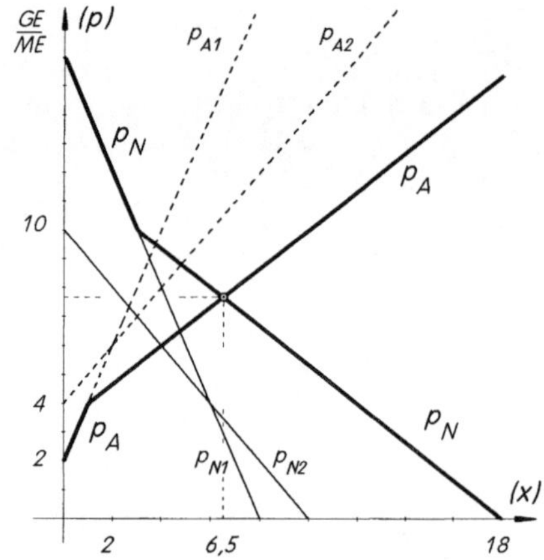

Umkehrfunktion Nachfrage

$$x_1 = 8 - 0{,}5p \quad (p \le 16)$$
$$x_2 = 10 - p \quad (p \le 10)$$

$\Rightarrow$ aggregierte Nachfragefunktion

$$x_N(p) = \begin{cases} 18 - 1{,}5p & (0 \le p \le 10) \\ 8 - 0{,}5p & (10 < p \le 16) \end{cases}$$

Umkehrfunktion Angebot

$$x_1 = 0{,}5p - 1 \quad (p \ge 2)$$
$$x_2 = p - 4 \quad (p \ge 4)$$

$\Rightarrow$ aggregierte Angebotsfunktion

$$x_A(p) = \begin{cases} 0{,}5p - 1 & (2 \le p < 4) \\ 1{,}5p - 5 & (p \ge 4) \end{cases}$$

Abschnittsweises Gleichsetzen von x_N und x_A liefert als Gleichgewichtspunkt (vgl. Skizze): $p = 7{,}\overline{6}$ GE/ME; $x = 6{,}5$ ME, d.h. der Gesamtumsatz beträgt 49,83 GE, also weniger als bei getrennten Teilmärkten (vgl. i)).

Aufgabe 2.64 *(2.5.77)*:

i) 4% Arbeitslosenquote heißt: $A = 4$

$$\Rightarrow \quad p^* = \frac{(12-4)\cdot 10}{\sqrt{4 \cdot 36}} = \frac{80}{12} = 6{,}67 \ (\%)$$

d.h. bei einer Preisänderungsrate von 6,67 % p.a. ergibt sich eine Arbeitslosenquote von 4%.

ii) Absolute Preisstabilität bedeutet: Inflationsrate = 0%, d.h. $p^* = 0$

$$\Rightarrow \quad 0 = \frac{(12-A)\cdot 10}{\sqrt{A\cdot(40-A)}} \quad \Longleftrightarrow \quad 12 - A = 0 \quad \text{d.h. Arbeitslosenquote } 12\%.$$

Aufgabe 2.65 *(2.5.78)*:

i) Die Funktionsgleichung $2x_1^{0,5} \cdot x_2^{0,8} = 32$ muss nach x_2 aufgelöst werden:

$$2x_1^{0,5} \cdot x_2^{0,8} = 32 \iff x_2^{0,8} = \frac{16}{x_1^{0,5}} \underset{(\ )^{1,25}}{\iff} x_2 = \left(\frac{16}{x_1^{0,5}}\right)^{1,25} = \frac{16^{1,25}}{x_1^{0,5 \cdot 1,25}}$$

d.h. $x_2 = f(x_1) = \dfrac{32}{x_1^{0,625}}$ *(explizite Darstellung der Indifferenzlinie)*

ii) $x_2 = 10\,ME_1$ vorgegeben, x_1 gesucht in: $2x_1^{0,5} \cdot 10^{0,8} \overset{!}{=} 32 \iff$

$$x_1^{0,5} = \frac{16}{10^{0,8}} \iff x_1 = \left(\frac{16}{10^{0,8}}\right)^2 = \frac{256}{10^{1,6}} = 6{,}4304\ ME_1 \ .$$

Um das Nutzenniveau von 32 ME erhalten zu können, benötigt der Haushalt daher zusätzlich zu 10 ME_2 des 2. Gutes noch 6,4304 ME_1 des 1. Gutes.

Aufgabe 2.66 *(2.5.79)*:

Stetiges Wachtum verläuft nach dem Gesetz: $B_t = B_0 \cdot e^{i_s \cdot t}$

(B_t: Bestand nach t Perioden; B_0: Anfangsbestand; i_s: stetige Wachstumsrate pro Periode)

Nach t Jahren soll sich der Anfangsbestand B_0 verdoppelt haben: $B_t = 2B_0 \Rightarrow$

Bedingungsgleichung: $B_t = B_0 \cdot e^{0,02t} \overset{!}{=} 2B_0 \iff e^{0,02t} = 2 \underset{\ln}{\iff}$

$0{,}02t = \ln 2 \iff t = \dfrac{\ln 2}{0{,}02} = 34{,}6574$, d.h. die Bevölkerungszahl hat sich nach ca. 34 Jahren und 8 Monaten verdoppelt.

Aufgabe 2.67 *(2.5.80)*: Die stetige Wachstumsrate werde mit i_s bezeichnet.

i) Verdoppelung in 16 Jahren heißt: $1{,}8 \cdot e^{i_s \cdot 16} = 3{,}6 \iff e^{i_s \cdot 16} = 2$

$\underset{\ln}{\iff} 16 \cdot i_s = \ln 2 \iff i_s = \frac{1}{16} \ln 2 = 0{,}043322 = 4{,}3322\,\%$ p.a. *(stetig)*

ii) Bevölkerungsdichte in Deutschland $= 80{,}6 \cdot 10^6/349.000 = 230{,}95$ Einw./km²

Nach t Jahren *(bezogen auf das Jahr 2004)* ist bei der stetigen Wachstumsrate von 4,3322% p.a. (siehe i)) die Bevölkerung Transsylvaniens angewachsen auf $1.800.000 \cdot e^{0,043322 \cdot t}$. Dividiert man diese Bevölkerungszahl durch den Flächeninhalt des Landes *(= 17.800 km²)*, muss sich die Bevölkerungsdichte der Bundesrepublik ergeben.

Es muss also gelten: $\dfrac{1.800.000 \cdot e^{0,043322 \cdot t}}{17.800} = 230{,}95 \iff$

$e^{0,043322 \cdot t} = 2{,}283839 \underset{\ln}{\iff} 0{,}043322 \cdot t = 0{,}825858$ d.h.

$t \approx 19{,}06$, d.h. in ca. 19 Jahren *(seit 2004, d.h. im Jahr 2023)*.

iii) Auf 100 m² soll *(durchschnittlich)* genau ein Mensch wohnen. Daher ist zu ermitteln, wie viele 100-m²-Stücke in 17.800 km² Gesamtfläche enthalten sind:

$17.800\,km^2 = 17.800 \cdot 1.000\,m \cdot 1.000\,m = 178.000.000 \cdot 100\,m^2$, d.h. es ist der Zeitpunkt t gesucht, zu dem – ausgehend von t = 0 in 2004 – die Einwohnerzahl Transsylvaniens 178 Mio beträgt. Mit $B_0 = 1{,}8$ Mio *(in 2004)* gilt:

$1{,}8 \cdot e^{0,043322 \cdot t} = 178 \iff e^{0,043322 \cdot t} = 98{,}889 \underset{\ln}{\iff} 0{,}043322t = 4{,}5940$

d.h. $t \approx 106{,}04$ seit 2004, d.h. etwa im Jahr 2110.

3 Funktionen mit mehreren unabhängigen Variablen

Aufgabe 3.1 *(3.2.29)*:

i) **a)** Isoquante x = 2 ME: $2 = 2\cdot\sqrt{r_1\cdot r_2} \iff 1 = r_1\cdot r_2 \iff r_2 = \frac{1}{r_1}$

b) Isoquante x = 4 ME: $4 = 2\cdot\sqrt{r_1\cdot r_2} \iff 4 = r_1\cdot r_2 \iff r_2 = \frac{4}{r_1}$

c) Isoquante x = 6 ME: $6 = 2\cdot\sqrt{r_1\cdot r_2} \iff 9 = r_1\cdot r_2 \iff r_2 = \frac{9}{r_1}$

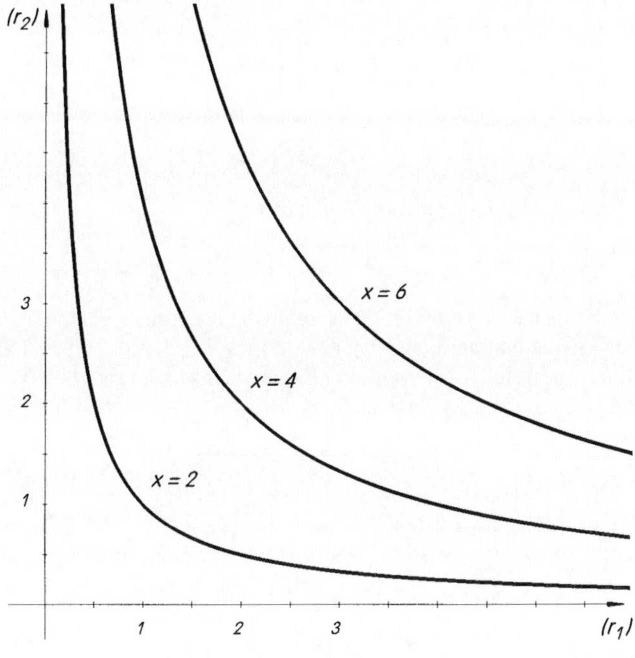

ii) Kosten K(x) des Outputs x = Input mal Inputpreis = $r_1\cdot p_1 + r_2\cdot p_2$

d.h. hier wegen $r_2 = 4$ sowie $p_1 = 32$ und $p_2 = 20$: $K(x) = 32r_1(x) + 4\cdot 20$.

Produktionsfunktion: $x = 2\cdot\sqrt{4r_1}$ d.h. $r_1 = x^2/16 \iff K(x) = 2x^2 + 80$.

iii) Mit $r_1 = 100$ und $r_2 = 150$ ergibt sich der Output: $x = 2\cdot\sqrt{100\cdot 150} = 244{,}949$ Dieser Output soll unverändert bleiben, wenn vom ersten Faktor 101 ME (statt 100 ME) eingesetzt werden. Also muss gelten: $244{,}9490 = 2\cdot\sqrt{101\cdot r_2}$, d.h. $r_2 = 60.000/(4\cdot 101) = 15.000/101 = 148{,}5149$, d.h. Einsparung beim zweiten Faktor in Höhe von 1,4851 ME_2.

Andere Vorgehensweise: Mit $x = 2\cdot\sqrt{100\cdot 150} = 2\cdot\sqrt{15\,000}$ lässt sich die Isoquantengleichung ermitteln: $2\cdot\sqrt{15\,000} = 2\cdot\sqrt{r_1\cdot r_2} \iff r_1\cdot r_2 = 15\,000$ d.h. Isoquantengleichung: $r_2(r_1) = \frac{15\,000}{r_1}$. Mit $r_1 = 101$ ergibt sich wie eben $r_2 = 148{,}5149$ und damit eine Einsparung beim 2. Inputfaktor von 1,4851 ME_2.

Aufgabe 3.2 *(3.3.8)*: Eine Funktion f mit $f = f(x,y)$ heißt homogen vom Grad r, wenn für alle λ *($\in \mathbb{R}^+$)* gilt: $f(\lambda x,\lambda y) = \lambda^r \cdot f(x,y)$. *(Lehrbuch Def. 3.3.2)*

i) $f(x,y) = 5\cdot\sqrt{x^2\cdot y^5} \quad \Longleftrightarrow$

$f(\lambda x,\lambda y) = 5\cdot\sqrt{(\lambda x)^2\cdot(\lambda y)^5} = 5\cdot\sqrt{\lambda^2 x^2\cdot\lambda^5 y^5} = 5\cdot\sqrt{\lambda^7\cdot x^2\cdot y^5} = \lambda^{3,5}\cdot 5\cdot\sqrt{x^2\cdot y^5}$

$= \lambda^{3,5}\cdot f(x,y)$ d.h. f ist homogen vom Grad 3,5.

ii) $f(u,v) = 3u^2v^3 + 1 \quad \Longleftrightarrow$

$f(\lambda u,\lambda v) = 3\lambda^2u^2\cdot\lambda^3v^3 + 1 = \lambda^5\cdot 3u^2v^3 + 1 \neq \lambda^5(3u^2v^3+1)$

d.h. f ist nicht homogen.

iii) $f(x,y) = x\cdot e^y \quad \Longleftrightarrow$

$f(\lambda x,\lambda y) = \lambda x\cdot e^{\lambda y} \neq \lambda\cdot(x\cdot e^y)$ d.h. f ist nicht homogen.

iv) $f(a,b) = \frac{2ab}{a^2+b^2} \quad \Longleftrightarrow$

$f(\lambda a,\lambda b) = \frac{2\lambda a\lambda b}{(\lambda a)^2+(\lambda b)^2} = \frac{\lambda^2\cdot 2ab}{\lambda^2\cdot(a^2+b^2)} = \frac{2ab}{a^2+b^2} = \lambda^0\cdot\frac{2ab}{a^2+b^2} = \lambda^0\cdot f(a,b)$

d.h. f ist homogen vom Grad Null.

Aufgabe 3.3 *(3.3.9)*:

Die einfachste Lösung dieser Aufgabe ist die Konstruktion einer entsprechenden Cobb-Douglas-Funktionsgleichung, da für diese gelten muss: Der Homogenitätsgrad r ergibt sich als Summe aller Exponenten *(siehe auch Lehrbuch Bsp. 3.3.5 iii)*.

Ein Lösungsbeispiel ist: $f(r_1,r_2,r_3,r_4) = 4r_1r_4\sqrt{r_2\cdot r_3}$

Aufgabe 3.4 *(3.3.10)*:

Wegen $U(\lambda x_1,\lambda x_2) = (\lambda x_1)^{0,5}\cdot\lambda x_2 = \lambda^{1,5}\cdot x_1^{0,5}\cdot x_2 = \lambda^{1,5}\cdot U(x_1,x_2)$ besitzt U den Homogenitätsgrad $r = 1,5$; Verdopplung der Konsummengen bedeutet: $\lambda = 2$

$\Rightarrow \quad U(2x_1,2x_2) = 2^{1,5}\cdot U(x_1,x_2)$, d.h. die Verdopplung der Konsummengen bewirkt einen Nutzenanstieg auf das $2^{1,5}$-fache ($\approx$ 2,8284-fache) des Ausgangsniveaus, d.h. der Nutzen steigt stärker als der dafür notwendige Konsum.

Aufgabe 3.5 *(3.3.11)*:

Wegen der linearen Homogenität gilt für die Produktionsfunktion:

$$f(\lambda A, \lambda K) = \lambda\cdot f(A,K) = \lambda Y.$$

Wählt man für λ speziell $\frac{1}{A}$, d.h. $\lambda := \frac{1}{A}$, so folgt aus der Gleichung:

$$\frac{Y}{A} = \lambda Y = f(\lambda A, \lambda K) = f\left(\frac{A}{A},\frac{K}{A}\right) = f\left(1,\frac{K}{A}\right) = g\left(\frac{K}{A}\right).$$

Somit ist das Sozialprodukt pro Kopf $\frac{Y}{A}$ nur noch von der Kapitalausstattung pro Kopf $\frac{K}{A}$ abhängig.

4 Grenzwerte und Stetigkeit von Funktionen

Aufgabe 4.1 *(4.1.36)*:

Aus der gegebenen Funktionsgrafik liest man die folgenden Grenzwerte ab:

$$\lim_{x\to-\infty} f(x) = 3^+ ; \quad \lim_{x\to-3^-} f(x) = 5^- ; \quad \lim_{x\to-3^+} f(x) = 5^- ;$$

$$\lim_{x\to-1^-} f(x) = 1^- ; \quad \lim_{x\to-1^+} f(x) = -\infty ; \quad \lim_{x\to0^-} f(x) = 2^- ; \quad \lim_{x\to0^+} f(x) = 0^+ ;$$

$$\lim_{x\to2^-} f(x) = \infty ; \quad \lim_{x\to2^+} f(x) = 1^- ; \quad \lim_{x\to\infty} f(x) = -2^+$$

Aufgabe 4.2 *(4.3.11)*: Die Schreibweise „uneigentlicher" Terme wie z.B „∞^3" oder „$\frac{5}{0^+}$" soll in abkürzender Weise Grenzprozesse darstellen, siehe Lehrbuch Bem. 4.2.12 . Weiterhin werden die Kenntnis der Elementargrenzwerte (siehe Lehrbuch Kap. 4.2) sowie die Rechenregeln für Grenzwerte (siehe Lehrbuch Kap. 4.3) vorausgesetzt.

i) $$\lim_{x\to\infty} \frac{5x^3-4}{x^2} = \lim_{x\to\infty} \frac{x^3(5-\frac{4}{x^3})}{x^2} = \lim_{x\to\infty} x\cdot(5-\tfrac{4}{x^3}) = „\infty\cdot(5-0)" = \infty .$$

ii) $$\lim_{y\to\infty} \frac{2y+1}{3y^5-y} = \lim_{y\to\infty} \frac{y\,(2+\frac{1}{y})}{y^5(3-\frac{1}{y^4})} = \lim_{y\to\infty} \frac{2+\frac{1}{y}}{y^4(3-\frac{1}{y^4})} = „\frac{2+0}{\infty\cdot(3-0)}" = 0 .$$

iii) $$\lim_{z\to\infty} \left(\frac{-a-b}{2cz+d}\right)^3 = „\left(\frac{-a-b}{2c\cdot\infty}\right)^3" = „0^3" = 0 .$$

iv) $$\lim_{p\to0^+} \sqrt[3]{\frac{p^3-3p^2+8p}{p^4+p}} = \lim_{p\to0^+} \sqrt[3]{\frac{p\cdot(p^2-3p+8)}{p\cdot(p^3+1)}} = \lim_{p\to0^+} \sqrt[3]{\frac{p^2-3p+8}{p^3+1}} = \sqrt[3]{„\frac{0-0+8}{0+1}"} = 2 .$$

v) $$\lim_{h\to0} \frac{(x+h)^3-x^3}{h} = \lim_{h\to0} \frac{x^3+3x^2h+3xh^2+h^3-x^3}{h} = \lim_{h\to0} \frac{h(3x^2+3xh+h^2)}{h}$$
$$= \lim_{h\to0} (3x^2+3xh+h^2) = 3x^2 .$$

vi) $$\lim_{x\to0^+} \frac{e^x}{\ln x} = „\frac{1}{-\infty}" = 0 .$$

vii) $$\lim_{t\to0^+} \frac{3t^5-3t^3}{5t^2-8t^4} = \lim_{t\to0^+} \frac{t^3(3t^2-3)}{t^2(5-8t^2)} = \lim_{t\to0^+} \frac{t(3t^2-3)}{5-8t^2} = „0\cdot\frac{-3}{5}" = 0 .$$

viii) $\lim_{z\to1} 5\left(\ln \frac{2z^2-3z+1}{z^2-1}\right)^2$. Zähler und Nenner haben jeweils die Nullstelle „1". Da es sich jeweils um Polynome handelt, lässt sich im Zähler wie auch im Nenner der Faktor $z-1$ abspalten *(per Polynomdivision)*: $2z^2-3z+1=(z-1)\cdot(2z-1)$; $z^2-1=(z-1)(z+1)$. Damit haben wir

$$\lim_{z\to1} 5\left(\ln \frac{(2z-1)(z-1)}{(z-1)(z+1)}\right)^2 = \lim_{z\to1} 5\left(\ln \frac{2z-1}{z+1}\right)^2 = 5\cdot(\ln 0{,}5)^2 \approx 2{,}4023 .$$

ix) $\lim\limits_{x\to -2^\pm} \dfrac{x^2+x-2}{x^3+5x^2+8x+4} = „\dfrac{0}{0}“$, d.h. im Zähler wie im Nenner lässt sich der Faktor $x+2$ abspalten:

$$x^2+x-2 = (x-1)(x+2) \quad \text{und} \quad x^3+5x^2+8x+4 = (x+2)(x^2+3x+2)$$

$$\lim_{x\to -2^\pm} \frac{(x-1)(x+2)}{(x+2)(x^2+3x+2)} = \lim_{x\to -2^\pm} \frac{x-1}{x^2+3x+2} = \lim_{x\to -2^\pm} \frac{x-1}{(x+1)(x+2)}$$

a) falls $x\to -2^+$: $\quad \lim\limits_{x\to -2^+} \dfrac{x-1}{(x+1)(x+2)} = „\dfrac{-3}{(-1)\cdot 0^+}“ = \infty$

b) falls $x\to -2^-$: $\quad \lim\limits_{x\to -2^-} \dfrac{x-1}{(x+1)(x+2)} = „\dfrac{-3}{(-1)\cdot 0^-}“ = -\infty$

x) $\lim\limits_{n\to\infty} R\cdot\dfrac{q^n-1}{q-1}\cdot\dfrac{1}{q^n} = \lim\limits_{n\to\infty} \dfrac{R}{q-1}\cdot\dfrac{q^n-1}{q^n} = \dfrac{R}{q-1}\cdot \lim\limits_{n\to\infty}(1-\underbrace{\dfrac{1}{q^n}}_{\substack{\to 0\\ (q>1)}}) = \dfrac{R}{q-1}$.

(Barwert einer ewigen Rente)

Aufgabe 4.3 *(4.3.12)*:

i) Gesucht ist der Grenzwert von $f(x) = \dfrac{71}{e^{\frac{2}{x}}+10}$ an verschiedenen Stellen:

$$x\to 0^+: \quad \frac{71}{„e^{\frac{2}{0+}}“+10} = \frac{71}{„e^{\infty}“+10} = \frac{71}{„\infty“+10} = 0$$

$$x\to 0^-: \quad \frac{71}{„e^{\frac{2}{0^-}}“+10} = \frac{71}{„e^{-\infty}“+10} = \frac{71}{0+10} = 7{,}1$$

$$x\to \infty: \quad \frac{71}{„e^{\frac{2}{\infty}}“+10} = \frac{71}{„e^{0^+}“+10} = \frac{71}{11} \approx 6{,}4545$$

$$x\to -\infty: \quad \frac{71}{„e^{\frac{2}{-\infty}}“+10} = \frac{71}{„e^{0^-}“+10} = \frac{71}{11} \approx 6{,}4545 .$$

ii) linksseitiger Grenzwert: $\quad \lim\limits_{x\to 1^-} f(x) = \lim\limits_{x\to 1^-} \dfrac{x-1}{1+x^2} = \dfrac{1-1}{1+1} = 0$

rechtsseitiger Grenzwert: $\quad \lim\limits_{x\to 1^+} f(x) = \lim\limits_{x\to 1^+} \dfrac{x^3-1}{6\cdot(1-x)} = \lim\limits_{x\to 1^+} \dfrac{(x-1)(x^2+x+1)}{6\cdot(1-x)} = \lim\limits_{x\to 1^+} \dfrac{x^2+x+1}{-6} = -\dfrac{1}{2}$

Aufgabe 4.4 *(4.3.13)*:

i) Gegeben: $p(x) = 10\cdot\ln\dfrac{100}{x-2}$, gesucht: Grenzwert für $p\to\infty$, d.h. zunächst Umkehrfunktion $x(p)$ bilden:

$$p = 10\cdot\ln\frac{100}{x-2} \iff e^{\frac{p}{10}} = \frac{100}{x-2} \iff x-2 = \frac{100}{e^{\frac{p}{10}}} \iff x(p) = 2+100\cdot e^{-\frac{p}{10}}$$

$$\Rightarrow \lim_{p\to\infty} x(p) = \lim_{p\to\infty} (2+100\cdot e^{-\frac{p}{10}}) = 2+100\cdot„e^{-\infty}“ = 2+100\cdot 0 = 2^+,$$

d.h. die nachgefragte Menge strebt für unbeschränkt wachsenden Preis gegen 2 Mengeneinheiten.

ii) a) Den Sättigungswert des Nahrungsmittelkonsums erhält man, wenn das Einkommen über alle Grenzen hinaus steigt:

$$\lim_{Y\to\infty} C(Y) = \lim_{Y\to\infty} \frac{40Y-140}{Y+8} = \lim_{Y\to\infty} \frac{Y(40-\frac{140}{Y})}{Y(1+\frac{8}{Y})} = 40 \text{ GE/Jahr.}$$

b) $$\lim_{Y\to\infty} \frac{C(Y)}{Y} = \lim_{Y\to\infty} \frac{40Y-140}{Y(Y+8)} = \lim_{Y\to\infty} \frac{Y(40-\frac{140}{Y})}{Y^2(1+\frac{8}{Y})} = \text{„}\frac{40}{\infty}\text{“} = 0, \quad \text{d.h.}$$

die durchschnittliche Konsumquote für Nahrungsmittel strebt bei unbeschränkt steigendem Einkommen gegen Null.

Aufgabe 4.5 *(4.7.11)*:

i) a) $D_f = \mathbb{R}\setminus\{1;\ 2\}$ *(d.h. die Nullstellen des Nenners gehören nicht dazu)*

b) Nullstellen: Zähler $\overset{!}{=} 0 \ \wedge$ Nenner $\overset{!}{\neq} 0$: $3x^2-3x = 0 \iff x=0 \vee x=1$
Nullstelle ist aber nur „0“, denn $1 \notin D_f$ *(siehe a))*

c) Unstetigkeitsstellen: $x=1$ und $x=2$, da f dort nicht definiert ist.

Um den Typ der Unstetigkeiten *(Pol, Sprung, Lücke)* festzustellen, müssen jeweils die rechts- und linksseitigen Grenzwerte ermittelt werden:

Da es sich um eine gebrochen-rationale Funktion handelt *(d.h. Polynom:Polynom)*, zerlegt man zweckmäßigerweise die Polynome in Linearfaktoren durch Ermittlung ihrer Nullstellen bzw. Polynomdivision. Es ergibt sich:

$$f(x) = \frac{3x^2-3x}{(x-1)(x^2-3x+2)} = \frac{3x(x-1)}{(x-1)(x-1)(x-2)} = \frac{3x}{(x-1)(x-2)}, \quad x \neq 1,\ x \neq 2.$$

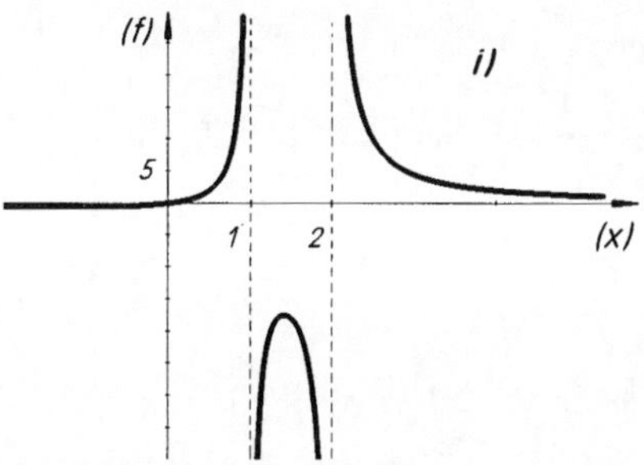

$$\left.\begin{aligned}\lim_{x\to1^+} f(x) &= \text{„}\frac{3}{0^+\cdot(-1)}\text{“} = -\infty \\ \lim_{x\to1^-} f(x) &= \text{„}\frac{3}{0^-\cdot(-1)}\text{“} = \infty\end{aligned}\right\} \text{beidseitiger Pol bei } x=1$$

$$\left.\begin{aligned}\lim_{x\to2^+} f(x) &= \text{„}\frac{6}{1\cdot0^+}\text{“} = \infty \\ \lim_{x\to2^-} f(x) &= \text{„}\frac{6}{1\cdot0^-}\text{“} = -\infty\end{aligned}\right\} \text{beidseitiger Pol bei } x=2$$

ii) a) $D_f = \mathbb{R}\setminus\{1;\ 3\}$ *(d.h. die Nullstellen des Nenners gehören nicht dazu)*

b) Nullstellen: Zähler $\overset{!}{=} 0 \ \wedge$ Nenner $\overset{!}{\neq} 0$:
$x^2-2x+1 = 0 \vee x-4 = 0 \iff x=1 \vee x=4$
Nullstelle ist aber nur „4“, denn $1 \notin D_f$ *(siehe a))*

c) Unstetigkeitsstellen: $x=1$ und $x=3$, da f dort nicht definiert ist.

Um den Typ der Unstetigkeiten *(Pol, Sprung, Lücke)* festzustellen, müssen jeweils die rechts- und linksseitigen Grenzwerte ermittelt werden:

Da es sich um eine gebrochen-rationale Funktion handelt *(d.h. Polynom:Polynom)*, zerlegt man zweckmäßigerweise die Polynome in Linearfaktoren durch Ermittlung ihrer Nullstellen bzw. Polynomdivision. Es ergibt sich:

$$f(x) = \frac{(x^2-2x+1)(x-4)}{(x-1)(x^2-4x+3)} = \frac{(x-1)^2(x-4)}{(x-1)(x-1)(x-3)} = \frac{x-4}{x-3}, \quad x \neq 1,\ x \neq 3 .$$

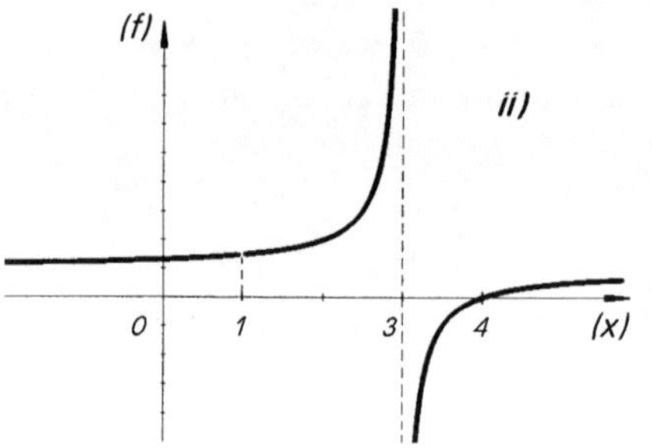

$$\lim_{x\to 1^+} f(x) = „\frac{-3}{-2}\text{“} = 1{,}5 \qquad \lim_{x\to 1^-} f(x) = „\frac{-3}{-2}\text{“} = 1{,}5 \quad \Big\}\ \text{Lücke bei } x = 1$$

$$\lim_{x\to 3^+} f(x) = „\frac{-1}{0^+}\text{“} = -\infty \qquad \lim_{x\to 3^-} f(x) = „\frac{-1}{0^-}\text{“} = \infty \quad \Big\}\ \text{beidseitiger Pol bei } x = 3$$

iii) **a)** $D_f = \mathbb{R}$ *(denn für die „kritische“ Stelle $y = 2$ ist eine separate Definition vorhanden)*

b) Nullstellen: Der Exponentialterm ist stets positiv, für $y = 2$ aber ist $f(2) := 0$.

c) Die einzige Kandidatin für eine Unstetigkeitsstelle ist die Nahtstelle der abschnittsweise definierten Funktion bzw. Nullstelle des Nenners: $y = 2$; dort ist f unstetig, und zwar liegt ein einseitiger Pol (rechts) vor:

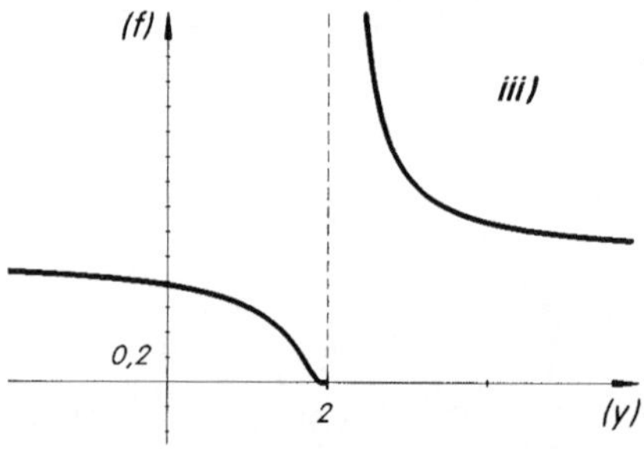

$$\lim_{y\to 2^-} f(y) = „e^{\frac{1}{4^- - 4}}\text{“} = „e^{\frac{1}{0^-}}\text{“} = „e^{-\infty}\text{“} = 0$$

$$\lim_{y\to 2^+} f(y) = „e^{\frac{1}{4^+ - 4}}\text{“} = „e^{\frac{1}{0^+}}\text{“} = „e^{\infty}\text{“} = \infty$$

einseitiger Pol bei $x = 2$

iv) **a)** $f(z) = \ln\frac{z-1}{z-2}$: Der Nenner darf nicht Null werden, d.h. $z \neq 2$.

Weiterhin muss (wegen ln...) gelten: $\frac{z-1}{z-2} > 0$. Dies bedeutet:

falls $z > 2$: Mult. mit $z-2$ liefert: $z-1 > 0$, d.h. $z > 1$, d.h. insg.: $z \overset{!}{>} 2$;

falls $z < 2$: Mult. mit $z-2$ liefert: $z-1 < 0$, d.h. $z < 1$, d.h. insg.: $z \overset{!}{<} 1$.

d.h. der Definitionsbereich D_f lautet: $D_f = \{z \in \mathbb{R} \mid z < 1 \vee z > 2\}$

b) Nullstellen: $\ln\frac{z-1}{z-2} = 0 \iff \frac{z-1}{z-2} = e^0 = 1 \iff z-1 = z-2 \iff -1 = -2$

Die Gleichungen sind stets falsch, also besitzt f keine Nullstellen.

c) Im Intervall $[1; 2]$ ist f nicht definiert *(siehe a))*.

Außerhalb von $[1; 2]$ ist f stetig mit folgendem Grenzverhalten an den Intervallgrenzen $z = 1^-$ und $z = 2^+$:

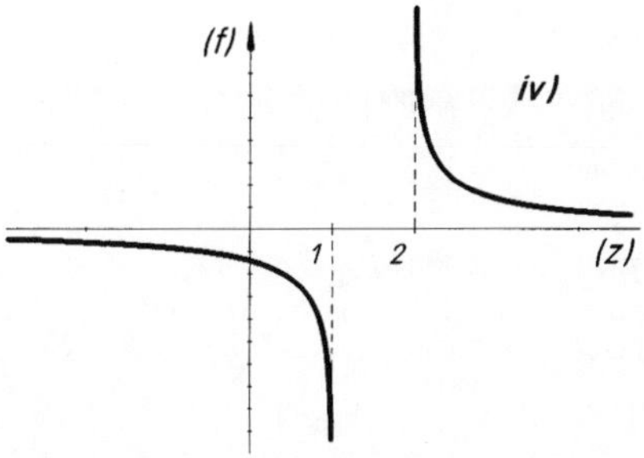

$$\lim_{z \to 1^-} \frac{z-1}{z-2} = \text{„}\ln \frac{0^-}{-1}\text{“} = \text{„}\ln 0^+\text{“} = -\infty$$

(einseitiger Pol)

$$\lim_{z \to 2^+} \frac{z-1}{z-2} = \text{„}\ln \frac{1}{0^+}\text{“} = \text{„}\ln \infty\text{“} = \infty$$

(einseitiger Pol)

v) **a)** $D_f = \mathbb{R}$ *(denn an der „kritischen“ Stelle $h = 0$ ist $f(0) = 4x^3$ separat definiert)*

b) Nullstellen: $\frac{(x+h)^4 - x^4}{h} = 0 \underset{h \neq 0}{\iff} (x+h)^4 = x^4 \iff x+h = x \vee x+h = -x$

$\underset{h \neq 0}{\iff} h = -2x$ *(einzige Nullstelle von f)*

c) Die einzige Kandidatin für eine Unstetigkeitsstelle ist die Nahtstelle $h = 0$ der abschnittsweise definierten Funktion bzw. Nullstelle des Nenners. Also muss der *(beidseitige)* Grenzwert von f für $h \to 0$ gebildet werden:

$$\lim_{h \to 0} \frac{(x+h)^4 - x^4}{h} = \lim_{h \to 0} \frac{x^4 + 4x^3h + 6x^2h^2 + 4xh^3 + h^4 - x^4}{h} = \lim_{h \to 0} \frac{h(4x^3 + 6x^2h + 4xh^2 + h^3)}{h}$$

$= \lim_{h \to 0} (4x^3 + 6x^2h + 4xh^2 + h^3) = 4x^3 = f(0)$. Also ist f in $D_f = \mathbb{R}$ stetig.

vi) **a)** Es muss gelten: $p \neq 0$ *(kleiner Nenner)* sowie $2^{-\frac{1}{p}} - 2 \neq 0$ *(großer Nenner)*

d.h. $2^{-\frac{1}{p}} \neq 2 \iff -\frac{1}{p} \cdot \ln 2 \neq \ln 2 \iff -\frac{1}{p} \neq 1 \iff p \neq -1$ d.h. $D_h = \mathbb{R} \setminus \{-1\,; 0\}$.

b) Nullstellen: Zähler $= 0$, Nenner $\neq 0$: $p^2 - 4 = 0 \iff p_1 = 2;\ p_2 = -2$.

c) Kandidaten für Unstetigkeiten: $p = 0\,; p = -1$ *(siehe a))*. Grenzwerte:

$$\lim_{p \to 0^-} h(p) = \lim_{p \to 0^-} \frac{p^2 - 4}{2^{-\frac{1}{p}} - 2} = \text{„}\frac{-4}{2^{-\frac{1}{0^-}} - 2}\text{“} = \text{„}\frac{-4}{2^{\infty} - 2}\text{“} = \text{„}\frac{-4}{\infty}\text{“} = 0$$

$$\lim_{p \to 0^+} \frac{p^2 - 4}{2^{-\frac{1}{p}} - 2} = \text{„}\frac{-4}{2^{-\frac{1}{0^+}} - 2}\text{“} = \text{„}\frac{-4}{2^{-\infty} - 2}\text{“} = \text{„}\frac{-4}{0-2}\text{“} = 2$$

Sprung bei x = 0

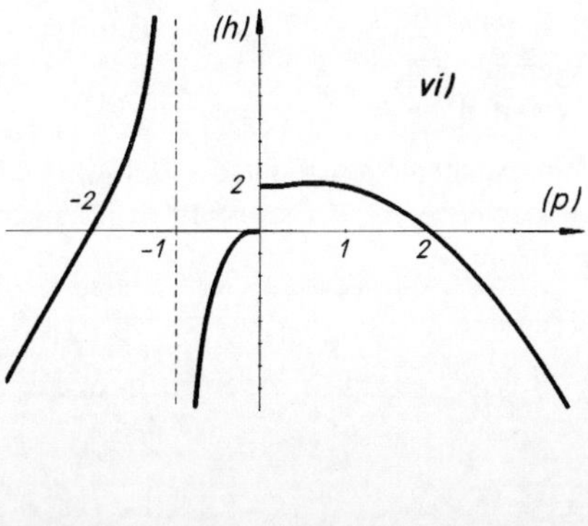

$$\lim_{p \to -1^-} h(p) = \lim_{p \to -1^-} \frac{p^2 - 4}{2^{-\frac{1}{p}} - 2} = \text{„}\frac{-3}{2^{-\frac{1}{-1^-}} - 2}\text{“}$$

$$= \text{„}\frac{-3}{2^- - 2}\text{“} = \text{„}\frac{-3}{0^-}\text{“} = \infty$$

$$\lim_{p \to -1^+} \frac{p^2 - 4}{2^{-\frac{1}{p}} - 2} = \text{„}\frac{-3}{2^{-\frac{1}{-1^+}} - 2}\text{“} = \text{„}\frac{-3}{2^+ - 2}\text{“}$$

$$= \text{„}\frac{-3}{0^+}\text{“} = -\infty$$

(beidseitiger Pol bei x = −1)

vii) **a)** $D_f = \mathbb{R}$ *(denn für die „kritische" Stelle $t = 0$ ist eine separate Definition vorhanden)*

b) Nullstellen: Der Exponentialterm ist stets positiv, für $t = 0$ aber ist $f(0) := 0$.

c) Die einzige Kandidatin für eine Unstetigkeitsstelle ist die Nahtstelle der abschnittsweise definierten Funktion bzw. Nullstelle des Nenners: $t = 0$; Grenzwertbetrachtung:

$$\lim_{t \to 0^\pm} e^{-\frac{1}{t^2}} = „e^{-\frac{1}{0+}}" = „e^{-\infty}" = 0 = g(0),$$

d.h. g ist überall stetig.

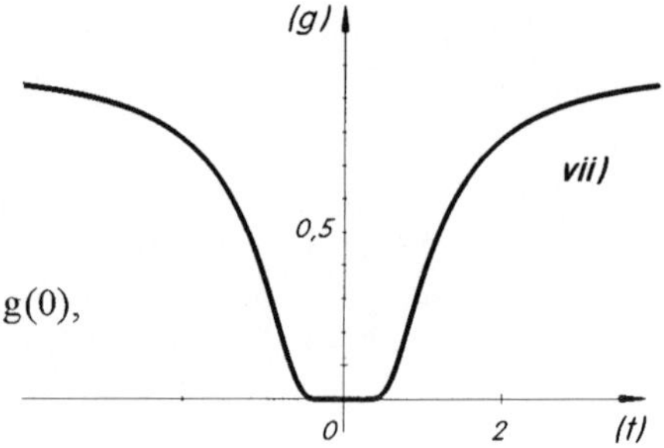

viii) **a)** Wegen $\sqrt{\ldots}$: $x \geq 0$; wegen Nenner $\neq 0$: $\sqrt{x} \neq 2$, d.h. $x \neq 4$, d.h. $D_g = \{x \in \mathbb{R} \mid x \geq 0 \wedge x \neq 4\}$

b) Nullstellen: Zähler = 0 $\iff$ $x_1 = 1$ $\quad (x_2 = -1 \notin D_g!)$

c) Kandidatin für Unstetigkeit: Nullstelle des Nenners, d.h. $x = 4$:

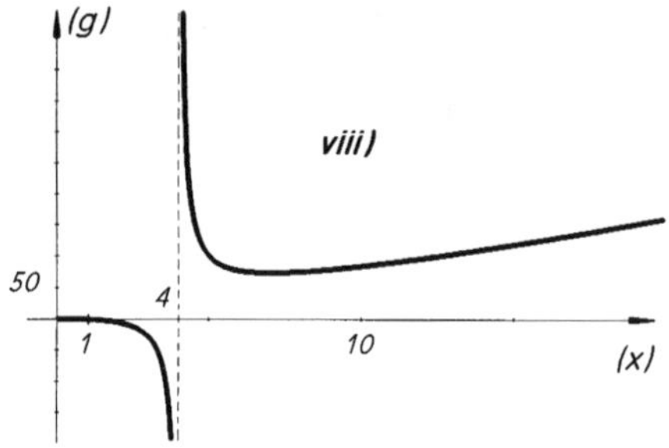

$$\lim_{x \to 4^-} \frac{(x+1)(x-1)}{\sqrt{x} - 2} = „\frac{15}{0^-}" = -\infty$$

$$\lim_{x \to 4^+} \frac{(x+1)(x-1)}{\sqrt{x} - 2} = „\frac{15}{0^+}" = \infty$$

(beidseitiger Pol bei $x = 4$)

ix) **a)** Alle Teilintervalle zusammen liefern $\mathbb{R}$, allerdings muss im letzten Teilintervall gelten: $x \neq 6$. Daraus folgt: $D_f = \mathbb{R} \setminus \{6\}$.

b) Jedes Teilintervall muss gesondert auf Nullstellen untersucht werden:
I_1: $-\infty < x \leq 2$: $x^2 + 1 = 0$. Diese Gleichung besitzt keine reelle Lösung.
I_2: $2 < x \geq 3$: $-4x + 13 = 0 \iff x = 3{,}25 \notin I_2$ *(keine Nullstelle)*
I_3: $3 < x < 4$: $x^2 - 2x - 1 = 0 \iff x_{1,2} = 1 \pm \sqrt{2} \notin I_3$ *(keine Nullstelle)*
I_4: $4 < x < \infty$: keine Nullstelle, da der Zähler stets positiv ist.
Weiterhin gilt definitionsgemäß: $f(4) = 5 \neq 0$.
Somit besitzt f in $\mathbb{R}$ keine Nullstellen.

c) Unstetigkeiten können liegen an den Nahtstellen der Definitions-Intervalle (d.h. bei $x = 2$, $x = 3$, $x = 4$) sowie bei $x = 6$ (Nullstelle des Nenners).

$x \to 2^-$: $\quad f(x) \to 2^2 + 1 = 5$;
$x \to 2^+$: $\quad f(x) \to -8 + 13 = 5$; $\quad$ $f(2) = 5$, d.h. f ist in $x = 2$ stetig.

$x \to 3^-$: $\quad f(x) \to -4 \cdot 3 + 13 = 1$;
$x \to 3^+$: $\quad f(x) \to 3^2 - 2 \cdot 3 - 1 = 2$; $\quad$ d.h. f hat einen Sprung in $x = 3$.

$x \to 4^-$: $f(x) \to 4^2 - 2 \cdot 4 - 1 = 7$;
$x \to 4^+$: $f(x) \to 14/(6-4) = 7$;
$x \to 6^-$: $f(x) \to \frac{14}{0^+} = \infty$;
$x \to 6^+$: $f(x) \to \frac{14}{0^-} = -\infty$;

$f(4) = 5$, f hat eine Lücke in $x=4$ *(mit „Einsiedlerpunkt" P(4;5))*.

Pol mit Zeichenwechsel in $x=6$.

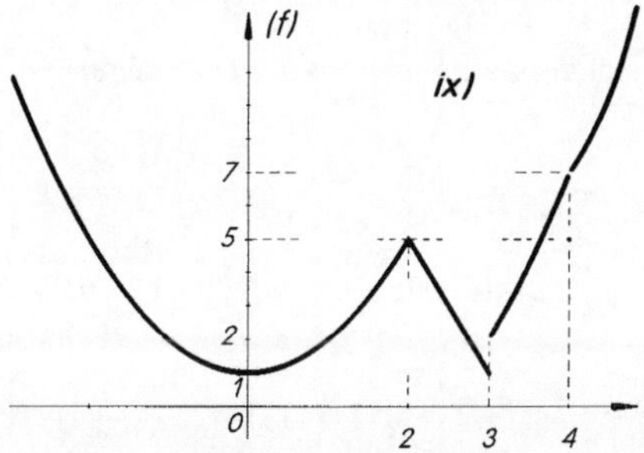

x) **a)** $f(x) = 0{,}5 \cdot |x-2| + 1$: $D_f = \mathbb{R}$ *(da abschnittsweise Polynome)*

b) Nullstellen: Der Betrag einer Zahl *(und damit auch $|x-2|$)* ist stets ≥ 0. Addiert man dazu eine „1", so ist der entstehende Term stets positiv. Somit ist auch der Funktionsterm $f(x) = 0{,}5 \cdot |x-2| + 1$ stets positiv, kann also nicht Null werden, f besitzt somit keine Nullstellen.

c) f ist *(wegen des Betrag-Terms)* eine abschnittsweise definierte Funktion.

Mit der Betragsdefinition: $|a| = \begin{cases} a & \text{sofern } a \geq 0 \\ -a & \text{sofern } a < 0 \end{cases}$

erhalten wir hier für den Term: $|x-2| = \begin{cases} x-2 & \text{sofern } x-2 \geq 0 \\ 2-x & \text{sofern } x-2 < 0 \end{cases}$ d.h.

$$f(x) = 0{,}5 \cdot |x-2| + 1 = \begin{cases} 0{,}5 \cdot (x-2) + 1 = 0{,}5x & \text{sofern } x \geq 2 \\ 0{,}5 \cdot (2-x) + 1 = -0{,}5x + 2 & \text{sofern } x < 2. \end{cases}$$

Es könnte also eine Unstetigkeit an der Nahtstelle $x=2$ auftreten:

Wegen $\lim\limits_{x \to 2^{\pm}} f(x) = 1 = f(2)$ ist f in $x=2$ stetig, somit also überall stetig.

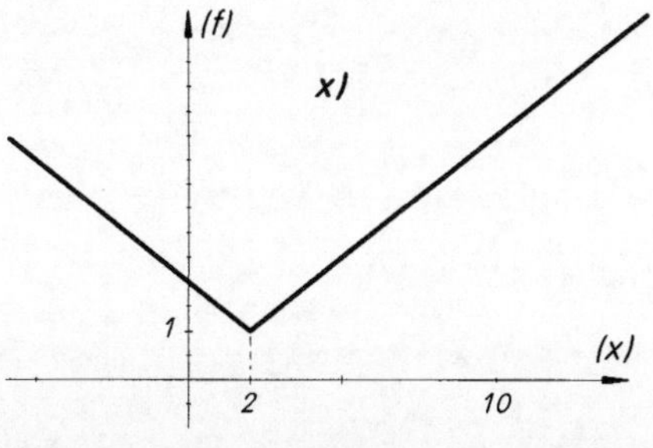

Aufgabe 4.6 *(4.8.12)*:

Bei der Bildung der Asymptotenfunktion A(x) für $x \to \infty$ versucht man, die gegebene Funktion f(x) derart in A(x) und eine Restfunktion R(x) mit

$$f(x) = A(x) \pm R(x)$$

zu zerlegen, so dass gilt: $\lim_{x \to \pm\infty} R(x) = 0 \;\Rightarrow\;$ A(x) ist dann Asymptotenfunktion.

Bei gebrochen-rationalen Funktionen erreicht man dies i.a. durch Polynomdivision.

i) $f(x) = \frac{x}{1+x} = \frac{x}{x+1}$

$= 1 - \frac{1}{x+1}$, d.h. $A(x) = 1$

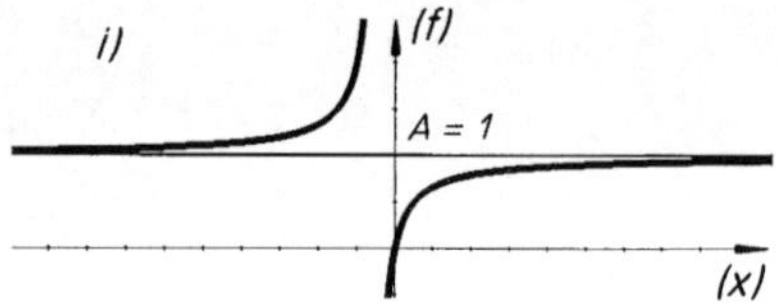

ii) $\lim_{x \to \pm\infty} f(x) = 0$

d.h. $A(x) = 0$

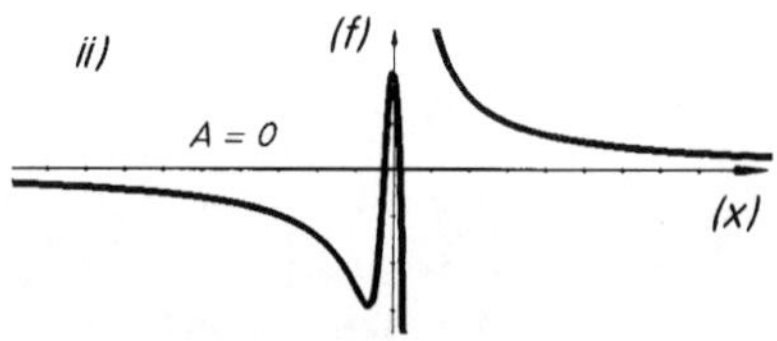

iii) $f(x) = \frac{5x^3}{1-2x^2} = \frac{5x^3}{-2x^2+1} =$

(Polynomdivision)

$= -2{,}5x + \frac{2{,}5x}{1-2x^2}$

d.h. $A(x) = -2{,}5x$

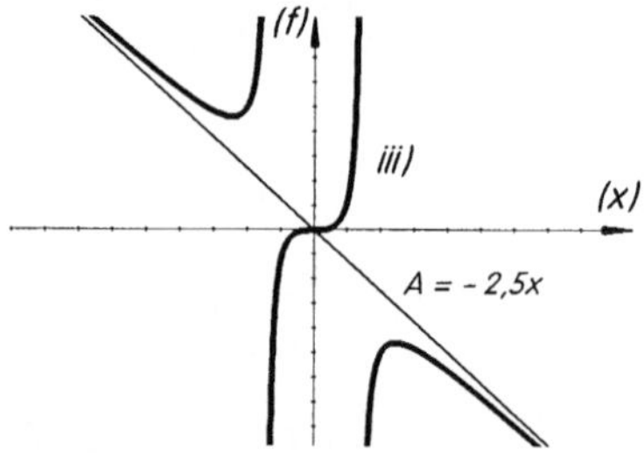

iv) $f(x) = \frac{9x^3+x^2+1}{3x^3+x+4} =$

(Polynomdivision)

$= 3 + \frac{x^2-3x-11}{3x^3+x+4}$

d.h. $A(x) = 3$

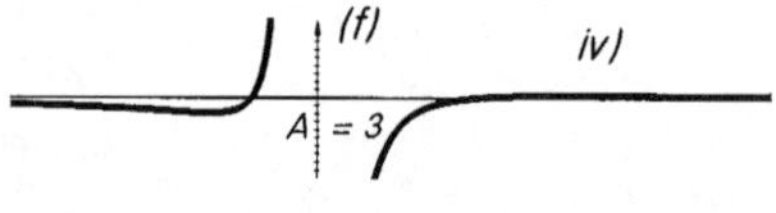

v) $f(x) = \frac{x^5}{x^2+x+1} =$ *(Polynomdivision)*

$= x^3 - x^2 + 1 - \frac{x+1}{x^2+x+1}$

d.h. $A(x) = x^3 - x^2 + 1$

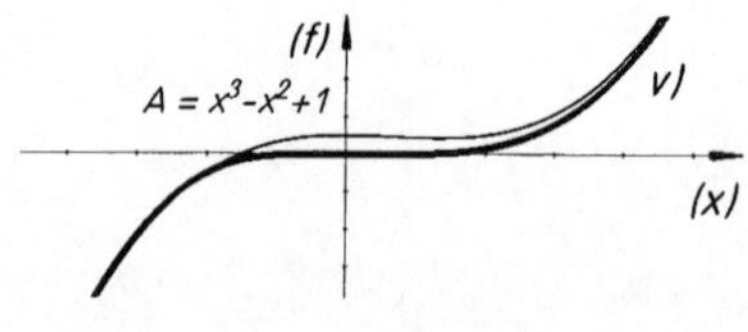

vi) $\lim\limits_{x\to\infty} f(x) = \lim\limits_{x\to\infty} \frac{5}{e^x+4}$
$= „\frac{5}{\infty+4}“ = 0$

d.h. $A(x) = 0$ für $x \to \infty$

$\lim\limits_{x\to-\infty} \frac{5}{e^x+4} = \frac{5}{„e^{-\infty}“+4} = „\frac{5}{0+4}“$

d.h. $A(x) = \frac{5}{4}$ für $x \to -\infty$

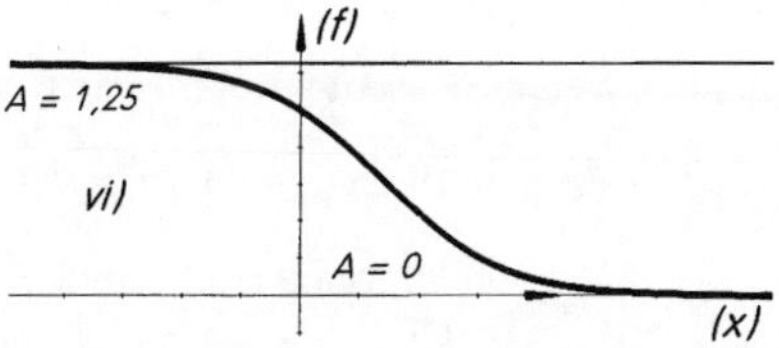

vii) $f(x) = \frac{e^x - 10}{e^x + 2} = \frac{e^x \cdot (1 - 10 \cdot e^{-x})}{e^x \cdot (1 + 2 \cdot e^{-x})}$
$= \frac{1 - 10 \cdot e^{-x}}{1 + 2 \cdot e^{-x}} \quad \Rightarrow$

$\lim\limits_{x\to\infty} f(x) = 1 = A(x)$ für $x \to \infty$

$\lim\limits_{x\to-\infty} f(x) = -5 = A(x)$ für $x \to -\infty$

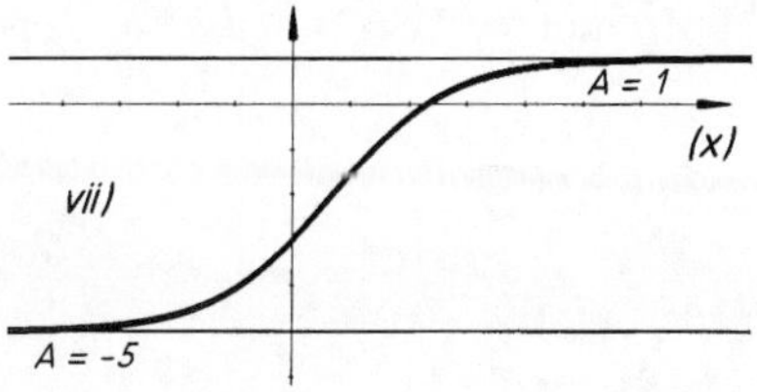

viii) $\lim\limits_{x\to\pm\infty} -16 \cdot e^{\frac{2}{3x}} = -16 \cdot „e^{\frac{2}{\pm\infty}}“$
$= -16 \cdot e^0 = -16$

d.h. $A(x) = -16$

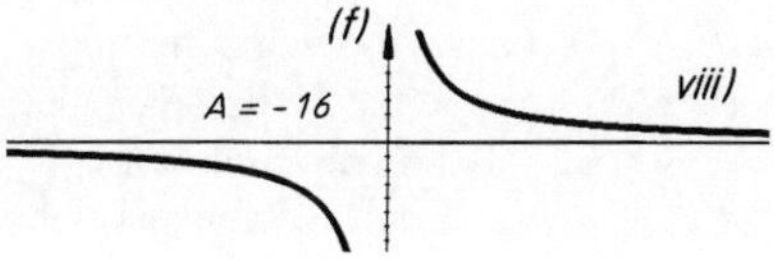

ix) $f(x) = \frac{x\sqrt{x}+1}{\sqrt{x}} = x + \frac{1}{\sqrt{x}}$, *(x > 0)*

d.h. $A(x) = x$ *(für $x \to \infty$)*

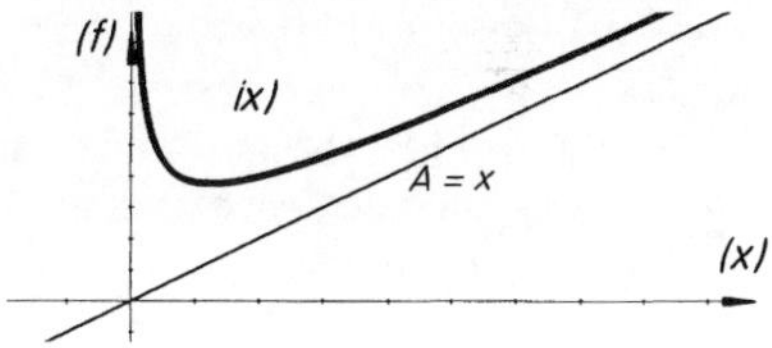

Aufgabe 4.7 *(4.8.13)***:**

Idee: $f(x) =$ Asymptotenfunktion $A(x) \pm$ Rest $R(x)$ mit $\lim\limits_{x\to\pm\infty} R(x) = 0$.

i) $f(x) = -2{,}5 + \frac{1}{x} = \frac{1 - 2{,}5x}{x}$ (mit besonders einfachem Rest $\frac{1}{x}$)

auch denkbar z.B. $f(x) = -2{,}5 + \frac{x^2 - 3x - 11}{3x^3 + x + 4}$ usw.

ii) $f(x) = \frac{1}{x}$ (aber auch z.B.: $f(x) = \frac{9x^5 - 3x^2 + 77}{-5x^8 + x^4 - 999}$ usw.)

iii) $f(x) = 0{,}5x + 3 + \frac{1}{x} = \frac{0{,}5x^2 + 3x + 1}{x}$

iv) $f(x) = 2x^2 - 2x - 3 + \frac{1}{x} = \frac{2x^3 - 2x^2 - 3x + 1}{x}$

Aufgabe 4.8 *(4.8.14)*:

Stückkostenfunktion: $k(x) = \frac{K(x)}{x} = ax^2 + bx + c + \frac{d}{x}$

Wegen $\lim_{x \to \infty} \frac{d}{x} = 0$ ist $A(x) := ax^2 + bx + c$ Asymptote von $k(x)$ für $x \to \infty$.

Die stückvariablen Kosten $k_v(x)$ ergeben sich, indem man die gesamten variablen Kosten K_v $(= ax^3 + bx^2 + cx)$ durch den Output x dividiert:

$$k_v(x) = \frac{K_v(x)}{x} = ax^2 + bx + c = A(x),$$

d.h. die stückvariablen Kosten $k_v(x)$ sind identisch zur Asymptote $A(x)$ der gesamten Stückkosten $k(x)$, genau das sollte gezeigt werden.

Aufgabe 4.9 *(4.8.15)*:

a) i) $C(Y) = 8 - \frac{4}{Y+1} \to 8^-$
ii)

für $Y \to \infty$, d.h. die Asymptote $A(Y) = 8$ ist zugleich Sättigungsgrenze für den Konsum, wenn das Einkommen über alle Grenzen wächst.

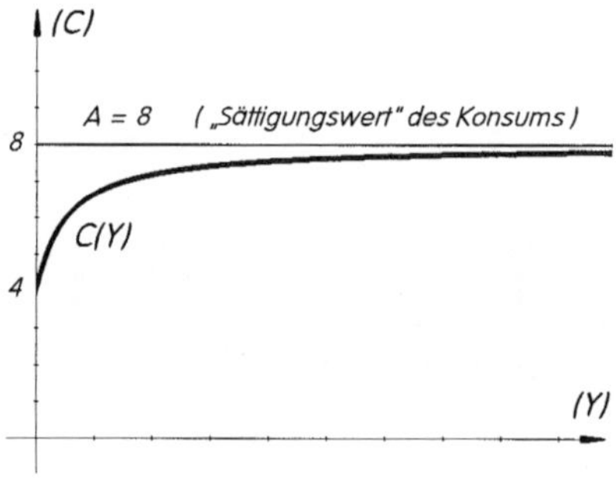

b) i) $C(Y) = 0{,}5Y + 1 + \frac{36}{Y+9}$,

d.h. der Konsum C verhält sich mit wachsendem Einkommen asymptotisch linear:

$$C \approx A(Y) = 0{,}5Y + 1$$

(für $Y \to \infty$).

ii) kein Sättigungswert, da mit $Y \to \infty$ auch $C \to \infty$.

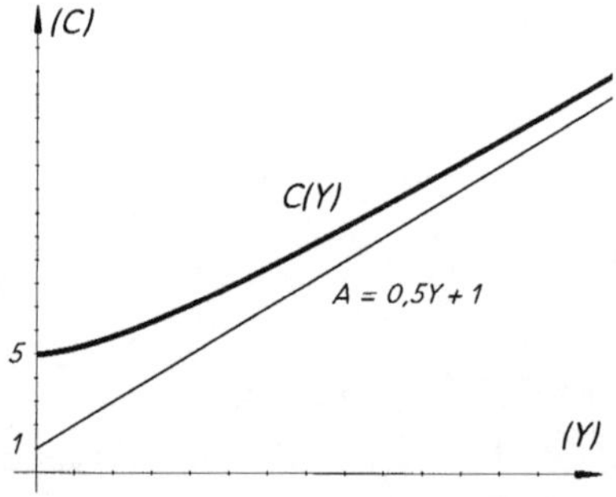

5 Differentialrechnung für Funktionen mit einer unabhängigen Variablen – Grundlagen und Technik

Aufgabe 5.1 *(5.1.22)*:

i) a) Die Ableitungsfunktion *(Steigungsfunktion)* f': f'(x) soll mit Hilfe der grundlegenden Definition

$$f'(x) = \lim_{\Delta x \to 0} \frac{f(x+\Delta x) - f(x)}{\Delta x} \qquad \textit{(siehe LB (5.1.18))}$$

ermittelt werden:

$$f(x) = -2x^2 + x \;\Rightarrow\; f'(x) = \lim_{\Delta x \to 0} \frac{-2\cdot(x+\Delta x)^2 + x + \Delta x - (-2x^2 + x)}{\Delta x} \quad \text{d.h.}$$

$$f'(x) = \lim_{\Delta x \to 0} \frac{-4x\cdot\Delta x - 2\cdot\Delta x^2 + \Delta x}{\Delta x} = \lim_{\Delta x \to 0} (-4x + 1 - 2\cdot\Delta x) = -4x + 1 .$$

b) Funktionssteigung in x_0 = Ableitung in x_0 = $f'(x_0) = f'(1) = -3$

c) Tangentensteigung = Funktionssteigung = Ableitung = $f'(2) = -7$. Weiterhin verläuft die Tangente wegen $f(2) = -6$ durch den Punkt $(2;-6)$. Also besitzt die Tangente die Gleichung: $y = -7x + b$ mit $-6 = -7\cdot 2 + b$ d.h. $b = 8$, d.h. Tangentengleichung in $x_0 = 2$: $y = -7x + 8$.

d) Horizontale Tangente in x_0 heißt: $f'(x_0) = 0$. Zu lösen ist daher die Gleichung $f'(x) = -4x + 1 = 0$, $x = x_0 = 0{,}25$.

ii) a) $$f'(x) = \lim_{\Delta x \to 0} \frac{f(x+\Delta x) - f(x)}{\Delta x} = \lim_{\Delta x \to 0} \frac{2010\cdot(x+\Delta x) + 1 - 2010x - 1}{\Delta x} \equiv 2010 .$$

b) Nach a) gilt: $f'(x) \equiv 2010$, also auch: $f'(1) = 2010$.

c) Tangentengleichung: Da $f: f(x) = 2010x + 1$ eine lineare Funktion ist, stimmt die Tangente mit der Originalfunktion überein: $y = 2010x + 1$.

d) f besitzt keine horizontalen Tangenten, da Steigung überall $= 2010 \;(\neq 0)$.

iii) a) $$f(x) = \sqrt{x} \underset{x>0}{\Rightarrow} f'(x) = \lim_{\Delta x \to 0} \frac{f(x+\Delta x) - f(x)}{\Delta x} = \lim_{\Delta x \to 0} \frac{\sqrt{x+\Delta x} - \sqrt{x}}{\Delta x} =$$

$$\lim_{\Delta x \to 0} \frac{\sqrt{x+\Delta x} - \sqrt{x}}{\Delta x} \cdot \frac{\sqrt{x+\Delta x} + \sqrt{x}}{\sqrt{x+\Delta x} + \sqrt{x}} \underset{\text{3. binomische Formel}}{=} \lim_{\Delta x \to 0} \frac{\Delta x}{\Delta x\cdot(\sqrt{x+\Delta x} + \sqrt{x})} = \frac{1}{2\sqrt{x}}$$

b) $f'(1) = \dfrac{1}{2\sqrt{1}} = 0{,}5$.

c) Berührpunkt: $P(2;\sqrt{2})$; Tangentensteigung: $f'(2) = 1/(2\sqrt{2}) \Rightarrow$ Tangentengleichung: $y = x/(2\sqrt{2}) + b$ mit $\sqrt{2} = 2/(2\sqrt{2}) + b = 1/\sqrt{2} + b$ $\Rightarrow b = \sqrt{2} - 1/\sqrt{2} = 1/\sqrt{2}$

$$\Rightarrow \quad y = \frac{1}{2\sqrt{2}}\,x + \frac{1}{\sqrt{2}} \approx 0{,}3536\cdot x + 0{,}7071 \quad \textit{(Tangentengleichung in } x_0 = 2\textit{)}$$

d) Die Bedingungsgleichung $f'(x) = \dfrac{1}{2\sqrt{2}} = 0$ besitzt keine Lösung, daher hat f keine waagerechten Tangenten.

iv) **a)** $f(x) = -5x - \frac{2}{x} \quad \Rightarrow \quad f'(x) = \lim\limits_{\Delta x \to 0} \frac{-5\cdot(x+\Delta x) - \frac{2}{x+\Delta x} - (-5x - \frac{2}{x})}{\Delta x} =$

$$= \lim_{\Delta x \to 0} \frac{-5\cdot\Delta x - \frac{2}{x+\Delta x} + \frac{2}{x}}{\Delta x} = \lim_{\Delta x \to 0} \frac{-5\cdot\Delta x\cdot(x+\Delta x)\cdot x - 2x + 2(x+\Delta x)}{(x+\Delta x)\cdot x\cdot \Delta x} =$$

$$= \lim_{\Delta x \to 0} \frac{-5x\cdot\Delta x\cdot(x+\Delta x) + 2\Delta x}{(x+\Delta x)\cdot x\cdot\Delta x} = \lim_{\Delta x \to 0} (-5 + \frac{2}{(x+\Delta x)\cdot x}) = -5 + \frac{2}{x^2}\ .$$

b) $f'(1) = -5 + 2 = -3$

c) Berührpunkt: $P(2\,;-11)$; Tangentensteigung: $f'(2) = -4{,}5$
Tangentengleichung: $y = mx+b = -4{,}5x + b$ mit $-11 = -9 + b$
$\Rightarrow b = -2 \Rightarrow$ Tangentengleichung: $y = -4{,}5x - 2$.

d) Bedingungsgleichung: $f'(x) = -5 + \frac{2}{x^2} = 0 \iff x_{1,2} = \pm\sqrt{0{,}4} \approx \pm\ 0{,}6325$.

v) **a)** $f(x) = 0{,}1x^4 \quad \Rightarrow \quad f'(x) = \lim\limits_{\Delta x \to 0} \frac{0{,}1\cdot(x+\Delta x)^4 - 0{,}1x^4}{\Delta x} =$

$$= \lim_{\Delta x \to 0} \frac{0{,}1\cdot(x^4 + 4x^3\cdot\Delta x + 6x^2\cdot\Delta x^2 + 4x\cdot\Delta x^3 + \Delta x^4) - 0{,}1x^4}{\Delta x}$$

$$= \lim_{\Delta x \to 0} (0{,}4x^3 + 0{,}6x^2\cdot\Delta x + 0{,}4x\cdot\Delta x^2 + 0{,}1\cdot\Delta x^3) = 0{,}4x^3\ .$$

b) $f'(1) = 0{,}4$

c) Berührpunkt: $P(2\,;1{,}6)$; Tangentensteigung $f'(2) = 0{,}4\cdot 2^3 = 3{,}2$
Tangentengleichung: $y = mx+b = 3{,}2x+b$ mit $1{,}6 = 3{,}2\cdot 2+b$
d.h. $b = -4{,}8 \Rightarrow$ Tangentengleichung: $y = 3{,}2x - 4{,}8$.

d) $f'(x) = 0{,}4x^3 = 0 \Rightarrow x = 0$ *(Stelle mit horizontaler Tangente)* .

Aufgabe 5.2 *(5.1.28)*:

Als Rechenregeln zur Ermittlung von Ableitungen setzen wir hier voraus:

(a) $(x^n)' = n\cdot x^{n-1}$ *(n = const.)* *(b)* $[c\cdot f(x)]' = c\cdot f'(x)$ *(c = const.)* *(c)* $[f(x)\pm g(x)]' = f'(x) \pm g'(x)$.

i) Wegen $\lim\limits_{x\to 2^-}(0{,}5x^2 - 1) = \lim\limits_{x\to 2^+}(-x^2+5) = f(2) = 1$ ist f überall stetig *(insbesondere auch an der Nahtstelle $x_0 = 2$)*.

Es fragt sich nun, ob auch die Ableitung $f'(x)$ an der Stelle $x_0 = 2$ existiert:

Es gilt *(mit Ausnahme der Stelle $x_0 = 2$)*: $\quad f'(x) = \begin{cases} x & \text{für } x < 2 \\ -2x & \text{für } x > 2 \end{cases}$

Wegen $\lim\limits_{x\to 2^-} f'(x) = 2$ und $\lim\limits_{x\to 2^+} f'(x) = -4$ folgt:

An der Stelle $x_0 = 2$ ist f nicht differenzierbar, f′ besitzt dort einen Sprung, d.h. der Graph von f besitzt dort eine Ecke.

ii) $f\colon f(x) = \sqrt[5]{x}$ ist für alle x mit $x \in \mathbb{R}$ definiert und stetig. Die Ableitung lautet:

$$f'(x) = \frac{1}{5}x^{-\frac{4}{5}} = \frac{1}{5\sqrt[5]{x^4}}\ ,\ (x \neq 0)\ .$$

Wegen $\lim\limits_{x\to 0} f'(x) = „\frac{1}{0}" = \infty$ folgt: An der Stelle $x_0 = 0$ ist f nicht differenzierbar, die Tangentensteigung wird „unendlich groß", der Graph von f besitzt eine senkrechte Tangente.

iii) Überprüfung der Stetigkeit von f an der Nahtstelle $x_0 = 3$:

$\lim\limits_{x\to 3^-} f(x) = 3^2 = 9$; $\lim\limits_{x\to 3^+} f(x) = 3^2 + 3 = 12$, d.h. f ist an der Stelle $x_0 = 3$ unstetig *(Sprung)* und daher *(siehe LB Satz 5.1.27)* auch nicht differenzierbar.

iv) Wegen des auftretenden Betrag-Terms $|x-1|$ ist f eine abschnittsweise definierte Funktion mit der Darstellung *(vgl. Lehrbuch Def. 1.2.21)*:

$$f(x) = \begin{cases} x-(x-1) = 1 & \text{für } x < 1 \quad (d.h.\ x-1<0) \\ x+(x-1) = 2x-1 & \text{für } x \geq 1 \quad (d.h.\ x-1 \geq 0) \end{cases} .$$

Wegen $\lim\limits_{x\to 1^-} f(x) = 1$ und $\lim\limits_{x\to 1^+} f(x) = 1 = f(1)$ ist f überall stetig

Es fragt sich nun, ob auch die Ableitung $f'(x)$ an der Stelle $x_0 = 1$ existiert:

Es gilt *(mit Ausnahme der Stelle $x_0 = 1$)*: $$f'(x) = \begin{cases} 0 & \text{für } x < 1 \\ 2 & \text{für } x > 1 \end{cases}$$

Wegen $\lim\limits_{x\to 1^-} f'(x) = 0$ und $\lim\limits_{x\to 1^+} f'(x) = 2$ folgt:

An der Stelle $x_0 = 1$ ist f nicht differenzierbar, f′ besitzt dort einen Sprung, d.h. der Graph von f besitzt dort eine Ecke.

Aufgabe 5.3 *(5.2.21)*:

Nur die folgenden Ableitungsregeln werden hier vorausgesetzt:

(a) $(x^n)' = n \cdot x^{n-1}$ *(n = const.)* ***(b)*** $(c)' = 0$ *(c = const.)* ***(c)*** $(e^x)' = e^x$ ***(d)*** $(\ln x)' = \frac{1}{x}$ *(x > 0)*.

i) $f(t) = \frac{1}{t} = t^{-1} \quad \Rightarrow \quad f'(t) = (-1)\cdot t^{-2} = \frac{1}{t^2}$

ii) $f(x) = x^{18} \quad \Rightarrow \quad f'(x) = 18 \cdot x^{17}$

iii) $g(z) = z\cdot\sqrt{z} = z\cdot z^{0,5} = z^{1,5} \quad \Rightarrow \quad g'(z) = 1,5\cdot z^{0,5} = 1,5\cdot\sqrt{z}$

iv) $g(z) = z^{17}\cdot\sqrt{z} = z^{17}\cdot z^{0,5} = z^{17,5} \quad \Rightarrow \quad g'(z) = 17,5\cdot z^{16,5} = 17,5\cdot z^{16}\cdot\sqrt{z}$

v) $h(p) = p^{-\frac{23}{17}} \quad \Rightarrow \quad h'(p) = -\frac{23}{17}\cdot p^{-\frac{40}{17}} = \frac{-23}{17\sqrt[17]{p^{40}}}$

vi) $x(y) = y^{\ln 20} \quad \Rightarrow \quad x'(y) = \ln 20 \cdot y^{\ln 20 - 1}$

vii) $f(k) = e^{\frac{k}{2}}\cdot e^{\frac{k}{2}} = e^k \quad \Rightarrow \quad f'(k) = e^k$

viii) $k(x) = x^{2e}\cdot x^{-\ln 2} = x^{2e-\ln 2} \quad \Rightarrow \quad k'(x) = (2e-\ln 2)\cdot x^{2e-\ln 2-1}$

ix) $t(n) = \frac{1}{\sqrt[3]{n^{\sqrt{2}}}} = \frac{1}{n^{\frac{\sqrt{2}}{3}}} = n^{-\frac{\sqrt{2}}{3}} \quad \Rightarrow \quad t'(n) = -\frac{\sqrt{2}}{3}\cdot n^{-\frac{\sqrt{2}}{3}-1}$

x) $f(y) = \ln x = \text{const.}$ (!) *(da $\ln x$ nicht von y abhängig ist)* $\Rightarrow$ $f'(y) = 0$

xi) $t(z) = \ln(\sqrt{z}\cdot\sqrt{z}) = \ln z \Rightarrow t'(z) = \frac{1}{z}$ *(z > 0)*

xii) $k(p) = e^{\ln p^2} = p^2 \Rightarrow k'(p) = 2p$

xiii) $u(v) = \ln e^{\ln(v^7)} = \ln(v^7) = 7\cdot\ln v \Rightarrow u'(v) = \frac{7}{v}$.

Aufgabe 5.4 *(5.2.38)*:

Voraussetzung: Alle Ableitungsregeln *(Kap. 5.2.2 LB)* mit Ausnahme der Kettenregel. Folgende Abkürzungen werden verwendet:
FR: Faktorregel; SR: Summenregel; PR: Produktregel; QR: Quotientenregel

i) $f(z) = \dfrac{29}{\sqrt[7]{z^{15}}} = 29\cdot z^{-\frac{15}{7}} \underset{FR}{\Rightarrow} f'(z) = -\frac{15}{7}\cdot 29\cdot z^{-\frac{15}{7}-1} = \dfrac{-435}{7\cdot\sqrt[7]{z^{22}}}$

ii) $g(t) = 8\cdot t^{5,5} - 4\cdot t^{2,5} \underset{FR,SR}{\Rightarrow} g'(t) = 44\cdot t^{4,5} - 10\cdot t^{1,5} = 44\cdot\sqrt{t^9} - 10\cdot\sqrt{t^3}$

iii) $f(y) = 4x^3\cdot y\cdot\sqrt{y} = 4x^3\cdot y^{1,5} \underset{FR}{\Rightarrow} f'(y) = 6x^3\cdot\sqrt{y}$ *(x = const.!)*

iv) $h(p) = \dfrac{4p^2+1}{(p^2-1)(2p^4+p)} = \dfrac{4p^2+1}{2p^6-2p^4+p^3-p} \underset{QR,SR,FR}{\Rightarrow}$

$$h'(p) = \frac{8p(2p^6-2p^4+p^3-p)-(4p^2+1)(6p^5-8p^3+3p^2-1)}{(2p^6-2p^4+p^3-p)^2} = \frac{-32p^7+4p^5-4p^4+8p^3-7p^2+1}{(p^2-1)^2\cdot(2p^4+p)^2}$$

v) $k(x) = k_3x^3 + k_2x^2 + k_1x + k_0\cdot x^{-1} \underset{FR,SR}{\Rightarrow} k'(x) = 3k_3x^2 + 2k_2x + k_1 - \dfrac{k_0}{x^2}$

vi) $u(v) = x^2\cdot\dfrac{2v-x}{5v+x} \underset{QR,SR,FR}{\Rightarrow} u'(v) = x^2\cdot\dfrac{2\cdot(5v+x)-(2v-x)\cdot 5}{(5v+x)^2} = \dfrac{7x^3}{(5v+x)^2}$

vii) $p(u) = \dfrac{u^2\cdot\ln u}{e^u} \underset{QR,SR,FR}{\Rightarrow} p'(u) = \dfrac{(u^2\cdot\ln u)'\cdot e^u - u^2\cdot\ln u\cdot e^u}{(e^u)^2} \underset{PR}{\Rightarrow}$

$$p'(u) = \frac{(2u\cdot\ln u + u^2\cdot(1/u))\cdot e^u - u^2\cdot\ln u\cdot e^u}{(e^u)^2} = \frac{u+(2u-u^2)\cdot\ln u}{e^u}$$

viii/ix) $a(x) = e^x \pm \dfrac{1}{e^x} \underset{QR,SR}{\Rightarrow} a'(x) = e^x \pm \dfrac{0-e^x}{(e^x)^2} = e^x \mp \dfrac{1}{e^x}$

x) $c(t) = \dfrac{e^t+1}{e^t-1} \underset{QR,SR}{\Rightarrow} c'(t) = \dfrac{e^t\cdot(e^t-1)-(e^t+1)\cdot e^t}{(e^t-1)^2} = \dfrac{-2e^t}{(e^t-1)^2}$

xi) $t(b) = \dfrac{2\ln b}{2b^2+e^b} \underset{QR,SR,FR}{\Rightarrow} t'(b) = \dfrac{(2/b)\cdot(2b^2+e^b) - 2\cdot\ln b\cdot(4b+e^b)}{(2b^2+e^b)^2}$

$$= \frac{2}{b\cdot(2b^2+e^b)} - \frac{2\cdot\ln b\cdot(4b+e^b)}{(2b^2+e^b)^2} .$$

Aufgabe 5.5 *(5.2.39)*:

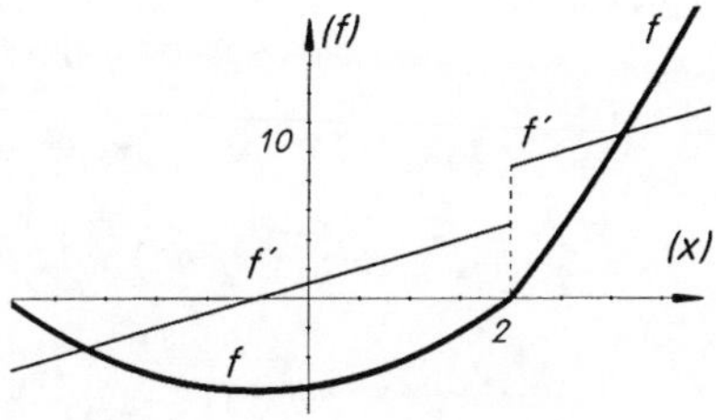

i) **a)** f ist stetig in $\mathbb{R}$, denn
$\lim_{x \to 2^-} (x^2+x-6) = 0$
$\lim_{x \to 2^+} (x^2+5x-14) = 0 = f(2)$.

b) f ist an der Stelle $x_0 = 2$ nicht differenzierbar, sondern hat dort eine Ecke:

$$f'(x) = \begin{cases} 2x+1 & \text{für } x<2 \\ 2x+5 & \text{für } x>2 \end{cases}, \qquad \text{d.h. } f'(2^-) = 5,\ f'(2^+) = 9 .$$

c) f' ist *(siehe b))* nicht stetig auf $\mathbb{R}$, wohl aber auf $D_{f'} = \mathbb{R}\setminus\{2\}$.

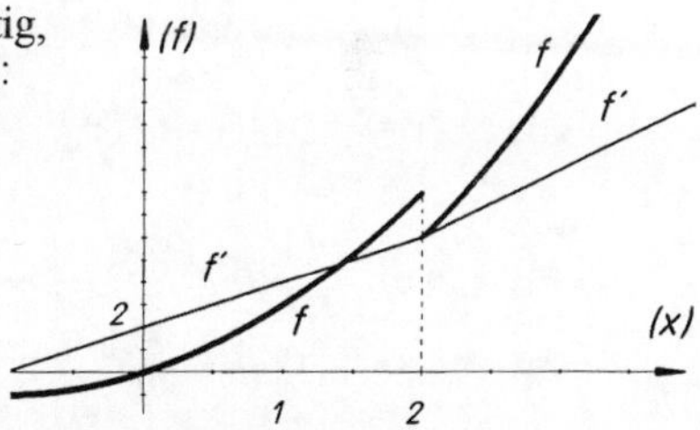

ii) **a)** f ist an der Stelle $x_0 = 2$ nicht stetig, der Graph besitzt dort einen Sprung:

$$f(x) = \begin{cases} x^2 + 2x & \text{für } x<2 \\ 1{,}5x^2 & \text{für } x>2 \end{cases}$$

d.h. $f(2^-) = 8;\ f(2^-) = 6$.

b) Wegen a) ist f in $x_0 = 2$ nicht differenzierbar.

c) Wegen a) und b) ist f' in $x_0 = 2$ nicht stetig auf $\mathbb{R}$, wohl aber auf $D_{f'} = \mathbb{R}\setminus\{2\}$.

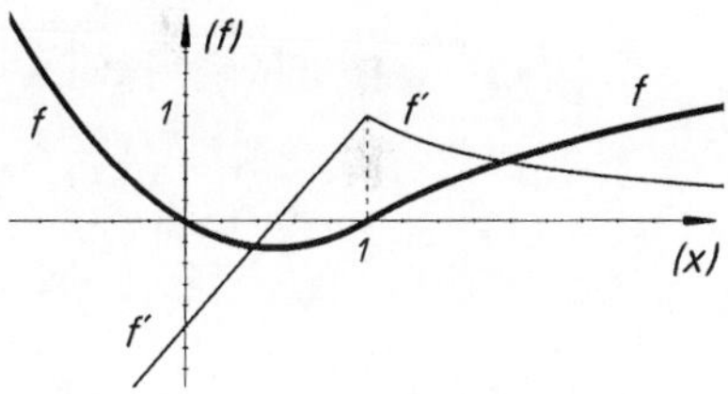

iii) **a)** f ist stetig in $\mathbb{R}$, denn:

$\lim_{x \to 1^-} (x^2 - x) = 0 = f(1)$

$\lim_{x \to 1^+} \ln x = \ln 1 = 0$.

b) f ist in $\mathbb{R}$ differenzierbar:

c) $f'(x) = \begin{cases} 2x-1 & \text{für } x \le 1 \\ \frac{1}{x} & \text{für } x>1; \end{cases}$ und da $f'(1^-) = f'(1^+) = 1$, ist f' in $\mathbb{R}$ auch stetig.

Aufgabe 5.6 *(5.2.40)*:

i) Tangentensteigung = Funktionssteigung = 1. Ableitung der Funktion f: f(x):

$$f'(x) = \frac{x^2+1-(x-1)\,2x}{(x^2+1)^2} = \frac{-x^2+2x+1}{(x^2+1)^2} \quad \Rightarrow \quad f'(2) = 0{,}04 .$$

$\Rightarrow$ Geradengleichung der Tangente: $y = 0{,}04x + b$ mit $f(2) = 0{,}2$ d.h.
$0{,}2 = 0{,}04 \cdot 2 + b \iff b = 0{,}12$ d.h. $y = 0{,}04x + 0{,}12$.

ii) Das Steigungsmaß der Funktion beim Schnittpunkt des Graphen mit der Abszisse entspricht der Ableitung von f $\left(f'(x) = \frac{1 - x \cdot \ln x}{x \cdot e^x}\right)$ an der Nullstelle von f, also für $x = 1$, und beträgt somit e^{-1} ($\approx 0{,}3679$).

Aufgabe 5.7 *(5.2.53)*: *(Abkürzungen: PR: Produktregel; QR: Quotientenregel; KR: Kettenregel)*

i) $f'(x) = 32 \cdot (4x^7 - 3x^5)^{63} \cdot (28x^6 - 15x^4)$ *(KR)*

ii) $g'(y) = \frac{1}{7} \cdot (y^2 - y^7)^{-\frac{6}{7}} \cdot (2y - 7y^6) = \frac{2y - 7y^6}{7 \sqrt[7]{(y^2 - y^7)^6}}$ *(KR)*

iii) $k'(z) = 5z^4 \cdot \ln(1 - z^5) + z^5 \cdot \frac{-5z^4}{1 - z^5} = 5z^4 \left(\ln(1 - z^5) - \frac{z^5}{1 - z^5}\right)$ *(PR, KR)*

iv) $p'(u) = -2e^{-2u}$ *(KR)* **v)** $k'(t) = 5 \cdot \frac{\frac{1}{t}}{\ln t} = \frac{5}{t \ln t}$ *(KR)*

vi) $N'(y) = 20 \cdot \sqrt[3]{\ln 7} \cdot e^{-\frac{17}{y}} \cdot \frac{17}{y^2} = 340 \cdot \sqrt[3]{\ln 7} \cdot e^{-\frac{17}{y}} \cdot y^{-2}$ *(KR)*

vii) $C'(I) = \frac{1}{3}(2I)^{-\frac{2}{3}} \cdot 2 \cdot e^{-I^2} + \sqrt[3]{2I} \cdot e^{-I^2} \cdot (-2I) = \left(\frac{2}{3 \cdot \sqrt[3]{(2 \cdot I)^2}} - 2 \cdot I \cdot \sqrt[3]{2 \cdot I}\right) \cdot e^{-I^2}$ *(PR,KR)*

viii) $k'(x) = n \cdot x^{n-1} \cdot e^{-nx} + x^n \cdot e^{-nx} \cdot (-n) = n \cdot e^{-nx} \cdot (x^{n-1} - x^n)$ *(PR,KR)*

ix) Vor dem Differenzieren Logarithmenregeln anwenden *(LB Sätze 1.2.74/76/78)* !

$\Rightarrow \quad Q(s) = \frac{1}{2}\left(\ln(1+s^4) - \ln(6+s^2)\right) \quad \Rightarrow \quad Q'(s) = \frac{2s^3}{1+s^4} - \frac{s}{6+s^2}$ *(KR)*

x) Der Logarithmus-Term lässt sich schreiben als: $\ln \frac{W^2+1}{e^W} = \ln(W^2+1) - w$

$\Rightarrow \quad P'(W) = 20\left(\ln \frac{W^2+1}{e^W}\right)^{19} \cdot \left(\frac{2W}{W^2+1} - 1\right)$ *(KR)*

xi) $p'(a) = x \cdot (\ln(a^x - e^a))^{x-1} \cdot \frac{x \cdot a^{x-1} - e^a}{a^x - e^a} \cdot e^{x^2+1}$ (x = const. !!) *(KR)*

Aufgabe 5.8 *(5.2.59)*:

Zu zeigen ist: $\frac{d}{dx} x^{\frac{1}{n}} = \frac{1}{n} \cdot x^{\frac{1}{n} - 1}$ *(Lehrbuch Regel (5.2.9) b).*

Für $n \in \mathbb{N}$ und $x > 0$ lautet die Umkehrfunktion f^{-1} zu $y = f(x) = \sqrt[n]{x} = x^{\frac{1}{n}}$:

$$f^{-1}: \quad x = y^n = f^{-1}(y) \quad \text{mit} \quad y \in \mathbb{R}^+, \ n \in \mathbb{N}.$$

Mit der Regel *(LB (5.2.57))* zur Ableitung der Umkehrfunktion:

$$f'(x) = \frac{1}{(f^{-1}(y))'} \qquad \text{folgt:}$$

$$f'(x) = \frac{d}{dx} x^{\frac{1}{n}} = \frac{1}{\frac{d}{dy} y^n} = \frac{1}{n \cdot y^{n-1}} = \frac{1}{n} y^{1-n} = \frac{1}{n} (x^{\frac{1}{n}})^{1-n} = \frac{1}{n} x^{\frac{1}{n} - 1} .$$

Somit erfolgt die Ableitung der Wurzelfunktion tatsächlich nach der Potenzregel.

Aufgabe 5.9 *(5.2.67)*: *Formel-Nummern beziehen sich auf das Lehrbuch;* $x \equiv e^{\ln x}, x > 0$
Abkürzungen: PR: Produktregel; QR: Quotientenregel; KR: Kettenregel

i) $f'(x) = 3x^2 \cdot 3^x + x^3 \cdot 3^x \cdot \ln 3 = x^2 \cdot 3^x \cdot (3 + x \ln 3)$ *PR, (5.2.61)*

ii) $g'(y) = \ln 10 \cdot y^{\ln 10 - 1} + (\ln 10)^y \cdot \ln(\ln 10)$, $(y > 0)$ *PR, (5.2.61)*

iii) $h'(z) = 2^{\ln z} \cdot \ln 2 \cdot \frac{1}{z} \cdot (\ln z)^{10} + 2^{\ln z} \cdot 10 \cdot (\ln z)^9 \cdot \frac{1}{z} =$ *PR, (5.2.62)*
$= 2^{\ln z} \cdot \frac{1}{z} \cdot (\ln z)^9 \cdot (\ln 2 \cdot \ln z + 10)$, $(z > 0)$ *KR*

iv)
$$f'(x) = \frac{\left(5^{\sqrt{x}} \cdot \frac{1}{2\sqrt{x}} \cdot \ln 5 + (\sqrt{2})^{1-x} \cdot \ln(\sqrt{2}) \cdot (-1)\right) \cdot \sqrt{x} - (5^{\sqrt{x}} + (\sqrt{2})^{1-x}) \cdot \frac{1}{2\sqrt{x}}}{(\sqrt{x})^2}$$
QR, KR
$$= \frac{1}{x}\left(5^{\sqrt{x}}\left(\frac{\ln 5}{2} - \frac{1}{2\sqrt{x}}\right) - (\sqrt{2})^{1-x}\left((\ln\sqrt{2}) \cdot \sqrt{x} + \frac{1}{2\sqrt{x}}\right)\right), \ (x > 0)$$
(5.2.62)

v) $k(t) = t^{\sqrt{t}} = (e^{\ln t})^{\sqrt{t}} = e^{\sqrt{t} \cdot \ln t}$, $(t > 0)$ $\Rightarrow$ *PR, (5.2.65)*
$k'(t) = e^{\sqrt{t} \cdot \ln t} \cdot \left(\frac{1}{2\sqrt{t}} \cdot \ln t + \sqrt{t} \cdot \frac{1}{t}\right) = t^{\sqrt{t}}\left(\frac{1}{2\sqrt{t}} \ln t + \frac{1}{\sqrt{t}}\right)$ *KR*

vi) $H(u) = (u^2 + e^{-u})^{1-u} = e^{\ln(u^2 + e^{-u}) \cdot (1-u)} = e^{(1-u) \cdot \ln(u^2 + e^{-u})}$ $\Rightarrow$
$H'(u) = (u^2 + e^{-u})^{1-u} \cdot \left(-\ln(u^2 + e^{-u}) + (1-u)\frac{2u - e^{-u}}{u^2 + e^{-u}}\right)$ *PR, (5.2.65)* *KR*

vii) $p(v) = v^{\ln v} = (e^{\ln v})^{\ln v} = e^{(\ln v)^2}$, $(v > 0)$ $\Rightarrow$
$p'(v) = e^{(\ln v)^2} \cdot ((\ln v)^2)' = v^{\ln v} \cdot 2 \cdot \ln v \cdot \frac{1}{v} = 2 \cdot v^{\ln v} \cdot \frac{\ln v}{v}$ *PR, (5.2.65)* *KR*

viii) $C(y) = (\ln y)^{\ln y}$ *(Basis* $\overset{!}{>}$ *0, d.h.* $y \overset{!}{>} 1$*)* $= (e^{\ln(\ln y)})^{\ln y} = e^{\ln y \cdot \ln(\ln y)}$ $\Rightarrow$
$C'(y) = e^{\ln y \cdot \ln(\ln y)} \cdot \left(\frac{1}{y} \cdot \ln(\ln y) + \ln y \cdot \frac{1}{\ln y} \cdot \frac{1}{y}\right) = (\ln y)^{\ln y} \cdot \frac{1}{y} \cdot (\ln(\ln y) + 1)$

ix) $Q(s) = s^{(s^s)} = (e^{\ln s})^{(e^{\ln s})^s} = e^{\ln s \cdot e^{s \cdot \ln s}}$ $(s > 0)$ $\Rightarrow$ *PR (2x), (5.2.65),KR*
$Q'(s) = e^{\ln s \cdot e^{s \cdot \ln s}} \cdot \left(\frac{1}{s} \cdot s^s + \ln s \cdot (s^s \cdot (\ln s + 1))\right) = s^{(s^s)} \cdot s^s \cdot \left(\frac{1}{s} + \ln s \cdot (\ln s + 1)\right)$

x) $r(t) = (1 + t^2)^{\frac{t-1}{t+1}} = e^{\ln(1+t^2) \cdot \frac{t-1}{t+1}} = e^{\frac{t-1}{t+1} \cdot \ln(1+t^2)}$, $(t \neq -1)$

$$r'(t) = e^{\frac{t-1}{t+1} \cdot \ln(1+t^2)} \cdot \left(\frac{t+1-(t-1)}{(t+1)^2} \cdot \ln(1+t^2) + \frac{t-1}{t+1} \cdot \frac{2t}{1+t^2}\right)$$
KR, PR, QR *(5.2.65)*
$$= (1+t^2)^{\frac{t-1}{t+1}} \cdot \left(\frac{2}{(t+1)^2} \ln(1+t^2) + \frac{t-1}{t+1} \cdot \frac{2t}{1+t^2}\right)$$

xi) *Vor dem Ableiten die Logarithmenregeln (LB (1.2.88) sowie Satz 1.2.76) anwenden!*

$$f(x) = \log_7 \frac{x^2+4}{x^4+2} = \log_7 (x^2+4) - \log_7 (x^4+2) = \frac{\ln (x^2+4)}{\ln 7} - \frac{\ln (x^4+2)}{\ln 7} \Rightarrow$$

$$f'(x) = \frac{1}{\ln 7} \cdot \left(\frac{2x}{x^2+4} - \frac{4x^3}{x^4+2} \right) \qquad \textit{KR}$$

xii) $n(a) = \log_a a^4 = 4 = \text{const.} \quad \Rightarrow \quad n'(a) \equiv 0 \qquad (a > 0 \text{ sowie } a \neq 1).$

xiii) $L(b) = \log_{\ln b} (b^2+1) = \dfrac{\ln (b^2+1)}{\ln (\ln b)}$ *(LB 1.2.88)* , $b > 0$ *sowie* $b \neq e$.

$$L'(b) = \frac{\dfrac{2b \cdot \ln (\ln b)}{b^2+1} - \dfrac{\ln (b^2+1)}{b \cdot \ln b}}{(\ln (\ln b))^2} \qquad \textit{QR,KR oder (5.2.66)}$$

Aufgabe 5.10 *(5.2.72)*: *(zur logarithmischen Ableitung: siehe LB Kap. 5.2.2.3)*

Schrittfolge: a) Funktionsgleichung logarithmieren: ln f(x) = ln (rechte Seite (RS))
b) Rechte Seite mit Logarithmenregeln vereinfachen: neue RS
c) Mit Kettenregel ableiten: (ln f(x))' = f'(x)/f(x) = (neue RS)'
d) Nach f'(x) auflösen.

i) $$f(x) = \frac{\sqrt[7]{2x^2+1} \cdot (x^4+x^2)^{22}}{e^{-x} \cdot \sqrt{1+x^6}} \quad \underset{\ln}{\Longleftrightarrow} \quad \ln f(x) = \ln \frac{\sqrt[7]{2x^2+1} \cdot (x^4+x^2)^{22}}{e^{-x} \cdot \sqrt{1+x^6}} =$$

$$= \frac{1}{7} \cdot \ln (2x^2+1) + 22 \cdot \ln (x^4+x^2) - (-x) - \frac{1}{2} \cdot \ln (1+x^6) \quad \underset{(\ldots)'}{\Longrightarrow}$$

$$(\ln f(x))' = \frac{f'(x)}{f(x)} = \frac{1}{7} \cdot \frac{4x}{2x^2+1} + 22 \cdot \frac{4x^3+2x}{x^4+x^2} + 1 - \frac{1}{2} \cdot \frac{6x^5}{1+x^6} \quad \underset{\cdot f(x)}{\Longrightarrow}$$

$$f'(x) = \frac{\sqrt[7]{2x^2+1} \cdot (x^4+x^2)^{22}}{e^{-x} \cdot \sqrt{1+x^6}} \cdot \left(\frac{4x}{7(2x^2+1)} + \frac{44(2x^2+1)}{x^3+x} + 1 - \frac{3x^5}{1+x^6} \right)$$

ii) $$\ln g(y) = 2 \cdot \ln y + \sqrt[3]{y} \cdot \ln 10 \quad \Rightarrow \quad (\ln g(y))' = \frac{g'(y)}{g(y)} = \frac{2}{y} + \frac{\ln 10}{3 \sqrt[3]{y^2}} \quad \Rightarrow$$

$$g'(y) = y^2 \cdot 10^{\sqrt[3]{y}} \cdot \left(\frac{2}{y} + \frac{\ln 10}{3 \sqrt[3]{y^2}} \right)$$

iii) $$\ln p(t) = (1+t^2) \cdot \ln (1-t^2) \quad \Rightarrow \quad \frac{p'(t)}{p(t)} = 2t \cdot \ln (1-t^2) + (1+t^2) \cdot \frac{-2t}{1-t^2} \quad \Rightarrow$$

$$p'(t) = (1-t^2)^{1+t^2} \cdot 2t \cdot \left(\ln (1-t^2) - \frac{1+t^2}{1-t^2} \right)$$

iv) $$\ln h(z) = 4z \cdot (\ln 2 + \ln (\ln z)) \quad \Rightarrow \quad \frac{h'(z)}{h(z)} = 4 \cdot (\ln 2 + \ln (\ln z)) + 4z \cdot \frac{1/z}{\ln z} \quad \Rightarrow$$

$$h'(z) = (2 \cdot \ln z)^{4z} \cdot 4 \cdot \left(\ln 2 + \ln (\ln z) + \frac{1}{\ln z} \right)$$

v) $\ln k(v) = 7v + \frac{-2}{v} \cdot \ln(\ln v) \underset{PR}{\Rightarrow} \frac{k'(v)}{k(v)} = 7 + \frac{2 \cdot \ln(\ln v)}{v^2} + \frac{-2}{v} \cdot \frac{1/v}{\ln v} \Rightarrow$

$$k'(v) = e^{7v} \cdot (\ln v)^{\frac{-2}{v}} \cdot \left(7 + \frac{2 \cdot \ln(\ln v)}{v^2} - \frac{2}{v^2 \cdot \ln v}\right)$$

vi) $\ln s(p) = \lg p \cdot \ln(4p) \underset{\substack{(5.2.63)\\PR}}{\Rightarrow} \frac{s'(p)}{s(p)} = \frac{1}{p \cdot \ln 10} \cdot \ln(4p) + \lg p \cdot \frac{4}{4p} \Rightarrow$

$$s'(p) = (4p)^{\lg p} \cdot \left(\frac{\ln(4p)}{p \cdot \ln 10} + \frac{\lg p}{p}\right) .$$

Aufgabe 5.11 *(5.2.77)*:

i) $f'(x) = 10x^9$ $\quad f''(x) = 90x^8$ $\quad f'''(x) = 720x^7$

ii) $g'(y) = 1 + \ln y$ $\quad g''(y) = \frac{1}{y}$ $\quad g'''(y) = -\frac{1}{y^2}$

iii) $h'(z) = -\frac{z+3}{(z-1)^3}$ $\quad h''(z) = \frac{2 \cdot (z+5)}{(z-1)^4}$ $\quad h'''(z) = -\frac{6 \cdot (z+7)}{(z-1)^5}$

iv) $p'(t) = (t+1) \cdot e^t$ $\quad p''(t) = (t+2) \cdot e^t$ $\quad p'''(t) = (t+3) \cdot e^t$

v) $k'(r) = -\frac{1}{r^2} \cdot e^{1/r}$ $\quad k''(r) = \left(\frac{1}{r^4} + \frac{2}{r^3}\right) \cdot e^{1/r}$ $\quad k'''(r) = \left(-\frac{6}{r^4} - \frac{6}{r^5} - \frac{1}{r^6}\right) \cdot e^{1/r}$

vi) $F'(x) = 10^x \cdot \ln 10 + \frac{1}{x \cdot \ln 10}$ $\quad F''(x) = 10^x \cdot (\ln 10)^2 - \frac{1}{x^2 \cdot \ln 10}$

$$F'''(x) = 10^x \cdot (\ln 10)^3 + \frac{2}{x^3 \cdot \ln 10}$$

vii) $N'(Y) = (1+2Y)^{Y^2} \left(2Y \cdot \ln(1+2Y) + \frac{2Y^2}{1+2Y}\right)$

$$N''(Y) = (1+2Y)^{Y^2} \left(\left(2Y \cdot \ln(1+2Y) + \frac{2Y^2}{1+2Y}\right)^2 + 2\ln(1+2Y) + \frac{4Y}{1+2Y} + \frac{4Y(1+Y)}{(1+2Y)^2}\right)$$

Aufgabe 5.12 *(5.2.78)*:

Da die einzelnen Teilstücke der gegebenen *(überall stetigen)* Funktionen in allen Fällen mehrfach differenzierbar (und somit auch stetig) sind, müssen lediglich die Übergangsstellen auf Differenzierbarkeit untersucht werden. Ist – unter der Voraussetzung der Stetigkeit der Ausgangsfunktion – die jeweilige formal gebildete Ableitungsfunktion auch an diesen Stellen stetig, so ist die Funktion f insgesamt differenzierbar.

i) Wegen $f'(x) = \begin{cases} -3x^2 & \text{für } x < 0 \\ 3x^2 & \text{für } x \geq 0 \end{cases}$ ist f′ auch an der Stelle $x_0 = 0$ stetig, somit ist f überall differenzierbar.

Wegen $f''(x) = \begin{cases} -6x & \text{für } x < 0 \\ 6x & \text{für } x \geq 0 \end{cases}$ ist f″ auch an der Stelle $x_0 = 0$ stetig, somit ist f′ überall differenzierbar.

Wegen $f'''(x) = \begin{cases} -6 & \text{für } x<0 \\ 6 & \text{für } x \le 0 \end{cases}$ ist f''' nicht stetig in $x = 0$ (Sprung!),

daher ist f'' nicht mehr überall differenzierbar auf $\mathbb{R}$, d.h. f ist in $\mathbb{R}$ insgesamt 2-mal stetig differenzierbar.

ii) $f'(x) = \begin{cases} x+1 & \text{für } x<0 \\ e^x & \text{für } x \ge 0 \end{cases}$ d.h. f' ist auch stetig in $x=0$

$f''(x) = \begin{cases} 1 & \text{für } x<0 \\ e^x & \text{für } x \ge 0 \end{cases}$ d.h. f'' ist auch stetig in $x=0$

$f'''(x) = \begin{cases} 0 & \text{für } x<0 \\ e^x & \text{für } x \ge 0 \end{cases}$ d.h. f''' ist für $x=0$ nicht mehr stetig.

iii) $f'(x) = \begin{cases} -x+2 & \text{für } x<1 \\ \frac{1}{x} & \text{für } x \ge 1 \end{cases}$ *(stetig)* $f''(x) = \begin{cases} -1 & \text{für } x<1 \\ -\frac{1}{x^2} & \text{für } x \ge 1 \end{cases}$ *(stetig)*

$f'''(x) = \begin{cases} 0 & \text{für } x<1 \\ \frac{2}{x^3} & \text{für } x \ge 1 \end{cases}$ d.h. f''' ist für $x=1$ *nicht* mehr stetig.

Aufgabe 5.13 *(5.3.10)*:

Für alle aufgeführten Grenzwerte wendet man zweckmäßigerweise die Regel von L'Hôspital *(L'H) (siehe LB Kap. 5.3, insb. (5.3.4) und (5.3.7))* an:

Kurzform *(5.3.4)*: *Falls* $\frac{f(x)}{g(x)} \to „\frac{0}{0}“$ *oder* $\to „\frac{\infty}{\infty}“$: $\lim \frac{f(x)}{g(x)} = \lim \frac{f'(x)}{g'(x)}$.

Diese Regel kann mehrfach hintereinander angewendet werden. Sie gilt auch für die weiteren Fälle unbestimmter Ausdrücke: „$0 \cdot \infty$“, „$\infty - \infty$“, „1^∞“, „∞^0“, „0^0“, die stets auf „$\frac{0}{0}$“ oder „$\frac{\infty}{\infty}$“ zurückgeführt werden können.

i) $\lim\limits_{x \to 0} \frac{x^5}{e^x - 1} \underset{„\frac{0}{0}“}{=} \lim\limits_{x \to 0} \frac{5x^4}{e^x} = 0$.

ii) $\lim\limits_{x \to \infty} \frac{x^4}{e^x} \underset{„\frac{\infty}{\infty}“}{=} \lim\limits_{x \to \infty} \frac{4x^3}{e^x} \underset{„\frac{\infty}{\infty}“}{=} \lim\limits_{x \to \infty} \frac{12x^2}{e^x} \underset{„\frac{\infty}{\infty}“}{=} \lim\limits_{x \to \infty} \frac{24x}{e^x} \underset{„\frac{\infty}{\infty}“}{=} \lim\limits_{x \to \infty} \frac{24}{e^x} = 0$.

iii) $\lim\limits_{x \to 0^+} x^3 \cdot \ln x \underset{„0 \cdot -\infty“}{=} \lim\limits_{x \to 0^+} \frac{\ln x}{\frac{1}{x^3}} \underset{„\frac{-\infty}{\infty}“}{=} \lim\limits_{x \to 0^+} \frac{\frac{1}{x}}{\frac{-3}{x^4}} = \lim\limits_{x \to 0^+} \frac{x^3}{-3} = 0$.

iv) $\lim\limits_{x \to \infty} \frac{\ln x}{x^2} \underset{„\frac{\infty}{\infty}“}{=} \lim\limits_{x \to \infty} \frac{\frac{1}{x}}{2x} = \lim\limits_{x \to \infty} \frac{1}{2x^2} = 0$.

v) $\lim\limits_{x \to 1^+} \frac{\sqrt{x-1}}{\ln x} \underset{„\frac{0}{0}“}{=} \lim\limits_{x \to 1^+} \frac{0{,}5 \cdot (x-1)^{-0{,}5}}{\frac{1}{x}} = \lim\limits_{x \to 1^+} \frac{x}{2 \cdot \sqrt{x-1}} = „\frac{1}{0^+}“ = \infty$.

vi) $\lim\limits_{x\to 0}\left(\frac{1}{\ln(x+1)}-\frac{1}{x}\right) \underset{„\infty-\infty“}{=} \lim\limits_{x\to 0}\left(\frac{x-\ln(x+1)}{x\cdot\ln(x+1)}\right) \underset{„\frac{0}{0}“}{=} \lim\limits_{x\to 0}\frac{1-\frac{1}{x+1}}{\ln(x+1)+x\cdot\frac{1}{x+1}}$

$= \lim\limits_{x\to 0}\frac{\frac{x}{x+1}}{\frac{(x+1)\cdot\ln(x+1)+x}{x+1}} = \lim\limits_{x\to 0}\frac{x}{(x+1)\cdot\ln(x+1)+x} =$ *(L'H + Produktregel)*

$\underset{„\frac{0}{0}“}{=} \lim\limits_{x\to 0}\frac{1}{\ln(x+1)+\frac{(x+1)}{(x+1)}+1} = \lim\limits_{x\to 0}\frac{1}{\ln(x+1)+2} = 0{,}5$.

vii) $\lim\limits_{x\to 2}\frac{x^4+x^3-30x^2+76x-56}{x^4-5x^3+6x^2+4x-8} \underset{„\frac{0}{0}“}{=} \lim\limits_{x\to 2}\frac{4x^3+3x^2-60x+76}{4x^3-15x^2+12x+4}$

$\underset{„\frac{0}{0}“}{=} \lim\limits_{x\to 2}\frac{12x^2+6x-60}{12x^2-30x+12} \underset{„\frac{0}{0}“}{=} \lim\limits_{x\to 2}\frac{24x+6}{24x-30} = \frac{48+6}{48-30} = 3$.

viii) $\lim\limits_{x\to\infty} f(x) = \lim\limits_{x\to\infty}(\ln x)^{\frac{1}{x}} = „\infty^0“$. Daher zunächst $\lim\limits_{x\to\infty}\ln f(x)$ ermitteln:

$\lim\limits_{x\to\infty}\ln f(x) = \lim\limits_{x\to\infty}\ln(\ln x)^{\frac{1}{x}} = \lim\limits_{x\to\infty}\frac{1}{x}\cdot\ln(\ln x) = „\frac{\infty}{\infty}“$. L'H:

$\lim\limits_{x\to\infty}\frac{\ln(\ln x)}{x} \underset{„\frac{\infty}{\infty}“}{=} \lim\limits_{x\to\infty}\frac{\frac{1}{\ln x}\cdot\frac{1}{x}}{1} = „\frac{1}{\infty}“ = 0$, d.h. $\lim\limits_{x\to\infty}(\ln x)^{\frac{1}{x}} = e^0 = 1$.

ix) $\lim\limits_{x\to 1}\frac{\ln x}{x-1} \underset{„\frac{0}{0}“}{=} \lim\limits_{x\to 1}\frac{\frac{1}{x}}{1} = 1$.

x) $\lim\limits_{x\to 2}(x-2)^{x-2} = „0^0“$, d.h. zunächst $\lim\limits_{x\to 2}\ln(x-2)^{x-2}$ ermitteln:

$\lim\limits_{x\to 2}\ln(x-2)^{x-2} = \lim\limits_{x\to 2}(x-2)\cdot\ln(x-2) = \lim\limits_{x\to 2}\frac{\ln(x-2)}{\frac{1}{x-2}} \underset{„\frac{\infty}{\infty}“}{=} \lim\limits_{x\to 2}\frac{\frac{1}{x-2}}{\frac{-1}{(x-2)^2}} =$

$\lim\limits_{x\to 2}\frac{-(x-2)^2}{x-2} = \lim\limits_{x\to 2}-(x-2) = 0 \quad\Rightarrow\quad \lim\limits_{x\to 2}(x-2)^{x-2} = e^0 = 1$.

xi) $\lim\limits_{x\to 1}\sqrt[3]{1-x^2}\cdot\frac{1}{e^x-e} \underset{„\frac{0}{0}“}{=} \lim\limits_{x\to 1}\frac{\frac{-2x}{3\cdot(1-x^2)^{2/3}}}{e^x} = „\frac{-2}{3\cdot 0^+\cdot e}“ = -\infty$.

xii) $\lim\limits_{x\to 1}x^{\frac{1}{x-1}} = „1^\infty“$, d.h. zunächst $\lim\limits_{x\to 1}\ln x^{\frac{1}{x-1}}$ ermitteln:

$\lim\limits_{x\to 1}\ln x^{\frac{1}{x-1}} = \lim\limits_{x\to 1}\frac{1}{x-1}\cdot\ln x \underset{„\frac{0}{0}“}{=} \lim\limits_{x\to 1}\frac{\frac{1}{x}}{1} = 1$, d.h. $\lim\limits_{x\to 1}x^{\frac{1}{x-1}} = e^1 = e$.

xiii) $\lim\limits_{x\to\infty}\left(1-\frac{1}{x}\right)^x = „1^\infty“$, also zunächst: $\lim\limits_{x\to\infty}\ln\left(1-\frac{1}{x}\right)^x = \lim\limits_{x\to\infty}x\cdot\ln\left(1-\frac{1}{x}\right) =$

$\lim\limits_{x\to\infty}\frac{\ln(1-1/x)}{\frac{1}{x}} \underset{„\frac{0}{0}“}{=} \lim\limits_{x\to\infty}\frac{(1/x^2)/(1-1/x)}{-\frac{1}{x^2}} = \lim\limits_{x\to\infty}\frac{-1}{1-1/x} = -1 \Rightarrow \lim\limits_{x\to\infty}\left(1-\frac{1}{x}\right)^x = \frac{1}{e}$.

xiv) $\lim\limits_{x\to 0^+} (1+x^3)^{\frac{1}{x^3}} = „1^\infty$“, also zunächst: $\lim\limits_{x\to 0^+} \ln\,(1+x^3)^{\frac{1}{x^3}} =$

$$\lim_{x\to 0^+} \frac{1}{x^3}\cdot \ln(1+x^3) \underset{„\frac{0}{0}“}{=} \lim_{x\to 0^+} \frac{\frac{3x^2}{1+x^3}}{3x^2} = \lim_{x\to 0^+} \frac{1}{1+x^3} = 1 \Rightarrow \lim_{x\to 0^+} (1+x^3)^{\frac{1}{x^3}} = e.$$

xv) $\lim\limits_{x\to 0^+} (1-x)^{\frac{1}{x}} = „1^\infty$“ ; $\lim\limits_{x\to 0^+} \ln\,(1-x)^{\frac{1}{x}} = \lim\limits_{x\to 0^+} \frac{1}{x}\cdot\ln(1-x) \underset{„\frac{0}{0}“}{=}$

$$= \lim_{x\to 0^+} \frac{\frac{-1}{1-x}}{1} = -1\,, \quad \text{d.h.} \quad \lim_{x\to 0^+} (1-x)^{\frac{1}{x}} = e^{-1} = \frac{1}{e}\,.$$

xvi) $$\lim_{x\to\infty} \frac{2x+e^x}{(x+3)\,e^x} \underset{„\frac{\infty}{\infty}“}{=} \lim_{x\to\infty} \frac{2+e^x}{e^x+(x+3)\cdot e^x} = \lim_{x\to\infty} \frac{e^x\cdot(2/e^x+1)}{e^x\cdot(1+x+3)} =$$

$$= \lim_{x\to\infty} \frac{2/e^x+1}{x+4} = „\frac{1}{\infty}“ = 0\,.$$

xvii) $$\lim_{x\to\infty} \frac{2e^x}{3x+7e^x} \underset{„\frac{\infty}{\infty}“}{=} \lim_{x\to\infty} \frac{2e^x}{3+7e^x} \underset{„\frac{\infty}{\infty}“}{=} \lim_{x\to\infty} \frac{2e^x}{7e^x} = \frac{2}{7}\,.$$

xviii) $$\lim_{x\to\infty} \frac{2\sqrt{x}}{x-1} \underset{„\frac{\infty}{\infty}“}{=} \lim_{x\to\infty} \frac{x^{-0,5}}{1} = \lim_{x\to\infty} \frac{1}{\sqrt{x}} = 0\,.$$

xix) $$\lim_{x\to 0} \frac{e^x-e^{-x}}{2x} \underset{„\frac{0}{0}“}{=} \lim_{x\to 0} \frac{e^x+e^{-x}}{2} = 1$$

xx) $\lim\limits_{x\to\infty} (x-\sqrt[3]{x^3-x^2}) = „\infty-\infty$“. Termumformung:

$$x-\sqrt[3]{x^3-x^2} = x-\sqrt[3]{x^3(1-1/x)} = x-x\cdot\sqrt[3]{1-1/x} = x\cdot(1-\sqrt[3]{1-1/x}\,) = \frac{1-\sqrt[3]{1-1/x}}{\frac{1}{x}}$$

$$\lim_{x\to\infty} \frac{1-\sqrt[3]{1-1/x}}{\frac{1}{x}} \underset{„\frac{0}{0}“}{=} \lim_{x\to\infty} \frac{-\frac{1}{3}\cdot(1-\frac{1}{x})^{-2/3}\cdot\frac{1}{x^2}}{-\frac{1}{x^2}} = \lim_{x\to\infty} \frac{1}{3}\cdot(1-\frac{1}{x})^{-2/3} = \frac{1}{3}\,.$$

xxi) $$\lim_{x\to 1}\left(\frac{2x}{x-1}-\frac{1}{\ln x}\right) = „\infty-\infty“ \underset{\text{umformen}}{=} \lim_{x\to 1^\pm} \frac{2x\cdot\ln x-x+1}{(x-1)\cdot\ln x} \underset{„\frac{0}{0}“}{=} \quad (L'H)$$

$$\lim_{x\to 1^\pm} \frac{2\cdot\ln x+2x\cdot\frac{1}{x}-1}{\ln x+(x-1)\cdot\frac{1}{x}} = \lim_{x\to 1^\pm} \frac{2\cdot\ln x+1}{\ln x+1-\frac{1}{x}} = „\frac{1}{0^\pm+1-1^\mp}“ = „\frac{1}{0^\pm}“ = \pm\infty\,.$$

xxii) $$\lim_{x\to\infty} (x-\sqrt{x^2-4x+7}\,) = „\infty-\infty“ \underset{\text{umformen}}{=} \lim_{x\to\infty} (x-x\cdot\sqrt{1-4/x+7/x^2}\,)$$

$$\lim_{x\to\infty} x\cdot(1-\sqrt{1-4/x+7/x^2}\,) = \lim_{x\to\infty} \frac{1-\sqrt{1-4/x+7/x^2}}{\frac{1}{x}} \underset{„\frac{0}{0}“}{=} \quad (L'H)$$

$$\lim_{x\to\infty} \frac{-0{,}5\cdot(1-4/x+7/x^2)^{-0,5}\cdot(4/x^2-14/x^3)}{\frac{-1}{x^2}} = \lim_{x\to\infty} 0{,}5\cdot(1-4/x+7/x^2)^{-0,5}\cdot(4-14/x) = 2\,.$$

xxiii) $\lim\limits_{x\to 0^+} x^{\frac{1}{\ln x}} =$ „0^0". Logarithmieren: $\ln x^{\frac{1}{\ln x}} = \frac{1}{\ln x} \cdot \ln x \equiv 1 \quad \Rightarrow \quad \lim\limits_{x\to 0^+} x^{\frac{1}{\ln x}} = e$.

xxiv) Voraussetzung: $\lim\limits_{x\to\infty} f(x) = \infty$ *(dabei sei f differenzierbar mit: $f'(x) \neq 0$).*

Zu zeigen ist: $\lim\limits_{x\to\infty} \left(1+\frac{1}{f(x)}\right)^{f(x)} = e$.

Zunächst gilt: $\left(1+\frac{1}{f(x)}\right)^{f(x)} \to$ „1^∞" (für $x\to\infty$, d.h. auch für $f(x)\to\infty$)

Man bildet nun den Logarithmus des Terms und ermittelt dessen Grenzwert:

$$\ln\left(1+\frac{1}{f(x)}\right)^{f(x)} = f(x)\cdot\ln\left(1+\frac{1}{f(x)}\right) = \frac{\ln\left(1+\frac{1}{f(x)}\right)}{\frac{1}{f(x)}} \to „\frac{0}{0}\text{“} \qquad \textit{(für } x\to\infty)$$

Daher ist die Regel von L'Hôspital anwendbar, d.h. es gilt:

$$\lim_{x\to\infty} \ln\left(1+\frac{1}{f(x)}\right)^{f(x)} = \lim_{x\to\infty} \frac{\ln\left(1+\frac{1}{f(x)}\right)}{\frac{1}{f(x)}} = \lim_{x\to\infty} \frac{\frac{1}{1+1/f(x)}\cdot\frac{-f'(x)}{f^2(x)}}{\frac{-f'(x)}{f^2(x)}} =$$

$$\lim_{x\to\infty} \frac{1}{1+\frac{1}{f(x)}} = 1 \quad \text{und daher:} \quad \lim_{x\to\infty} \left(1+\frac{1}{f(x)}\right)^{f(x)} = e^1 = e \text{, wie zu zeigen war.}$$

Aufgabe 5.14 *(5.4.6)*: Zum Newton Verfahren siehe Lehrbuch Kap. 5.4

Kurzfassung: Gesucht sei die Lösung $\bar{x}$ der Gleichung $f(x) = 0$, d.h. die Nullstelle $\bar{x}$ der Funktion f: f(x). Mit einem geeigneten Startwert x_1 ergibt sich ein Näherungswert x_2 für die gesuchte Nullstelle mit Hilfe der Newton-Iterationsformel:

$$(*) \qquad x_2 = x_1 - \frac{f(x_1)}{f'(x_1)} \qquad \textit{(mit } f'(x_1) \neq 0).$$

Die nächste iterierte Näherungslösung x_3 ergibt sich, indem man x_2 anstelle von x_1 in die Iterationsformel (∗) einsetzt usw.

i) $f(x) = x^3+3x-6 = 0 \Rightarrow f'(x) = 3x^2+3 \Rightarrow x_2 = x_1 - \frac{x_1{}^3+3x_1-6}{3x_1{}^2+3}$ (∗)

Eine Nullstelle muss zwischen $x=0$ *($f(0) = -6$)* und $x=2$ *($f(2) = 8$)* liegen. Für den Startwert *(z.B.)*: $x_1 = 1$ ergeben sich die nächsten iterierten Werte wie folgt:

i	x_i	$f(x_i)$	$f'(x_i)$	x_{i+1}	
1	1 *($=x_1$)*	−2	6	1,333333	*($=x_2$)*
2	1,333333	0,370370	8,333333	1,288889	*($=x_3$)*
3	1,288889	0,007813	7,983704	1,287910	*($=x_4 = x_5 = \ldots$)*

x_4 = 1,287910 ist bereits auf 6 Nachkommastellen exakt, weitere Iterationen ändern auf den ersten 6 Nachkommastellen nichts mehr. Weitere Nullstellen von f existieren nicht.

ii) $g(x) = 2 + x^3 - 0{,}25x^4 = 0$; $g'(x) = 3x^2 - x^3$; $\qquad x_2 = x_1 - \dfrac{2 + x_1^3 - 0{,}25x_1^4}{3x_1^2 - x_1^3}$

Die Startwerte „0" bzw. „3" bewirken Divergenz des Newton-Verfahrens, da die betreffenden Tangenten horizontal liegen und somit keine Schnittpunkte mit der Abszisse haben:

x_i	$g(x_i)$	$g'(x_i)$	x_{i+1}
0 $(=x_1)$	2	0 (↯)	∞
3 $(=x_1)$	8,75	0 (↯)	∞
2,9 $(=x_1)$	8,706975	0,841000	−7,453121 $(=x_2)$
−7,453121	−1183,436877	580,660610	−5,415034 $(=x_3)$
−5,415034	...		−1,157573 $(=x_{10} = x_{11} ...)$
3,1 $(=x_1)$	8,702975	−0,961000	12,453121 $(=x_2)$
12,156165	−3660,822242	−1353,028163	9,450514 $(=x_3)$
9,450514	...		4,114825 $(=x_{11} = x_{12} ...)$

Startwert $x_1 = 2{,}9$ führt nach 10 Schritten auf die Nullstelle: − 1,157573
Startwert $x_2 = 3{,}1$ führt nach 11 Schritten auf die Nullstelle: 4,114825 .
(bei günstigen Startwerten benötigt man deutlich weniger Iterationsschritte)

iii) $h(x) = e^x + x = 0$; $h'(x) = e^x + 1$; $\qquad x_2 = x_1 - \dfrac{e^{x_1} + x_1}{e^{x_1} + 1}$

Für den Startwert *(z.B.)*: $x_1 = 0$ lauten die nächsten iterierten Werte:

i	x_i	$h(x_i)$	$h'(x_i)$	x_{i+1}	
1	0 $(=x_1)$	1	2	−0,5	$(=x_2)$
2	−0,5	0,106531	1,606531	−0,566311	$(=x_3)$
3	−0,566311	0,001305	1,567616	−0,567143	$(=x_4 = x_5 = ...)$

$x_4 = -0{,}567143$ ist bereits auf 6 Nachkommastellen exakt, weitere Iterationen ändern auf den ersten 6 Nachkommastellen nichts mehr. Weitere Nullstellen von f existieren nicht.

iv) $k(x) = x + \ln x = 0$; $\quad k'(x) = 1 + \dfrac{1}{x}$; $\qquad x_2 = x_1 - \dfrac{x_1 + \ln x_1}{1 + {}^1/x_1}$

Für den Startwert *(z.B.)*: $x_1 = 2$ lauten die nächsten iterierten Werte:

i	x_i	$k(x_i)$	$k'(x_i)$	x_{i+1}	
1	2 $(=x_1)$	2,693147	1,5	0,204569	$(=x_2)$
2	0,204569	−1,382284	5,888337	0,439318	$(=x_3)$
3	0,439318	−0,383214	3,276256	0,556285	$(=x_4)$
4	0,556285	−0,030190	2,797640	0,567076	$(=x_5)$
5	0,567076	−0,000186	2,763432	0,567143	$(=x_6 = x_7 = ...)$

$x_6 = 0{,}567143$ ist bereits auf 6 Nachkommastellen exakt, weitere Iterationen ändern auf den ersten 6 Nachkommastellen nichts mehr. Weitere Nullstellen von f existieren nicht.

v) $f(q) = 20q^{30} - 3 \cdot \dfrac{q^{30} - 1}{q - 1} - 10 = 0$ *(Problemstellung aus der Rentenrechnung)*

$$f'(q) = 600q^{29} - 3 \cdot \frac{30q^{29} \cdot (q-1) - q^{30} + 1}{(q-1)^2} \quad ; \quad q_{i+1} = q_i - \frac{f(q_i)}{f'(q_i)} \; .$$

Auch wenn der Startwert q_1 mit *(z.B.)* 1,10 sehr nahe an der positiven Nullstelle (= 1,148 823 ≙ 14,8823% Periodenzinssatz) gewählt wird, benötigt das Newton-Verfahren 22 (!) Iterationsschritte, ehe dieser Wert erreicht wird:

i	q_i	$f(q_i)$	$f'(q_i)$	q_{i+1}	
1	1,1 *(=q_1)*	−154,494023	175,892790	1,978342	*(=q_2)*
2	1,978342	...			
...	...	...	...	...	...
20	...	58,292448	10 566,73565	1,149510	*(=q_{21})*
21	1,149510	5,781999	8 527,32531	1,148832	*(=q_{22})*
22	1,148832	0,077522	8 299,46722	1,148823	*(=q_{23} = q_{24} = ...)*

Schon bei Wahl von $q_1 = 1,09$ läuft das Newton-Verfahren aus dem Ruder, d.h. die positive Lösung 1,148823 wird *nicht* angenähert, selbst die negative Nullstelle (bei − 0,979 379 75) wird nicht in akzeptabler Schrittanzahl erreicht. Hier dürfte die „Regula falsi" die bessere Alternative darstellen.

Für Startwerte q_1 dagegen, die rechts von der positiven Nullstelle liegen, ist das Newton-Verfahren deutlich unempfindlicher:

z.B. $q_1 = 1,20 \Rightarrow$ 5 Schritte
$q_1 = 1,50 \Rightarrow$ 12 Schritte.

Die zweite reelle *(negative)* Nullstelle (= − 0,979 379 75) wird in akzeptabler Schrittzahl nur erreicht, wenn der Startwert q_1 genügend benachbart liegt:

z.B. $q_1 = -0,5$: 72 Schritte
$q_1 = -2$: 25 Schritte
$q_1 = -1$: 4 Schritte.

vi) $$C_0(q) = 100 - \frac{20}{q} - \frac{20}{q^2} - \frac{30}{q^3} - \frac{50}{q^4} - \frac{60}{q^5} = 0$$

$$C_0'(q) = \frac{20}{q^2} + \frac{40}{q^3} + \frac{90}{q^4} + \frac{200}{q^5} + \frac{300}{q^6} \quad ; \qquad q_{i+1} = q_i - \frac{C_0(q_i)}{C_0'(q_i)} \quad .$$

Für den Startwert *(z.B.)*: $q_1 = 1$ lauten die nächsten iterierten Werte:

i	q_i	$C_0(q_i)$	$C_0'(q_i)$	q_{i+1}	
1	1 *(=q_1)*	−80	650	1,123077	*(= q_2)*
2	1,123077	−19,854118	362,114064	1,177905	*(= q_3)*
3	1,177905	−2,184594	286,164711	1,185539	*(= q_4)*
4	1,185539	−0,034279	277,243484	1,185663	*(= q_5)*
5	1,185663	−0,000009	277,101900	1,185663	*(= q_6 = q_7 = ...)*

Diese *(einzige)* Lösung (q = 1,185663) entspricht in der zugrunde liegenden finanzmathematischen Problemstellung dem effektiven (internen) Zinssatz der Investition in Höhe von 18,5663 % pro Zinsperiode.

Interessant ist, dass bereits für Startwerte von 1,83 (oder größer) das Newton-Verfahren divergiert. Bei $q_1 = 1,82$ werden immerhin noch 26 Schritte bis zum Erreichen der Nullstelle benötigt. Auch hier gilt: Für finanzmathematische Problemstellungen ist die „Regula falsi" geeigneter als das Newton-Verfahren.

6 Anwendungen der Differentialrechnung bei Funktionen mit einer unabhängigen Variablen

Aufgabe 6.1 *(6.1.16)*:

i) $k'(x) = 0{,}4x - 4 + \frac{200}{x^2} \quad \Rightarrow \quad dk(20) = k'(20) \cdot dx = 4{,}5$ *(Differential)*
$\Delta k = k(21) - k(20) = 4{,}6762$ *(Differenz)*

ii) $f'(z) = -e^{-z} \quad \Rightarrow \quad df(2) = f'(2) \cdot dz = -0{,}0406$ *(Differential)*
$\Delta f = f(2{,}3) - f(2) = -0{,}0351$ *(Differenz)*

iii) $p'(t) = \frac{1}{t} \quad \Rightarrow \quad dp(7) = p'(7) \cdot dt = -0{,}0857$ *(Differential)*
$\Delta p = p(6{,}4) - p(7) = -0{,}0896$ *(Differenz)*

Aufgabe 6.2 *(6.1.17)*:

Gesucht ist das Differential $dx(r_0) = x'(r_0) \cdot dr$ für $r_0 = 11\,ME_r$ und $dr = 0{,}25\,ME_r$. Mit $x'(r) = -3r^2 + 24r + 30$ folgt: $dx(11) = (-363+264+30) \cdot 0{,}25 = -17{,}25$, d.h. der Output vermindert sich bei einer Inputerhöhung von $0{,}25\,ME_r$ bezogen auf das Ausgangsniveau von $11\,ME_r$ näherungsweise um $17{,}25\,ME_x$.

Aufgabe 6.3 *(6.1.18)*:

Den Zahlenwert von $\sqrt{105}$ erhält man näherungsweise, indem man zu $\sqrt{100}$ das Differential $df(x_0)$ der Funktion f mit $f(x) = \sqrt{x}$ (an der Stelle $x_0 = 100$ und mit $dx = 5$) addiert. Wegen $df(x_0) = f'(x_0) \cdot dx$ und $f'(x) = (\sqrt{x})' = 0{,}5 \cdot x^{-0{,}5}$ folgt:

$$\sqrt{105} \approx \sqrt{100} + df(100)\Big|_{dx=5} = 10 + 0{,}5 \cdot \frac{1}{\sqrt{100}} \cdot 5 = 10{,}25 \; .$$

(Zum Vergleich: Der auf 3 Nachkommastellen exakte Wert von $\sqrt{105}$ lautet: 10,247.)

Aufgabe 6.4 *(6.1.65)*:

1) Grenzkosten $= K'(x) = 0{,}18x^2 - 2x + 50 \quad \Rightarrow \quad K'(70) = 792$ GE/ME

2) Durchschnittliche variable Kosten: $k_v(x) = \frac{K_v(x)}{x} = 0{,}06x^2 - x + 50$ d.h. $k_v(70) = 274$ GE/ME

3) Grenzstückkosten = 1. Ableitung der Stückkosten $= k'(x) = \left(\frac{K(x)}{x}\right)' =$ $(0{,}06x^2 - x + 50 + \frac{400}{x})' = 0{,}12x - 1 - \frac{400}{x^2} \quad \Rightarrow \quad k'(100) = 10{,}96\ \frac{GE/ME}{ME}$

4) Produktivität (= Durchschnittsertrag) = Output pro Inputeinheit $= \frac{x(r)}{r} =: \bar{x}(r)$
Wegen $\bar{x}(r) := \frac{x(r)}{r} = -\frac{1}{60}r^2 + \frac{5}{4}r + 3$ folgt: $\bar{x}(40) = 26{,}33\ ME_x/ME_r$.

5) Grenzproduktivität = 1. Ableitung $x'(r)$ der Produktionsfunktion:
Aus $x'(r) = -\frac{1}{20}r^2 + \frac{5}{2}r + 3$ folgt: $x'(40) = 23\ ME_x/ME_r$.

6) Anstieg der Grenzproduktivitätsfunktion = Ableitung von $x'(r) = x''(r)$;
Mit $x''(r) = -0{,}1r + 2{,}5$ folgt: $x''(40) = -1{,}5 \ \frac{ME_x/ME_r}{ME_r}$.

7) Deckungsbeitrag $G_D(x)$:= Erlös $E(x)$ minus variable Kosten $K_v(x)$, d.h.
$G_D(x) = x \cdot p(x) - K_v(x) = -0{,}06x^3 + 0{,}6x^2 + 100x$, d.h. $G_D(30) = 1.920$ GE.
$\Rightarrow$ Stückdeckungsbeitrag $g_D(30) = G_D(30)/30 = 64$ GE/ME

8) Grenzdeckungsbeitrag $G'_D(x)$ = Ableitung des Deckungsbeitrages $G_D(x)$, d.h.
$G'_D(x) = -0{,}18x^2 + 1{,}2x + 100 \quad \Rightarrow \quad G'_D(30) = -26$ GE/ME
Grenzstückdeckungsbeitrag = Ableitung des Stückdeckungsbeitrags $g_D(x)$.
Wegen $g_D(x) = G_D(x)/x = -0{,}06x^2 + 0{,}6x + 100 \Rightarrow g'_D(x) = -0{,}12x + 0{,}6$
d.h. $g'_D(30) = -3 \ \frac{GE/ME}{ME}$.

9) Erlös E in Abhängigkeit von der Absatzmenge x:
$E(x)$ = Menge mal Preis $= x \cdot p(x) = x \cdot (150 - 0{,}4x) = 150x - 0{,}4x^2 \quad \Rightarrow$
Grenzerlös bzgl. der Menge $= E'(x) = 150 - 0{,}8x \Rightarrow E'(150) = 30$ GE/ME.

10) Erlös in Abhängigkeit des Marktpreises = $E(p)$ = Menge mal Preis $= x(p) \cdot p$.
Jetzt wird zunächst die Umkehrbeziehung $x = x(p)$ zur gegebenen Preis-Absatz-Funktion $p = p(x)$ benötigt:

$$p = 150 - 0{,}4x \quad \Longleftrightarrow \quad 0{,}4x = 150 - p \quad \Longleftrightarrow \quad x = 375 - 2{,}5p$$

$\Rightarrow$ $E(p) = (375 - 2{,}5p) \cdot p = 375p - 2{,}5p^2 \Rightarrow$ Grenzerlös bzgl. des Preises
$= E'(p) = 375 - 5p \Rightarrow E'(120) = -225 \ \frac{GE}{GE/ME}$.

11) Grenzgewinn = Ableitung $G'(x)$ der Gewinnfunktion $G(x)$, x: Absatzmenge
Gewinn := Erlös minus Kosten, d.h. $G(x) = E(x) - K(x) \quad \Rightarrow$

$G(x) = 150x - 0{,}4x^2 - 0{,}06x^3 + x^2 - 50x - 400 = -0{,}06x^3 + 0{,}6x^2 + 100x - 400$
$\Rightarrow G'(x) = -0{,}18x^2 + 1{,}2x + 100.$

Zum Preis $p = 100$ gehört die Menge *(siehe 10))*: $x = 375 - 2{,}5 \cdot 100 = 125$ ME
$\Rightarrow G'(125) = -2.562{,}50$ GE/ME.

12) Marginale Sparquote = Ableitung $S'(Y)$ der Sparfunktion $S(Y) := Y - C(Y)$.
$\Rightarrow S(Y) = Y - (1000 + 0{,}2Y) = 0{,}8Y - 1000$
$\Rightarrow S'(Y) = 0{,}8$ = const. *(d.h. bei **jedem** Einkommen werden von einem zusätzlich einkommenden Euro 80 Cent gespart)*.

13) Durchschnittliche Konsumquote $\bar{C}(Y) := \frac{C(Y)}{Y} = \frac{1000}{Y} + 0{,}2 \quad \Rightarrow$
$\bar{C}(2000) = 0{,}7$ GE/GE *(d.h. 70% des Einkommens werden konsumiert)*

14) Grenzstückgewinn $g'(x)$ = Ableitung des Stückgewinns $g(x) := \frac{G(x)}{x}$.
Aus 11) folgt: $g(x) = -0{,}06x^2 + 0{,}6x + 100 - \frac{400}{x} \quad \Rightarrow$
$g'(x) = -0{,}12x + 0{,}6 + \frac{400}{x^2}$ d.h. $g'(40) = -3{,}95 \ \frac{GE/ME}{ME}$.

15) Grenznutzen = Ableitung $U'(x)$ der Nutzenfunktion $U(x) \quad \Rightarrow$
$U'(x) = (10 \cdot \sqrt{x})' = \frac{5}{\sqrt{x}} \quad \Rightarrow \quad U'(4) = 2{,}5$ NE/ME

16) Durchschnittliches Nutzenniveau $\bar{U}(x)$ pro konsumierter ME $:= \frac{U(x)}{x} = \frac{10}{\sqrt{x}}$
$\Rightarrow \bar{U}(4) = 5$ NE/ME

17) i) $k_v(x) = 0{,}06x^2 - x + 50$ *(s. 2))* $\Rightarrow k_v'(x) = 0{,}12x - 1 \overset{!}{=} 0 \Rightarrow x = 8{,}33$ ME

ii) $k(x) = \frac{K(x)}{x} = 0{,}06x^2 - x + 50 + \frac{400}{x} \quad \Rightarrow \quad k'(x) = 0{,}12x - 1 - \frac{400}{x^2} \overset{!}{=} 0$
$\Longleftrightarrow 0{,}12x^3 - x^2 - 400 = 0 \quad \Rightarrow \quad x = 18{,}2937$ ME *(Regula falsi)*

iii) $K'(x) \overset{!}{=} k(x) \Longleftrightarrow 0{,}18x^2 - 2x + 50 = 0{,}06x^2 - x + 50 + \frac{400}{x} \Longleftrightarrow$
$0{,}12x^2 - x - \frac{400}{x} = 0 \Longleftrightarrow 0{,}12x^3 - x^2 - 400 = 0$: identisch mit ii) !
(allgemein gilt: Aus $K'(x) = k(x)$ folgt $k'(x) = 0$ und umgekehrt:
Wegen $k = K/x$ gilt: $K = x \cdot k$, d.h. $K' = 1 \cdot k + x \cdot k' \overset{!}{=} k \Rightarrow x \cdot k' = 0 \Rightarrow k' = 0$)

18) i) Von Y sollen 60%, d.h. 0,6Y, gespart werden, d.h. $S(Y) \overset{!}{=} 0{,}6Y$.
Nach 12) gilt: $S(Y) = 0{,}8Y - 1000 \overset{!}{=} 0{,}6Y \Rightarrow Y = 5000$ GE.

ii) Wegen $S'(Y) \equiv 0{,}8$ gibt es kein Einkommen mit einer marginalen Sparquote von 0,6.

19) i) Anstieg des Gesamtertrages = Ableitung $x'(r)$ der Produktionsfunktion $x(r)$:
$0 \overset{!}{=} x'(r) = -\frac{1}{20}r^2 + \frac{5}{2}r + 3 \Longleftrightarrow r^2 - 50r - 60 = 0 \Longleftrightarrow$
$r_1 = 51{,}1725$ ME_r *($r_2 = -1{,}1725 < 0$, also ökonomisch irrelevant)*

ii) Grenzproduktivität $x'(r) \overset{!}{=} 0$, d.h. Lösung ist identisch mit i).

iii) nach 4) gilt für die *(durchschnittliche)* Produktivität $\bar{x}(r) := \frac{x(r)}{r}$:
$\bar{x}(r) = -\frac{1}{60}r^2 + \frac{5}{4}r + 3 \overset{!}{=} 0 \Longleftrightarrow r^2 - 75r - 180 = 0 \Longleftrightarrow$
$r_1 = 77{,}3278$ ME_r *($r_2 = -2{,}3278 < 0$, also ökonomisch irrelevant)*

iv) Grenzproduktivität $\overset{!}{=}$ Durchschnittsertrag $\Longleftrightarrow x'(r) \overset{!}{=} \frac{x(r)}{r}$, *(r>0)*, d.h.
$-\frac{1}{20}r^2 + \frac{5}{2}r + 3 \overset{!}{=} -\frac{1}{60}r^2 + \frac{5}{4}r + 3 \Longleftrightarrow r^2 - 37{,}5r = 0 \underset{(r>0)}{\Longleftrightarrow} r = 37{,}5$ ME_r

20) Zunächst x *(= Menge)* mit: $G'(x) \overset{!}{=} 0$ ermitteln: Mit $G'(x)$ aus 11) gilt:
$G'(x) = -0{,}18x^2 + 1{,}2x + 100 = 0 \Longleftrightarrow x^2 - 6{,}\bar{6}x - 555{,}\bar{5} = 0 \Longleftrightarrow$
$x_1 = 27{,}1381$ ME *($x_2 < 0$)*. Zugehöriger Preis: $p = 150 - 0{,}4x_1 = 139{,}14 \frac{GE}{ME}$

21) Wegen $G(x) := E(x) - K(x)$ *(s. 11))* gilt durch Ableiten: $G'(x) = E'(x) - K'(x)$
d.h. die Forderung $K'(x) \overset{!}{=} E'(x)$ ist gleichbedeutend mit $G'(x) \overset{!}{=} 0$, d.h. es ergibt sich dieselbe Lösung wie unter 20): $x = 27{,}1381$ ME; $p = 139{,}14 \frac{GE}{ME}$.

22) Wenn die Grenzkostenfunktion $K'(x)$ eine horizontale Tangente besitzen soll, so muss an der entsprechenden Stelle x die Ableitung von K', mithin also K'' Null werden: $0 \overset{!}{=} K''(x) = 0{,}36x - 2 \Longleftrightarrow x = 5{,}\bar{5} \approx 5{,}56$ ME.

23) Gesucht ist derjenige Preis p, für den die Ableitung $E'(p)$ des Erlöses den Wert $\frac{-0{,}5}{0{,}1} = -5$ annimmt: $E'(p) \underset{(s.\ 10))}{=} 375 - 5p \overset{!}{=} -5 \Longleftrightarrow p = 76$ GE/ME.

24) Gesucht ist derjenige Input r, für den die Grenzproduktivität $x'(r)$ den Wert $\frac{0,1}{2}$ $= 0,05$ annimmt: $x'(r) = -\frac{1}{20}r^2 + \frac{5}{2}r + 3 \stackrel{!}{=} 0,05 \iff r^2 - 50r - 59 = 0$
$\iff r_1 = 51,1534\ ME_r$ *($r_2 = -1,1534 < 0$, also ökonomisch irrelevant)*

25) Gesucht ist derjenige Output x, für den die Grenzstückkosten $k'(x)$ den Wert $-0,4/1$ *($= -0,4$)* annehmen: Mit $k'(x)$ aus 3) gilt:
$k'(x) = 0,12x - 1 - \frac{400}{x^2} \stackrel{!}{=} -0,4 \iff 0,12x^3 - 0,6x^2 - 400 = 0$.
Regula falsi: $x = 16,8043$ ME *(erste Näherung bei Startwerten 16/17: x = 16,7935)*

26) Gesucht ist derjenige Input r, für den die Ableitung der *(durchschnittlichen)* Produktivität, d.h. $\bar{x}'(r)$, den Wert $0,5/-1$ *($= -0,5$)* annimmt. Mit 4) folgt:
$\bar{x}'(r) := \left(\frac{x(r)}{r}\right)' = \left(-\frac{1}{60}r^2 + \frac{5}{4}r + 3\right)' = -\frac{1}{30}r + \frac{5}{4} \stackrel{!}{=} -0,5 \iff r = 52,50\ ME_r$

27) Gesucht ist derjenige Output, für den der Grenz-Stückgewinn *(d.h. die Ableitung g'(x) des Stückgewinns g(x))* den Wert $-2/10$ *($= -0,2$)* annimmt. Mit 14) folgt:
$g'(x) = -0,12x + 0,6 + \frac{400}{x^2} \stackrel{!}{=} -0,2 \iff 0,12x^3 - 0,8x^2 - 400 = 0$
Regula falsi: $x = 17,5228$ ME *(erste Näherung bei Startwerten 17/18: x = 17,5061)*

28) i) Gesucht ist die konsumierte Gütermenge x, für die gilt *(siehe 15))*:

a) Grenznutzen $U'(x) \stackrel{!}{=} 0,5$ d.h. $U'(x) = (10 \cdot \sqrt{x})' = \frac{5}{\sqrt{x}} = 0,5 \Rightarrow$ $\sqrt{x} = 10$ und daher: $x = 100$ ME.

b) Grenznutzen $U'(x) \stackrel{!}{=} 0$ d.h. $U'(x) = (10 \cdot \sqrt{x})' = \frac{5}{\sqrt{x}} = 0 \Rightarrow$
Diese Gleichung besitzt keine Lösung, $U'(x)$ ist *($x > 0$)* stets positiv.

ii) Gesucht ist die konsumierte Gütermenge x, für die gilt *(siehe 16))*:

a) Durchschnittsnutzen $\bar{U}(x) \stackrel{!}{=} 0,5$ d.h. $\frac{U(x)}{x} = \frac{10}{\sqrt{x}} = 0,5 \Rightarrow$ $\sqrt{x} = 20$ und daher: $x = 400$ ME.

b) Durchschnittsnutzen $\bar{U}(x) \stackrel{!}{=} 0$ d.h. $\frac{10}{\sqrt{x}} = 0 \Rightarrow$
Diese Gleichung besitzt keine Lösung, $\bar{U}(x)$ ist *(für $x > 0$)* stets positiv.

29) Gesucht ist der Output x, für den die Ableitung $G_D'(x)$ des Gesamt-Deckungsbeitrags den Wert $80/-4$ *($= -20$)* annimmt. Mit 8) gilt:
$G_D'(x) = -0,18x^2 + 1,2x + 100 \stackrel{!}{=} -20 \iff x^2 - 6,\bar{6}x - 666,\bar{6} = 0$
$\iff x_1 = 29,3675$ ME *($x_2 = -22,7008 < 0$, also ökonomisch irrelevant)*.

Aufgabe 6.5 *(6.1.66)*: ***Hinweis:*** *Auch für die vorliegende Kostenfunktion K: K(x) gilt: Fixkosten = $K_f := K(0)$ sowie $K(x) = K_v(x) + K_f$, d.h. variable Kosten := Gesamtkosten minus Fixkosten.*

1) Grenzkosten $= K'(x) = 0,001 \cdot e^{0,001x+10} \Rightarrow K'(70) = 23,62$ GE/ME

2) Fixkosten $K_f := K(0) = e^{10} + 10.000$ *($\approx 32.026,47$ GE)* $\Rightarrow$
Variable Kosten: $K_v(x) = K(x) - K_f = e^{0,001x+10} - e^{10} \Rightarrow$
Durchschnittl. var. Kosten: $k_v(x) = \frac{K_v(x)}{x}$ d.h. $k_v(70) = 22,816$ GE/ME

3) Grenzstückkosten $k'(x)$ = 1. Ableitung der Stückkosten $k(x) := \left(\frac{K(x)}{x}\right)$.
Aus $k(x) = \frac{e^{0,001x+10} + 10.000}{x}$ folgt *(Quotientenregel)*:
$$k'(x) = \frac{0,001x \cdot e^{0,001x+10} - (e^{0,001x+10} + 10.000) \cdot 1}{x^2} \quad \text{d.h. } k'(100) = -3,1909 \frac{GE/ME}{ME}$$

4) Produktivität (= Durchschnittsertrag) = Output pro Inputeinheit = $\frac{x(r)}{r} =: \bar{x}(r)$
Wegen $\bar{x}(r) := \frac{x(r)}{r} = \frac{\sqrt{4r-100}}{r}$ folgt: $\bar{x}(40) = 0,1936\ ME_x/ME_r$.

5) Grenzproduktivität = 1. Ableitung $x'(r)$ der Produktionsfunktion:
Mit $x'(r) = \frac{4}{2 \cdot \sqrt{4r-100}}$ folgt: $x'(40) = 0,2582\ ME_x/ME_r$.

6) Anstieg der Grenzproduktivitätsfunktion = Ableitung von $x'(r) = x''(r)$;
Aus 5) folgt: $x'(r) = 2 \cdot (4r-100)^{-0,5} \Rightarrow x''(r) = -(4r-100)^{-1,5} \cdot 4$
d.h. $x''(40) = -0,0086 \frac{ME_x/ME_r}{ME_r}$.

7) Deckungsbeitrag $G_D(x)$:= Erlös $E(x)$ minus variable Kosten $K_v(x)$, d.h.
$G_D(x) = x \cdot p(x) - K_v(x)$. $p(x)$ erhält man durch Umkehrung von $x(p)$ *(gegeben)*:
$x = -100 \cdot \ln(0,0005p) \iff \ln(0,0005p) = -0,01x \iff 0,0005p = e^{-0,01x}$
$\iff p = p(x) = 2000 \cdot e^{-0,01x}$. Damit und aus 2) erhält man:
$G_D(x) = 2000x \cdot e^{-0,01x} - e^{0,001x+10} + e^{10} \Rightarrow G_D(30) = 43.778,29$ GE
$\Rightarrow$ Stückdeckungsbeitrag $g_D(30) = G_D(30)/30 = 1.459,28$ GE/ME

8) Grenzdeckungsbeitrag G'_D = Ableitung des Deckungsbeitrages G_D *(s. 7))*, d.h.
$G'_D(x) = 2000 \cdot e^{-0,01x} + 2000x \cdot e^{-0,01x} \cdot (-0,01) - e^{0,001x+10} \cdot 0,001$
(Produktregel!)
$\Rightarrow G'_D(30) = 1.014,45$ GE/ME

Grenzstückdeckungsbeitrag = Ableitung des Stückdeckungsbeitrags $g_D(x)$:
$$g_D(x) = \frac{2000x \cdot e^{-0,01x} - e^{0,001x+10} + e^{10}}{x} = 2000e^{-0,01x} - \frac{e^{0,001x+10} - e^{10}}{x} \Rightarrow$$
$$g'_D(x) = -20 \cdot e^{-0,01x} - \frac{0,001x \cdot e^{0,001x+10} - (e^{0,001x+10} - e^{10}) \cdot 1}{x^2} \quad \textit{(Quot. regel)} \Rightarrow$$
$g'_D(30) = -14,8276 \frac{GE/ME}{ME}$.

9) Erlös E in Abhängigkeit von der Absatzmenge x:
$E(x)$ = Menge mal Preis = $x \cdot p(x) \underset{(s.\,7))}{=} 2000x \cdot e^{-0,01x} \Rightarrow$ *(Produktregel)*
Grenzerlös = $E'(x) = 2000 \cdot e^{-0,01x} + 2000x \cdot e^{-0,01x} \cdot (-0,01)$
$= (2000 - 20x) \cdot e^{-0,01x} \Rightarrow E'(150) = -223,13 \frac{GE}{ME}$.

10) Erlös in Abhängigkeit des Marktpreises = $E(p)$ = Menge mal Preis = $x(p) \cdot p$.
$\Rightarrow E(p) = -100 \cdot p \cdot \ln(0,0005p) \Rightarrow$ Grenzerlös bzgl. des Preises *(Prod.regel)*
$= E'(p) = -100 \cdot (\ln(0,0005p) + p \cdot \frac{1}{p}) \Rightarrow E'(120) = 181,3411 \frac{GE}{GE/ME}$.

11) Grenzgewinn = Ableitung $G'(x)$ der Gewinnfunktion $G(x)$, x: Absatzmenge
Gewinn := Erlös *(siehe 9))* minus Kosten *(gegeben)*, d.h. $G(x) = E(x) - K(x)$:

Wegen $G(x) = E(x) - K_v(x) - K_f = G_D(x) - K_f$ gilt: $G'(x) = G'_D(x)$, d.h. man könnte die Ableitung $G'_D(x)$ aus 8) für $G'(x)$ übernehmen. Zur Kontrolle hier erneut die ausführliche Rechnung:

$G(x) = 2000x \cdot e^{-0,01x} - e^{0,001x+10} - 10.000 \quad \Rightarrow$ *(Produktregel)*

$G'(x) = 2000 \cdot e^{-0,01x} + 2000x \cdot e^{-0,01x} \cdot (-0,01) - e^{0,001x+10} \cdot 0,001$ *(s. 8))*

$= 2000 \cdot e^{-0,01x} \cdot (1 - 0,01x) - 0,001 \cdot e^{0,001x+10}$

Zum Preis $p = 100$ gehört die Menge: $x = -100 \cdot \ln 0,05 = 299,5732$ ME
$\Rightarrow G'(299,5732) = -229,2932$ GE/ME.

12) Marginale Sparquote = Ableitung $S'(Y)$ der Sparfunktion $S(Y) := Y - C(Y)$.

$\Rightarrow S(Y) = Y - \dfrac{200Y + 10.000}{Y + 80} \quad \Rightarrow \quad S'(Y) = 1 - \dfrac{200 \cdot (Y+80) - (200Y + 10.000) \cdot 1}{(Y+80)^2}$

d.h. $S'(Y) = 1 - \dfrac{6000}{(Y+80)^2} \quad \Rightarrow \quad S'(1000) = 0,9949$ GE/GE

13) Durchschnittliche Konsumquote $\bar{C}(Y) := \dfrac{C(Y)}{Y} = \dfrac{200Y + 10.000}{Y \cdot (Y+80)} \quad \Rightarrow$
$\bar{C}(2000) = 0,0986$ GE/GE *(d.h. knapp 10% des Einkommens werden konsumiert)*

14) Grenzstückgewinn $g'(x)$ = Ableitung des Stückgewinns $g(x) := \dfrac{G(x)}{x}$.

Aus 11) folgt: $\quad g(x) = \dfrac{2000x \cdot e^{-0,01x} - e^{0,001x+10} - 10.000}{x} =$

$= 2000 \cdot e^{-0,01x} - \dfrac{e^{0,001x+10} + 10\,000}{x} \quad \Rightarrow$ *(Quotientenregel!)*

$g'(x) = -20 \cdot e^{-0,01x} - \dfrac{0,001x \cdot e^{0,001x+10} - (e^{0,001x+10} + 10.000) \cdot 1}{x^2}$

d.h. $\quad g'(40) = 6,5988 \dfrac{\text{GE/ME}}{\text{ME}}$.

15) Grenznutzen = Ableitung $U'(x)$ der Nutzenfunktion $U(x) \quad \Rightarrow$
$U'(x) = -x^2 + 3x + 2 \quad \Rightarrow \quad U'(4) = -2$ NE/ME

16) Durchschnittliches Nutzenniveau $\bar{U}(x)$ pro konsumierter ME $:= \dfrac{U(x)}{x} \quad \Rightarrow$
$\Rightarrow \bar{U}(x) = -\frac{1}{3}x^2 + 1,5x + 2 \quad \Rightarrow \quad \bar{U}(4) = 2,\bar{6}$ NE/ME

17) i) $k_v(x) \underset{(s.\,2))}{=} \dfrac{e^{0,001x+10} - e^{10}}{x} \Rightarrow k_v'(x) = \dfrac{0,001x \cdot e^{0,001x+10} - (e^{0,001x+10} - e^{10})}{x^2} \overset{!}{=} 0$

$$\begin{aligned}
\underset{(x \neq 0)}{\iff} \text{Zähler} = 0 &= 0,001x \cdot e^{0,001x+10} - e^{0,001x+10} + e^{10} \\
\iff \quad 0 &= 0,001x \cdot e^{0,001x} \cdot e^{10} - e^{0,001x} \cdot e^{10} + e^{10} \quad \Big| : e^{10} \\
\iff \quad 0 &= 0,001x \cdot e^{0,001x} - e^{0,001x} + 1 \quad \Big| : e^{0,001x} \\
\iff \quad 0 &= 0,001x - 1 + e^{-0,001x}
\end{aligned}$$

Substitution $0,001x = y$ liefert schließlich: $1 - y = e^{-y}$ mit der einzigen Lösung $y = 0$ *(Probe: $1 - 0 = e^0$: stimmt!)* und damit auch $x = 0$. Da aber „0" nicht im Definitionsbereich von k_v und k_v' liegt, hat die Gleichung $k_v' = 0$ keine Lösung, die durchschnittlichen variablen Kosten haben nirgends den Anstieg Null.

ii) $k(x) = \frac{K(x)}{x} \underset{(s.\,3))}{=} \frac{e^{0,001x+10} + 10.000}{x}$. Mit der Quotientenregel folgt:

$$k'(x) = \frac{0,001x \cdot e^{0,001x+10} - (e^{0,001x+10} + 10.000) \cdot 1}{x^2} \stackrel{!}{=} 0$$

$\Longleftrightarrow$ $(0,001x-1) \cdot e^{0,001x+10} = 10.000$ $\Longleftrightarrow$ $(0,001x-1) \cdot e^{0,001x} = \frac{10\,000}{e^{10}}$

$\Longleftrightarrow$ *(Subst. 0,001x = y)*: $y - 1 = 0,454 \cdot e^{-y}$ Regula falsi:

$\Longleftrightarrow$ $y = 1,14454$, d.h. $x = 1.144,54$ ME *(einzige Lösung)*.

iii) Es handelt sich um dieselbe Fragestellung wie unter ii) und somit auch um dieselbe Lösung. Grund: Aus $K'(x) = k(x)$ folgt stets $k'(x) = 0$ und umgekehrt. Der Nachweis ist in der Lösung zu Aufg. 6.4, 17) iii) geführt.

18) i) Von Y sollen 60%, d.h. 0,6Y, gespart werden, d.h. $S(Y) \stackrel{!}{=} 0,6Y$.

Nach 12) gilt: $S(Y) = Y - \frac{200Y + 10.000}{Y + 80} \stackrel{!}{=} 0,6Y$ $\Longleftrightarrow$

$0,4Y \cdot (Y+80) = 200Y + 10.000$ $\Longleftrightarrow$ $Y^2 - 420Y - 25.000 = 0$

$\Longleftrightarrow$ $Y_1 = 472,8688$ GE *($Y_2 < 0$)*.

ii) Gesucht ist das Einkommen Y, für das der Grenzhang zum Sparen (= S′(Y)) den Wert 0,6 annimmt. Mit 12) erhält man

$$1 - \frac{6000}{(Y+80)^2} \stackrel{!}{=} 0,6 \Longleftrightarrow 0,4 \cdot (Y+80)^2 = 6000 \Longleftrightarrow Y+80 = \pm\sqrt{15000}$$

d.h. $Y = 42,4745$ GE *(die 2. Lösung ist negativ und daher ökonomisch irrelevant)*

19) i) Anstieg des Gesamtertrages = Ableitung x′(r) der Produktionsfunktion x(r):

$0 \stackrel{!}{=} x'(r) \underset{(s.\,5))}{=} \frac{4}{2 \cdot \sqrt{4r-100}} = 0$ besitzt keine Lösung *(Zähler ist stets ≠ 0)*.

ii) Grenzproduktivität $x'(r) \stackrel{!}{=} 0$, d.h. Lösung ist identisch mit i).

iii) nach 4) gilt für die *(durchschnittliche)* Produktivität $\bar{x}(r) := \frac{x(r)}{r}$:

$$\bar{x}(r) = \frac{\sqrt{4r-100}}{r} \stackrel{!}{=} 0 \Longleftrightarrow 4r - 100 = 0 \quad \text{d.h. } r = 25 \text{ ME}_r.$$

iv) Grenzproduktivität $\stackrel{!}{=}$ Durchschnittsertrag $\Longleftrightarrow$ $x'(r) \stackrel{!}{=} \frac{x(r)}{r}$, *(r>0)*, d.h.

$$\frac{2}{\sqrt{4r-100}} = \frac{\sqrt{4r-100}}{r} \Longleftrightarrow 2r = 4r - 100 \Longleftrightarrow r = 50 \text{ ME}_r.$$

20) Zunächst x *(= Menge)* mit: $G'(x) \stackrel{!}{=} 0$ ermitteln: Mit G′(x) aus 11) gilt:

$G'(x) = 2000 \cdot e^{-0,01x} \cdot (1 - 0,01x) - 0,001 \cdot e^{0,001x+10} \stackrel{!}{=} 0$ $\quad | \cdot e^{0,01x}$

$\Longleftrightarrow$ $0,001 \cdot e^{0,011x+10} - 2000 \cdot (1 - 0,01x) = 0$. Regula falsi:

$x = 96,8057$ ME. Zugehöriger Preis *(s. 7))*: $p = 2000 \cdot e^{-0,01x} = 759,64 \frac{GE}{ME}$.

21) Wegen $G(x) := E(x) - K(x)$ *(s. 11))* gilt durch Ableiten: $G'(x) = E'(x) - K'(x)$ d.h. die Forderung $K'(x) \stackrel{!}{=} E'(x)$ ist gleichbedeutend mit $G'(x) \stackrel{!}{=} 0$, d.h. es ergibt sich dieselbe Lösung wie unter 20): $x = 96,8057$ ME; $p = 759,64 \frac{GE}{ME}$.

22) Wenn die Grenzkostenfunktion $K'(x)$ eine horizontale Tangente besitzen soll, so muss an der entsprechenden Stelle x die Ableitung von K', mithin also K'' Null werden. Mit 1): $K'(x) = 0{,}001 \cdot e^{0{,}001x+10}$ resultiert:

$0 \overset{!}{=} K''(x) = 0{,}001^2 \cdot e^{0{,}001x+10}$. Die rechte Seite ist stets positiv, somit ist die Gleichung nicht lösbar, $K'(x)$ hat nirgendwo eine waagerechte Tangente.

23) Gesucht ist derjenige Preis p, für den die Ableitung $E'(p)$ des Erlöses den Wert $\frac{-0{,}5}{0{,}1} = -5$ annimmt: $E'(p) \underset{(s.\ 10))}{=} -100 \cdot (\ln(0{,}0005p) + 1) \overset{!}{=} -5$

$\Leftrightarrow \ln(0{,}0005p) = -0{,}95 \Leftrightarrow p = 2000 \cdot e^{-0{,}95} = 773{,}4820$ GE/ME.

24) Gesucht ist derjenige Input r, für den die Grenzproduktivität $x'(r)$ den Wert $\frac{0{,}1}{2}$ $= 0{,}05$ annimmt: $x'(r) \underset{(s.\ 19))}{=} \frac{2}{\sqrt{4r-100}} \overset{!}{=} 0{,}05 \Leftrightarrow 40 = \sqrt{4r-100}$

$\Leftrightarrow 1600 = 4r - 100 \Leftrightarrow r = 425\ ME_r$.

25) Gesucht ist derjenige Output x, für den die Grenzstückkosten $k'(x)$ den Wert $-0{,}4/1$ *(= –0,4)* annehmen: Mit $k'(x)$ aus 3) gilt:

$k'(x) = \frac{(0{,}001x-1) \cdot e^{0{,}001x+10} - 10.000}{x^2} \overset{!}{=} -0{,}4$; Regula falsi: $x = 278{,}37$ ME.

26) Gesucht ist derjenige Input r, für den die Ableitung der *(durchschnittlichen)* Produktivität, d.h. $\bar{x}'(r)$, den Wert $0{,}5/-1$ *(= –0,5)* annimmt. Mit 4) folgt:

$$\bar{x}'(r) := \left(\frac{x(r)}{r}\right)' = \left(\frac{\sqrt{4r-100}}{r}\right)' = \frac{0{,}5 \cdot (4r-100)^{-0{,}5} \cdot 4 \cdot r - (4r-100)^{0{,}5} \cdot 1}{r^2} =$$

$$= \frac{0{,}5 \cdot 4 \cdot r - (4r-100)}{r^2 \cdot \sqrt{4r-100}} = \frac{100 - 2r}{r^2 \cdot \sqrt{4r-100}} \overset{!}{=} -0{,}5 \quad \Rightarrow \quad \text{keine Lösung!}$$

27) Gesucht ist derjenige Output, für den der Grenz-Stückgewinn *(d.h. die Ableitung g'(x) des Stückgewinns g(x))* den Wert $-2/10$ *(= –0,2)* annimmt. Mit 14) folgt:

$g'(x) = -20 \cdot e^{-0{,}01x} - \frac{(0{,}001x-1) \cdot e^{0{,}001x+10} - 10.000}{x^2} \overset{!}{=} -0{,}2$

Regula falsi: $x_1 = 52{,}4295$ ME; $x_2 = 3\,859{,}92$ ME *(allerdings $g(x_2) < 0$)*

28) i) Gesucht ist die konsumierte Gütermenge x, für die gilt *(siehe 15))*:

a) Grenznutzen $U'(x) \overset{!}{=} 0{,}5$ d.h. $U'(x) = -x^2 + 3x + 2 = 0{,}5 \Rightarrow$ $x_1 = 3{,}4365$ ME *($x_2 = -0{,}4365 < 0$)*

b) Grenznutzen $U'(x) \overset{!}{=} 0$ d.h. $U'(x) = -x^2 + 3x + 2 = 0 \Rightarrow$

$x_1 = 3{,}5616$ ME *($x_2 = -0{,}5616 < 0$)*

ii) Gesucht ist die konsumierte Gütermenge x, für die gilt *(siehe 16))*:

a) Durchschnittsnutzen $\bar{U}(x) \overset{!}{=} 0{,}5$ d.h. $\frac{U(x)}{x} = -\frac{1}{3}x^2 + 1{,}5x + 2 \overset{!}{=} 0{,}5$ $\Rightarrow x_1 = 5{,}3423$ ME *($x_2 = -0{,}8423 < 0$)*

b) Durchschnittsnutzen $\bar{U}(x) \overset{!}{=} 0$ d.h. $\bar{U}(x) = -\frac{1}{3}x^2 + 1{,}5x + 2 \overset{!}{=} 0$ $\Rightarrow x_1 = 5{,}5760$ ME *($x_2 = -1{,}0760 < 0$)*

29) Gesucht ist der Output x, für den die Ableitung $G_D'(x)$ des Gesamt-Deckungsbeitrags den Wert 80/–4 *(= –20)* annimmt. Mit 8) gilt:

$$G_D'(x) = 2000 \cdot e^{-0,01x} + 2000x \cdot e^{-0,01x} \cdot (-0,01) - e^{0,001x+10} \cdot 0,001 \overset{!}{=} -20$$

$$\iff 2000 \cdot e^{-0,01x} \cdot (1-0,01x) - 0,001 \cdot e^{0,001x+10} + 20 = 0$$

$$\iff \textit{(Regula falsi)} \qquad x = 99,4151 \text{ ME}.$$

30) Produktionskoeffizient := Input pro Outputeinheit = $\frac{r(x)}{x}$. Die hier auftretende Faktorverbrauchsfunktion r(x) ist die Umkehrfunktion der Produktionsfunktion x(r):

$$x = \sqrt{4r-100} \quad \iff \quad x^2 = 4r - 100 \quad \iff \quad r = r(x) = 0,25 \cdot (x^2 + 100)$$

Mit: $x = 20\ ME_x \Rightarrow r = 125\ ME_r \Rightarrow$ Produktionskoeffizient = $6,25\ \frac{ME_r}{ME_x}$

31) Die Faktorverbrauchsfunktion $r(x) = 0,25x^2+25$ wurde bereits unter 30) hergeleitet.

32) Grenzverbrauchsfunktion := Ableitung r'(x) der Faktorverbrauchsfunktion: Nach 31) gilt: $r'(x) = 0,5x \Rightarrow r'(20) = 10\ ME_r/ME_x$.

33) Sättigungswert des Konsums C(Y) für unbeschränkt wachsendes Einkommen wird durch den Grenzwert von C(Y) für $Y \to \infty$ dargestellt:

$$\lim_{Y\to\infty} C(Y) = \lim_{Y\to\infty} \frac{200Y + 10.000}{Y+80} \underset{\text{L'Hôspital}}{=} \frac{200}{1} = 200 \text{ GE}. \quad \text{Analog für } \bar{C}(Y):$$

$$\lim_{Y\to\infty} \bar{C}(Y) = \lim_{Y\to\infty} \frac{C(Y)}{Y} = \lim_{Y\to\infty} \frac{200Y + 10.000}{Y(Y+80)} \underset{\text{L'Hôspital}}{=} \lim_{Y\to\infty} \frac{200}{2Y+80} = 0\ \frac{GE}{GE}$$

34) $$\lim_{Y\to\infty} C'(Y) = \lim_{Y\to\infty} \frac{6.000}{(Y+80)^2} = 0 \text{ GE/GE}$$

$$\lim_{Y\to\infty} S'(Y) = \lim_{Y\to\infty} \left(1 - \frac{6000}{(Y+80)^2}\right) = 1 \text{ GE/GE}$$

35) Grenzstückkosten $k'(x) \overset{!}{=} 0$: Dieses Problem wurde bereits in 17) ii) gelöst mit dem Ergebnis: x = 1.144,54 ME.

Die Kapazität der Produktionsanlage beträgt laut Kostenfunktion in der Aufgabenstellung *(Definitionsbereich!)* 15.000 ME. Bei einem Output von 1.144,54 ME beträgt daher die Auslastung 1.144,54/15.000 = 0,0763 = 7,63%.

Stückkosten k(x) an der Stelle x = 1.144,54 mit k'(x) = 0 *(siehe 3))*:

$$k(1.144,54) = \left.\frac{e^{0,001x+10} + 10.000}{x}\right|_{x=1.144,54} = 69,1850 \text{ GE/ME}$$

Grenzkosten K'(x) an der Stelle x = 1.144,54 mit k'(x) = 0 *(siehe 1))*:

$$K'(1.144,54) = 0,001 \cdot e^{0,001x+10}\Big|_{x=1.144,54} = 69,1850 \text{ GE/ME} = k(1.144,54)$$

Allgemein gilt: Stückkosten und Grenzkosten sind identisch an der Stelle x, an der gilt: k'(x) = 0 *(der allgemeine Nachweis wurde in Aufg. 6.4, Teil 17) iii) geführt)*.

Aufgabe 6.6 *(6.1.67)*:

i) Die Grenzrate der Substitution bei einer Produktionsfunktion $x = x(r_1,r_2)$ wird dargestellt durch die Ableitung $r_2'(r_1)$ der Isoquante $r_2 = f(r_1)$ für einen vorgegebenen Output x *(= 20 im vorliegenden Beispiel)*.

Ermittlung der Isoquantengleichung $r_2 = r_2(r_1)$ bzw. $r_1 = r_1(r_2)$ für $x = 20$:

(a) $20 = 5r_1^{0,8}r_2^{0,4} \iff r_2^{0,4} = 4\cdot r_1^{-0,8} \underset{(...)^{2,5}}{\iff} r_2 = 32\cdot r_1^{-2}$

(b) $20 = 5r_1^{0,8}r_2^{0,4} \iff r_1^{0,8} = 4\cdot r_2^{-0,4} \underset{(...)^{1,25}}{\iff} r_1 = 4^{1,25}\cdot r_2^{-0,5}$

a) $r_1 = 4\ ME_1 \Rightarrow$ Grenzrate der Substitution: $\frac{dr_2}{dr_1} = -64\cdot r_1^{-3}\Big|_{r_1=4} = -1\,\frac{ME_2}{ME_1}$

d.h. wenn – ausgehend vom Wert 4 ME_1 – r_1 um 1 ME_1 erhöht wird, kann 1 ME_2 von r_2 eingespart werden, ohne den Output von 20 ME zu verändern.

b) $r_2 = 1\ ME_2 \Rightarrow$ Grenzrate d. Subst.: $\frac{dr_1}{dr_2} = -0,5\cdot 4^{1,25}\cdot r_2^{-1,5}\Big|_{r_2=1} = -2,8284\,\frac{ME_1}{ME_2}$

d.h. erhöht man r_2 – ausgehend von 1 ME_2 – um 1 ME_2, kann man dadurch 2,8284 ME_1 von r_1 einsparen, ohne den Output von 20 ME zu ändern.

ii) Grenzrate der Substitution bei Nutzenfunktionen $U(x_1,x_2)$ = Ableitung der Indifferenzlinie $x_2(x_1)$ bzw. $x_1(x_2)$ bei vorgegebenem Nutzenniveau U_0. Ermittlung der Indifferenzlinien für $U = U_0 = 100$:

(a) $100 = 2x_1\cdot\sqrt{x_2} \iff \sqrt{x_2} = \frac{50}{x_1} \iff x_2 = \frac{2500}{x_1^2}$

(b) $100 = 2x_1\cdot\sqrt{x_2} \iff x_1 = \frac{50}{\sqrt{x_2}}$

a) $x_1 = 10\ ME_1 \Rightarrow$ Grenzrate d. Subst. $= \frac{dx_2}{dx_1} = -\frac{5000}{x_1^3}\Big|_{x_1=10} = -5\,\frac{ME_2}{ME_1}$.

Die Grenzrate der Substitution von –5 bedeutet hier, dass eine Erhöhung von x_1 – ausgehend von 10 ME_1 – um 1 ME_1 eine Verringerung von x_2 um 5 ME_2 ermöglicht, ohne das Nutzenniveau von U_0=100 zu verändern.

b) $x_2 = 4\ ME_2 \Rightarrow$ Grenzrate d. Subst. $= \frac{dx_1}{dx_2} = -\frac{25}{\sqrt{x_2^3}}\Big|_{x_2=4} = -3,125\,\frac{ME_1}{ME_2}$.

Die Grenzrate der Substitution von $-3,125$ sagt hier aus, dass bei einer von $x_2 = 4\ ME_2$ ausgehenden Erhöhung um 1 ME_2 3,125 Einheiten von x_1 eingespart werden können, ohne das Nutzenniveau $U_0 = 100$ zu verändern.

Aufgabe 6.7 *(6.2.48)*:

Definition der Symbole $\uparrow$ und $\downarrow$:
$f\uparrow :=$ f ist (streng) monoton wachsend; $f\downarrow :=$ f ist (streng) monoton fallend.

Um die Monotoniebereiche der vorgegebenen Funktionen ermitteln zu können, verwendet man Satz 6.2.2 des Lehrbuches: $f'(x) > 0 \Rightarrow f\uparrow$; $f'(x) < 0 \Rightarrow f\downarrow$ *(bezogen auf das jeweilig betrachtete Intervall innerhalb des Definitionsbereichs)*.

i) $f'(x) = -24x + 8 \gtrless 0 \iff x \lessgtr \frac{1}{3}$, d.h. $f\uparrow$ für $x < \frac{1}{3}$ und $f\downarrow$ für $x > \frac{1}{3}$

ii) $g'(y) = 3y^2 - 24y + 60 \lessgtr 0 \iff y^2 - 8y + 20 \lessgtr 0 \iff y^2 - 8y + 16 \lessgtr -4$ $\iff (y-4)^2 \lessgtr -4$. Da die linke Seite stets ≥ 0 ist, kann diese Ungleichung für „<" nirgendwo wahr werden und ist für „>" überall wahr, d.h. $g\uparrow$ auf $\mathbb{R}$.

iii) $h'(t) = 6t^2 + 30t - 84$. Ermittlung der Monotoniebereiche durch Berechnung der Nullstellen von $h'(t)$ und Klärung des „Vorzeichens" durch Einsetzen von Zwischenwerten:

$6t^2 + 30t - 84 = 0 \iff t^2 + 5t - 13 = 0 \iff t_{1,2} = -2{,}5 \pm \sqrt{6{,}25+14} \iff$ $t_1 = -7$; $t_2 = 2$. Einsetzen von Zwischenwerten: $h'(-10) = 216\ (>0)$; $h'(0) = -84\ (<0)$; $h'(5) = 216\ (>0)$. Daraus folgt:
$h\uparrow$ für $t < -7$ sowie für $t > 2$; $h\downarrow$ für $-7 < t < 2$.

iv) $x'(A) = 14 \cdot A^{-0,3}$ *(A > 0)*. $x'(A)$ ist für $A > 0$ überall positiv, d.h. $x\uparrow$ für $A > 0$ und damit auf dem gesamten Definitionsbereich $D_x = \mathbb{R}_0^+$.

v) $g'(x) = \dfrac{1}{(1-x)^2}$ ist für alle x *(mit x ≠ 1)* positiv, d.h. $g\uparrow$ auf $D_g = \mathbb{R}\setminus\{1\}$.

vi) $f'(r) = \dfrac{1}{\sqrt{r-10}}$ *(r > 10)* ist für alle r (> 10) positiv, d.h. dort ist $f\uparrow$.

vii) $N'(x) = 100 \cdot e^{-20/x} \cdot \dfrac{20}{x^2}$ *(x ≠ 0)* ist stets positiv, d.h. $N\uparrow$ auf $D_N = \mathbb{R}\setminus\{0\}$

viii) $r'(z) = \dfrac{2z}{z^2+3}$ ist >0, falls $z>0$ (und <0, falls $z<0$), d.h.
$r\uparrow$ für $z > 0$ und $r\downarrow$ für $z < 0$.

Aufgabe 6.8 *(6.2.49)*:

Um die Krümmungsbereiche der gegebenen Funktionen ermitteln zu können, verwendet man Satz 6.2.10 des Lehrbuches: $f''(x) > 0\ (<0) \Rightarrow$ f ist konvex (konkav) *(bezogen auf das jeweilig betrachtete Intervall innerhalb des Definitionsbereichs)*.

i) $K'(x) = 3x^2 - 4x + 60 \Rightarrow K''(x) = 6x - 4 \lessgtr 0 \iff x \lessgtr \frac{2}{3}$, d.h.
$K(x)$ ist für $x < \frac{2}{3}$ konkav und für $x > \frac{2}{3}$ konvex.

ii) $f'(x) = -12x^2 - 60x + 168 \Rightarrow f''(x) = -24x - 60 \lessgtr 0 \iff x \gtrless -2{,}5$, d.h.
$f(x)$ ist für $x < -2{,}5$ konvex und für $x > -2{,}5$ konkav.

iii) $x'(r) = -3r^2 + 12r + 15 \Rightarrow x''(r) = -6r + 12 \lessgtr 0 \iff r \gtrless 2$, d.h.
$x(r)$ ist für $r < 2$ konvex und für $r > 2$ konkav.

iv) $g'(z) = -4z^3 + 12z^2 + 24z \Rightarrow g''(z) = -12z^2 + 24z + 24$
Nullstellen: $g''(z) = 0 \iff z^2 - 2z - 2 = 0 \iff z_{1,2} = 1 \pm \sqrt{3} \approx 1 \pm 1{,}73$
Links und rechts neben den Nullstellen wird das Vorzeichen von $g''(z)$ durch Einsetzen von Zwischenwerten überprüft:
$g''(-1) = -12$ *(< 0)*; $g''(0) = 24$ *(> 0)*; $g''(3) = -12$ *(< 0)*, d.h.
g ist für $1-\sqrt{3} < z < 1+\sqrt{3}$ konvex und für $z < 1-\sqrt{3}$ od. $z > 1+\sqrt{3}$ konkav.

v) $p'(y) = \dfrac{y^2+1}{y^2} = 1 + \dfrac{1}{y^2} \Rightarrow p''(y) = \dfrac{-2}{y^3} \Rightarrow$ falls $y < 0$, so $p''(y) > 0$; falls $y > 0$, so $p''(y) < 0$, d.h. p ist für $y < 0$ konvex und für $y > 0$ konkav.

vi) $x'(r) = \frac{1}{2\sqrt{r-100}} \quad \Rightarrow \quad x''(r) = \frac{-1}{4\sqrt{(r-100)^3}}$ ist *(für r > 100)* stets negativ ⇒ $x(r)$ ist auf $D_x = \{r\in\mathbb{R} \mid r>100\}$ überall konkav gekrümmt.

vii) $y'(K) = 2{,}4\cdot K^{-0{,}4} \Rightarrow y''(K) = -0{,}96\cdot K^{-1{,}4}$. Wegen $K>0$ ist auch $K^{-1{,}4}>0$ d.h. $y''(K)$ ist überall negativ und somit $y(K)$ auf $D_y = \mathbb{R}_0^+$ überall konkav.

viii) $p'(x) = -0{,}5\cdot e^{-0{,}1x} \quad \Rightarrow \quad p''(x) = 0{,}05\cdot e^{-0{,}1x}$ ist überall positiv, d.h. $p(x)$ ist auf $D_p = \mathbb{R}$ überall konvex gekrümmt.

Aufgabe 6.9 *(6.2.50)***:**

Vorgehen *(s. Lehrbuch Satz 6.2.27)*: Zunächst werden über die Bedingung $f'(x) = 0$ die stationären Stellen berechnet. Anschließend wird der Typ der stationären Stelle durch Überprüfen des Vorzeichens von $f''(x)$ an dieser Stelle ermittelt.

Abkürzungen: rel. Max./Min. := relatives Maximum/Minimum;
stat. St. := stationäre Stelle

i) $k'(t) = -12 + 3t^2 = 0 \iff t^2 = 4$, d.h. stationäre Stellen: $t_1 = 2;\ t_2 = -2$.
$k''(t) = 6t \Rightarrow k''(2) = 12\ (>0)$ d.h. in $t_1 = 2$ liegt ein relatives Min. vor;
$k''(-2) = -12\ (<0)$ d.h. in $t_2 = -2$ liegt ein rel. Max. vor.

ii) $f'(x) = 3x^2 - 12x + 9 = 0 \iff x^2 - 4x + 3 = 0 \iff$ stat. St.: $x_1 = 1,\ x_2 = 3$.
$f''(x) = 6x - 12 \Rightarrow f''(1) < 0$ *(rel. Max. in $x_1 = 1$)*; $f''(3) > 0$ *(rel.Min. in $x_2 = 3$)*

iii) $f'(u) = 4u^3 - 36u^2 = 0 \iff u^2\cdot(u-9) = 0 \iff$ stat. St. $u_1 = 0;\ u_2 = 9$.
$f''(u) = 12u^2 - 72u \Rightarrow f''(0) = 0$ *(zunächst keine Aussage möglich; mit Satz 6.2.32 folgert man wegen $f'''(0) \neq 0$, dass es sich bei u_1 um eine Stelle mit Sattelpunkt handelt)*
$f''(9) = 324 > 0$: in $u_2 = 9$ liegt ein rel. Minimum vor.

iv) $g'(v) = 4v^3 - 24v^2 + 8v = 4v\cdot(v^2 - 6v + 2) = 0$. Stat. St.: $v_1 = 0;\ v_{2,3} = 3 \pm \sqrt{7}$
$g''(v) = 12v^2 - 48v + 8 \quad \Rightarrow \quad g''(0) = 8 > 0$ *(rel. Min. in $v_1 = 0$)*
$g''(3+\sqrt{7}) \approx 119{,}5 > 0$ *(rel. Min. in v_2)*; $g''(3-\sqrt{7}) \approx -7{,}5 < 0$ *(rel. Max. in v_3)*

v) $h'(y) = (y-2)^5 + 5y\cdot(y-2)^4 = (y-2)^4\cdot(6y-2) = 0$. Stat. St.: $y_1 = 2; y_2 = \frac{1}{3}$
$h''(y) = 4\cdot(y-2)^3\cdot(6y-2) + (y-2)^4\cdot 6 = (y-2)^3\cdot(30y-20) \quad \Rightarrow$
$h''(2) = 0$ *(zunächst keine Aussage möglich; mit Satz 6.2.32 folgert man wegen $h^{(v)}(2) \neq 0$, dass es sich bei y_1 um eine Stelle mit Sattelpunkt handelt)*
$h''(\frac{1}{3}) \approx 46{,}3 > 0$, d.h. rel. Min. in $y_2 = \frac{1}{3}$.

vi) $t'(z) = 2z - \frac{2}{z^3} = 0 \iff z^4 = 1 \iff z_1 = 1\ ;\ z_2 = -1$ *(stationäre Stellen)*
$t''(z) = 2 + \frac{6}{z^4}\ ;\ t''(\pm 1) = 8 > 0$ d.h. rel. Minima an beiden stat. Stellen.

vii) $f'(x) = \ln x + 1 = 0 \iff x = e^{-1} \approx 0{,}3679$ *(stat. Stelle)*
$f''(x) = \frac{1}{x}\ ;\ f''(e^{-1}) = e > 0$, d.h. rel. Min. in $x = e^{-1} \approx 0{,}3679$.

viii) $s'(y) = \frac{4y\cdot\sqrt{y^2-9} - 2y^2\cdot 0{,}5\cdot(y^2-9)^{-0{,}5}\cdot 2y}{y^2-9} = \frac{2y^3 - 36y}{(y^2-9)^{3/2}} = 0$: $\underbrace{y_1 = 0}_{\notin D_s}$; $y_{2,3} = \pm\sqrt{18}$
$s''(y) = \frac{18y^2 + 324}{(y^2-9)^{5/2}}$. $s''(y_2) = 2{,}67 > 0$ *(y_2: rel. Min.)*
$s''(y_3) = 2{,}67 > 0$ *(y_3: rel. Min.)*

ix) $g'(u) = \frac{10-10\cdot\ln u}{u^2} = 0 \iff \ln u = 1 \iff u = e$ *(einzige stationäre Stelle)*.

$g''(u) = \frac{10\cdot(2\cdot\ln u - 3)}{u^3}$. $g''(e) = \frac{-10}{e^3} < 0$, d.h. rel. Max. in $u = e$.

x) $f'(x) = 3x^2\cdot e^{-x} + x^3\cdot e^{-x}\cdot(-1) = e^{-x}\cdot(3x^2 - x^3) = 0 \iff x_1 = 0;\ x_2 = 3$.
$f''(x) = -e^{-x}\cdot(3x^2 - x^3) + e^{-x}\cdot(6x - 3x^2) = e^{-x}\cdot(6x - 6x^2 + x^3)$
$f''(0) = 0$ *(zunächst keine Aussage möglich; mit Satz 6.2.32 folgert man wegen $f'''(0) \neq 0$, dass es sich bei x_1 um eine Stelle mit Sattelpunkt handelt)*
$f''(3) = -9\cdot e^{-3} < 0$, d.h. in $x_2 = 3$ liegt ein relatives Maximum vor.

xi) $p'(r) \underset{r>0}{=} (e^{r\cdot\ln r})' = e^{r\cdot\ln r}\cdot(1\cdot\ln r + r\cdot\frac{1}{r}) = r^r\cdot(\ln r + 1) = 0 \iff \ln r = -1$

$\iff r = e^{-1} \approx 0{,}3679$ *(einzige stationäre Stelle)*

$p''(r) = (r^r)'\cdot(\ln r + 1) + r^r\cdot\frac{1}{r} = r^r\cdot(\ln r + 1)^2 + r^{r-1}$, d.h. p'' stets positiv!
Somit liegt an der stationären Stelle $r = e^{-1}$ ein relatives (lokales) Minimum vor.

xii) $r'(t) = 4t - e^{t^2}\cdot 2t = 2t\cdot(2 - e^{t^2}) = 0 \iff t=0 \lor e^{t^2}=2 \iff t=0 \lor t^2=\ln 2$
$\iff t_1 = 0,\ t_2 = \sqrt{\ln 2},\ t_3 = -\sqrt{\ln 2}$ *(d.h. 3 stationäre Stellen)*
$r''(t) = 4 - (e^{t^2}\cdot 2t\cdot 2t + e^{t^2}\cdot 2) = 4 - e^{t^2}\cdot(4t^2 + 2)$
$r''(0) = 2 > 0$ *(t_1: rel. Min.)*; $r''(t_2) = r''(t_3) \approx -5{,}5452 < 0$ *(t_2, t_3: rel. Max.)*

xiii) $f'(x) = 1000 - (e^{2x} + 2x\cdot e^{2x}) = 1000 - (2x+1)\cdot e^{2x} = 0$: Näherungsverfahren, z.B. Regula falsi, notwendig. Mit den Startwerten $x_1 = 2$ *($f(x_1) = 727{,}01$)* und $x_2 = 3$ *($f(x_2) = -1824{,}00$)* lautet die erste Näherung: $x_3 = 2{,}2850$. Nach einigen weiteren Schritten liefert die Regula falsi auf 4 Nachkommastellen genau die stationäre Stelle $\bar{x} = 2{,}5498$.
$f''(x) = -2\cdot e^{2x} - (2x+1)\cdot e^{2x}\cdot 2 = -4\cdot e^{2x}\cdot(x+1)\Big|_{x=2{,}5498} < 0$, d.h. rel. Max. in $\bar{x}$.

Aufgabe 6.10 *(6.2.51)*:

Vorgehen *(s. Lehrbuch Satz 6.2.39)*: Zunächst werden über die Bedingung $f''(x) = 0$ die stationären Stellen von f' *(= Kandidaten für Wendestellen von f)* berechnet. Anschließend wird der Typ der möglichen Wendestelle durch Überprüfen des Vorzeichens von $f'''(x)$ an dieser Stelle ermittelt.

Abkürzungen: rel. Max./Min. := relatives Maximum/Minimum; stat. St. := stationäre Stelle; WP := Wendepunkt, WSt. := Wendestelle

i) $f'(x) = 3x^2 - 32x + 6 \Rightarrow f''(x) = 6x - 32 = 0 \iff x = 5{,}\bar{3}$.
$f'''(x) \equiv 6\ (>0)$, d.h. konkav/konvex Wendepunkt in $x = 5{,}\bar{3}$.

ii) $x'(r) = 4r^3 - 24r \Rightarrow x''(r) = 12r^2 - 24 = 0 \iff r_1 = \sqrt{2};\ r_2 = -\sqrt{2}$.
$x'''(r) = 24r;\ x'''(\sqrt{2}) = 24\sqrt{2} > 0;\ x'''(-\sqrt{2}) = -24\sqrt{2} < 0$, d.h. $x(r)$ besitzt einen konkav-konvex-WP in r_1 und einen konvex-konkav-WP in r_2.

iii) $g'(u) = 4u^3 - 12u^2 + 12u - 3 \Rightarrow g''(u) = 12u^2 - 24u + 12 = 0 \iff u = 1$.
$g'''(u) = 24u - 24$, d.h. $g'''(1) = 0$ *(zunächst keine Aussage möglich; mit Satz 6.2.32 folgert man wegen $g''''(1) = 24 > 0$, dass es sich bei „1" um eine WSt. von $g'(u)$ handelt)*.

iv) $h'(y) = 2{,}4\cdot y^{-0{,}8};\ h''(y) = -1{,}92\cdot y^{-1{,}8} = 0 \iff y^{-1{,}8} = \frac{1}{y^{1{,}8}}$ stets $\neq 0$;
$h(y)$ kann keinen Wendepunkt besitzen, da die notwendige Voraussetzung $h''(y) = 0$ für kein $y \in \mathbb{R}^+$ erfüllt werden kann.

v) $f'(x) = \dfrac{1-2x-x^2}{(x^2+1)^2}$; $f''(x) = \dfrac{2x^3+6x^2-6x-2}{(x^2+1)^3} = 0$; $x_1 = 1$ *(geraten...)* ;
Division des Zählers durch $x - x_1$ liefert: $2\cdot(x-1)\cdot(x^2+4x+1) = 0$,
d.h. die möglichen Wendepunkte liegen bei: $x_1 = 1$; $x_{2,3} = -2 \pm \sqrt{3}$.
$f'''(x) = \dfrac{-6\cdot(x^4+4x^3-6x^2-4x+1)}{(x^2+1)^4}$; $f'''(1) = 1{,}5 > 0$ *(konkav-konvex-WP bei x_1)*

$f'''(-2+\sqrt{3}) = -7{,}1349 < 0$, d.h. konvex-konkav-Wendepunkt bei x_2 ;
$f'''(-2-\sqrt{3}) = 0{,}0099 > 0$, d.h. konkav-konvex-Wendepunkt bei x_3 .

vi) $p'(t) = \dfrac{3t^3+18t}{(t^2+3)^{3/2}}$; $p''(t) = \dfrac{54-9t^2}{(t^2+3)^{5/2}} = 0 \;\Rightarrow\; t_1 = \sqrt{6}\,,\; t_2 = -\sqrt{6}$.
$p'''(t) = \dfrac{27t\cdot(t^2-12)}{(t^2+3)^{7/2}}$; $p'''(\sqrt{6}) \approx -0{,}18$; $p'''(-\sqrt{6}) \approx 0{,}18$ d.h.
konvex-konkav-WP für $t_1 = \sqrt{6}$ und konkav-konvex-WP für $t_2 = -\sqrt{6}$.

vii) $k'(s) = e^{1/s}\cdot(-\frac{1}{s^2})$; $k''(s) = e^{1/s}\cdot\frac{1}{s^4} + e^{1/s}\cdot\frac{2}{s^3} = e^{1/s}\cdot\frac{1}{s^4}\cdot(1+2s) = 0 \Rightarrow s = -\frac{1}{2}$
$k'''(-\frac{1}{2}) = 32\cdot e^{-2} > 0$, d.h. für $s = -\frac{1}{2}$ liegt ein konkav-konvex-WP vor.

viii) $f'(x) = e^{-x^2}\cdot(-2x)$; $f''(x) = e^{-x^2}\cdot(4x^2-2) = 0 \;\Rightarrow\; x_{1,2} = \pm\sqrt{0{,}5} \approx \pm 0{,}7071$
$f'''(x) = e^{-x^2}\cdot(12x-8x^3) \;\Rightarrow\; f'''(x_1) \approx 3{,}43 > 0$; $f'''(x_2) \approx -3{,}43$ d.h.
konkav-konvex-WP für $x_1 = \sqrt{0{,}5}$ und konvex-konkav-WP für $x_2 = -\sqrt{0{,}5}$.

Aufgabe 6.11 *(6.2.52)*:

i) Man wendet die notwendige Bedingung für Wendepunkte an *(siehe z.B. Lehrbuch Satz 6.2.39)*: $f''(x) \overset{!}{=} 0$.
$f'(x) = 3ax^2 + 2bx + c \;\Rightarrow\; f''(x) = 6ax + 2b = 0 \;\Longleftrightarrow\; x_0 = -\dfrac{b}{3a}$ *($a \neq 0$)*.
An dieser Stelle x_0 (die einzig mögliche Stelle für einen Wendepunkt) gilt: $f'''(x_0) = 6a$. Da $a \neq 0$ vorausgesetzt ist, gilt auf jeden Fall $f'''(x_0) \neq 0$, so dass an der Stelle x_0 tatsächlich ein Wendepunkt von f liegt.

Somit besitzt jedes kubische Polynom genau einen Wendepunkt, und zwar an der Stelle $x_0 = -\dfrac{b}{3a}$.

ii) Bestimmung der Extrema von f: $f'(x) = 3ax^2 + 2bx + c = 0 \;\Longleftrightarrow$ *(:3a)*

$$x^2 + \frac{2b}{3a}x + \frac{c}{3a} = 0 \quad\Longleftrightarrow\quad x_{1,2} = -\frac{b}{3a} \pm \sqrt{\left(\frac{b}{3a}\right)^2 - \frac{c}{3a}}\;, \quad (a \neq 0).$$

Sofern Extremalstellen existieren, liegen sie an obigen beiden Stellen, da allein diese die notwendige Bedingung erfüllen. Die Mitte $\bar{x}$ zwischen beiden Stellen ergibt sich durch

$$\bar{x} = \frac{x_1+x_2}{2} = 0{,}5\cdot\left(-\frac{b}{3a} + \sqrt{\ldots} + \left(-\frac{b}{3a}\right) - \sqrt{\ldots}\right) = -\frac{b}{3a}\,.$$

$\bar{x}$ liegt also exakt an der in i) ermittelten Stelle des einzigen Wendepunktes.

Aufgabe 6.12 *(6.2.53)*:

Die Lösungen sind nach folgendem ***Gliederungsschema*** aufbereitet:

1)	*Definitionsbereich*	*7)*	*Wendepunkte*
2)	*Symmetrie*	*8)*	*Monotonie- und Krümmungsverhalten*
3)	*Nullstellen*	*9)*	*Verhalten am Rand des Definitionsbereiches bzw. für* $x \to \pm\infty$
4)	*Stetigkeit*		
5)	*Differenzierbarkeit*	*10)*	*Darstellung des Funktionsgraphen*
6)	*relative Extremwerte*		

Fehlende Gliederungspunkte in einzelnen Aufgabenlösungen entfallen oder sind aus dem Graphen ersichtlich.

i) $f(x) = x^2 - 5x + 4$; $f'(x) = 2x - 5$; $f''(x) = 2$

1) $D_f = \mathbb{R}$ *(Polynom)*

2) $f(-x) \neq \pm f(x)$: Keine Symmetrie

3) Nullstellen: $x^2 - 5x + 4 = 0 \iff$ $x_{1,2} = 2{,}5 \pm \sqrt{2{,}25}$; $x_1 = 1$; $x_2 = 4$

4) überall stetig *(Polynom)*

5) überall differenzierbar *(Polynom)*

6) rel. Extrema: $f'(x) = 0 = 2x - 5 \iff$ $x = 2{,}5$; $f''(2{,}5) = 2 > 0 \Rightarrow$ rel. Minimum in $(2{,}5; -2{,}25)$

7) Wendepunkte: $f''(x) \equiv 2 \neq 0 \Rightarrow$ f besitzt keine Wendepunkte

8) Aus 6) und 7) folgt: f fällt bis $x = 2{,}5$ und steigt danach. $f''(x) \equiv 2 > 0$: f ist überall konvex gekrümmt

9) $\lim\limits_{x \to \pm\infty} f(x) = \infty$

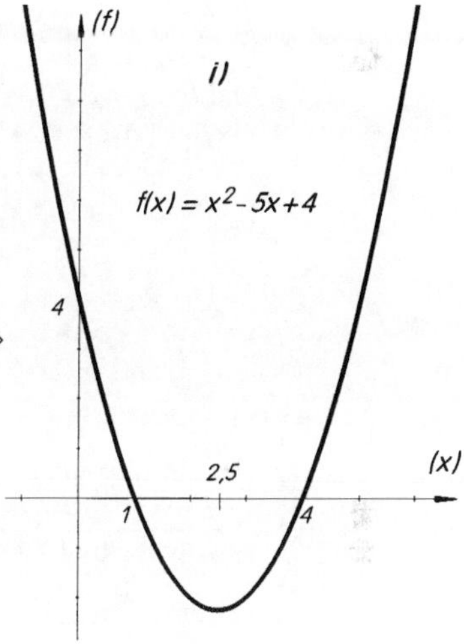

ii) $f(x) = x^3 - 12x^2 - 24x + 100$
$f'(x) = 3x^2 - 24x - 24$
$f''(x) = 6x - 24$; $f'''(x) \equiv 6$

1) $D_f = \mathbb{R}$ *(Polynom)*

3) Nullstellen: $f(x) = 0$; *Regula falsi:* $-3{,}4384$; $2{,}1963$; $13{,}2421$

4/5) überall stetig und diff.bar *(Polynom)*

6) rel. Extrema: $f'(x) = 0 \iff$ $x_1 = 4 + 2\sqrt{6}$; $x_2 = 4 - 2\sqrt{6}$ *($f'' > 0$: Min.)* *($f'' < 0$: Max.)*

7) Wendepunkte: $f''(x) = 0 \iff$ $x = 4$; $f'''(4) = 6 > 0$: konkav-konvex-Wendestelle

8/9) siehe Graphik

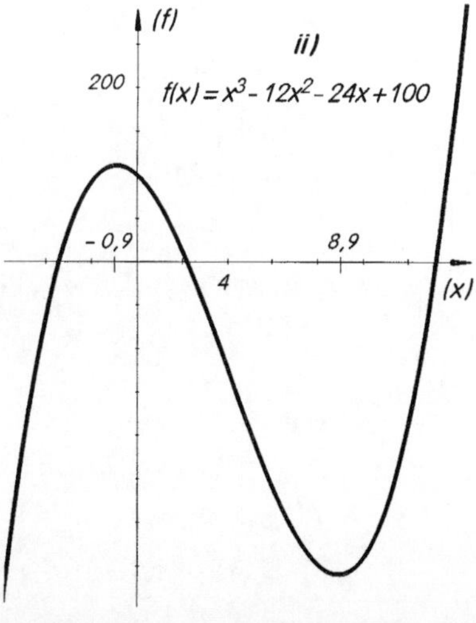

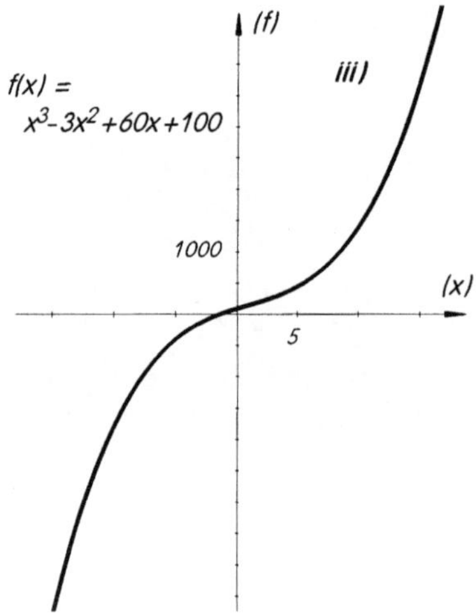

iii) $f(x) = x^3 - 3x^2 + 60x + 100$
$f'(x) = 3x^2 - 6x + 60$
$f''(x) = 6x - 6$; $f'''(x) \equiv 6$

1) $D_f = \mathbb{R}$ *(Polynom)*
3) Nullstellen: $f(x) = 0$; *Regula falsi:* $x_0 = -1{,}4983$ *(einzige Nullstelle)*
4/5) überall stetig und diff. bar *(Polynom)*
6) rel. Extrema: $f'(x) = 0 \iff x_1 = 1 \pm \sqrt{1-20} \notin \mathbb{R}$, d.h. f hat keine rel. Extrema
7) Wendepunkte: $f''(x) = 0 \iff x_2 = 1$; $f'''(1) = 6 > 0$: konkav-konvex-Wendestelle
8) $f'(x)$ besitzt keine Nullstelle *(s. 6))* und $f'(0) = 60 > 0 \Rightarrow f'(x)$ ist überall positiv, d.h. f steigt in D_f.
$f'' < 0$ für $x < 1$: f konkav links vom WP
$f'' > 0$ für $x > 1$: f konvex rechts vom WP. **9)** siehe Skizze

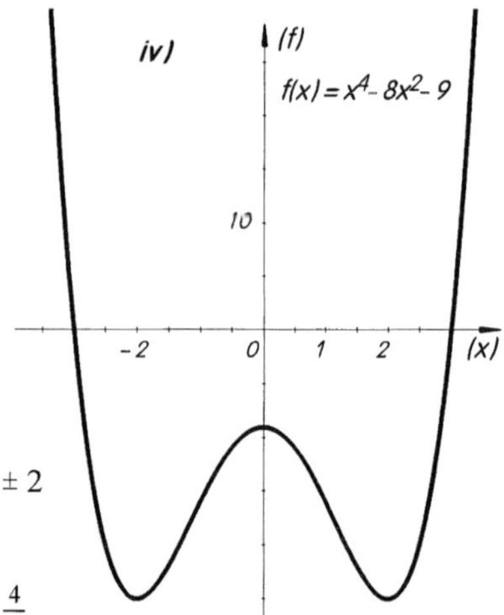

iv) $f(x) = x^4 - 8x^2 - 9$
$f'(x) = 4x^3 - 16x$
$f''(x) = 12x^2 - 16$
$f'''(x) = 24x$

1) $D_f = \mathbb{R}$ *(Polynom)*
2) $f(-x) = f(x) \Rightarrow$ Achsensymmetrie zur Ordinate
3) Nullstellen: $f(x) = 0$; *Substitution:* $x^2 =: z \Rightarrow z^2 - 8z - 9 = 0 \iff z_1 = -1 \neq x^2$; $z_2 = 9$ d.h. $x_{1,2} = \pm 3$
4/5) überall stetig und diff. bar *(Polynom)*
6) rel. Extrema: $f'(x) = 0 \iff 4x \cdot (x^2 - 4) = 0 \iff x_3 = 0$; $x_{4,5} = \pm 2$
($f''(0) < 0$: Max.; $f''(-2) > 0$: Min.; $f''(2) > 0$: Min.)
7) Wendepunkte: $f''(x) = 0 \iff x^2 = \frac{4}{3}$
$x_6 = -\frac{2}{\sqrt{3}}$; $f'''(x_6) < 0$: konvex-konkav-Wendepunkt bei x_6.
$x_7 = \frac{2}{\sqrt{3}}$. $f'''(x_7) > 0$: x_7 ist eine konkav-konvex-Wendestelle.

v) $f(x) = \frac{1}{12}x^4 - 2x^3 + 7{,}5x^2$ $\qquad f'(x) = \frac{1}{3}x^3 - 6x^2 + 15x$
$f''(x) = x^2 - 12x + 15$ $\qquad f'''(x) = 2x - 12$

1) $D_f = \mathbb{R}$ *(Polynom)* **2)** $f(-x) \neq \pm f(x) \Rightarrow$ keine Symmetrie erkennbar
3) Nullstellen: $f(x) = 0 = \frac{1}{12}x^2 \cdot (x^2 - 24x + 90) \iff x_1 = 0$, $x_{2,3} = 12 \pm \sqrt{54}$

4/5) überall stetig und diff.bar *(Polynom)*

6) rel. Extrema: $f'(x) = 0 \iff$

$\frac{1}{3}x \cdot (x^2 - 18x + 45) = 0 \iff$

$x_4 = 0$; $x_5 = 9+6 = 15$;

$x_6 = 9-6 = 3$.

$f''(0) = 15 > 0$ *(rel. Min. in x_4)*

$f''(3) = -12 < 0$ *(rel. Max. in x_5)*

$f''(15) = 60 > 0$ *(rel. Min. in x_6)*

7) Wendepunkte: $f''(x) = 0 \iff$

$x^2 - 12x + 15 = 0 \iff$

$x_7 = 6 - \sqrt{21}$ *($\approx 1{,}4174$)*;

$f'''(x_7) \approx -9{,}2 < 0$

(konvex-konkav Wendepunkt bei x_7)

$x_8 = 6 + \sqrt{21}$ *($\approx 10{,}5826$)*;

$f'''(x_8) \approx 9{,}2 > 0$

(konkav-konvex Wendepunkt bei x_8)

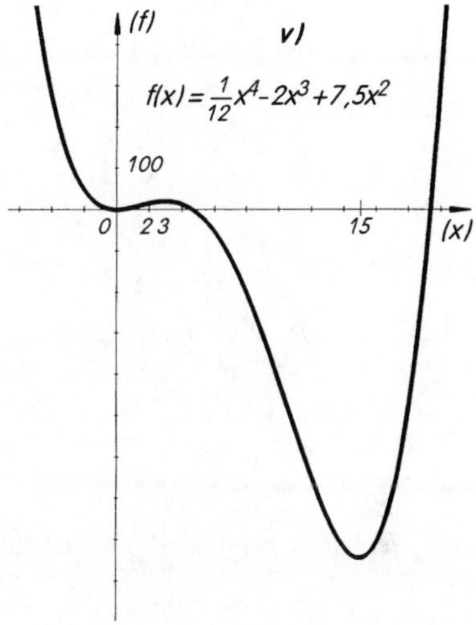

vi) $f(x) = \frac{5x-4}{8x-2}$ $\qquad f'(x) = \frac{22}{(8x-2)^2}$

$f''(x) = \frac{-352}{(8x-2)^3}$

1) $D_f = \mathbb{R}\setminus\{0{,}25\}$

3) Nullstellen: $f(x) = 0 \iff$

$x_1 = 0{,}8$ *(einzige Nullstelle)*

4/5) überall in D_f stetig, Pol bei 0,25

überall in D_f differenzierbar

6) rel. Extrema: $f'(x) = 0 \iff$

Der Zähler von $f'(x)$ kann nicht Null werden, f besitzt keine stationären Stellen und somit auch keine relativen Extrema.

7) Wendepunkte: $f''(x) = 0 \iff$

Gleichung nicht lösbar, f besitzt keine Wendepunkte.

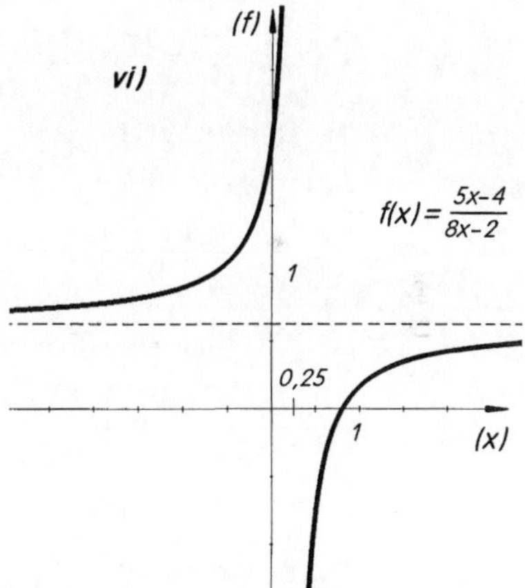

8) $f'(x) > 0$ für alle $x \in D_f$, d.h. f ist in D_f monoton steigend.

$f''(x)$ ist positiv für $x < 0{,}25$ und negativ für $x > 0{,}25$, d.h. f ist kovex gekrümmt für $x < 0{,}25$ und konkav gekrümmt für $x > 0{,}25$.

9) Wegen $\lim\limits_{x \to \pm\infty} f(x) = \lim\limits_{x \to \pm\infty} \frac{5x-4}{8x-2} = \frac{5}{8}$ folgt *(siehe Graph von f)*:

Die waagerechte Gerade $y = \frac{5}{8}$ ist Asymptote von f(x) für $x \to \pm\infty$.

vii) $f(x) = \frac{x^2}{x-1} \Rightarrow f'(x) = \frac{x^2-2x}{(x-1)^2} \Rightarrow f''(x) = \frac{2}{(x-1)^3}$

1) $D_f = \mathbb{R}\setminus\{1\}$ $\qquad$ **2)** $f(-x) \neq \pm f(x) \Rightarrow$ keine Symmetrie erkennbar

3) Nullstellen: $f(x) = 0 = \frac{x^2}{x-1} \iff x_1 = 0$

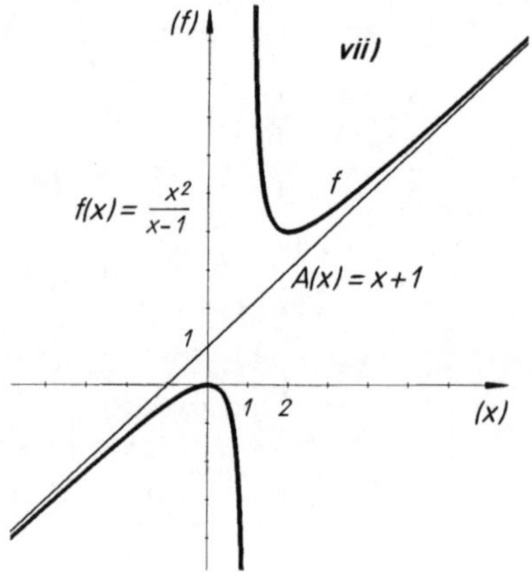

4/5) überall in D_f stetig, Pol bei „1“, überall in D_f differenzierbar

6) rel. Extrema: $f'(x) = 0 \iff$
$f'(x) = \frac{x^2-2x}{(x-1)^2} \iff x\cdot(x-2)=0$
$x_2 = 0$; $x_3 = 2$
$f''(0) = -2 < 0$ *(rel. Max. in x_2)*
$f''(2) = \ \ 2 > 0$ *(rel. Min. in x_3)*

7) Wendepunkte: $f''(x) = 0 \iff$ Gleichung nicht lösbar, f besitzt keine Wendepunkte.

9) Wegen $\frac{x^2}{x-1} = x+1+\frac{1}{x-1}$ *(Polynomdivision)* und
$\lim\limits_{x\to\pm\infty} \frac{1}{x-1} = 0$ folgt: $A(x) = x+1$ ist Asymptotenfunktion von f(x).

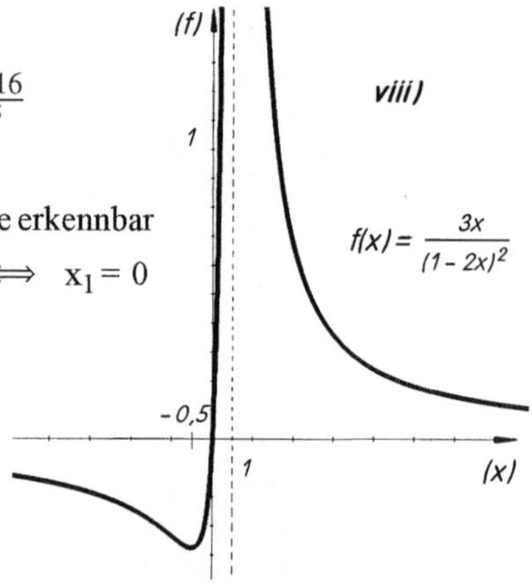

viii $f(x) = \frac{3x}{(1-2x)^2} \Rightarrow f'(x) = \frac{6x+3}{(1-2x)^3}$
$f''(x) = \frac{24x+24}{(1-2x)^4} \Rightarrow f'''(x) = \frac{144x+216}{(1-2x)^5}$

1) $D_f = \mathbb{R}\setminus\{0{,}5\}$

2) $f(-x) \neq \pm f(x) \Rightarrow$ keine Symmetrie erkennbar

3) Nullstellen: $f(x) = 0 = \frac{3x}{(1-2x)^2} \iff x_1 = 0$

4/5) überall in D_f stetig, Pol bei „1“, überall in D_f differenzierbar

6) rel. Extrema: $f'(x) = 0 \iff$
$f'(x) = \frac{6x+3}{(1-2x)^3} \iff x_2 = -0{,}5$
$f''(-0{,}5) = 0{,}75 > 0$ *(rel. Min. in x_2)*

7) Wendepunkte: $f''(x) = 0 \iff x_3 = -1$
Wegen $f'''(-1) \approx 0{,}30 > 0$: konkav-konvex-Wendepunkt in $x_3 = -1$.

8) $\lim\limits_{x\to\pm\infty} \frac{3x}{(1-2x)^2} = 0$, d.h. die Abszisse ist Asymptote von f für $x\to\pm\infty$.

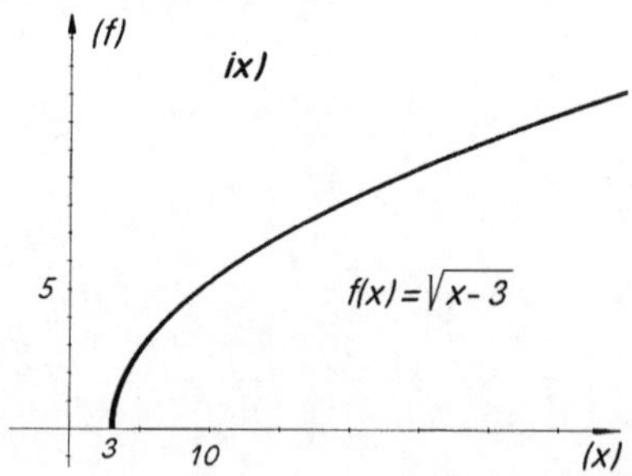

ix) $f(x) = 2\sqrt{x-3} \Rightarrow f'(x) = (x-3)^{-0{,}5}$
$f''(x) = -0{,}5\cdot(x-3)^{-1{,}5}$

1) $D_f = \{x\in\mathbb{R} \mid x \geq 3\}$

2) keine Symmetrie erkennbar

3) Nullstellen: $2\sqrt{x-3} = 0 \iff x_1 = 3$

4/5) überall in D_f stetig
überall in $D_f\setminus\{3\}$ diff.bar

6/7) keine rel. Extrema, keine Wendepunkte *(Zähler stets $\neq 0$)*

x) $f(x) = 10 \cdot x^{0,8}$
$f'(x) = 8 \cdot x^{-0,2}$
$f''(x) = -1,6 \cdot x^{-1,2}$
$f'''(x) = 1,92 \cdot x^{-2,2}$

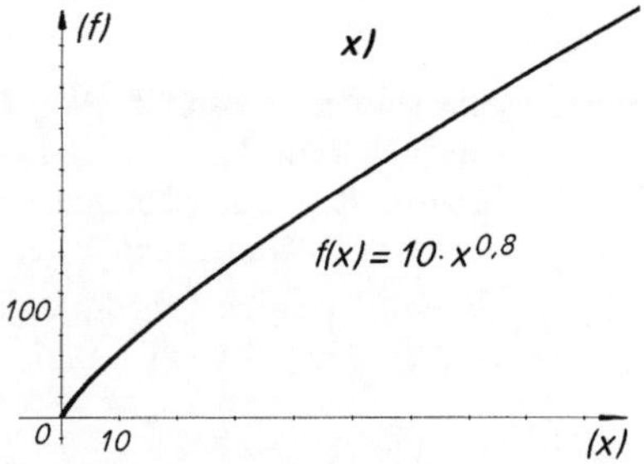

1) $D_f = \{x \in \mathbb{R} \mid x \geq 0\}$

2) $f(-x) \neq \pm f(x)$, d.h. keine Symmetrie erkennbar

3) Nullstellen: $x^{0,8} = 0 \Rightarrow x_1 = 0$

4/5) f ist überall in D_f stetig und überall in $D_f \setminus \{0\}$ differenzierbar.

6) $f'(x) = 8 \cdot x^{-0,2} = 0$ besitzt keine Lösung, da der Zähler stets $\neq 0$ ist. Daher besitzt f keine relativen Extrema.

7) $f''(x) = -1,6 \cdot x^{-1,2} = 0$ besitzt keine Lösung, da der Zähler stets $\neq 0$ ist. Daher besitzt f keine Wendepunkte.

8) $f'(x) > 0 \Rightarrow$ f steigt in D_f.
$f''(x) < 0 \Rightarrow f'$ fällt in D_f, d.h. f ist in $D_{f'}$ konkav gekrümmt

9) $\lim\limits_{x \to \infty} f(x) = \lim\limits_{x \to \infty} 10 \cdot x^{0,8} \to \infty$

xi) $f(x) = x^2 \cdot e^{-x}$
$f'(x) = e^{-x} \cdot (2x - x^2)$
$f''(x) = e^{-x} \cdot (x^2 - 4x + 2)$
$f'''(x) = e^{-x} \cdot (-x^2 + 6x - 6)$

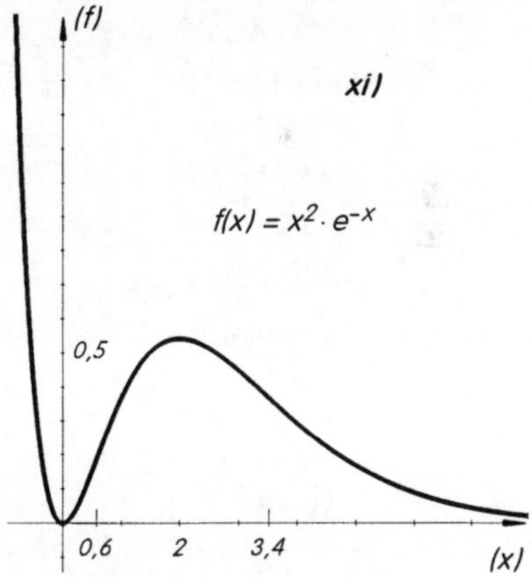

1) $D_f = \mathbb{R}$

2) $f(-x) \neq f(x)$: keine Symmetrie erkennbar.

3) Nullstellen: $f(x) = 0 \iff x^2 \cdot e^{-x} = 0 \iff x_1 = 0$

4) f ist – als Produkt zweier stetiger Funktionen – überall stetig.

5) f ist – als Produkt zweier differenzierbarer Funktionen – überall differenzierbar.

6) relative Extrema: $f'(x) = 0 \iff 2x - x^2 = 0 \iff x_2 = 0;\ x_3 = 2$
($f''(x_2) = f''(0) = 2 > 0$: Min. in x_2; $f''(x_3) = f''(2) = -0,2707 < 0$: Max. in x_3)

7) Wendepunkte: $f''(x) = 0 \iff x^2 - 4x + 2 = 0 \iff$
$x_4 = 2 + \sqrt{2} \approx 3,4142$; $\quad f'''(2+\sqrt{2}) \approx 0,0931 > 0$,
d.h. $x_4 \approx 3,41$ ist eine konkav-konvexe Wendestelle.
$x_5 = 2 - \sqrt{2} \approx 0,5858$; $\quad f'''(2-\sqrt{2}) \approx -1,5745 < 0$,
d.h. $x_5 \approx 0,5858$ ist eine konvex-konkave Wendestelle.

9) $\lim\limits_{x \to \infty} f(x) = \lim\limits_{x \to \infty} \frac{x^2}{e^x} = \lim\limits_{x \to \infty} \frac{2x}{e^x} = \lim\limits_{x \to \infty} \frac{2}{e^x} = 0$ *(Regel von L'Hôspital)*
d.h. die Abszisse ist Asymptote von f für $x \to \infty$.

Aufgabe 6.13 *(6.2.54)*:

Die Funktion f mit $f(x) = ax^3 + bx^2 + cx + d$ ist dann vollständig bekannt, wenn die Koeffizienten a, b, c, d bekannt sind. Aus den vorliegenden Daten und den geforderten Eigenschaften ergibt sich jeweils ein System von Bedingungsgleichungen für die Koeffizienten, deren Lösung schließlich a, b, c und d liefern.

Benötigt werden dazu die allgemeine Funktionsgleichung und deren Ableitungen:

$f(x) = ax^3+bx^2+cx+d$; $f'(x) = 3ax^2+2bx+c$; $f''(x) = 6ax+2b$

i) (1) Nullstelle in $x=0$ $\Rightarrow$ $f(0) = 0$: $0 = 0+0+0+d$
(2) Wendepunkt in $x=0$ $\Rightarrow$ $f''(0) = 0$: $0 = 0+2b$
(3) rel. Extremum für $x = -2$ $\Rightarrow$ $f'(-2) = 0$: $0 = 12a-4b+c$
(4) Steigung = 3 für $x = 4$ $\Rightarrow$ $f'(4) = 3$: $3 = 48a+8b+c$

Aus den beiden ersten Gleichungen folgt: $b = 0$; $d = 0$, so dass bleibt:
$0 = 12a+c$
$3 = 48a+c$. Subtraktion liefert: $36a = 3 \Rightarrow a = \frac{1}{12} \Rightarrow c = -1 \Rightarrow$

$$f(x) = \frac{1}{12}x^3 - x$$

ii) (1) Verlauf durch (1;0) $\Rightarrow$ $f(1) = 0$: $0 = a+b+c+d$
(2) Wendepunkt in $x=1$ $\Rightarrow$ $f''(1) = 0$: $0 = 6a+2b$
(3) Steigung = -9 für $x = 1$ $\Rightarrow$ $f'(1) = -9$: $-9 = 3a+2b+c$
(4) Verlauf durch (0;8) $\Rightarrow$ $f(0) = 8$: $8 = 0+0+0+d$

Subtraktion (3) – (1) liefert *(mit d = 8)*: $-1 = 2a+b$ oder $-2 = 4a+2b$
Subtraktion von (2) liefert: $-2 = -2a$, d.h. $a = 1$.
Damit folgt aus (2): $b = -3$. Damit folgt aus (3): $c = -6$ $\Rightarrow$

$$f(x) = x^3-3x^2-6x+8.$$

iii) (1) Verlauf durch (0;16) $\Rightarrow$ $f(0) = 16$: $16 = 0+0+0+d$
(2) Steigung = 30 für $x = 0$ $\Rightarrow$ $f'(0) = 30$: $30 = 0+0+c$
(3) Wendepunkt in $x=3$ $\Rightarrow$ $f''(3) = 0$: $0 = 18a+2b$
(4) Verlauf durch (3;52) $\Rightarrow$ $f(3) = 52$: $52 = 27a+9b+3c+d$

Aus den beiden ersten Gleichungen folgt: $d = 16$; $c = 30$, so dass bleibt:

$$\begin{array}{rl|l} 0 = & 18a+2b & \cdot 9 \iff 0 = 162a+18b \\ -54 = & 27a+9b & \cdot 2 \iff -108 = 54a+18b \end{array}$$

Subtraktion liefert:

$108 = 108a \iff a = 1$. Einsetzen in (3) liefert: $b = -9$ $\Rightarrow$

$$f(x) = x^3-9x^2+30x+16.$$

Aufgabe 6.14 *(6.2.55)*:

Prinzip wie in Aufg. 6.13. Benötigt: $f(x) = \frac{ax+b}{x^2+c}$; $f'(x) = \frac{-ax^2-2bx+ac}{(x^2+c)^2}$

(1) Pol in $x=-2$ $\Rightarrow$ Nenner $\stackrel{!}{=} 0$ für $x=-2 \iff x^2+c=0$: $0 = 4+c$

(2) rel. Extremum für $x=1$ $\Rightarrow$ $f'(1) = 0$: $0 = \frac{-a-2b+ac}{(1+c)^2}$

(3) Verlauf durch $(1;-0{,}25)$ $\Rightarrow$ $f(1) = -0{,}25$: $-0{,}25 = \frac{a+b}{1+c}$

Aus (1) folgt: $c = -4 \quad \Rightarrow$ (2) $-5a - 2b = 0$

(3) $a + b = 0{,}75$ oder $2a + 2b = 1{,}5$.

Addition der beiden Gleichungen liefert: $-3a = 1{,}5$ d.h. $a = -0{,}5$.

Einsetzen in (3) liefert: $b = 0{,}75 - a = 1{,}25 \quad \Rightarrow \quad f(x) = \dfrac{-0{,}5x + 1{,}25}{x^2 - 4}$.

Aufgabe 6.15 *(6.2.56)*:

Benötigt werden: $f(x) = a \cdot e^{bx}$; $f'(x) = ab \cdot e^{bx}$; $f''(x) = ab^2 \cdot e^{bx}$

i) f soll positiv sein, d.h. $f(x) = a \cdot e^{bx} > 0 \quad \Rightarrow a > 0$ *(denn e^{bx} ist stets > 0!)*
f soll monoton fallen, d.h. $f'(x) = ab \cdot e^{bx} < 0$. Da $a > 0$, $e^{bx} > 0 \Rightarrow b < 0$.

ii) f soll konkav gekrümmt sein, d.h. Bedingung: $f''(x) = ab^2 \cdot e^{bx} < 0$.
Da $b^2 \geq 0$, $e^{bx} > 0$: Die Bedingung ist erfüllt, wenn gilt: $a < 0$ und $b \neq 0$.

Wegen $a > 0$ *(i)* und $a < 0$ *(ii)* kann f die Eigenschaften i) und ii) *nicht* gleichzeitig besitzen!

Aufgabe 6.16 *(6.2.67)*: *(zur Systematik siehe Lösung zu Aufgabe 6.12)*

i) $f(x) = e^{-\frac{1}{x}}$; $\quad f'(x) = e^{-\frac{1}{x}} \cdot \frac{1}{x^2}$

$f''(x) = e^{-\frac{1}{x}} \cdot \left(\frac{1}{x^4} - \frac{2}{x^3}\right)$; $\quad f'''(x) = e^{-\frac{1}{x}} \cdot \left(\frac{6}{x^4} - \frac{6}{x^5} + \frac{1}{x^6}\right)$

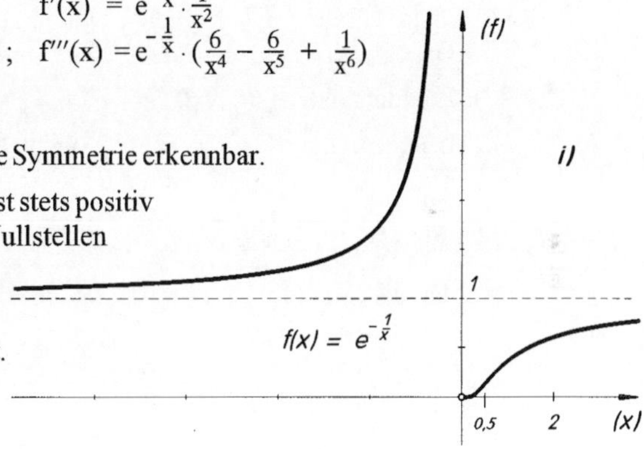

1) $D_f = \mathbb{R} \setminus \{0\}$

2) $f(-x) \neq f(x)$: keine Symmetrie erkennbar.

3) Nullstellen: f(x) ist stets positiv
$\Rightarrow$ f besitzt keine Nullstellen

4) f ist in D_f überall stetig, für $x = 0$ aber nicht definiert.

Untersuchung der Stelle $x = 0$:

$\lim\limits_{x \to 0^-} e^{-\frac{1}{x}} = „e^{-\frac{1}{0^-}}" = „e^{\frac{1}{0^+}}" = „e^{\infty}" = \infty$

$\lim\limits_{x \to 0^+} e^{-\frac{1}{x}} = „e^{-\frac{1}{0^+}}" = „e^{-\infty}" = 0^+$, d.h. einseitiger Pol in $x = 0$.

5) f ist in $D_f = \mathbb{R}\setminus\{0\}$ überall differenzierbar.

6) relative Extrema: $f'(x)$ ist überall positiv, kann also nicht Null werden. Daher hat f keine stationären Stellen und somit auch keine rel. Extrema.

7) Wendepunkte: $f''(x) = 0 \iff \frac{1}{x^4} - \frac{2}{x^3} = 0 \iff 1 - 2x = 0$ d.h. $x = 0{,}5$.
Überprüfung: $f'''(0{,}5) = -32 \cdot e^{-2} < 0$, d.h. konvex-konkav-WP in 0,5.

8) Wegen $f'(x) = e^{-\frac{1}{x}} \cdot \frac{1}{x^2} > 0$ ist f in D_f überall steigend.

9) $\lim\limits_{x \to \infty} f(x) = \lim\limits_{x \to \infty} e^{-\frac{1}{x}} = e^{0^{\pm}} = 1^{\pm}$,
d.h. die Gerade $y \equiv 1$ ist Asymptote von f für $x \to \infty$, siehe Graph.

ii) $f(x) = e^{-\frac{1}{x^2}}$; $f'(x) = e^{-\frac{1}{x^2}} \cdot \frac{2}{x^3}$

$f''(x) = e^{-\frac{1}{x^2}} \cdot \left(\frac{4}{x^6} - \frac{6}{x^4}\right)$

$f'''(x) = e^{-\frac{1}{x^2}} \cdot \left(\frac{8}{x^9} - \frac{36}{x^7} + \frac{24}{x^5}\right)$

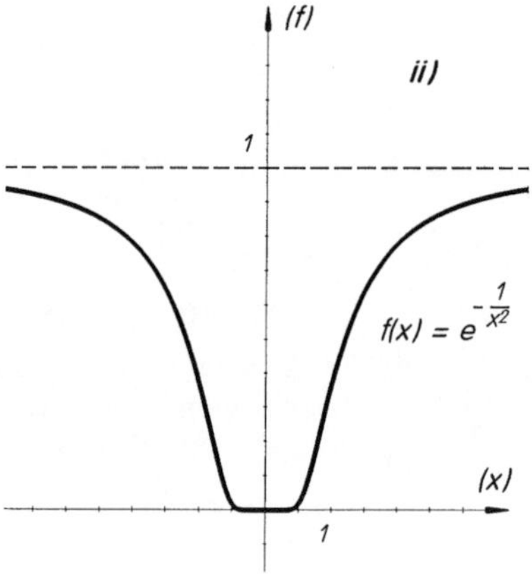

1) $D_f = \mathbb{R} \setminus \{0\}$

2) $f(-x) = f(x)$: f ist achsensymmetrisch zur Ordinateenachse.

3) Nullstellen: f(x) ist stets positiv $\Rightarrow$ f besitzt keine Nullstellen.

4) f ist in D_f überall stetig, für $x = 0$ aber nicht definiert.

Untersuchung der Stelle $x = 0$:

$\lim_{x \to 0^\pm} e^{-\frac{1}{x^2}} =$ „$e^{-\frac{1}{0^+}}$“ $=$ „$e^{-\infty}$“ $= 0^+ \quad \Rightarrow$ f besitzt in $x = 0$ eine Lücke.

5) f ist in $D_f = \mathbb{R}\setminus\{0\}$ überall differenzierbar.

6) relative Extrema: $f'(x)$ ist in D_f überall > 0, kann also nicht Null werden. Daher hat f keine stationären Stellen und somit auch keine rel. Extrema.

7) Wendepunkte: $f''(x) = 0 \iff \frac{4}{x^6} - \frac{6}{x^4} = 0 \iff 4 = 6x^2$ d.h. $x_{1,2} = \pm\sqrt{2/3}$.
Überprüfung: $f'''(\sqrt{2/3}) \approx -7{,}3785 < 0$, d.h. konvex-konkav-WP in $\sqrt{2/3}$;
$f'''(-\sqrt{2/3}) \approx 7{,}3785 > 0$, d.h. konkav-konvex-WP in $-\sqrt{2/3}$ *($\approx -0{,}82$)*.

9) $\lim_{x \to \infty} f(x) = \lim_{x \to \infty} e^{-\frac{1}{x^2}} = e^{0^-} = 1^-$,

d.h. die Gerade $y \equiv 1$ ist Asymptote von f für $x \to \infty$, siehe Graph.

iii) $f(x) = x^2 \cdot \ln x$

$f'(x) = x \cdot (2 \cdot \ln x + 1)$

$f''(x) = 2 \cdot \ln x + 3$

$f'''(x) = \frac{2}{x}$

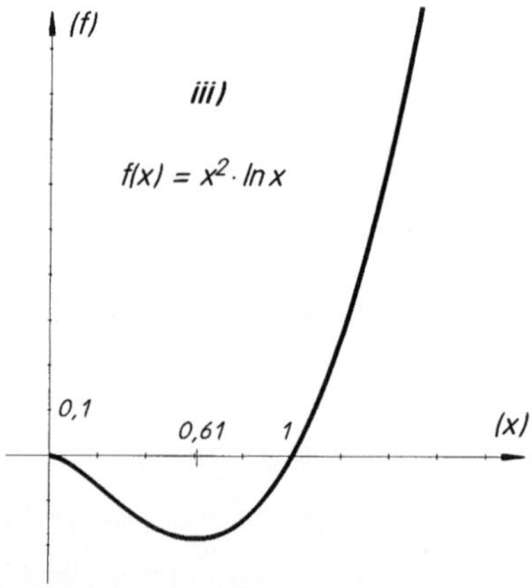

1) $D_f = \mathbb{R}^+$ *(wegen „ ln ... “)*

2) $f(-x) \neq f(x)$:
Symmetrie nicht erkennbar.

3) Nullstellen: $x^2 \cdot \ln x = 0 \underset{(x>0)}{\iff}$
$\ln x = 0 \iff x_1 = 1$.

4) f ist in D_f überall stetig.

5) f ist in D_f überall differenzierbar.

6) relative Extrema: $f'(x) = 0 \iff$
$x \cdot (2\ln x + 1) = 0 \iff x = 0 \vee \ln x = -0{,}5$.
Da $0 \notin D_f \Rightarrow x_2 = e^{-0,5} \approx 0{,}61$. Überprüfung von f'': $f''(e^{-0,5}) = 2 > 0$, an der Stelle $x_2 = e^{-0,5}$ liegt somit ein relatives Minimum von f.

7) Wendepunkte: $f''(x) = 0 = 2 \cdot \ln x + 3 \iff \ln x = -\frac{3}{2} \iff x_3 = e^{-1,5}$
Überprüfung: $f'''(e^{-1,5}) \approx 2 \cdot e^{1,5} > 0$, d.h. konkav-konvex-WP bei 0,2231.

9) Untersuchung von f für $x \to 0^+$: $\lim\limits_{x\to 0^+} f(x) = \lim\limits_{x\to 0^+} x^2 \cdot \ln x =$ „$0 \cdot -\infty$“.
Dieser unbestimmte Ausdruck wird mit Hilfe der Regel von L'Hôspital untersucht, siehe Aufg. 5.13 iii):

$$\lim_{x\to 0^+} x^2 \cdot \ln x = \lim_{x\to 0^+} \frac{\ln x}{\frac{1}{x}} = \lim_{x\to 0^+} \frac{\frac{1}{x}}{\frac{-2}{x^3}} = \lim_{x\to 0^+} -\frac{1}{2}x^2 = 0^-,$$ siehe Graph.

iv) $f(x) = (x+1)^3 \cdot \sqrt[3]{x^2} = (x+1)^3 \cdot x^{2/3}$

$f'(x) = \frac{1}{3}(x+1)^2 \cdot (11x^{2/3} + 2x^{-1/3})$

$f''(x) = \frac{1}{9}(x+1) \cdot (88x^{2/3} + 32x^{-1/3} - 2x^{-4/3})$

$f'''(x) = \frac{1}{27}(440x^{2/3} + 240x^{-1/3} - 30x^{-4/3} + 8x^{-7/3})$

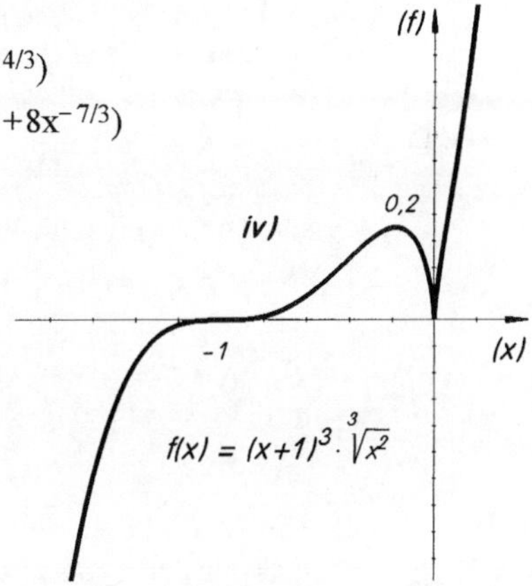

1) $D_f = \mathbb{R}$
2) $f(-x) \neq f(x)$: keine Symmetrie
3) Nullstellen: $f(x) = 0 \iff$
$1 + x^3 = 0 \vee \sqrt[3]{x^2} = 0 \iff$
$x_1 = -1$; $x_2 = 0$.
4) f ist in D_f überall stetig.
5) f ist in $D_f \setminus \{0\}$ differenzierbar.
In $x = 0$ existiert $f'(x)$ nicht,
$\lim\limits_{x\to 0\pm} f'(x) = \pm\infty$ *(„Spitze“)*
6) relative Extrema: $f'(x) = 0 \underset{x \neq 0}{\iff} x+1 = 0 \vee 11x^{2/3} + 2x^{-1/3} = 0 \iff$
$x_3 = -1$; $x_4 = -\frac{2}{11}$ *(folgt aus der letzten Gleichung durch Multiplikation mit $x^{1/3}$)*
Überprüfung von f'' : $f''(-1) = 0$, d.h. zunächst keine Aussage möglich *(siehe unten Punkt 7))*. $f''(-2/11) = -4,3327 < 0$, d.h. in $x = -2/11 \approx 0,1818$ liegt ein relatives Maximum von f vor.

Für die (nicht differenzierbare) Stelle $x = 0$ folgert man mit Hilfe von Satz 6.2.58 *(Lehrbuch)*: Da für $-2/11 < x < 0$ die Ableitung $f'(x)$ negativ ist und für $x > 0$ die Ableitung $f'(x)$ positiv ist, wechselt $f'(x)$ beim Durchgang durch $x = 0$ sein Vorzeichen, somit liegt an der Stelle $x_2 = 0$ ein relatives Minimum von f vor *(siehe Graph)*.

7) Wendepunkte: $f''(x) = 0 \underset{x \neq 0}{\iff} x+1 = 0 \vee 88x^{2/3} + 32x^{-1/3} - 2x^{-4/3} = 0$
$\iff x_3 = -1$. Multiplikation des letzten Terms mit $x^{4/3}$ liefert:
$88x^2 + 32x - 2 = 0 \iff x^2 + \frac{4}{11}x - \frac{1}{44} = 0 \iff x_5 = -0,4180$; $x_6 = 0,0544$
Überprüfung: $f'''(-1) = 6 > 0$, d.h. konkav-konvex-WP für $x_3 = -1$.
Wegen $f'(-1) = 0$ (s. 6)) ist der Wendepunkt ein sog. „Sattelpunkt“.
$f'''(x_5) \approx -8,6 < 0$, d.h. konvex-konkav-Wendepunkt bei $x = x_5$.
$f'''(x_6) \approx 236,1 > 0$, d.h. konkav-konvex-Wendepunkt bei $x = x_6$.

v) $f(x)=\begin{cases}-x^2+2x+1 & \text{für } 0 \le x < 2\\ 2x-3 & \text{für } 2 \le x < 4\\ x^2-6x+7 & \text{für } 4 \le x < 5\\ -x^2+14x-43 & \text{für } 5 \le x \le 8\end{cases}$ $f'(x)=\begin{cases}-2x+2 & \text{für } 0 < x < 2\\ 2 & \text{für } 2 < x < 4\\ 2x-6 & \text{für } 4 < x < 5\\ -2x+14 & \text{für } 5 < x < 8\end{cases}$

$f''(x)=\begin{cases}-2 & \text{für } 0 < x < 2\\ 0 & \text{für } 2 < x < 4\\ 2 & \text{für } 4 < x < 5\\ -2 & \text{für } 5 < x < 8\end{cases}$

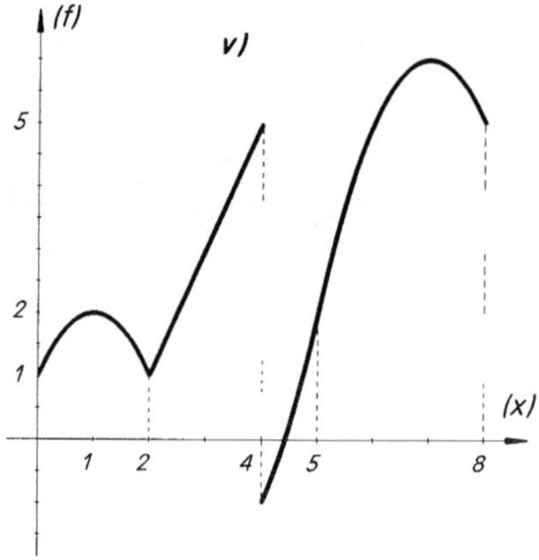

1) $D_f = \{x \in \mathbb{R} \mid 0 \le x \le 8\}$

3) Nullstellen: Jedes Teilintervall muss auf Nullstellen untersucht werden:

$-x^2+2x+1 = 0 \iff x_{1,2} = 1 \pm \sqrt{2}$
Weder x_1 noch x_2 liegt in $[0;2[$, d.h. keine Nullstellen in $[0;2[$.

$2x-3 = 0 \iff x_3 = 1{,}5 \notin [2;4[$, d.h. keine Nullstellen in $[2;4[$.

$x^2-6x+7 = 0 \iff x_4 = 3-\sqrt{2} \approx 1{,}59 \notin [4;5[$; $x_5 = 3+\sqrt{2} \approx 4{,}4 \in [4;5[$, d.h. $x_5 = 3+\sqrt{2}$ ist Nullstelle.

$-x^2+14x-43 = 0 \iff x_{6,7} = 7 \pm \sqrt{6} \notin [5;8]$, d.h. keine Nullstellen.

4) Die Teilfunktionen sind jeweils stetig *(Polynome)*, zu untersuchen sind noch die Nahtstellen $x=2$, $x=4$ und $x=5$ innerhalb des Definitionsbereiches.

a) $x=2$: $\left.\begin{array}{l}\lim\limits_{x\to 2^-} f(x) = \lim\limits_{x\to 2^-}(-x^2+2x+1) = 1\\ \lim\limits_{x\to 2^+} f(x) = \lim\limits_{x\to 2^+}(2x-3) = 1 = f(2)\end{array}\right\}$ f ist in $x=2$ stetig.

b) $x=4$: $\left.\begin{array}{l}\lim\limits_{x\to 4^-} f(x) = \lim\limits_{x\to 4^-}(2x-3) = 5\\ \lim\limits_{x\to 4^+} f(x) = \lim\limits_{x\to 4^+}(x^2-6x+7) = -1\end{array}\right\}$ f hat in $x=4$ einen Sprung.

c) $x=5$: $\left.\begin{array}{l}\lim\limits_{x\to 5^-} f(x) = \lim\limits_{x\to 5^-}(x^2-6x+7) = 2\\ \lim\limits_{x\to 5^+} f(x) = \lim\limits_{x\to 5^+}(-x^2+14x-43) = 2\ f(5)\end{array}\right\}$ f ist in $x=5$ stetig.

5) Die Differenzierbarkeit innerhalb der Teilintervalle ist gegeben *(Polynome)*, auch jetzt müssen die Nahtstellen – soweit dort Stetigkeit gegeben ist – separat untersucht werden:

a) $x=2$: $\left.\begin{array}{l}\lim\limits_{x\to 2^-} f'(x) = \lim\limits_{x\to 2^-}(-2x+2) = -2\\ \lim\limits_{x\to 2^+} f'(x) = \lim\limits_{x\to 2^+} 2 = 2\end{array}\right\}$ f ist in $x=2$ nicht differenzierbar.

b) $x=4$: f ist in $x=4$ unstetig, kann also dort nicht differenzierbar sein.

c) $x=5$: $\left.\begin{array}{l}\lim\limits_{x\to 5^-} f'(x) = \lim\limits_{x\to 5^-}(2x-6) = 4\\ \lim\limits_{x\to 5^+} f'(x) = \lim\limits_{x\to 5^+}(-2x+14) = 4\end{array}\right\}$ f ist somit in $x=5$ differenzierbar mit $f'(5) = 4$.

6) Relative Extrema können innerhalb der Teilintervalle sowie an den Nahtstellen der Teil-Definitionsbereiche liegen.

Stationäre Stellen innerhalb der Teilintervalle:

]0;2[: $-2x+2 = 0 \iff x_1 = 1$; $f''(1) = -2 < 0$: rel. Max. in $x_1 = 1$.
]2;4[: $f'(x) \equiv 2 \neq 0$, d.h. keine stationäre Stelle in]2;4[.
]4;5[: $2x-6 = 0 \iff x=3 \notin]4;5[$, d.h. keine stationäre Stelle in]4;5[.
]5;8[: $-2x+14 = 0 \iff x_2 = 7$; $f''(7) = -2 < 0$: rel. Max. in $x_2 = 7$.

Untersuchung der Nahtstellen, soweit f dort stetig ist:

a) $x=2$: f ist in $x=2$ stetig (siehe 4)a)). Nach dem Ergebnis von 5) a) wechselt $f'(x)$ sein Vorzeichen beim Durchgang durch die Stelle „2" von „–" nach „+", d.h. nach Satz 6.2.58 *(Lehrbuch)* hat f an dieser Stelle ein relatives Minimum.

b) $x=5$: Sowohl links als auch rechts von der Stelle $x=5$ ist die Ableitung $f'(x)$ positiv, d.h. es liegt *(nach Satz 6.2.58 Lehrbuch)* kein relatives Extremum vor.

7) Wendepunkte: Da alle Teilfunktionen Polynome ersten und zweiten Grades sind, können innerhalb der Teilintervalle keine Wendepunkte *(= relative Extrema von f'(x))* auftreten. Daher kommen nur die Nahtstellen zwischen den Teilintervallen als Kandidaten für Wendepunkte in Frage, sofern f dort differenzierbar ist. Nach 5)c) kommt dies nur für $x=5$ in Frage: f'' wechselt beim Durchgang durch die Stelle $x = 5$ das Vorzeichen *(von +2 nach –2)* daher hat hier *(nach Satz 6.2.58 Lehrbuch)* f' ein relatives Maximum und somit f einen Wendepunkt.

Aufgabe 6.17 *(6.2.68)*:

i) **a)** f verläuft mit positiver Steigung durch den Punkt (3;4). Beim Durchgang durch diesen Punkt wechselt $f''(x)$ das Vorzeichen von „–" nach „+", somit liegt *(nach Satz 6.2.58 Lehrbuch)* dort ein konkav-konvex-Wendepunkt vor.

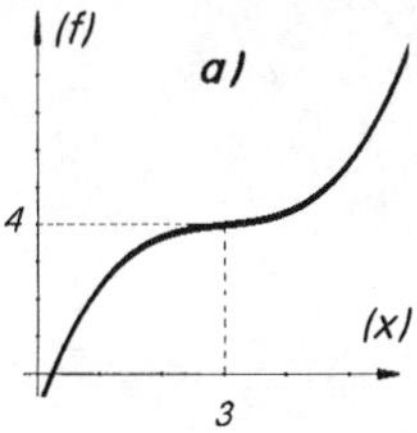

b) f verläuft durch (0;3) und (4;5), hat in $x=0$ eine waagerechte Tangente (wegen $f''(0) < 0$: relatives Maximum). Da weiterhin f für $x < 1$ konkav und für $x > 1$ konvex gekrümmt ist, liegt in $x=1$ ein Wendepunkt vor.

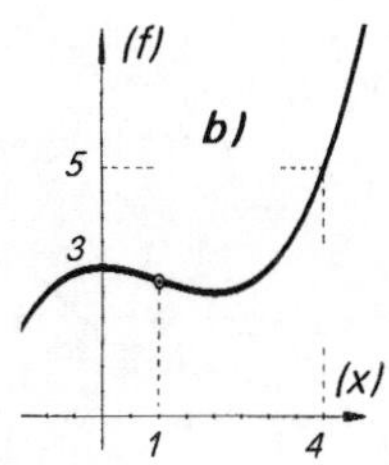

c) f verläuft durch (2;10) und (6;4), in beiden Punkten liegen waagerechte Tangenten vor. Für $x < 2$ ist f konvex, für $x > 6$ konkav gekrümmt.

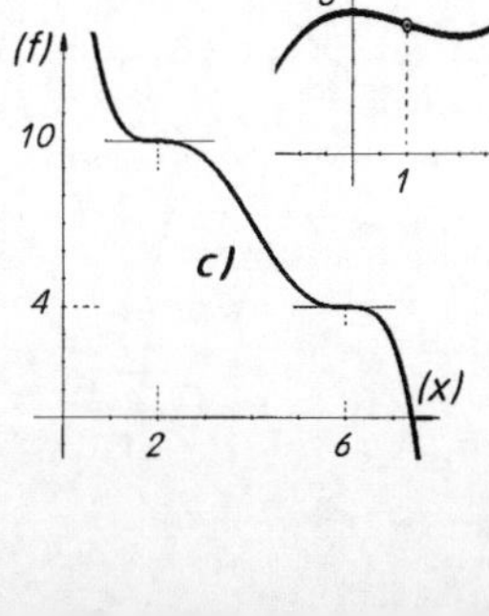

ii) **a)** f verläuft für $x < 2$ fallend und konvex, für $x > 2$ steigend und konkav, d.h. in $x = 2$ muss f (da stetig) eine Ecke besitzen.

b) Der Verlauf von f ist steigend für $x < 3$ und fallend für $x > 3$. f ist (außer in $x = 3$) überall konvex, somit muss f in $x = 3$ eine Ecke (oder Spitze) besitzen.

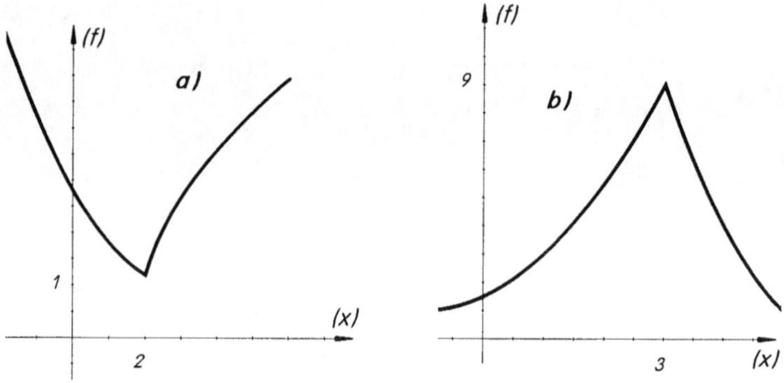

Aufgabe 6.18 *(6.3.17)*:

Zu prüfen ist bei allen Aufgaben, ob der Graph von x(r) die für einen ertragsgesetzlichen Verlauf typische Gestalt (wie in nebenstehender Abbildung) besitzt.

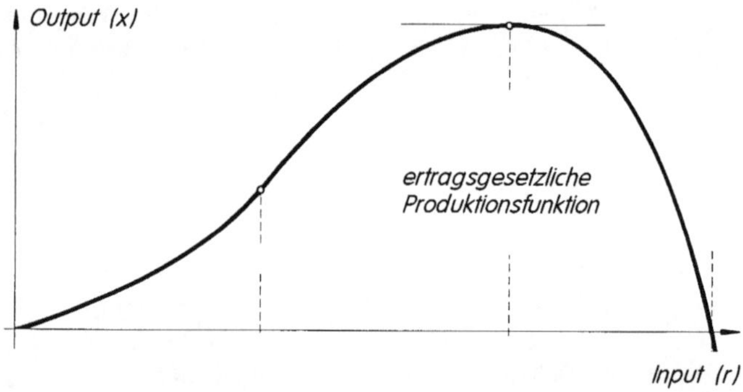

i) nicht ertragsgesetzlich **ii)** ertragsgesetzlich **iii), iv)** nicht ertragsgesetzlich

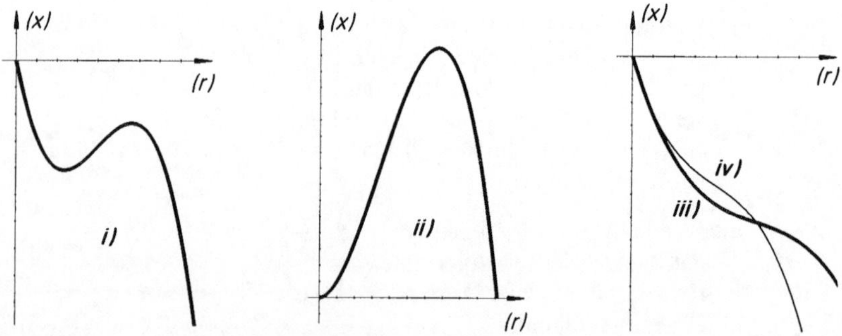

Aufgabe 6.19 *(6.3.18)*:

Eine ertragsgesetzliche Produktionsfunktion kann durch ein Polynom 3. Grades beschrieben werden: $x(r) = ar^3+br^2+cr+d$ *(a ≠ 0)*; (r: Input; x: Output).

Ausgehend von den typischen Eigenschaften einer ertragsgesetzlichen Produktionsfunktion ermittelt man die Bedingungen für die Koeffizienten a, b, c, d *(analog zum Kostenfunktions-Beispiel 6.3.14 Lehrbuch)*. Dabei wird vorausgesetzt, dass – wie in der Abb. zur Lösung von Aufgabe 6.18 – der Graph durch den Koordinatenursprung verläuft. Typische Eigenschaften sind daher:

i) Ohne Faktoreinsatz erhält man keinen Output, d.h. $x(0) = 0 \Rightarrow$ $\mathbf{d=0}$.

ii) Zunächst steigt mit dem Input r auch der Output x(r), d.h. x(r) ist vom Nullpunkt an zunächst monoton steigend:

$$x'(0) = 3ar^2+2br+c\Big|_{r=0} = c \geq 0 \qquad \Rightarrow \qquad \mathbf{c \geq 0}.$$

iii) Die „Schwelle d. Ertragsgesetzes" r_s (d.h. ein konvex/konkaver Wendepunkt, d.h. das Maximum des Grenzertrages $x'(r)$) liegt im 1. Quadranten:

$$x''(r) = 6ar+2b = 0 \quad \Rightarrow \quad r = r_s = -\frac{b}{3a} \overset{!}{>} 0.$$

Daraus folgt (mit $x'''(r_s) = 6a < 0$ (wegen konvex-konkav-WP)):

$\mathbf{a < 0}$; $\mathbf{b > 0}$ *(damit ist „automatisch" ein relatives Maximum rechts von r_s gesichert, siehe die Abb. zur Aufg.lösg. 6.18).*

Die notwendigen Bedingungen für eine ertragsgesetzliche Produktionsfunktion lauten daher: $\mathbf{a < 0}$; $\mathbf{b > 0}$; $\mathbf{c \geq 0}$; $\mathbf{d = 0}$.

Aufgabe 6.20 *(6.3.19)*:

$x(r) = a \cdot r^b$; $x'(r) = ab \cdot r^{b-1}$; $x''(r) = ab(b-1) \cdot r^{b-2}$ $\quad (r \geq 0)$.

Positive Erträge *(falls $r > 0$)* $\Rightarrow$ $x(r) = a \cdot r^b > 0 \Rightarrow a > 0$. Weiterhin mit $r > 0$:

Positive Grenzerträge $\Rightarrow$ $x'(r) = ab \cdot r^{b-1} > 0 \Rightarrow b > 0$ *(wegen $a > 0$)*.

Abnehmende Grenzerträge $\Rightarrow$ $x''(r) = ab(b-1) \cdot r^{b-2} < 0$, d.h. $b-1 < 0$.

Somit lauten die Bedingungen für die Koeffizienten: $\mathbf{a>0}$ sowie $\mathbf{0<b<1}$.

Aufgabe 6.21 *(6.3.20)*:

1) Fixkosten $:= K(0) = ax^3+bx^2+cx+d\Big|_{x=0} = d = 98$.

2) Minimum der Grenzkosten $K'(x)$ für $x=4$ bedeutet notwendig: $K''(4)=0 \Rightarrow$
$K''(4) = (3ax^2+2bx+c)'\Big|_{x=4} = 6ax+2b\Big|_{x=4} = 24a+2b = 0 \iff b = -12a$.

3) Minimum der Stückkosten für $x=7$ bedeutet: $k'(7) = 0$, d.h.
$$k'(7) = (ax^2+bx+c+\frac{d}{x})'\Big|_{x=7} = 2ax+b-\frac{d}{x^2}\Big|_{x=7} = 14a+b-\frac{d}{49} = 0.$$
Wegen $d = 98$ (siehe 1)) folgt: $14a+b = 2$. Einsetzen von 2) in 3) liefert:
$a = 1$; $b = -12a = -12$ d.h. $\qquad K(x) = x^3-12x^2+cx+98$.

Die Kostenfunktion ist nicht eindeutig bestimmt – der Koeffizient c ist noch variabel –, da nur 3 Bedingungen gegeben, aber 4 Koeffizienten gesucht sind. Da es sich aber um eine ertragsgesetzliche Kostenfunktion handelt, muss nach 6.3.16 Lehrbuch gelten: $b^2 < 3ac$, d.h. $144 < 3c$, d.h. $c > 48$.

Aufgabe 6.22 *(6.3.21)*:

Eine neoklassische Produktionsfunktion muss die Bedingungen: $x'(r) > 0$ sowie $x''(r) < 0$ für $r > 0$ erfüllen *(d.h. positive, aber abnehmende Grenzproduktivitäten)*. Für die gegebene Funktion $x(r) = (0{,}6r^{0,5}+1)^2$ gilt:

$x'(r) = 2\cdot(0{,}6r^{0,5}+1)\cdot 0{,}3\cdot r^{-0,5} = 0{,}36 + 0{,}6\cdot r^{-0,5}$ ist positiv für alle $r>0$.

$x''(r) = -0{,}3\cdot r^{-1,5}$ ist < 0, da $r > 0$. Somit ist $x(r)$ vom neoklassischen Typ.

Aufgabe 6.23 *(6.3.22)*:

i) a) $k(1) = a\cdot 1^b = a \overset{!}{=} 160 \quad \Rightarrow \quad k(x) = 160\cdot x^b$.

b) $k(2x) \overset{!}{=} 0{,}8\cdot k(x)$, d.h. $160\cdot(2x)^b = 0{,}8\cdot 160\cdot x^b \iff 2^b = 0{,}8 \iff$

$b = \dfrac{\ln 0{,}8}{\ln 2} \approx -0{,}3219$.

Die Funktionsgleichung der Lernkurve lautet damit: $k(x) = 160\cdot x^{-0,3219}$.

ii) Gesamte Produktionskosten $= K(x) = k(x)\cdot x \overset{!}{=} 80.000$ d.h.

$160\cdot x^{-0,3219}\cdot x \overset{!}{=} 80.000 \iff x^{0,6781} = 500 \iff x = 9.554{,}21$ ME.

Aufgabe 6.24 *(6.3.58)*:

i) Schwelle des Ertragsgesetzes := Wendepunkt der Kostenfunktion = Minimum der Grenzkosten: $K'(x) = 0{,}3x^2-4{,}8x+30 \rightarrow$ min., $K''(x) = 0{,}6x-4{,}8 = 0$ $\Rightarrow x = 8$ ME. Wegen $K''' \equiv 0{,}6 > 0$ liegt tatsächlich ein Minimum von K' vor.

ii) Betriebsminimum := Minimum der durchschnittlichen variablen Kosten k_v: $k_v(x) = K_v(x)/x = 0{,}1x^2-2{,}4x+30 \rightarrow$ min. $k_v'(x) = 0{,}2x-2{,}4 = 0$, d.h. $x = 12$ ME. Wegen $k_v'' = 0{,}2 > 0$ liegt tatsächlich ein rel. Minimum vor.

iii) Betriebsoptimum := Minimum der durchschnittlichen Gesamtkosten $k(x)$: $k(x) = 0{,}1x^2-2{,}4x+30+640/x \rightarrow$ min. $k'(x) = 0{,}2x-2{,}4-640/x^2 = 0 \iff$ Näherungsverfahren, z.B. Regula falsi $\Rightarrow x = 20$ ME.
Da $k''(20) = 0{,}2 + 1280/x^3\big|_{x=20} > 0$, ist k bei $x=20$ tatsächlich minimal.

iv) Es handelt sich um dieselbe Problemstellung wie unter i), d.h. K' ist minimal für $x=8$ ME *(siehe i))*.

v) Nach iii) liegt das Betriebsoptimum bei $x=20$ ME. Einsetzen von $x=20 \Rightarrow$ $K'(20) = 0{,}3\cdot 20^2-4{,}8\cdot 20+30 = \mathbf{54} = 0{,}1\cdot 20^2-2{,}4\cdot 20+30+640/20 = k(20)$. *(Im Lehrbuch (6.3.145) wird dieser Sachverhalt (d.h. im Betriebsoptimum gilt Grenzkosten = Stückkosten) allgemein nachgewiesen.)*

Aufgabe 6.25 *(6.3.59)*:

i) Gesucht der Preis p, für den gilt: $x'(p) = -0{,}3\ \dfrac{\text{ME}}{\text{GE/ME}}$. p(x) ist gegeben, d.h. zunächst Umkehrfunktion ermitteln:

$p = 1044-0{,}3x \iff 0{,}3x = 1044-p \iff x = 3480-3{,}\overline{3}p \Rightarrow x'(p) = -3{,}\overline{3}$.

Es kann daher für *keinen* Preis bei einer Erhöhung um eine GE/ME ein Nachfragerückgang um 0,3 ME entstehen, da dieser für jeden Preis $3{,}\overline{3}$ ME beträgt.

ii) $0 \overset{!}{=} k_v'(x) = (0{,}01x^2 - 1{,}5x + 120)' = 0{,}02x - 1{,}5 \iff x = 75$ ME.
Wegen $k_v''(x) \equiv 0{,}02 > 0$ liegt hier tatsächlich das Minimum von k_v.

iii) In den folgenden Aufgaben ist stets das Maximum einer Funktion f gesucht. Vorgehen: Stationäre Stellen über $f'(x) = 0$ suchen und Vorzeichen von $f''(x)$ überprüfen: Gilt an der stationären Stelle x_0: $f''(x_0) < 0$, so ist f in x_0 max.

a) $G(x) \to$ max.: $G(x) = E(x) - K(x) = -0{,}01x^3 + 1{,}2x^2 + 924x - 4000$
$G'(x) = -0{,}03x^2 + 2{,}4x + 924 = 0 \iff x_{1,2} = 40 \pm \sqrt{1600 + 30800} = 40 \pm 180$
$\Rightarrow x_1 = 220$ ME *($x_2 < 0$)*. $G''(220) = -0{,}06 \cdot 220 + 2{,}4 < 0$, also Max.
Zugehöriger Preis: $p(220) = 1044 - 0{,}3 \cdot 220 = 978$ GE/ME.

b) $g(x) = G(x)/x = -0{,}01x^2 + 1{,}2x + 924 - 4000/x \to$ max.
$0 = g'(x) = -0{,}02x + 1{,}2 + 4000/x^2 \underset{\text{Regula falsi}}{\iff} x \approx 86{,}6422$ ME.
$g''(x) = -0{,}02 - 12000/x^3 < 0$, also max. $p(x) = 1.018{,}01$ GE/ME.

c) Deckungsbeitrag $G_D(x) := E(x) - K_v(x) = E(x) - K(x) + K_f = G(x) + K_f$
$\Rightarrow G_D'(x) \equiv G'(x)$, Resultat identisch zu a): $x = 220$ ME; $p = 978 \frac{GE}{ME}$.

d) $g_D(x) := G_D(x)/x = -0{,}01x^2 + 1{,}2x + 924 \to$ max.; $g_D'(x) - 0{,}02x + 1{,}2 = 0$
$\iff x = 60$ ME *($g_D''(x) = -0{,}02 < 0$, also max.)* $\Rightarrow p(60) = 1.026$ GE/ME.

e) $E(x) = x \cdot p(x) = 1044x - 0{,}3x^2 \to$ max.; $E'(x) = 1044 - 0{,}6x = 0 \iff$
$x = 1.740$ ME *($E''(x) = -0{,}6 < 0$, also max.)*; $p(1740) = 522$ GE/ME.

f) Umsatz pro Stück = Preis; die Preisfunktion p mit $p(x) = 1044 - 0{,}3x$ ist monoton fallend, somit wird p maximal am linken Rand, d.h. für
$x = 0$ ME $\Rightarrow p_{max} = p(0) = 1.044$ GE/ME.

iv) $K'(x) \to$ min.: $0 \overset{!}{=} K''(x) = 0{,}06x - 3 \underset{K''' > 0}{\iff} x = 50$ ME $\Rightarrow p(50) = 1.029 \frac{GE}{ME}$.

v) **a)** Gesucht ist die langfristige Preisuntergrenze; sie ist identisch mit den Stückkosten $k(x)$ im Betriebsoptimum (= Stückkostenminimum).

Aus $k'(x) \overset{!}{=} 0 = 0{,}02x - 1{,}5 - 4000/x^2$ folgt *(Regula falsi)*: $x = 96{,}4841$ ME
und daraus: $p_{min} = k(96{,}4841) = 109{,}8233$ GE/ME *($k''(96{,}48) > 0$)*.

b) Die Gewinnmaximierungsbedingung des Polypolisten lautet:

$G'(x) = (p \cdot x - K(x))' = p - K'(x) \overset{!}{=} 0$ *($p = const.$)* $\iff p \overset{!}{=} K'(x)$.

Daraus folgt: Die langfristige Angebotsfunktion $p(x)$ des Polypolisten ist identisch mit seiner Grenzkostenfunktion $K'(x)$ *(und zwar ab dem Betriebsoptimum, da für kleinere Mengen der Gewinn negativ wird)* und lautet daher:

$$p(x) = K'(x) = 0{,}03x^2 - 3x + 120 \quad (\text{für } x \geq 96{,}4841\,ME).$$

Die Grenzkosten K' im Betriebsoptimum geben den minimalen Preis an, bei dem er erstmals am Markt auftritt.

Minimaler Angebotspreis:

$$p_{min} = K'(96{,}4841) = k(96{,}4841) = 109{,}8233 \text{ GE/ME}, \quad \text{siehe a).}$$

Aufgabe 6.26 *(6.3.60)*:

i) $x'(r) \overset{!}{=} \max.$, d.h. $x''(r) \overset{!}{=} 0 = -2{,}4r+36 \;\Rightarrow\; r = 15\ ME_r$ *($x''' < 0$, d.h. max.)*.

ii) Für ein Ertragsmaximum muss gelten:
$x'(r) = -1{,}2r^2+36r+24 \overset{!}{=} 0 \;\Longleftrightarrow\; r = 30{,}6525 > 25\ ME_r$ ($= r_{max}$);
(die 2. Lösung ist negativ und damit erst recht nicht relevant).
Da es keine weiteren Extrema geben kann, besitzt $x(r)$ im vorgegebenen Inputbereich kein relatives Extremum.

iii) $\bar{x}'(r) := (x(r)/r)' = (-0{,}4r^2+18r+24)' = -0{,}8r+18 \overset{!}{=} 0 \underset{\bar{x}'' < 0}{\Rightarrow} r = 22{,}5\ ME_r$.

iv) $\bar{x}(r) \overset{!}{=} x'(r) \;\Longleftrightarrow\; -0{,}4r^2+18r+24 = -1{,}2r^2+36r+24 \underset{r>0}{\Longleftrightarrow} 0{,}8r^2-18r = 0$
d.h. $0{,}8r = 18$ und daher: $r = 22{,}5\ ME_r$ *(identisch mit iii) - siehe (6.3.148) Lehrbuch)*.

Aufgabe 6.27 *(6.3.61)*:

i) Mit der Faktoreinsatzfunktion r: $r(x) = \frac{1}{16}x^2+100$ *(= Umkehrfunktion der Produktionsfunktion)* erhält man über $K(x) = 16 \cdot r(x)$ die Stückkostenfunktion k:
$k(x) = \frac{16 \cdot r(x)}{x} = x + \frac{1600}{x} \;\Rightarrow\;$ Betriebsoptimum: $k \rightarrow$ Min., d.h.
$k'(x) = 1 - \frac{1600}{x^2} \overset{!}{=} 0 \;\Longleftrightarrow\; x = 40$ ME *($k''(40) > 0$, d.h. min.)*.

ii) Gewinnschwellen: $E(x) \overset{!}{=} K(x)$, d.h. mit $p(x) = 490-2{,}5x$ und i):
$490x-2{,}5x^2 = x^2+1600 \;\Longleftrightarrow\; x^2-140x+457{,}1429 = 0 \;\Longleftrightarrow$
$x_1 = 3{,}345;\ x_2 = 136{,}655 \;\Rightarrow\; p_1 = 148{,}36$ GE/ME; $p_2 = 481{,}64$ GE/ME.

iii) $G(x) = E(x)-K(x) = -3{,}5x^2+490x-1600 \rightarrow \max.$: $G'(x) = -7x+490 \overset{!}{=} 0$
$\Longleftrightarrow x = 70$ *($G'' = 7 < 0$, also max.)* $\Rightarrow p(70) = 315$ GE/ME, $G_{max} = 15.550$ GE.

Aufgabe 6.28 *(6.3.62-I)*:

i) Wegen $p > 0$ muss gelten: $78-0{,}3x > 0$, d.h. $x < 260$ ME $\Rightarrow$

$$E(x) = x \cdot p(x) = \begin{cases} 180x - 2x^2 & \text{für } 0 \le x \le 60 \\ 78x - 0{,}3x^2 & \text{für } 60 < x < 260 \end{cases}.$$

Mit $E'(x) = \begin{cases} 180 - 4x & (0 \le x < 60) \\ 78 - 0{,}6x & (60 < x < 260) \end{cases} = 0 \;\wedge\; E''(x) = \begin{cases} -4 \\ -0{,}6 \end{cases} < 0 \;\Rightarrow$

$x_1 = 45$ ME, $x_2 = 130$ ME. Der Erlös E besitzt also *zwei* relative Maxima, somit muss der Vergleich der Absolutwerte von $E(x)$ entscheiden:

Wegen $E(x_1) = E(45) = 4050$ GE und $E(x_2) = E(130) = 5070$ GE wird das Erlösmaximum für eine Menge von 130 ME *(Preis: 39 GE/ME)* angenommen.

ii) Gewinnschwellen: $E(x) = K(x) = 15x+3000$. Es ergeben sich in jedem Abschnitt der Erlösfunktion E (siehe i)) zwei Schnittpunkte mit der Kostenfunktion K, mithin die vier Schnittstellen:

$x_1 = 27{,}05$ ME, $x_2 = 55{,}45$ ME, $x_3 = 72{,}98$ ME, $x_4 = 137{,}02$ ME.

Somit ergeben sich zwei Gewinnzonen, nämlich $[x_1, x_2]$ sowie $[x_3, x_4]$.

iii) Die Gewinnfunktion G: $G(x) = E(x) - K(x)$ hat die Darstellung:

$$G(x) = \begin{cases} -2x^2 + 165x - 3000 & \text{für} \quad 0 \le x \le 60 \\ -0{,}3x^2 + 63x - 3000 & \text{für} \quad 60 < x < 260 \end{cases} .$$

Mit $G'(x) = 0 \wedge G''(x) < 0$ ergeben sich zwei relative Gewinnmaxima: $x_1 = 41{,}25$ ME , $x_2 = 105$ ME , d.h. die absoluten Gewinnwerte müssen entscheiden: Wegen $G(41{,}25) = 403{,}13$ GE, $G(105) = 307{,}50$ GE $\Rightarrow$ G wird maximal für $x_1 = 41{,}25$ ME.

Aufgabe 6.29 *(6.3.62-II)*: *(Lösungsdetails siehe Lehrbuch Kap. 6.3.2.4)*

i) a) Relative Gewinnmaxima liegen bei $x_1 = 14{,}3150$ und $x_2 = 29{,}5115$ ME. Durch Vergleich von $G(x_1)$, $G(x_2)$ mit den Gewinnhöhen an den Nahtstellen des Definitionsbereichs erhält man als absolutes Maximum:

$x_1 = 14{,}3150$ ME $\Rightarrow$ $p(x_1) = 36{,}37$ GE/ME $\Rightarrow$ $G(x_1) = 183{,}8207$ GE.

b) G besitzt keine relativen Extrema innerhalb der einzelnen Teilintervalle. Die Untersuchung der Gewinnhöhen an den Nahtstellen ergibt das absolute Maximum bei $x_1 = 10$ ME $\Rightarrow$ $p(x_1) = 45$ GE/ME $\Rightarrow$ $G(x_1) = 50$ GE.

ii) Gesucht ist diejenige Kostenfunktion K: $K(x) = c \cdot x + 100$ ($K' = c$!) mit möglichst großer Steigung (d.h. möglichst großem Wert von c), die die Erlösfunktion gerade noch berührt.

Im Berührpunkt muss also gelten: (a) $K' = E'$ (b) $K = E$ *(bzw. $k = p$)*

Die entsprechenden Gleichungen besitzen sämtlich keine Lösung, so dass allenfalls in Ecken oder Knickpunkten *(siehe etwa LB Abb. 6.3.50)* ein „Berührpunkt" liegen kann. Kandidaten dafür sind: $x = 10$ bzw. $x = 20$ *(Abb. LB 6.3.50)*.

Durch Einsetzen ermittelt man:

$x = 10 \Rightarrow K' = 35$ sowie $x = 20 \Rightarrow K' = 20$, d.h. maximale Grenzkosten ($K' = 35$ GE/ME) ergeben sich für den „Berührpunkt" $x = 10$.

Die entsprechende Kostenfunktion K hat die Gleichung: $K(x) = 100 + 35x$.

Aufgabe 6.30 *(6.3.63-I)*:

i) a) Da die Produktionszeit als vernachlässigbar klein angenommen wird, kann zur Losgrößenermittlung x* die Andler'sche Losgrößenformel dienen:

$$x^* = \sqrt{\frac{2mk_0}{k_L}} \quad \text{mit: } m = 4000 \text{ ME/Monat}, \ k_0 = 7680 \text{ €/Los}, \ k_L = 6 \text{ €/ME}.$$

$\Rightarrow x^* = 3.200$ ME/Los. Wegen der Jahreskapazität von 48.000 ME ergeben sich 48.000/3.200 = 15 Lose pro Jahr. Jahres-Rüstkosten $K_R = 15 \cdot 7680 = 115.200$ €; Jahres-Lagerkosten $K_L = 1.600 \cdot 6 \cdot 12 = 115.200$ €, insgesamt somit Lager- plus Rüstkosten von 230.400 €/Jahr.

b) Jetzt wird die allgemeine Losgrößenformel *(siehe (6.3.55)LB)* angewendet:

$$x^* = \sqrt{\frac{2mk_0}{(1 - \frac{a}{z}) \cdot k_L}} \quad \text{mit:} \quad \begin{array}{l} \text{Zugangsrate } z = 5000 \text{ ME/Monat} \\ \text{Abgangsrate } a = 4000 \text{ ME/Monat} \end{array}$$ *(übrige Daten wie in a))*

$\Rightarrow$ $x^* = 7.155{,}42 \approx 7.155$ ME/Los $\Rightarrow$ 6,71 Lose p.a. *(im Durchschnitt)*
$\Rightarrow$ Jahres-Rüstkosten $K_R \approx 6{,}71 \cdot 7680 = 51.533$ €
$\Rightarrow$ Jahres-Lagerkosten $K_L \approx 3578 \cdot (1-0{,}8) \cdot 6 \cdot 12 = 51.523$ € $\approx K_R$
$\Rightarrow$ Lager- plus Rüstkosten pro Jahr: 103.056 € p.a.

ii) Man setzt den Optimalwert x^* *(siehe i) b))* einerseits in $K_R = \frac{mk_0}{x}$ und zum anderen in $K_L = \frac{x}{2} \cdot (1 - \frac{a}{z}) \cdot k_L$ für „x" ein und stellt nach Umformung fest: $K_R(x^*) = K_L(x^*)$, d.h. im Optimum sind Rüst- und Lagerkosten identisch.

Aufgabe 6.31 *(6.3.63-II)*:

Behauptung:
Die Schnittstelle $\bar{x}$ *(> 0)* von Lagerkosten-Funktion $K_L(x) = k_L \cdot (1 - \frac{a}{z}) \cdot \frac{x}{2}$ *(= Ursprungsgerade!)* und Rüstkosten-Funktion $K_R(x) = \frac{mk_0}{x}$ *(= Hyperbelfunktion!)* liegt genau an der Stelle x^* der optimalen Losgröße *(siehe Aufg. 6.30 i) b) oder LB (6.3.55))*.

Beweis:
Für $\bar{x}$ muss gelten: $K_L \overset{!}{=} K_R$ d.h. $k_L \cdot (1 - \frac{a}{z}) \cdot \frac{x}{2} \overset{!}{=} \frac{mk_0}{x} \iff$

$$x^2 = \frac{2mk_0}{(1-\frac{a}{z}) \cdot k_L} \underset{(x>0)}{\iff} \bar{x} = \sqrt{\frac{2mk_0}{(1-\frac{a}{z}) \cdot k_L}} = x^* .$$ Genau das war zu zeigen.

(Bemerkung: Derselbe Beweis in anderer Form wurde in Aufg. 6.30 ii) geführt.)

Aufgabe 6.32 *(6.3.64)*:

Idee: Gesamtkosten K(x) pro Stunde in Abhängigkeit von x *(= Anzahl der in der Ausgabe Beschäftigten)* ermitteln und minimieren.

Pro Stunde warten 40 Monteure jeweils t Minuten, insgesamt also $40 \cdot t$ Minuten. Wegen $t = 20/x$ beträgt die gesamte Wartezeit *(pro Stunde)* aller Monteure 800/x Minuten, d.h. 800/(60x) Stunden. Kosten pro Monteurstunde: 24 €/h, d.h. die wartenden Monteure verursachen pro Stunden Kosten in Höhe von $24 \cdot 800/(60x)$ d.h. 320/x [€/h]. Jeder Arbeitnehmer in der Ausgabe verursacht pro Stunde Kosten in Höhe von 20 €, d.h. x dieser Beschäftigten kosten 20x €/h.
Damit ergeben sich die pro Stunde anfallenden Gesamtkosten K(x) zu

$$K(x) = \frac{320}{x} + 20x \rightarrow \min.;\ K'(x) = -\frac{320}{x^2} + 20 \overset{!}{=} 0 \underset{(x>0)}{\iff} x = 4\ ,\ (K''(4) > 0)\ .$$

Das Werk sollte also 4 Arbeitnehmer in der Ausgabe beschäftigen, die durchschnittliche Wartezeit eines Monteurs beträgt dann 20/4 = 5 Minuten, die minimalen pro Stunde anfallenden Warte- plus Ausgabekosten betragen dann 160 €/h.

Aufgabe. 6.33 *(6.3.65)*:

i) Anfangskapazität im Jahre 2000: $P(0) = 35$ LE.

ii) $P'(t) = \frac{-38.500 \cdot 2 \cdot (t-20)}{(700+(t-20)^2)^2} \overset{!}{=} 0 \iff t = 20$ Jahre *(seit 2000)*; $P''(20) < 0$.

Die maximale Produktionskapazität von $P(20) = 55$ LE wird somit im Jahre 2020 *(= 2000 + t)* erreicht.

Aufgabe 6.34 *(6.3.66)*:

i) $R \rightarrow$ max.; $R'(m) = -10m + 3{,}6 \overset{!}{=} 0 \Rightarrow$ Bei einem Marktanteil $m = 0{,}36 = 36\%$ wird die max. *(R'' = -10 < 0)* Rentabilität $R(0{,}36) = 29{,}8\%$ erreicht.

ii) Bedingung: $R(m) = -5m^2+3{,}6m-0{,}35 \geq 0{,}15$. Vorgehen: Zunächst mit „=" lösen, wegen $R(0{,}36) = 29{,}8\% > 15\%$ *(siehe i))* liegt der fragliche Bereich zwischen den beiden – noch zu ermittelnden – Nullstellen:
$-5m^2 + 3{,}6m - 0{,}5 = 0 \quad \Longleftrightarrow \quad m^2 - 0{,}72m + 0{,}1 = 0 \quad \Longleftrightarrow$
$m_{1,2} = 0{,}36 \pm \sqrt{0{,}36^2 - 0{,}1}$, d.h. $m_1 = 0{,}1880 = 18{,}8\%$; $m_2 = 0{,}5320 = 53{,}2\,\%$.
Der Marktanteil darf also zwischen 18,8% und 53,2% schwanken.

iii) $m_{max} = 80\% \Rightarrow R(0{,}80) = -67\% = $ Gewinn/Produktivkapital = Gewinn/9,2
$\Rightarrow$ Gewinn $= 9{,}2 \cdot (-0{,}67) = -6{,}164$ Mio € *(d.h. Verlust von 6,164 Mio €)*.

Aufgabe 6.35 *(6.3.67)*:

i) $U(s) \overset{!}{=} K(s) \quad \Longleftrightarrow \quad -0{,}1 \cdot (s-100)^2 + 500 \overset{!}{=} 0{,}02s^2 + 200$
$\Longleftrightarrow \quad 0{,}12s^2 - 20s + 700 = 0 \Longleftrightarrow s_1 = 50\%$; *($s_2 = 116{,}67\% > 100\%$ (↯))*.
Für $s > 50\%$ ergibt sich $U(s) > K(s)$ *(z.B. $U(100) = 500 > 400 = K(100)$)*, d.h. es muss ein Segmentierungsgrad von mindestens 50% erreicht werden, damit die Umsätze die Kosten (über-) decken.

ii) Gewinn = Umsatz – Kosten, d.h. $G(s) = U(s) - K(s) = -0{,}12s^2 + 20s - 700$.
$G'(s) = -0{,}24s + 20 \overset{!}{=} 0 \Longleftrightarrow s = 83{,}\overline{3}\,\%$ *($G''(s) \equiv -0{,}24 < 0$, d.h. max.)*.
Maximaler Gesamtgewinn $= G(83{,}\overline{3}) = 133{,}333$ T€.

Aufgabe 6.36 *(6.3.68)*:

i) $G(x) = E(x) - K(x) = -10x^2 + 120x - x^3 + 12x^2 - 60x - 98 - \underset{\text{(Mengensteuer)}}{24x}$, d.h.
$G(x) = -x^3+2x^2+36x-98 \rightarrow$ max.; $G'(x) = -3x^2+4x+36 = 0 \quad \Longleftrightarrow$
$x_1 = 4{,}1943$ ME $(x_2 < 0)$; $G''(x_1) = -6x_1+4 < 0$, d.h. max.
Steuersumme: $T = 24 \cdot x_1 = 100{,}66$ GE; $G_{max} = 14{,}39$ GE.

ii) Jetzt sind Steuerhöhe t und gewinnmaximale Menge x voneinander abhängige Variable, denn die Produzenten haben für jedes t andere Kosten und somit auch andere Gewinnmaxima. Da die Produzenten im Gewinnmaximum operieren sollen, erhält man auf übliche Weise die Gewinnmaximierungsbedingung, die dann auch die noch unbestimmte Steuerhöhe t enthält:

Mit $K(x) = x^3 - 12x^2+(60+t) \cdot x+98$ lautet die Gewinnfunktion G:
$G(x) = -x^3+2x^2+(60-t) \cdot x-98 \rightarrow$ max.; $G' \overset{!}{=} 0$ d.h.
$G'(x) = -3x^2+4x+60-t = 0$, d.h. $t = t(x) = -3x^2+4x+60 \quad (*)$

Zu maximieren ist die Gesamtsteuer $T = t \cdot x$, wobei in t (= t(x) siehe (∗)) die Gewinnmaximierungsbedingung bereits berücksichtigt ist:

$T = T(x) = t \cdot x = (-3x^2+4x+60) \cdot x = -3x^3+4x^2+60x \rightarrow$ max.;
$-9x^2+8x+60 \overset{!}{=} 0 \quad \Longleftrightarrow \quad x_1 = 3{,}0644$ ME *($x_2 < 0$)* $\Rightarrow t = 44{,}0860$ GE/ME
$\Rightarrow T = t \cdot x = 44{,}0860$ GE; $G_{max} = -59{,}2284$ GE; $p = 89{,}3560$ GE/ME.

iii) Bezeichnet man den Nachsteuer-Gewinn mit G_s und den Vorsteuer-Gewinn mit G, so gilt bei einem Gewinn-Steuersatz von 40%: $G_s(x) = 0{,}6 \cdot G(x)$.
Damit lautet die Gewinnmaximierungsbedingung für G_s:

$$G_s'(x) = 0{,}6 \cdot G'(x) \stackrel{!}{=} 0 \quad \Longleftrightarrow \quad G'(x) = 0\ ,$$

Es ergeben sich also nach Steuern und vor Steuern identische Bedingungen und damit auch identische Optima, m.a.W. die Höhe des Steuersatzes hat keinen Einfluss auf die gewinnmaximale Menge *(setzt man in der letzten Gleichung allgemein (1 – t) statt 0,6 (t = Gewinnsteuersatz = const.) so folgt erkennbar dasselbe Resultat)*.

Die gewinnmaximale Menge beträgt 5,1882 ME, siehe LB Bsp. 6.3.45.

Aufgabe 6.37 *(6.3.69 i)*:

Betriebsminimum := Output x mit: $k_v = \frac{K_v}{x} = \min.,\quad (x>0)$.

$$K_v(x) := K(x) - K_f = K(x) - K(0) = K(x) - 5(!) = 0{,}5x - 4 + \frac{36}{x+9} = \frac{0{,}5x \cdot (x+1)}{x+9}\ .$$

$$\Rightarrow\ k_v(x) = 0{,}5 \cdot \frac{x+1}{x+9} \rightarrow \min.,\ \text{d.h.}\quad k_v'(x) = 0{,}5 \cdot \frac{x+9-(x+1)}{(x+9)^2} = \frac{4}{(x+9)^2} \stackrel{!}{=} 0\ ,$$

d.h. die für das Betriebsminimum notwendige Bedingungsgleichung $k_v'(x) = 0$ hat keine Lösung, denn $k_v'(x)$ ist stets positiv! Somit besitzt k_v kein relatives Minimum, ein Betriebsminimum existiert daher im vorliegenden Fall nicht.

Auch weitere Argumentationen möglich: Da $k_v'(x)$ stets positiv (s.o.) ist, steigt k_v monoton, strebt also für $x \rightarrow 0^+$ einem Randminimum zu mit dem Grenzwert

$$\lim_{x \to 0^+} k_v(x) = \lim_{x \to 0^+} 0{,}5 \cdot \frac{x+1}{x+9} = \frac{1}{18} = 0{,}0\overline{5}\ \text{GE/ME}.$$

Aufgabe 6.38 *(6.3.69 ii)*:

i) $c'(t) = 50 \cdot e^{-t} - (50t+4) \cdot e^{-t} = e^{-t} \cdot (46 - 50t) \stackrel{!}{=} 0 \ \Rightarrow\ t = 0{,}92$ Tage, d.h. 22,08 h nach dem Unfall *($c''(t) = -e^{-t} \cdot (46-50t) - e^{-t} \cdot 50 < 0$, d.h. max.)*.

ii) Bedingung: $c(t) = 0{,}15 \cdot c_{max} = 0{,}15 \cdot c(0{,}92)$, d.h. mit $c(0{,}92) = 19{,}92595$:
$(50t+4)e^{-t} = 2{,}98889$. Regula falsi oder Newton-Verfahren liefern:
$t = 4{,}2924$ Tage *(≈ 103 h)* seit dem Unfall.

Aufgabe 6.39 *(6.3.69 iii)*:

i) $b'(B) = -9 \cdot e^{-0{,}005B} \cdot (-0{,}005) = 0{,}045 \cdot e^{-0{,}005B}$ ist stets positiv, daher ist b(B) monoton steigend, d.h. Hubers monatlicher Output b nimmt tatsächlich mit zunehmender Gesamtmenge B zu.

ii) $\lim_{B \to \infty} (10 - 9 \cdot e^{-0{,}005B}) = 10$ Bilder/Monat *(theoretische Obergrenze)*

Aufgabe 6.40 *(6.3.69 iv)*:

Aus $C_0'(q) = -\frac{500}{q^2} - \frac{1400}{q^3} + \frac{2400}{q^4} \stackrel{!}{=} 0$ folgt: $q^2 + 2{,}8q - 4{,}8 = 0$ mit $q_1 = 1{,}2$ *($q_2 = -4 < 0$)*. Wegen $q = 1+i$ folgt: $i = 20{,}00\%$ p.a.

Aufgabe 6.41 *(6.3.69 v)*:

Es gilt: $H'(x) = -0{,}002x < 0$ (für $x > 0$).
H hat also kein relatives Extremum, sondern ist abnehmend, hat also am rechten Rand *(d.h. für x = 200 Besucher)* ein absolutes Minimum *(stimmt mit der Alltagserfahrung überein: Je mehr Kinobesucher, desto wärmer wird's im Saal...)*.

Aufgabe 6.42 *(6.3.69 vi)*:

i) $I = 2000 \iff i = 0{,}096 = 9{,}60\%$ p.a

ii) $I'(i) = 0$ hat keine Lösung, denn: $I'(i) = -50.000 \cdot 250/(250i+1)^2 < 0$ für alle i, d.h. I(i) ist fallend, besitzt daher allenfalls ein Randmaximum am linken Rand, d.h. für $i = 0\%$: $I_{max} = I(0) = 50.000$ Mio. €/Jahr.

Aufgabe 6.43 *(6.3.70 i)*:

Gewinn $= G(x(w)) = E - K - w = 50x - 4x - 5000 - w$ *(mit x = x(w))*, d.h.
$G(w) = 46 \cdot (1000 - 200 \cdot e^{-0{,}05w}) - 5000 - w = 41.000 - 9.200 \cdot e^{-0{,}05w} - w \to \max.$
$G'(w) = 460 \cdot e^{-0{,}05w} - 1 = 0 \iff -0{,}05w = -\ln 460 \Rightarrow w = 122{,}6245$ GE/Jahr.
($G''(w) = -23 \cdot e^{-0{,}05w} < 0$, also max.)

Aufgabe 6.44 *(6.3.70 ii)*:

Kostenfunktion K aufstellen: $K(m) = 20 \cdot E$ mit $E = 0{,}005m^2 + 160$ *(Umkehrfkt.!)*
d.h. $K(m) = 0{,}1m^2 + 3200$. Erlösfunktion: $E(m) = m \cdot p(m) = m \cdot (1600 - 4m)$
(auch hier zunächst die Umkehrfunktion p(m) zu m(p) bilden!).

Daraus folgt: $G(m) = E(m) - K(m) = -4{,}1m^2 + 1600m - 3200 \to \max.$
$G'(m) = -8{,}2m + 1600 = 0 \iff m = 195{,}122$ kg *($G'' = -8{,}2 < 0$, also max.)*.
Zugehöriger Marktpreis: $p = 1600 - 4m = 819{,}512$ GE/kg.

Bemerkung: Man kann ebenso die Gewinnfunktion in Abhängigkeit von p ermitteln und maximieren: $G(p) = 400p - 0{,}25p^2 - 20 \cdot E(m(p)) \to \max. \Rightarrow p = 819{,}512$ GE/ME. Allerdings sind die Rechnungen um einiges kniffliger.

Aufgabe 6.45 *(6.3.70 iii)*:

$$k = k_B + k_W = \frac{2000}{x} + 5000 \cdot e^{-\frac{2}{x}} + 300 \to \min.;$$
$$k'(x) = -\frac{2000}{x^2} + 5000 \cdot e^{-\frac{2}{x}} \cdot \frac{2}{x^2} \stackrel{!}{=} 0 \iff -2 + 10 \cdot e^{-\frac{2}{x}} = 0 \iff e^{-\frac{2}{x}} = 0{,}2$$
$$\iff x = \frac{-2}{\ln 0{,}2} = 1{,}2427 \text{ Längeneinheiten (LE) Bohrabstand.}$$

Aufgabe 6.46 *(6.3.70 iv)*:

i) $A'(p) = 6 - 0{,}1p \stackrel{!}{=} 0 \iff p = 60$ GE/h; Lohnsumme = 10.800 GE/Monat.

ii) Lohnsumme $L = p \cdot A = 6p^2 - 0{,}05p^3 \to \max.$; $L'(p) = 12p - 0{,}15p^2 \stackrel{!}{=} 0$
$\underset{(p>0)}{\iff} p = 80$ GE/h *($L''(80) = 12 - 0{,}3 \cdot 80 < 0$, also max.)* $\Rightarrow L_{max} = 12.800$ GE.

Aufgabe 6.47 *(6.3.70 v)*:

i) – $s = 0$: $T(0) = a \cdot 0 \cdot (1-0) = 0$, wie behauptet.
– $s = 1$: $T(1) = a \cdot 1 \cdot (1-1) = 0$, wie behauptet.
– Wegen $0 < s < 1$ gilt: $s > 0$ sowie $1-s > 0$, d.h. wegen $a > 0$ auch:
$T = a \cdot s \cdot (1-s) > 0$, wie behauptet.

ii) $T(s) = as - as^2 \rightarrow$ max.; $T'(s) = a - 2as \overset{!}{=} 0 \iff s = 0{,}5 = 50\%$ Steuersatz für maximale *($T''(s) = -2 < 0$)* Steuergesamteinnahmen.

iii) $\varepsilon_{T,s} = \frac{T'(s)}{T(s)} s = \ldots = \frac{1-2s}{1-s} \underset{(s=0,2)}{=} 0{,}75$, d.h. für *jedes* a *(> 0)* gilt: $\varepsilon_{T,s} = 0{,}75$.

Aufgabe 6.48 *(6.3.70 vi)*:

Das Wertepaar $(v;k_t) = (40;25)$ in $k_t = c \cdot v^2$ einsetzen $\Rightarrow$ $c = \frac{1}{64}$,
d.h. die Gesamtkosten K_t *(€/h)* lauten: $K_t(v) = k_t(v) + 100 = \frac{1}{64}v^2 + 100$.
Bei einer Geschwindigkeit v *(km/h)* werden pro Stunde v km zurückgelegt, d.h. die Kosten k pro km ergeben sich, indem man K_t *[€/h]* durch v dividiert:

$$k = k(v) = \frac{K_t(v)}{v} = \frac{1}{64}v + \frac{100}{v} \rightarrow \text{min.}; \quad k'(v) = \frac{1}{64} - \frac{100}{v^2} \overset{!}{=} 0 \iff v = 80 \text{ km/h}$$

($k''(v) = 200/v^3 > 0$, d.h. min.)

Aufgabe 6.49 *(6.3.70 vii)*:

Frust $= F(h) := W(h) \cdot Ä(h) = 0{,}0025h^3 - 0{,}03h^2 + 0{,}065h + 0{,}9 \rightarrow$ min

$F'(h) = 0{,}0075h^2 - 0{,}06h + 0{,}065 \overset{!}{=} 0 \iff h_1 = 6{,}708 \approx 6{,}7$ cm; $h_2 = 1{,}292 \approx 1{,}3$ cm.

Überprüfung von $F''(h) = 0{,}015h - 0{,}06$: $F''(h_1) > 0$ *(rel. Min.)*; $F''(h_2) < 0$ *(Max.)*
d.h. bei einer Absatzhöhe von $\approx 6{,}7$ cm minimiert Frau Prof. Dr. Z. ihren Frust.

Aufgabe 6.50 *(6.3.96)*: Elastizitätsfunktion zu f(x): $\boxed{\varepsilon_{f,x}(x) = \frac{f'(x)}{f(x)} \cdot x}$

i) $\varepsilon_{f,x}(x) = \frac{70x^6}{10x^7} \cdot x = 7$

ii) $\varepsilon_{f,x}(x) = \frac{a \cdot n \cdot x^{n-1}}{a \cdot x^n} \cdot x = n$

iii) $\varepsilon_{f,x}(x) = \frac{12x^2+4x-1}{4x^3+2x^2-x+1} \cdot x = \frac{12x^3+4x^2-x}{4x^3+2x^2-x+1}$

iv) $\varepsilon_{f,x}(x) = \frac{\frac{3 \cdot (8x+2) - (3x-4) \cdot 8}{(8x+2)^2}}{\frac{3x-4}{8x+2}} \cdot x = \frac{38x}{(8x+2)(3x-4)}$

v) $\varepsilon_{f,x}(x) = \frac{2 \cdot e^{-5x} + 2x \cdot e^{-5x} \cdot (-5)}{2x \cdot e^{-5x}} \cdot x = 1 - 5x$

vi) $\varepsilon_{f,x}(x) = \frac{-\frac{1}{x^2} \cdot e^{1/x} \cdot \sqrt{x^2+1} + \frac{e^{1/x} \cdot 2x}{2\sqrt{x^2+1}}}{e^{1/x} \cdot \sqrt{x^2+1}} \cdot x = \left(-\frac{1}{x^2} + \frac{x}{x^2+1}\right) \cdot x = \frac{x^2}{x^2+1} - \frac{1}{x}$

vii) $\varepsilon_{f,x}(x) = \dfrac{3x^2 \cdot \ln(x^2+1) + x^3 \cdot \frac{2x}{x^2+1}}{x^3 \cdot \ln(x^2+1)} \cdot x = 3 + \dfrac{2x^2}{(x^2+1)\cdot\ln(x^2+1)}$

viii) $\varepsilon_{f,x}(x) = \dfrac{4x^3 \cdot 2^x + x^4 \cdot 2^x \cdot \ln 2}{x^4 \cdot 2^x} \cdot x = 4 + x \cdot \ln 2$

ix) $f(x) = (3x)^{2x} \iff \ln f(x) = 2x \cdot \ln(3x) \Rightarrow (\ln f(x))' = \dfrac{f'(x)}{f(x)} = 2 \cdot \ln(3x) + 2$

$\Rightarrow \varepsilon_{f,x} = \dfrac{f'(x)}{f(x)} \cdot x = (2 \cdot \ln(3x) + 2) \cdot x = 2x \cdot (\ln(3x) + 1)$

x) $\varepsilon_{f,x}(x) = \dfrac{ab \cdot e^{bx}}{a \cdot e^{bx}} \cdot x = bx$.

Aufgabe 6.51 *(6.3.97)*: *(zur Abkürzung schreiben wir $f = u \cdot v$ usw. ohne Argument)*

1) Behauptung: Wenn $f(x) = u(x) \pm v(x)$, so gilt: $\varepsilon_{u\pm v,x} = \varepsilon_{u,x} \pm \varepsilon_{v,x}$

Beweis:

Es sei $f = u \pm v$; dann gilt:

$$\varepsilon_{f,x} = \varepsilon_{u\pm v,x} = \frac{f'(x)}{f(x)} \cdot x = \frac{[u \pm v]'}{u \pm v} \cdot x = \frac{u' \pm v'}{u \pm v} \cdot x = \frac{\frac{u}{u} \cdot u' \cdot x \pm \frac{v}{v} \cdot v' \cdot x}{u \pm v} \quad \text{d.h.}$$

$$\varepsilon_{u\pm v,x} = \frac{u \cdot \varepsilon_{u,x} \pm v \cdot \varepsilon_{v,x}}{u \pm v} .$$

2) Behauptung: Wenn $f(x) = u(x) \cdot v(x)$, so gilt: $\varepsilon_{uv,x} = \varepsilon_{u,x} + \varepsilon_{v,x}$

Beweis:

Es sei $f = u \cdot v$; dann gilt:

$$\varepsilon_{f,x} = \varepsilon_{uv,x} = \frac{f'(x)}{f(x)} \cdot x = \frac{[u \cdot v]'}{u \cdot v} \cdot x = \frac{u'v + uv'}{u \cdot v} \cdot x = \frac{u'}{u} \cdot x + \frac{v'}{v} \cdot x = \varepsilon_{u,x} + \varepsilon_{v,x} .$$

Oder: $\ln f = \ln u + \ln v \underset{(...)'}{\iff} (\ln f)' = f'/f = u'/u + v'/v \underset{\cdot x}{\iff} \varepsilon_{f,x} = \varepsilon_{u,x} + \varepsilon_{v,x}$.

3) Behauptung: Wenn $f(x) = \dfrac{u(x)}{v(x)} = \dfrac{u}{v}$, so gilt: $\varepsilon_{uv,x} = \varepsilon_{u,x} - \varepsilon_{v,x}$

Beweis:

Es sei $f = \frac{u}{v}$; dann gilt:

$\ln f = \ln u - \ln v \underset{(...)'}{\iff} (\ln f)' = f'/f = u'/u - v'/v \underset{\cdot x}{\iff} \varepsilon_{f,x} = \varepsilon_{u,x} - \varepsilon_{v,x}$.

i) $\varepsilon_{f,x}(x) = \dfrac{3 \cdot 4x^3 + 5 \cdot 20x^5}{4x^3 + 20x^5} = \dfrac{3 + 25x^2}{1 + 5x^2}$ *(Regel (1) in Verbindung mit Aufg. 6.50 ii))*

ii) $\varepsilon_{f,x}(x) = -2x + 5$ *(Regel (2))*

iii) $\varepsilon_{f,x}(x) = 0{,}5 + 0{,}1x - 4 = 0{,}1x - 3{,}5$ *(Regeln (2) und (3))*

(in Verbindung mit Aufg. 6.50 ii) und x))

Aufgabe 6.52 *(6.3.99)*:

1) i) a) $x(p) = 18 - 2p \Rightarrow \varepsilon_{x,p}(5) = -1{,}25$ bedeutet, dass sich die Nachfrage x (näherungsweise) um 1,25% verringert, wenn der Preis p sich - von 5 GE/ME ausgehend - um 1% erhöht *(analoge Interpretation in 2) – 4))*.

b) $\varepsilon_{x,p}(9)$ kann nicht gebildet werden, da $x(9) = 0$ ($\lim\limits_{p \to 9^-} \varepsilon_{x,p} = -\infty$!)

c) $p = 100$ liegt nicht im Definitionsbereich.

d) $p = 600$ liegt nicht im Definitionsbereich.

ii) $\varepsilon_{x,p}(p) = \frac{x'(p)}{x(p)} \cdot p = \frac{-2p}{18-2p} = \frac{dx/x}{dp/p} = \frac{+6\%}{-3\%} = -2 \quad \Rightarrow \quad p = 6$ GE/ME

iii) $\varepsilon_{x,p}(p) = -1 \quad \Rightarrow \quad p = 4{,}5$ GE/ME $\quad \Rightarrow \quad x = 9$ ME

2) Umkehrfunktion bilden: $x(p) = 120 - 10p$, *($0 \le p \le 12$)*

i) a) $\varepsilon_{x,p}(5) = -5/7$ b) $\varepsilon_{x,p}(9) = -3$
c) $100 \notin D_x$ d) $600 \notin D_x$

ii) $p = 8$ GE/ME iii) $p = 6$ GE/ME $\Rightarrow$ $x = 60$ ME

3) i) a) $\varepsilon_{x,p}(5) = -1$ b) $\varepsilon_{x,p}(9) = -1{,}8$
c) $\varepsilon_{x,p}(100) = -20$ d) $\varepsilon_{x,p}(600) = -120$

ii) $p = 10$ GE/ME iii) $p = 5$ GE/ME $\Rightarrow$ $x = 3{,}68$ ME

4) Umkehrfunktion bilden: $x(p) = 100 \cdot (\ln 800 - \ln p)$, *($0 < p \le 800$)*

i) $\varepsilon_{x,p} = \frac{x'(p)}{x(p)} \cdot p = \frac{-100/p}{100 \cdot (\ln 800 - \ln p)} \cdot p = \frac{1}{\ln p - \ln 800}$:

a) $\varepsilon_{x,p}(5) = -0{,}1970$ b) $\varepsilon_{x,p}(9) = -0{,}2228$
c) $\varepsilon_{x,p}(100) = -0{,}4809$ d) $\varepsilon_{x,p}(600) = -3{,}4761$

ii) $p = 800e^{-0,5} \approx 485{,}22$ GE/ME

iii) $p = 800e^{-1}$ GE/ME $\Rightarrow$ $x = 100$ ME .

alternativ: $\varepsilon_{x,p} = -1 \iff \varepsilon_{p,x} = 1/\varepsilon_{x,p} = -1$.

Wegen $p = 800 \cdot e^{-0,01x}$ gilt: $\varepsilon_{p,x} = -0{,}01x \overset{!}{=} -1$, d.h. $x = 100$ ME .

Aufgabe 6.53 *(6.3.100)*: Es gilt (mit $x^* = ax$; $f^* = bf$ $(a, b \neq 0)$):

$$\varepsilon_{f^*,x^*} = \frac{\frac{df^*}{dx^*}}{f^*} \cdot x^* = \frac{\frac{d(bf)}{d(ax)}}{bf} \cdot ax = \frac{\frac{b \cdot df}{a \cdot dx}}{bf} \cdot ax = \frac{\frac{df}{dx}}{f} \cdot x = \varepsilon_{f,x} \quad \text{, w.z.b.w.}$$

Aufgabe 6.54 *(6.3.117)*:

i) Eine fallende Preis-Absatz-Funktion *($x'(p) < 0$)* befindet sich im elastischen Nachfragebereich, wenn gilt: $\varepsilon_{x,p} < -1$.

a) $\varepsilon_{x,p} = \frac{x'(p)}{x(p)} \cdot p = \frac{-0{,}4p}{20 - 0{,}4p} < -1 \iff p > 25$,

d.h. die Nachfrage ist elastisch für $p > 25$ GE/ME *($p < 50$ GE/ME)* .

b) Umkehrfunktion: $x = 10 \cdot (\ln 120 - \ln p)$ *(> 0)* $\Rightarrow$

$\varepsilon_{x,p} = \frac{-10/p}{10 \cdot (\ln 120 - \ln p)} \cdot p = \frac{-1}{\ln 120 - \ln p} < -1 \iff \ln p > 3{,}7875 \iff$

Elastische Nachfrage für $p > e^{3,7875} = 44{,}1455$ GE/ME *(< 120 GE/ME)*

ii) a) $E(p) = 20p - 0{,}4p^2 \Rightarrow \varepsilon_{E,p} = \frac{20 - 0{,}8p}{20 - 0{,}4p} = -5 \iff p = 42{,}86$ GE/ME

b) $E(p) \underset{\text{s. i)b)}}{=} 10p \cdot (\ln 120 - \ln p) \Rightarrow \varepsilon_{E,p} = \frac{10 \cdot (\ln 120 - \ln p) + 10p \cdot (-1/p)}{10p \cdot (\ln 120 - \ln p)} \cdot p \Rightarrow$

$\varepsilon_{E,p} = 1 - \frac{1}{\ln 120 - \ln p} \overset{!}{=} -5 \Rightarrow \ln p = \ln 120 - \frac{1}{6} \iff p = 101{,}58$ GE/ME.

Aufgabe 6.55 *(6.3.118)*:

i) $$\varepsilon_{E,W} = \frac{E'(W)}{E(W)} \cdot W = \frac{\frac{10 \cdot 2}{2\sqrt{1+2W}}}{10\sqrt{1+2W}} \cdot W = \frac{W}{1+2W} \quad \Rightarrow \quad \varepsilon_{E,W}(800) = 0{,}4997 \approx 0{,}5$$

Interpretation: Erhöhen sich die Wohnungsausgaben von 800 €/Monat um 1%, also auf 808 €/Monat, so steigen damit die Energiekosten um (ca.) 0,5%.

ii) $E(Y) = E(W(Y)) = 10 \cdot \sqrt{1+2W(Y)} = 10 \cdot \sqrt{801+0{,}1Y} \quad \Rightarrow$

$$\varepsilon_{E,Y} = \frac{\frac{10 \cdot 0{,}1}{2\sqrt{801+0{,}1Y}}}{10\sqrt{801+0{,}1Y}} \cdot Y = \frac{0{,}05Y}{801+0{,}1Y} \Rightarrow \varepsilon_{E,Y}(4000) \approx \frac{1}{6} = \frac{0{,}5}{3} = \frac{0{,}5\%}{3\%},$$

somit entsteht eine Erhöhung von E um 0,5%, wenn Y um 3% steigt.

Aufgabe 6.56 *(6.3.119)*:

Aus $\varepsilon_{x,p} = -0{,}2$ folgt *(z.B. mit Relation (6.3.113) Lehrbuch)*:

$$\varepsilon_{E,p} = 1 + \varepsilon_{x,p} = 0{,}8 > 0,$$

d.h. trotz steigender Preise (hervorgerufen durch geringere Mengen bei typischem Verlauf der Nachfragefunktion) wächst nach schlechten Ernten der Umsatz E (und zwar pro 1% Preissteigerung um ca. 0,8%).

Aufgabe 6.57 *(6.3.120)*:

Zu zeigen ist: Es gilt $\varepsilon_{K,x} = 1$, falls x die betriebsoptimale Outputmenge ist.

Für die Elastizitäten von Gesamtkosten K und Stückkosten k gilt *(siehe etwa Beziehung (6.3.112)* stets:

$$\varepsilon_{K,x} = 1 + \varepsilon_{k,x} = 1 + \frac{k'(x)}{k(x)} \cdot x \quad .$$

Da weiterhin im Betriebsoptimum ($\hat{=}$ Minimum der Stückkosten k) gilt: $k'(x) = 0$, so folgt daraus: $\varepsilon_{K,x} = 1$. Genau dies sollte gezeigt werden.

Aufgabe 6.58 *(6.3.121)*:

$$x(p) = 100 - 0{,}5p \qquad \Leftrightarrow \qquad E(p) = p \cdot x(p) = 100p - 0{,}5x^2 .$$

Dann gilt mit $\varepsilon_{E',p} = \frac{E''}{E'} \cdot p = \frac{-p}{100-p}$: $\varepsilon_{E',p}(150) = 3$, aber $E''(p) = -1 < 0$.

Obwohl $E''(p)$, d.h. die Steigung des Grenzerlöses, stets negativ ist, ist die Preiselastizität des Grenzerlöses positiv, da $E'(150) = -50 < 0$ gilt, dieser Punkt des Funktionsgraphen also im IV. Quadranten liegt *(siehe auch Lehrbuch Bem. 6.3.93)* und somit folgendes eintritt:

$$\varepsilon_{E',p}(p) = \frac{E''(p)}{E'(p)} \cdot p = „\left(\frac{<0}{<0} \cdot >0\right)“ > 0.$$

Aufgabe 6.59 *(6.3.122)*:

i) Für die Potenzfunktionen f mit: $f(x) = a \cdot x^n$ *($a, n \in \mathbb{R}$, $x > 0$)* gilt:

$$\varepsilon_{f,x}(x) = \frac{f'(x)}{f(x)} \cdot x = \frac{a \cdot n \cdot x^{n-1}}{a \cdot x^n} \cdot x = n = \text{const.}$$

Daher sind alle Potenzfunktionen f mit $f(x) = a \cdot x^n$ isoelastisch.

ii) Die Nachfragefunktion nach Zucker kann wegen konstanter Preis-Elastizität der Nachfrage durch eine Potenzfunktion $x = a \cdot p^n$ dargestellt werden, siehe i): Der Exponent „n" entspricht dabei der Elastizität $\varepsilon_{x,p} = -0{,}383$, das Wertepaar $p = 3500 / x = 5{,}04$ dient dazu, die fehlende Konstante a zu ermitteln:

$$5{,}04 = a \cdot 3500^{-0{,}383} \quad \Rightarrow \quad a = 114{,}7648, \text{ d.h.}$$

$$x(p) = 114{,}7648 \cdot p^{-0{,}383} \text{ bzw. } p(x) = 238.830{,}95 \cdot x^{-2{,}611}$$ *(p in €/t, x in Mio. t)*

iii) Idee: Wegen i) kommen nur die Potenzfunktionen $x = a \cdot p^n$ oder $p = b \cdot x^m$ in Frage *(wenn x(p) isoelastisch ist, so auch die Umkehrfunktion p(x) und umgekehrt, denn die Umkehrfunktion einer Potenzfunktion ist wieder eine Potenzfunktion)*.

a) $x = a \cdot p^{-1}$. Aus $5 = a \cdot 2^{-1}$ folgt: $a = 10$, d.h. $x(p) = \frac{10}{p}$ bzw. $p(x) = \frac{10}{x}$.

b) $x = a \cdot p^0 \equiv a$. Wegen $x(2) = 5$ folgt: $a = 5$, d.h. $x(p) \equiv 5$.

c) $x = a \cdot „p^{\infty}"$ ist keine Funktionsgleichung. Wegen $\varepsilon_{p,x} = 1/\varepsilon_{x,p} = „1/\infty" = 0$
$\Rightarrow$ $p(x) = b \cdot x^0 \equiv b$. Aus $p(5) = 2$ folgt: $b = 2$, d.h. $p(x) \equiv 2$.

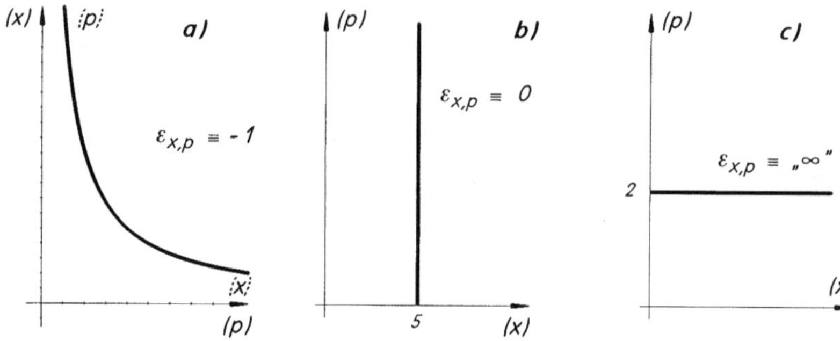

Aufgabe 6.60 *(6.3.123)*: Es gilt *(siehe auch Lehrbuch Kap. 6.3.3.3, mit $r_i := A$, $r_k := K$)*:

$$\sigma_{A,K} = \frac{d\left(\frac{A}{K}\right) / \frac{A}{K}}{d\left(\frac{dA}{dK}\right) \Big/ \frac{dA}{dK}} \underset{\textit{(mit (7.1.69))}}{=} \frac{d\left(\frac{A}{K}\right) / \frac{A}{K}}{d\left(\frac{\partial Y}{\partial K} / \frac{\partial Y}{\partial A}\right) \Big/ \frac{\partial Y}{\partial K} / \frac{\partial Y}{\partial A}}.$$

Mit $Y = 100 A^{0,8} K^{0,2}$ folgt: $\frac{\partial Y}{\partial A} = 80 A^{-0,2} K^{0,2}$; $\frac{\partial Y}{\partial K} = 20 A^{0,8} K^{-0,8}$,

d.h. $\frac{\frac{\partial Y}{\partial K}}{\frac{\partial Y}{\partial A}} = \frac{1}{4}\frac{A}{K}$. Setzt man $x := \frac{A}{K}$, so folgt:

$$\sigma_{A,K} = \frac{\frac{dx}{x}}{d\left(\frac{x}{4}\right) \Big/ \frac{x}{4}} = \frac{\frac{dx}{x} \cdot \frac{x}{4}}{d\left(\frac{x}{4}\right)} = \frac{\frac{dx}{4}}{\frac{dx}{4}} = 1, \qquad \text{d.h.}$$

das Einsatzverhältnis A/K der Produktionsfaktoren ist „fließend" bezüglich der Grenzrate der Substitution, d.h. wenn sich die Grenzrate d. Substitution dA/dK, d.h. das Verhältnis der Grenzproduktivitäten ($\partial Y/\partial K / \partial Y/\partial A$), um 1% ändert, so auch das Einsatzverhältnis A/K der Produktionsfaktoren *(gilt allgemein für Cobb-Douglas-Funktionen)*.

Aufgabe 6.61 *(6.3.137)***:**

i) Die graphische Ermittlung der Elastizitätswerte $\varepsilon_{f,x}$ erfolgt anhand der Abb. in der Aufgabenstellung *(etwa nach Lehrbuch 6.3.138 nach Satz 6.3.125/128)*.

Einige Beispiele zeigt die nachfolgende Skizze *(Abweichungen durch zeichnerische Ungenauigkeiten bedingt)*:

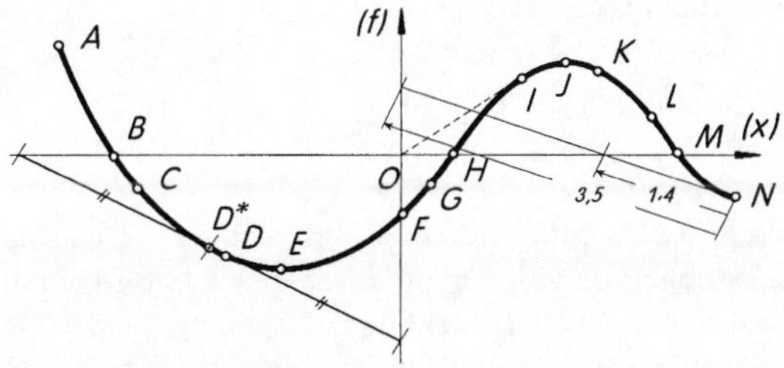

ungefähre Elastizitätswerte $\varepsilon_{f,x}$:

$\varepsilon_{f,x}(A) = 8{,}2/1{,}2 = 6{,}8$

$\varepsilon_{f,x}(B) =$ „$5/0$“ $=$ „$\pm\infty$“

$\varepsilon_{f,x}(C) = -3{,}8/0{,}4 = -9{,}5$

$\varepsilon_{f,x}(D) = -1{,}8/2{,}4 = -0{,}8$

$\varepsilon_{f,x}(E) =$ „$1{,}2/\infty$“ $= 0$

$\varepsilon_{f,x}(F) = 0/0{,}8 = 0$

$\varepsilon_{f,x}(G) = -0{,}4/0{,}4 = -1$

$\varepsilon_{f,x}(H) =$ „$0{,}9/0$“ $=$ „$\pm\infty$“

$\varepsilon_{f,x}(I) = 1{,}4/1{,}4 = 1$

$\varepsilon_{f,x}(J) =$ „$1{,}6/\infty$“ $= 0$

$\varepsilon_{f,x}(K) = -2{,}1/1{,}8 = -1{,}2$

$\varepsilon_{f,x}(L) = -3{,}7/0{,}4 = -9{,}3$

$\varepsilon_{f,x}(M) =$ „$4{,}5/0$“ $=$ „$\pm\infty$“

$\varepsilon_{f,x}(N) = 3{,}5/1{,}4 = 2{,}5$.

ii) Anhand der unter i) ermittelten Werte gilt:

a) f ist bzgl. x **elastisch** zwischen A und einem Punkt D* etwa 2 mm links von D; zwischen D* und G **unelastisch**; zwischen G und I **elastisch**; zwischen I und K **unelastisch**; zwischen K und N **elastisch**.

b) Positive Elastizitäten $\varepsilon_{f,x}$:
zwischen A und B
zwischen E und F
zwischen H und J
zwischen M und N

Negative Elastizitäten $\varepsilon_{f,x}$:
zwischen B und E
zwischen F und H
zwischen J und M .

Ausnahmen bilden die Elastizitätswerte $\varepsilon_{f,x}$ in folgenden Punkten:
B ($\varepsilon_{f,x} =$ „∞“); E ($\varepsilon_{f,x} = 0$); F ($\varepsilon_{f,x} = 0$); H ($\varepsilon_{f,x} =$ „∞“);
J ($\varepsilon_{f,x} = 0$); M ($\varepsilon_{f,x} =$ „∞“).

Aufgabe 6.62 *(6.3.139)*: *(zum Lösungsprinzip siehe Lösung zu Aufgabe 6.61)*

i) Aus der Abbildung ermittelt man näherungsweise graphisch:

a) Produktionsfunktion x: x(r):

$\varepsilon_{x,r}(P) = „0{,}8/0^{+}“ = „\infty“$ $\qquad \varepsilon_{x,r}(T) = „2{,}7/\infty“ = 0$

$\varepsilon_{x,r}(Q) = 2{,}2/0{,}5 = 4{,}4$ $\qquad \varepsilon_{x,r}(U) = -9{,}7/1{,}3 = -7{,}5$

$\varepsilon_{x,r}(R) = 4{,}2/1{,}1 = 3{,}8$ $\qquad \varepsilon_{x,r}(V) = „-20/0^{+}“ = „-\infty“$

$\varepsilon_{x,r}(S) = 3/3 = 1$

b) Kostenfunktion K: K(x):

$\varepsilon_{K,x}(P) = 0/1{,}3 = 0$ $\qquad \varepsilon_{K,x}(S) = 4{,}5/4{,}5 = 1$

$\varepsilon_{K,x}(Q) = 0{,}8/2{,}6 = 0{,}3$ $\qquad \varepsilon_{K,x}(T) = 8{,}5/3{,}2 = 2{,}7$

$\varepsilon_{K,x}(R) = 2{,}3/8{,}7 = 0{,}3$

ii) Im Punkt S sowohl der Produktions- als auch der Kostenfunktion (siehe Abb.) ist die gestrichelt eingezeichnete Linie gleichzeitig Fahrstrahl **und** Tangente, d.h. dort stimmen die Werte der Grenzfunktion $x'(r)$ *(bzw. $K'(x)$)* und der Durchschnittsfunktion $x(r)/r$ *(bzw. $K(x)/x$)* überein. Nach (6.3.147) handelt es sich daher im Punkt S um das **Maximum des Durchschnittsertrages** (im Fall der Produktionsfunktion) bzw. das ***Minimum der Stückkosten**, d.h. das **Betriebsoptimum** (im Fall der Kostenfunktion).*

Da an der Stelle S in beiden Fällen die Elastizitäten den Wert 1 aufweisen, folgt schließlich *(siehe auch Lehrbuch (6.3.149) und (6.3.151))*:

a) Die Elastizität des Outputs bzgl. des Inputs *(„Produktionselastizität“)* hat im Maximum des Grenzertrages den Wert 1.

b) Die Elastizität der Gesamtkosten bzgl. der produzierten Menge hat im Betriebsoptimum den Wert 1.

Aufgabe 6.63 *(6.3.161)*:

i) Zu überprüfen ist die Gültigkeit des „Schwabeschen Gesetzes“: $0 < \varepsilon_{W,C} < 1$.

a) $\varepsilon_{W,C} = \dfrac{0{,}1 \cdot C}{0{,}1 \cdot C + 350} < 1$ *(da für alle C (> 0) gilt: Zähler < Nenner).*

b) $\varepsilon_{W,C} = \dfrac{0{,}45 \cdot C^{-0{,}1} \cdot C}{350 + 0{,}5 \cdot C^{0{,}9}} = \dfrac{0{,}45 \cdot C^{0{,}9}}{350 + 0{,}5 \cdot C^{0{,}9}} < \dfrac{0{,}5 \cdot C^{0{,}9}}{0{,}5 \cdot C^{0{,}9} + 350} < 1$,

da für alle C (> 0) gilt: Zähler < Nenner.

In beiden Fällen ist somit das Schwabesche Gesetz erfüllt.

ii) Grenzausgaben für Wohnung: $W'(C)$

durchschnittliche Ausgaben für Wohnung: $\overline{W}(C) = \dfrac{W(C)}{C}$:

a) $W'(C) = 0{,}1$; $\overline{W}(C) = 0{,}1 + \dfrac{350}{C} \Rightarrow \overline{W}(C) > W'(C)$.

b) $W'(C) = 0{,}45 \cdot C^{-0{,}1}$; $\overline{W}(C) = \dfrac{350}{C} + 0{,}5 \cdot C^{-0{,}1} > W'(C)$.

In beiden Fällen sind die konsumbezogenen Grenzausgaben für Wohnung kleiner als die durchschnittlichen Wohnungsausgaben (bzgl. des Gesamtkonsums).

Aufgabe 6.64 *(6.3.162)*: Eine neoklassische Produktionsfunktion x: $x(r) = a \cdot r^b$ *(r > 0)* genügt dem 1. Gossenschen Gesetz, wenn

i) der Ertrag x(r) stets positiv ist;

ii) mit zunehmendem Input r *(> 0)* auch der Output x(r) zunimmt *(d.h. wenn die Produktionsfunktion monoton steigend ist)*;

iii) die Ertragszuwächse mit steigendem Input immer kleiner werden *(d.h. wenn die Produktionsfunktion konkav gekrümmt ist)*.

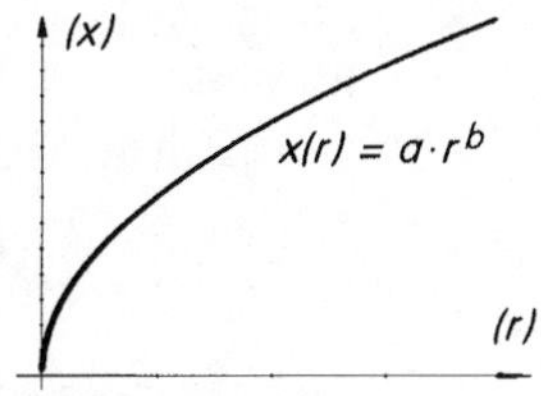

Aus i) folgt: $x(r) = ar^b > 0 \quad \Leftrightarrow \quad a > 0.$

Aus ii) folgt: $x'(r) = ab\,r^{b-1} > 0 \quad \Leftrightarrow \quad b > 0.$

Aus iii) folgt: $x''(r) = ab(b-1)\,r^{b-2} < 0 \quad \Leftrightarrow \quad b < 1$, w.z.b.w.

Aufgabe 6.65 *(6.3.163)*: Zu überprüfen ist die Gültigkeit des „Engelschen Gesetzes"

$$0 < \varepsilon_{N,C} < 1 \quad .$$

a) $\varepsilon_{N,C} = \dfrac{1{,}2 \cdot C^{-0{,}2} \cdot C}{1{,}5 \cdot C^{0{,}8} + 200} < \dfrac{1{,}5 \cdot C^{0{,}8}}{1{,}5 \cdot C^{0{,}8} + 200} < 1$, da stets gilt: Zähler < Nenner.

b) $\varepsilon_{N,C} = \dfrac{0{,}2 \cdot C}{200 + 0{,}2 \cdot C} < 1$, da stets gilt: Zähler < Nenner .

Da weiterhin $\varepsilon_{N,C}$ für $C > 0$ stets positiv ist, gilt in beiden Fällen das Engelsche Gesetz.

Aufgabe 6.66 *(6.3.164)*:

Für die inputabhängige Gewinnfunktion G: G(r) im polypolistischen Fall *(siehe auch Lehrbuch (6.3.159)* gilt:

$$G(r) = E(r) - K(r) = p \cdot x(r) - p_r \cdot r$$

(p : Outputpreis ; x : Output
p_r : Inputpreis ; r : Input)

Im *Polypol* gilt p = const., d.h. notwendig für ein Gewinnmaximum ist:

$$G'(r) = p \cdot x'(r) - p_r = 0 \Leftrightarrow p_r = p \cdot x'(r) \; ,$$

d.h. die Entlohnung p_r des Inputfaktors mit seiner Wertgrenzproduktivität.

Laut Voraussetzung ist diese Bedingung erfüllt, so dass noch die hinreichende Bedingung $G''(r) < 0$ für ein Gewinn**maximum** zu überprüfen ist :

$$G''(r) = p \cdot x''(r) < 0 \quad \Leftrightarrow \quad x''(r) < 0 \qquad (\textit{wegen } p > 0) \; .$$

Diese Bedingung ist gleichbedeutend mit überall abnehmenden Grenzproduktivitäten (d.h. x' monoton fallend) , somit ist *(für den Fall Polypol)* alles bewiesen.

Für den *monopolistischen* Fall *(siehe auch Lehrbuch (6.3.158)* werden hier zusätzlich unterstellt:

a) lineare Preis-Absatz-Funktion p: $p(x) = a - bx$, $(a, b > 0)$;
b) positive Grenzproduktivitäten: $x'(r) > 0$

Die Gewinnfunktion hat die Form: $G(r) = E(x(r)) - K(r) = p(x(r)) \cdot x(r) - p_r \cdot r$.

Zunächst folgt daraus mit der notwendigen Extremalbedingung *(Kettenregel!)*

$$G'(r) = E'(x) \cdot x'(r) - p_r = 0$$

die Entlohnung des Faktors mit seinem Grenzerlösprodukt *(siehe auch (6.3.158)*:

$$(*) \qquad p_r = E'(x) \cdot x'(r).$$

Für die hinreichende Bedingung für ein Gewinnmaximum ist das Vorzeichen von $G''(r)$ zu untersuchen:

Es ist $\qquad G''(r) = E''(x) \cdot (x'(r))^2 + E'(x) \cdot x''(r) \qquad$ *(Kettenregel!)*.

Wegen $E(x) = x \cdot p(x) = x \cdot (a - bx) = ax - bx^2$ gilt: $E''(x) = -2b < 0$, d.h. der erste Term von G'' ist negativ.

Wegen (*) gilt notwendigerweise im Gewinnmaximum *(sofern es denn existiert)*: $E'(x) = p_r/x'(r)$, wobei lt. Voraussetzung p_r und $x'(r)$ positiv sind.

Also muss $E'(x)$ positiv sein. Daher ist der zweite Term von $G''(r)$ und somit dann $G''(r)$ insgesamt negativ *(d.h. G maximal)*, wenn $x''(r)$ negativ ist, d.h. wenn die Grenzproduktivitäten abnehmend sind, q.e.d.

Aufgabe 6.67 *(6.3.165)*:

Der Gewinn $G(r)$ der Unternehmung hat die folgende Form:

$$G(r) = E(x(r)) - K(r) = p \cdot x - p_r \cdot r = p(x(r)) \cdot x(r) - p_r(r) \cdot r$$

(p: Outputpreis; x: Output; p_r: Inputpreis; r: Input)

Notwendige Bedingung für einen gewinnmaximalen Faktoreinsatz ist: $G'(r) = 0$.
(Anwendung von Produkt- und Kettenregel erforderlich!)

i) $G'(r) = 0 \Leftrightarrow p'(x) \cdot x'(r) \cdot x(r) + p(x) \cdot x'(r) - p_r'(r) \cdot r - p_r(r) = 0$
$\Leftrightarrow x'(r) \cdot (x \cdot p'(x) + p(x)) = r \cdot p_r'(r) + p_r(r)$ q.e.d.

ii) Aus $G'(r) = 0$ folgt **i)** und daraus wegen
$E'(x) = x \cdot p'(x) + p(x)$ sowie $K'(r) = r \cdot p_r'(r) + p_r(r)$
die Behauptung **ii)**.

iii) Aus $G'(r) = 0$ folgt mit **ii)**: $x'(r) = K'(r)/E'(x)$ und daraus mit Hilfe der Amoroso-Robinson-Relation (6.3.109) die Behauptung.

iv) Die Behauptung ergibt sich aus **iii)** mit Hilfe von (6.3.107) sowie der Amoroso-Robinson-Relation (6.3.109).

v) Diese Problemstellung entspricht genau der Bedingung unter **ii)**.

7 Differentialrechnung bei Funktionen mit mehreren unabhängigen Variablen

Aufgabe 7.1 *(7.1.15)*:

i) $\frac{\partial f}{\partial x} = 3x^2y^3 + y^2 \quad ; \quad \frac{\partial f}{\partial y} = 3x^3y^2 + 2xy \quad .$

ii) $\frac{\partial f}{\partial x} = 6x + 5y \quad ; \quad \frac{\partial f}{\partial y} = -8y + 5x + 4 \quad .$

iii) $\frac{\partial K}{\partial x_1} = \frac{5}{x_2} \quad ; \quad \frac{\partial K}{\partial x_2} = \frac{-5x_1}{x_2^2} \quad .$

iv) $\frac{\partial f}{\partial x} = \frac{(3x^3-6xy)(3x+2y^2)-(x^4-3x^2y)\cdot 3}{(3x+2y^2)^2} = \frac{9x^4+8x^3y^2-9x^2y-12xy^3}{(3x+2y^2)^2} \quad ;$

$\frac{\partial f}{\partial y} = \frac{-3x^2\cdot(3x+2y^2)-(x^4-3x^2y)\cdot 4y}{(3x+2y^2)^2} = \frac{-9x^3-4x^4y+6x^2y^2}{(3x+2y^2)^2} \quad .$

v) $\frac{\partial g}{\partial x} = 10xyz^4 - 40\,\frac{y^2}{x^6} \quad ; \quad \frac{\partial g}{\partial y} = 5x^2z^4 + \frac{16y}{x^5} \quad ; \quad \frac{\partial g}{\partial z} = 20x^2yz^3 \, .$

vi) $\frac{\partial K}{\partial x_1} = 4x_2\cdot e^{4x_1+5x_3} \quad ; \quad \frac{\partial K}{\partial x_2} = e^{4x_1+5x_3} \quad ; \quad \frac{\partial K}{\partial x_3} = 5x_2\cdot e^{4x_1+5x_3}.$

vii) $\frac{\partial p}{\partial r_1} = 2r_1\cdot\ln(r_1r_3) + r_1^2\cdot\frac{r_3}{r_1r_3} + 2r_2\cdot e^{-2r_1r_2} = 2r_1\cdot\ln(r_1r_3) + r_1 + 2r_2\cdot e^{-2r_1r_2} \quad ;$

$\frac{\partial p}{\partial r_2} = 2r_1\cdot e^{-2r_1r_2} \quad ; \quad \frac{\partial p}{\partial r_3} = r_1^2\cdot\frac{r_1}{r_1r_3} = \frac{r_1^2}{r_3} \quad .$

viii) $\frac{\partial x}{\partial A} = 102\cdot A^{-0,15}K^{0,3} \quad ; \quad \frac{\partial x}{\partial K} = 36\cdot A^{0,85}K^{-0,7} \quad .$

ix) $\frac{\partial f}{\partial u} = 3u^2\sqrt{2v} \quad ; \quad \frac{\partial f}{\partial v} = (w\ln w + u^3)\,\frac{1}{\sqrt{2v}} \quad ; \quad \frac{\partial f}{\partial w} = \sqrt{2v}\,(\ln w + 1).$

x) $\frac{\partial L}{\partial x} = 2{,}4\cdot x^{-0,7}y^{0,7} - 6\lambda \quad ; \quad \frac{\partial L}{\partial y} = 5{,}6\cdot\left(\frac{x}{y}\right)^{0,3} - 5\lambda \quad ; \quad \frac{\partial L}{\partial \lambda} = 200 - 6x - 5y \, .$

xi) $\frac{\partial L}{\partial r_1} = \frac{2r_1}{\sqrt{r_1^2+3r_2^2-5r_3^2}} - \lambda_1 - \lambda_2r_2r_3 \quad ;$

$\frac{\partial L}{\partial r_2} = \frac{6r_2}{\sqrt{r_1^2+3r_2^2-5r_3^2}} - 2\lambda_1 - \lambda_2r_1r_3 \quad ;$

$\frac{\partial L}{\partial r_3} = \frac{-10r_3}{\sqrt{r_1^2+3r_2^2-5r_3^2}} + \lambda_1 - \lambda_2r_1r_2 \quad .$

$\frac{\partial L}{\partial \lambda_1} = 10 - r_1 - 2r_2 + r_3 \quad ;$

$\frac{\partial L}{\partial \lambda_2} = 20 - r_1r_2r_3 \quad ;$

xii) $\frac{\partial f}{\partial x} = y \cdot (x^3 \cdot y^2)^{y-1} \cdot 3x^2y^2 = 3x^2y^3 \cdot (x^3 \cdot y^2)^{y-1}$;

$$\frac{\partial f}{\partial y} = \frac{\partial}{\partial y} e^{y \cdot \ln(x^3y^2)} = (x^3y^2)^y \cdot \{1 \cdot \ln(x^3y^2) + y \cdot \frac{2x^3y}{x^3y^2}\} = (x^3y^2)^y \cdot \{\ln(x^3y^2) + 2\}.$$

xiii) $\frac{\partial f}{\partial x} = 2 \cdot \frac{\partial}{\partial x}\{e^{3x \cdot \ln y} \cdot (\ln x - \ln y)\} = 2 \cdot \{y^{3x} \cdot 3 \cdot \ln y \cdot \ln\frac{x}{y} + y^{3x} \cdot \frac{1}{x}\} =$

$$= 2y^{3x} \cdot (3 \cdot \ln y \cdot \ln\frac{x}{y} + \frac{1}{x}) \ ;$$

$$\frac{\partial f}{\partial y} = 2 \cdot \frac{\partial}{\partial y}\{y^{3x} \cdot (\ln x - \ln y)\} = 2 \cdot \{3x \cdot y^{3x-1} \cdot \ln\frac{x}{y} + y^{3x} \cdot (-\frac{1}{y})\} =$$

$$= 2y^{3x-1}(3x \cdot \ln\frac{x}{y} - 1) \ .$$

Aufgabe 7.2 *(7.1.19)*:

$$\frac{\partial y}{\partial L} = 72 \cdot L^{-0,2} \cdot K^{0,2} \quad ; \quad \frac{\partial y}{\partial K} = 18 \cdot L^{0,8} \cdot K^{-0,8} :$$

i) $\frac{\partial y}{\partial L}(1000;\ 200) = 52{,}1841\ \frac{GE_y}{AE}$; $\quad \frac{\partial y}{\partial K}(1000;\ 200) = 65{,}2302\ \frac{GE_y}{GE}$.

Beim Einsatz von 1000 Arbeitseinheiten (AE) und einem Kapital von 200 GE erhöht sich der Ertrag um 52,1841 GE_y , wenn c.p. eine AE mehr, bzw. um 65,2302 GE_y, wenn c.p. eine GE mehr eingesetzt wird.

ii) Erst ableiten, dann K = 8L setzen ⇒

$$\frac{\partial y}{\partial L} = 72 \cdot L^{-0,2} \cdot (8L)^{0,2} = 72 \cdot 8^{0,2} = 109{,}1316\ \frac{GE_y}{AE} \quad ;$$

$$\frac{\partial y}{\partial K} = 18 \cdot L^{0,8} \cdot (8L)^{-0,8} = 18 \cdot 8^{-0,8} = 3{,}4104\ \frac{GE_y}{GE} \quad .$$

Unter den gegebenen Voraussetzungen erhöht sich der Ertrag um 109,1316 GE_y bei Steigerung c.p. des Arbeitseinsatzes um 1 AE und um 3,4104 GE_y bei Erhöhung c.p. des Kapitaleinsatzes um 1 GE – und zwar bei jedem beliebigen Ausgangsniveau (L, K) der Produktionsfaktoren. Grund dafür ist das feste Einsatzverhältnis der Faktoren $L : K = 1 : 8$.

Aufgabe 7.3 *(7.1.20)*:

i) $\frac{\partial x_1}{\partial p_1} = -0{,}5\ \frac{ME_1}{GE/ME_1}$; $\quad \frac{\partial x_1}{\partial p_2} = 2\ \frac{ME_1}{GE/ME_2}$;

d.h. z.B.: Wenn der Preis p_2 des zweiten Gutes –c.p.– um 1 GE/ME_2 steigt, so steigt die Nachfrage x_1 nach dem ersten Gut um 2 ME_1 usw.

$\frac{\partial x_2}{\partial p_1} = 0{,}8\ \frac{ME_2}{GE/ME_1}$; $\quad \frac{\partial x_2}{\partial p_2} = -1{,}5\ \frac{ME_2}{GE/ME_2}$.

ii) Aus i) folgt: Da die Nachfrage nach einem Gut mit zunehmendem Preis des *gleichen* Gutes c.p. abnimmt, aber mit zunehmendem Preis des *anderen* Gutes c.p. zunimmt, handelt es sich um substitutive Güter (*z.B.* Butter/Margarine).

iii) a) Aus den gegebenen Preisabsatz-Funktionen x_1, x_2 erhält man durch Multiplikation mit den entsprechenden Preisen p_1, p_2 die beiden Erlösfunktionen $E_1(p_1,p_2)$ *(für Gut 1)* und $E_2(p_1,p_2)$ *(für Gut 2)*:

$$E_1(p_1,p_2) = p_1 \cdot x_1(p_1,p_2) = -0{,}5p_1^2 + 2p_1p_2 + 10p_1$$
$$E_2(p_1,p_2) = p_2 \cdot x_2(p_1,p_2) = 0{,}8p_1p_2 - 1{,}5p_2^2 + 15p_2 \ .$$

Daraus ergeben sich die folgenden vier partiellen Grenzerlösfunktionen:

$$\frac{\partial E_1}{\partial p_1} = -p_1 + 2p_2 + 10 \quad ; \quad \frac{\partial E_1}{\partial p_2} = 2p_1 \ ;$$
$$\frac{\partial E_2}{\partial p_1} = 0{,}8p_2 \quad ; \quad \frac{\partial E_2}{\partial p_2} = 0{,}8p_1 - 3p_2 + 15 \ .$$

Damit folgt für die Preiskombination $(p_1,p_2) = (8;5)$:

$$\frac{\partial E_1}{\partial p_1}(8;\ 5) = 12 \ \frac{GE}{GE/ME_1} \quad ; \quad \frac{\partial E_1}{\partial p_2}(8;\ 5) = 16 \ \frac{GE}{GE/ME_2} \ ;$$

$$\frac{\partial E_2}{\partial p_1}(8;\ 5) = 4 \ \frac{GE}{GE/ME_1} \quad ; \quad \frac{\partial E_2}{\partial p_2}(8;\ 5) = 6{,}4 \ \frac{GE}{GE/ME_2} \ .$$

Vom gegebenen Preisniveau ausgehend erhöht sich der Erlös des 1. Gutes bei einer Preiserhöhung des 1. Gutes um 1 GE/ME um 12 GE, bei einer Preiserhöhung des 2. Gutes um 16 GE. Der Erlös des 2. Gutes steigt bei einer Preiserhöhung des 2. Gutes um 1 GE/ME um 6,4 GE, bei einer Preiserhöhung des 1. Gutes um 1 GE/ME um 4 GE.

b) Aus dem vorgegebenen linearen Gleichungssystem

$$x_1 = x_1(p_1,\ p_2)$$
$$x_2 = x_2(p_1,\ p_2)$$

erhält man durch Umkehrung (Lösung bzgl. p_1, p_2) die beiden (nunmehr von den Mengen x_1, x_2 abhängigen) Preis-Absatz-Funktionen p_1, p_2 mit

$$p_1 = p_1(x_1,x_2) = \frac{30}{17}x_1 + \frac{40}{17}x_2 - \frac{900}{17}$$

$$p_2 = p_2(x_1,x_2) = \frac{16}{17}x_1 + \frac{10}{17}x_2 - \frac{310}{17} \ .$$

Daraus erhält man die beiden Erlösfunktionen $E_1 = x_1p_1$ sowie $E_2 = x_2p_2$ in Abhängigkeit der x_1, x_2. Zu den vorgegebenen Preisen $p_1 = 8$, $p_2 = 5$ gehören die Mengen $x_1 = 16\ ME_1$, $x_2 = 13{,}9\ ME_2$, so dass schließlich für die Grenzerlöse bzgl. der Mengen gilt:

$$\frac{\partial E_1}{\partial x_1}(8;5) = 36{,}24\ GE/ME_1 \quad ; \quad \frac{\partial E_1}{\partial x_2}(8;5) = 37{,}65\ GE/ME_2 \ ,$$

d.h. erhöht man – ausgehend vom Preisniveau $p_1 = 8$, $p_2 = 5$ – c.p. die Menge um 1 ME_1 *(bzw. 1 ME_2)*, so steigt der Erlös des *ersten* Produktes um 36,24 GE *(bzw. 37,65 GE)*.

$$\frac{\partial E_2}{\partial x_1}(8;5) = 13{,}08 \text{ GE/ME}_1 \quad ; \quad \frac{\partial E_2}{\partial x_2}(8;5) = 13{,}18 \text{ GE/ME}_2,$$

d.h. eine Mengenzunahme um 1 ME_1 *(bzw. 1 ME_2)* bewirkt eine Erlössteigerung des *zweiten* Produktes um 13,08 GE *(13,18 GE)*.

Aufgabe 7.4 *(7.1.28)*: Gegegeben: $f(x,y) = xy \cdot e^{xy} \quad \Rightarrow$

$$f_x = y \cdot e^{xy} + xy \cdot e^{xy} \cdot y = e^{xy} \cdot (y+xy^2)$$
$$f_y = x \cdot e^{xy} + xy \cdot e^{xy} \cdot x = e^{xy} \cdot (x+x^2y) \quad \Rightarrow$$
$$\left.\begin{array}{l} f_{yx} = e^{xy} \cdot y \cdot (x+x^2y) + e^{xy} \cdot (1+2xy) = e^{xy} \cdot (1+3xy+x^2y^2) \\ f_{xy} = e^{xy} \cdot x \cdot (y+xy^2) + e^{xy} \cdot (1+2xy) = e^{xy} \cdot (1+3xy+x^2y^2) \end{array}\right\} \textit{(d.h. } f_{yx} = f_{xy})$$
$$f_{xx} = e^{xy} \cdot y \cdot (y+xy^2) + e^{xy} \cdot y^2 = e^{xy} \cdot (2y^2+xy^3) \quad \Rightarrow$$
$$f_{yxx} = f_{xyx} = e^{xy} \cdot y \cdot (1+3xy+x^2y^2) + e^{xy} \cdot (3y+2xy^2) = e^{xy}(4y + 5xy^2 + x^2y^3)$$
$$f_{xxy} = e^{xy} \cdot x \cdot (2y^2+xy^3) + e^{xy} \cdot (4y+3xy^2) = e^{xy} \cdot (4y+5xy^2+x^2y^3) = f_{yxx} = f_{xyx}\,.$$

Aufgabe 7.5 *(7.1.29)*:

i) $f_{xx} = 6xy^3 \quad ; \quad f_{xy} = f_{yx} = 9x^2y^2+2y \quad ; \quad f_{yy} = 6x^3y+2x\,.$

ii) $f_{xx} = 6 \quad ; \quad f_{xy} = f_{yx} = 5 \quad ; \quad f_{yy} = -8\,.$

iii) $\dfrac{\partial^2 K}{\partial x_1^2} = 0 \quad ; \quad \dfrac{\partial^2 K}{\partial x_1 \partial x_2} = \dfrac{\partial^2 K}{\partial x_2 \partial x_1} = \dfrac{-5}{x_2^2} \quad ; \quad \dfrac{\partial^2 K}{\partial x_2^2} = \dfrac{10x_1}{x_2^3}\,.$

iv) $f_{xx} = \dfrac{54x^4+96x^3y^2+48x^2y^4-24y^5}{(3x+2y^2)^3}\,;$

$f_{xy} = f_{yx} = \dfrac{-24x^4y-27x^3-32x^3y^3-54x^2y^2+24xy^4}{(3x+2y^2)^3}\,;$

$f_{yy} = \dfrac{-12x^5+108x^3y+24x^4y^2-24x^2y^3}{(3x+2y^2)^3}\,.$

v) $g_{xx} = 10yz^4 + 240 \cdot \dfrac{y^2}{x^7} \quad ; \quad g_{xy} = g_{yx} = 10xz^4 - \dfrac{80y}{x^6} \quad ;$

$g_{xz} = g_{zx} = 40xyz^3 \,; \quad g_{yz} = g_{zy} = 20x^2z^3 \,; \quad g_{yy} = \dfrac{16}{x^5} \,; \quad g_{zz} = 60x^2yz^2\,.$

vi) $\dfrac{\partial^2 K}{\partial x_1^2} = 16x_2 \cdot e^{4x_1+5x_3} \quad ; \quad \dfrac{\partial^2 K}{\partial x_1 \partial x_2} = \dfrac{\partial^2 K}{\partial x_2 \partial x_1} = 4 \cdot e^{4x_1+5x_3} \,;$

$\dfrac{\partial^2 K}{\partial x_1 \partial x_3} = \dfrac{\partial^2 K}{\partial x_3 \partial x_1} = 20x_2 \cdot e^{4x_1+5x_3} \quad ; \quad \dfrac{\partial^2 K}{\partial x_2^2} = 0 \,;$

$\dfrac{\partial^2 K}{\partial x_2 \partial x_3} = \dfrac{\partial^2 K}{\partial x_3 \partial x_2} = 5 \cdot e^{4x_1+5x_3} \quad ; \quad \dfrac{\partial^2 K}{\partial x_3^2} = 25x_2 \cdot e^{4x_1+5x_3}\,.$

vii) $\dfrac{\partial^2 p}{\partial r_1^2} = 2\ln(r_1 r_3) + 3 - 4r_2^2 \cdot e^{-2r_1r_2} \quad ; \quad \dfrac{\partial^2 p}{\partial r_1 \partial r_2} = \dfrac{\partial^2 p}{\partial r_2 \partial r_1} = (2-4r_1r_2) \cdot e^{-2r_1r_2} \,;$

$$\frac{\partial^2 p}{\partial r_1 \partial r_3} = \frac{\partial^2 p}{\partial r_3 \partial r_1} = \frac{2r_1}{r_3} \quad ; \qquad \frac{\partial^2 p}{\partial r_2^2} = -4r_1^2 \cdot e^{-2r_1r_2} \quad ;$$

$$\frac{\partial^2 p}{\partial r_2 \partial r_3} = \frac{\partial^2 p}{\partial r_3 \partial r_2} = 0 \quad ; \qquad \frac{\partial^2 p}{\partial r_3^2} = -\frac{r_1^2}{r_3^2} \quad .$$

viii) $x_{AA} = -15{,}3 \cdot A^{-1{,}15} \cdot K^{0{,}3} \quad ; \qquad x_{AK} = x_{KA} = 30{,}6 \cdot A^{-0{,}15} \cdot K^{-0{,}7} \quad ;$

$x_{KK} = -25{,}2 \cdot A^{0{,}85} \cdot K^{-1{,}7} \quad .$

ix) $f_{uu} = 6u\sqrt{2v} \quad ; \qquad f_{uv} = f_{vu} = \dfrac{3u^2}{\sqrt{2v}} \quad ; \qquad f_{uw} = f_{wu} = 0 \quad ;$

$f_{vv} = \dfrac{-(w \cdot \ln w + u^3)}{\sqrt{(2v)^3}} \quad ; \qquad f_{vw} = f_{wv} = \dfrac{\ln w + 1}{\sqrt{2v}} \quad ; \qquad f_{ww} = \dfrac{\sqrt{2v}}{w} \quad .$

x) $L_{xx} = -1{,}68 \cdot y^{0{,}7} \cdot x^{-1{,}7} \;;\; L_{xy} = L_{yx} = 1{,}68 \cdot y^{-0{,}3} \cdot x^{-0{,}7} \;;\; L_{x\lambda} = L_{\lambda x} = -6 \;;$

$L_{yy} = -1{,}68 \cdot x^{0{,}3} \cdot y^{-1{,}3} \;;\; L_{y\lambda} = L_{\lambda y} = -5 \;;\; L_{\lambda\lambda} = 0 \;.$

xi) $\dfrac{\partial^2 L}{\partial r_1^2} = \dfrac{6r_2^2 - 10r_3^2}{\sqrt{(r_1^2 + 3r_2^2 - 5r_3^2)^3}} \quad ;$

$$\frac{\partial^2 L}{\partial r_1 \partial r_2} = \frac{\partial^2 L}{\partial r_2 \partial r_1} = \frac{-6r_1r_2}{\sqrt{(r_1^2 + 3r_2^2 - 5r_3^2)^3}} - \lambda_2 r_3 \;;$$

$$\frac{\partial^2 L}{\partial r_1 \partial r_3} = \frac{\partial^2 L}{\partial r_3 \partial r_1} = \frac{10r_1r_3}{\sqrt{(r_1^2 + 3r_2^2 - 5r_3^2)^3}} - \lambda_2 r_2 \;; \qquad \frac{\partial^2 L}{\partial r_1 \partial \lambda_1} = \frac{\partial^2 L}{\partial \lambda_1 \partial r_1} = -1 \;;$$

$$\frac{\partial^2 L}{\partial r_1 \partial \lambda_2} = \frac{\partial^2 L}{\partial \lambda_2 \partial r_1} = -r_2r_3 \quad ; \qquad \frac{\partial^2 L}{\partial r_2^2} = \frac{6r_1^2 - 30r_3^2}{\sqrt{(r_1^2 + 3r_2^2 - 5r_3^2)^3}} \quad ;$$

$$\frac{\partial^2 L}{\partial r_2 \partial r_3} = \frac{\partial^2 L}{\partial r_3 \partial r_2} = \frac{30r_2r_3}{\sqrt{(r_1^2 + 3r_2^2 - 5r_3^2)^3}} - \lambda_2 r_1 \;;$$

$$\frac{\partial^2 L}{\partial r_2 \partial \lambda_1} = \frac{\partial^2 L}{\partial \lambda_1 \partial r_2} = -2 \quad ; \qquad \frac{\partial^2 L}{\partial r_2 \partial \lambda_2} = \frac{\partial^2 L}{\partial \lambda_2 \partial r_2} = -r_1r_3 \;;$$

$$\frac{\partial^2 L}{\partial r_3^2} = \frac{-10r_1^2 - 30r_2^2}{\sqrt{(r_1^2 + 3r_2^2 - 5r_3^2)^3}} \quad ; \qquad \frac{\partial^2 L}{\partial r_3 \partial \lambda_1} = \frac{\partial^2 L}{\partial \lambda_1 \partial r_3} = 1 \;;$$

$$\frac{\partial^2 L}{\partial r_3 \partial \lambda_2} = \frac{\partial^2 L}{\partial \lambda_2 \partial r_3} = -r_1r_2 \quad ; \qquad \frac{\partial^2 L}{\partial \lambda_1^2} = \frac{\partial^2 L}{\partial \lambda_1 \partial \lambda_2} = \frac{\partial^2 L}{\partial \lambda_2 \partial \lambda_1} = \frac{\partial^2 L}{\partial \lambda_2^2} = 0 .$$

xii)
$$\begin{aligned} f_{xx} &= 6xy^3 \cdot (x^3y^2)^{y-1} + 3x^2y^3 \cdot (y-1) \cdot (x^3y^2)^{y-2} \cdot 3x^2y^2 = \\ &= 3xy^3 \cdot (x^3y^2)^{y-1} \cdot (3y-1) \;; \end{aligned}$$

$$\begin{aligned} f_{xy} &= 9x^2y^2 \cdot (x^3y^2)^{y-1} + 3x^2y^3 \cdot (x^3y^2)^{y-1} \cdot \{1 \cdot \ln(x^3y^2) + (y-1) \cdot \frac{2x^3y}{x^3y^2}\} = \\ &= 3x^2y^2 \cdot (x^3y^2)^{y-1} \cdot (1 + y \cdot \ln(x^3y^2) + 2y) = f_{yx} \;; \end{aligned}$$

$$\begin{aligned} f_{yy} &= (x^3y^2)^y \cdot (1 \cdot \ln(x^3y^2) + y \cdot \frac{2}{y})(\ln(x^3y^2) + 2) + (x^3y^2)^y \cdot \frac{2}{y} = \\ &= (x^3y^2)^y \cdot \left((\ln(x^3y^2) + 2)^2 + \frac{2}{y} \right) . \end{aligned}$$

xiii) $$\begin{aligned} f_{xx} &= 2y^{3x}\cdot 3\cdot \ln y\cdot(3\cdot\ln y\cdot\ln\tfrac{x}{y}+\tfrac{1}{x})+2y^{3x}\cdot(3\cdot\ln y\cdot\tfrac{1}{x}-\tfrac{1}{x^2}) = \\ &= 2y^{3x}\cdot\left(9\,(\ln y)^2\ln\tfrac{x}{y}+\tfrac{6\cdot\ln y}{x}-\tfrac{1}{x^2}\right)\ ; \\ f_{xy} &= 2\cdot 3x\cdot y^{3x-1}\cdot(3\cdot\ln y\cdot\ln\tfrac{x}{y}+\tfrac{1}{x})+2y^{3x}\cdot(\tfrac{3}{y}\cdot\ln\tfrac{x}{y}+3\cdot\ln y\cdot\tfrac{-1}{y}) = \\ &= 6y^{3x-1}\cdot\left(3x\cdot\ln y\ln\tfrac{x}{y}+1+\ln\tfrac{x}{y}-\ln y\right) = f_{yx}\ ; \\ f_{yy} &= 2\cdot(3x-1)\cdot y^{3x-2}\cdot(3x\cdot\ln\tfrac{x}{y}-1)+2y^{3x-1}\cdot\tfrac{-3x}{y} = \\ &= 2y^{3x-2}\cdot\left(9x^2\cdot\ln\tfrac{x}{y}-3x\cdot\ln\tfrac{x}{y}-6x+1\right). \end{aligned}$$

Aufgabe 7.6 *(7.1.35)***:**

$y_A = -9A^2+4A+50-6AK+2K^2$; $\quad y_K = -3A^2+4AK-9K^2+10K$;
$y_{AA} = -18A+4-6K$; $\quad y_{KK} = 4A-18K+10$;
$y_{AK} = y_{KA} = -6A+4K$:

a) $y_A(2;\,5) = 12 > 0$; $\quad y_K(2;\,5) = -147 < 0$;
$y_{AA}(2;\,5) = -62 < 0$; $\quad y_{KK}(2;\,5) = -72 < 0$;
$y_{AK}(2;\,5) = y_{KA}(2;\,5) = 8 > 0$:

In der Umgebung der Inputkombination (2; 5) verläuft die Produktionsfunktion y monoton steigend bzgl. A, monoton fallend bzgl. K; die Krümmung bzgl. beider Parameter ist konkav, d.h. die Grenzproduktivitäten der Arbeit und des Kapitals nehmen c.p. ab. Die Grenzproduktivität der Arbeit nimmt mit steigendem Kapitaleinsatz c.p. zu und umgekehrt.

b) $y_A(10;\,2) = -922 < 0$; $\quad y_K(10;\,2) = -236 < 0$;
$y_{AA}(10;\,2) = -188 < 0$; $\quad y_{KK}(10;\,2) = 14 > 0$;
$y_{AK}(10;\,2) = y_{KA}(10;\,2) = -52 < 0$:

In der Umgebung der Inputkombination A = 10, K = 2 verläuft die Ertragsfunktion y monoton fallend bzgl. der Arbeit oder des Kapitals; bzgl. A ist die Krümmung konkav, bzgl. K konvex, d.h. die Grenzproduktivität der Arbeit nimmt c.p. ab, die des Kapitals c.p. zu. Die Grenzproduktivität der Arbeit nimmt c.p. steigendem Kapitaleinsatz ab, und – umgekehrt – nimmt die Grenzproduktivität des Kapitals mit steigendem Arbeitseinsatz c.p. ab.

Aufgabe 7.7 *(7.1.49)***:** Partielle Differentiale für (4;5;9) sowie $dr_1 = 0{,}2$, $dr_2 = dr_3 = -0{,}1$:

$$\begin{aligned} dx_{r_1} &= \frac{\partial x}{\partial r_1}\cdot dr_1 = (0{,}25r_1^{-0{,}5}r_2^{0{,}5}+0{,}04r_1^{-0{,}6}r_3^{0{,}6})\cdot 0{,}2 = 0{,}068915\ ; \\ dx_{r_2} &= \frac{\partial x}{\partial r_2}\cdot dr_2 = (0{,}25r_1^{0{,}5}r_2^{-0{,}5}+0{,}06r_2^{-0{,}7}r_3^{0{,}7})\cdot(-0{,}1) = -0{,}031415\ ; \\ dx_{r_3} &= \frac{\partial x}{\partial r_3}\cdot dr_3 = (0{,}06r_1^{0{,}4}r_3^{-0{,}4}+0{,}14r_2^{0{,}3}r_3^{-0{,}3})\cdot(-0{,}1) = -0{,}016075\ ; \end{aligned}$$

$\Rightarrow$ vollständiges (totales) Differential dx:

$$dx = \frac{\partial x}{\partial r_1}\cdot dr_1+\frac{\partial x}{\partial r_2}\cdot dr_2+\frac{\partial x}{\partial r_3}\cdot dr_3 = 0{,}021425\,.$$

Aufgabe 7.8 *(7.1.59)*: *(siehe Lehrbuch Satz 7.1.50)*

i) totale Ableitung:

$$\frac{df}{dt} = \frac{\partial f}{\partial x}\cdot\frac{dx}{dt} + \frac{\partial f}{\partial y}\cdot\frac{dy}{dt} + \frac{\partial f}{\partial z}\cdot\frac{dz}{dt} = 2x\cdot e^t + 6y\cdot 1 + 8z\cdot 2t = 2e^{2t} + 16t^3 + 22t\ .$$

ii) totale partielle Ableitungen:

$$\frac{\partial p}{\partial x} = \frac{\partial p}{\partial u}\cdot\frac{\partial u}{\partial x} + \frac{\partial p}{\partial v}\cdot\frac{\partial v}{\partial x} + \frac{\partial p}{\partial w}\cdot\frac{\partial w}{\partial x} = 4uv\sqrt[3]{w}\cdot 2x + 2u^2\sqrt[3]{w}\cdot e^{-y} + \frac{2}{3}u^2v\cdot w^{\frac{-2}{3}}\cdot \ln y$$

$$= 8\cdot(x^2+y^2)\cdot x^2\cdot e^{-y}\cdot\sqrt[3]{x\cdot\ln y} + 2\cdot(x^2+y^2)^2\cdot\sqrt[3]{x\cdot\ln y}\cdot e^{-y} +$$

$$+ \frac{2}{3}\cdot(x^2+y^2)^2\cdot x\cdot e^{-y}\cdot(x\cdot\ln y)^{-2/3}\cdot\ln y\ ;$$

$$\frac{\partial p}{\partial y} = \frac{\partial p}{\partial u}\cdot\frac{\partial u}{\partial y} + \frac{\partial p}{\partial v}\cdot\frac{\partial v}{\partial y} + \frac{\partial p}{\partial w}\cdot\frac{\partial w}{\partial y} = 4uv\sqrt[3]{w}\cdot 2y + 2u^2\sqrt[3]{w}\cdot(-e^{-y})\cdot x + \frac{2}{3}u^2v\cdot w^{\frac{-2}{3}}\cdot\frac{x}{y}$$

$$= 8\cdot(x^2+y^2)\cdot x\cdot e^{-y}\cdot\sqrt[3]{x\cdot\ln y}\cdot y - 2(x^2+y^2)^2\cdot\sqrt[3]{x\cdot\ln y}\cdot x\cdot e^{-y} +$$

$$+ \frac{2}{3}\cdot(x^2+y^2)^2\cdot\frac{x^2}{y}\cdot e^{-y}\cdot(x\cdot\ln y)^{-2/3}\ .$$

iii) totale Ableitung: $\frac{df}{dx} = \frac{\partial f}{\partial a}\cdot\frac{da}{dx} + \frac{\partial f}{\partial b}\cdot\frac{db}{da}\cdot\frac{da}{dx} + \frac{\partial f}{\partial c}\cdot\frac{dc}{db}\cdot\frac{db}{da}\cdot\frac{da}{dx}$

Aufgabe 7.9 *(7.1.60)*:

i) $\frac{dy}{dt} = 2\cdot\left(\frac{K}{A}\right)^{0,6}\cdot(-0{,}2)\cdot e^{-0{,}01t} + 3\cdot\left(\frac{A}{K}\right)^{0,4}\cdot 100 = \frac{e^{-0{,}004t}}{(100+5t)^{0,4}}\cdot(260-2t)$

ii) $\frac{dy}{dt} > 0 \iff 260-2t > 0 \iff t < 130\,;\quad \frac{dy}{dt} < 0 \iff t > 130\ .$

Somit ist die Output*änderung* zunächst (bis t = 130) positiv, danach negativ, d.h. der Output nimmt erst zu, später ab.

Das Maximum von y wird somit nach t = 130 Perioden erreicht.

Es stehen dann $A(130) = 20\cdot e^{-1,3} \approx 5{,}45$ Mio. Arbeitnehmer zur Verfügung.

Arbeitsproduktivität im Planungszeitpunkt: $\frac{y(0)}{A(0)} = 79.2$ T€/Arbeitnehmer;

Arbeitsproduktivität im Zeitpunkt t = 130: $\frac{y(130)}{A(130)} = 579{,}1$ T€/Arbeitnehmer.

Damit ist die ursprüngliche Arbeitsproduktivität um ca. 631% gewachsen.

Aufgabe 7.10 *(7.1.75)*: *(siehe Lehrbuch (7.1.62) und (7.1.67))*

i) $y'(x) = -\frac{f_x}{f_y} = \frac{12x}{y} = \frac{12x}{\sqrt{12x^2+20}}$ *(y > 0)* **ii)** $\frac{\partial v}{\partial u} = -\frac{f_u}{f_v} = -\frac{e^v+v^2\cdot e^{-u}+v}{ue^v-2v\cdot e^{-u}+u}$

iii) $\frac{db}{da} = -\frac{f_a}{f_b} = -\frac{b\cdot(1-b^2+a\cdot\ln b)}{a\cdot(1+a-2b^2\cdot\ln a)}$ **iv)** $\frac{\partial z}{\partial x} = -\frac{f_x}{f_z} = \frac{-x}{4z^3}\,;\quad \frac{\partial z}{\partial y} = -\frac{f_y}{f_z} = \frac{-3y}{8z^3}.$

Aufgabe 7.11 *(7.1.76)***:**

Konstantes Nutzenniveau $U_0 = U(24;\ 32) = 2 \cdot 24^{0,8} \cdot 32^{0,6} = 203{,}3710$ Punkte.

Die Grenzrate der Substitution ermittelt man für die implizite Funktion f mit $f(x_1; x_2) = 2x_1^{0,8}\, x_2^{0,6} - 203{,}3710 = 0$ *(nach (7.1.69) Lehrbuch)* zu:

$$\frac{dx_2}{dx_1} = -\frac{f_{x_1}}{f_{x_2}} = -\frac{1{,}6 \cdot x_1^{-0,2} \cdot x_2^{0,6}}{1{,}2 \cdot x_1^{0,8} \cdot x_2^{-0,4}} = -\frac{1{,}6}{1{,}2} \cdot \frac{x_2}{x_1} = -\frac{16}{9}\ \frac{ME_2}{ME_1} .$$

Interpretation: *Vermindert* man – ausgehend von der Konsummengenkombination $x_1 = 24\ ME_1$, $x_2 = 32\ ME_2$ – den Konsum des ersten Gutes um 1 ME_1, so muss man – um das Nutzenniveau $U_0 = 203{,}3710$ unverändert zu erhalten – vom zweiten Gut (ca.) $16/9 \approx 1{,}78\ ME_2$ *mehr* konsumieren.

Aufgabe 7.12 *(7.1.77)***:**

Nutzenniveau $U_0 = U(20;\ 20;\ 5;\ 25) = 125$ Punkte.
Als Grenzrate der Substitution zwischen dem 2. und 3. Konsumgut ergibt sich bei den vorgegebenen Konsummengen *(siehe auch Lehrbuch Bemerkung 7.1.73)*:

$$\frac{\partial x_2}{\partial x_3} = -\frac{\dfrac{\partial U}{\partial x_3}}{\dfrac{\partial U}{\partial x_2}} = -\frac{8}{3}\quad \frac{ME_2}{ME_3} ,$$

d.h. eine Einheit des dritten Gutes wird durch $^8/_3\ ME_2$ des zweiten Gutes substituiert, eine halbe ME_3 wird mithin durch $^4/_3\ ME_2$ – bei unverändertem Nutzenniveau $U_0 = 125$ – substituiert.

Aufgabe 7.13 *(7.1.78)***: i)** Damit die Darstellung übersichtlich bleibt, unterstellen wir eine nur von *zwei* Gütermengen x_1, x_2 abhängige Nutzenfunktion U: $U(x_1,x_2)$. *(Der entsprechende Nachweis für beliebig viele Konsumgüter verläuft formal analog.)*

Für $U = U_0 =$ const. stellt $U(x_1,x_2) - U_0 = 0$ die zugehörige Indifferenzlinie $x_2 = x_2(x_1)$ *(wobei U = const.)* dar.

Die ***Konvexitätsbedingung*** für die Indifferenzlinien lautet somit *(LB Satz 6.2.10)*:

$$\frac{d^2x_2}{dx_1^2} > 0.$$

(Im folgenden verwenden wir für die partiellen Ableitungen der Nutzenfunktion U folgende Abkürzungen: $U_1 := \partial U/\partial x_1$, $U_{22} := \partial^2 U/\partial x_2^2$ usw.)

Mit $$\frac{\partial x_2}{\partial x_1} = -\frac{\dfrac{\partial U}{\partial x_1}}{\dfrac{\partial U}{\partial x_2}} = -U_1/U_2 \qquad \textit{(LB Satz 7.1.61 bzw. Formel (7.1.74))}$$

folgt unter Berücksichtigung von LB (7.1.56):

$$\frac{d^2x_2}{dx_1^2} = \frac{d}{dx_1}(-U_1/U_2) = \frac{\partial}{\partial x_1}(-U_1/U_2) + \frac{\partial}{\partial x_2}(-U_1/U_2)\cdot\frac{dx_2}{dx_1}$$

$$= -\frac{U_{11}U_2 - U_1U_{21}}{U_2^2} - \frac{U_{12}U_2 - U_1U_{22}}{U_2^2}\cdot(-U_1/U_2) ,$$

d.h. die **Konvexitätsbedingung** für die Indifferenzlinien lautet:

$$\frac{d^2x_2}{dx_1^2} = -\frac{1}{U_2^3}\left(U_2^2U_{11} - 2U_1U_2U_{21} + U_1^2U_{22}\right) > 0$$

Laut Voraussetzung soll U neoklassisch sein, d.h. es muss gelten:

$$U_1, U_2 > 0 \quad \text{sowie} \quad U_{11}, U_{22} < 0.$$

Zudem soll gemäß Aufgabenstellung die gemischte zweite Ableitung U_{21} positiv sein. Damit sind alle drei Terme in der Klammer negativ, somit ist die Klammer insgesamt negativ. Der Term vor der Klammer ist wegen $U_2 > 0$ ebenfalls negativ, so dass schließlich die rechte Seite der Konvexitätsbedingung positiv wird, die Konvexitätsbedingung somit erfüllt ist.

ii) Unterstellt man wie üblich $U_1, U_2 > 0$ *(d.h. Nutzenzunahme mit steigenden Konsummengen)*, so reduziert sich die unter i) abgeleitete Konvexitätsbedingung auf:

$$(*) \qquad U_2^2U_{11} - 2U_1U_2U_{21} + U_1^2U_{22} < 0 \quad .$$

(a) Die Bedingungen $U_{11} < 0$, $U_{22} < 0$ *(d.h. abnehmende Nutzenzuwächse, „Neoklassik")* sind **nicht notwendig** zur Erfüllung von (∗) : Wenn nämlich etwa die zweiten Ableitungen U_{11}, U_{22} beide positiv sind *(d.h. Verletzung der Neoklassik)*, kann (∗) dennoch erfüllt werden, indem nur die gemischte zweite Ableitung U_{21} hinreichend große positive Werte annimmt. Dann nämlich überwiegt das mittlere (negative) Glied und macht den gesamten Ausdruck (∗) negativ, d.h. *die Indifferenzlinien können durchaus konvex sein, ohne dass Neoklassik vorliegt.*

(b) Die Bedingungen $U_{11} < 0$, $U_{22} < 0$ *(d.h. „Neoklassik")* sind aber auch **nicht hinreichend** für das Erfülltsein der o.a. Konvexitätsbedingung (∗) : Auch wenn U_{11} und U_{22} beide negativ sind, so ist es doch möglich, dass U_{21} so große negative Werte annimmt, dass das dann positive mittlere Glied von (∗) die beiden negativen Außenglieder überkompensiert und (∗) somit insgesamt positiv wird, m.a.W. die Konvexitätsbedingung *(trotz Neoklassik)* nicht erfüllt wird.

Fazit: *Selbst bei einer neoklassischen Nutzenfunktion brauchen die Indifferenzlinien somit nicht unbedingt konvex zu sein.*

Aufgabe 7.14 *(7.1.79)*:

i) Die Indifferenzlinien $x_2(x_1)$ sind implizit gegeben durch $U(x_1,x_2) - U_o = 0$. Dann gilt:

$$\text{(a)} \quad \frac{dx_2}{dx_1} = -(U_1/U_2) = -\frac{c\cdot a\cdot x_1^{a-1}\cdot x_2^{b}}{c\cdot b\cdot x_1^{a}\cdot x_2^{b-1}} = -\frac{a}{b}\cdot\frac{x_2}{x_1} < 0 \quad ,$$

d.h. die Indifferenzlinien sind monoton fallend.

(b) $\dfrac{d^2x_2}{dx_1^2} = \dfrac{d}{dx_1}\left(\dfrac{dx_2}{dx_1}\right) = -\dfrac{a}{b}\cdot\dfrac{\frac{dx_2}{dx_1}x_1 - x_2}{x_1^2} > 0$, denn es gilt:

$a, b, x_1, x_2 > 0$ (lt. Vorauss.). Wegen (a) gilt weiterhin: $\dfrac{dx_2}{dx_1} < 0$;
d.h. die Indifferenzlinien sind konvex *(LB Satz 6.2.10)*.

ii) Für $x = x_0 = \text{const.}$ erhält man die implizite Funktionsgleichung der Isoquanten durch

$$(a\cdot r_1^{-\rho} + b\cdot r_2^{-\rho})^{-1/\rho} - x_0 = 0 \ .$$

Daraus folgt die (fast) explizite Gleichung der Isoquanten:

$$(*) \qquad r_2^{-\rho} = \frac{x_0^{-\rho}}{b} - \frac{a}{b}\, r_1^{-\rho} \ .$$

(a) Die Isoquanten sind monoton fallend, denn aus (*) folgt mit Hilfe der Kettenregel (wegen $r_2 = r_2(r_1)$) durch Ableitung nach r_1 :

$$-\rho\cdot r_2^{-\rho-1}\cdot\frac{dr_2}{dr_1} = \rho\cdot\frac{a}{b}\cdot r_1^{-\rho-1}$$ und daraus schließlich

$$(**) \qquad \frac{dr_2}{dr_1} = -\frac{a}{b}\left(\frac{r_2}{r_1}\right)^{\rho+1} < 0 \ .$$

(b) Überprüfung der Konvexität: Aus (**) folgt durch erneutes Ableiten nach r_1 *(Kettenregel beachten!)*:

$$\frac{d^2r_2}{dr_1^2} = -\frac{a}{b}\cdot\frac{d}{dr_1}\left(\frac{r_2}{r_1}\right)^{\rho+1} = \underbrace{-\frac{a}{b}}_{<0}\cdot\underbrace{(\rho+1)\cdot\left(\frac{r_2}{r_1}\right)^{\rho}}_{>0}\cdot\underbrace{\frac{\overbrace{\frac{dr_2}{dr_1}}^{<0} r_1 - r_2}{r_1^2}}_{<0} > 0 ,$$

mithin sind die Isoquanten $r_2 = r_2(r_1)$ konvex *(Lehrbuch Satz 6.2.10)*.

Aufgabe 7.15 *(7.2.10)*:

i) $f_x = 2x+2y+2 = 0 \ \wedge \ f_y = 2x+y+4 = 0 \quad \Rightarrow$ stationäre Stelle: $(-3\,;2)$;
$f_{xx} = 2;\ f_{xy} = 2;\ f_{yy} = 1 \quad \Rightarrow \quad f_{xx}\cdot f_{yy} - (f_{xy})^2 = -2 < 0$, d.h. Sattelpunkt.

ii) $f_x = -6xy = 0 \ \wedge \ f_y = 3y^2 - 3x^2 = 0 \quad \Rightarrow$ stationäre Stelle: $(0\,;0)$;
$f_{xx} = f_{xy} = f_{yy} = 0$: Überprüfung zunächst nicht möglich, da $f_{xx}f_{yy} - (f_{xy})^2 = 0$.

iii) $f_x = 6x+3y-9 = 0 \ \wedge \ f_y = 3x+6y = 0 \quad \Rightarrow$ stationäre Stelle: $(2\,;-1)$;
$f_{xx} = 6;\ f_{xy} = 3;\ f_{yy} = 6 \quad \Rightarrow \quad f_{xx}\cdot f_{yy} - (f_{xy})^2 = 27 > 0$, d.h. rel. Minimum.

iv) $p_u = 9u^2 - 36 = 0 \ \wedge \ p_v = 3v^2 - 6v = 0 \quad \Rightarrow$ Es gibt insgesamt vier stationäre Stellen *(jede Gleichung kann unabhängig von der anderen Gleichung gelöst werden)*:
$P_1(-2\,;0)$, $P_2(-2\,;2)$, $P_3(2\,;0)$, $P_4(2\,;2)$;
$p_{uu} = 18u;\ p_{uv} = 0;\ p_{vv} = 6v - 6 \quad \Rightarrow$
P_1: $\quad p_{uu}\cdot p_{vv} - (p_{uv})^2 = 216 > 0$, d.h. *($p_{uu} < 0$)* rel. Maximum in P_1 ;
P_2: $\quad p_{uu}\cdot p_{vv} - (p_{uv})^2 = -216 < 0$, d.h. Sattelpunkt in P_2 ;
P_3: $\quad p_{uu}\cdot p_{vv} - (p_{uv})^2 = -216 < 0$, d.h. Sattelpunkt in P_3 ;
P_4: $\quad p_{uu}\cdot p_{vv} - (p_{uv})^2 = 216 > 0$, d.h. *($p_{uu} > 0$)* rel. Minimum in P_4 .

v) $x_A = A^{-0,5}\cdot K^{0,5} = 0 \ \wedge \ x_K = A^{0,5}\cdot K^{-0,5} = 0$: Dieses Gleichungssystem hat keine Lösung, die linken Seiten sind für $A,K > 0$ stets positiv.
Daher besitzt die Funktion $x(A,K)$ keine stationären Stellen.

vi) $K_{x_1} = x_2 - \frac{2x_1}{x_1^2+x_2^2} = 0 \quad \wedge \quad K_{x_2} = x_1 - \frac{2x_2}{x_1^2+x_2^2} = 0 \quad \Longleftrightarrow$

$x_1^2+x_2^2 = \frac{2x_1}{x_2} \;\wedge\; x_1^2+x_2^2 = \frac{2x_2}{x_1} \quad \Longleftrightarrow \quad x_1^2 = x_2^2 \quad \Longleftrightarrow \quad x_1 = x_2 \quad (x_1 \neq -x_2\,!)$

$\Longleftrightarrow$ Es gibt die beiden stationären Stellen $P_1(1\,;1)$ und $P_2(-1\,;-1)$.

Wegen $K_{x_1x_1} \cdot K_{x_2x_2} - (K_{x_1x_2})^2 = -2 < 0$ folgt: P_1 und P_2 sind Sattelpunkte.

vii) $g_{r1} = 4r_1^3 - 12r_1^2 = 0 \quad \Longleftrightarrow \quad 4r_1^2 \cdot (r_1 - 3) = 0 \Longleftrightarrow \quad r_1 = 0 \;\vee\; r_1 = 3\,.$

$$\left.\begin{array}{l} g_{r2} = r_3r_4 - 2 = 0 \\ g_{r3} = r_2r_4 - 2r_4 - 4 = 0 \\ g_{r4} = r_2r_3 - 2r_3 - 8 = 0 \end{array}\right\} \begin{array}{l} \\ \Longleftrightarrow r_3 = 2r_4 \Longleftrightarrow r_4^2 = 1\,, \text{ d.h. } r_4 = 1 \vee r_4 = -1 \\ \Longleftrightarrow r_4 = 1 \;\Rightarrow\; r_3 = 2 \;\Rightarrow\; r_2 = 6 \\ r_4 = -1 \;\Rightarrow\; r_3 = -2 \;\Rightarrow\; r_2 = -2\,. \end{array}$$

Da r_1 unabhängig von r_2, r_3, r_4 die beiden Lösungswerte „0" und „3" annehmen kann, gibt es vier stationäre Stellen $P_k(r_1, r_2, r_3, r_4)$ der Funktion $x(r_i)$:

$P_1(0; 6; 2; 1)$, $\quad P_2(0; -2; -2; -1)$, $\quad P_3(3; 6; 2; 1)$, $\quad P_4(3; -2; -2; -1)$.

Aufgabe 7.16 *(7.2.25)*: Die Resultate dieser und der nächsten Aufgabe werden mit Hilfe der Lagrange-Methode *(siehe Kap. 7.2.2.3 Lehrbuch)* gewonnen:

i) Lagrange-Funktion: $L = x^2 - 2xy + \lambda \cdot (6 - 2x + y) \quad \Rightarrow$

$$\left.\begin{array}{l} L_x = \;\;\, 2x - 2y - 2\lambda \overset{!}{=} 0 \\ L_y = -2x \qquad\;\; + \lambda \overset{!}{=} 0 \\ L_\lambda = -2x + y + 6 \overset{!}{=} 0 \end{array}\right\} \Longleftrightarrow \quad x = 2;\; y = -2;\; \lambda = 4\,.$$

ii) Lagrange-Funktion: $L = x_1x_2 + 2x_1x_3 + 4x_2x_3 + \lambda(8 - x_1 - x_2 - 2x_3) \quad \Rightarrow$

$$\begin{array}{l} L_{x1} = \qquad\; x_2 + 2x_3 - \;\lambda = 0 \\ L_{x2} = \;x_1 \qquad\;\; + 4x_3 - \;\lambda = 0 \\ L_{x3} = 2x_1 + 4x_2 \qquad\;\; - 2\lambda = 0 \\ L_\lambda \;= \;x_1 + \;x_2 + 2x_3 - 8 \;\; = 0 \quad \Longleftrightarrow \quad x_1 = 0\,;\; x_2 = 4\,;\; x_3 = 2\,;\; \lambda = 8\,. \end{array}$$

iii) Lagrange-Funktion: $L = 2u + v + 4w + z \;+\; \lambda(86 - u^2 - v^2 - w^2 - 2z^2) \quad \Rightarrow$

$$\left.\begin{array}{l} \left.\begin{array}{l} L_u = 2 - 2\lambda u = 0 \\ L_v = 1 - 2\lambda v = 0 \end{array}\right\} u = 2v \\ \left.\begin{array}{l} L_v = 1 - 2\lambda v = 0 \\ L_w = 4 - 2\lambda w = 0 \end{array}\right\} w = 4v \\ \left.\begin{array}{l} L_w = 4 - 2\lambda w = 0 \\ L_z = 1 - 4\lambda z = 0 \end{array}\right\} w = 8z \\ L_\lambda = u^2 + v^2 + w^2 + 2z^2 - 86 = 0 \end{array}\right\} \quad 16z^2 + 4z^2 + 64z^2 + 2z^2 = 86 \Longleftrightarrow z_{1,2} = \pm 1$$

$\Rightarrow$ es gibt somit zwei stationäre Stellen $P_i(u; v; w; z; \lambda)$:

$P_1(4\,; 2\,; 8\,; 1\,; 0{,}25)\,; \qquad P_2(-4\,; -2\,; -8\,; -1\,; -0{,}25)\,.$

iv) Lagrange-Funktion: $L = 10r_1^{0,4} \cdot r_2^{0,6} + \lambda \cdot (100 - 8r_1 - 3r_2) \quad \Rightarrow$

$$\left.\begin{array}{l} L_{r1} = 4 \cdot r_1^{-0,6} \cdot r_2^{0,6} - 8\lambda = 0 \\ L_{r2} = 6 \cdot r_1^{0,4} \cdot r_2^{-0,4} - 3\lambda = 0 \end{array}\right\} \quad \Rightarrow \quad r_2 = 4r_1$$

$$L_\lambda = 8r_1 + 3r_2 - 100 \;\;= 0 \quad \Rightarrow \quad r_1 = 5$$

Die stationäre Stelle von L lautet: $P(r_1, r_2, \lambda) = (5\,; 20\,; 1{,}1487)\,.$

Aufgabe 7.17 *(7.2.28)*: Mögliche Stellen für Extrema unter den gegebenen Nebenbedingungen sind die stationären Stellen der Lagrange-Funktion L:

i) Lagrange-Funktion: $L = x^2+y^2+z^2 + \lambda_1(1-x-y) + \lambda_2(2-y-z) \quad \Rightarrow$

$$\left.\begin{array}{l} L_x = 2x - \lambda_1 = 0 \\ L_y = 2y-\lambda_1-\lambda_2 = 0 \\ L_z = 2z - \lambda_2 = 0 \end{array}\right\} \Rightarrow y-x-z=0$$

$$\left.\begin{array}{l} L_{\lambda 1} = x+y-1 = 0 \\ L_{\lambda 2} = y+z-2 = 0 \end{array}\right\} \Rightarrow x=0;\ y=1;\ z=1;\ \lambda_1=0;\ \lambda_2=2.$$

ii) Lagrange-Funktion: $L = 4u+3v+w + \lambda_1(6-uv) + \lambda_2(24-vw) \quad \Rightarrow$

$$\left.\begin{array}{l} L_u = 4-\lambda_1 v = 0 \\ L_v = 3-\lambda_1 u-\lambda_2 w = 0 \\ L_w = 1-\lambda_2 v = 0 \end{array}\right\} \Rightarrow 4u-3v+w=0$$

$$\left.\begin{array}{l} L_{\lambda 1} = uv-6 = 0 \\ L_{\lambda 2} = vw-24 = 0 \end{array}\right\} \Rightarrow L \text{ hat 2 stationäre Stellen } P_i(u;v;w;\lambda_1;\lambda_2):$$

$P_1(1{,}5;\ 4;\ 6;\ 1;\ 0{,}25)$; $P_2(-1{,}5;\ -4;\ -6;\ -1;\ -0{,}25)$.

Aufgabe 7.18 *(7.3.7)*:

i) $$\varepsilon_{y,A} = \frac{\partial y}{\partial A}\cdot\frac{A}{y(A,K)} = \frac{2{,}8\cdot A^{-0{,}3}\cdot K^{0{,}3}\cdot A}{4A^{0{,}7}\cdot K^{0{,}3}} \equiv 0{,}7 = \text{const.};$$

$$\varepsilon_{y,K} = \frac{\partial y}{\partial K}\cdot\frac{K}{y(A,K)} = \frac{1{,}2\cdot A^{0{,}7}\cdot K^{-0{,}7}\cdot K}{4A^{0{,}7}\cdot K^{0{,}3}} \equiv 0{,}3 = \text{const.},$$

d.h. die erhaltenen partiellen Elastizitätswerte gelten für *alle* A, K und somit auch für $A = 100$, $K = 400$.

y nimmt c.p. um 0,7% zu, falls A – egal, von welchem Ausgangswert – um 1% zunimmt; y nimmt weiterhin c.p. um 0,3% zu, falls K – egal von welchem Ausgangswert – um 1% zunimmt.

ii) $$\varepsilon_{f,u} = \frac{\partial f}{\partial u}\cdot\frac{u}{f(u,v,w)} = \frac{(8u-2vw)\cdot u}{4u^2+v^2+3w^2-2uvw} = -\frac{4}{23} \quad (\approx -0{,}17)$$

$$\varepsilon_{f,v} = \frac{\partial f}{\partial v}\cdot\frac{v}{f(u,v,w)} = \frac{2v^2-2uvw}{4u^2+v^2+3w^2-2uvw} = -\frac{4}{23} \quad (\approx -0{,}17)$$

$$\varepsilon_{f,w} = \frac{\partial f}{\partial w}\cdot\frac{w}{f(u,v,w)} = \frac{6w^2-2uvw}{4u^2+v^2+3w^2-2uvw} = -\frac{42}{23} \quad (\approx 1{,}83).$$

Ausgehend von der Stelle $u=1$, $v=2$, $w=3$ nimmt f um 0,17% ab, wenn u (oder v) um 1% (c.p.) steigen; wenn w um 1% (c.p.) zunimmt, so steigt f um 1,83%.

Aufgabe 7.19 *(7.3.8)*: Kreuz-Preis-Elastizitäten:

i) $$\varepsilon_{x_1,p_2} = \frac{0{,}3p_2}{100-0{,}8p_1+0{,}3p_2} > 0; \qquad \varepsilon_{x_2 p_1} = \frac{0{,}5p_1}{150+0{,}5p_1-0{,}6p_2} > 0; \text{ d.h.}$$

X1 und X2 sind substitutive Güter – die Nachfrage nach dem einem Gut nimmt zu, wenn der Preis des anderen Gutes steigt *(Beispiel: Butter/Margarine)*.

ii) $\varepsilon_{x_1,p_2} = \dfrac{4e^{p_2-p_1}\cdot p_2}{4e^{p_2-p_1}} = p_2 > 0$; $\qquad \varepsilon_{x_2,p_1} = \dfrac{3e^{p_2-p_1}\cdot p_1}{3e^{p_2-p_1}} = p_1 > 0$,

d.h. X1 und X2 sind – wie im Fall i) – substitutive Güter.

iii) $\varepsilon_{x_1,p_2} = -\dfrac{100\cdot p_1}{p_1{}^2 p_2{}^2}\cdot\dfrac{p_1\cdot p_2}{100}\cdot p_2 = -1 < 0$; $\quad \varepsilon_{x_2,p_1} = \dfrac{5\cdot e^{p_2-p_1}\cdot(-1)}{5\cdot e^{p_2-p_1}}\cdot p_1 = -p_1 < 0$,

d.h. X1 und X2 sind komplementäre Güter, die Nachfrage nach Gut A sinkt, wenn der Preis des Gutes B steigt *(Beispiel Computer und Software)*.

Aufgabe 7.20 *(7.3.27)*:

i) **a)** Untersuchung des Homogenitätsgrades von y(A,K):

$$y(\lambda A,\lambda K) = (2(\lambda A)^{-0,5}+4(\lambda K)^{-0,5})^{-2} = (\lambda^{-0,5}\cdot(2A^{-0,5}+4K^{-0,5}))^{-2} =$$
$$= \lambda\cdot(2A^{-0,5}+4K^{-0,5})^{-2} = \lambda\cdot y(A,K):\ \text{Homogenitätsgrad} = 1.$$

b) $$\varepsilon_{y,A} = \frac{\partial y}{\partial A}\cdot\frac{A}{y} = \frac{-2\cdot(2A^{-0,5}+4K^{-0,5})^{-3}\cdot(-A^{-1,5})\cdot A}{(2A^{-0,5}+4K^{-0,5})^{-2}} = \frac{2\cdot A^{-0,5}}{2A^{-0,5}+4K^{-0,5}} ;$$

$$\varepsilon_{y,K} = \frac{\partial y}{\partial K}\cdot\frac{K}{y} = \frac{-2\cdot(2A^{-0,5}+4K^{-0,5})^{-3}\cdot(-2\cdot K^{-1,5})\cdot K}{(2A^{-0,5}+4K^{-0,5})^{-2}} = \frac{4\cdot K^{-0,5}}{2A^{-0,5}+4K^{-0,5}} .$$

c) Aus a) folgt: $y(\lambda A,\lambda K) = \lambda^1\, y(A,K)$ $\Rightarrow$ Skalenelastizität $\varepsilon_{y,\lambda}$ mit

$$\varepsilon_{y,\lambda} = \frac{dy(\lambda A,\lambda K)}{d\lambda}\cdot\frac{\lambda}{y(\lambda A,\lambda K)} = y(A,K)\,\frac{\lambda}{\lambda\cdot y(A,K)} = 1 = \varepsilon_{y,A}+\varepsilon_{y,K} = r .$$

ii) **a)** Untersuchung des Homogenitätsgrades von y(A,K):

$$y(\lambda A,\lambda K) = (10(\lambda A)^{0,4}+15(\lambda K)^{0,4})^{2,5} = (\lambda^{0,4}\cdot(10A^{0,4}+15K^{0,4}))^{2,5} =$$
$$= \lambda\cdot(10A^{0,4}+15K^{0,4})^{2,5} = \lambda\cdot y(A,K):\ \text{Homogenitätsgrad} = 1.$$

b) $$\varepsilon_{y,A} = \frac{\partial y}{\partial A}\cdot\frac{A}{y} = \frac{2{,}5\cdot(10A^{0,4}+15K^{0,4})^{1,5}\cdot 4A^{-0,6}\cdot A}{(10A^{0,4}+15K^{0,4})^{2,5}} = \frac{10\cdot A^{0,4}}{10A^{0,4}+15K^{0,4}} ;$$

$$\varepsilon_{y,K} = \frac{\partial y}{\partial K}\cdot\frac{K}{y} = \frac{2{,}5\cdot(10A^{0,4}+15K^{0,4})^{1,5}\cdot 6K^{-0,6}\cdot K}{(10A^{0,4}+15K^{0,4})^{2,5}} = \frac{15\cdot K^{0,4}}{10A^{0,4}+15K^{0,4}} .$$

c) Identische Rechnung wie in i) c) , d.h. $\varepsilon_{y,\lambda} = 1 = \varepsilon_{y,A}+\varepsilon_{y,K} = r$.

iii) **a)** $x(\lambda r_1,\lambda r_2,\lambda r_3,\lambda r_4) = \lambda^3\cdot x(r_1,r_2,r_3,r_4)$, d.h. Homogenitätsgrad: $r = 3$

b) $$\varepsilon_{x,r_1} = \frac{4r_1r_2{}^2}{4r_1r_2{}^2+2r_2r_3r_4-0{,}5r_4{}^3} ; \qquad \varepsilon_{x,r_2} = \frac{8r_1r_2{}^2+2r_2r_3r_4}{4r_1r_2{}^2+2r_2r_3r_4-0{,}5r_4{}^3} ;$$

$$\varepsilon_{x,r_3} = \frac{2r_2r_3r_4}{4r_1r_2{}^2+2r_2r_3r_4-0{,}5r_4{}^3} ; \qquad \varepsilon_{x,r_4} = \frac{2r_2r_3r_4-1{,}5r_4{}^3}{4r_1r_2{}^2+2r_2r_3r_4-0{,}5r_4{}^3} .$$

c) Wegen a) gilt: $x(\lambda r_i) = \lambda^3\cdot x(r_i)$. Daraus folgt für die Skalenelastizität $\varepsilon_{x,\lambda}$:

$$\varepsilon_{x,\lambda} = \frac{dx(\lambda r_i)}{d\lambda}\cdot\frac{\lambda}{x(\lambda r_i)} = \frac{3\lambda^2\cdot x(r_i)\cdot\lambda}{\lambda^3\cdot x(r_i)} = 3 = \varepsilon_{x,r_1}+\varepsilon_{x,r_2}+\varepsilon_{x,r_3}+\varepsilon_{x,r_4} = r .$$

Aufgabe 7.21 *(7.3.28)*:

Es sei $f = f(x_1, x_2, \dots, x_n)$ eine beliebige *(auch nichthomogene)* Funktion. Dann gilt laut Voraussetzung *(= Beziehung (7.3.29) Lehrbuch)* :

$$\frac{dx_1}{x_1} = \frac{dx_2}{x_2} = \dots = \frac{d\lambda}{\lambda}, \; (x_i, \lambda \neq 0), \quad \text{d.h.} \quad dx_i = x_i \cdot \frac{d\lambda}{\lambda} \quad (i = 1,2,\dots,n).$$

Daraus folgt für das vollständige Differential df von f:

$$df = \frac{\partial f}{\partial x_1} dx_1 + \dots + \frac{\partial f}{\partial x_n} dx_n = \frac{\partial f}{\partial x_1} x_1 \cdot \frac{d\lambda}{\lambda} + \frac{\partial f}{\partial x_2} x_2 \cdot \frac{d\lambda}{\lambda} + \dots + \frac{\partial f}{\partial x_n} x_n \cdot \frac{d\lambda}{\lambda}$$

$$\Rightarrow \quad \frac{df}{d\lambda} \cdot \lambda = \frac{\partial f}{\partial x_1} x_1 + \frac{\partial f}{\partial x_2} x_2 + \dots + \frac{\partial f}{\partial x_n} x_n .$$

Division durch f liefert:

$$\frac{df}{d\lambda} \cdot \frac{\lambda}{f} = \frac{\partial f}{\partial x_1} \cdot \frac{x_1}{f} + \frac{\partial f}{\partial x_2} \cdot \frac{x_2}{f} + \dots + \frac{\partial f}{\partial x_n} \cdot \frac{x_n}{f} \quad \text{, d.h. es gilt:}$$

$$\varepsilon_{f,\lambda} = \varepsilon_{f,x_1} + \varepsilon_{f,x_2} + \dots + \varepsilon_{f,x_n}. \quad \text{Dies sollte gezeigt werden.}$$

Fazit: Auch bei nichthomogenen Funktionen ist die Skalenelastizität gleich der Summe aller partiellen Elastizitäten *(Wicksell-Johnson-Theorem)*.

Aufgabe 7.22 *(7.3.45)*: Entlohnung der Produktionsfaktoren nach ihrer Grenzproduktivität bedeutet, dass vom i-ten Faktor gerade soviel eingesetzt wird, dass der Marktwert $p \cdot \frac{\partial x}{\partial r_i}$ des mit der letzten Input-Einheit erzeugten Produktes gerade dem entsprechenden Faktorpreis k_i entspricht: $p \cdot \frac{\partial x}{\partial r_i} = k_i$ *(siehe auch (7.3.31) Lehrbuch)*.

(p = Marktpreis des Outputs, $x(r_i)$ = Produktionsfunktion, r_i = Inputmenge des i-ten Faktors).

Im vorliegenden Fall gilt:

Marktpreis p des Outputs:	$p = 1$ GE/ME;
Faktor-Einsatzmengen:	A *(Arbeit in ME_A)* und K *(Kapital in ME_K)* ;
Produktionsfunktion:	$y = y(A,K)$; y = Produktmenge *(Output) (in ME)*;
Faktorpreise:	$k_A = 0{,}2$ GE/ME_A , $k_K = 0{,}4$ GE/ME_K.

Dann lauten die Grenzproduktivitätsbedingungen $p \cdot \frac{\partial x}{\partial r_i} = k_i$:

$$(*) \qquad 1 \cdot \frac{\partial y}{\partial A} = 0{,}2 \quad \text{sowie} \quad 1 \cdot \frac{\partial y}{\partial K} = 0{,}4 \qquad \Rightarrow$$

i) Explizite Anwendung von (∗) führt auf das folgende Gleichungssystem:

$$\frac{\partial y}{\partial A} = 0{,}4 \cdot A^{-0,6} \cdot K^{0,5} = 0{,}2 \quad \wedge \quad \frac{\partial y}{\partial K} = 0{,}5 \cdot A^{0,4} \cdot K^{-0,5} = 0{,}4 \quad \Longleftrightarrow$$

$$K^{0,5} = 0{,}5 \cdot A^{0,6} \quad \wedge \quad 0{,}5 \cdot A^{0,4} = 0{,}4 \cdot K^{0,5} \quad \underset{\text{(einsetzen)}}{\Longleftrightarrow}$$

$$0{,}5 \cdot A^{0,4} = 0{,}4 \cdot 0{,}5 \cdot A^{0,6} \quad \text{d.h.} \quad A^{0,2} = 2{,}5 \Longleftrightarrow A = 2{,}5^5 = 97{,}6563 \; ME_A$$

$\Rightarrow K = (0{,}5 \cdot A^{0,6})^2 = 61{,}0352 \; ME_K$ *(= Faktor-Einsatzmengen)*.

ii) Output-Gesamtwert $= p \cdot y = 1 \cdot y = A^{0,4} \cdot K^{0,5} = 48{,}8281$ GE.

iii) Faktor-Einkommen FE = Homogenitätsgrad · Outputwert *(siehe (7.3.37) LB)*
$FE = r \cdot y = 0{,}9 \cdot y = 43{,}9453$ GE ⇒ Prod.-Gewinn $= y - FE = 4{,}8828$ GE.

iv) a) Nach Lehrbuch (7.3.41) gilt für die Einkommensanteile der Faktoren am Gesamtproduktionswert: $\frac{FE_A}{y} = \varepsilon_{y,A} = 0{,}4$; $\frac{FE_K}{y} = \varepsilon_{y,A} = 0{,}5$.

b) Nach LB (7.3.43) erhält man für die Einkommensanteile der Faktoren am gesamten Faktoreinkommen: $\frac{FE_A}{FE} = \frac{\varepsilon_{y,A}}{r} = \frac{4}{9}$; $\frac{FE_K}{FE} = \frac{\varepsilon_{y,K}}{r} = \frac{5}{9}$.

v) Nach Lehrbuch (7.3.42) ergibt sich folgendes Einkommensverhältnis der beiden Faktoren: $\frac{FE_A}{FE_K} = \frac{\varepsilon_{y,A}}{\varepsilon_{y,K}} = \frac{4}{9}$ *(Elastizitäten = Exponenten der CD-Funktion)*.

Aufgabe 7.23 *(7.3.73)*:

i) Nach Lehrbuch (7.3.67) sind notwendig für ein Gewinnmaximum:

(1) $k_A = \frac{\partial Y}{\partial A} \cdot E'(Y)$ sowie (2) $k_K = \frac{\partial Y}{\partial K} \cdot E'(Y)$. Division (1):(2) liefert:

$$\frac{k_A}{k_K} = \frac{\partial Y}{\partial A} / \frac{\partial Y}{\partial K} = \frac{8 \cdot A^{-0,2} \cdot K^{0,2}}{2 \cdot A^{0,8} \cdot K^{-0,8}} = \frac{4K}{A} \quad \text{d.h.} \quad A = 4K \cdot \left(\frac{k_A}{k_K}\right)^{-1}; \; K = A \cdot \frac{k_A}{4k_K}.$$

Wegen $E'(Y) = (500Y - Y^2)' = 500 - 2Y = 500 - 20A^{0,8}K^{0,2}$ folgen damit aus den Gleichungen (1) bzw. (2) die gesuchten Beziehungen:

$$A = A(k_A,k_K) = 25 \cdot \left(\frac{k_A}{4k_K}\right)^{-0,2} - \frac{k_A}{160} \cdot \left(\frac{k_A}{4k_K}\right)^{-0,4}$$

$$K = K(k_A,k_K) = \frac{25}{4} \cdot \frac{k_A{}^{0,8} 4^{0,2}}{k_K{}^{0,8}} - \frac{4^{0,4}}{640} \cdot \frac{k_A{}^{1,6}}{k_K{}^{0,6}} = 25 \cdot \left(\frac{k_A}{4k_K}\right)^{0,8} - \frac{k_A}{160} \cdot \left(\frac{k_A}{4k_K}\right)^{0,6}.$$

ii)

	$(k_A,k_K) = (120\,;15)$	$(k_A,k_K) = (2.000\,;500)$
a)	$A = 21{,}2$ ME_A $K = 42{,}4$ ME_K	$A = 12{,}5$ ME_A ; $K = 12{,}5$ ME_K
b)	$Y = 243{,}5$ ME	$Y = 125$ ME
c)	$p = 256{,}5$ GE/ME ⇒ $E = 62.458$ GE	$p = 375$ GE/ME ⇒ $E = 46.875$ GE
d)	$K = 3.180$ GE ⇒ $G_{max} = 59.278$ GE	$K = 31.250$ GE ⇒ $G_{max} = 15.625$ GE

Aufgabe 7.24 *(7.3.82)*:

i) Da die Preisabsatzfunktionen jeweils nur die Preise und Mengen eines einzigen Gutes miteinander verknüpfen: unverbundene Güter. Gewinnfunktion:

$$G(x_1,x_2) = p_1x_1 + p_2x_2 - K(x_1,x_2) = 16x_1 - 4x_1{}^2 + 12x_2 - 4x_2{}^2 - x_1x_2 \quad \Rightarrow$$

$$\left.\begin{aligned} G_{x_1} &= 16 - 8x_1 - x_2 = 0 \\ G_{x_2} &= 12 - x_1 - 8x_2 = 0 \end{aligned}\right\} \iff x_1 = 1{,}8413\,ME_1 \;,\; x_2 = 1{,}2698\,ME_2$$

$(G_{x_1x_1}G_{x_2x_2} - (G_{x_1x_2})^2 = 63 > 0;\ G_{x_1x_1} < 0:$ *max.*)

$p_1 = 12{,}3175\,GE/ME_1$; $p_2 = 10{,}7302\,GE/ME_2$; $G_{max} = 22{,}3492\,GE$.

ii) Steigt der Preis von Gut 2 *(bzw. Gut 1)*, so steigt die Nachfrage nach Gut 1 *(bzw. Gut 2)*, d.h. die Güter sind substitutiv miteinander verbunden.

Das System der Preis-Absatz-Funktionen wird zunächst nach p_1 und p_2 aufgelöst und erscheint dann – wie die Kostenfunktion – in Abhängigkeit von x_1 und x_2 *(Additionsverfahren anwenden!)*:

$$p_1 = 6{,}8 - 0{,}6x_1 - 0{,}2x_2$$
$$p_2 = 5{,}6 - 0{,}2x_1 - 0{,}4x_2 \ .$$

Damit ergibt sich die Gewinnfunktion: $G(x_1,x_2) = p_1x_1 + p_2x_2 - K(x_1,x_2)$ zu

$G(x_1,x_2) = -1{,}6x_1^2 - 0{,}4x_1x_2 - 1{,}4x_2^2 + 6{,}8x_1 + 5{,}6x_2 \rightarrow \max.$ $\Rightarrow$

$$\left.\begin{array}{l} G_{x_1} = -3{,}2x_1 - 0{,}4x_2 + 6{,}8 = 0 \\ G_{x_2} = -0{,}4x_1 - 2{,}8x_2 + 5{,}6 = 0 \end{array}\right\} \Leftrightarrow x_1 = 1{,}9091\ ME_1\ ,\ x_2 = 1{,}7273\ ME_2$$

$$(G_{x_1x_1}G_{x_2x_2} - (G_{x_1x_2})^2 = 8{,}8 > 0;\ G_{x_1x_1} < 0:\ max.)$$

$p_1 = 5{,}3091\ GE/ME_1$; $p_2 = 4{,}5273\ GE/ME_2$; $G_{max} = 11{,}3273\ GE$.

iii) Die beiden Güter sind komplementär miteinander verbunden, da bei Preissteigerungen für jeweils ein Gut die Nachfrage nach *beiden* Gütern abnimmt.

Umsatzfkt.: $E(x_1,x_2) = -2x_1^2 - 1{,}5x_1x_2 - 0{,}5x_2^2 + 400x_1 + 150x_2 \Rightarrow$

Gewinnfkt.: $G(x_1,x_2) = -2x_1^2 - 1{,}5x_1x_2 - 0{,}5x_2^2 + 350x_1 + 140x_2 \rightarrow \max.$

$G_{x_1} = 0 \wedge G_{x_2} = 0 \quad \Leftrightarrow \quad x_1 = 80\ ME_1\ , \quad x_2 = 20\ ME_2$

$\Leftrightarrow \quad p_1 = 220\ GE/ME_1\ ,\ p_2 = 100\ GE/ME_2$

Überprüfung: $G_{11}G_{22} = (-4)\cdot(-1) = 4 > 2{,}25 = G_{12}^2 \Rightarrow$ rel. Maximum

$\Rightarrow \quad G_{max} = 15.400\ GE$.

Aufgabe 7.25 *(7.3.83)*:

Gewinnfunktion in Abhängigkeit von p_1 und p_2, $k_1 = $ const. *(Vorgabe: $k_2 = 5$)*:

$G(p_1,p_2) = p_1 \cdot x_1(p_1,p_2) + p_2 \cdot x_2(p_1,p_2) - k_1 \cdot x_1(p_1,p_2) - 5 \cdot x_2(p_1,p_2) \rightarrow \max.$

Mit den gegebenen Preis-Absatz-Funktionen erhält man daraus:

$G(p_1,p_2) = -50p_1^2 + 40p_1p_2 - 40p_2^2 + (550+50k_1)\cdot p_1 + (1000-30k_1)\cdot p_2 \rightarrow \max.$

notwendig: $G_{p_1} = -100p_1 + 40p_2 + 550 + 50k_1 = 0$

$G_{p_2} = 40p_1 - 80p_2 + 1000 - 30k_1 = 0$.

Mit der Forderung in der Aufgabenstellung: $p_1 = p_2$ im Gewinnmaximum $\Rightarrow$

$-60p_1 + 550 + 50k_1 = 0$

$-40p_1 + 1000 - 30k_1 = 0 \quad \Rightarrow \quad k_1 = 10\ GE/ME_1$; $p_1 = 17{,}50\ GE/ME_1$ $(= p_2)$.

Aufgabe 7.26 *(7.3.96)*:

Es handelt sich exakt um die Problemstellung von Beispiel 7.3.92 (Lehrbuch) und die dort angegebene ausführliche Lösung, lediglich die Faktorpreise k_1, k_2 haben abweichende Werte. Aus den dort ausführlich hergeleiteten Optimal-Relationen (7.3.95) folgt durch Einsetzen von $k_1 = 40$, $k_2 = 60$ und Lösen des so entstandenen linearen Gleichungssystems:

$r_{11} = 99{,}1307\ ME_{11}$, $r_{22} = 155{,}7049\ ME_{22}$ und daraus:

$r_{12} = 66{,}0871\ ME_{12}$, $r_{21} = 155{,}7049\ ME_{21}$.

Mit LB (7.3.93), (7.3.94) folgt daraus:

Das Gewinnmaximum wird für $x_1 = 809{,}3986\ ME_1$ mit $p_1 = 15{,}9727\ GE/ME_1$ und $x_2 = 778{,}5245\ ME_2$ mit $p_2 = 250{,}4699\ GE/ME_2$ erreicht und beträgt

$$G_{max} = 184.424{,}3303 \text{ GE.}$$

Aufgabe 7.27 *(7.3.107)*: *Vorbemerkung: Der Lösungsweg für Aufgabe i) wird ausführlich beschrieben, die völlig analogen Wege bei Aufgabe ii) und ii) werden verkürzt dargestellt. In allen stationären Stellen sind auch die hinreichenden Extremalbedingungen erfüllt.*

i) Die Preis-Absatz-Funktionen zweier Teilmärkte sind vorgegeben:
Markt 1: $p_1 = 36 - 0{,}2x_1$; Markt 2: $p_2 = 60 - x_2$.
Gesamt-Kostenfunktion: $K(x) = 20x + 100$ *(mit $x = x_1 + x_2$)*.

a) Gewinnmaximierung *mit* Preisdifferenzierung:
Aus den Vorgaben resultiert die Gewinnfunktion $G = G(x_1,x_2)$ für den Gesamtmarkt:

$$G(x_1,x_2) = E(x_1,x_2) - K(x) = p_1x_1 + p_2x_2 - 20x - 100$$
$$= (36 - 0{,}2x_1) \cdot x_1 + (60 - x_2) \cdot x_2 - 20x_1 - 20x_2 - 100 \qquad \text{d.h.}$$

$$G(x_1,x_2) = -0{,}2x_1^2 + 16x_1 - x_2^2 + 40x_2 - 100 \quad \rightarrow \text{max.} \qquad \Rightarrow$$

$$G_{x_1} = -0{,}4x_1 + 16 = 0 \iff x_1 = 40\text{ ME} \Rightarrow p_1 = 28\text{ GE/ME}$$
$$G_{x_2} = -x_2 + 40 = 0 \iff x_2 = 20\text{ ME} \Rightarrow p_2 = 40\text{ GE/ME}$$

$\Rightarrow \qquad G_{max} = 620\text{ GE}$ *(= Maximalgewinn bei Preisdifferenzierung)*

b) Gewinnmaximierung *ohne* Preisdifferenzierung:
Auf beiden Märkten soll jetzt ein einheitlicher Marktpreis $p\ (=p_1=p_2)$ gelten. Die beiden Preis-Absatz-Funktionen *($p, x_i \geq 0$)* haben daher die Form

Markt 1: $p = 36 - 0{,}2x_1 \qquad (0 \leq x_1 \leq 180$ d.h. $0 \leq p \leq 36)$
Markt 2: $p = 60 - x_2 \qquad (0 \leq x_2 \leq 60$ d.h. $0 \leq p \leq 60)$.

Benötigt wird die gemeinsame Preis-Absatzfunktion $x = x_1 + x_2 = x(p)$, die zu jedem Preis p *(der ja einheitlich für beide Märkte gelten soll)* die Gesamtnachfrage $x = x_1 + x_2$ liefert. Also benötigt man zu den beiden eben genannten Preis-Absatz-Funktionen ihre Umkehrungen $x_1(p)$ und $x_2(p)$ und ihre Summe $x(p)$ *(unter Beachtung der jeweiligen Definitionsbereiche!)*:

Markt 1: $x_1 = 180 - 5p \qquad (0 \leq p \leq 36$ d.h. $0 \leq x_1 \leq 180)$
Markt 2: $x_2 = 60 - p \qquad (0 \leq p \leq 60$ d.h. $0 \leq x_2 \leq 60)$.

Bei der jetzt anstehenden Addition $x_1 + x_2$ *(„Aggregierung")* sind also zwei Bereiche zu unterscheiden:

i) $0 \leq p \leq 36$: In diesem Bereich sind beide Teilfunktionen definiert, es ergibt sich: $x = x_1 + x_2 = 240 - 6p$ *($0 \leq p \leq 36 \Leftrightarrow 24 \leq x \leq 240$)*

ii) $36 < p \leq 60$: In diesem Bereich ist nur $x_2(p)$ definiert, es ergibt sich: $x = x_1 + x_2 = 60 - p$ *($36 < p \leq 60 \Leftrightarrow 0 \leq x < 24$)*.

Um die Kostenfunktion K(x) einbeziehen zu können, benötigt man noch die Umkehrung der beiden soeben erhaltenen Teilfunktionen in die Form p(x) *(statt x(p))*, Resultat:

$$p(x) = \begin{cases} 60-x & \text{für } 0 \le x < 24 \\ 40-\frac{1}{6}x & \text{für } 24 \le x \le 240 \end{cases} \quad \Rightarrow \quad \text{Erlösfunktion } E(x):$$

$$E(x) = \begin{cases} 60x-x^2 & \text{für } 0 \le x < 24 \\ 40x-\frac{1}{6}x^2 & \text{für } 24 < x \le 240 \end{cases} \qquad \begin{array}{l} \text{Kostenfunktion } K(x): \\ K(x) = 20x+100 \end{array}$$

Gewinnmaximierungs-Bedingung:

$G'(x) = E'(x) - K'(x) = 0 \quad \Longleftrightarrow \quad E'(x) \stackrel{!}{=} K'(x)$ d.h.

$$E'(x) = \begin{cases} 60-2x & \text{für } 0 \le x < 24 \\ 40-\frac{1}{3}x & \text{für } 24 < x \le 240 \end{cases} \stackrel{!}{=} 20 = K'(x).$$

obere Zeile: $60-2x = 20$ d.h. $x = 20$ ME

untere Zeile: $40 - 1/3 \cdot x = 20$ d.h. $x = 60$ ME *($G'' = E'' + K'' < 0$).*

Somit gibt es zwei relative Maxima, es muss die absolute Gewinnhöhe G(x) in x = 20, x = 60 *(und in der „Ecke" x = 24)* entscheiden: Es ergibt sich

$G(20) = E(20) - K(20) = 300$ GE

$G(60) = E(60) - K(60) = 500$ GE☺

$G(24) = E(24) - K(24) = 284$ GE.

Somit wird das Gewinnmaximum des *nicht* preisdifferenzierenden Unternehmens angenommen für

$x = 60$ ME *($x_1 = 30$ ME, $x_2 = 30$ ME)*, $p = 30$ GE/ME, $G_{max} = 500$ GE.

(Preisdifferenzierung auf den Teilmärkten (siehe a)) führt zu einem höheren Maximalgewinn.)

ii) $p_1 = 75 - 6x_1$; $p_2 = 63 - 4x_2$; $p_3 = 105 - 5x_3$; $K(x) = 15x + 20$ *($x = x_1 + x_2 + x_3$)*

a) Gewinnmaximierung *mit* Preisdifferenzierung:
Nach Lehrbuch (7.3.104) lautet die aus $G_{x_i} \stackrel{!}{=} 0$ resultierende notwendige Bedingung für ein Gewinnmaximum: $E'(x_i) \stackrel{!}{=} K'(x)$.

1) $E'(x_1) = 75 - 12x_1 = K'(x) = 15 \quad \Longleftrightarrow \quad x_1 = 5\, ME_1;\ p_1 = 45\, GE/ME_1$

2) $E'(x_2) = 63 - 8x_2 = K'(x) = 15 \quad \Longleftrightarrow \quad x_2 = 6\, ME_2;\ p_2 = 39\, GE/ME_2$

3) $E'(x_3) = 105 - 10x_3 = K'(x) = 15 \quad \Longleftrightarrow \quad x_3 = 9\, ME_3;\ p_3 = 60\, GE/ME_3$

($E'' > K''$, also auch hinreichende Bedingung für rel. Max. erfüllt) $G_{max} = 679$ GE.

b) Gewinnmaximierung *ohne* Preisdifferenzierung:
aggregierte Gesamt-Nachfragefunktion:

$$x = x(p) = \begin{cases} 49{,}25 - \frac{37}{60}p & \textit{für } 0 \le p \le 63 \Leftrightarrow 10{,}4 \le x \le 49{,}25 \\ 33{,}5 - \frac{11}{30}p & \textit{für } 63 < p \le 75 \Leftrightarrow 6 \le x < 10{,}4 \\ 21 - \frac{1}{5}p & \textit{für } 75 < p \le 105 \Leftrightarrow 0 \le x < 6 \end{cases}$$

Umkehrfunktion $p = p(x)$ der aggregierten Gesamt-Nachfragefunktion:

$$p = p(x) = \begin{cases} 105 - 5x & \text{für } 0 \le x < 6 \\ 91,\overline{36} - \frac{30}{11}x & \text{für } 6 \le x < 10,4 \\ 79,\overline{864} - \frac{60}{37}x & \text{für } 10,4 \le x \le 49,25 \end{cases}$$

Bedingungsgleichungen für Gewinnmaximum: $E'(x) = K'(x)$

$$E'(x) = \begin{cases} 105 - 10x \\ 91,\overline{36} - \frac{60}{11}x \\ 79,\overline{864} - \frac{120}{37}x \end{cases} = K'(x) = \begin{cases} 15 \Rightarrow x = 9 \ (\text{↯, da} > 6) \\ 15 \Rightarrow x = 14 \ (\text{↯, da} \notin [6;10,4[) \\ 15 \Rightarrow x = 20\,\text{ME}. \end{cases}$$

Gewinnmaximum des *nicht* preisdifferenzierenden Unternehmens:

$x = 20$ ME; $p = 47,\overline{432}$ GE/ME; $G_{max} = 628,\overline{648}$ GE *(< 679 GE, s. a))*
$x_1 = 4,\overline{594}\,ME_1$; $x_2 = 3,\overline{891}\,ME_2$; $x_3 = 11,\overline{513}\,ME_3$.

iii) $p_1 = 60 - x_1$; $p_2 = 40 - 0,5x_2$; $K(x) = x^2 + 10x + 10$; $(x = x_1 + x_2)$

a) Gewinnmaximierung *mit* Preisdifferenzierung:
Nach Lehrbuch (7.3.104) lauten die aus $G_{x_i} \stackrel{!}{=} 0$ resultierenden notwendigen Bedingungen für ein Gewinnmaximum: $E'(x_i) \stackrel{!}{=} K'(x)$, $i = 1,2$.

$$E'(x_1) = 60 - 2x_1 = 2(x_1 + x_2) + 10 = K'(x)$$
$$E'(x_2) = 40 - x_2 = 2(x_1 + x_2) + 10 = K'(x).$$

Lösung des linearen Gleichungssystems: $x_1 = 11,25\,ME_1$; $x_2 = 2,5\,ME_2$;
$\Rightarrow$ $p_1 = 48,75\,GE/ME_1$; $p_2 = 38,75\,GE/ME_2$; $G_{max} = 308,75$ GE.
(die hinreichenden Bedingungen für rel. Max. sind erfüllt)

b) Gewinnmaximierung *ohne* Preisdifferenzierung:
aggregierte Gesamt-Nachfragefunktion:

$$x = x(p) = \begin{cases} 140 - 3p & \text{für } 0 \le p < 40 \Leftrightarrow 20 < x \le 140 \\ 60 - p & \text{für } 40 \le p \le 60 \Leftrightarrow 0 \le x \le 20 \end{cases}$$

Umkehrfunktion $p = p(x)$ der aggregierten Gesamt-Nachfragefunktion:

$$p = p(x) = \begin{cases} 60 - x & \text{für } 0 \le x \le 20 \\ \frac{140}{3} - \frac{1}{3}x & \text{für } 20 < x \le 140 \end{cases}$$

Bedingungsgleichungen für Gewinnmaximum: $E'(x) = K'(x)$

$$E'(x) = \begin{cases} 60 - 2x \\ \frac{140}{3} - \frac{2}{3}x \end{cases} = K'(x) = \begin{cases} 2x + 10 \Rightarrow x = 12,50\,\text{ME} \\ 2x + 10 \Rightarrow x = 13,75 \ (\text{↯, da} < 20). \end{cases}$$

(die hinreichenden Bedingungen für rel. Max. sind erfüllt)

Gewinnmaximum des *nicht* preisdifferenzierenden Unternehmens:

$x = 12,50$ ME; $p = 47,50$ GE/ME; $G_{max} = 302,50$ GE *(< 308,75 GE, s. a))*
$x_1 = 12,50\,ME_1$; $x_2 = 0\,ME_2$.

Aufgabe 7.28 *(7.3.121)*:

i) $f(x) = a+bx+cx^2$ sei die Gleichung einer Regressionsparabel mit $a,b,c = const.$ Die durch die Regressionsparabel zu approximierenden Mess-Wertepaare lauten $(x_i;y_i)$, $i = 1,\dots,n$. Nach der Methode der kleinsten Quadrate beschreibt diejenige Parabel einen vermuteten parabolischen Zusammenhang dann „besonders gut“, wenn die Summe Q der quadrierten Abweichungen der Messwerte y_i von den Regressionsfunktionswerten $f(x_i)$ minimal wird.

Gesucht werden also die Konstanten a,b,c der Regressionsparabel $f(x)$ derart, dass die Funktion Q mit $Q = \sum_{i=1}^{n} (f(x_i) - y_i)^2$ ein Minimum annimmt.

Mit $f(x) = a+bx+cx^2$ lautet die zu minimierende Zielfunktion Q:

$$Q = Q(a,b,c) = \sum_{i=1}^{n} (f(x_i)-y_i)^2 = \sum_{i=1}^{n} (a+bx_i+cx_i^2-y_i)^2 \rightarrow \min.$$

Notwendige Bedingung für ein Minimum von $Q(a,b,c)$ ist das Verschwinden der partiellen Ableitungen Q_a, Q_b, Q_c:

$$\frac{\partial Q}{\partial a} = \frac{\partial}{\partial a}\sum_{i=1}^{n}(a+bx_i+cx_i^2-y_i)^2 = 2\cdot\sum_{i=1}^{n}(a+bx_i+cx_i^2-y_i) = 0$$
$$\frac{\partial Q}{\partial b} = \frac{\partial}{\partial b}\sum_{i=1}^{n}(a+bx_i+cx_i^2-y_i)^2 = 2\cdot\sum_{i=1}^{n}(a+bx_i+cx_i^2-y_i)\cdot x_i = 0$$
$$\frac{\partial Q}{\partial c} = \frac{\partial}{\partial c}\sum_{i=1}^{n}(a+bx_i+cx_i^2-y_i)^2 = 2\cdot\sum_{i=1}^{n}(a+bx_i+cx_i^2-y_i)\cdot x_i^2 = 0\ .$$

Nach Division durch 2 und Trennen der Summanden innerhalb des Summenoperators ergibt sich für a,b,c das folgende lineare Gleichungssystem ($\sum_{i=1}^{n} 1 = n$):

$$a\cdot n + b\cdot\sum_{i=1}^{n} x_i + c\cdot\sum_{i=1}^{n} x_i^2 = \sum_{i=1}^{n} y_i$$
$$a\cdot\sum_{i=1}^{n} x_i + b\cdot\sum_{i=1}^{n} x_i^2 + c\cdot\sum_{i=1}^{n} x_i^3 = \sum_{i=1}^{n} x_iy_i$$
$$a\cdot\sum_{i=1}^{n} x_i^2 + b\cdot\sum_{i=1}^{n} x_i^3 + c\cdot\sum_{i=1}^{n} x_i^4 = \sum_{i=1}^{n} x_i^2y_i$$

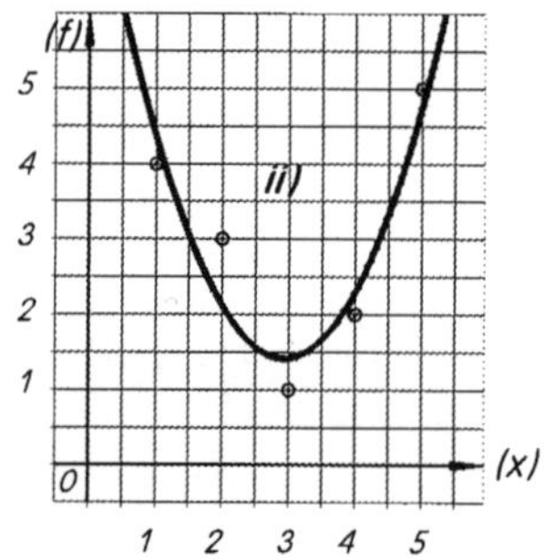

Für konkret vorliegende Messwerte (x_i,y_i) müssen dann die entsprechenden Summenwerte gebildet und das lineare Gleichungssystem bzgl. a,b,c gelöst werden, siehe das nachfolgende Beispiel in Teil ii)

ii) Messwertreihe:

x_i:	1	2	3	4	5
y_i:	4	3	1	2	5

Summen z.B. tabellarisch bilden:

	x_i	y_i	x_i^2	x_i^3	x_i^4	x_iy_i	$x_i^2y_i$
	1	4	1	1	1	4	4
	2	3	4	8	16	6	12
	3	1	9	27	81	3	9
	4	2	16	64	256	8	32
	5	5	25	125	625	25	125
$\sum$:	15	15	55	225	979	46	182

Nach i) resultiert daraus das lineare Gleichungssystem:

$$5a + 15b + 55c = 15$$
$$15a + 55b + 225c = 46$$
$$55a + 225b + 979c = 182$$

Lösung: $a = \frac{41}{5}$; $b = -\frac{323}{70}$; $c = \frac{11}{14}$

Gleichung der Regressionsparabel:

$$f(x) = \frac{41}{5} - \frac{323}{70}x + \frac{11}{14}x^2\ .$$

Aufgabe 7.29 *(7.3.122)*:

i) Typ der Regressionsfunktion: $f(x) = y = a \cdot x^b$.
Logarithmieren beider Seiten liefert: $\ln y = \ln(a \cdot x^b) = \ln a + b \cdot \ln x$.
Die logarithmierte Mess-Punktwolke $(\ln x_i ; \ln y_i)$ unterliegt also einem linearen Zusammenhang, die Normalgleichungen für die lineare Regression Lehrbuch (7.3.115), (7.3.116) können mit ln a für a, $\ln x_i$ für x_i und $\ln y_i$ für y_i angewendet werden:

$$n \cdot \ln a + b \cdot \sum_{i=1}^{n} \ln x_i = \sum_{i=1}^{n} \ln y_i$$
$$\ln a \cdot \sum_{i=1}^{n} \ln x_i + b \cdot \sum_{i=1}^{n} (\ln x_i)^2 = \sum_{i=1}^{n} \ln x_i \cdot \ln y_i \ .$$

ii) Typ der Regressionsfunktion: $f(x) = y = a \cdot b^x$.
Logarithmieren beider Seiten liefert: $\ln y = \ln(a \cdot b^x) = \ln a + x \cdot \ln b$.
Die Mess-Punktwolke $(x_i ; \ln y_i)$ unterliegt also einem linearen Zusammenhang, die Normalgleichungen für die lineare Regression Lehrbuch (7.3.115), (7.3.116) können mit ln a für a, $\ln y_i$ für y_i und ln b für b angewendet werden:

$$n \cdot \ln a + \ln b \cdot \sum_{i=1}^{n} x_i = \sum_{i=1}^{n} \ln y_i$$
$$\ln a \cdot \sum_{i=1}^{n} x_i + \ln b \cdot \sum_{i=1}^{n} x_i^2 = \sum_{i=1}^{n} x_i \cdot \ln y_i \ .$$

iii) Typ der Regressionsfunktion: $f(x) = y = a \cdot e^{bx}$.
Logarithmieren beider Seiten liefert: $\ln y = \ln(a \cdot e^{bx}) = \ln a + b \cdot x$.
Die Mess-Punktwolke $(x_i ; \ln y_i)$ unterliegt also einem linearen Zusammenhang, die Normalgleichungen für die lineare Regression Lehrbuch (7.3.115), (7.3.116) können mit ln a für a und $\ln y_i$ für y_i angewendet werden:

$$n \cdot \ln a + b \cdot \sum_{i=1}^{n} x_i = \sum_{i=1}^{n} \ln y_i$$
$$\ln a \cdot \sum_{i=1}^{n} x_i + b \cdot \sum_{i=1}^{n} x_i^2 = \sum_{i=1}^{n} x_i \cdot \ln y_i \ .$$

Vorbemerkung: *Bei Anwendung der Lagrange-Methode empfiehlt es sich, stets zunächst den/die Lagrange-Multiplikator(en) λ, λ_i aus den ersten Gleichungen des auftretenden Bedingungs-Gleichungssystems zu elimimieren.*

Aufgabe 7.30 *(7.3.144)*:

Lagrangefunktion: $L(A,K,\lambda) = 20A + 10K + \lambda \cdot (10.000 - 100 \cdot A^{0,8} \cdot K^{0,2}) \quad \Rightarrow$

$$\left.\begin{array}{l} \left.\begin{array}{l} L_A = 20 - 80\lambda \cdot A^{-0,2} \cdot K^{0,2} = 0 \\ L_K = 10 - 20\lambda \cdot A^{0,8} \cdot K^{-0,8} = 0 \end{array}\right\} \Leftrightarrow A = 2K \\ L_\lambda = 10.000 - A^{0,8} \cdot K^{0,2} = 0 \end{array}\right\} \Leftrightarrow \begin{array}{l} A = 114{,}87 \ , \ K = 57{,}43 \\ \lambda = 0{,}2872 \end{array}$$

$\Rightarrow$ kostengünstigster Faktoreinsatz: $A = 114{,}87\ ME_A$; $K = 57{,}43\ ME_K$; $(\lambda = 0{,}2872)$
minimale Faktorkosten: $FK_{min} = 2.871{,}75$ GE

Der Lagrange-Multiplikator λ entspricht den Grenzkosten bzgl. des Produktionsniveaus (in Höhe von 0,29 GE/ME) im Optimum, d.h. die minimalen Kosten erhöhen sich um ca. 0,29 GE, falls eine Outputeinheit zusätzlich erzeugt werden soll.

Aufgabe 7.31 *(7.3.145)*:

Lagrangefunktion: $L(r_1,r_2,\lambda) = r_1+4r_2+r_1r_2 + \lambda\cdot(800-40\cdot r_1^{0,5}\cdot r_2^{0,5}) \quad\Rightarrow$

$$\left.\begin{array}{l} \left.\begin{array}{l} L_{r_1} = 1+r_2-20\lambda\cdot r_1^{-0,5}\cdot r_2^{0,5} = 0 \\ L_{r_2} = 4+r_1-20\lambda\cdot r_1^{0,5}\cdot r_2^{-0,5} = 0 \end{array}\right\} r_1 = 4r_2 \\ L_\lambda = 800-40\cdot r_1^{0,5}\cdot r_2^{0,5} = 0 \end{array}\right\} \iff r_1=40\ ,\ r_2=10\ ,\ \lambda = 1{,}1$$

Minimalkostenkombination: $r_1=40$ ME$_1$; $r_2 = 10$ ME$_2$; $(\lambda = 1{,}1)$; $K_{min} = 480$ GE

$\lambda = 1{,}10$ GE/ME $\triangleq$ Grenzkosten bzgl. des Produktionsniveaus $\bar{x} = 800$ ME, d.h. für eine Erhöhung von $\bar{x}$ auf 801 ME steigen die minimalen Kosten um 1,10 GE an.

Aufgabe 7.32 *(7.3.146)*:

Lagrangefunktion: $L(t,m,\lambda) = 40t+10m+\lambda(900-30\cdot\sqrt{t}\cdot\sqrt{m}) \quad\Rightarrow$

$$\left.\begin{array}{l} \left.\begin{array}{l} L_t = 40-15\lambda\cdot t^{-0,5}\cdot m^{0,5} = 0 \\ L_m = 10-15\lambda\cdot t^{0,5}\cdot m^{-0,5} = 0 \end{array}\right\} \iff m = 4t \\ L_\lambda = 900-30\cdot t^{0,5}\cdot m^{0,5} = 0 \end{array}\right\} \iff m=60\ ,\ t=15\ ,\ \lambda = 1{,}\overline{3}$$

Minimalkostenkombination: $t=15$ h/Monat; $m=60$ h/Monat; $(\lambda=1{,}33)$
$K_{min} = 1.200$ €/Monat.

$\lambda = 1{,}33$ €/Bild sind die Grenzkosten bzgl. der Gesamtanzahl an Bildern, d.h. die minimalen Kosten steigen bei einer Erhöhung um 1 Bild um 1,33 €.

Aufgabe 7.33 *(7.3.147)*:

Radius r in cm, Höhe h in cm;

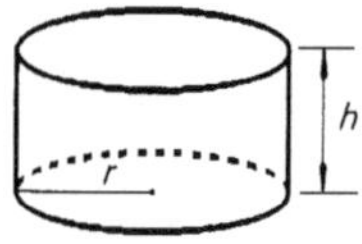

Zu minimieren:
Oberfläche O des Zylinders (ohne Deckel):
O = Mantelfläche + Grundfläche = $2\pi r\cdot h+\pi r^2$

Restriktion: Volumen V des Zylinders: $V = \pi r^2\cdot h = 1.000\ \text{cm}^3$ (= 1 Liter) $\Rightarrow$

Lagrangefunktion: $L(r,h,\lambda) = 2\pi r\cdot h+\pi r^2+\lambda(1000-\pi r^2\cdot h) \quad\Rightarrow$

$$\left.\begin{array}{l} \left.\begin{array}{l} L_r = 2\pi h+2\pi r-2\lambda\pi rh = 0 \\ L_h = 2\pi r-\lambda\pi r^2 = 0 \end{array}\right\} \iff h = r \\ L_\lambda = 1000-\pi r^2\cdot h = 0 \end{array}\right\} \iff \begin{array}{l} r = h = \sqrt[3]{1000/\pi} \approx 6{,}83 \\ \lambda \approx 0{,}29 \end{array}$$

optimale Lösung: $r=h=6{,}83$ cm; $(\lambda=0{,}29)$; minimale Oberfläche: $439{,}38\ \text{cm}^2$

Der Lagrange-Multiplikator λ gibt die marginale Oberflächenänderung (in Höhe von ca. $0{,}29\ \text{cm}^2/\text{cm}^3$) an, mit der sich die minimale Oberfläche vergrößert, falls das Volumen um $1\ \text{cm}^3$ vergrößert wird.

Aufgabe 7.34 *(7.3.148)*:

i) Lagrangefunktion: $L(t_1,t_2,\lambda) = 10t_1+30t_2+\lambda(7-0{,}5\cdot\sqrt{t_1}-\sqrt{t_2}) \quad\Rightarrow$

$$\left.\begin{array}{l} \left.\begin{array}{l} L_{t_1} = 10-\lambda\cdot 0{,}25\cdot t_1^{-0,5} = 0 \\ L_{t_2} = 30-\lambda\cdot 0{,}5\cdot t_2^{-0,5} = 0 \end{array}\right\} \iff \sqrt{t_1} = 1{,}5\cdot\sqrt{t_2} \\ L_\lambda = 7-0{,}5\cdot\sqrt{t_1}-\sqrt{t_2} = 0 \end{array}\right\} t_1=36,\ t_2=16,\ \lambda=240$$

$\Rightarrow$ Minimalkostenkombination: $t_1 = 36$ h; $t_2 = 16$ h; $(\lambda = 240)$; $K_{min} = 840$ €.

$\lambda = 240$ €/Kleid heißt: sollen 8 Kleider produziert werden, erhöhen sich die minimalen Kosten um ca. 240 € *(λ = Grenzkosten bzgl. wöchentlichem Output)*.

ii) Gewinn = Erlös (= $7 \cdot p$) – Kosten (= 840 €) $\geq$ 560 €, d.h. $7p \geq 1400$ € $\Rightarrow$ Der durchschnittliche Stückpreis p muss mindestens 200 € betragen.

Aufgabe 7.35 *(7.3.149)*:

Lagrangefunktion: $L(F,H,\lambda) = 120F + 80H + 20FH - F^2 - 2H^2 + \lambda(284 - 6F - 4H)$

$$\left.\begin{array}{l} \left.\begin{array}{l} L_F = 120 + 20H - 2F - 6\lambda = 0 \\ L_H = 80 + 20F - 4H - 4\lambda = 0 \end{array}\right\} \Longleftrightarrow F = 0{,}8125H \\ L_\lambda = 284 - 6F - 4H = 0 \end{array}\right\} \Longleftrightarrow F = 26,\ H = 32,\ \lambda = 118$$

optimale Lösung: $F = 26$ h/Woche Facharbeitereinsatz; $H = 32$ h/Woche Hilfsarbeitereinsatz; $\lambda = 118$; maximaler Output $Y_{max} = 19.596$ ME/Woche;

Der λ gibt an, dass bei Budgeterhöhung um 1 GE/Woche der maximale wöchentliche Output um ca. 118 ME zunimmt *(λ = Grenzproduktivität bzgl. des Budgets)*.

Aufgabe 7.36 *(7.3.150-a)*:

Variablen:

t_1 *(h nach Verfahren I)*; t_2 *(h nach Verfahren II)*; x *(kg nach Verfahren III)*

Ziel: t_1, t_2, x so wählen, dass die Kosten minimal werden unter der Nebenbedingung, dass die Gesamtmenge M *(= 210 kg)* entsorgt wird.

Lagrange-Funktion:

$$L = 30t_1 + 90t_2 + 12x + \lambda \cdot (210 - 20 \cdot \sqrt{t_1} - 30 \cdot \sqrt{t_2} - x) \quad \Rightarrow$$

$$\left.\begin{array}{l} L_{t_1} = 30 - \lambda \cdot 10 \cdot t_1^{-0,5} = 0 \\ L_{t_2} = 90 - \lambda \cdot 15 \cdot t_2^{-0,5} = 0 \\ L_x = 12 - \lambda = 0 \end{array}\right\} \Longleftrightarrow \lambda = 12;\ t_1 = 16;\ t_2 = 4 \quad \Rightarrow$$

$$L_\lambda = 210 - 20 \cdot \sqrt{t_1} - 30 \cdot \sqrt{t_2} - x = 0 \quad \Rightarrow \quad x = 70$$

opt. Lösg.: $t_1 = 16$ h nach Verfahren I *($\triangleq$ 80 kg)*; $t_2 = 4$ h n. Verfahren II *($\triangleq$ 60 kg)*
x = 70 kg nach Verfahren III entsorgen; $K_{min} = 1.680$ €, $\lambda = 12$.

$\lambda = 12$ €/kg $= \frac{\partial L}{\partial M}$ = Grenzkosten bzgl. der Entsorgungsmenge, d.h. bei Entsorgung eines weiteren kg steigen die *(minimalen)* Entsorgungskosten um 12 €.

Aufgabe 7.37 *(7.3.150-b)*:

i) Lagr.f.: $L(r_1,r_2,r_3,\lambda) = 12{,}8r_1 + 614{,}4r_2 + 100r_3 + \lambda(64 - 10r_1^{0,2}r_2^{0,3}r_3^{0,5})$

$$\left.\begin{array}{l} L_{r_1} = 12{,}8 - 2\lambda \cdot r_1^{-0,8}r_2^{0,3}r_3^{0,5} = 0 \\ L_{r_2} = 614{,}4 - 3\lambda \cdot r_1^{0,2}r_2^{-0,7}r_3^{0,5} = 0 \\ L_{r_3} = 100 - 5\lambda \cdot r_1^{0,2}r_2^{0,3}r_3^{-0,5} = 0 \end{array}\right\} \Longleftrightarrow \begin{array}{l} r_1 = 32r_2 \\ r_3 = 0{,}32r_1 \end{array} \quad \Rightarrow$$

$$L_\lambda = 64 - 10r_1^{0,2}r_2^{0,3}r_3^{0,5} = 0 \quad \Rightarrow r_1 = 32;\ r_2 = 1;\ r_3 = 10{,}24;\ \lambda = 32$$

opt. Lösg.: $r_1 = 32\ ME_1$; $r_2 = 1\ ME_2$; $r_3 = 10{,}24\ ME_3$; $\lambda = 32$; $K_{min} = 2.048$ GE
Steigt der Output $\bar{x}$ um 1 ME, so steigen die Minimalkosten um (ca.) 32 GE.

ii) Lagrangefunktion:

$L(r_1,r_2,r_3,\lambda) = 10r_1^{0,2}r_2^{0,3}r_3^{0,5} + \lambda(2.048 - 12{,}8r_1 - 614{,}4r_2 - 100r_3)$

$\Rightarrow r_1 = 32\,ME_1\,;\, r_2 = 1\,ME_2\,;\, r_3 = 10{,}24\,ME_3\,;\, \lambda = {}^1/_{32}\,;\, x_{max} = 64\,ME$:

Es handelt sich daher um dieselbe Faktor-/Output-/Kostenkombination wie unter i)! $\lambda = {}^1/_{32}$ bedeutet jetzt (in folgerichtiger Umkehrung zu i)): Bei Erhöhung des Budgets $\overline{K}$ um 1 GE erhöht sich der maximale Output x um ${}^1/_{32}$ ME.

Aufgabe 7.38 *(7.3.150-c)*:

i) $x(E,A) \to \max.$ *(ohne NB, d.h. „gewöhnliche" Optimierung!)*

$x_A = 800 + E - 4A = 0$

$x_E = 500 - 2E + A = 0 \quad \Rightarrow \quad A = 300\,h;\; E = 400\,MWh;\; x_{max} = 220.000\,ME$

ii) Lagr.-Fktn.: $L = 500E + 800A + EA - E^2 - 2A^2 + \lambda(27.500 - 100E - 50A)$

$$\left.\begin{array}{l} L_A = 800 + E - 4A - 50\lambda = 0 \\ L_E = 500 - 2E + A - 100\lambda = 0 \end{array}\right\} \Longleftrightarrow E = 2{,}25A - 275 \quad \left.\begin{array}{l} \\ \\ \end{array}\right\} \begin{array}{l} A = 200;\, E = 175 \\ \lambda = 3{,}5 \end{array}$$
$$L_\lambda = 27.500 - 100E - 50A = 0$$

opt. Lösung: A = 200 h , E = 175 MWh ; $\lambda = 3{,}5$ ME/€ = Grenzproduktivität bzgl. des Budgets: Wenn das Kostenbudget um einen € erhöht werden, steigt der maximale Output um (ca.) 3,5 ME; $x_{max} = 171.875$ ME.

Aufgabe 7.39 *(7.3.150-d)*: Lagrange-Funktion $L = L(a,b,c,\lambda_1,\lambda_2)$:

(Bemerkung: Die zweite Nebenbedingung resultiert aus dem Verhältnis a:b = 2:1)

$$L = 5000 + 20a + 45b + 40c + ac + 4bc - a^2 - 2b^2 - c^2 + \lambda_1(1200 - 3a - 6b - 12c) + \lambda_2(2b - a)$$

$$\left.\begin{array}{l} L_a = 20 + c - 2a - 3\lambda_1 - \lambda_2 = 0 \\ L_b = 45 + 4c - 4b - 6\lambda_1 + 2\lambda_2 = 0 \\ L_c = 40 + a + 4b - 2c + 12\lambda_1 = 0 \end{array}\right\} \Longleftrightarrow 5a + 8b - 8c = 45$$
$$L_{\lambda_1} = 1200 - 3a - 6b - 12c = 0$$
$$L_{\lambda_2} = 2b - a = 0$$
$$\Rightarrow \; a = 65;\; b = 32{,}5;\; c = 67{,}5;\; \lambda_1 = 8{,}\overline{3};\; \lambda_2 = -67{,}5$$

optimale Lösung: a = 65 kg Sorte A; b = 32,5 kg Sorte B; c = 67,5 kg Sorte C

$\lambda_1 = 8{,}\overline{3}$ hl/€ *(= Grenzproduktivität bzgl. Düngemittel-Budget, d.h. bei Erhöhung des Budgets um 1 € steigt der maximale Ertrag um (ca.) 8,33 hl)*

$\lambda_2 = -67{,}5$ *(nicht ohne weiteres interpretierbar).* $E_{max} = 12.731{,}25$ €

Aufgabe 7.40 *(7.3.151)*:

Lagrangefunktion = $L(A_1,A_2,K_1,K_2,\lambda_1,\lambda_2)$:

$$L = 20A_1 + 20A_2 + 10K_1 + 10K_2 + \lambda_1(1000 - 2A_1^{0,8}\cdot K_1^{0,2}) + \lambda_2(800 - 4A_2^{0,5}\cdot K_2^{0,1})$$

$$\left.\begin{array}{l} L_{A1} = 20 - 1{,}6\cdot\lambda_1\cdot A_1^{-0,2}\cdot K_1^{0,2} = 0 \\ L_{K1} = 10 - 0{,}4\cdot\lambda_1\cdot A_1^{0,8}\cdot K_1^{-0,8} = 0 \end{array}\right\} A_1 = 2K_1 \underset{1.\,NB}{\Longleftrightarrow} A_1 = 574{,}350;\; K_1 = 287{,}175;\; \lambda_1 = 14{,}359$$

$$\left.\begin{array}{l} L_{A2} = 20 - 2{,}0\cdot\lambda_2\cdot A_2^{-0,5}\cdot K_2^{0,1} = 0 \\ L_{K2} = 10 - 0{,}4\cdot\lambda_2\cdot A_2^{0,5}\cdot K_2^{-0,9} = 0 \end{array}\right\} A_2 = 2{,}5K_2 \underset{2.\,NB}{\Longleftrightarrow} A_2 = 7968{,}440;\; K_2 = 3187{,}376;\; \lambda_2 = 398{,}422$$

$$L_{\lambda 1} = 1000 - 2A_1^{0,8}\cdot K_1^{0,2} = 0$$
$$L_{\lambda 2} = 800 - 4A_2^{0,5}\cdot K_2^{0,1} = 0$$

Minimalkostenkombination:
$A_1 = 574{,}350\ ME_A$, $K_1 = 287{,}175\ ME_K$; $\lambda_1 = 14{,}359$
$A_2 = 7.968{,}440\ ME_A$; $K_2 = 3.187{,}376\ ME_K$; $\lambda_2 = 398{,}422$; $K_{min} = 205.601{,}31$ GE
Interpretation der Lagrangemultiplikatoren:
Wird die Produktion des ersten Produktes um 1 Einheit erhöht, steigen (c.p.) die minimalen Kosten um 14,359 GE, eine entsprechende Outputerhöhung des zweiten Gutes bewirkt im Optimum (c.p.) zusätzliche Kosten von 398,422 GE.

Aufgabe 7.41 *(7.3.164)*: $x = c\cdot r_1^a\cdot r_2^b = 10\cdot r_1^{0,7}\cdot r_2^{0,3}$; $k_1 = 12$; $k = 18$; $\bar{K} = 400$:

i) Bedingung für die Minimalkostenkombination nach Lehrbuch (7.3.153):

$$\frac{k_1}{k_2} = \frac{12}{18} = \frac{\frac{\partial x}{\partial r_1}}{\frac{\partial x}{\partial r_2}} = \frac{7\cdot r_1^{-0,3}\cdot r_2^{0,3}}{3\cdot r_1^{0,7}\cdot r_2^{-0,7}} = \frac{7}{3}\cdot\frac{r_2}{r_1} \quad\Rightarrow\quad \text{Expansionspfad: } r_2(r_1) = \frac{2}{7}\,r_1.$$

ii) Die Faktornachfragefunktionen bei gegebenen Gesamtkosten $\bar{K}$ ergeben sich nach Lehrbuch (7.3.157) zu

$$r_1(k_1) = \frac{\bar{K}\cdot a}{a+b}\cdot\frac{1}{k_1} = \frac{400\cdot 0{,}7}{1}\cdot\frac{1}{k_1} = \frac{280}{k_1}\ ; \qquad r_2(k_2) = \frac{\bar{K}\cdot b}{a+b}\cdot\frac{1}{k_2} = \frac{120}{k_2}\ .$$

iii) $K(x) = k_1\cdot r_1(x) + k_2\cdot r_2(x)$. Nach Lehrbuch (7.3.156) ergeben sich die von x abhängigen Faktornachfrage-Funktionen $r_1(x)$ und $r_2(x)$ zu:

$$r_1(x) = 0{,}1x\cdot\left(\frac{7}{3}\cdot\frac{18}{12}\right)^{0,3} = 0{,}1456\cdot x; \quad r_2(x) = 0{,}1x\cdot\left(\frac{3}{7}\cdot\frac{12}{18}\right)^{0,7} = 0{,}0416\cdot x.$$

Daraus ergibt sich die Kostenfunktion $K(x) = 12\cdot r_1 + 18\cdot r_2 = 2{,}4963\cdot x$.

iv) Für $x = 200$ ergibt sich nach iii) unmittelbar die Minimalkostenkombination:

$r_1 = 0{,}1456\cdot 200 = 29{,}12\ ME_1$; $r_2 = 0{,}0416\cdot 200 = 8{,}32\ ME_2$
$K_{min} = 2{,}4963\cdot 200 = 499{,}26$ GE.

Aufgabe 7.42 *(7.3.165)*: $x = r_1\cdot r_2\cdot r_3$; $k_1 = 2$; $k_2 = 3$; $k_3 = 5$; Minimalkostenkombination:

Nach Lehrbuch (7.3.154) wird der Expansionspfad beschrieben durch die beiden Gleichungen:

$$r_2 = \frac{k_1}{k_2}\cdot\frac{1}{1}\cdot r_1 \text{ ,d.h. } r_2 = \frac{2}{3}r_1 \text{ sowie } r_3 = \frac{k_1}{k_3}\cdot r_1 \text{ , d.h. } r_3 = \frac{2}{5}r_1 .$$

Einsetzen in die Produktionsfunktion liefert: $x = \frac{4}{15}\cdot r_1^3$ bzw. $r_1 = \left(\frac{15}{4}x\right)^{\frac{1}{3}}$.

Damit folgt aus den Expansionspfad-Gleichungen: $r_2 = \frac{2}{3}\cdot\left(\frac{15}{4}x\right)^{\frac{1}{3}}$; $r_3 = \frac{2}{5}\cdot\left(\frac{15}{4}x\right)^{\frac{1}{3}}$,

d.h. die Gesamtkostenfunktion $K = K(x)$ lautet:

$$K(x) = 2r_1 + 3r_2 + 5r_3 = (2+2+2)\cdot 3{,}75^{\frac{1}{3}}\cdot x^{\frac{1}{3}} = 9{,}3217\cdot x^{\frac{1}{3}} = 9{,}3217\cdot\sqrt[3]{x}\ .$$

***(Bemerkung:** Die Kostenfunktion ist degressiv, da für den Homogenitätsgrad r gilt:* $r = a_1 + a_2 + a_3 = 3 > 1$ *.)*

Aufgabe 7.43 *(7.3.166)*: Der Nachweis wird geführt durch Weiterentwicklung der über der Formel LB (7.3.159) stehenden Beziehung

$$K(x) = [k_1(\frac{1}{c} \quad . . . \quad] \, x^{\frac{1}{a+b}} \quad .$$

Dabei beachte man die stets gültigen Beziehungen *(= allg. gültige Rechenregeln)*:

$$\frac{a}{a+b} + \frac{b}{a+b} = 1 \qquad \text{sowie} \qquad \left(\frac{a}{b}\right)^{\frac{b}{a+b}} + \left(\frac{b}{a}\right)^{\frac{a}{a+b}} = \left(\frac{a}{b}\right)^{\frac{b}{a+b}} \cdot \frac{a+b}{a} = \frac{a+b}{(a^a \cdot b^b)^{\frac{1}{a+b}}}$$

Aufgabe 7.44 *(7.3.168)*: $x = 2r_1^{0,5} \cdot r_2^{0,5}$; $k_1 = 8$; $k_2 = 18$; $r_2 = 100 = \text{const.}$

i) Mit $r_2 = 100$ folgt aus der Produktionsfunktion:

$x = 2r_1^{0,5} \cdot 10 \iff r_1 = 0{,}0025 \cdot x^2$, d.h. wegen $K = k_1r_1 + k_2r_2$ gilt:

$K(x) = 8 \cdot r_1(x) + 18 \cdot 100 = 0{,}02x^2 + 1800$.

ii) Das Betriebsoptimum liegt an der Stelle minimaler Stückkosten $k(x)$:

$k(x) = \frac{K(x)}{x} = 0{,}02x + \frac{1800}{x} \rightarrow \text{min.}$; Notwendig: $k'(x) = 0{,}02 - \frac{1800}{x^2} = 0$

$\iff 0{,}02 \cdot x^2 = 1800 \underset{x>0}{\iff} x = 300\,\text{ME}$; $K_{min} = 3.600\,\text{GE}$ *($k'' > 0$)*.

iii) Aus der Minimalkostenkombination folgt der Expansionspfad *(s. LB (7.3.154))*:

$$r_2 = \frac{4}{9} r_1 \qquad \text{bzw.} \qquad r_1 = \frac{9}{4} r_2 \quad .$$

Wegen $r_2 = 100$ gilt damit: $r_1 = 225$. Aus dieser Minimalkostenkombination der Faktoren ergibt sich der Output x über die Produktionsfunktion $x(r_1, r_2)$ zu $2r_1^{0,5} \cdot r_2^{0,5} = 2 \cdot 15 \cdot 10 = 300\,\text{ME}$.
Genau diese Menge entspricht gemäß ii) dem Output im Betriebsoptimum.

Aufgabe 7.45 *(7.3.169)*: Vorgabe: Cobb-Douglas-Produktionsfunktion: $x = c \cdot r_1^a \cdot \bar{r}_2^b$ mit $\bar{r}_2 = \text{const.}$; Faktorpreise $k_1, k_2 = \text{const.}$

i) Kosten = K = $K(x) = k_1 \cdot r_1(x) + k_2 \cdot \bar{r}_2$. $r_1(x)$ gewinnt man aus der Produktionsfunktion durch Invertieren *(d.h. Auflösen nach r_1)*:

$$r_1^a = \frac{x}{c \cdot \bar{r}_2^b} \iff r_1 = r_1(x) = \left(\frac{x}{c \cdot \bar{r}_2^b}\right)^{\frac{1}{a}} \Rightarrow K(x) = k_1 \cdot \left(\frac{x}{c \cdot \bar{r}_2^b}\right)^{\frac{1}{a}} + k_2 \cdot \bar{r}_2 .$$

Betriebsoptimum = Output mit minimalen Stückkosten: $k(x) = \frac{K(x)}{x} \rightarrow \text{min.}$

$$k(x) = \frac{K(x)}{x} = \frac{k_1 \cdot \left(\frac{x}{c \cdot \bar{r}_2^b}\right)^{\frac{1}{a}} + k_2 \cdot \bar{r}_2}{x} = \frac{k_1}{(c \cdot \bar{r}_2^b)^{1/a}} \cdot x^{\frac{1}{a}-1} + \frac{k_2\bar{r}_2}{x} \rightarrow \text{min.}$$

$$k'(x) = \left(\frac{1}{a} - 1\right) \cdot \frac{k_1}{(c \cdot \bar{r}_2^b)^{1/a}} \cdot x^{\frac{1}{a}-2} - \frac{k_2\bar{r}_2}{x^2} \overset{!}{=} 0 \quad \Big| \cdot x^2 \qquad \iff$$

$$\frac{1-a}{a} \cdot \frac{k_1}{(c \cdot \bar{r}_2^b)^{1/a}} \cdot x^{\frac{1}{a}} = k_2 \cdot \bar{r}_2 \qquad \iff \qquad x = c \cdot \left(\frac{k_2}{k_1} \cdot \frac{a}{1-a}\right)^a \cdot \bar{r}_2^{a+b}$$

(Output im Betriebsoptimum)

ii) Aus der Minimalkostenkombination bei Cobb-Douglas-Funktionen ergibt sich nach Lehrbuch (7.3.154) die Gleichung des Expansionspfades: $r_1 = \frac{k_2 \cdot a}{k_1 \cdot b} \cdot \bar{r}_2$.
Einsetzen in die vorgegebene Cobb-Douglas-Funktion liefert den Output x bei Realisierung der Minimalkostenkombination:

$$x = c \cdot r_1{}^a \cdot \bar{r}_2{}^b = c \cdot \left(\frac{k_2 \cdot a}{k_1 \cdot b} \cdot \bar{r}_2\right)^a \cdot \bar{r}_2{}^b = c \cdot \left(\frac{k_2}{k_1} \cdot \frac{a}{b}\right)^a \cdot \bar{r}_2{}^{a+b} \quad .$$

iii) Die Produktmenge x in der Minimalkostenkombination *(siehe ii))* ist identisch mit der Menge x im Betriebsoptimum *(siehe i))*, falls $1 - a = b$ gilt, d.h. sofern die Produktionsfunktion linear-homogen *(a+b = 1)* ist.

Aufgabe 7.46 *(7.3.180-a)*:

Lagrangefunktion: $L(x,y,\lambda) = 2\sqrt{x} + 4\sqrt{y} + \lambda(4200 - 40x - 50y) \quad \Rightarrow$

$$\left.\begin{array}{l} \left.\begin{array}{l} L_x = x^{-0,5} - 40\lambda = 0 \\ L_y = 2 \cdot y^{-0,5} - 50\lambda = 0 \end{array}\right\} \iff 50y = 128x \\ L_\lambda = 4200 - 40x - 50y = 0 \end{array}\right\} \quad x = 25;\ y = 64;\ \lambda = 0,005$$

$\Rightarrow$ Nutzenmaximum: $x = 25\,ME_x$; $y = 64\,ME_y$; $U_{max} = 42$ Punkte

$\lambda = 0,005$ Punkte/GE *(Grenznutzen des Budgets)*: Ändert sich das Budget um 1 GE, so ändert sich das maximale Nutzenniveau um 0,005 Punkte *(gleichgerichtet)*.

Aufgabe 7.47 *(7.3.180-b)*:

Lagr.fkt.: $L^* = 3L + 5S + \lambda(100 - 40\sqrt{LS}) = 3L + 5S + \lambda(100 - 40 \cdot L^{0,5} \cdot S^{0,5}) \quad \Rightarrow$

$$\left.\begin{array}{l} \left.\begin{array}{l} L_L^* = 3 - 20\lambda \cdot L^{-0,5} \cdot S^{0,5} = 0 \\ L_S^* = 5 - 20\lambda \cdot L^{0,5} \cdot S^{-0,5} = 0 \end{array}\right\} S = 0,6L \\ L_\lambda^* = 100 - 40 \cdot L^{0,5} \cdot S^{0,5} = 0 \end{array}\right\} S = 1,9365;\ L = 3,2275;\ \lambda = 0,1936$$

Optimale Lösung:
L = 3,23 h/Tag *(d.h. ca. 3h 14min pro Tag)* „Lindenstraße"; S = 1,94 h/Tag *(d.h. ca. 1h 57 min pro Tag)* „Schwarzwaldklinik". Minimal-Frustniveau = 19,36 Grad.
$\lambda = 0,1936$ Grad/€ *(„Grenzfrust bzgl. Einkommen")*, d.h. wenn er 1 €/Tag mehr einnehmen will, erhöht sich sein minimales Frustrationsniveau um 0,1936 Grad.

Aufgabe 7.48 *(7.3.181-a)*:

Lagrangefunktion: $L(x_1,x_2,\lambda) = 2\sqrt{x_1} \cdot \sqrt{x_2} + \lambda(12 - 2x_1 - 7,5x_2) \quad \Rightarrow$
(x_1 bezeichnet die Erdnussmenge in 100g, x_2 die Biermenge in Litern)

$$\left.\begin{array}{l} \left.\begin{array}{l} L_{x_1} = x_1{}^{-0,5} \cdot x_2{}^{0,5} - 2\lambda = 0 \\ L_{x_2} = x_1{}^{0,5} \cdot x_2{}^{-0,5} - 7,5\lambda = 0 \end{array}\right\} x_1 = 3,75x_2 \\ L_\lambda = 12 - 2x_1 - 7,5x_2 = 0 \end{array}\right\} x_1 = 3;\ x_2 = 0,8;\ \lambda = 0,2582$$

Pfiffig erreicht maximales Wohlbefinden ($\approx 3,0984$ Pkte.), wenn er 300g ≙ 6 Tüten Erdnüsse sowie 0,8 Liter ≙ 4 Gläser Bier konsumiert.

$\lambda = 0,2582$ *(Grenznutzen des Budgets)*: Erhöhte sich Pfiffigs Budget um 1 €, könnte er damit sein maximales Wohlbefinden um ca. 0,26 Punkte steigern.

Aufgabe 7.49 *(7.3.181-b)*:

Zielfunktion: $N = N(b,m) = -10 + 2m + b + 2\sqrt{mb} \rightarrow \max.$
Restriktion: $m+b = 5 \quad \Rightarrow$

Lagrangefunktion: $L(b,m,\lambda) = -10+2m+b+2\sqrt{mb} + \lambda(5-m-b)$

Aus $\frac{\partial L}{\partial m} = 0 \;\wedge\; \frac{\partial L}{\partial b} = 0 \;\Leftrightarrow\; \ldots\ldots \;\boxed{\sqrt{mb} = m - b} \quad (*)$

Setzt man die umgeformte NB. *(z.B. $m = 5 - b$)* in (∗) ein, so folgt nach Quadrieren *(und Umformung)*:

$$b^2 - 5b + 5 = 0, \quad \text{d.h.} \quad b = 2{,}5 \pm \sqrt{1{,}25}.$$

Somit ergeben sich die beiden möglichen Extremstellen zu:

$$(b;m)_1 = (1{,}38 \;;\; 3{,}62) \qquad \text{und} \qquad (b;m)_2 = (3{,}62 \;;\; 1{,}38).$$

Da im Verlauf der Rechnung die Gleichung (∗) quadriert werden musste *(Wurzelgleichung!)*, muss die Probe in Gleichung (∗) gemacht werden, die zeigt, dass nur $(b;m)_1$ Lösung ist.

Daher maximiert Alois Huber sein tägliches Wohlbefinden, wenn er pro Tag 1,38 h *(d.h. 1 h 23 min)* Bach und 3,62 h *(d.h. 3 h 37 min)* Mozart hört.

$\lambda = 2{,}618$ = Grenznutzen bzgl. der täglichen Hördauer: Könnte er eine Stunde pro Tag länger hören, so stiege sein *(maximales)* Nutzenniveau um 2,618 Punkte.

Aufgabe 7.50 *(7.3.182-a)*:

Lagrangefunktion: $L(x_1,x_2,\lambda) = 10 \cdot x_1^{0,5} \cdot x_2^{0,6} + \lambda(440 - 8x_1 - 12x_2) \quad \Rightarrow$

$$\left.\begin{array}{l} \left.\begin{array}{l} L_{x_1} = 5 \cdot x_1^{-0,5} \cdot x_2^{0,6} - 8\lambda = 0 \\ L_{x_2} = 6 \cdot x_1^{0,5} \cdot x_2^{-0,4} - 12\lambda = 0 \end{array}\right\} x_2 = 0{,}8x_1 \\ L_\lambda = 440 - 8x_1 - 12x_2 = 0 \end{array}\right\} x_1 = 25;\; x_2 = 20;\; \lambda = 0{,}7543$$

Der Nutzen wird maximal *(≈ 301,7088 Punkte)* für $x_1 = 25$ ME_1; $x_2 = 20$ ME_2.
$\lambda = 0{,}7543$ *(Grenznutzen bzgl. der Konsumausgaben)*: Bei einer Steigerung der Konsumausgaben um 1 € erhöht sich der maximale Nutzen um ca. 0,7543 Punkte.

Aufgabe 7.51 *(7.3.182-b)*

i) Die Ableitungen von x nach r_1 *($= 4/r_1^2$)* und r_2 *($= 1/r_2^2$)* sind beide stets positiv, d.h. der Output x ist mit steigenden Inputmengen stets zunehmend, es kann somit keine relativen Extrema für die Ausbeute x geben. Die (theoretisch) maximale Ausbeute wird also für $r_1, r_2 \rightarrow \infty$ erzielt, als Grenzwert ergibt sich – da $4/r_1$ und $1/r_2$ gegen Null gehen – 10 ME_x.

ii) Gewinn $= G = 9x - 1 \cdot r_1 - 4 \cdot r_2 = \ldots = 90 - 36/r_1 - 9/r_2 - r_1 - 4r_2 \rightarrow \max.$
Optimierung *ohne* Nebenbedingungen!

$G_{r_1} = 36/r_1^2 - 1 = 0 \;\underset{r_1 > 0}{\Longleftrightarrow}\; r_1 = 6 \;\; ME_1;$

$G_{r_2} = 9/r_2^2 - 4 = 0 \;\underset{r_2 > 0}{\Longleftrightarrow}\; r_2 = 1{,}5\, ME_2; \qquad G_{max} = 66$ GE.

Überprüfung: $G_{11} \cdot G_{22} = (-72/r_1^3) \cdot (-18/r_2^3) > 0 = (G_{12})^2 \;\wedge\; G_{11} < 0$: Max.

iii) Gewinnfunktion wie unter ii):
$G(r_1,r_2) = 90 - 36/r_1 - 9/r_2 - r_1 - 4r_2 \rightarrow$ max.; NB: $r_1+4r_2 = 8 \quad (r_i > 0)$.
Lagrange-Funktion: $L = 90-36/r_1-9/r_2-r_1-4r_2+\lambda(8-r_1-4r_2) \quad \Rightarrow$

$$\left.\begin{array}{l} \left.\begin{array}{l} L_1 = 36/r_1^2-1-\lambda = 0 \\ L_2 = 9/r_2^2-4-4\lambda = 0 \end{array}\right\} r_1 = 4r_2 \\ L_\lambda = 8-r_1-4r_2 \quad = 0 \end{array}\right\} r_1 = 4\,;\; r_2 = 1\,;\; \lambda = 1{,}25$$

Der Gewinn wird maximal für die Inputs: $r_1 = 6\ ME_1$; $r_2 = 1{,}5\ ME_2 \Rightarrow G_{max} = 64$ GE. $\lambda = 1{,}25$ GE/GE *(Grenzgewinn bzgl. des Input-Budgets)*: Wenn er für die Inputs 1 GE mehr aufwendet, erhöht sich der max. Gewinn um 1,25 GE.

Aufgabe 7.52 *(7.3.182-c)*:

Lagrange-Funktion: $L = 128x_1 - 10x_1^2 + 50x_2 - 5x_2^2 + x_1x_2 + \lambda\,(20-2x_1-x_2)$

$$\left.\begin{array}{l} \left.\begin{array}{l} L_{x_1} = 128-20x_1+x_2-2\lambda = 0 \\ L_{x_2} = \ \ 50-10x_2+x_1-\ \lambda = 0 \end{array}\right\} 22x_1 = 21x_2+28 \\ L_\lambda \ = \ \ 20-\ 2x_1-x_2 \quad\quad = 0 \end{array}\right\} x_1 = 7\,;\; x_2 = 6\,;\; \lambda = -3$$

optimale Lösung: $x_1 = 7$ Glas Bier/Tag; $x_2 = 6$ Tüten Fritten/Tag; $N_{max} = 568$.

$\lambda = -3$ *(Grenznutzen des Budgets)*: Wenn er pro Tag 1 € mehr ausgibt, so sinkt (!) sein Nutzenniveau um 3 Punkte. Erklärung: Die Nutzenfunktion ist nicht monoton steigend, sondern besitzt ein freies Maximum für $(x_1;x_2) < (7;6)$.

Aufgabe 7.53 *(7.3.182-d)*:

i) Optimierung *ohne* Nebenbedingungen:
$W_m = 6-0{,}5m = 0 \quad \Longleftrightarrow \quad m = 12$g Wunderdroge
$W_t \ = 9-0{,}4t \ = 0 \quad \Longleftrightarrow \quad t \ = 22{,}5$ Tage Lernen.

Überprüfung: $W_{mm} \cdot W_{tt} = (-0{,}5)\cdot(-0{,}4) > 0 = W_{mt}^2 \ \wedge\ W_{tt} < 0 \ \Rightarrow$ Max.

ii) Lagrange-Funktion: $L = 160+6m+9t-0{,}25m^2-0{,}2t^2+\lambda(2680-80t-120m)$

$$\left.\begin{array}{l} \left.\begin{array}{l} L_m = 6-0{,}5m-120\lambda \quad = 0 \\ L_t \ = 9-0{,}4t\ -\ \ 80\lambda \quad = 0 \end{array}\right\} m = 1{,}2t-15 \\ L_\lambda \ = 2680-80t-120m = 0 \end{array}\right\} m = 9\,;\; t = 20\,;\; \lambda = 0{,}0125$$

optimale Lösung: $m = 9$ g „Droge"; $t = 20$ Lerntage; $W_{max} = 293{,}75$ WE.

iii) $W :=$ max. Wissensstand (in WE); $K :=$ dazugehörige Kosten (in €):
zu i): $W(12;22{,}5) = 297{,}25$ WE $\Rightarrow K = 3.240$ € $\triangleq k = 10{,}90$ €/WE
zu ii): $W(9;20) \quad = 293{,}75$ WE $\Rightarrow K = 2.680$ € $\triangleq k = \ 9{,}12$ €/WE,
d.h. Kombination ii) im Durchschnitt billiger.

Berücksichtigt man, dass bereits für $m = t = 0$ *(also ohne externe „Hilfsmittel")* ein Wissensstand von 160 WE resultiert *(z.B. mitgebrachtes Grundwissen)*, so müsste man die Kostenbetrachtung für das *darüber hinaus (d.h. über 160 WE hinaus)* erworbene Wissen W* anstellen:

zu i) $W^* = 297{,}25 - 160 = 137{,}25$ WE $\Rightarrow k^* = 23{,}61$ €/WE für *neues* Wissen;
zu ii) $W^* = 293{,}75 - 160 = 133{,}75$ WE $\Rightarrow k^* = 20{,}04$ €/WE " " " .
Jetzt fällt der Kostenvergleich noch besser für ii) aus.

Aufgabe 7.54 *(7.3.182-e)*:

i) Wegen $D_B = 100 \cdot B^{-0,75} \cdot S^{0,75} > 0$; $D_S = 300 \cdot B^{0,25} \cdot S^{-0,75} > 0$ besitzt D *kein* relatives Extremum, sondern ist in alle Richtungen monoton steigend. D wird beliebig groß, wenn man Blofel und Stölpel genügend groß macht.

ii) Lagrange-Funktion: $L = 400 \cdot B^{0,25} \cdot S^{0,75} + \lambda(100 - B - S) \quad \Rightarrow$

$$\left.\begin{array}{l} \left.\begin{array}{l} L_B = 100 \cdot B^{-0,75} \cdot S^{0,75} - \lambda = 0 \\ L_S = 300 \cdot B^{0,25} \cdot S^{-0,25} - \lambda = 0 \end{array}\right\} S = 3B \\ L_\lambda = 100 - B - S \qquad = 0 \end{array}\right\} B = 25 \,;\, S = 75 \,;\, \lambda = 227,95$$

optimale Lösung: B = 25 BE, S = 75 SE, D_{max} = 22.795,07 DE.

$\lambda = 227,95$ *(Drupsch-Grenzproduktivität)*: Erhöht man den Input um eine Einheit *(BE oder SE)*, so erhöht sich der maximale Drupschquotient um 227,95 DE.

Aufgabe 7.55 *(7.3.183-a)*:

Lagrangefunktion: $L = 1000x_1 + 4880x_2 + 2x_2x_3 + x_1x_4 + \lambda(2400 - x_1 - 8x_2 - 0,2x_3 - x_4)$

$$\left.\begin{array}{l} \left.\begin{array}{l} L_{x_1} = 1000 + x_4 - \lambda = 0 \\ L_{x_2} = 4880 + 2x_3 - 8\lambda = 0 \\ L_{x_3} = 2x_2 - 0,2\lambda = 0 \\ L_{x4} = x_1 - \lambda = 0 \end{array}\right\} \begin{array}{l} x_4 = x_1 - 1000 \\ x_3 = 4x_1 - 2440 \\ x_2 = 0,1x_1 \end{array} \\ L_\lambda = 2400 - x_1 - 8x_2 - 0,2x_3 - x_4 = 0 \end{array}\right\} \begin{array}{l} x_1 = 1080 \,;\; x_2 = 108 \,; \\ x_3 = 1880 \,;\; x_4 = 80 \,; \\ \lambda = 1080 \,;\; U_{max} = 2\,099\,520 \end{array}$$

Nutzenmaximum: x_1 = 1.080 €/Monat für Nahrungsmittel;
x_2 = 108 m^2 Wohnfläche;
x_3 = 1.880 kWh/Monat *(Energieverbrauch)*;
x_4 = 80 €/Monat für Körperpflege; (λ = 1.080);

λ = 1.080 Punkte/GE ist der Grenznutzen des Budgets: Der optimale Nutzenindex erhöht sich um 1.080 Punkte, wenn das Budget um 1 € höher angesetzt wird.

Aufgabe 7.56 *(7.3.183-b)*:

i) Wegen $H_R = 100 \cdot R^{-0,5} \cdot S^{0,8} > 0$; $H_S = 160 \cdot R^{0,5} \cdot S^{-0,2} > 0$ besitzt H *kein* relatives Extremum, sondern ist in alle Richtungen monoton steigend. Onkel Dagoberts Vermögen H kann beliebig groß gemacht werden, wenn er nur genügend viel Raff und Schnapp einsetzt.

ii) Lagrange-Funktion: $L = 200 \cdot \sqrt{R} \cdot S^{0,8} + \lambda(130 - R - S) \quad \Rightarrow$

$$\left.\begin{array}{l} \left.\begin{array}{l} L_R = 100 \cdot R^{-0,5} \cdot S^{0,8} - \lambda = 0 \\ L_S = 160 \cdot R^{0,5} \cdot S^{-0,2} - \lambda = 0 \end{array}\right\} S = 1,6R \\ L_\lambda = 130 - R - S \qquad = 0 \end{array}\right\} \begin{array}{l} R = 50\,RE \,;\; S = 80\,SE \,; \\ \lambda = 470,96 \end{array}$$

optimale Lösung: R = 50 RE, S = 80 SE ;

$\lambda = 470,96$ *(Vermögens-Grenzproduktivität)*: Erhöht man den Input um eine Einheit *(RE oder SE)*, so erhöht sich Dagoberts (maximales) Vermögen um 470,96 GE.

Aufgabe 7.57 *(7.3.183-c)*:

Gewinn = Erlös − Kosten, d.h.: $G(p,s) = p \cdot x(p,s) - K(p,s)$
mit $K = K(p,s) = 10.000 + 10 \cdot x(p,s) + s$

$$\Rightarrow \; G(p,s) = p \cdot (5000 - 2p - \frac{1.000}{s}) - 10.000 - 10 \cdot (5000 - 2p - \frac{1.000}{s}) - s$$
$$= -2p^2 - 1.000 \cdot \frac{p}{s} + 5.020p + \frac{10.000}{s} - s - 60.000 \;\rightarrow\; \text{min.};$$

$$\Rightarrow \; G_p = -4p - \frac{1.000}{s} + 5020 = 0 \quad \Longleftrightarrow \quad p = -\frac{250}{s} + 1255$$
$$G_s = 1.000 \cdot \frac{p}{s^2} - \frac{10.000}{s^2} - 1 = 0 \Longleftrightarrow s^2 = 1.000p - 10.000 \Longleftrightarrow p = \frac{1}{1000}s^2 + 10$$
$$\Longleftrightarrow \frac{1}{1000}s^2 + 10 = -\frac{250}{s} + 1255 \quad \Big| \cdot 1000s$$
$$\Longleftrightarrow s^3 - 1.245.000s + 250.000 = 0 \underset{\text{Regula falsi}}{\Longleftrightarrow} \begin{array}{l} s = 1.115{,}6953 \text{ GE/Jahr} \\ p = 1.254{,}7760 \text{ GE/ME}. \end{array}$$

Überprüfung: $G_{pp} \cdot G_{ss} = 0{,}0072 > 0{,}0008^2 = G_{ps}{}^2 \wedge G_{pp} < 0$, also Max.

(eine weitere Nullstelle liegt bei $s = -1.115{,}9$ (< 0), die dritte Nullstelle liegt bei $s = 0{,}2008$ und stellt einen Sattelpunkt von G dar.)

Aufgabe 7.58 *(7.3.183-d)*:

Jahres-Gewinn $G = E - K$: $G(p,w) = p \cdot x(p,w) - 7950 - 79 \cdot x(p,w) - w \rightarrow$ max.

$$\Rightarrow \quad G(p,w) = -20p^2 + p\sqrt{w} + 5.530p - 79\sqrt{w} - w - 320.000 \rightarrow \text{max.} \quad \Rightarrow$$

$$\left.\begin{array}{l} G_p = -40p + \sqrt{w} + 5530 = 0 \\ G_w = \dfrac{p}{2\sqrt{w}} - \dfrac{79}{2\sqrt{w}} - 1 = 0 \Longleftrightarrow \sqrt{w} = 0{,}5 \cdot (p - 79) \end{array}\right\} \begin{array}{l} p = 139 \text{ GE/ME} \Rightarrow \\ w = 900 \text{ GE/Jahr} \\ G_{max} = 63.150 \text{ GE/J.} \end{array}$$

Überprüfung:
$G_{pp} \cdot G_{ww} = (-40) \cdot (-0{,}000\overline{5}) > 0{,}0002\overline{7} = (G_{pw})^2 \wedge G_{pp} < 0$, also Max.

Aufgabe 7.59 *(7.3.184)*:

i) Es ist das „freie" relative Maximum *(ohne NB)* von $E(A,P,T)$ gesucht:

$$\begin{array}{ll} E_A = 50 + P - 2A = 0 & \\ E_P = 80 - P + A + T = 0 & 130 - A + T = 0 \\ E_T = 10 + P - 4T = 0 & 90 + A - 3T = 0 \end{array} \quad \} \; 220 - 2T = 0 \quad \Longleftrightarrow$$

$T = 110\,h$ *(Tutoren)*; $A = 240\,h$ *(Ass.)*; $P = 430\,h$ *(Profs.)*; $E_{max} = 23.850$ Pkte.

a) Tutoreneinsatz = 110 h/780 h = 0,1410 = 14,10 % der Gesamtarbeitszeit

b) Tutorenkosten = 1320 €/21.120€ = 6,25 % der Gesamtkosten.

ii) Lagrangefunktion: $L(A,P,T,\lambda) = 100 + 50A + 80P + 10T + AP + PT$
$- A^2 - 0{,}5P^2 - 2T^2 + \lambda(5.430 - 18A - 36P - 12T) \quad \Rightarrow$

$$\begin{array}{ll} L_A = 50 + P - 2A - 18\lambda = 0 & \\ L_P = 80 - P + A + T - 36\lambda = 0 & 20 + 3P - 5A - T = 0 \\ L_T = 10 + P - 4T - 12\lambda = 0 & -50 + 4P - A - 13T = 0 \\ L_\lambda = 5430 - 36P - 18A - 12T = 0 & \end{array} \quad \left\} \begin{array}{l} T = 25 \\ A = 65 \\ P = 110 \\ \lambda = 5/3 \end{array} \right.$$

Jetzt beträgt der Tutoreneinsatz 25 h, der Einsatz der Assistenten 65 h und der Einsatz der Professoren 110 h. Lernerfolgindex E_{max} = 10.775 Punkte.
Ein zusätzliches Budget von 1 € erhöht den maximalen Lernerfolg um λ ($\approx$ 1,67) Punkte.

Bei ii) werden 45,2% des Lernerfolges von i) mit *(nur)* 25,7% der Kosten von i) erreicht.

Aufgabe 7.60 *(7.3.214)*:

Mit der Lagrangefunktion $L(x_1,x_2,\lambda) = x_1x_2+4x_1+x_2+4+\lambda(C-p_1x_1-4x_2)$ folgt aus den notwendigen Extremalbedingungen für das Haushaltsoptimum:

(1) $\dfrac{x_2+4}{x_1+1} = \dfrac{p_1}{4}$ (2) $C = p_1x_1+4x_2$.

i) Mit $p_1 = 1, C = 100$ folgt:
Haushaltsoptimum: $x_1 = 57{,}5$ ME_1; $x_2 = 10{,}625$ ME_2;
($\lambda = 14{,}625$: Grenznutzen bzgl. der Konsumsumme);
$U_{max} = 855{,}5625$ Einheiten .

ii) Eliminiert man in (1), (2) die Variable x_2, so ergibt sich die Güternachfragefunktion (Engelfunktion) des 1. Gutes zu

(3) $x_1 = x_1(C) = \dfrac{C+16}{2p_1} - 0{,}5$ (p_1 = const.),

(d.h. etwa für $p_1 = 1$: $x_1 = 0{,}5C+7{,}5$) .

iii) Aus (3) folgt für variables p_1 und feste Konsumsumme

$$x_1 = x_1(p_1) = \frac{C+16}{2p_1} - 0{,}5 \quad (C = \text{const.})$$

(d.h. etwa für $C = 100$: $x_1 = \dfrac{58}{p_1} - 0{,}5$ *($p \le 116$)* : $x_1(p_1)$ ist fallend)

iv) Durch Einsetzen von (3) in (2) eliminiert man x_1. Es folgt für die gesuchte Nachfragefunktion:

$$x_2 = x_2(p_1) = 0{,}125p_1 + 0{,}125C - 2 \qquad (C = \text{const.})$$

(d.h. etwa für $C = 100$: $x_2 = 0{,}125p_1+10{,}5$).

Wegen $x_2'(p_1) = 0{,}125 > 0$ folgt, dass es sich um substitutive Güter handelt *(Preiserhöhung von Gut 1 bewirkt Mengenerhöhung bei Gut 2)*.

v) (a) Mit $p_1 = 12$; $p_2 = 4$ folgt aus (1) die Engelfunktion:
$x_2 = 3x_1-1$ *(= Ort aller Haushaltsoptima für wechselnde Konsummengen)*.

(b) Mit $p_2 = 4$; $C = 100$ folgt aus (1), (2) die „offer-curve“:
$x_2 = \dfrac{21x_1+25}{2x_1+1}$ *(= Ort aller Haushaltsoptima für wechselnde Preise p_1 des ersten Gutes)*

8 Einführung in die Integralrechnung

Aufgabe 8.1 *(8.1.25)***:**

i) $0{,}5x^8 - 0{,}5x^4 + 4x - 10 \cdot \ln x + C$, *(x > 0)*

ii) $\int \frac{dz}{z^{1,5}} = \int z^{-1,5}\,dz = \frac{z^{-0,5}}{-0{,}5} + C = \frac{-2}{\sqrt{z}} + C$

iii) $4 \cdot \int (4y-3)^{\frac{1}{3}}\,dy = \frac{3}{4} \cdot (4y-3)^{\frac{4}{3}} + C$

iv) $-200 \cdot e^{-0,09t} + C$

v) $30 \cdot \int (5x-1)^{-0,2}\,dx = 7{,}5 \cdot (5x-1)^{0,8} + C$

vi) $4 \cdot \int (1-u)^{-0,5}\,du = -8 \cdot \sqrt{1-u} + C$

vii) $4 \cdot \int (1-u)^{-2}\,du = \frac{4}{1-u} + C$

viii) $(2x+1)^{12} + e^{-x} - \frac{1}{\sqrt{x}} - 6 \cdot \ln(16-5x) + C \qquad (16-5x > 0)$.

Aufgabe 8.2 *(8.1.26)***:**

$K(x) = \int K'(x)\,dx = \int (1{,}5x^2 - 4x + 4)\,dx = 0{,}5x^3 - 2x^2 + 4x + C$.

Aus $K(10) = 372$ folgt: $0{,}5 \cdot 1000 - 200 + 40 + C = 372$, d.h. $C = 32 \quad \Leftrightarrow$

$K(x) = 0{,}5x^3 - 2x^2 + 4x + 32 \quad \Leftrightarrow \quad k(x) = 0{,}5x^2 - 2x + 4 + \frac{32}{x}$

Aufgabe 8.3 *(8.1.27)***:**

$C(Y) = \int C'(Y)\,dY = 7{,}2 \cdot \int (0{,}6Y+4)^{-0,5}\,dY = 24 \cdot \sqrt{0{,}6Y+4} + c$.

Aus $C(0) = 50$ folgt: $24 \cdot \sqrt{4} + c = 50$, d.h. $c = 2 \quad \Leftrightarrow$

$C(Y) = 24 \cdot \sqrt{0{,}6Y+4} + 2 \quad \Leftrightarrow \quad S(Y) = Y - 24 \cdot \sqrt{0{,}6Y+4} - 2$.

Aufgabe 8.4 *(8.1.28)***:**

i) $E(x) = \int E'(x)\,dx = \int (4 - 1{,}5x)\,dx = 4x - 0{,}75x^2 + C$.

Weiterhin gilt allgemein: Erlös = Menge · Preis, d.h. $E(x) = x \cdot p(x) \quad \Leftrightarrow$

$E(0) = 0 \cdot p(x) = 0 = 4 \cdot 0 - 0{,}75 \cdot 0^2 + C$, d.h. $C = 0$. Mithin gilt:

$E(x) = 4x - 0{,}75x^2$ sowie $p(x) = E(x)/x = 4 - 0{,}75x$.

ii) $E(x) = \int E'(x)\,dx = 500 \cdot \int (2x+5)^{-2}\,dx = \frac{-250}{2x+5} + C$.

Wegen $E(0) = 0$ folgt: $C = 50$, d.h. $E(x) = \frac{-250 + 50 \cdot (2x+5)}{2x+5} = \frac{100x}{2x+5}$

und daher: $p(x) = \frac{E(x)}{x} = \frac{100}{2x+5}$.

Aufgabe 8.5 *(8.2.15)*:

Nach Lehrbuch (8.2.9) gilt für das bestimmte Integral:

$$\int_a^b f(x)\,dx \;:=\; \lim_{\substack{n\to\infty \\ \Delta x\to 0}} S_n \;=\; \lim_{\substack{n\to\infty \\ \Delta x\to 0}} \sum_{i=1}^{n} f(\xi_i)\cdot\Delta x_i\;,\quad \text{hier: } f(x) = x^2 .$$

Analog zum Beispiel in Kap. 8.2.2 LB setzen wir:

$$\Delta x_i = \frac{b-a}{n} \qquad \text{sowie} \qquad \xi_i = a + i\cdot\Delta x_i = a + i\cdot\frac{b-a}{n} .$$

Daraus ergibt sich mit $f(x) = x^2$ für die Zwischensumme S_n:

$$S_n = \sum_{i=1}^{n} f(\xi_i)\cdot\Delta x_i = \sum_{i=1}^{n}\xi_i^2\cdot\Delta x_i = \sum_{i=1}^{n}\left(a+i\cdot\frac{b-a}{n}\right)^2\cdot\frac{b-a}{n} =$$

$$= \frac{b-a}{n}\sum_{i=1}^{n}\left(a+i\,\frac{b-a}{n}\right)^2 = \frac{b-a}{n}\left(n\cdot a^2 + \frac{2a(b-a)}{n}\cdot\sum_{i=1}^{n} i + \frac{(b-a)^2}{n^2}\cdot\sum_{i=1}^{n} i^2\right) .$$

Mit $\sum_{i=1}^{n} i = \frac{1}{2}\,n\,(n+1)\;;\quad \sum_{i=1}^{n} i^2 = \frac{1}{6}\,n\,(n+1)(2n+1)$ *(siehe Aufg. 1.16 v) und vii))*

folgt daraus schließlich:

$$S_n = a^2\,(b-a) + a\,(b-a)^2 + \frac{(b-a)^3}{3} + \frac{a(b-a)^2}{n} + \frac{(b-a)^3\,(3n+1)}{6n^2} .$$

Beim Grenzübergang $n\to\infty$ streben die beiden letzten Terme gegen Null, so dass sich nach abschließender Umformung schließlich ergibt:

$$\int_a^b x^2\,dx = \lim_{n\to\infty} S_n = \frac{b^3}{3} - \frac{a^3}{3} .$$

Aufgabe 8.6 *(8.3.26)*:

i) $\int_0^2 (3x^3 - 24x^2 + 60x - 32)\,dx = \overbrace{\tfrac{3}{4}x^4 - 8x^3 + 30x^2 - 32x}^{=\,F(x)}\Big|_0^2 = F(2) - F(0) = 4$

ii) $\int_1^2 \left(7 + 2e^x - \frac{3}{x}\right) dx = 7x + 2e^x - 3\cdot\ln x\,\Big|_1^2 = F(2) - F(1) \approx 14{,}2621$

iii) $\int_0^1 \sqrt{0{,}5x+1}\,dx = \frac{4}{3}\cdot(0{,}5x+1)^{1{,}5}\,\Big|_0^1 = F(1) - F(0) \approx 1{,}1162$

iv) $\int_0^3 2e^{-t}\,dt = -2e^{-t}\,\Big|_0^3 = -2\cdot e^{-3} + 2 \approx 1{,}9004$

v) $\int_0^T R\cdot e^{-rt}\,dt = -\frac{R}{r}\cdot e^{-rt}\,\Big|_0^T = -\frac{R}{r}\cdot e^{-rT} + \frac{R}{r} = \frac{R}{r}\cdot(1 - e^{-rT})$

Aufgabe 8.7 *(8.3.38)*: *(A := Flächeninhalt zwischen den angegebenen Grenzen)*

i) Nullstellen von $f(x) = 0{,}4x^2 - 2{,}2x + 1{,}8$ zwischen $a = 0$ und $b = 6$: $x_1 = 1\,;\ x_2 = 4{,}5$. Zur Flächenberechnung benötigt man daher die Summe der Beträge der Teilintegrale: $A = \left|\int_0^1 f(x)\,dx\right| + \left|\int_1^{4,5} f(x)\,dx\right| + \left|\int_{4,5}^6 f(x)\,dx\right| = 5{,}71\overline{6}$.

Das Gesamtintegral $\int_0^6 f(x)\,dx = 0$ saldiert positive und negative Flächenmaße.

ii) $A = \left|\int_0^3 f(z)\,dz\right| + \left|\int_3^5 f(z)\,dz\right| + \left|\int_5^{10} f(z)\,dz\right| = |-18| + \left|\frac{4}{3}\right| + \left|\frac{-200}{3}\right| = 86$

aber $\int_0^{10} (-z^2 + 8z - 15)\,dz = -\frac{1}{3}z^3 + 4z^2 - 15z\,\Big|_0^{10} = -83{,}33$.

iii) $A = \left|\int_{-4}^{-3} f(p)\,dp\right| + \left|\int_{-3}^{1} f(p)\,dp\right| + \left|\int_{1}^{2} f(p)\,dp\right| + \left|\int_{2}^{4} f(p)\,dp\right| = 76$

aber $\int_{-4}^{4} (p-1)(p-2)(p+3)\,dp = \int_{-4}^{4} (p^3 - 7p + 6)\,dp = \frac{p^4}{4} - \frac{7p^2}{2} + 6p\,\Big|_{-4}^{4} = 48$.

iv) $A = \left|\int_0^{\ln 4} k(y)\,dy\right| + \left|\int_{\ln 4}^{3} k(y)\,dy\right| \approx 12{,}1759$ aber $\int_0^3 (e^y - 4)\,dy = e^y - 4y\,\Big|_0^3 \approx 7{,}0855.$

v) $A = \left|\int_1^3 k(t)\,dt\right| + \left|\int_3^4 k(t)\,dt\right| \approx 7{,}6686$ aber $\int_1^4 k(t)dt = 0{,}1t^3 - 8{,}1\cdot\ln t\,\Big|_1^4 \approx -4{,}9290.$

Aufgabe 8.8 *(8.3.39)*: *(A := Flächeninhalt)*

i) Funktions-Schnittpunkte über $f(x) = g(x) \iff x_{1,2} = \pm 3 \notin [0,2]$:

$\Rightarrow A = \left|\int_0^2 (f(x) - g(x))\,dx\right| = \left|(x^3 - 27x)\big|_0^2\right| = |8 - 54| = 46$.

ii) Funktions-Schnittpunkte über $f(x) = g(x) \iff x_1 = -3;\ x_2 = 5 \in [-6;6]$:

$\Rightarrow A = \left|\int_{-6}^{-3} (f(x) - g(x))\,dx\right| + \left|\int_{-3}^{5} (f(x) - g(x))\,dx\right| + \left|\int_{5}^{6} (f(x) - g(x))\,dx\right|$

mit $\int (f(x) - g(x))\,dx = \frac{1}{15}x^3 - 0{,}2x^2 - 3x + C \quad \Rightarrow \quad A = 26{,}9\overline{3}$.

iii) Funktions-Schnittpunkte über $f(x) = g(x) \iff x_1 = 1 - \sqrt{3}\,;\ x_2 = 1 + \sqrt{3}$

$\Rightarrow A = \left|\int_{1-\sqrt{3}}^{1+\sqrt{3}} (2x^2 - 4x - 4)\,dx\right| = \left|\left(\frac{2}{3}x^3 - 2x^2 - 4x\right)\Big|_{1-\sqrt{3}}^{1+\sqrt{3}}\right| \approx 13{,}8564$.

Aufgabe 8.9 *(8.4.8)*:

i) $\int \underset{(u)}{x} \cdot \underset{(v')}{e^x}\,dx = \underset{(u)}{x} \cdot \underset{(v)}{e^x} - \int \underset{(u')}{1} \cdot \underset{(v)}{e^x}\,dx = x \cdot e^x - e^x + C = e^x \cdot (x - 1) + C$.

ii) $\int \underset{(u)}{z^2} \cdot \underset{(v')}{e^{-z}}\,dz = \underset{(u)}{z^2} \cdot \underset{(v)}{(-e^{-z})} + \int \underset{(u')}{2z} \cdot \underset{(v)}{e^{-z}}\,dz = -z^2 \cdot e^{-z} + 2 \cdot \int z \cdot e^{-z}\,dz$.

Das letzte Integral wird erneut mit Hilfe partieller Integration berechnet:

$\int \underset{(u)}{z} \cdot \underset{(v')}{e^{-z}}\,dz = \underset{(u)}{z} \cdot \underset{(v)}{(-e^{-z})} + \int \underset{(u')}{1} \cdot \underset{(v)}{e^{-z}}\,dz = -z \cdot e^{-z} - e^{-z}$. Insgesamt:

$\int z^2 \cdot e^{-z}\,dz = -z^2 \cdot e^{-z} + 2 \cdot (-z \cdot e^{-z} - e^{-z}) = -e^{-z} \cdot (z^2 + 2z + 2) + C$.

iii) $\int (x^2 + x + 1) \cdot e^x\,dx = (x^2 + x + 1) \cdot e^x - \int (2x + 1) \cdot e^x\,dx$ *(mehrfache part. Integr.)*

$= (x^2 + x + 1) \cdot e^x - (2x + 1) \cdot e^x + \int 2 \cdot e^x\,dx = e^x \cdot (x^2 - x + 2) + C$.

iv) $\int \underset{(u)}{(a+bx)} \cdot \underset{(v')}{e^{-rx}}\, dx = \underset{(u)}{(a+bx)} \cdot \underset{(v)}{\frac{-1}{r} \cdot e^{-rx}} + \int \underset{(u')}{\frac{b}{r}} \cdot \underset{(v)}{e^{-rx}}\, dx =$

$= \frac{a+bx}{-r} \cdot e^{-rx} - \frac{b}{r^2} \cdot e^{-rx} + C = -e^{-rx}\left(\frac{a+bx}{r} + \frac{b}{r^2}\right) + C\ .$

v) $\int\limits_0^2 t^2 \cdot e^{2t}\, dt = t^2 \cdot \frac{1}{2} \cdot e^{2t}\Big|_0^2 - \int\limits_0^2 2t \cdot \frac{1}{2} \cdot e^{2t}\, dt = \frac{1}{2} t^2 \cdot e^{2t}\Big|_0^2 - \int\limits_0^2 t \cdot e^{2t}\, dt =$

$= \frac{1}{2} t^2 \cdot e^{2t}\Big|_0^2 - \frac{1}{2} t \cdot e^{2t}\Big|_0^2 + \frac{1}{2} \int\limits_0^2 e^{2t}\, dt = \frac{1}{2} \cdot e^{2t} \cdot \left(t^2 - t + \frac{1}{2}\right)\Big|_0^2 \approx 67{,}9977\ .$

vi) $\int\limits_0^T (500-40t) \cdot e^{-0,1t}\, dt = (500-40t) \cdot (-10) \cdot e^{-0,1t}\Big|_0^T + \int\limits_0^T 40 \cdot (-10) \cdot e^{-0,1t}\, dt$

$= e^{-0,1t} \cdot (10 \cdot (40t-500) + 4000)\Big|_0^T = e^{-0,1t} \cdot (400t - 1000)\Big|_0^T =$

$= e^{-0,1T} \cdot (400T - 1000) - (e^0 \cdot (-1000)) = e^{-0,1T} \cdot (400T - 1000) + 1000\ .$

vii) $\int\limits_1^7 \ln x\, dx = \int\limits_1^7 \underset{(u')}{1} \cdot \underset{(v)}{\ln x}\, dx = \underset{(u)}{x} \cdot \underset{(v)}{\ln x}\Big|_1^7 - \int\limits_1^7 \underset{(u)}{x} \cdot \underset{(v')}{\frac{1}{x}}\, dx = x \cdot \ln x\Big|_1^7 - \int\limits_1^7 dx = 7 \cdot \ln 7 - 6\ .$

Aufgabe 8.10 *(8.4.18)***:**

i) Substitution: $t = x^8+1 \iff dt = 8x^7 \cdot dx \iff x^7 \cdot dx = \frac{dt}{8}$

$\iff \int \frac{x^7}{x^8+1}\, dx = \int \frac{dt}{8t} = \frac{1}{8} \cdot \ln t = \frac{1}{8} \cdot \ln(x^8+1) + C$

ii) Substitution: $t = 1+e^{ax} \iff dt = a \cdot e^{ax}\, dx \iff e^{ax}\, dx = \frac{1}{a}\, dt$

$\iff \int \frac{e^{ax}}{1+e^{ax}}\, dx = \int \frac{dt}{at} = \frac{1}{a} \cdot \ln t = \frac{1}{a} \cdot \ln(1+e^{ax}) + C$

iii) Substitution: $t = e^{x^2}+1 \iff dt = e^{x^2} \cdot 2x \cdot dx \iff x \cdot e^{x^2} \cdot dx = \frac{1}{2}\, dt$

$\iff \int x \cdot \sqrt{e^{x^2}+1} \cdot e^{x^2} \cdot dx = \frac{1}{2} \sqrt{t}\, dt = \frac{1}{3} \cdot t^{3/2} = \frac{1}{3} \cdot (e^{x^2}+1)^{3/2} + C$

iv) Substitution: $t = x^3 \iff dt = 3x^2 dx \iff x^2 \cdot dx = \frac{dt}{3}$

$\iff \int\limits_0^2 x^2 \cdot e^{x^3}\, dx = \frac{1}{3} \int\limits_0^8 e^t\, dt = \frac{1}{3} e^t\Big|_0^8 = \frac{1}{3}(e^8 - 1) \approx 993{,}32$

v) Substitution: $t = -2x^2+x^3 \iff dt = (-4x+3x^2)dx \iff (4x-3x^2)dx = -dt$

$\iff \int\limits_1^2 4e^{-2x^2+x^3}(4x-3x^2)dx = -4\int\limits_{-1}^0 e^t dt = -4 \cdot e^t\Big|_{-1}^0 = 4 \cdot (e^{-1}-1) \approx -2{,}5285$

vi) Substitution: $t = \sqrt{x} \iff t^2 = x \iff dx = 2t \cdot dt \iff \int \frac{dx}{2\sqrt{x}+x} =$

$= \int \frac{2t \cdot dt}{2t+t^2} = \int \frac{2 \cdot dt}{2+t} = 2\int \frac{dt}{2+t} = 2 \cdot \ln(2+t) = 2 \cdot \ln(2+\sqrt{x}) + C$

vii) $\frac{dx}{x^a - x} = \frac{dx}{x^a \cdot (1-x^{1-a})} = \frac{x^{-a} \cdot dx}{1-x^{1-a}}$. Substitution: $t = x^{1-a} \iff dt = (1-a) \cdot x^{-a} dx$

$\iff x^{-a} \cdot dx = \frac{dt}{1-a} \iff \int \frac{dx}{x^a - x} = \frac{1}{1-a}\int \frac{dt}{1-t} = \frac{-1}{1-a} \ln(1-x^{1-a}) + C\ .$

Aufgabe 8.11 *(8.5.16)*:

i) $E(x) = \int E'(x) \cdot dx = \int (-18x + 132)dx = -9x^2 + 132x + C$.

Der Erlös wird Null, wenn nichts abgesetzt wird: $E(0) = 0 \Rightarrow 0 = C \Rightarrow$

Gleichung der Erlösfunktion: $E(x) = -9x^2 + 132x$.

ii) $K(x) = \int K'(x) \cdot dx = \int (3x^2 - 24x + 60)dx = x^3 - 12x^2 + 60x + C$.

Aus $K(10) = 498$ folgt: $498 = 1000 - 1200 + 600 + C$, d.h. $C = 98 \Rightarrow$

Gleichung der Kostenfunktion: $K(x) = x^3 - 12x^2 + 60x + 98$.

iii) Preis-Absatz-Funktion p mit $p(x) = \frac{E(x)}{x} = -9x + 132$.

iv) Gewinn $= G(x) = E(x) - K(x) = -x^3 + 3x^2 + 72x - 98 \rightarrow$ max.
$G'(x) = -3x^2 + 6x + 72 = 0 \iff x_1 = 6$ ME *($x_2 < 0$)*; $G''(6) < 0$, also max.
$\Rightarrow$ gewinnmaximaler Preis $= p(6) = 78$ GE/ME.

v) Maximaler Gesamtgewinn $G_{max} = G(6) = 226$ GE .

Aufgabe 8.12 *(8.5.24)*:

i) Das Marktgleichgewicht $(x_0 ; p_0)$ ist definiert als Schnittstelle von Angebots- und Nachfragefunktion: $p_N(x) = p_A(x) \iff -ax+b = cx+d \iff$

$$x_0 = \frac{b-d}{a+c} \iff p_0 = p_N(x_0) = -ax_0 + b .$$

Nach (8.5.21) Lehrbuch ergibt sich dann die Konsumentenrente K_R wie folgt:

$$K_R = \int_0^{x_0} p_N(x)dx - p_0 x_0 = \int_0^{x_0} (-ax+b)dx - (-ax_0+b) \cdot x_0$$

$$= \left(-\frac{a}{2}x^2+bx\right)\Big|_0^{x_0} + ax_0^2 - bx_0 = -\frac{a}{2}x_0^2 + bx_0 + ax_0^2 - bx_0 \iff$$

$$K_R = \frac{a}{2} \cdot x_0^2 = \frac{a}{2} \cdot \left(\frac{b-d}{a+c}\right)^2 .$$

ii) Bedingungsgleichung: $\frac{dK_R}{da} \overset{!}{=} 0 \Rightarrow \frac{dK_R}{da} = \frac{1}{2} \cdot \left(\frac{b-d}{a+c}\right)^2 + \frac{a}{2} \cdot 2 \cdot \frac{b-d}{a+c} \cdot \frac{-(b-d)}{(a+c)^2} = 0$

$$\iff \frac{1}{2} + \frac{-a}{a+c} = 0 \iff a+c-2a = 0 \iff a \overset{!}{=} c .$$

Aufgabe 8.13 *(8.5.25)*:

Marktgleichgewicht: $0{,}5x+3 \overset{!}{=} 18 - 0{,}1x^2 \iff x^2+5x-150 = 0 \iff$
Die einzige positive Lösung x_0 lautet: $x_0 = 10 \iff p_0 = 8$:

Nach (8.5.21) Lehrbuch ergibt sich die Konsumentenrente K_R wie folgt:

$$K_R = \int_0^{x_0} p_N(x)dx - p_0 x_0 = \int_0^{10} (18 - 0{,}1x^2)dx - 80 = \left(18x - \frac{0{,}1}{3}x^3\right)\Big|_0^{10} - 80 = 66{,}\overline{6}\text{ GE.}$$

Aufgabe 8.14 *(8.5.26)*:

Gewinnmaximum: $G(x) = E(x) - K(x) = x \cdot p(x) - K(x) = x \cdot \sqrt{125-x} - 5x - 80$

$$\Rightarrow 0 \overset{!}{=} G'(x) = \sqrt{125-x} + \frac{-x}{2\sqrt{125-x}} - 5 \iff \sqrt{125-x} = 25 - 0{,}3x$$

Die nach dem Quadrieren entstehende quadratische Gleichung

$0{,}09x^2 - 14x + 500 = 0$ hat die beiden Lösungen $x_0 = 55{,}55...$ und $x_1 = 100$.

Die Probe anhand der ursprünglichen Wurzelgleichung ergibt, dass als Gewinnmaximum nur $x_0 = 55{,}55...$ ME in Frage kommt. Der zugehörige Marktpreis lautet:

$p_0 = 8{,}33...$ GE/ME. Damit lautet die Konsumentenrente nach LB (8.5.21):

$$K_R = \int_0^{x_0} p(x)dx - p_0x_0 = \int_0^{55,5...} \sqrt{125-x}\, dx - 462{,}96 \approx 82{,}93 \text{ GE.}$$

Aufgabe 8.15 *(8.5.31)*:

Marktgleichgewicht: $p_A(x) = p_N(x) \iff 0{,}5x^2+9 = 36-0{,}25x^2$

$\underset{(x>0)}{\iff} x_0 = 6 \iff p_0 = p_A(6) = 27$ GE/ME.

i) $K_R = \int_0^6 (36-0{,}25x^2)\, dx - 6 \cdot 27 = (36x - \frac{0{,}25}{3}x^3)\Big|_0^6 - 162 = 36$ GE.

ii) $P_R = 162 - \int_0^6 (0{,}5x^2+9)\, dx = 162 - (\frac{0{,}5}{3}x^3+9x)\Big|_0^6 = 72$ GE.

Aufgabe 8.16 *(8.5.32)*:

i) Das Marktgleichgewicht $(x_0; p_0)$ ist definiert als Schnittstelle von Angebots- und Nachfragefunktion: $p_N(x) = p_A(x) \iff -ax+b = cx+d \iff$

$$x_0 = \frac{b-d}{a+c} \iff p_0 = p_A(x_0) = cx_0 + d\ .$$

Nach (8.5.28) Lehrbuch ergibt sich dann die Produzentenrente P_R wie folgt:

$$P_R = p_0x_0 - \int_0^{x_0} p_A(x)dx = (cx_0+d)\cdot x_0 - \int_0^{x_0} (cx+d)dx$$

$$= cx_0^2 + dx_0 - (\tfrac{c}{2}x^2+dx)\Big|_0^{x_0} = cx_0^2 + dx_0 - \tfrac{c}{2}x_0^2 - dx_0 = \tfrac{c}{2}x_0^2\ , \text{ d.h.}$$

$$P_R = \frac{c}{2}\cdot x_0^2 = \frac{c}{2}\cdot\left(\frac{b-d}{a+c}\right)^2 .$$

ii) Bedingungsgleichung: $0 \overset{!}{=} \frac{dP_R}{dc} = \frac{1}{2}\cdot\left(\frac{b-d}{a+c}\right)^2 + \frac{c}{2}\cdot 2\cdot\frac{b-d}{a+c}\cdot\frac{-(b-d)}{(a+c)^2} \iff$

$$\frac{1}{2} + \frac{-c}{a+c} = 0 \iff a+c-2c = 0 \iff c \overset{!}{=} a\ .$$

Aufgabe 8.17 *(8.5.52)*:

i) Nach LB (8.5.41) gilt für den Barwert K_0 (d.h. bewertet in $t = 0$) des zwischen $t=2$ und $t=22$ fließenden Zahlungsstroms der Höhe $R\,(=98.000)$:

$$K_0 = \int_2^{22} R\cdot e^{-0,07t}\cdot dt = \frac{98.000}{-0{,}07}\cdot e^{-0,07t}\Big|_2^{22} = -1.400.000\cdot(e^{-1,54} - e^{-0,14})$$

$= 916.967{,}99$ €. Daraus gewinnt man durch Aufzinsen die Zeitwerte

$$K_{22} = K_0\cdot e^{0,07\cdot 22} = 4.277.280\ €;\quad K_2 = K_0\cdot e^{0,07\cdot 2} = 1.054.764\ €\ .$$

ii) siehe i): $K_0 = \int_2^{22} 98.000 \cdot e^{-0,07t} \cdot dt = 916.967,99$ € .

iii) $K_0^\infty = \int_2^\infty 98.000 \cdot e^{-0,07t} = \frac{98.000}{-0,07} e^{-0,07t}\Big|_2^\infty = 1.400.000 \cdot e^{-0,14} = 1.217.101,53$

iv) Nach Lehrbuch (8.5.41) ergibt sich für den Gegenwartswert K_0 des zwischen $t_1 = 2$ und $t_2 = 22$ fließenden Ertragsstroms der Breite $R(t)$ bei $r = 0,07$:

$$(*) \qquad K_0 = \int_2^{22} R(t) \cdot e^{-0,07t} \cdot dt \,.$$

a) $R(t) = 98.000 \cdot e^{0,02\,(t-2)}$ *(d.h. die Ertragsstrombreite wachse stetig mit 2% p.a.)*

$$\underset{(*)}{\Longleftrightarrow} \quad K_0 = 98.000 \int_2^{22} e^{0,02\,(t-2)} \cdot e^{-0,07t} \cdot dt \qquad \Longleftrightarrow$$

$$K_0 = 98.000 \int_2^{22} e^{-0,05t-0,04}\, dt = \frac{98.000}{-0,05} \cdot e^{-0,05t-0,04}\Big|_2^{22} = 1.077.096,86 \text{ €}.$$

b) $R(t) = 98.000 \cdot (1+0,02\,(t-2))$ *(d.h. der Ertragsstrom wachse linear mit 2% p.a.)*

$$\underset{(*)}{\Longleftrightarrow} \quad K_0 = 98.000 \int_2^{22} \underset{(u)}{(0,96+0,02t)} \cdot \underset{(v')}{e^{-0,07t}} dt \,. \qquad \textit{Partielle Integration} \quad \Rightarrow$$

$$K_0 = 98.000 \cdot \left(\underset{(u)}{(0,96+0,02t)} \cdot \underset{(v)}{\frac{e^{-0,07t}}{-0,07}} \Big|_2^{22} - \int_2^{22} \underset{(u')}{0,02} \cdot \underset{(v)}{\frac{e^{-0,07t}}{-0,07}}\, dt \right)$$

$$= 98.000 \cdot e^{-0,07t} \cdot \left(\frac{0,96+0,02t}{-0,07} - \frac{0,02}{0,07^2} \right) \Big|_2^{22} = 1.058.905,42 \text{ €}.$$

Aufgabe 8.18 *(8.5.53)*:

Dichtefunktion: $f(x) = \begin{cases} 3 \cdot e^{-3x} & \text{für } \; 0 \le x \le \infty \\ 0 & \text{für } \; x < 0. \end{cases}$

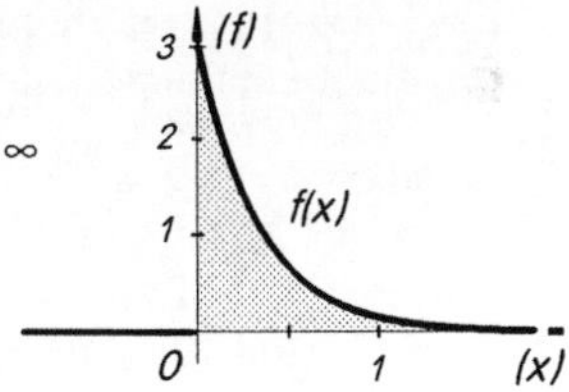

i) $P(X \le 0) = \int_{-\infty}^{0} f(x)\, dx = \int_{-\infty}^{0} 0 \cdot dx = C \; (= \textit{const.}) \Big|_{-\infty}^{0} = C - C = 0 \,.$

ii) $P(X > 0) = \int_{-\infty}^{\infty} f(x)\, dx - \int_{-\infty}^{0} f(x)\, dx = \int_0^\infty 3 \cdot e^{-3x} dx = -e^{-3x}\Big|_0^\infty = 0 - (-1) = 1 \,.$

iii) $P(X \le 3) = \int_{-\infty}^{3} f(x) dx = \int_{-\infty}^{0} f(x) dx + \int_0^3 f(x) dx \underset{\text{i)}}{=} \int_0^3 3 \cdot e^{-3x} dx = -e^{-3x}\Big|_0^3 = 0,999877$

iv) $P(X > 1) = \int_{-\infty}^{\infty} f(x)\, dx - \int_{-\infty}^{1} f(x)\, dx \underset{\text{i)}}{=} 1 - \int_0^1 3 \cdot e^{-3x} dx = 1 - (-e^{-3x})\Big|_0^1 = 0,0498$

v) $P(2 < X \le 3) = \int_{-\infty}^{3} f(x) dx - \int_{-\infty}^{2} f(x) dx \underset{\text{iii)}}{=} \int_0^3 f(x) dx - \int_0^2 f(x) dx = \int_0^3 f(x) dx + \int_2^0 f(x) dx$

$$= \int_2^3 3 \cdot e^{-3x} dx = -e^{-3x}\Big|_2^3 = -e^{-9} + e^{-6} = 0,002355 = 0,2355\,\%.$$

Aufgabe 8.19 *(8.5.59)*:

i) Allgemein gilt: $I(t) = c \cdot e^{rt}$, $c = \text{const.}$ Wegen $r = 10\%$ p.a. $= 0{,}1$ folgt: $I(t) = c \cdot e^{0{,}1t}$. Mit $I(0) = 1000$ folgt: $1000 = c \cdot e^0 = c$, d.h. $I(t) = 1000 \cdot e^{0{,}1t}$.

ii) $K(0) = \int_{-\infty}^{0} I(t)\,dt = \int_{-\infty}^{0} 1000 \cdot e^{0{,}1t}\,dt = 10.000 \cdot e^{0{,}1t} \Big|_{-\infty}^{0} = 10.000$ Mrd. € .

iii) $K(T) = K(0) + \int_0^T I(t)\,dt = 10.000 + (10.000 \cdot e^{0{,}1t}) \Big|_0^T = 10.000 \cdot e^{0{,}1T}$.

iv) **a)** $K(11) - K(9) = 10.000 \cdot (e^{1{,}1} - e^{0{,}9}) \approx 5445{,}6291$ Mrd. €

b) $K(0) - K(-100) = 10.000 \cdot (e^0 - e^{-10}) \approx 9999{,}5460$ Mrd. €.

Aufgabe 8.20 *(8.5.75)*:

i) Gesucht ist die Nutzungsdauer T, für die die pro Zeiteinheit entstehenden Auszahlungen k ($:= \frac{\textit{Gesamtauszahlungen}}{\textit{Nutzungsdauer}}$) minimal werden *(Zinseszinseffekt wird an dieser Stelle vernachlässigt)*, m.a.W. gesucht ist das Minimum (bzgl. T) der Funktion

$$k(T) := \frac{1}{T}\left(\int_0^T a(t)\,dt + A\right) \quad ; \quad \begin{array}{l}(\textit{A = Investitionsauszahlung in t = 0;}\\ \textit{a(t) = Auszahlung der Periode t;}\\ \textit{T = Laufzeit des Projektes } (\neq 0))\end{array}$$

$$\text{Quot.regel: } 0 \stackrel{!}{=} k'(T) = \frac{a(T) \cdot T - \left(\int_0^T a(t)dt + A\right)}{T^2} \underset{\substack{\text{Satz}\\ 8.3.12}}{\iff} \int_0^T a(t)\,dt + A = a(T) \cdot T$$

ii) Nach i) bzw. Lehrbuch (8.5.70) gilt *(unter Vernachlässigung des Zinseszinseffektes)* für die optimale Nutzungsdauer T notwendig:

$$\int_0^T a(t)dt + A \stackrel{!}{=} a(T) \cdot T \iff \int_0^T (2000 + 1000t)\,dt + 40.500 \stackrel{!}{=} (2000 + 1000T) \cdot T$$

$$\iff 2000T + 500T^2 + 40.500 = 2000T + 1000T^2 \iff 500T^2 = 40.500 ,$$

d.h. die optimale Nutzungsdauer T beträgt 9 Jahre.

Aufgabe 8.21 *(8.5.76)*:

Nach Lehrbuch (8.5.61) ergibt sich für den Kapitalwert $C_0(T)$ der Investition:

$$C_0(T) = -200.000 + \int_0^T 50.000 \cdot (1 - 0{,}08t) \cdot e^{-0{,}1t}\,dt + 200.000 \cdot (1 - 0{,}1T) \cdot e^{-0{,}1T} .$$

Notwendig für die optimale Nutzungsdauer T *(d.h. $C_0(T) = max.$)* ist: $C'(T) \stackrel{!}{=} 0$.

$0 = 50.000 \cdot (1 - 0{,}08T) \cdot e^{-0{,}1T} - 20.000 \cdot e^{-0{,}01T} - 20.000 \cdot (1 - 0{,}1T) \cdot e^{-0{,}01T} \iff$
$e^{-0{,}1T} \cdot (50.000 - 4000T - 20.000 - 20.000 + 2.000T) = 0 \iff 2000T = 10.000$
d.h. die optimale Nutzungsdauer beträgt 5 Jahre *($C_0''(5) < 0$, d.h. $C_0(5) = max.$)* .

Der maximale Kapitalwert $C_0(5)$ ergibt sich durch Auswertung von $C_0(T)$, s.o. In Aufgabe 8.9 vi) wurde ein identisches Integral berechnet, so dass damit folgt:

$$C_{0,max} = C_0(T) = -100.000 + e^{-0{,}1T} \cdot (20.000T + 100.000) \Big|_{T=5} = 21.306{,}13 \text{ €} .$$

Aufgabe 8.22 *(8.5.77)*:

i) Im Beispiel ergibt sich der Kapitalwert C_0 aus (8.5.61) *(Lehrbuch)* wie folgt:

$A = 0$ (da keine Anschaffungsauszahlung vorliegt);

$e(t) - a(t) = -s$ (da im Zeitablauf nur ein konstanter Lagerkostenstrom s anfällt);

$L(T) = p(T)$ (d.h. der Liquidationserlös L im Zeitpunkt T entspricht dem dann erzielten Preis p(T)).

Damit lautet die Kapitalwertfunktion nach Lehrbuch (8.5.61):

$$C_0(T) = p(T) \cdot e^{-rT} - \int_0^T s \cdot e^{-rt}\, dt \,. \qquad \text{Aus } C_0'(T) \overset{!}{=} 0 \text{ folgt:}$$

$$C_0'(T) = p'(T) \cdot e^{-rT} + p(T) \cdot (-r) \cdot e^{-rT} - s \cdot e^{-rT} = 0, \quad \text{d.h.}$$

$$(*) \qquad p'(T) = r \cdot p(T) + s \,.$$

Die linke Seite $p'(T)$ kann interpretiert werden als Erhöhung des Verkaufspreises, wenn mit dem Verkauf der Viola – ausgehend von T – noch ein Jahr gewartet wird *(„Grenzerlös bzgl. der Zeit")*.

Die rechte Seite von (∗) ist die Summe aus Zins*(verlust)* $r \cdot p(T)$, der eintritt, wenn nicht in T, sondern erst ein Jahr später verkauft wird, und den Kosten s einer zusätzlichen Lagerung für ein Jahr *(„Grenzkosten bzgl. der Zeit")*.

Die notwendige Maximalbedingung (∗) kann somit interpretiert werden als die bereits bekannte Gewinnmaximierungsbedingung:

$$\text{Grenzerlös} \overset{!}{=} \text{Grenzkosten} \,.$$

ii) Aus (∗) folgt: $p'(T) = 40.000 = 0{,}08 \cdot 200.000 \cdot (1+0{,}2T) + 4800$,
d.h. die optimale Wartezeit T für den Händler beträgt 6 Jahre.
Verkaufspreis $p(6) = 200.000 \cdot (1+0{,}2 \cdot 6) = 440.000$ €.

Maximaler Kapitalwert *(hinreichende Bedingung $C_0''(6) < 6$ ist erfüllt)*:

$$C_0(6) = 440.000 \cdot e^{-0{,}08 \cdot 6} + \frac{4800}{0{,}08} \cdot (e^{-0{,}08 \cdot 6} - 1) = 249.391{,}70 \text{ €},$$

also mehr als der Gegenwartspreis 200.000 € im Planungszeitpunkt.

iii) Analog zu ii) erhält man aus der o.a. Bedingung (∗) $p'(T) = r \cdot p(T) + s$:
$T = \frac{\ln 2{,}4}{0{,}09} \approx 9{,}73$ Jahre; $p(T) = 480.000$ €; $C_0(T) = 187.986{,}60$ € *(< 200.000)*

d.h. für T = 9,73 liegt ein relatives *Minimum* von C_0 vor!

Als *(absolutes)* Maximum kommt daher nur ein Randwert in Frage, siehe nebenstehende Skizze.

Es gilt:

Randmaximum für T = 0;
$p(0) = C_0(0) = 200.000$ €,
da $C_0(15) = 190.438{,}50$ € $< p(0)$.

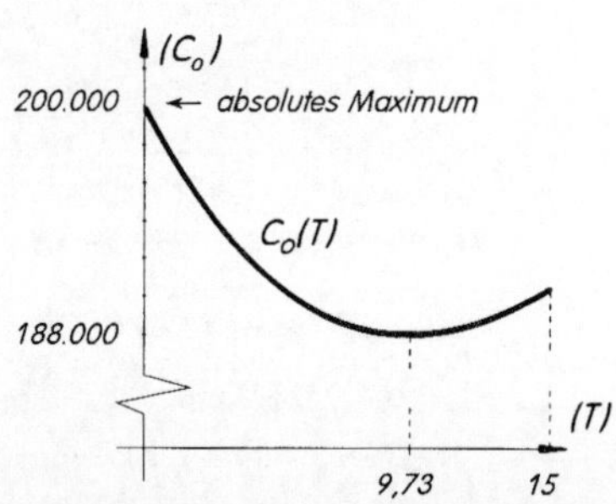

Aufgabe 8.23 *(8.6.17)*:

a) allgemeine Lösung **b) spezielle Lösung:**

i) **a)** $y = \frac{8}{3}x^3 + \frac{1}{3}(2x)^{\frac{3}{2}} - x + C$ **b)** wie a) mit $y(0) = C = 4$

ii) **a)** $K'(t) = i \cdot K(t) \iff \frac{dK}{K} = i \cdot dt \underset{K>0}{\iff} \ln K = i \cdot t + C \iff K(t) = e^{it+C}$

$\iff K(t) = e^C \cdot e^{it} = k \cdot e^{it}$ *(k > 0)*;

b) $K(0) = k \cdot e^0 = K_0$, d.h. $K(t) = K_0 \cdot e^{it}$, *(K_0 > 0)*.

iii) **a)** $f'(x) = \frac{1}{x} \cdot f(x) \iff \frac{df}{f} = \frac{dx}{x} \underset{f,x>0}{\iff} \ln f(x) = \ln x + C \underset{e^C = k}{\iff} f(x) = k \cdot x$;

b) $f(1) = k \cdot 1 = 100$, d.h. $f(x) = 100 \cdot x$.

iv) **a)** $f'(x) = \frac{f(x)}{x} \cdot (0{,}5x - 2) \iff \frac{f'(x)}{f(x)} = 0{,}5 - \frac{2}{x} \underset{f,x>0}{\iff} \ln f(x) = 0{,}5x - 2 \cdot \ln x + C$

$\iff f(x) = k \cdot e^{0{,}5x} \cdot x^{-2}$ (mit $k = e^C$);

b) $f(1) = k \cdot e^{0{,}5} \cdot 1 = 1$, d.h. $k = e^{-0{,}5} \iff f(x) = \frac{e^{0{,}5(x-1)}}{x^2}$.

v) **a)** $G'(x) = 50 - 2 \cdot G(x) \iff \frac{dG}{50-2G} = dx \iff -\frac{1}{2}\ln(50-2G) = x + C \underset{50-2G>0}{\iff}$

$50 - 2G = e^{-2 \cdot (x+C)} = k^* \cdot e^{-2x}$ *(mit $k^* = e^{-2C}$ = const.)*

$G(x) = 25 - k \cdot e^{-2x}$ *(mit $k = k^*/2$ = const.)*

b) $0 = G(0) = 25 - k \cdot e^0 = 25 - k \iff k = 25 \iff G(x) = 25(1 - e^{-2x})$

vi) **a)** $y'(x) + y(x) = 1 \iff y' = 1 - y \iff \frac{dy}{1-y} = dx \underset{1-y>0}{\iff} -\ln(1-y) = x + C$

$\ln(1-y) = -x - C \iff 1 - y = k \cdot e^{-x}$ *(mit $k = e^{-C}$)* $\iff y = 1 - k \cdot e^{-x}$.

b) $0 = y(0) = 1 - k \cdot e^0 = 1 - k \iff k = 1 \iff y = y(x) = 1 - e^{-x}$.

vii) **a)** $x^2 \cdot y' = 1 + y \iff \frac{dy}{1+y} = \frac{dx}{x^2} \underset{1+y>0}{\iff} \ln(1+y) = -x^{-1} + C = C - \frac{1}{x}$.

$1 + y = e^C \cdot e^{-\frac{1}{x}} \iff y = y(x) = k \cdot e^{-\frac{1}{x}} - 1$ *(mit $k = e^C$)*;

b) $2 = y(1) = k \cdot e^{-1} - 1 \iff k = 3e \iff y = 3 \cdot e^{\frac{x-1}{x}} - 1$.

viii) **a)** dreimalige Integration von $y''' = -3x^2 + 4$ ergibt nacheinander:

$y'' = -x^3 + 4x + C \iff y' = -\frac{1}{4}x^4 + 2x^2 + C \cdot x + C_2$ und schließlich

$y = -\frac{1}{20}x^5 + \frac{2}{3}x^3 + C_1x^2 + C_2x + C_3$ *(mit $C_1 = C/2$ = const.)*.

b) $9 = y''(1) = -1 + 4 + C \iff C = 6 \Rightarrow C_1 = 3$; $1 = y'(0) = C_2$; $8 = y(0) = C_3$:

$y = -\frac{1}{20}x^5 + \frac{2}{3}x^3 + 3x^2 + x + 8$.

ix) **a)** $y' = \frac{x}{y} \iff y \cdot dy = x \cdot dx \iff 2y \cdot dy = 2x \cdot dx \iff y^2 = x^2 + C$, d.h.

$y = \sqrt{x^2 + C} \lor y = -\sqrt{x^2 + C}$;

b) Wegen $y(2) = 4 > 0$ kommt nur die positive Lösung in Frage:

$4 = y(2) = \sqrt{x^2 + C} \iff C = 12$, d.h. $y = +\sqrt{x^2 + 12}$.

x) **a)** $\frac{dx}{100\sqrt{x} - 0{,}01x} = dt$. Substitution: $z := \sqrt{x} \underset{\substack{x>0\\z>0}}{\iff} z^2 = x \iff 2z \cdot dz = dx$

$\iff \frac{2z \cdot dz}{100z - 0{,}01z^2} = \frac{2 \cdot dz}{100 - 0{,}01z} = dt \underset{(100-0{,}01z>0)}{\iff} -200 \cdot \ln(100 - 0{,}01z) = t + C$

$\iff 100 - 0{,}01z = C^* \cdot e^{-0{,}005t}$ *(mit $C^* = e^{-0{,}005C}$ (>0) = const.)*

$\iff z = 10.000 - k \cdot e^{-0{,}005t}$ *(mit $k = 100C^*$ (>0) = const.)*

Re-Substitution $z = \sqrt{x} \underset{x>0}{\iff} x = z^2 \iff x(t) = (10.000 - k \cdot e^{-0{,}005t})^2$

b) $250.000 = x(0) = (10.000 - k \cdot e^0)^2 \underset{\substack{z>0\text{, d.h.}\\k<10.000}}{\iff} k = 9.500 \iff$

$x(t) = (10.000 - 9.500 \cdot e^{-0{,}005t})^2$.

Aufgabe 8.24 *(8.6.18)*:

Allgemeine Lösung für n ($\neq 1$): $\dot{k}(t) := k'(t) = k^n \iff \frac{dk}{k^n} = dt \iff k^{-n} \cdot dk = dt$

$\iff \frac{k^{1-n}}{1-n} = t + C^* \iff k^{1-n} = (1-n) \cdot t + C$ *(mit $C = C^*(1-n)$ = const.)*

$\iff k = k(t) = [(1-n) \cdot t + C]^{\frac{1}{1-n}}$ *($n \neq 1$)*. Daraus folgt für spezielle „n“:

i) $n = -1 \iff k = k(t) = \sqrt{2t+C}$;

ii) $n = 0 \iff k = k(t) = t + C$;

iii) $n = 0{,}5 \iff k = k(t) = (0{,}5t + C)^2$

iv) $n = 1$: Bisher vorausgesetzt: $n \neq 1$.
Jetzt muss neu gerechnet werden:
$\dot{k} = k \iff \frac{dk}{k} = dt \underset{k>0}{\iff} \ln k = t + C^*$
$k = k(t) = e^{t+C^*} = C \cdot e^t$ *(mit $C = e^{C^*}$)*

v) $n = 2 \iff k = k(t) = \frac{1}{C-t}$

vi) $n = 3 \iff k = k(t) = \frac{1}{\sqrt{C-2t}}$

vii) $k = k(t) = ((1-a)t + C)^{\frac{1}{1-a}}$ *(s.o.)*

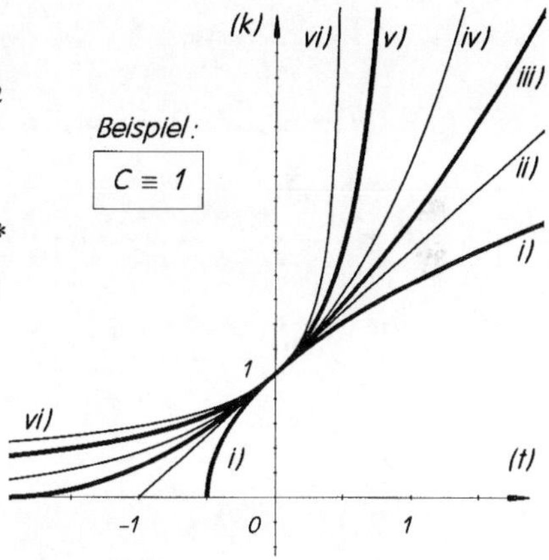

Aufgabe 8.25 *(8.6.49)*:

Aus der Proportionalität von $\dot{Y}(t)$ und Y ergibt sich die Beziehung:

$\dot{Y}(t) = k \cdot Y$ *(mit k = const.)* $\iff \frac{dY}{Y} = k \cdot dt \underset{Y>0}{\iff} \ln Y = k \cdot t + C^* \iff$

$Y = Y(t) = C \cdot e^{kt}$ *(mit $C = e^{C^*} > 0$)*.

Aus $1.500 = Y(0) = C$ folgt: $Y(t) = 1.500 \cdot e^{kt}$

i) $k = 0{,}03 \iff Y(t) = 1.500 \cdot e^{0{,}03t} \iff Y(10) = 2.024{,}79$ GE

ii) $k = -0{,}02 \iff Y(t) = 1.500 \cdot e^{-0{,}02t} \iff Y(10) = 1.228{,}10$ GE

Aufgabe 8.26 *(8.6.50)*:

i) Differentialgleichung für die gesuchte Funktion K(t): $\dot{K}(t) = a \cdot (K^* - K(t))$ *(a > 0, K* = const.)*

a) $\frac{dK}{K^* - K} = a \cdot dt \iff$

$-\ln(K^* - K) = at + C \iff$

$K(t) = K^* - k \cdot e^{-at}$ $(k = e^{-C} > 0)$

b) $K_0 = K(0) = K^* - k$, d.h. $k = K^* - K_0$

$\iff K(t) = K^* - (K^* - K_0) \cdot e^{-at}$

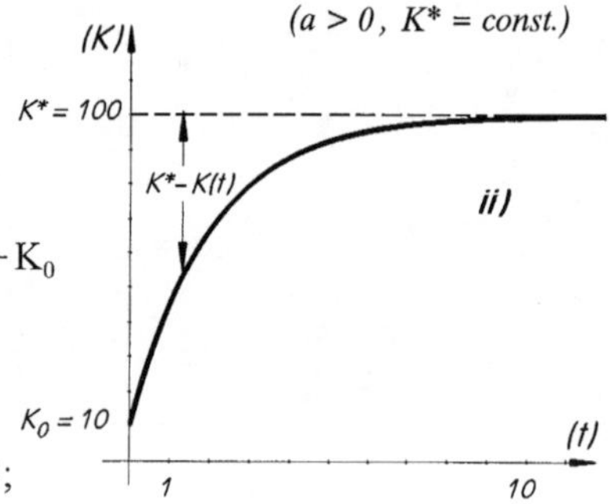

ii) $K(t) = 100 - 90 \cdot e^{-0,5t}$

iii) Bedingung: $K^* - K(t) \stackrel{!}{=} 0,5 \cdot (K^* - K_0)$;

Aus i)b) folgt: $K^* - K(t) = (K^* - K_0) \cdot e^{-at}$,

d.h. es muss gelten: $(K^* - K_0) \cdot e^{-at} = 0,5 \cdot (K^* - K_0) \iff e^{-at} = 0,5 = \frac{1}{2}$

$\iff -at = \ln\frac{1}{2} = \ln 1 - \ln 2 = -\ln 2 \iff t = \frac{\ln 2}{a}$; für a = 0,5: $t \approx 1,39$ ZE.

Aufgabe 8.27 *(8.6.51)*:

i) $\varepsilon_{f,x} = \frac{f'(x)}{f(x)} \cdot x \stackrel{!}{=} \frac{1}{x} \iff \frac{df}{f} = \frac{dx}{x^2} \underset{f,\, x>0}{\iff} \ln f(x) = -\frac{1}{x} + C \iff$

$f(x) = k \cdot e^{-\frac{1}{x}}$ *(mit $k = e^C > 0$)*. Bedingung: $1 = f(1) = k \cdot e^{-1} \iff k = e$

$\iff f(x) = e \cdot e^{-\frac{1}{x}} = e^{1-\frac{1}{x}}$

ii) $\varepsilon_{f,x} = \frac{f'(x)}{f(x)} \cdot x \stackrel{!}{=} 2x^2 - 3x + 4 \iff \frac{df}{f} = (2x - 3 + \frac{4}{x})\,dx \underset{f,\, x>0}{\iff}$

$\ln f(x) = x^2 - 3x + 4 \cdot \ln x + C \iff f(x) = k \cdot e^{x^2-3x} \cdot x^4$ *(mit $k = e^C > 0$)*

Bedingung: $162 = f(3) = k \cdot e^0 \cdot 3^4 \Rightarrow k = 2$, d.h. $f(x) = 2x^4 \cdot e^{x^2-3x}$.

iii) $\varepsilon_{f,x} = \frac{f'(x)}{f(x)} \cdot x \stackrel{!}{=} \sqrt{x} \iff \frac{df}{f} = \frac{dx}{\sqrt{x}} \underset{f,\, x>0}{\iff} \ln f(x) = 2 \cdot \sqrt{x} + C$ d.h.

$f(x) = k \cdot e^{2\sqrt{x}}$ *(mit $k = e^C > 0$)*. Bedingung: $e = f(0,25) = k \cdot e$, d.h. $k = 1$

$\iff f(x) = e^{2\sqrt{x}}$.

Aufgabe 8.28 *(8.6.52)*:

i) $\varepsilon_{x,p} = \frac{x'(p)}{x(p)} \cdot p \stackrel{!}{=} -2 \iff \frac{dx}{x} = -\frac{2}{p}\,dp \underset{p,\, x>0}{\iff} \ln x = -2 \cdot \ln p + C \iff$

$x = x(p) = k \cdot p^{-2}$ *(mit $k = e^C > 0$)*. Vorgabe: p = 10 GE/ME $\iff$ x = 100 ME:

$100 = k \cdot 10^{-2} \iff k = 10.000$, d.h. $x(p) = \frac{10.000}{p^2}$ bzw. $p(x) = \frac{100}{\sqrt{x}}$.

ii) $\varepsilon_{x,p} = \frac{x'(p)}{x(p)} \cdot p \stackrel{!}{=} a \cdot p \iff \frac{dx}{x} = a \cdot dp \underset{p,\, x>0}{\iff} \ln x = a \cdot p + C \iff x(p) = k \cdot e^{ap}$

$x(1) = k \cdot e^a = 1$, d.h. $k = e^{-a}$ sowie $\varepsilon_{x,p}(1) = a = -2 \iff x(p) = e^{2-2p}$.

iii) $\varepsilon_{x,p} = \frac{x'(p)}{x(p)} \cdot p \overset{!}{=} \frac{-2p^2}{72-p^2} \iff \frac{x'(p)}{x(p)} = \frac{-2p}{72-p^2} \iff \frac{dx}{x} = \frac{-2p \cdot dp}{72-p^2} \iff$

$\ln x = \ln(72-p^2) + C \iff x = x(p) = k \cdot (72-p^2)$ *(mit $k = e^C > 0$)*.

Wegen $28 = x(4) = k \cdot (72-16)$ folgt: $k = 0{,}5$, d.h. $x(p) = 36 - 0{,}5p^2$.

iv) $\varepsilon_{x,p} = \frac{x'(p)}{x(p)} \cdot p \overset{!}{=} \frac{-p}{625-p} \iff \frac{x'(p)}{x(p)} = \frac{-1}{625-p} \iff \frac{dx}{x} = \frac{(-1) \cdot dp}{625-p} \iff$

$\ln x = \ln(625-p) + C \iff x = x(p) = k \cdot (625-p)$ *(mit $k = e^C > 0$)*.

Wegen $115 = x(50) = k \cdot 575$ folgt: $k = 0{,}2$, d.h. $x(p) = 125 - 0{,}2p$.

Aufgabe 8.29 *(8.6.53)*: Die Differentialgleichung für p(t) lautet:

$$\dot{p} = p'(t) = a \cdot (x_N(t) - x_A(t)) = a \cdot (120 - 3p) \quad ; \quad (a > 0) .$$

i) allgemeine Lösung: $\frac{dp}{120-3p} = a \cdot dt$

$-\frac{1}{3} \ln(120-3p) = at + C_1$

$\ln(120-3p) = -3at + C_2 \quad (C_2 = -3C_1)$

$120 - 3p = k^* \cdot e^{-3at} \quad (k^* = e^{C_2} = const.)$

$p = p(t) = 40 - k \cdot e^{-3at} \quad (k = k^*/3 = const.)$

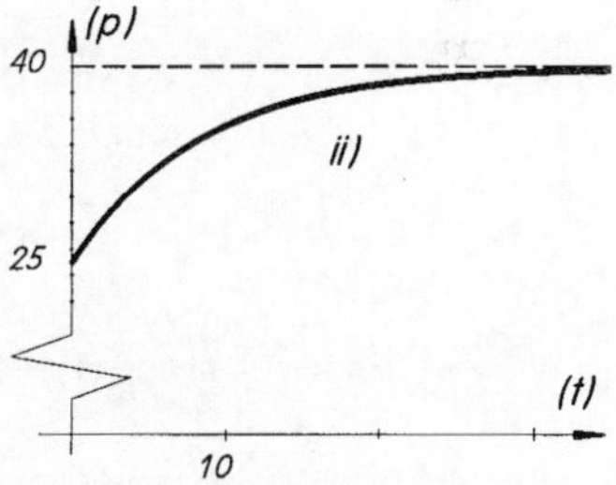

spezielle Lösung: Wegen $p(0) = p_0$ gilt:

$p_0 = 40 - k$, d.h. $k = 40 - p_0 \iff$

$p(t) = 40 - (40 - p_0) \cdot e^{-3at}$. Gleichgewichtspreis: $\lim_{t \to \infty} p(t) = 40$ GE/ME,

da $a > 0$ lt. Voraussetzung.

ii) Mit $a = 0{,}04$; $p_0 = 25$ folgt: $p(t) = 40 - 15 \cdot e^{-0{,}12t} \Rightarrow$

Gleichgewichtspreis: $\lim_{t \to \infty} p(t) = 40$ GE/ME,

d.h. der Gleichgewichtspreis ist unabhängig von a und p_0!

Aufgabe 8.30 *(8.6.54)*:

i) Die Differentialgleichung für die gesuchte Pro-Kopf-Kapitalausstattung $k(t)$ ist in der Aufgabenstellung vorgegeben und lautet mit $s = 0{,}2$, $a = 0{,}5$ und $b \equiv 0$:

$$\dot{k}(t) = 0{,}2 \cdot k(t)^{0{,}5} .$$ Daraus folgt:

$k^{-0{,}5} dk = 0{,}2 \cdot dt \iff 2 \cdot k^{0{,}5} = 0{,}2t + C \iff k(t) = (0{,}1t + C)^2$.

Mit $k(0) = 1 \Rightarrow C = 1$ ergibt sich die spezielle Lösung: $k(t) = (0{,}1t+1)^2$.

Für $t \to \infty$ wächst $k(t)$ ebenfalls über alle Grenzen, es existiert somit kein stabiles Gleichgewicht.

ii) Mit $b = -0{,}01$ lautet die gesuchte Differentialgleichung:

$$\dot{k}(t) = 0{,}2\, k(t)^{0{,}5} + 0{,}01 \cdot k(t) .$$

Das Lösungsverfahren ist demonstriert im Lehrbuch (vgl. (8.6.43)) und liefert unter Berücksichtigung von $k(0) = 1$:

$k(t) = (-20 + 21 \cdot e^{0{,}005\,t})^2$.

Auch jetzt wächst k(t) für $t \to \infty$ über alle Grenzen, es existiert kein stabiles Gleichgewicht der Pro-Kopf-Kapitalausstattung.

(In beiden Fällen ist $\dot{k}$ eine monoton steigende Funktion von k, (siehe Phasendiagramm) $\Rightarrow$ Instabilität!)

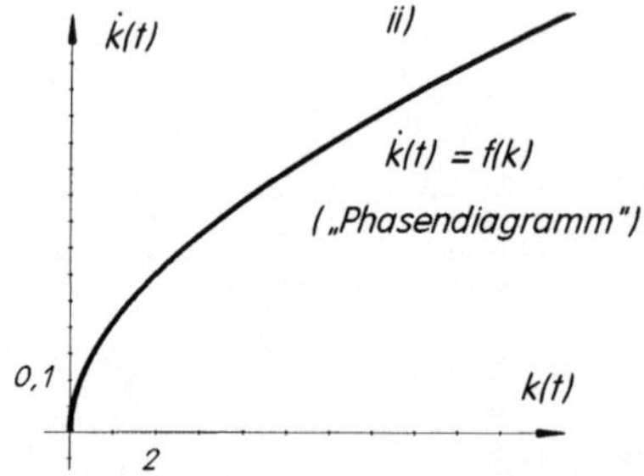

Aufgabe 8.31 *(8.6.55)*:

i) In jedem Zeitpunkt t *(> 0)* muss gelten:

(1) $\dot{x}(t) = k(x_s - x(t))$ mit $x_s = 100.000$ und $k = \text{const.}$

(2) $x(12) = 20.000$ sowie $x(0) = 0$.

Substituiert man in (1): $z(t) := x_s - x(t)$, so folgt wegen $\dot{z}(t) = -\dot{x}(t)$ aus (1):

$\frac{\dot{z}(t)}{z(t)} = -k.$ Integration liefert: $\int_0^t \frac{\dot{z}(\tau)}{z(\tau)}\,d\tau = -k\int_0^t d\tau$, d.h.

$$\ln z(\tau)\Big|_0^t = \ln z(t) - \ln z(0) = -kt \quad \Rightarrow \quad z(t) = z(0)\cdot e^{-kt} .$$

Resubstitution $\Rightarrow$ $x(t) = x_s(1 - e^{-kt}) = 100.000\cdot(1 - e^{-kt})$.

Mit $x(12) = 20.000$ folgt daraus: $k = \frac{\ln 0{,}8}{-12} \approx 0{,}0185953$, d.h.

(*) $x(t) = 100.000\cdot(1 - e^{-0{,}0186t})$ *(gesuchte Absatz-Zeit-Funktion)*

ii) Aus $x(t) = 80.000$ sowie (*) folgt: $t = \frac{\ln 0{,}2}{-0{,}0186} \approx 86{,}55$,

d.h. nach ca. 86,55 Zeiteinheiten sind 80% der Höchstmenge abgesetzt.

iii) Die gegebenen Absatzkosten in Höhe von 1000 GE/ZE führen pro *Stück (ME)* auf 10 GE/ME *(sind also identisch mit dem vorgegebenen Stück-Deckungsbeitrag von 10 GE/ME)*, wenn pro Zeiteinheit 100 ME abgesetzt werden.

Gesucht ist also derjenige Wert von t, für den der Grenzabsatz bzgl. der Zeit 100 ME/ZE beträgt:

$$\dot{x}(t) = 100.000\cdot 0{,}0185953\cdot e^{-0{,}0185953t} = 100$$

$$\Rightarrow \quad t = \frac{\ln 0{,}053777}{-0{,}0185953} \approx 157{,}185 \text{ , d.h. wegen (*):} \qquad x = 94.622{,}3 \text{ ME.}$$

Werden somit 94.622 Stück abgesetzt, so verursacht das nächste abgesetzte Stück genauso hohe Absatzkosten, wie es Deckungsbeitrag erwirtschaftet.

9 Einführung in die Lineare Algebra

Aufgabe 9.1 *(9.1.62)*:

$B = A^T$ (transponierte Matrix zu A)

$C \geq A \; ; \; C \geq B$ *(nach Def. 9.1.5 Lehrbuch)*.

Aufgabe 9.2 *(9.1.63)*:

i) AB existiert nicht, da die Spaltenzahl von A größer ist als die Zeilenzahl von B.

ii) A^TB existiert ebenfalls nicht, siehe i).

iii) $BA = \begin{pmatrix} 11 & -1 & 2 \\ 21 & 4 & 5 \end{pmatrix}$ **iv)** $3BC + 2D^2 = 3 \cdot \begin{pmatrix} 7 & 3 \\ 11 & 14 \end{pmatrix} + 2 \cdot \begin{pmatrix} 3 & -2 \\ 2 & -1 \end{pmatrix} = \begin{pmatrix} 27 & 5 \\ 37 & 40 \end{pmatrix}$

v) DC existiert nicht. **vi)** $CD = \begin{pmatrix} 1 & 0 \\ 2 & -1 \\ 6 & -2 \end{pmatrix}$ **vii)** $6(CB)^T - 2B^T \cdot 3C^T = 0$ *(denn $(CB)^T = B^TC^T$!)*

viii) $$CBA = C \cdot (BA) \underset{iii)}{=} C \cdot \begin{pmatrix} 11 & -1 & 2 \\ 21 & 4 & 5 \end{pmatrix} = \begin{pmatrix} 0 & 1 \\ 1 & 0 \\ 2 & 2 \end{pmatrix} \cdot \begin{pmatrix} 11 & -1 & 2 \\ 21 & 4 & 5 \end{pmatrix} = \begin{pmatrix} 21 & 4 & 5 \\ 11 & -1 & 2 \\ 64 & 6 & 14 \end{pmatrix}$$

ix) $$(B+C^T) \cdot (B^T+C) = \begin{pmatrix} -1 & 4 & 4 \\ 5 & 1 & 7 \end{pmatrix} \cdot \begin{pmatrix} -1 & 5 \\ 4 & 1 \\ 4 & 7 \end{pmatrix} = \begin{pmatrix} 33 & 27 \\ 27 & 75 \end{pmatrix}$$

x) $$(CB+A)^2 = \begin{pmatrix} 6 & 1 & 6 \\ 2 & 2 & 3 \\ 8 & 9 & 14 \end{pmatrix}^2 = \begin{pmatrix} 86 & 62 & 123 \\ 40 & 33 & 60 \\ 178 & 152 & 271 \end{pmatrix}$$

*für Matrizen X, Y ist also i.a. die „1. binomische Formel" **falsch**:* $(X+Y)^2 \neq X^2+2XY+Y^2$

xi) $$(CB)^2+2CBA+A^2 = \begin{pmatrix} 45 & 47 & 92 \\ 5 & 24 & 29 \\ 100 & 142 & 242 \end{pmatrix} + \begin{pmatrix} 42 & 8 & 10 \\ 22 & -2 & 4 \\ 128 & 12 & 28 \end{pmatrix} + \begin{pmatrix} 6 & 1 & 2 \\ 5 & 2 & 2 \\ 7 & -1 & 3 \end{pmatrix} = \begin{pmatrix} 93 & 56 & 104 \\ 32 & 24 & 35 \\ 235 & 153 & 273 \end{pmatrix}$$

Aufgabe 9.3 *(9.1.64)*:

Die folgenden Beispiele belegen, dass für das Rechnen mit Matrizen die „üblichen" Rechenregeln nicht immer gültig sind:

i) Es gilt: $BC = 0$, aber weder B noch C ist die Nullmatrix 0 !

ii) Es gilt: $A^2 = A$, aber: $A \neq E$ sowie $A \neq 0$!

iii) Es gilt: $D^2 = E$, aber: $D \neq E$ sowie $D \neq -E$!

iv) Es gilt: $F^2 = 0$, aber: $F \neq 0$!

v) Es gilt: $GH = GK$, aber: $H \neq K$ sowie $G \neq 0$!

Aufgabe 9.4 *(9.1.65)*: $\vec{b} = A \cdot \vec{x} = (25; \, -4; \, -2)^T$

Aufgabe 9.5 *(9.1.66)*:

i) x_1, x_2, x_3 seien die möglichen Produktmengen der drei Güter P_1, P_2, P_3; dann ist $\vec{x} = (x_1; x_2; x_3)^T$ der entsprechende Produktionsvektor.

Außer dem durch die vorgegebenen drei Produktionsvektoren produzierbaren Output ist auch jede konvexe Linearkombination *(d.h. mit nicht-negativen Gewichtungsfaktoren, deren Summe „1" ergibt, siehe Bem. 9.1.35 Lehrbuch)* produzierbar, d.h. der allgemeine Produktionsvektor lautet:

$$\vec{x} = \begin{pmatrix} x_1 \\ x_2 \\ x_3 \end{pmatrix} = c_1 \cdot \begin{pmatrix} 100 \\ 0 \\ 0 \end{pmatrix} + c_2 \cdot \begin{pmatrix} 0 \\ 250 \\ 0 \end{pmatrix} + c_3 \cdot \begin{pmatrix} 0 \\ 0 \\ 400 \end{pmatrix} .$$

Für die „Gewichtungsfaktoren" c_i muss dabei gelten: $c_i \geq 0$; $c_1+c_2+c_3 = 1$.

ii) Man erhält beliebige Produktkombinationen mit drei Produkten, wenn man jeweils für die c_i beliebige nichtnegative Werte mit $c_1+c_2+c_3 = 1$ wählt, z.B.

(a) $c_1 = 0{,}20;\ c_2 = 0{,}30;\ c_3 = 0{,}50 \quad \Rightarrow \quad \vec{x} = (20,\ 75,\ 200)^T$

(b) $c_1 = 0{,}15;\ c_2 = 0{,}40;\ c_3 = 0{,}45 \quad \Rightarrow \quad \vec{x} = (15,\ 100,\ 180)^T$

(c) $c_1 = 0{,}90;\ c_2 = 0{,}10;\ c_3 = 0{,}00 \quad \Rightarrow \quad \vec{x} = (90,\ 25,\ 0)^T$.

Aufgabe 9.6 *(9.1.67)*:

i) $\vec{p} = (400;\ 500;\ 300)^T$ *(Produktionsvektor)*

$$\vec{b} = \begin{pmatrix} 3 & 6 & 2 \\ 4 & 1 & 6 \\ 0 & 4 & 5 \\ 8 & 0 & 0 \end{pmatrix} \begin{pmatrix} 400 \\ 500 \\ 300 \end{pmatrix} = \begin{pmatrix} 4800 \\ 3900 \\ 3500 \\ 3200 \end{pmatrix}$$

(Gesamtbedarf der einzelnen Baugruppen B_1, B_2, B_3, B_4)

ii) a)

$$\vec{x} = A\vec{b} = \begin{pmatrix} 2 & 1 & 3 & 4 \\ 2 & 0 & 5 & 3 \\ 6 & 3 & 4 & 2 \\ 3 & 4 & 0 & 1 \\ 1 & 1 & 1 & 9 \end{pmatrix} \cdot \vec{b} = \begin{pmatrix} 36.800 \\ 36.700 \\ 60.900 \\ 33.200 \\ 41.000 \end{pmatrix}$$

(Gesamtbedarf der verschiedenen Einzelteile E_1, E_2, E_3, E_4, E_5)

b)

$$C = \begin{pmatrix} 42 & 25 & 25 \\ 30 & 32 & 29 \\ 46 & 55 & 50 \\ 33 & 22 & 30 \\ 79 & 11 & 13 \end{pmatrix} = AB \quad \Rightarrow \quad \vec{x} = C\vec{p} = (AB)\vec{p} = A(B\vec{p}) = A\vec{b}$$

(vgl. ii a))

iii) Gesucht ist der Produktionsvektor $\vec{p}$, wenn $\vec{x}$ gegeben ist. Aus ii) b) entnimmt man die entsprechende Beziehung: $\vec{x} = C\vec{p}$. Zu lösen ist somit das überbestimmte, aber eindeutig lösbare lineare Gleichungssystem $\vec{x} = C\vec{p}$ bzgl. $\vec{p}$.

Aus z.B. den ersten drei Gleichungen erhält man

$$\vec{p} = (p_1;\ p_2;\ p_3)^T = (300;\ 100;\ 200)^T \quad .$$

Die Probe bei allen fünf Gleichungen bestätigt das Ergebnis.

(Zur systematischen Lösung linearer Gleichungssysteme siehe LB Kap. 9.2.2)

Aufgabe 9.7 *(9.1.95)*:

i) a) Mit $A^{-1}=\begin{pmatrix}x_1 & y_1\\ x_2 & y_2\end{pmatrix}$ muss gelten: $A\cdot A^{-1}=E$, d.h.

		x_1 y_1 / x_2 y_2	
2	0	1	0
3	1	0	1

$\iff$

$$\begin{aligned}2x_1 &= 1\\ 3x_1+x_2 &= 0\\ 2y_1 &= 0\\ 3y_1+y_2 &= 1\end{aligned} \quad\iff\quad A^{-1}=\begin{pmatrix}x_1 & y_1\\ x_2 & y_2\end{pmatrix}=\begin{pmatrix}0{,}5 & 0\\ -1{,}5 & 1\end{pmatrix}.$$

b) B^{-1} existiert nicht, da im Verlauf der Rechnung die widersprüchlichen Gleichungen $x_1 = 3x_2+1$ und $x_1 = 3x_2$ auftreten *(analog in y_1, y_2)*.

c) Sei $C^{-1}=\begin{pmatrix}x_1 & y_1 & z_1\\ x_2 & y_2 & z_2\\ x_3 & y_3 & z_3\end{pmatrix}$. Wegen $C\cdot C^{-1}=E$ muss gelten:

			x_1 y_1 z_1 / x_2 y_2 z_2 / x_3 y_3 z_3		
2	1	0	1	0	0
1	1	0	0	1	0
0	0	1	0	0	1

$$\begin{aligned}2x_1+x_2 &= 1 & 2y_1+y_2 &= 0 & 2z_1+z_2 &= 0\\ x_1+x_2 &= 0 & y_1+y_2 &= 1 & z_1+z_2 &= 0\\ x_3 &= 0; & y_3 &= 0; & z_3 &= 1,\end{aligned}\quad \text{d.h. } C^{-1}=\begin{pmatrix}1 & -1 & 0\\ -1 & 2 & 0\\ 0 & 0 & 1\end{pmatrix}.$$

d) Sei $D^{-1}=\begin{pmatrix}x_1 & y_1 & z_1\\ x_2 & y_2 & z_2\\ x_3 & y_3 & z_3\end{pmatrix}$. Wegen $D\cdot D^{-1}=E$ muss gelten:

			x_1 y_1 z_1 / x_2 y_2 z_2 / x_3 y_3 z_3		
1	2	-1	1	0	0
0	1	3	0	1	0
0	0	2	0	0	1

$$\begin{aligned}x_1+2x_2-x_3 &= 1 & y_1+2y_2-y_3 &= 0 & z_1+2z_2-z_3 &= 0\\ x_2+3x_3 &= 0 & y_2+3y_3 &= 1 & z_2+3z_3 &= 0\\ 2x_3 &= 0; & 2y_3 &= 0; & 2z_3 &= 1,\end{aligned}\quad \text{d.h. } D^{-1}=\begin{pmatrix}1 & -2 & 3{,}5\\ 0 & 1 & -1{,}5\\ 0 & 0 & 0{,}5\end{pmatrix}.$$

e) Sei $F^{-1}=\begin{pmatrix}x_1 & y_1 & z_1\\ x_2 & y_2 & z_2\\ x_3 & y_3 & z_3\end{pmatrix}$. Wegen $F\cdot F^{-1}=E$ muss gelten:

			x_1 y_1 z_1 / x_2 y_2 z_2 / x_3 y_3 z_3		
2	0	0	1	0	0
-1	1	0	0	1	0
3	1	1	0	0	1

$$\begin{aligned}2x_1 &= 1 & 2y_1 &= 0 & 2z_1 &= 0\\ -x_1+x_2 &= 0 & -y_1+y_2 &= 1 & -z_1+z_2 &= 0\\ 3x_1+2x_2+x_3 &= 0; & 3y_1+2y_2+y_3 &= 0; & 3z_1+2z_2+z_3 &= 1,\end{aligned}\quad \text{d.h. } F^{-1}=\begin{pmatrix}0{,}5 & 0 & 0\\ 0{,}5 & 1 & 0\\ -2{,}5 & -2 & 1\end{pmatrix}.$$

ii) $AX+X = BX+C \iff AX+X-BX = C \iff$
$(A-B+E)X = C \iff X=(A-B+E)^{-1}\cdot C$.

Aufgabe 9.8 *(9.1.96)*:

Bezeichnet man die R_i/Z_k - Matrix mit A, die Z_k/E_n - Matrix mit B, so gilt:

$$\vec{r}=\begin{pmatrix}r_1\\ r_2\end{pmatrix}=AB\vec{x}=\begin{pmatrix}5 & 8\\ 5 & 9\end{pmatrix}\begin{pmatrix}x_1\\ x_2\end{pmatrix}=C\cdot\vec{x}\ .$$

Daraus folgt: $\vec{x} = C^{-1}\vec{r} = \begin{pmatrix} 1{,}8 & -1{,}6 \\ -1 & 1 \end{pmatrix} \cdot \begin{pmatrix} 3000 \\ 3200 \end{pmatrix}$ d.h. $\vec{x} = \begin{pmatrix} 280 \\ 200 \end{pmatrix}$,

d.h. Endproduktmengen: 280 ME von Produkt E_1 und 200 ME von Produkt E_2.

Aufgabe 9.9 *(9.1.97)*:

i) Gesamtproduktionsvektor $\vec{x} = \begin{pmatrix} x_1 \\ x_2 \end{pmatrix} = \begin{pmatrix} 40 \\ 60 \end{pmatrix}$.

Die Elemente der Produktionskoeffizientenmatrix A ergeben sich als Input dividiert durch den Gesamtoutput des empfangenden Sektors:

$$A = \begin{pmatrix} 20/40 & 15/60 \\ 8/40 & 12/60 \end{pmatrix} = \begin{pmatrix} 0{,}50 & 0{,}25 \\ 0{,}20 & 0{,}20 \end{pmatrix}.$$

ii) Nach Lehrbuch (9.1.89) gilt: $\vec{x} = (E-A)^{-1} \cdot \vec{y}$.

Mit $\vec{y} = (140\,;84)^T$ und $(E-A)^{-1} = \frac{1}{7} \cdot \begin{pmatrix} 16 & 5 \\ 4 & 10 \end{pmatrix}$ folgt:

$\vec{x} = \begin{pmatrix} 380 \\ 200 \end{pmatrix}$, d.h. Produktion Sektor 1: 380 ME; Sektor 2: 200 ME.

iii) Gegeben ist $\vec{x} = (100\,;\,120)^T$. Nach LB (9.1.88) gilt für den Endverbrauch $\vec{y}$:

$\vec{y} = (E-A)\,\vec{x} = \begin{pmatrix} 0{,}5 & -0{,}25 \\ -0{,}2 & 0{,}8 \end{pmatrix} \begin{pmatrix} 100 \\ 120 \end{pmatrix} = \begin{pmatrix} 20 \\ 76 \end{pmatrix}$, d.h.

möglicher Endverbrauch: 20 ME des Produktes von Sektor 1
76 ME des Produktes von Sektor 2 .

Aufgabe 9.10 *(9.2.25)*:

i)

(1)	$x_1+4x_2+3x_3 = 1$
(2)	$2x_1+5x_2+4x_3 = 4$
(3)	$x_1-3x_2-2x_3 = 5$
(1') = (1)	$x_1+4x_2+3x_3 = 1$
(2') = (2)−2·(1)	$-3x_2-2x_3 = 2$
(3') = (3)−(1)	$-7x_2-5x_3 = 4$
(1'') = (1')+1,5·(2')	$x_1-0{,}5x_2 = 4$
(2'') = −0,5·(2')	$1{,}5x_2+x_3 = -1$
(3'') = (3')−2,5·(2')	$0{,}5x_2 = -1$
(1''') = (1'')+(3'')	$x_1 = 3$
(2''') = (2'')−3·(3'')	$x_3 = 2$
(3''') = (3'')·2	$x_2 = -2$

$\iff \begin{pmatrix} x_1 \\ x_2 \\ x_3 \end{pmatrix} = \begin{pmatrix} 3 \\ -2 \\ 2 \end{pmatrix}$

ii)

(1)	$x_1+2x_2-3x_3 = 6$
(2)	$2x_1+x_2+x_3 = 1$
(3)	$3x_1-2x_2-2x_3 = 12$
(1') = (1)	$x_1+2x_2-3x_3 = 6$
(2') = 2·(1)−(2)	$3x_2-7x_3 = 11$
(3') = 3·(1)−(3)	$8x_2-7x_3 = 6$

$$\begin{array}{ll|l}
(1'') = (1')-0{,}25\cdot(3') & x_1 \quad -1{,}25x_3 = 4{,}5 & \\
(2'') = [(2')-0{,}375\cdot(3')]:(-4{,}375) & x_3 = -2 & \\
(3'') = (3'):8 & x_2 - 0{,}875x_3 = 0{,}75 & \\
\hline
(1''') = (1'')+1{,}25\cdot(2'') & x_1 = 2 & \\
(2''') = (2'') & x_3 = -2 & \Longleftrightarrow \begin{pmatrix} x_1\\ x_2\\ x_3 \end{pmatrix} = \begin{pmatrix} 2\\ -1\\ -2 \end{pmatrix} \\
(3''') = (3'')+0{,}875\cdot(2'') & x_2 = -1 & \\
\hline
\end{array}$$

iii)

$$\begin{array}{ll}
(1) & x_1 + x_3 + x_4 = 1 \\
(2) & x_1 + x_2 + x_4 = 2 \\
(3) & x_1 + x_2 + x_3 = 3 \\
(4) & x_2 + x_3 + x_4 = 4 \\
\hline
(1') = (1) & x_1 + x_3 + x_4 = 1 \\
(2') = (2)-(1) & x_2 - x_3 = 1 \\
(3') = (3)-(1) & x_2 - x_4 = 2 \\
(4') = (4) & x_2 + x_3 + x_4 = 4 \\
\hline
(1'') = (1') & x_1 + x_3 + x_4 = 1 \\
(2'') = (2') & x_2 - x_3 = 1 \\
(3'') = (3')-(2') & x_3 - x_4 = 1 \\
(4'') = (4')-(2') & 2x_3 + x_4 = 3 \\
\hline
(1''') = (1'')-(3'') & x_1 + 2x_4 = 0 \\
(2''') = (2'')+(3'') & x_2 - x_4 = 2 \\
(3''') = (3'') & x_3 - x_4 = 1 \\
(4''') = [(4'')-2\cdot(3'')]:3 & x_4 = 1/3 \\
\hline
(1'''') = (1''')-2\cdot(4''') & x_1 = -2/3 \\
(2'''') = (2''')+(4''') & x_2 = 7/3 \\
(3'''') = (3''')+(4''') & x_3 = 4/3 \\
(4'''') = (4''') & x_4 = 1/3 \\
\hline
\end{array}
\quad \Longleftrightarrow \quad \begin{pmatrix} x_1\\ x_2\\ x_3\\ x_4 \end{pmatrix} = \frac{1}{3}\cdot\begin{pmatrix} -2\\ 7\\ 4\\ 1 \end{pmatrix}$$

Aufgabe 9.11 *(9.2.30)*:

i)

$$\begin{array}{ll}
(1') = (1) & x_1 + x_3 + x_4 = 2 \\
(2') = (2) & x_2 + x_3 = 1 \\
(3') = (3)-2\cdot(1) & x_2 - 2x_3 - x_4 = -2 \\
(4') = (4)-3\cdot(1) & 2x_2 - x_3 - x_4 = -1 \\
\hline
(1'') = (1') & x_1 + x_3 + x_4 = 2 \\
(2'') = (2') & x_2 + x_3 = 1 \\
(3'') = (3')-(2') & -3x_3 - x_4 = -3 \\
(4'') = (4')-2\cdot(2') & -3x_3 - x_4 = -3 \\
\hline
(1''') = (1'')+(3'') & x_1 - 2x_3 = -1 \\
(2''') = (2'') & x_2 + x_3 = 1 \\
(3''') = (3'')\cdot(-1) & 3x_3 + x_4 = 3 \\
(4''') = (4'')-(3'') & 0 + 0 = 0 \\
\hline
\end{array}$$

Durch beliebige Vorwahl von x_3 gibt es unendlich viele Lösungen:

$$\begin{pmatrix} x_1\\ x_2\\ x_3\\ x_4 \end{pmatrix} = \begin{pmatrix} -1+2x_3\\ 1-x_3\\ x_3\\ 3-3x_3 \end{pmatrix}$$

ii)

$$\begin{array}{lrcl}
(1) & 2x_1 - x_2 + 3x_3 & = & 2 \\
(2) & 3x_1 + 2x_2 - x_3 & = & 1 \\
(3) & x_1 - 4x_2 + 7x_3 & = & 6 \\
\hline
(1') = (1) + 3\cdot(2) & 11x_1 + 5x_2 & = & 5 \\
(2') = (2) & 3x_1 + 2x_2 - x_3 & = & 1 \\
(3') = (3) + 7\cdot(2) & 22x_1 + 10x_2 & = & 13 \\
\hline
(1'') = (1') & 11x_1 + 5x_2 & = & 5 \\
(2'') = (2') & 3x_1 + 2x_2 - x_3 & = & 1 \\
(3'') = (3') - 2\cdot(1') & 0 + 0 & = & 3\ (\lightning) \\
\hline
\end{array}$$

Das lineare Gleichungssystem besitzt keine Lösung.

Aufgabe 9.12 *(9.2.44)*:

i)

x_1	x_2	x_3	b
$\boxed{1}$	2	-1	-9
2	-1	3	17
-1	1	2	0

$\Longleftrightarrow$

x_1	x_2	x_3	b
1	2	-1	-9
0	$\boxed{-5}$	5	35
0	3	1	-9

$\Longleftrightarrow$

x_1	x_2	x_3	b
1	0	1	5
0	1	-1	-7
0	0	$\boxed{4}$	12

$\Longleftrightarrow$

x_1	x_2	x_3	b
1	0	0	2
0	1	0	-4
0	0	1	3

d.h. die Lösung lautet: $\begin{pmatrix} x_1 \\ x_2 \\ x_3 \end{pmatrix} = \begin{pmatrix} 2 \\ -4 \\ 3 \end{pmatrix}$.

ii)

x_1	x_2	x_3	x_4	b
$\boxed{1}$	4	-2	-2	-7
-2	1	3	1	14
1	2	2	-1	5
2	-2	-1	-1	-9

$\Longleftrightarrow$

x_1	x_2	x_3	x_4	b
1	4	-2	-2	-7
0	9	-1	-3	0
0	-2	4	$\boxed{1}$	12
0	-10	3	3	5

$\Longleftrightarrow$

x_1	x_2	x_3	x_4	b
1	0	6	0	17
0	3	11	0	36
0	-2	4	1	12
0	$\boxed{-4}$	-9	0	-31

x_1	x_2	x_3	x_4	b
1	0	6	0	17
0	0	$\boxed{4{,}25}$	0	12,75
0	0	8,5	1	27,5
0	1	2,25	0	7,75

$\Longleftrightarrow$

x_1	x_2	x_3	x_4	b
1	0	0	0	-1
0	0	1	0	3
0	0	0	1	2
0	1	0	0	1

d.h. $\begin{pmatrix} x_1 \\ x_2 \\ x_3 \\ x_4 \end{pmatrix} = \begin{pmatrix} -1 \\ 1 \\ 3 \\ 2 \end{pmatrix}$.

iii)

x_1	x_2	x_3	x_4	b
2	-4	$\boxed{1}$	-1	-8
3	2	-1	2	12
1	-1	2	-2	-5
4	-2	-3	1	0

$\Longleftrightarrow$

x_1	x_2	x_3	x_4	b
2	-4	1	-1	-8
5	-2	0	$\boxed{1}$	4
-3	7	0	0	11
10	-14	0	-2	-24

$\Longleftrightarrow$

x_1	x_2	x_3	x_4	b
7	-6	1	0	-4
5	-2	0	1	4
-3	7	0	0	11
$\boxed{20}$	-18	0	0	-16

x_1	x_2	x_3	x_4	b
0	0,3	1	0	1,6
0	2,5	0	1	8
0	$\boxed{4{,}3}$	0	0	8,6
1	-0,9	0	0	-0,8

$\Longleftrightarrow$

x_1	x_2	x_3	x_4	b
0	0	1	0	1
0	0	0	1	3
0	1	0	0	2
1	0	0	0	1

d.h. $\begin{pmatrix} x_1 \\ x_2 \\ x_3 \\ x_4 \end{pmatrix} = \begin{pmatrix} 1 \\ 2 \\ 1 \\ 3 \end{pmatrix}$.

iv)

x_1	x_2	x_3	x_4	b
1	−10	2	−9	3
−8	4	−7	5	−6
6	−5	7	−4	8
−3	9	−2	10	−1

⟺

x_1	x_2	x_3	x_4	b
1	−10	2	−9	3
0	−76	9	−67	18
0	55	−5	50	−10
0	−21	4	−17	8

⟺

x_1	x_2	x_3	x_4	b
1	0,50	0	−0,50	−1
0	−28,75	0	−28,75	0
0	28,75	0	28,75	0
0	−5,25	1	−4,25	2

x_1	x_2	x_3	x_4	b
1	0	0	−1	−1
~~0~~	~~0~~	~~0~~	~~0~~	~~0~~
0	1	0	1	0
0	0	1	1	2

Die Nullzeile kann gestrichen werden, da sie für jede Einsetzung wahr wird. Durch beliebige Vorwahl von x_4 gibt es unendlich viele Lösungen:

$$\begin{pmatrix} x_1 \\ x_2 \\ x_3 \\ x_4 \end{pmatrix} = \begin{pmatrix} -1 + x_4 \\ -x_4 \\ 2 - x_4 \\ x_4 \end{pmatrix}.$$

Aufgabe 9.13 *(9.2.71)*:

i)

x_1	x_2	x_3	b
0	−1	1	38
4	2	3	−19
3	0	−1	19

⟺

x_1	x_2	x_3	b
0	1	−1	−38
4	0	5	57
3	0	−1	19

⟺

x_1	x_2	x_3	b
−3	1	0	−57
19	0	0	152
−3	0	1	−19

⟺

x_1	x_2	x_3	b
0	1	0	−33
1	0	0	8
0	0	1	5

eindeutige Lösung: $\vec{x} = (8\,; -33\,; 5)^T$

ii)

x_1	x_2	x_3	x_4	x_5	x_6	b	
2	−4	1	−1	−1	0	1	
6	−3	−1	2	0	−1	−1	
−2	4	−1	1	1	0	−1	
−6	3	1	−2	0	1	1	(1)
−2	4	−1	1	1	0	−1	
−10	11	−1	0	2	1	−1	(2)

mehrdeutig lösbar!

allgemeine Lösung aus (1):

$$\vec{x} = \begin{pmatrix} x_1 \\ x_2 \\ x_3 \\ x_4 \\ x_5 \\ x_6 \end{pmatrix} = \begin{pmatrix} x_1 \\ x_2 \\ x_3 \\ x_4 \\ -1+2x_1-4x_2+x_3-x_4 \\ 1+6x_1-3x_2-x_3+2x_4 \end{pmatrix}$$

(mit beliebig vorwählbaren x_1, x_2, x_3, x_4 $(\in \mathbb{R})$)

Nichtbasislösungen: $\vec{x}_1 = (1;\ 1;\ 1;\ 1;\ -3;\ 5)^T$
(Beispiele) $\vec{x}_2 = (-1;\ -1;\ -1;\ -1;\ 1;\ -3)^T$

Basislösungen: $\vec{x}_{B1} = (0;\ 0;\ 0;\ 0;\ -1;\ 1)^T$
(Beispiele) $\vec{x}_{B2} = (0;\ 0;\ 0;\ -1;\ 0;\ -1)^T$

iii)

y_1	y_2	y_3	b
1	−4	3	16
−2	1	−5	−12
4	5	9	4
0	7	−1	−20

⟺

y_1	y_2	y_3	b
1	−4	3	16
0	−7	1	20
0	21	−3	−60
0	7	−1	−20

⟺

y_1	y_2	y_3	b	
1	17	0	−44	
0	−7	1	20	(1)
~~0~~	~~0~~	~~0~~	~~0~~	
~~0~~	~~0~~	~~0~~	~~0~~	

mehrdeutig lösbar!

y_1	y_2	y_3	b
1	0	17/7	32/7
0	1	−1/7	−20/7

NB-Lös. (Bsp.) B-Lös.

$$\begin{pmatrix} -61 \\ 1 \\ 27 \end{pmatrix}, \begin{pmatrix} -27 \\ -1 \\ 13 \end{pmatrix} \quad \begin{pmatrix} -44 \\ 0 \\ 20 \end{pmatrix}, \begin{pmatrix} 32/7 \\ -20/7 \\ 0 \end{pmatrix}$$

allgemeine Lösung aus (1):

$$\vec{y} = \begin{pmatrix} y_1 \\ y_2 \\ y_3 \end{pmatrix} = \begin{pmatrix} -44-17y_2 \\ y_2 \\ 20+7y_2 \end{pmatrix}$$

y_2 $(\in \mathbb{R})$ beliebig

iv)

x_1	x_2	x_3	x_4	x_5	b
1	0	0	−2	0	0
1	3	0	0	0	30
0	0	1	0	−3	0
0	1	2	0	0	20
0	1	0	−2	−1	0
0	−3	2	6	−3	0

$\Longleftrightarrow$

x_1	x_2	x_3	x_4	x_5	b
1	0	0	−2	0	0
0	3	0	2	0	30
0	0	1	0	−3	0
0	1	2	0	0	20
0	1	0	−2	−1	0
0	−3	2	6	−3	0

$\Longleftrightarrow$

x_1	x_2	x_3	x_4	x_5	b
1	0	0	−2	0	0
0	0	0	8	3	30
0	0	1	0	−3	0
0	0	2	2	1	20
0	1	0	−2	−1	0
0	0	2	0	−6	0

$\Longleftrightarrow$

x_1	x_2	x_3	x_4	x_5	b
1	0	0	−2	0	0
0	0	0	8	3	30
0	0	1	0	−3	0
0	0	0	2	7	20
0	1	0	−2	−1	0
~~0~~	~~0~~	~~0~~	~~0~~	~~0~~	~~0~~

$\Longleftrightarrow$

x_1	x_2	x_3	x_4	x_5	b
1	0	0	0	7	20
0	0	0	0	−25	−50
0	0	1	0	−3	0
0	0	0	1	3,5	10
0	1	0	0	6	20

$\Longleftrightarrow$

x_1	x_2	x_3	x_4	x_5	b
1	0	0	0	0	6
0	0	0	0	1	2
0	0	1	0	0	6
0	0	0	1	0	3
0	1	0	0	0	8

eindeutig lösbar:

$$\begin{pmatrix} x_1 \\ x_2 \\ x_3 \\ x_4 \\ x_5 \end{pmatrix} = \begin{pmatrix} 6 \\ 8 \\ 6 \\ 3 \\ 2 \end{pmatrix}$$

v)

u_1	u_2	u_3	b
−1	−2	1	8
2	3	−1	−10
−1	−4	3	10

u_1	u_2	u_3	b
1	2	−1	−8
0	−1	1	6
0	−2	2	2

u_1	u_2	u_3	b
1	1	0	−2
0	−1	1	6
0	0	0	−10 ↯

keine Lösung!

Aufgabe 9.14 *(9.2.72)*: *(siehe auch Lehrbuch Bemerkung 9.2.64))*

i) $\operatorname{rg} A = \operatorname{rg} A \mid \vec{b} = 3$ = Anzahl n der Variablen, also LGS eindeutig lösbar;

ii) $\operatorname{rg} A = \operatorname{rg} A \mid \vec{b} = 2 < 6 \ (= n)$: LGS ist mehrdeutig lösbar;

iii) $\operatorname{rg} A = \operatorname{rg} A \mid \vec{b} = 2 < 3 \ (= n)$: LGS ist mehrdeutig lösbar;

iv) $\operatorname{rg} A = \operatorname{rg} A \mid \vec{b} = 5 = n$ = Anzahl der Variablen: LGS ist eindeutig lösbar;

v) $\operatorname{rg} A = 2 < \operatorname{rg} A \mid \vec{b} = 3$: LGS ist inkonsistent, d.h. nicht lösbar.

Aufgabe 9.15 *(9.2.73)*:

i) In einem linearen (m,n)-Gleichungssystem determiniert die kleinere der beiden Zahlen m und n die Höchstzahl unterschiedlicher Einheitsvektoren *(und damit die Höchstzahl unterschiedlicher Basislösungen)*, hier: m.
Verteilt man m verschiedene Einheitsvektoren auf n (> m) Plätze, so erhält man als Anzahl möglicher Kombinationen *(ohne Berücksichtigung der Reihenfolge)*:

$$\text{Anzahl möglicher Basislösungen: } \binom{n}{m} = \frac{n!}{m!\,(n-m)!}$$

ii) Aufgabe 9.13 ii): 15 verschiedene Basislösungen *(n = 6, m = 2)*
Aufgabe 9.13 iii): 3 verschiedene Basislösungen *(n = 3, m = 2)*.

Aufgabe 9.16 *(9.2.74)*:

Anzahl möglicher Basislösungen: $\binom{3}{2} = \frac{3!}{2!(3-2)!} = 3$.

x_1	x_2	x_3	b
2	−3	−1	4
[1]	2	−1	−1
0	−7	[1]	6
1	2	−1	−1
0	−7	1	6
1	[−5]	0	5
[−1,4]	0	1	−1
−0,2	1	0	−1
1	0	−5/7	5/7
0	1	−1/7	−6/7

Die 3 Basislösungen lauten:

$\Leftrightarrow \quad \vec{x}_{B1} = (5;\ 0;\ 6)^T$;

$\Leftrightarrow \quad \vec{x}_{B2} = (0;\ -1;\ -1)^T$;

$\Leftrightarrow \quad \vec{x}_{B3} = (5/7;\ -6/7;\ 0)^T$.

Aufgabe 9.17 *(9.2.75)*:

$\text{rg}\,A < \text{rg}\,A\,|\,\vec{b}$ heißt:

Wenn in A z.B. k verschiedene Einheitsvektoren erzeugt werden können, so in $A\,|\,\vec{b}$ *weiterer*, d.h. es muss ein entsprechendes Pivotelement $\neq 0$ auf der rechten Seite dort zu finden sein, wo *links* eine Nullzeile ist. Widerspruch ! Daher ist das LGS: $A\vec{x} = \vec{b}$ bei Vorliegen der o.a. Voraussetzung nicht lösbar.

Aufgabe 9.18 *(9.2.81)*:

i)

x_1	x_2	x_3	e_1	e_2	e_3
2	2	−5	1	0	0
−2	−1	4	0	1	0
[1]	0	−1	0	0	1
0	2	−3	1	0	−2
0	[−1]	2	0	1	2
1	0	−1	0	0	1
0	0	[1]	1	2	2
0	1	−2	0	−1	−2
1	0	−1	0	0	1
0	0	1	1	2	2
0	1	0	2	3	2
1	0	0	1	2	3

Vertauschung von 1. und 3. Zeile:

x_1	x_2	x_3	e_1	e_2	e_3
1	0	0	1	2	3
0	1	0	2	3	2
0	0	1	1	2	2

d.h. $A^{-1} = \begin{pmatrix} 1 & 2 & 3 \\ 2 & 3 & 2 \\ 1 & 2 & 2 \end{pmatrix}$.

ii)

x_1	x_2	x_3	e_1	e_2	e_3
[1]	2	−1	1	0	0
2	−1	3	0	1	0
−1	1	2	0	0	1
1	2	−1	1	0	0
0	−5	5	−2	1	0
0	3	[1]	1	0	1

x_1	x_2	x_3	e_1	e_2	e_3
1	5	0	2	0	1
0	−20	0	−7	1	−5
[0]	3	1	1	0	1
1	0	0	1/4	1/4	−1/4
0	[1]	0	7/20	−1/20	1/4
0	0	1	−1/20	3/20	1/4

d.h. $A^{-1} = \frac{1}{20} \cdot \begin{pmatrix} 5 & 5 & -5 \\ 7 & -1 & 5 \\ -1 & 3 & 5 \end{pmatrix}$

iii)

x_1	x_2	x_3	x_4	e_1	e_2	e_3	e_4
1	4	-2	-2	1	0	0	0
-2	**1**	3	1	0	1	0	0
1	2	2	-1	0	0	1	0
2	-2	-1	-1	0	0	0	1
9	0	-14	-6	1	-4	0	0
-2	1	3	1	0	1	0	0
5	0	-4	-3	0	-2	1	0
-2	0	5	**1**	0	2	0	1
-3	0	16	0	1	8	0	6
0	1	-2	0	0	-1	0	-1
-1	0	11	0	0	4	1	3
-2	0	5	1	0	2	0	1

x_1	x_2	x_3	x_4	e_1	e_2	e_3	e_4
0	0	**-17**	0	1	-4	-3	-3
0	1	-2	0	0	-1	0	-1
1	0	-11	0	0	-4	-1	-3
0	0	-17	1	0	-6	-2	-5
0	0	1	0	-1	4	3	3
0	1	0	0	-2	-9	6	-11
1	0	0	0	-11	-24	16	-18
0	0	0	1	-17	-34	17	-34

$\cdot \frac{1}{17}$

Vertauscht man 3. und 1. Zeile, lässt sich ablesen:

$$A^{-1} = \frac{1}{17} \cdot \begin{pmatrix} -11 & -24 & 16 & -18 \\ -2 & -9 & 6 & -11 \\ -1 & 4 & 3 & 3 \\ -17 & -34 & 17 & -34 \end{pmatrix}$$

iv)

x_1	x_2	x_3	e_1	e_2	e_3
-1	-2	1	1	0	0
2	3	-1	0	1	0
-1	-4	3	0	0	1
1	2	-1	-1	0	0
0	**-1**	1	2	1	0
0	-2	2	-1	0	1
1	2	-1	-1	0	0
0	1	-1	-2	-1	0
0	0	0	-5	-2	1 ↯

A ist nicht invertierbar, da die letzte *(stets falsche)* Zeile des 3-fachen Gleichungssystems lautet:

$$0 \quad 0 \quad 0 \mid -5 \quad -2 \quad 1 \, ,$$

das Gleichungssystem somit keine Lösung *(und A keine Inverse)* besitzt ($\text{rg}\, A < \text{rg}\, A \mid \vec{b}$, *siehe auch Aufg. 9.17*).

Aufgabe 9.19 *(9.2.82)***:**

Aus $A\vec{x} = \vec{b}$ folgt $\vec{x} = A^{-1} \cdot \vec{b}$. Um ein lineares Gleichungssystem auf diese Weise lösen zu können, muss zuvor zu A die inverse Matrix A^{-1} bestimmt werden:

i)

x_1	x_2	x_3	e_1	e_2	e_3
1	2	-1	1	0	0
2	4	2	0	1	0
1	1	1	0	0	1
1	2	-1	1	0	0
0	0	4	-2	1	0
0	**-1**	2	-1	0	1
1	0	3	-1	0	2
0	0	**4**	-2	1	0
0	1	-2	1	0	-1
1	0	0	0,5	-0,75	2
0	0	1	-0,5	0,25	0
0	1	0	0	0,5	-1

d.h. $A^{-1} = \begin{pmatrix} 0{,}5 & -0{,}75 & 2 \\ 0 & 0{,}5 & -1 \\ -0{,}5 & 0{,}25 & 0 \end{pmatrix} = 0{,}25 \cdot \begin{pmatrix} 2 & -3 & 8 \\ 0 & 2 & -4 \\ -2 & 1 & 0 \end{pmatrix}$

Daraus folgen die Lösungen: $\vec{x}_i = A^{-1} \cdot \vec{b}_i$

$\vec{x}_1 = A^{-1} \cdot (5 ; 2 ; -1)^T = (-1 ; 2 ; -2)^T$

$\vec{x}_2 = A^{-1} \cdot (-2 ; 1 ; 10)^T = (18{,}25 ; -9{,}5 ; 1{,}25)^T$

$\vec{x}_3 = A^{-1} \cdot (9{,}8 ; 4{,}2 ; -3{,}5)^T =$
$= (-5{,}25 ; 5{,}6 ; -3{,}85)^T$.

ii)

x_1	x_2	x_3	e_1	e_2	e_3
2	-2	-1	1	0	0
1	-1	2	0	1	0
1	1	3	0	0	1

$\Longleftrightarrow$

x_1	x_2	x_3	e_1	e_2	e_3
0	0	-5	1	-2	0
1	-1	2	0	1	0
0	2	**1**	0	-1	1

$\Longleftrightarrow$

x_1	x_2	x_3	e_1	e_2	e_3
0	$\boxed{10}$	0	1	−7	5
1	−5	0	0	3	−2
0	2	1	0	−1	1
0	1	0	0,1	−0,7	0,5
1	0	0	0,5	−0,5	0,5
0	0	1	−0,2	0,4	0

d.h. $A^{-1} = \begin{pmatrix} 0{,}5 & -0{,}5 & 0{,}5 \\ 0{,}1 & -0{,}7 & 0{,}5 \\ -0{,}2 & 0{,}4 & 0 \end{pmatrix} = 0{,}1 \cdot \begin{pmatrix} 5 & -5 & 5 \\ 1 & -7 & 5 \\ -2 & 4 & 0 \end{pmatrix}$

$\Longleftrightarrow$

$\vec{x}_1 = A^{-1} \cdot (8\,;7\,;-3)^T = (-1\,;-5{,}6\,;1{,}2)^T$

$\vec{x}_2 = A^{-1} \cdot (100\,;-200\,;500)^T = (400\,;400\,;-100)^T$

$\vec{x}_3 = A^{-1} \cdot (21{,}7\,;-1{,}6\,;3{,}7)^T = (16{,}20\,;5{,}68\,;-6{,}06)^T.$

Aufgabe 9.20 *(9.2.94)***:**

i) Die gesuchten Verrechnungspreise seien p_1 *(Preis für elektrische Energie in €/kWh)* und p_2 *(Arbeitspreis für Reparaturen in €/h)*. Dann muss gelten:

Bewertete Gesamtleistung = primäre Kosten + sekundäre Kosten, d.h.

(1) Strom: $200.000p_1 = 30.540 + 400p_2$
(2) Reparaturen: $1.600p_2 = 60.000 + 8.000p_1$.

Aus (2) folgt nach Division durch 4: $400p_2 = 15.000 + 2.000p_1$.
Einsetzen in (1) liefert: $200.000p_1 = 45.540 + 2.000p_1 \Longleftrightarrow p_1 = 0{,}23$;
Dies eingesetzt in (2) liefert: $p_2 = 38{,}65$.

Damit lauten die gesuchten Verrechnungspreise:

$$p_1 = 0{,}23 \text{ €/kWh}\,; \qquad p_2 = 38{,}65 \text{ €/h}\,.$$

ii) Mit den Daten aus i) ergibt sich für die Gesamtkosten K_i der Hauptbetriebe:

Dreherei: $K_1 = 240.000 + 92.000 \cdot 0{,}23 + 400 \cdot 38{,}65 = 276.620{,}00$ €
Endmontage: $K_2 = 300.000 + 100.000 \cdot 0{,}23 + 800 \cdot 38{,}65 = 353.920{,}00$ €.

Aufgabe 9.21 *(9.2.95)***:**

i) Die gesuchten Verrechnungspreise für die Leistungen der vier Hilfskostenstellen seien mit p_1, p_2, p_3, p_4 bezeichnet. Dann gilt für jede der 4 Hilfskostenstellen der Grundsatz:

„Primäre Kosten + sekundäre Kosten = Wert der Gesamtleistung“,

so dass sich das folgende lineare Gleichungssystem ergibt:

$$\begin{aligned}
2020 + 10p_1 + 40p_2 + 100p_3 + 80p_4 &= 400p_1 \\
3700 + 30p_1 + 10p_2 + 80p_3 + 20p_4 &= 600p_2 \\
1960 + 40p_1 + 50p_2 + 20p_4 &= 500p_3 \\
7700 + 50p_1 + 100p_2 + 40p_3 + 30p_4 &= 800p_4 \quad .
\end{aligned}$$

Division jeder Gleichung durch 10 und Umordnung liefern das System:

$$\begin{aligned}
39p_1 - 4p_2 - 10p_3 - 8p_4 &= 202 \\
-3p_1 + 59p_2 - 8p_3 - 2p_4 &= 370 \\
-4p_1 - 5p_2 + 50p_3 - 2p_4 &= 196 \\
-5p_1 - 10p_2 - 4p_3 + 77p_4 &= 770
\end{aligned}$$

Zur Lösung werden zunächst zwei Pivotschritte durchgeführt:

p_1	p_2	p_3	p_4	b
39	-4	-10	-8	202
-3	59	-8	-2	370
-4	-5	50	[-2]	196
-5	-10	-4	77	770
55	16	-210	0	-582
[1]	64	-58	0	174
2	2,5	-25	1	-98
-159	-202,5	1921	0	8316
0	-3504	2980	0	-10152
1	64	-58	0	174
0	-125,5	91	1	-446
0	9973,5	-7301	0	35982

Da die Zahlen zunehmend unhandlich werden, ermittelt man zweckmäßigerweise separat die Lösung des 2×2-Gleichungssystems, bestehend aus den Zeilen 1 und 4 des letzten Tableaus:

$$\begin{array}{lrcl} (1) & -3.504 \cdot p_2 + 2.980 p_3 & = & -10.152 \quad | \cdot 2{,}45 \\ (4) & 9.973{,}5 p_2 - 7.301 p_3 & = & 35.982 \\ \hline (1') & -8.584{,}8 p_2 + 7.301 p_3 & = & -24.872{,}4 \\ (1')+(4) & 1.388{,}7 p_2 & = & 11.109{,}6 \\ \Longleftrightarrow & p_2 = 8 \quad \Rightarrow \quad p_3 = 6 & & \end{array}$$

Einsetzen dieser Werte in Gl. (2) und (3) des letzten Tableaus liefert: $p_1 = 10$; $p_4 = 12$.

Somit lauten die vier gesuchten innerbetrieblichen Verrechnungspreise:

$$p_1 = 10 \text{ GE/LE}_1$$
$$p_2 = 8 \text{ GE/LE}_2$$
$$p_3 = 6 \text{ GE/LE}_3$$
$$p_4 = 12 \text{ GE/LE}_4 .$$

ii) Mit den Werten von i) ergeben sich die folgenden Gesamtumlagekosten:
für Hauptkostenstelle H1: $K_{H1} = 80 \cdot 10 + 100 \cdot 8 + 180 \cdot 6 + 250 \cdot 12 = 5.680$ GE;
für Hauptkostenstelle H2: $K_{H2} = 90 \cdot 10 + 150 \cdot 8 + 70 \cdot 6 + 200 \cdot 12 = 4.920$ GE;
für Hauptkostenstelle H3: $K_{H3} = 100 \cdot 10 + 150 \cdot 8 + 30 \cdot 6 + 200 \cdot 12 = 4.780$ GE.

Aufgabe 9.22 *(9.2.96)*:

Aus dem Gozintographen erhält man folgendes Gleichungssystem:

$$\begin{aligned} x_1 &= 2x_3 + 2x_5 + 2x_6 \\ x_2 &= x_3 + 2x_4 + 2x_7 \\ x_3 &= 2x_6 + 3x_7 \\ x_4 &= x_7 \\ x_5 &= x_3 + x_6 \\ x_6 &= 82 + 0{,}1x_2 \\ x_7 &= 100 \end{aligned}$$

Damit ergibt sich das folgende LGS-Tableau:

x_1	x_2	x_3	x_4	x_5	x_6	x_7	b
1	0	-2	0	-2	-2	0	0
0	1	-1	-2	0	0	-2	0
0	0	1	0	0	-2	-3	0
0	0	0	1	0	0	-1	0
0	0	-1	0	1	-1	0	0
0	-0,1	0	0	0	1	0	82
0	0	0	0	0	0	1	100

mit der Lösung: *(Gesamtbedarfsvektor)*

$$\begin{pmatrix} x_1 \\ x_2 \\ x_3 \\ x_4 \\ x_5 \\ x_6 \\ x_7 \end{pmatrix} = \begin{pmatrix} 3.480 \text{ ME}_1 \\ 1.080 \text{ ME}_2 \\ 680 \text{ ME}_3 \\ 100 \text{ ME}_4 \\ 870 \text{ ME}_5 \\ 190 \text{ ME}_6 \\ 100 \text{ ME}_7 \end{pmatrix}$$

10 Lineare Optimierung

Aufgabe 10.1 *(10.1.26)*:

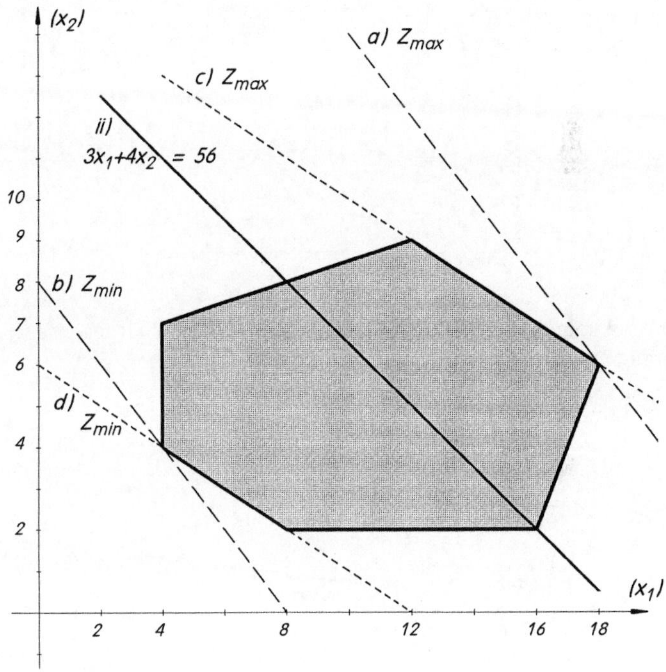

Aus der Graphik liest man ab:

i) **a)** $\vec{x}_{opt.} = (18;\ 6)$; $Z_{max} = 72$ **b)** $\vec{x}_{opt.} = (4;\ 4)$; $Z_{min} = 24$

c) $\vec{x}_{opt.} = \lambda(12;\ 9) + (1-\lambda)(18;\ 6)$; $(0 \le \lambda \le 1)$; $Z_{max} = 210$

d) $\vec{x}_{opt.} = \lambda(4;\ 4) + (1-\lambda)(8;\ 2)$; $(0 \le \lambda \le 1)$; $Z_{min} = 84$

(Bem.: Bei c) und d) handelt es sich jeweils um mehrdeutige Lösungen: Die Zielfunktionsgerade fällt mit einer Restriktionsgeraden zusammen.)

ii) **a)** $\vec{x}_{opt.} = (16;\ 2)$; $Z_{max} = 54$ **b)** $\vec{x}_{opt.} = (8;\ 8)$; $Z_{min} = 48$

c) $\vec{x}_{opt.} = (8;\ 8)$; $Z_{max} = 168$ **d)** $\vec{x}_{opt.} = (16;\ 2)$; $Z_{min} = 140$

Aufgabe 10.2 *(10.1.27)*:

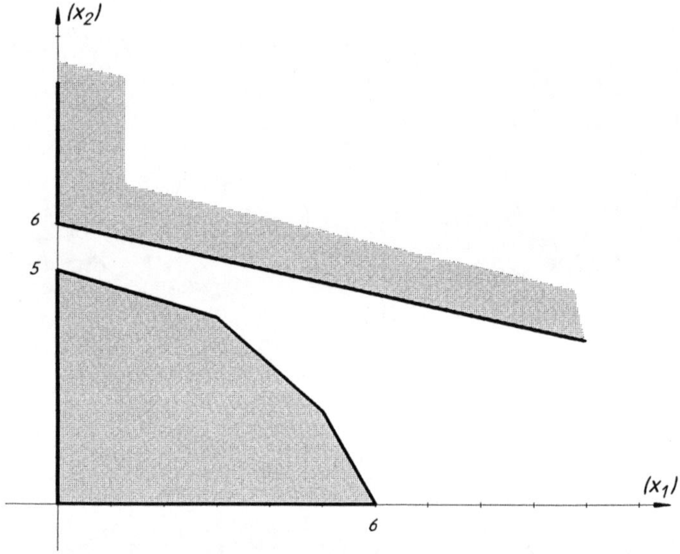

Es gibt keine zulässige Lösung, da die Restriktionen sich gegenseitig ausschließen. Somit besitzt die Zielfunktion keine optimale Lösung.

Aufgabe 10.3 *(10.1.28)*:

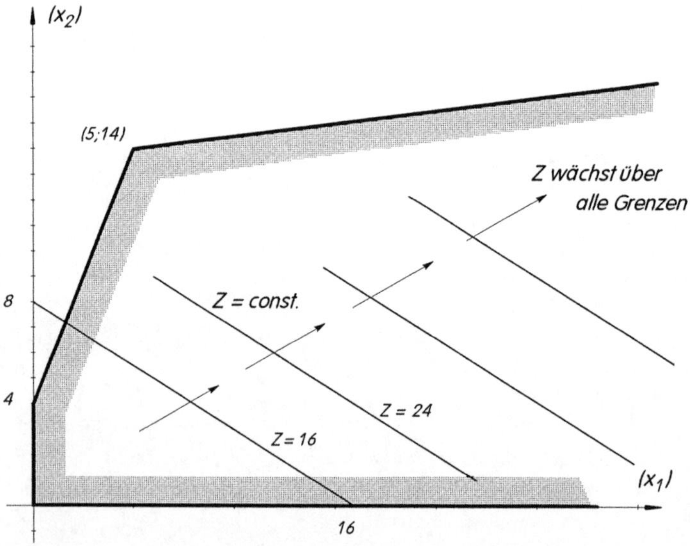

Die Lösung ist unbeschränkt! Mit Erhöhung von x_1 und x_2 erhöht sich auch Z beliebig. Es existiert somit kein (endliches) Maximum.

Aufgabe 10.4 *(10.1.29)*:

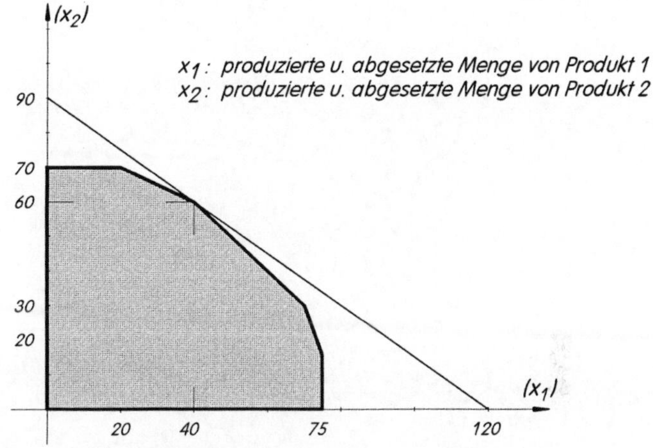

Optimale Lösung: 40 Stück von Produkt I, 60 Stück von Produkt II; $DB_{max} = 360$ T€

Aufgabe 10.5 *(10.1.30)*:

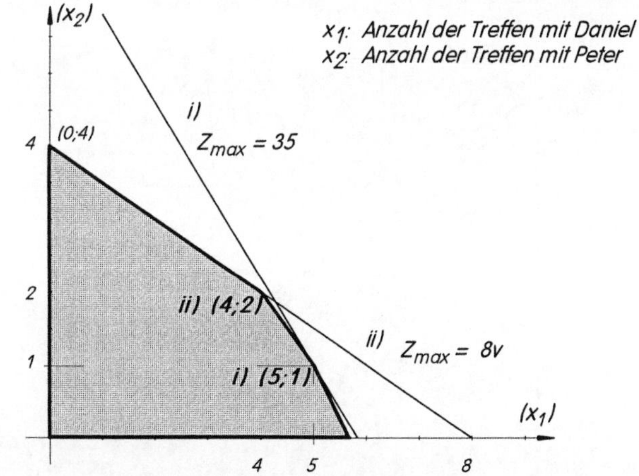

i) Maximales Vergnügen verschaffen Susanne 5 Treffen mit Daniel und 1 Treffen mit Peter. $Z_{opt.} = 35$ Vergnügungseinheiten

ii) Zielfunktion: $Z = vx_1 + 2vx_2 \rightarrow \max.$ (v := Anzahl der Vergnügungseinheiten pro Treffen mit Daniel) ⇒ Die Zielfunktionsgerade ist parallel zu einer Restriktionsgeraden ⇒ alle Rendezvous-Kombinationen zwischen (0;4) und (4;2) sind gleichermaßen optimal für Susanne ⇒

$\vec{x}_{opt.} = \lambda(0;\ 4) + (1-\lambda)(4;\ 2)$, $(0 \le \lambda \le 1)$; $Z_{opt.} = 8 \cdot v$ Vergnügungseinheiten

Aufgabe 10.6 *(10.1.31)*:

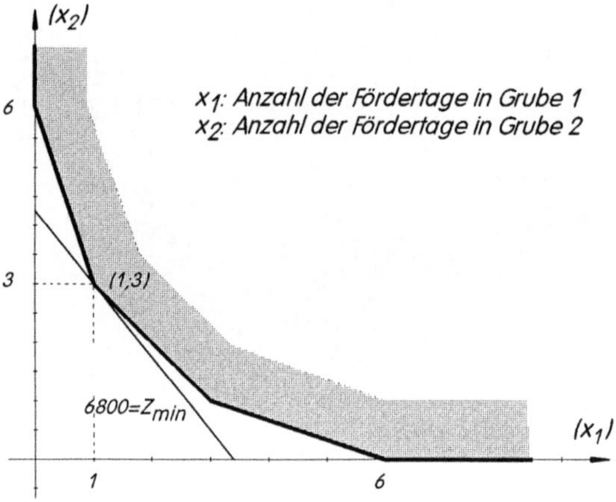

Zu minimalen Kosten von 6.800 €/Woche führen 1 Fördertag in Grube 1 und 3 Fördertage in Grube 2.

Aufgabe 10.7 *(10.1.32)*:

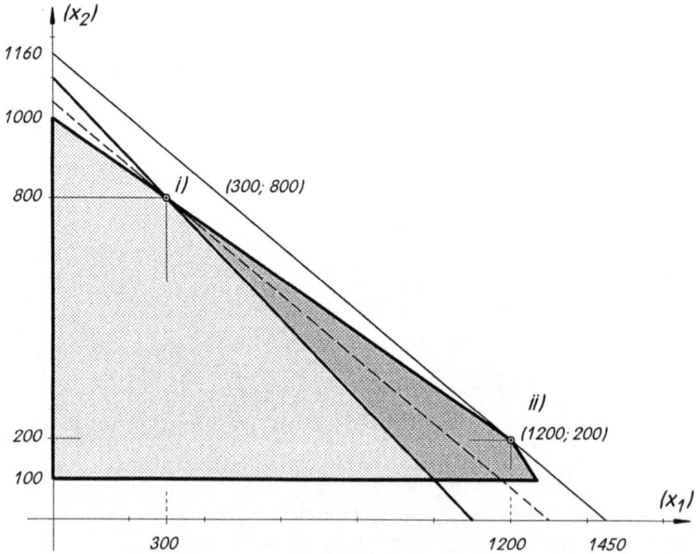

i) Optimales Produktionsprogramm: 300 Stück Produkt I, 800 Stück Produkt II, $Z_{max} = 52.000$ €

ii) 1.200 Stück von Produkt I und 200 Stück von Produkt II sind optimal. $Z_{max} = 58.000$ €

Aufgabe 10.8 *(10.1.33)*:

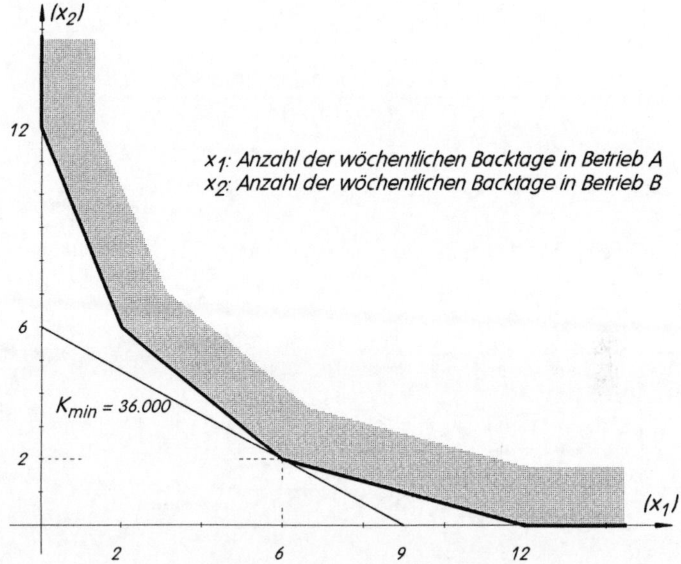

Ein Backbetrieb von 6 Tagen in Betrieb A und 2 Tagen in Betrieb B ist mit Gesamtbetriebskosten von 36.000 €/Woche kostenminimal.

Aufgabe 10.9 *(10.2.37)*:

Optimaltableau: opt. Lösung:

i)

	x_1	x_2	y_1	y_2	y_3	Z	b
y_1	0	0	1	0,5	−0,5	0	4
x_2	0	1	0	1	0	0	16
x_1	1	0	0	−0,5	0,5	0	4
Z	0	0	0	25	15	1	760

$x_1 = 4$; $x_2 = 16$
$y_1 = 4$; $y_2 = y_3 = 0$
$Z_{max} = 760$

ii)

	x_1	x_2	y_1	y_2	y_3	Z	b
y_1	0	0	1	−2,5	0,5	0	2
x_1	1	0	0	1,5	−0,5	0	3
x_2	0	1	0	−0,5	0,5	0	4
Z	0	0	0	1,5	0,5	1	18

$x_1 = 3$; $x_2 = 4$
$y_1 = 2$; $y_2 = y_3 = 0$
$Z_{max} = 18$

iii)

	x_1	x_2	x_3	y_1	y_2	Z	b
x_2	2,6	1	0	0,3	−0,1	0	0,08
x_3	−1,5	0	1	−0,25	0,25	0	0,10
Z	14	0	0	3	1	1	2,8

$x_1 = 0$, $x_2 = 0{,}08$, $x_3 = 0{,}1$
$y_1 = y_2 = 0$
$Z_{max} = 2{,}8$

iv) Optimaltableau:

	u_1	u_2	u_3	u_4	u_5	y_1	y_2	y_3	y_4	Z	b
y_1	2	0	−1	0	1	1	−1	0	0	0	6
u_2	1	1	1	0	0	0	1	0	0	0	4
u_4	−0,5	0	0	1	0,5	0	−0,5	0,5	0	0	2
y_4	1,5	0	2	0	1,5	0	−0,5	−0,5	1	0	6
Z	2	0	4	0	0	0	4	1	0	1	24

optimale Lösung: $u_1 = 0, u_2 = 4, u_3 = 0, u_4 = 2, u_5 = 0$
$y_1 = 6, y_2 = y_3 = 0, y_4 = 6$; $Z_{max} = 24$

Aufgabe 10.10 *(10.2.38)*: (siehe Aufgaben 10.4 und 10.5 *(10.1.29 und 10.1.30)*)

i) Optimaltableau:

	x_1	x_2	y_1	y_2	y_3	y_4	y_5	Z	b
y_1	0	0	1	−2,5	4/3	0	0	0	120
y_5	0	0	0	0,25	−1/3	0	1	0	10
x_1	1	0	0	0,5	−1/3	0	0	0	40
y_4	0	0	0	−0,5	1/3	1	0	0	35
x_2	0	1	0	−0,25	1/3	0	0	0	60
Z	0	0	0	0,5	1/3	0	0	1	360

opt. Lösung:

$x_1 = 40\ ME_1$,
$x_2 = 60\ ME_2$
$y_1 = 120, y_2 = 0$,
$y_3 = 0, y_4 = 35$,
$y_5 = 10$

$Z_{max} = 360$ T€

ii) **a)** Aufgabe 10.5 i) *(10.1.30 i)*

Optimaltableau:

	x_1	x_2	y_1	y_2	y_3	Z	b
x_1	1	0	0,25	−2/3	0	0	5
x_2	0	1	−0,25	1	0	0	1
y_3	0	0	125	−2000/3	1	0	500
Z	0	0	0,25	1	0	1	35

opt. Lösung:

$x_1 = 5, x_2 = 1$
$y_1 = y_2 = 0$
$y_3 = 500$

$Z_{max} = 35$

b) Aufgabe 10.5 ii) *(10.1.30 ii)*

1. Optimaltableau:

	x_1	x_2	y_1	y_2	y_3	Z	b
y_1	8	0	1	0	−0,008	0	36
y_2	1,5	0	0	1	−0,003	0	6
x_2	0,5	1	0	0	0,001	0	4
Z	**0**	0	0	0	0,002·v	1	8·v

Erste opt. Basislösung:

$x_1 = 0, x_2 = 4$
$y_1 = 36, y_2 = 6, y_3 = 0$
$Z_{max} = 8 \cdot v$

2. Optimaltableau:

	x_1	x_2	y_1	y_2	y_3	Z	b
y_1	0	0	1	$-5,\overline{3}$	0,008	0	4
x_1	1	0	0	$0,\overline{6}$	−0,002	0	4
x_2	0	1	0	$-0,\overline{3}$	0,002	0	2
Z	0	0	0	**0**	0,002·v	1	8·v

Zweite opt. Basislösung:

$x_1 = 4, x_2 = 2$
$y_1 = 4, y_2 = y_3 = 0$
$Z_{max} = 8 \cdot v$

(v := Anzahl der „Vergnügungseinheiten" pro Treffen mit Daniel)

Mehrdeutige Optimallösung! *Man erhält sämtliche optimalen Lösungen als konvexe Linearkombinationen der beiden o.a. Basislösungen, siehe (graphische) Lösung zu Aufg. 10.5 ii).*

Aufgabe 10.11 *(10.2.39)*:

Sei x_i die produzierte Menge des Produktes P_i (i=1,...,4).

Mathematisches Modell:

Zielfunktion: $10x_1 + 13x_2 + 10x_3 + 11x_4 = Z \rightarrow \max.$

Restriktionen:

$$4x_1 + 5x_2 + 4x_3 + 3x_4 \leq 475$$
$$8x_1 + 8x_2 + 6x_3 + 10x_4 \leq 720$$
$$\frac{1}{15}x_1 + \frac{1}{30}x_2 + \frac{1}{10}x_3 + \frac{1}{15}x_4 \leq 14$$

NNB: $x_1, x_2, x_3, x_4 \geq 0$

Optimaltableau:

	x_1	x_2	x_3	x_4	y_1	y_2	y_3	Z	b
x_3	−4	0	1	−13	4	−2,5	0	0	100
x_2	4	1	0	11	−3	2	0	0	15
y_3	1/3	0	0	1	−0,3	11/60	1	0	3,5
Z	2	0	0	2	1	1	0	1	1.195

optimales Produktionsprogramm:

$x_1 = 0$ ME; $x_2 = 15$ ME; $x_3 = 100$ ME; $x_4 = 0$ ME; $(y_1 = y_2 = 0; y_3 = 3{,}5)$

$Z_{max} = 1.195$ € pro Tag

Aufgabe 10.12 *(10.3.15)*: Ausgangstableau:

		x_1	x_2	y_1	y_2	y_3	y_4	y_5	y_6	y_{H1}	y_{H2}	y_{H3}	Z*	Z / Z′	b
	y_1	−1	4	1	0	0	0	0	0	0	0	0	0	0	24
	y_2	1	2	0	1	0	0	0	0	0	0	0	0	0	30
	y_3	2	−1	0	0	1	0	0	0	0	0	0	0	0	30
	y_{H1}	1	0	0	0	0	−1	0	0	1	0	0	0	0	4
	y_{H2}	0	1	0	0	0	0	−1	0	0	1	0	0	0	2
	y_{H3}	1	2	0	0	0	0	0	−1	0	0	1	0	0	12
	Z*	−2	−3	0	0	0	1	1	1	0	0	0	1	0	−18
i)	Z	−3	−3	0	0	0	0	0	0	0	0	0	0	1	0
ii)	Z′	3	3	0	0	0	0	0	0	0	0	0	0	1	0

i) Optimaltableau:

	x_1	x_2	y_1	y_2	y_3	y_4	y_5	y_6	Z	b
y_1	0	0	1	−1,4	1,2	0	0	0	0	18
y_5	0	0	0	0,4	−0,2	0	1	0	0	4
y_6	0	0	0	1	0	0	0	1	0	18
x_1	1	0	0	0,2	0,4	0	0	0	0	18
x_2	0	1	0	0,4	−0,2	0	0	0	0	6
y_4	0	0	0	0,2	0,4	1	0	0	0	14
Z	0	0	0	1,8	0,6	0	0	0	1	72

opt. Lösung:

$x_1 = 18$, $x_2 = 6$
$y_1 = 18$, $y_2 = 0$,
$y_3 = 0$, $y_4 = 14$,
$y_5 = 4$, $y_6 = 18$
$Z_{max} = 72$

ii) Optimaltableau:

	x_1	x_2	y_1	y_2	y_3	y_4	y_5	y_6	Z	b
y_1	0	0	1	0	0	−3	0	2	0	12
y_2	0	0	0	1	0	0	0	1	0	18
y_3	0	0	0	0	1	2,5	0	−0,5	0	26
x_1	1	0	0	0	0	−1	0	0	0	4
x_2	0	1	0	0	0	0,5	0	−0,5	0	4
y_5	0	0	0	0	0	0,5	1	−0,5	0	2
Z	0	0	0	0	0	1,5	0	1,5	1	−24

opt. Lösung:

$x_1 = 4, \quad x_2 = 4$
$y_1 = 12, \ y_2 = 18,$
$y_3 = 26, \ y_4 = 0,$
$y_5 = 2, \quad y_6 = 0$

$Z_{min} = 24$

Aufgabe 10.13 *(10.3.16)*:

Es sei x_i die produzierte Menge des Produktes P_i *(i=1,…,4)* :

Mathematisches Modell:

Zielfunktion: $2x_1 - 2x_2 - x_3 + x_4 = Z \rightarrow \max.$

Restriktionen:
$$\begin{aligned} 2x_1 + 4x_2 + x_3 &\le 150 \\ x_1 + 5x_3 + x_4 &\le 250 \\ x_2 + 4x_3 + 2x_4 &= 200 \\ x_1 + x_2 + x_4 &= 150 \end{aligned}$$

NNB: $x_1, x_2, x_3, x_4 \ge 0$

sekundäre Zielfunktion: $Z^* = -350 + x_1 + 2x_2 + 4x_3 + 3x_4 \rightarrow \max.$

Ausgangstableau:

	x_1	x_2	x_3	x_4	y_1	y_2	y_{H1}	y_{H2}	Z*	Z	b
y_1	2	4	1	0	1	0	0	0	0	0	150
y_2	1	0	5	1	0	1	0	0	0	0	250
y_{H1}	0	1	4	2	0	0	1	0	0	0	200
y_{H2}	1	1	0	1	0	0	0	1	0	0	150
Z*	−1	−2	−4	−3	0	0	0	0	1	0	−350
Z	−2	2	1	−1	0	0	0	0	0	1	0

Optimaltableau:

	x_1	x_2	x_3	x_4	y_1	y_2	Z	b
x_3	0	0,6	1	0	0,2	0	0	10
y_2	0	−4	0	0	−1	1	0	50
x_4	0	−0,7	0	1	−0,4	0	0	80
x_1	1	1,7	0	0	0,4	0	0	70
Z	0	4,1	0	0	0,2	0	1	210

optimales Produktionsprogramm:

$x_1 = 70$ ME; $\quad x_2 = 0$; $\quad x_3 = 10$ ME; $\quad x_4 = 80$ ME;

$y_1 = 0$; $\quad y_2 = 50$;

Maximaler Deckungsbeitrag: $\quad Z_{max} = 210$ € .

Aufgabe 10.14 *(10.3.17)*:

Es sei x_i die produzierte Menge (in t/Monat) des Erzes E_i (i = 1,2).

Mathematisches Modell:

Zielfunktion: $10x_1 + 100x_2 = Z \to \min.$

Restriktionen:
$$0{,}1x_1 + 0{,}5x_2 = 100$$
$$0{,}6x_1 + 0{,}5x_2 \geq 200$$
$$x_1 \leq 400$$
$$x_2 \leq 180$$

NNB: $x_1, x_2 \geq 0.$

Sekundäre Zielfunktion: $Z^* = -300 + 0{,}7x_1 + x_2 - y_1 \to \max.$

Ausgangstableau:

	x_1	x_2	y_1	y_2	y_3	y_{H1}	y_{H2}	Z*	Z'	b
y_{H1}	0,1	0,5	0	0	0	1	0	0	0	100
y_{H2}	0,6	0,5	-1	0	0	0	1	0	0	200
y_2	1	0	0	1	0	0	0	0	0	400
y_3	0	1	0	0	1	0	0	0	0	180
Z*	-0,7	-1	1	0	0	0	0	1	0	-300
Z'	10	100	0	0	0	0	0	0	1	0

Optimaltableau:

	x_1	x_2	y_1	y_2	y_3	Z'	b
x_2	0	1	0	-0,2	0	0	120
x_1	1	0	0	1	0	0	400
y_1	0	0	1	0,5	0	0	100
y_3	0	0	0	0,2	1	0	60
Z	0	0	0	10	0	1	-16.000

Kostenminimales monatliches Produktionsprogramm:

$x_1 = 400$ t E_1; $x_2 = 120$ t E_2;

$y_1 = 100$; $y_2 = 0$; $y_3 = 60$; $K_{min} = 16.000$ T€/Monat

Aufgabe 10.15 *(10.4.30)*:

i) Nach dem ersten Simplexschritt der 2-Phasen-Methode erhält man:

	x_1	x_2	x_3	y_1	y_2	y_H	Z*	Z	b
x_3	1,5	3	1	0,5	0	0	0	0	3
y_H	-0,5	-6	0	-1,5	-1	1	0	0	3
Z*	0,5	6	0	1,5	1	0	1	0	**-3**
Z	0,5	2	0	0,5	0	0	0	1	3

Die sekundäre Zielfunktion Z* ist bereits maximal, allerdings mit einem Maximalwert $\neq 0$, so dass auch die Hilfsschlupfvariable y_H ungleich Null bleibt und nicht eliminiert werden kann $\Rightarrow$ Es existiert keine zulässige Lösung.

ii) Nach dem ersten Simplexschritt resultiert folgendes Tableau:

	x_1	x_2	x_3	x_4	y_1	y_2	Z	b
x_1	1	3	−7	−5	1	0	0	5
y_2	0	4	−1	0	1	1	0	8
Z	0	11	**−3**	**−1**	5	0	1	25
			↑	↑				

Die Zielfunktion Z ist noch nicht maximal. In den beiden möglichen Pivotspalten existiert kein positives Pivotelement, d.h. es ist kein „Engpass" vorhanden, Z kann durch beliebige Erhöhung von x_3 oder x_4 beliebig groß gemacht werden, ohne dass eine Restriktion verletzt wird ⇒ unbeschränkte Lösung.

iii) Das Problem ist mehrdeutig lösbar, wie die folgenden drei optimalen Simplex-Tableaus zeigen *(Zielfunktionskoeffizienten von Nichtbasisvariablen sind Null)*

	x_1	x_2	x_3	y_1	y_2	Z	b
x_1	1	2	2/3	1/3	0	0	2
y_2	0	4	2/3	1/3	1	0	4
Z	0	**0**	**0**	2	0	1	12
x_3	1,5	3	1	0,5	0	0	3
y_2	−1	2	0	0	1	0	2
Z	**0**	**0**	0	2	0	1	12
x_3	3	0	1	0,5	−1,5	0	**0**
x_2	−0,5	1	0	0	0,5	0	1
Z	**0**	0	0	2	**0**	1	12

opt. Basislösungen:

$\vec{x}_1 = (2,\ 0,\ 0,\ 0,\ 4,\ 12)^T$

$\vec{x}_2 = (0,\ 0,\ 3,\ 0,\ 2,\ 12)^T$

$\vec{x}_3 = (0,\ 1,\ 0,\ 0,\ 0,\ 12)^T$ *(degeneriert)*

allgemeine optimale Lösung: $\vec{x} = \lambda_1\vec{x}_1 + \lambda_2\vec{x} + \lambda_3\vec{x}_3$ mit $0 \le \lambda_i \le 1$ und $\lambda_1 + \lambda_2 + \lambda_3 = 1$

spezielle Nichtbasislösungen: *(Beispiele)*

a) $\lambda_1 = 0{,}1;\ \ \lambda_2 = 0{,}5;\ \ \lambda_3 = 0{,}4$ ⇒ $\vec{x}_4 = (0{,}2;\ 0{,}4;\ 1{,}5;\ 0;\ 1{,}4;\ 12)^T$

b) $\lambda_1 = 0{,}7;\ \ \lambda_2 = 0{,}2;\ \ \lambda_3 = 0{,}1$ ⇒ $\vec{x}_5 = (1{,}4;\ 0{,}1;\ 0{,}6;\ 0;\ 3{,}2;\ 12)^T$.

iv) Man setzt: $x_1 = x_1' - x_1''$ und $x_2 = -x_2^*$ (mit $x_1', x_1'', x_2^* \ge 0$) ⇒
sekundäre Zielfunktion: $Z^* = 3x_2^* - y_3 - y_4 - 9 \to \max$.

Optimaltableau:

	x_1'	x_1''	x_2^*	y_1	y_2	y_3	y_4	Z	b
y_3	0	0	0	1	0	1	−1	0	9
y_2	0	0	0	−2/3	1	0	7/3	0	14
x_1''	−1	1	0	1/3	0	0	1/3	0	5
x_2^*	0	0	1	1/3	0	0	−2/3	0	6
Z	0	0	0	1/3	0	0	4/3	1	4

opt. Lösung:

Wegen $x_1' = 0,\ x_1'' = 5,\ x_2^* = 6$ ergibt sich:

$x_1 = -5,\ x_2 = -6$

$y_1 = 0,\ y_2 = 14,\ y_3 = 9$

$y_4 = 0$

$Z_{max} = 4$.

Aufgabe 10.16 *(10.5.23)*:

Vorbemerkung: *Die Lösungshinweise zur ökonomischen Interpretation der Aufgaben i) - ix) sind nachfolgendem Muster aufgebaut:*

(a) *Hinweis auf die Fundstelle für das* ***optimale Simplextableau;***

(b) ***Optimale Lösung*** *mit Kurzinterpretation der Werte;*

(c) *Interpretation der* ***inneren Koeffizienten*** *und der Koeffizienten der* ***Zielfunktionszeile****, soweit sie zu Nichtbasisvariablen gehören.*
Dabei wird diejenige ***suboptimale Nichtbasislösung*** *betrachtet, die durch Anheben des Niveaus der Nichtbasisvariablen von 0 auf 1 erfolgt (falls das Niveau von 0 auf −1 abgesenkt wird, ändert sich das Vorzeichen des zu interpretierenden Koeffizienten und somit auch die „Richtung" des damit verbundenen ökonomischen Prozesses).*

i) ökon. Interpretation des opt. Simplextableaus von **Aufg. 10.4** *(10.1.29)*

(a) opt. Simplextableau siehe Aufg. 10.10 i) *(10.2.38 i)*.

(b) optimale Basislösung:

$$\vec{x}_{opt} = \begin{pmatrix} x_1 \\ x_2 \\ y_1 \\ y_2 \\ y_3 \\ y_4 \\ y_5 \\ Z \end{pmatrix} = \begin{pmatrix} 40\ ME_1 \\ 60\ ME_2 \\ 120\ h \\ 0\ h \\ 0\ h \\ 35\ ME_1 \\ 10\ ME_2 \\ 360\ T€ \end{pmatrix} \qquad \textit{(Bezugszeitraum: 1 Periode)}$$

Um einen maximalen Deckungsbeitrag zu erwirtschaften, müssen von Produkt I 40 ME_1, von Produkt II 60 ME_2 produziert und abgesetzt werden. Dabei sind in Fertigungsstelle 1 noch 120 h der Kapazität ungenutzt, während die Fertigungsstellen 2 und 3 voll ausgelastet sind (ungenutzte Kapazitäten $y_2=y_3=0$). Die Absatzhöchstmenge des ersten Produktes ist um 35 ME_1, die des zweiten Produktes um 10 ME_2 unterschritten. Der maximale Deckungsbeitrag beträgt 360 T€.

(c) Bleibt in der Engpassfertigungsstelle 2 *(bzw. 3)* eine Stunde der Kapazität ungenutzt, d.h. $y_2 = 1$ *(bzw.* $y_3 = 1$*)*, so

- erhöht sich *(vermindert sich)* die Leerzeit in Fertigungsstelle 1 um 2,5 h *(bzw. 4/3 h)*;
- sinkt *(steigt)* die zur Absatzhöchstmenge fehlende Differenz von Produkt 2 um 0,25 ME_2 *(bzw. 1/3* ME_2*)*;
- sinkt *(steigt)* die Absatzmenge von Produkt 1 um 0,5 ME_1 *(bzw. 1/3* ME_1*)*;
- steigt *(sinkt)* die zur Absatzhöchstmenge fehlende Differenz bei Produkt 1 um 0,5 ME_1 *(1/3* ME_1*)*;
- steigt *(sinkt)* die Absatzmenge von Produkt 2 um 0,25 ME_2 *(1/3* ME_2*)*;
- vermindert sich der maximale Deckungsbeitrag um 0,5 T€ *(1/3 T€)*.

Bemerkung: *Bei* ***Kapazitätsausweitungen*** *(d.h.* $y_2 = -1$ *bzw.* $y_3 = -1$*) verlaufen sämtliche beschriebenen Prozesse in umgekehrter Richtung.*

ii) 1) Interpretation des opt. Simplex-Tableaus v. **Aufg. 10.5 i)** *(10.1.30 i)*

(a) opt. Simplextableau vgl. Aufg. 10.10 ii) *(10.2.38. ii)*

(b) optimale Basislösung:

$$\vec{x}_{opt} = \begin{bmatrix} x_1 \\ x_2 \\ y_1 \\ y_2 \\ y_3 \\ Z \end{bmatrix} = \begin{bmatrix} 5 & \text{Treffen/Monat mit Daniel} \\ 1 & \text{Treffen/Monat mit Peter} \\ 0 & \text{€/Monat} \\ 0 & \text{h/Monat} \\ 500 & \text{Energieeinh./Monat} \\ 35 & \text{Vergnügungseinheiten} \end{bmatrix}$$

Um maximales Vergnügen *(≙ 35 Vergnügungseinheiten)* zu erreichen, müsste Susanne an 5 Abenden pro Monat mit Daniel und einmal mit Peter ausgehen. Ihre monatliche Ausgabenobergrenze schöpft sie dabei voll aus ($y_1 = 0$), ebenso ihre zeitliche Obergrenze ($y_2 = 0$). Ihr emotionaler Energievorrat ist allerdings noch nicht ausgeschöpft, 500 emotionale Energieeinheiten ihres Energievorrates bleiben ungenutzt ($y_3 = 500$).

(c) Will Susanne (c.p.) 1 € ihres Ausgabenbudgets einsparen (d.h. $y_1=1$), so muss sie pro Monat 1/4 Treffen mit Daniel weniger sowie 1/4 Treffen mit Peter mehr arrangieren (d.h. „real" in 4 Monaten ein Treffen mehr bzw. weniger).

Dabei verbraucht sie monatlich 125 emotionale Energieeinheiten mehr als im Optimum (die ungenutzte Energie sinkt um 125 Einheiten). Ihr monatliches Vergnügen verringert sich dabei um 0,25 Einheiten.

Will Susanne (c.p.) eine Stunde ihres Zeitbudgets einsparen (d.h. $y_2=1$), so muss sie pro Monat 2/3 Treffen mit Daniel mehr (d.h. in 3 Monaten 2 Treffen mehr) sowie 1 Treffen mit Peter weniger arrangieren.

Dabei verbraucht sie monatlich $666,\overline{6}$ emotionale Energieeinheiten weniger als zuvor (der nicht verbrauchte Energievorrat von 500 Einh. erhöht sich dabei um $666,\overline{6}$ Einh.). Ihr monatliches Vergnügen sinkt dabei um eine Einheit.

ii) 2) Interpretation von **Aufg. 10.5 ii)** *(10.1.30 ii)*

(a) Zwei optimale Simplextableaus (da mehrdeutige Lösung) siehe Aufg. 10.10 ii)

(b) 1. Optimallösung:

$$\vec{x}_{opt.1} = \begin{bmatrix} x_1 \\ x_2 \\ y_1 \\ y_2 \\ y_3 \\ Z \end{bmatrix} = \begin{bmatrix} 0 & \text{Treffen/Monat mit Daniel} \\ 4 & \text{Treffen/Monat mit Peter} \\ 36 & \text{€/Monat} \\ 6 & \text{h/Monat} \\ 0 & \text{Energieeinh./Monat} \\ 8 \cdot v & \text{Vergnügungseinheiten/M.} \end{bmatrix}$$

2. Optimallösung:

$$\vec{x}_{opt.2} = \begin{bmatrix} x_1 \\ x_2 \\ y_1 \\ y_2 \\ y_3 \\ Z \end{bmatrix} = \begin{bmatrix} 4 & \text{Treffen/Monat mit Daniel} \\ 2 & \text{Treffen/Monat mit Peter} \\ 4 & \text{€/Monat} \\ 0 & \text{h/Monat} \\ 0 & \text{Energieeinh./Monat} \\ 8 \cdot v & \text{Verngügungseinheiten/M.} \end{bmatrix}$$

Mit dem Parameter v wird dabei die Anzahl der Vergnügungseinheiten bezeichnet, die Susanne pro Treffen mit Daniel empfindet.

Den beiden optimalen Basislösungen entsprechen graphisch die beiden Eckpunkte des mit der optimalen Zielfunktionsgeraden zusammenfallenden zulässigen Bereiches, vgl. Skizze zur Lösung von Aufg. 10.5. ii). Sämtliche dazwischenliegenden Punkte (d.h. alle konvexen Linearkombinationen von $\vec{x}_{opt.1}$ und $\vec{x}_{opt.2}$) sind ebenfalls optimal mit identischem Nutzenmaximum $Z = 8 \cdot v$. Interpretiert werden im folgenden nur die beiden „Ecken" $\vec{x}_{opt.1}$ und $\vec{x}_{opt.2}$.

Um maximales Vergnügen ($\widehat{=}$ $8 \cdot v$ Vergnügungseinheiten) zu erreichen, gäbe es für Susanne zwei „Eckentscheidungen":

1) Sie könnte sich 4mal pro Monat mit Peter treffen, Daniel ginge dabei völlig leer aus. Ihre monatliche Ausgabenobergrenze unterschritte sie dann um 36 €, ihr Zeitaufwand bliebe um 6 h unter dem selbstgesetzten Limit, dagegen schöpfte sie ihren emotionalen Energievorrat bis zur Neige aus.

2) Stattdessen könnte sie sich auch monatlich 4mal mit Daniel und 2mal mit Peter treffen. Jetzt blieben ihr nur noch 4 €/Monat vom Budgetvolumen übrig, während Zeit- und Energieaufwand genau der Obergrenze entsprächen.

(c) Ausgangssituation wie **„Eckentscheidung" 1):**

Trifft sich Susanne (c.p.) einmal mit Daniel (d.h. $x_1 = 1$ statt $x_1 = 0$), so ändert das nichts an ihrem maximalen Vergnügen („0" in der Zielfunktionszeile), denn dafür muss sie – um ihren selbstgesetzten Rahmen ($\widehat{=}$ Restriktionen) nicht zu sprengen – auf ein „halbes" Treffen mit Peter verzichten (d.h. bei 2 Treffen mit Daniel entfällt ein Treffen mit Peter). Ihr nicht verausgabtes Budget verringert sich dabei um 8 €/Monat (sie gibt also pro Monat 8 € mehr aus), ihre zeitliche Belastung steigt um 1,5 h/Monat.

Will Susanne (c.p.) ihren emotionalen Energievorrat nicht völlig verausgaben, sondern z.B. 1000 Energieeinheiten „behalten" (y_3=1000), so muss sie auf $2 \cdot v$ Vergnügungseinheiten verzichten, indem sie eines ($0{,}001 \cdot 1000 = 1$) der Treffen mit Peter absagt. Dabei spart sie monatlich 8 € sowie 3 h.

Ausgangssituation wie **„Eckentscheidung" 2):**

Will Susanne (c.p.) ihr Zeitbudget nicht völlig aufbrauchen, sondern z.B. monatlich 3 h einsparen ($y_2 = 3$), so braucht sie zwar keine Einbußen ihres Vergnügens zu befürchten („0" in der Zielfunktionszeile), allerdings gestalten sich ihre sozialen Aktivitäten nun etwas anders: x_2 erhöht sich um 1 ($= 3 \cdot {}^1/_3$), x_1 vermindert sich um 2 ($= 3 \cdot {}^2/_3$), d.h. sie trifft sich nunmehr einmal mehr mit Peter (dreimal statt zweimal monatlich) und dafür zweimal weniger mit Daniel (zweimal statt viermal). Ihr Geldbeutel wird dadurch um 16 ($=3 \cdot 5{,}\overline{3}$) € entlastet.

Will Susanne z.B. 500 Energieeinheiten – c.p. – unter ihrem Limit bleiben (y_3 = 500), so bedeutet das

- Mehrverbrauch von 4 €/Monat (d.h. ihr Finanzrahmen wäre ausgeschöpft)
- ein *($= 0{,}002 \cdot 500$)* zusätzliches Treffen mit Daniel
- ein Treffen weniger mit Peter.
- Dabei verzichtet sie auf v *($= 500 \cdot 0{,}002v$)* Vergnügungseinheiten.

iii) Interpretation von **Aufgabe 10.6** *(10.1.31)*:

(a) Optimaltableau:

	x_1	x_2	y_1	y_2	y_3	Z'	b
x_1	1	0	−0,025	0	0,025	0	1
x_2	0	1	0,025	0	−0,075	0	3
y_2	0	0	2	1	−8	0	160
Z'	0	0	10	0	70	1	−6.800

(b) opt. Basislösung:

$$\vec{x}_{opt} = \begin{pmatrix} x_1 \\ x_2 \\ y_1 \\ y_2 \\ y_3 \\ Z \end{pmatrix} = \begin{pmatrix} 1 & \text{Tag/Woche} \\ 3 & \text{Tage/Woche} \\ 0 & \text{t/Woche} \\ 160 & \text{t/Woche} \\ 0 & \text{t/Woche} \\ 6.800 & \text{€/Woche} \end{pmatrix} \begin{matrix} \\ \\ \text{(Kies)} \\ \text{(Sand)} \\ \text{(Quarz)} \\ \\ \end{matrix}$$

Um im Rahmen der Lieferverpflichtungen möglichst geringe wöchentliche Förderkosten (= 6.800 €/Woche) zu erreichen, müssen in Grube I pro Woche 1 Tag und in Grube II pro Woche 3 Tage gefördert werden. Dabei werden die Lieferverpflichtungen für Kies und Quarz genau erfüllt ($y_1 = y_3 = 0$), während vom Sand 160 t/Woche über die Mindestliefermenge hinaus gefördert werden.

(c) Betrachtet man im Optimaltableau die unter den (Nichtbasis-) Variablen y_1 und y_3 stehenden Spalten, so folgt:

1) Wird – c.p. – y_1 von Null auf Eins angehoben (d.h. wird pro Woche 1 t Kies mehr als notwendig gefördert), so
- muss in Grube I pro Woche 1/40 Tag länger gefördert werden;
- kann in Grube II 1/40 Tag pro Woche weniger gefördert werden;
- sinkt die über die Mindestliefermenge hinaus geförderte Sandmenge um 2 t/Woche.

Dabei erhöhen sich die gesamten Förderkosten um 10 €/Woche.

2) Wird (c.p.) pro Woche 1 t Quarz mehr als notwendig gefördert (d.h. $y_3 = 1$), so
- kann in Grube I 1/40 Tag/Woche weniger gearbeitet werden;
- muss in Grube II 3/40 Tage/Woche mehr gearbeitet werden;
- steigt die über die Mindestmenge hinausgehende Förderung von Sand um 8 t/Woche (auf 168 t/Woche).

Dabei erhöhen sich die wöchentlichen Förderkosten um 70 €.

iv) Interpretation von **Aufgabe 10.7** *(10.1.32)*

1) Es sollen **genau** 1.100 $(= x_1 + x_2)$ Produkteinheiten hergestellt werden.

(a) optimales Simplex–Tableau:

	x_1	x_2	y_1	y_2	y_3	Z	b
x_2	0	1	0,5	0	0	0	800
y_2	0	0	0,5	1	0	0	1.500
y_3	0	0	0,5	0	1	0	700
x_1	1	0	−0,5	0	0	0	300
Z	0	0	5	0	0	1	52.000

(b) optimale Basislösung: $\vec{x}_{opt} = \begin{pmatrix} x_1 \\ x_2 \\ y_1 \\ y_2 \\ y_3 \\ Z \end{pmatrix} = \begin{pmatrix} 300 \ ME_1 \\ 800 \ ME_2 \\ 0 \ h \\ 1500 \ h \\ 700 \ ME_2 \\ 52.000 \ € \end{pmatrix}$

Um im Rahmen der Restriktionen maximalen Deckungsbeitrag (52.000 €) zu erzielen, muss die Unternehmung 300 ME_1 von Produkt I und 800 ME_2 von Produkt II herstellen, insgesamt also genau 1.100 Einheiten. Fertigungsstelle A ist dabei voll ausgelastet $(y_1 = 0)$, während in Fertigungsstelle B noch 1500 h ungenutzt bleiben. Es werden dabei 700 ME_1 von Produkt II über die Mindestmenge hinaus produziert.

(c) Wird die Variable y_1 von 0 auf 1 angehoben, d.h. soll in Fertigungsstelle A 1 h weniger gearbeitet werden, so bedeutet dies:

- es werden 0,5 ME_2 weniger produziert;
- die nicht genutzte Kapazität in Fertigungsstelle B sinkt um 0,5 h;
- die über die Mindestmenge hinausgehende Herstellung von Produkt II sinkt um 0,5ME_2;
- es werden 0,5 ME_1 mehr produziert;
- der Deckungsbeitrag sinkt um 5 €.

2) Es sollen **mindestens** 1.100 Produkteinheiten hergestellt werden.

(a) optimales Simplex - Tableau:

	x_1	x_2	y_1	y_2	y_3	y_4	Z	b
x_2	0	1	0,3	−0,4	0	0	0	200
x_1	1	0	−0,2	0,6	0	0	0	1200
y_3	0	0	0,3	−0,4	1	0	0	100
y_4	0	0	0,1	0,2	0	1	0	300
Z	0	0	7	4	0	0	1	58.000

(b) optimale Basislösung:

$$\vec{x}_{opt} = \begin{pmatrix} x_1 \\ x_2 \\ y_1 \\ y_2 \\ y_3 \\ y_4 \\ Z \end{pmatrix} = \begin{pmatrix} 1200 \ ME_1 \\ 200 \ ME_2 \\ 0 \ h \\ 0 \ h \\ 100 \ ME_2 \\ 300 \ ME \\ 58.000 \ € \end{pmatrix}.$$

Um im Rahmen der (*gegenüber 1) leicht geänderten*) Restriktionen einen maximalen Deckungsbeitrag (= 58.000 €) zu erzielen, muss die Unternehmung 1200 ME_1 von Produkt I und 200 ME_2 von Produkt II produzieren *(man beachte die erhebliche Änderung gegenüber 1)* !).

Die beiden Fertigungsstellen sind jetzt ausgelastet ($y_1 = y_2 = 0$), über die Mindestmenge hinaus werden 100 ME_2 von Produkt II produziert. Insgesamt werden somit 300 Produkteinheiten mehr als die geforderten 1100 Einheiten gefertigt ($y_4 = 300$).

(c) Wird y_1 *(bzw. y_2)* von Null auf Eins angehoben, d.h. wird – c.p. – in Fertigungsstelle A *(bzw. B)* eine Stunde weniger gearbeitet, so folgt:

- von Produkt II werden 0,3 ME_2 weniger *(bzw. 0,4 ME_2 mehr)* hergestellt;
- von Produkt I werden 0,2 ME_1 mehr *(bzw. 0,6 ME_2 weniger)* hergestellt;
- die bisher schon über die Mindestmenge hinaus produzierte Gütermenge von Produkt II (bisher 100 ME_2) sinkt dabei um 0,3 ME_2 *(bzw. steigt um 0,4 ME_2)*;
- die über die Mindstmenge hinaus bisher schon produzierte gesamte Gütermenge (bisher 300 Einheiten zuviel) sinkt dabei um 0,1 Einheiten *(bzw. um 0,2 Einheiten)*;
- der gesamte Deckungsbeitrag nimmt um 7 € *(bzw. um 4 €)* ab.

v) Interpretation von **Aufgabe 10.8** *(10.1.33)*:

(a) optimales Simplextableau:

	x_1	x_2	y_1	y_2	y_3	Z'	b
x_1	1	0	0	0,125	-0,75	0	6
x_2	0	1	0	-0,125	0,25	0	2
y_1	0	0	1	0,5	-4	0	16
Z'	0	0	0	250	1.500	1	-36.000

(b) optimale Basislösung:

$$\vec{x}_{opt} = \begin{pmatrix} x_1 \\ x_2 \\ y_1 \\ y_2 \\ y_3 \\ Z \end{pmatrix} = \begin{pmatrix} 6 \text{ Tage/Woche} \\ 2 \text{ Tage/Woche} \\ 16 \text{ t/Woche} \\ 0 \text{ t/Woche} \\ 0 \text{ t/Woche} \\ 36.000 \text{ €/Woche} \end{pmatrix} \quad \begin{matrix} \\ \\ \textit{(Weißbrot)} \\ \textit{(Schwarzbrot)} \\ \textit{(Kuchen)} \\ \\ \end{matrix}$$

Um im Rahmen der Lieferverpflichtungen minimale Betriebskosten zu erreichen, muss in Betrieb A an 6 und in Betrieb B an 2 Tagen pro Woche gearbeitet werden. Dabei werden über die Mindestliefermenge hinaus vom Weißbrot 16 t/Woche gebacken, während Schwarzbrot und Kuchen genau in Höhe der Minderstliefermenge produziert werden.

(c) Wird –c.p.– vom Schwarzbrot *(bzw. vom Kuchen)* über die Mindestliefermenge hinaus 1 t/Woche zusätzlich erzeugt, d.h. $y_2 = 1$ *(bzw. $y_3 = 1$)* ⇒

- In Betrieb A müssen 0,125 Tage/Woche weniger, in Betrieb B müssen 0,125 Tage pro Woche mehr gearbeitet werden *(bzw. 0,75 Tage/Woche mehr in A und 0,25 Tage/Woche weniger in B)*;
- dabei sinkt *(bzw. steigt)* die „Überschussmenge“ an Weißbrot um 0,5 t/Woche *(bzw. 4 t/Woche)*;
- die wöchentl. Betriebskosten erhöhen sich dabei um 250 € *(bzw. 1.500 €)*.

vi) Interpretation von **Aufgabe 10.11** *(10.2.39)*:

(a) optimales Simplex-Tableau siehe Aufg. 10.11 *(10.2.39)*

(b) optimale Basislösung:

$$\vec{x}_{opt} = \begin{pmatrix} x_1 \\ x_2 \\ x_3 \\ x_4 \\ y_1 \\ y_2 \\ y_3 \\ Z \end{pmatrix} = \begin{pmatrix} 0 \text{ ME}_1 \\ 15 \text{ ME}_2 \\ 100 \text{ ME}_3 \\ 0 \text{ ME}_4 \\ 0 \text{ kg} \\ 0 \text{ kg} \\ 3{,}5 \text{ h} \\ 1195 \text{ €} \end{pmatrix} \quad \textit{(Bezugsperiode: 1 Tag)}$$

Um im Rahmen der vorgegebenen Restriktionen ein deckungsbeitragsmaximales (= 1.195 €/Tag) Produktionsprogramm zu erreichen, muss die Unternehmung täglich 15 ME_2 von Produkt P2 und 10 ME_3 von Produkt P3 herstellen (P1 und P4 werden nicht produziert). Dabei nutzt sie die volle Kapazität beider Zwischenprodukte ($y_1 = y_2 = 0$), während 3,5 Stunden/Tag Produktionszeit ungenutzt bleiben.

(c) Wird c.p. von Produkt P1 *(bzw. P4)* dennoch eine ME hergestellt, d.h. $x_1 = 1$ *(bzw.* $x_4 = 1$*)*, so folgt:

- von Produkt P3 müssen 4 ME_3 *(bzw. 13* ME_3*)* mehr produziert werden;
- dagegen schrumpft die Produktion von P2 um 4 ME_2 *(bzw. 11* ME_2*)*;
- die nicht genutzte Produktionszeit verringert sich um 20 min. (= 1/3 h) *(bzw. 1 h)*;
- der Deckungsbeitrag vermindert sich in beiden Fällen jeweils um 2 €/Tag.

Wird –c.p.– das Niveau der Nichtbasisvariablen y_1 *(bzw.* y_2*)* von Null auf Eins angehoben, m.a.W. wird vom Zwischenprodukt Z1 *(bzw. Z2)* 1 kg/Tag weniger eingesetzt als es der vollen Kapazität entspricht, so folgt:

- vom Produkt P3 werden 4 ME_3 weniger *(bzw. 2,5* ME_3 *mehr)* produziert;
- vom Produkt P2 werden 3 ME_2 mehr *(bzw. 2* ME_2 *weniger)* produziert;
- dabei steigt die nicht genutzte tägliche Produktionszeit um 0,3 h (= 18 min) *(bzw. sinkt um 11 min)*.
- der maximale Deckungsbeitrag vermindert sich in beiden Fällen um 1 €/Tag.

viii) Interpretation von **Aufgabe 10.13** *(10.3.16)*:

(a) optimales Simplex-Tableau siehe Lösung zu Aufgabe 10.13 *(10.3.16)*

(b) optimale Lösung:

$$\vec{x}_{opt} = \begin{pmatrix} x_1 \\ x_2 \\ x_3 \\ x_4 \\ y_1 \\ y_2 \\ Z \end{pmatrix} = \begin{pmatrix} 70 \text{ ME}_1 \\ 0 \text{ ME}_2 \\ 10 \text{ ME}_3 \\ 80 \text{ ME}_4 \\ 0 \text{ h}_A \\ 50 \text{ h}_B \\ 210 \text{ T€} \end{pmatrix}$$

Um im Rahmen der Restriktionen maximalen Deckungsbeitrag (= 210 T€) zu erzielen, muss die Unternehmung 70 ME_1 von Produkt I, 10 ME_3 von Produkt III und

100 ME_4 von Produkt IV produzieren. Produkt II wird nicht hergestellt. Dabei wird die volle Kapazität von Fertigungsstelle A genutzt ($y_1 = 0$), während Fertigungsstelle B zu 50 h_B ungenutzt bleibt.

(c) Wird – abweichend von der Optimallösung – c.p. 1 ME_2 des Produktes II hergestellt, d.h. gilt: $x_2 = 1$ *(bzw. in Fertigungsstelle A 1 h weniger gearbeitet, als es der vollen Kapazität entspricht, d.h. $y_1 = 1$)*, so folgt:

- vom Produkt III werden 0,6 ME_3 *(bzw. 0,2 ME_3)* weniger produziert;
- die Leerzeit in Fertigungsstelle B steigt um 4 h *(bzw. 1 h)*;
- vom Produkt IV werden 0,7 ME_4 *(bzw. 0,4 ME_4)* mehr produziert;
- vom Produkt I müssen 1,7 ME_1 *(bzw. 0,4 ME_1)* weniger hergestellt werden;
- dabei sinkt der Deckungsbeitrag um 4,1 T€ *(bzw. 0,2 T€)*.

Wird dagegen die bisher voll genutzte Kapazität in Fertigungsstelle A um 1 h „überlastet", d.h. $y_1 = -1$, so folgt:

- vom Produkt III werden 0,2 ME_3 mehr produziert;
- die Leerzeit in Fertigungsstelle B sinkt um 1 h;
- vom Produkt IV müssen 0,4 ME_4 weniger produziert werden;
- vom Produkt I müssen 0,4 ME_1 mehr hergestellt werden;
- dabei steigt *(!)* der Deckungsbeitrag um 0,2 T€.

ix) Interpretation von **Aufgabe 10.14** *(10.3.17)*:

(a) optimales Simplex-Tableau siehe Lösung zu Aufgabe 10.14 *(10.3.17)*

(b) optimale Basislösung:

$$\vec{x}_{opt} = \begin{pmatrix} x_1 \\ x_2 \\ y_1 \\ y_2 \\ y_3 \\ Z \end{pmatrix} = \begin{pmatrix} 400 \text{ t } (E_1) \\ 120 \text{ t } (E_2) \\ 100 \text{ t } (Zn) \\ 0 \text{ t } (E_1) \\ 60 \text{ t } (E_2) \\ 16.000 \text{ T€} \end{pmatrix} \qquad \textit{Bezugsperiode jeweils 1 Monat}$$

Um im Rahmen der Lieferverträge und Kapazitätsrestriktionen minimale Förderkosten (= 16.000 T€/Monat) zu realisieren, müssen 400 t/Monat der Erzsorte E_1 und 120 t/Monat von E_2 gefördert werden. Dabei wird die monatliche Mindestliefermenge von Zink um 100 t überschritten. Die Verarbeitungskapazität für E_1 wird voll ausgelastet, während von E_2 noch für 60 t pro Monat freie Kapazität vorhanden wäre.

(c) Würde man die bisher voll ausgelasteten Verarbeitungskapazitäten für Erzsorte E_1 um eine Tonne E_1 pro Monat „überauslasten" (d.h. $y_2 = -1$ *(!)*), so bedeutete dies:

- von E_2 müssten 0,2 t/Monat weniger gefördert und verarbeitet werden;
- die Förderung und Verarbeitung von E_1 stiege um 1 t/Monat (s.o.);
- die über die Mindestmenge hinausgehende Zinkmenge stiege um 0,5 t/Monat;
- die Leerkapazität für die Erzsorte E_2 erhöhte sich um 0,2 t/Monat;
- die Förderkosten könnten um 10 T€/Monat gesenkt werden.

(Das vorstehende Beispiel zeigt besonders gut die ***Aussagefähigkeit des Optimaltableaus:***

Die Unternehmung kann mit Hilfe der Informationen über nicht optimal aufeinander abgestimmte Fertigungskapazitäten die Auswirkungen von Kapazitätserweiterungen abschätzen: Durch Vergleich der tatsächlich anfallenden Erweiterungskosten mit den ersparten „Opportunitätskosten" kann entschieden werden, ob und in welchem Umfang eine Kapazitätsausweitung lohnend ist.)

Aufgabe 10.17 *(10.5.23 vii)*

(a) Ausgangstableau:

	x_1	x_2	x_3	y_1	y_2	y_3	y_{H1}	y_{H2}	Z*	Z	b
y_1	4	6	8	1	0	0	0	0	0	0	5000
y_2	3	2	4	0	1	0	0	0	0	0	2000
y_{H1}	0	0	1	0	0	-1	1	0	0	0	100
y_{H2}	1	1	0	0	0	0	0	1	0	0	400
Z*	-1	-1	-1	0	0	1	0	0	1	0	-500
Z	-40	-50	-60	0	0	0	0	0	0	1	0

Optimaltableau:

	x_1	x_2	x_3	y_1	y_2	y_3	Z	b
y_1	-4	0	0	1	-2	0	0	200
y_3	0,25	0	0	0	0,25	1	0	200
x_3	0,25	0	1	0	0,25	0	0	300
x_2	1	1	0	0	0	0	0	400
Z	25	0	0	0	15	0	1	38.000

(b) optimales Produktionsprogramm:

$x_1 = 0$ *(d.h. Produkt I wird nicht produziert)*;

$x_2 = 400$ ME; $x_3 = 300$ ME; *(Produktionsmengen von Produkt II, III)*

$y_1 = 200$ h *(d.h. in Fertigungsstelle A werden 200 h nicht genutzt)*;

$y_2 = 0$ *(d.h. Fertigungsstelle B ist voll ausgelastet)*;

$y_3 = 200$ ME *(d.h. von Produkt III werden 200 ME über die Mindestmenge von 100 ME hinaus produziert)*

Maximaler Deckungsbeitrag: $Z_{max} = 38.000$ € .

(c) Wird – entgegen der Optimallösung – c.p. eine Einheit des Produktes I produziert, d.h. $x_1 = 1$ *(bzw. in Fertigungsstelle B 1 h weniger gearbeitet als der vollen Kapazität entspricht, d.h. $y_2 = 1$)*, so folgt:

- die Leerzeit in Fertigungsstelle A steigt um 4 h *(bzw. 2 h)*;
- die über die Mindestmenge hinausgehende Produktionsmenge von Produkt III sinkt um 0,25 ME;
- von Produkt III werden demzufolge 0,25 ME weniger produziert;
- die prod. Stückzahl von Produkt II sinkt um 1 ME *(bzw. bleibt unverändert)*;
- der Deckungsbeitrag sinkt um 25 € *(bzw. um 15 €)*.

Aufgabe 10.18 *(10.6.8)*:

i) Wenn man Gleichung (3) mit (−1) multipliziert, sind (2) und (3) von der Form

$$a \geq 12 \quad \text{bzw.} \quad a \leq 12 \qquad \Rightarrow \qquad a = 12.$$

Somit hat man das System von 3 Ungleichungen auf 1 Ungleichung und eine Gleichung reduziert.

ii) Setzt man $u_2' := u_2 - u_3$, so lautet das System:

$$\begin{aligned} 3u_1 + 2u_2' + 4u_4 &\geq -10 \\ 5u_1 + 8u_2' + u_4 &= 12 \\ 8u_1 + 7u_2' - 4u_4 &= Z' \to \min. \qquad (u_1, u_4 \geq 0,\ u_2' \text{ beliebig}) \end{aligned}$$

Es kommen somit nur noch 3 Variablen vor. Da u_2, $u_3 \geq 0$ vorausgesetzt ist, kann u_2' $(= u_2 - u_3)$ beliebige *(positive oder negative)* reelle Werte annehmen.

Aufgabe 10.19 *(10.6.17)*:

i) Dual von Aufgabe 10.4 *(10.1.29)*:

$$\begin{aligned} 6u_1 + 4u_2 + 3u_3 + u_4 \qquad &\geq 3 \\ 2u_1 + 4u_2 + 6u_3 \qquad + u_5 &\geq 4 \\ 480u_1 + 400u_2 + 480u_3 + 75u_4 + 70u_5 &= Z' \to \text{Min.} \end{aligned}$$

$$\vec{u}_{opt} = (u_1\ u_2\ u_3\ u_4\ u_5\ v_1\ v_2\ Z')^T = (0;\ 0{,}5;\ 0{,}\overline{3};\ 0;\ 0;\ 0;\ 0;\ 360)^T$$

ii) Teil i) Dual von Aufgabe 10.5 i) *(10.1.30 i)*

$$\begin{aligned} 12u_1 + 3u_2 + 500u_3 &\geq 6 \\ 8u_1 + 3u_2 + 1000u_3 &\geq 5 \\ 68u_1 + 18u_2 + 4000u_3 &= Z' \to \text{Min.} \end{aligned}$$

$$\vec{u}_{opt} = (u_1\ u_2\ u_3\ v_1\ v_2\ Z')^T = (0{,}25;\ 1;\ 0;\ 0;\ 0;\ 35)^T$$

Teil ii) Dual von Aufgabe 10.5 ii) *(10.1.30 ii)*

Unter der Voraussetzung v = 6 gilt:

$$\begin{aligned} 12u_1 + 3u_2 + 500u_3 &\geq 6 \\ 8u_1 + 3u_2 + 1000u_3 &\geq 12 \\ 68u_1 + 18u_2 + 4000u_3 &= Z' \to \text{Min.} \end{aligned}$$

$$\vec{u}_{opt} = (u_1\ u_2\ u_3\ v_1\ v_2\ Z')^T = (0;\ 0;\ 0{,}012;\ 0;\ 0;\ 48)^T$$

iii) Dual von Aufgabe 10.6 *(10.1.31)*:

$$\begin{aligned} 60u_1 + 40u_2 + 20u_3 &\leq 2.000 \\ 20u_1 + 120u_2 + 20u_3 &\leq 1.600 \\ 120u_1 + 240u_2 + 80u_3 &= Z' \to \text{Max.} \end{aligned}$$

$$\vec{u}_{opt} = (u_1\ u_2\ u_3\ v_1\ v_2\ Z')^T = (10;\ 0;\ 70;\ 0;\ 0;\ 6.800)^T$$

iv) Dual von Aufgabe 10.7 *(10.1.32)*:

i) Nach Modifikation des Primal *(siehe etwa LB Beisp. 10.6.4)* ergibt sich als Dual:

$$\begin{array}{rcrcrcrcrcl} 4u_1 & + & 3u_2 & + & & + & u_4 & - & u_5 & \geq & 40 \\ 6u_1 & + & 2u_2 & - & u_3 & + & u_4 & - & u_5 & \geq & 50 \\ 6000u_1 & + & 4000u_2 & - & 100u_3 & + & 1100u_4 & - & 1100u_5 & = & Z' \rightarrow \text{Min.} \end{array}$$

$$\vec{u}_{opt} = (u_1\ u_2\ u_3\ u_4\ u_5\ v_1\ v_2\ Z')^T = (5;\ 0;\ 0;\ 20;\ 0;\ 0;\ 0;\ 52.000)^T$$

ii) Streichen der 4. Zeile des unter i) resultierenden Primal liefert das Dual:

$$\begin{array}{rcrcrcrcl} 4u_1 & + & 3u_2 & & & - & u_4 & \geq & 40 \\ 6u_1 & + & 2u_2 & - & u_3 & - & u_4 & \geq & 50 \\ 6000u_1 & + & 4000u_2 & - & 100u_3 & - & 1100u_4 & = & Z' \rightarrow \text{Min.} \end{array}$$

$$\vec{u}_{opt} = (u_1\ u_2\ u_3\ u_4\ v_1\ v_2\ Z')^T = (7;\ 4;\ 0;\ 0;\ 0;\ 0;\ 58.000)^T.$$

v) Dual von Aufgabe 10.8 *(10.1.33)*:

$$\begin{array}{rcrcrcl} 6u_1 & + & 4u_2 & + & 2u_3 & \leq & 4.000 \\ 2u_1 & + & 12u_2 & + & 2u_3 & \leq & 6.000 \\ 24u_1 & + & 48u_2 & + & 16u_3 & = & Z' \rightarrow \text{Max.} \end{array}$$

$$\vec{u}_{opt} = (u_1\ u_2\ u_3\ v_1\ v_2\ Z')^T = (0;\ 250;\ 1500;\ 0;\ 0;\ 36.000)^T$$

vi) Dual von Aufgabe 10.11 *(10.2.39)*:

$$\begin{array}{rcrcrcl} 4u_1 & + & 8u_2 & + & 1/15\ u_3 & \geq & 10 \\ 5u_1 & + & 8u_2 & + & 1/30\ u_3 & \geq & 13 \\ 4u_1 & + & 6u_2 & + & 1/10\ u_3 & \geq & 10 \\ 3u_1 & + & 10u_2 & + & 1/15\ u_3 & \geq & 11 \\ 475u_1 & + & 720u_2 & + & 14u_3 & = & Z' \rightarrow \text{Min.} \end{array}$$

$$\vec{u}_{opt} = (u_1\ u_2\ u_3\ v_1\ v_2\ v_3\ v_4\ Z')^T = (1;\ 1;\ 0;\ 2;\ 0;\ 0;\ 2;\ 1.195)^T\ .$$

vii) Dual von Aufgabe 10.17 *(Beispiel 10.3.11)*:
Modifikation des Primal *(siehe etwa LB Beisp. 10.6.4)* liefert das Dual:

$$\begin{array}{rcrcrcrcrcl} 4u_1 & + & 3u_2 & & & + & u_4 & - & u_5 & \geq & 40 \\ 6u_1 & + & 2u_2 & & & + & u_4 & - & u_5 & \geq & 50 \\ 8u_1 & + & 4u_2 & - & u_3 & & & & & \geq & 60 \\ 5000u_1 & + & 2000u_2 & - & 100u_3 & + & 400u_4 & - & 400u_5 & = & Z' \rightarrow \text{Min.} \end{array}$$

$$\vec{u}_{opt} = (u_1\ u_2\ u_3\ u_4\ u_5\ v_1\ v_2\ v_3\ \ Z')^T = (0;\ 15;\ 0;\ 20;\ 0;\ 25;\ 0;\ 0;\ 38.000)^T$$

viii) Dual von Aufgabe 10.12 *(10.3.15)*:

i) Unter Berücksichtigung der Vorgehensweise von LB Beispiel 10.6.4 lautet das Dualproblem:

$$\begin{aligned} -u_1 + u_2 + 2u_3 - u_4 \qquad - u_6 &\geq 3 \\ 4u_1 + 2u_2 - u_3 \qquad - u_5 - 2u_6 &\geq 3 \\ 24u_1 + 30u_2 + 30u_3 - 4u_4 - 2u_5 - 12u_6 &= Z' \to \text{Min.} \end{aligned}$$

$\vec{u}_{opt} = (u_1\ u_2\ u_3\ u_4\ u_5\ u_6\ \ v_1\ v_2\ \ Z')^T = (0;\ 1{,}8;\ 0{,}6;\ 0;\ 0;\ 0;\ \ 0;\ 0;\ \ 72)^T$

ii) Schreibt man das Primal *(siehe z.B. LB Beispiel 10.6.4)* als Standard-Minimum-Problem, so erhält man daraus als Dual:

$$\begin{aligned} u_1 - u_2 - 2u_3 + u_4 \qquad + u_6 &\leq 3 \\ -4u_1 - 2u_2 + u_3 \qquad + u_5 + 2u_6 &\leq 3 \\ -24u_1 - 30u_2 - 30u_3 + 4u_4 + 2u_5 + 12u_6 &= Z' \to \text{Max.} \end{aligned}$$

$\vec{u}_{opt} = (u_1\ u_2\ u_3\ u_4\ u_5\ u_6\ \ v_1\ v_2\ \ Z')^T = (0;\ 0;\ 0;\ 1{,}5;\ 0;\ 1{,}5;\ \ 0;\ 0;\ \ 24)^T$

ix) Dual von Aufgabe 10.13 *(10.3.16)*:
Mathematisches Modell (hergeleitet aus dem *(etwa nach LB Beisp. 10.6.4)* umgeformten Primal):

$$\begin{aligned} 2u_1 + u_2 \qquad\qquad + u_5 - u_6 &\geq 2 \\ 4u_1 \qquad + u_3 - u_4 + u_5 - u_6 &\geq -2 \\ u_1 + 5u_2 + 4u_3 - 4u_4 \qquad\qquad &\geq -1 \\ u_2 + 2u_3 - 2u_4 + u_5 - u_6 &\geq 1 \\ 150u_1 + 250u_2 + 200u_3 - 200u_4 + 150u_5 - 150u_6 &= Z' \to \text{Min.} \end{aligned}$$

$$\begin{aligned} \vec{u}_{opt} &= (u_1\ u_2\ u_3\ u_4\ \ u_5\ u_6\ v_1\ \ v_2\ \ v_3\ v_4\ \ Z')^T = \\ &= (0{,}2;\ 0;\ 0;\ 0{,}3;\ 1{,}6;\ 0;\ 0;\ 4{,}1;\ 0;\ 0;\ 210)^T \end{aligned}$$

x) Dual von Aufgabe 10.14 *(10.3.17)*:

Mathematisches Modell (hergeleitet aus dem *(etwa nach LB Beisp. 10.6.4)* umgeformten Primal):

$$\begin{aligned} 0{,}1u_1 - 0{,}1u_2 + 0{,}6u_3 - u_4 \qquad &\leq 10 \\ 0{,}5u_1 - 0{,}5u_2 + 0{,}5u_3 \qquad - u_5 &\leq 100 \\ 100u_1 - 100u_2 + 200u_3 - 400u_4 - 180u_5 &= Z' \to \text{Max.} \end{aligned}$$

$\vec{u}_{opt} = (u_1\ u_2\ u_3\ u_4\ u_5\ v_1\ v_2\ Z')^T = (200;\ 0;\ 0;\ 10;\ 0;\ 0;\ 0;\ 16.000)^T.$

xi) Dualmodelle von Aufg. 10.15 i)–iv) *(10.4.30 i) – iv)*:

i) Mathematisches Modell des Dual:

$$\begin{aligned} 3u_1 - 4u_2 &\geq 1 \\ 6u_1 - 3u_2 &\geq 1 \\ 2u_1 - 3u_2 &\geq 1 \\ 6u_1 - 12u_2 &= Z' \to \text{Min.} \end{aligned}$$

Löst man dieses System mit der Zweiphasen-Methode, so erhält man nach Abschluss der ersten Phase folgendes Tableau:

	u_1	u_2	v_1	v_2	v_3	-Z'	b
v_2	0	-6	0	1	-3	0	2
u_1	1	-1,5	0	0	-0,5	0	0,5
v_1	0	-0,5	1	0	-1,5	0	0,5
-Z'	0	-3	0	0	3	1	-3

Die Zielfunktion $-Z'$ ist noch nicht maximal, die einzig in Frage kommende Pivotspalte (= 2. Spalte) weist jedoch kein positives Pivotelement auf. Daher existiert kein Engpass, durch Vergrößerung von u_2 kann $-Z'$ beliebig groß gemacht werden, ohne dass eine der Restriktionen verletzt wird, es handelt sich daher um eine „unbeschränkte Lösung" *(das korrespondierende Primal hat keine zulässige Lösung, siehe Aufg. 10.15 i)* (10.4.30 i)*)*.

ii) Mathematisches Modell des Dual:

$$\begin{aligned} u_1 - u_2 &\geq 5 \\ 3u_1 + u_2 &\geq 4 \\ -7u_1 + 6u_2 &\geq -32 \\ -5u_1 + 5u_2 &\geq -24 \\ 5u_1 + 3u_2 &= Z' \to \text{Min.} \end{aligned}$$

(Vor der Anwendung der Zweiphasen-Methode müssen die beiden letzten Ungleichungen mit -1 multipliziert werden, damit sich eine zulässige Ausgangslösung ergibt.)

Im Verlauf der Zweiphasen-Methode lässt sich die sekundäre Zielfunktion maximieren, allerdings mit einem Maximalwert < 0, d.h. es ist nicht möglich, die Hilfsschlupfvariablen zu Nichtbasisvariablen *(und somit zu Null)* zu machen: Das vorliegende Dual hat keine zulässige Lösung *(das korrespondierende Primal hat eine unbeschränkte Lösung.)*.

iii) Mathematisches Modell des Dual:

$$\begin{aligned} 3u_1 - u_2 &\geq 6 \\ 6u_1 + 2u_2 &\geq 12 \\ 2u_1 &\geq 4 \\ 6u_1 + 2u_2 &= Z' \to \text{Min.} \end{aligned}$$

$$\Rightarrow \quad \vec{u}_{opt} = (u_1\ u_2\ v_1\ v_2\ v_3\ Z')^T = (2;\ 0;\ 0;\ 0;\ 0;\ 12)^T$$

(die optimale Basislösung ist degeneriert, das korrespondierende Primal (Aufg. 10.15 iii) (10.4.30 iii)*) besitzt eine mehrdeutige optimale Lösung.)*.

iv) Mit den Substitutionen $x_1 =: x_1' - x_1''$ und $x_2 =: -x_2^*$ konstruiert man zunächst das Primal als Standard-Max.-Problem *(siehe z.B. LB Bsp. 10.6.4)*. Daraus ergibt sich als mathematisches Modell des Dual:

$$\begin{aligned} -2u_1 + u_2 + u_3 - u_4 &\geq -2 \\ 2u_1 - u_2 - u_3 + u_4 &\geq 2 \\ u_1 + 3u_2 - 2u_3 - u_4 &\geq -1 \\ 16u_1 + 27u_2 - 8u_3 - u_4 &= Z' \to \text{Min.} \end{aligned}$$

$$\vec{u}_{opt} = (u_1\ u_2\ u_3\ u_4\ v_1\ v_2\ v_3\ Z')^T = (\tfrac{1}{3};\ 0;\ 0;\ \tfrac{4}{3};\ 0;\ 0;\ 0;\ 4)^T .$$

Aufgabe 10.20 *(10.7.9 i)*:

Vorbemerkung: Der Schlüssel zur korrekten Deutung eines aus einem ökonomischen Primal hergeleiteten Dualproblems besteht in der richtigen Interpretation der Dualvariablen. Hier empfiehlt sich ein Vorgehen analog zu Lehrbuch Kap. 10.7.1 bzw. 10.7.2, das im wesentlichen darin besteht, die formal abgeleiteten Dualrestriktionen mit den gegebenen Einheiten darzustellen und dann den Dualvariablen solche Einheiten zu geben, dass die „Einheitenbilanz" ausgeglichen wird *(d.h. dass insgesamt auf der linken wie auf der rechten Seite einer jeden Restriktion dieselbe resultierende Einheit erzeugt wird).*

Da der eben beschriebene Prozess ausführlich in den o.a. Lehrbuch-Kapiteln dargestellt ist, werden im folgenden *(Aufg. 10.20/10.21)* nur die Resultate angegeben.

Jetzt zur Interpretation des Dualproblems Aufgabe 10.20 *(10.7.9 i)*:
(Zur Lösung des Primalproblems siehe etwa Lehrbuch Tableau (10.3.9).)

Bedeutung der Dualvariablen u_1, u_2, u_3 :

u_i = Preise für die Nahrungsmittel-Bestandteile Eiweiß, Fett und Energie in „reiner" Form (jeweils in € pro Mengeneinheit).

Der Verbraucher könnte überlegen, an die Stelle des zusammengemischten Menüs nunmehr den Konsum von Nährstoffen in reiner Form zu setzen.

Es werde unterstellt, dass ein Händler diese reinen Stoffe anbietet: Wie muss er die Preise u_i festsetzen, damit

(a) der Verbraucher die mindestens benötigten Nährstoffe zu einem akzeptablen Preis erhält und

(b) der Händler dabei einen möglichst hohen Erlös erzielt?

zu (a): Für den Verbraucher gilt: Für 100 g des Nahrungsmitteltyps I, den er jetzt durch reine Nährstoffe ersetzen will, müssen 1 € gezahlt werden. Dafür erhält er (lt. Aufgabenstellung) 3 ME Eiweiß, 1 ME Fett und 2 ME Energie. Dieselben Mengen von Nährstoffen, nunmehr aber in reiner Form bezogen, dürfen – bewertet mit ihren Preisen u_1, u_2, u_3 – daher nicht mehr als 1 € kosten:

$$3u_1 + 1u_2 + 2u_3 \leq 1 \qquad (= \textit{1. Dualrestriktion}).$$

Andernfalls wäre es für den Verbraucher günstiger, sein Menü wieder wie zuvor selbst aus den Nahrungsmittelsorten I und II zu mischen.

Völlig analog erhält der Verbraucher die 2. Dualrestriktion durch „Verdrängung" von Sorte II durch die reinen Inhaltsstoffe:

$$1u_1 + 1u_2 + 8u_3 \leq 2 \qquad (= \textit{2. Dualrestriktion})$$

zu (b): Für den Händler gelten folgende Überlegungen: Er muss zwar bereit sein, die beiden genannten Bedingungen des Verbrauchers zu akzeptieren, wird aber andererseits bestrebt sein, seine Angebotspreise u_1, u_2 und u_3 derart festzusetzen, dass er – unter Beachtung der Kundenbedingungen – einen möglichst hohen Verkaufserlös erzielt.

Da der Verbraucher genau den täglichen Mindestbedarf (15 ME Eiweiß, 11 ME Fett und 40 ME Energie) kaufen wird, muss der Händle anstreben:

$$15u_1 + 11u_2 + 40u_3 = Z' \rightarrow \text{Max.} \qquad \text{(= duale Zielfunktion)}$$

Die optimale Lösung des beschriebenen Dualproblems findet sich im Lehrbuch nach Beispiel 10.6.12 *(Tableau (10.6.15)*. Es gilt:

$$\vec{u}_{opt} = \begin{pmatrix} u_1 \\ u_2 \\ u_3 \\ v_1 \\ v_2 \\ Z' \end{pmatrix} = \begin{pmatrix} 0 \ \text{€/ME} \\ 2/3 \ \text{€/ME} \\ 1/6 \ \text{€/ME} \\ 0 \ \text{€/100 g} \\ 0 \ \text{€/100 g} \\ 14 \ \text{€/Tag} \end{pmatrix} \begin{matrix} \text{Eiweißpreis} \\ \text{Fettpreis} \\ \text{Energiepreis} \\ \text{Ersparnis gegenüber dem Höchstpreis für 100 g} \\ \text{von Typ I bzw. II} \\ \text{max. Händlererlös pro Tag} \end{matrix}$$

Aufgabe 10.21 *(10.7.9 ii)-vi))*:

i) Interpretation des Dualproblems von Aufgabe 10.4 *(10.1.29)*:
Dualmodell: siehe Lösung zu Aufg. 10.19 i) *(10.6.17 i)*

Deutung der Dualvariablen:

u_1, u_2, u_3: Preise für die Nutzung einer Fertigungs-Stunde in den Fertigungsstellen 1, 2 und 3 ;

u_4, u_5: Preis pro Verpackung einer Einheit von Produkt I bzw. Produkt II .

Interpretation des Dualproblems: Der Produzent vermietet seine Produktions- und Verpackungskapazitäten an einen Konkurrenten zu den Preisen u_1, u_2, u_3, u_4, u_5 .

(a) Für den Vermieter muss gelten: Die pro verdrängter Produktmengeneinheit vom Typ I (Deckungsbeitrag: 3 T€/ME_1) erforderlichen Kapazitäten müssen bei Vermietung mindestens denselben Deckungsbeitrag erwirtschaften:

$$6u_1 + 4u_2 + 3u_3 + u_4 \geq 3 \qquad \text{(= 1. Dualrestriktion)}$$

Die zweite Dualrestriktion ergibt sich analog.

(b) Der Mieter der Ressourcen muss bereit sein, die obigen Bedingungen zu akzeptieren, will aber seinerseits die Gesamtausgaben für die Miete aller Ressourcen möglichst gering halten:

$$Z' = 480u_1 + 400u_2 + 480u_3 + 75u_4 + 70u_5 \rightarrow \text{Min.}$$
(entspricht der dualen Zielfunktion)

Optimale Lösung dieses Dualproblems: *(siehe Lösg. zu Aufg. 10.19 ii))*

$$\vec{u}_{opt} = \begin{pmatrix} u_1 \\ u_2 \\ u_3 \\ u_4 \\ u_5 \\ v_1 \\ v_2 \\ Z' \end{pmatrix} = \begin{pmatrix} 0 \ \text{T€}/h_1 \\ 0{,}5 \ \text{T€}/h_2 \\ 0{,}\overline{3} \ \text{T€}/h_3 \\ 0 \ \text{T€}/ME_1 \\ 0 \ \text{T€}/ME_2 \\ 0 \\ 0 \\ 360 \ \text{T€} \end{pmatrix} \begin{matrix} \textit{Mietpreis Fert.stelle 1} \\ \textit{Mietpreis Fert.stelle 2} \\ \textit{Mietpreis Fert.stelle 3} \\ \textit{Mietpreis Verpack.einh. I} \\ \textit{Mietpreis Verpack.einh. II} \\ \\ \\ \textit{(minimale) Mietsumme} \end{matrix} .$$

ii) Interpretation des Dualproblems zu Aufgabe 10.5 i) und ii) *(10.1.30 i) und ii)*

Teil i) Dualmodell vgl. Lösung zu Aufg. 10.19 ii) Teil i) *(10.6.17 ii) Teil i)*

Deutung der Dualvariablen u_1, u_2, u_3 :

„Vergütung" *(in Vergnügungseinheiten (VE))* für die Aufwendung von 1 € bzw. 1 Stunde (h) bzw. 1 emotionaler Energieeinheit (EE)

Damit ließe sich etwa die folgende Deutung des Dualproblems konstruieren:

Susanne könnte auf ihre Treffen mit Daniel und Peter verzichten und stattdessen ihre Ressourcen (d.h. Finanzmittel: 68 €/Monat, Zeit: 18 h/Monat und Energie: 4000 EE/Monat) direkt einsetzen, um sich als Lohn dafür ein äquivalentes Vergnügen auf direktem Wege zu verschaffen.

Da Susanne großen Spaß am Chauffieren schicker Autos hat – das Fahren *(Standard-Einheitsstrecke)* mit einem weißen Sport-Cabrio, so wie es etwa Autohändler Theo Huber besitzt, bereitet ihr den Spaß von 1 Vergnügungseinheit (VE) – könnte sie versuchen, ihre Finanzmittel, ihre Zeit und ihren Energievorrat in Hubers Unternehmung zu investieren und als Gegenleistung dafür eine „Bezahlung" in Form von Fahrten mit dem Cabrio zu verlangen.

Die *(noch unbekannten)* Preise für ihre Leistungen seien u_1 (in VE/€), u_2 (in VE/h) und u_3 (in VE/EE). Susanne überlegt nun auf Basis ihres Primalproblems (Aufg. 10.5 i) *(10.1.30 i)*) folgendermaßen:

Für ein Treffen mit Daniel gebe ich 12 € aus, investiere 3 h meiner Zeit und wende 500 emotionale Energieeinheiten (EE) auf. Dafür erhalte ich genau 6 Vergnügungseinheiten (VE). Wenn ich nun dieselben Aufwendungen direkt in Hubers Unternehmung tätige, so muss ich mindestens den gleichen Lohn, d.h. mindestens 6 VE $\triangleq$ 6 Fahrten mit dem Cabrio erhalten. Meine „Preise" u_1, u_2, u_3 (pro €, h und EE) müssen also folgender Ungleichung genügen:

$$(1) \qquad 12u_1 + 3u_2 + 500u_3 \geq 6 \qquad (= \text{1. Dualrestriktion}).$$

Analoge Überlegungen stellt Susanne für den Gegenwert eines zu ersetzenden Rendezvous mit Peter an: Wenn ich mich einmal mit ihm treffe, so wende ich dafür 8 €, 3 h und 1000 EE auf. Investiere ich also dieselben Ressourcen direkt in Hubers Unternehmung, so muss ich über meine Einzelpreise u_i mindestens denselben Gegenwert, nämlich 5 Vergnügungseinheiten erhalten:

$$(2) \qquad 8u_1 + 3u_2 + 1000u_3 \geq 5 \qquad (= \text{2. Dualrestriktion}) .$$

Huber seinerseits ist bereit, diese beiden Bedingungen zu akzeptieren und die Preise so festzusetzen, dass Susanne entsprechend entlohnt wird. Andererseits ist er sehr um die Unversehrtheit seines weißen Cabrios besorgt: Den Spielraum, der ihm bei der Festsetzung der Preise u_i noch verbleibt, wird er also dazu nutzen, unter all den Preiskombinationen u_1, u_2, u_3 , die (1) und (2) erfüllen, diejenige herauszufinden, die möglichst wenige Fahrten „kostet": Bezeichnet man mit Z' die Gesamtzahl der Fahrten pro Monat („Kosten"), so muss *(wenn Susanne ihre monatlichen Ressourcen 68 €, 18 h, 4000 EE voll einsetzt)* Huber anstreben:

$$Z' = 68u_1 + 18u_2 + 4000u_3 \rightarrow \text{Min.}$$

Diese Zielfunktion entspricht genau der dualen Zielfunktion von Aufgabe 10.5 i) *(10.1.30 i)*.

Die optimale Lösung des Dual lautet *(siehe Lösung zu Aufg. 10.19 ii)* (10.6.17 ii) *Teil i))*:

$$\vec{u}_{opt} = \begin{bmatrix} u_1 \\ u_2 \\ u_3 \\ v_1 \\ v_2 \\ Z' \end{bmatrix} = \begin{bmatrix} 0{,}25 & \text{VE/€} \\ 1 & \text{VE/h} \\ 0 & \text{VE/EE} \\ 0 & \\ 0 & \\ 35 & \text{VE/Mon.} \end{bmatrix} \begin{array}{l} \textit{Anz. der Fahrten pro € Einsatz} \\ \textit{Anz. der Fahrten pro h} \\ \textit{Anz. der Fahrten pro Energ. einh.} \\ \\ \\ \textit{Gesamtanz. der monatl. Fahrten} \end{array}$$

Theo Huber bezahlt also pro Euro, die Susanne in seine Unternehmung investiert, mit 0,25 VE, d.h. für 4 € Einsatz erhält Susanne eine Fahrt mit dem weißen Cabrio *(da sie insgesamt 68 €/Monat investiert, darf sie dafür 17mal fahren)*. Weiterhin entlohnt Huber den Zeitaufwand Susannes mit 1 VE/h, d.h. bei insgesamt 18 h/Monat Zeitaufwand kommen weitere 18 Fahrten hinzu, zusammen also 35 Fahrten pro Monat mit ihrem Traumauto. Für ihre eingesetzte Energie erhält sie (wegen $u_3 = 0$) keine gesonderte Entlohnung – und dennoch ist Susanne zufrieden:

Die optimale Duallösung liefert genau das maximale Vergnügen, das sie auch mit der primalen Problemlösung erhalten hätte, alle ihre Bedingungen sind erfüllt:

Wegen $v_1 = v_2 = 0$ sind die beiden Dualrestriktionen (als Gleichungen) genau erfüllt.

Huber ist ebenfalls zufrieden, denn die Anzahl der von Susanne monatlich durchgeführten Fahrten mit seinem Kleinod ist nunmehr kleiner als bei allen sonst noch denkbaren Entlohnungssystemen $(u_1\ u_2\ u_3)^T$.

Teil ii) Dual vgl. Lösung zu Aufg. 10.19 ii) Teil ii) *(10.6.17 ii), Teil ii)*:

Es handelt sich um eine völlig analoge Interpretation wie in Teil i), lediglich lautet nun die zweite Restriktion . . . ≥ 12 *(statt* ≥ 5*)*.

Die optimale Lösung unterscheidet sich freilich grundlegend von der in Teil i):

Susanne erhält nun weder für ihr investiertes Kapital noch für ihre aufgewendete Zeit einen Gegenwert (denn im Optimum gilt $u_1 = u_2 = 0$, siehe Lösung zu Aufg. 10.19 ii) *(10.6.17 ii)*, Teil ii)), dafür entlohnt Huber jede von ihr monatlich eingesetzte emotionale Energieeinheit mit 0,012 VE, d.h. bei monatlich insgesamt 4000 EE kommt Susanne so auf 48 Fahrten mit dem Cabrio. Wegen $v_1 = v_2 = 0$ sind auch jetzt beide Restriktionen als Gleichungen erfüllt.

iii) Interpretation des Dualproblems zu Aufg. 10.6 *(10.1.31)*:

Dualmodell vgl. Lösung zu Aufg. 10.19 iii) *(10.6.17 iii)*

Deutung der Dualvariablen u_1, u_2, u_3:
Preise für je eine Tonne Kies, Sand bzw. Quarz (in €/t)

Interpretation des Dualproblems:

Der Betreiber könnte seine Kiesgruben stillegen und stattdessen seinen Lieferverpflichtungen dadurch nachkommen, dass er die benötigten Rohstoffe z.B. bei seinem Konkurrenten einkauft und anschließend an die Baustoffabrik weiterleitet.

Die Einkaufspreise u_1, u_2, u_3 für Kies, Sand und Quarz müssen auf der Grundlage der folgenden Überlegungen ausgehandelt werden:

Für einen Fördertag in Kiesgrube 1 mussten bisher 2000 € aufgewendet werden, die resultierende Förderleistung betrug 60 t Kies, 40 t Sand und 20 t Quarz. Daher dürfen dieselben Mengen insgesamt auch jetzt nicht mehr als 2000 € kosten:

$$60u_1 + 40u_2 + 20u_3 \leq 2000 \qquad \textit{(= 1. Dualrestriktion).}$$

Analog dürfen die pro Tag in Grube 2 förderbaren und nun zu beziehenden Stoffe insgesamt höchstens 1600 € kosten *(andernfalls wäre es günstiger, die Kiesgrube weiter zu betreiben)*:

$$20u_1 + 120u_2 + 20u_3 \leq 1600 \qquad \textit{(= 2. Dualrestriktion).}$$

Andererseits ist das nunmehr liefernde Konkurrenzunternehmen daran interessiert, für die wöchentlichen Liefermengen (120 t Kies, 240 t Sand, 80 t Quarz) einen möglichst hohen Gesamterlös Z′ zu erzielen:

$$Z' = 120u_1 + 240u_2 + 80u_3 \rightarrow \text{Max.} \qquad \textit{(= duale Zielfunktion).}$$

Nach Aufg. 10.19 iii) *(10.6.17 iii)* ergibt sich folgende Optimallösung des Dual:

$$\vec{u}_{opt} = \begin{pmatrix} u_1 \\ u_2 \\ u_3 \\ v_1 \\ v_2 \\ Z' \end{pmatrix} = \begin{pmatrix} 10 & €/t \\ 0 & €/t \\ 70 & €/t \\ 0 & \\ 0 & \\ 6800 & €/Wo \end{pmatrix} \begin{matrix} \textit{Kiespreis} \\ \textit{Sandpreis (!)} \\ \textit{Quarzpreis} \\ \\ \\ \textit{max. Verkaufserlös/Woche.} \end{matrix}$$

iv) Interpretation des Dualproblems zu Aufg. 10.8 *(10.1.33)*:

Dualmodell vgl. Lösung zu Aufg. 10.19 v) *(10.6.17 v)*

Deutung der Dualvariablen u_1, u_2, u_3 :
Preise für je eine Tonne Weißbrot, Schwarzbrot bzw. Kuchen (in €/t)

Interpretation des Dualproblems:

Die Großbäckerei könnte ihre beiden Backbetriebe A, B schließen und die wöchentlich benötigten Mindestlieferungen von einer Backwarenfabrik beziehen. Die Einkaufspreise u_i müssen sich dabei nach folgenen Überlegungen richten:

In Backbetrieb A entstanden bisher pro Arbeitstag Betriebskosten von 4000 €/Tag. Damit konnten 6 t Weißbrot, 4 t Schwarzbrot und 2 t Kuchen pro Tag gebacken werden. Daher dürfen dieselben, nunmehr fremd zu beziehenden Mengen keinesfalls mehr als 4000 € kosten:

$$6u_1 + 4u_2 + 2u_3 \leq 4000 \qquad (= \textit{1. Dualrestriktion}).$$

Die Ausgaben für die bisher pro Tag in Betrieb B gebackenen Produkte dürfen nach analoger Überlegung 6000 € nicht übersteigen:

$$2u_1 + 12u_2 + 2u_3 \leq 6000 \qquad (= \textit{2. Dualrestriktion}).$$

Andererseits ist der neue Lieferant daran interessiert, unter Berücksichtigung dieser beiden Bedingungen die Preise u_i so festzulegen, dass dabei sein Erlös Z' für die wöchentliche Lieferung von 24 t Weißbrot, 48 t Schwarzbrot und 16 t Kuchen möglichst hoch ausfällt:

$$24u_1 + 48u_2 + 16u_3 = Z' \rightarrow \text{Max.} \qquad (= \textit{duale Zielfunktion}).$$

Die optimale Duallösung lautet *(siehe Lösung zu Aufg. 10.19 v)* (10.6.17 v)*)*:

$$\vec{u}_{opt} = \begin{pmatrix} u_1 \\ u_2 \\ u_3 \\ v_1 \\ v_2 \\ Z' \end{pmatrix} = \begin{pmatrix} 0 \text{ €/t} \\ 250 \text{ €/t} \\ 1500 \text{ €/t} \\ 0 \\ 0 \\ 36.000 \text{ €/Wo} \end{pmatrix} \begin{matrix} \textit{Weißbrotpreis (!)} \\ \textit{Schwarzbrotpreis} \\ \textit{Kuchenpreis} \\ \\ \\ \textit{max. wöchentl. Erlös des Lieferanten} \end{matrix}$$

v) Interpretation des Dualproblems von Aufg. 10.11 *(10.2.39)*:
Dualmodell vgl. Lösung zu Aufg. 10.19 vi) *(10.6.17 vi)*

Deutung der Dualvariablen :

u_1, u_2: Preise pro kg des verwendeten Zwischenproduktes Z_1 bzw. Z_2 (in €/kg)
u_3: Preis pro Stunde der eingesetzten Fertigungskapazität

Interpretation des Dualproblems:

Die betrachtete Unternehmung (A) fertigt nicht mehr selber ihre Produkte, sondern verkauft bzw. vermietet ihre Material- und Fertigungskapazitäten an eine zweite Unternehmung (B). Über die Preise u_1, u_2, u_3 für Material und Fertigungskapazität wird verhandelt:

Unternehmung A hat pro produzierter ME des ersten Produktes 4 kg von Z_1, 8 kg von Z_2 sowie 1/15 h eingesetzt, dabei konnte ein Deckungsbeitrag von 10 € erzielt werden. Also fordert Unternehmung A Preise u_i derart, dass für die genannten Einsatzmengen ein Betrag von insgesamt mindestens 10 € resultiert:

$$4u_1 + 8u_2 + \frac{1}{15}u_3 \geq 10 \qquad (= \textit{1. Dualrestriktion})$$

Dieselben Überlegungen gelten für die übrigen drei Produkttypen:

Die pro ME eines Produkttyps eingesetzten Faktoren müssen so „bepreist" werden, dass sich für Unternehmung A jeweils ein Erlös ergibt, der mindestens so hoch ist wie der Deckungsbeitrag des bisher mit denselben Faktormengen hergestellten Produktes:

$$
\begin{array}{lllll}
5u_1 + 8u_2 + \frac{1}{30}u_3 & \geq & 13 & & (= \textit{2. Dualrestriktion}) \\
4u_1 + 6u_2 + 0{,}1u_3 & \geq & 10 & & (= \textit{3. Dualrestriktion}) \\
3u_1 + 10u_2 + \frac{1}{15}u_3 & \geq & 11 & & (= \textit{4. Dualrestriktion}).
\end{array}
$$

Damit die Geschäftspartner handelseinig werden, wird Unternehmung B diese Bedingungen akzeptieren müssen, wird aber ihrerseits von allen möglichen Preiskombinationen, die den vier o.a. Bedingungen genügen, diejenige herauszufinden versuchen, die mit den geringsten Gesamtkosten Z′ für die Nutzung der vorhandenen Kapazitäten (475 kg/Tag von Z_1, 720 kg/Tag von Z_2 und 14 h/Tag Fertigungskapazität) verbunden ist:

$$475u_1 + 720u_2 + 14u_3 = Z' \rightarrow \text{Min.}$$

Anhand der optimalen Lösung *(siehe Lösung zu Aufg. 10.19 vi)* (10.6.17 vi)*)* ergibt sich, dass pro kg der beiden Zwischenprodukte jeweils 1 € zu zahlen sind, während die Fertigungskapazitäten einen „Schattenpreis" von Null haben. Unternehmung B zahlt insgesamt für die Nutzung den (minimalen) Betrag von 1.195 €/Tag, was genau dem maximalen Deckungsbeitrag der zuvor selbst produzierenden Unternehmung A entspricht.

Testklausuren
Lösungshinweise

Bemerkungen zu den Lösungshinweisen für die Testklausuren

Auch wenn die nachfolgenden Lösungshinweise für die Testklausuren relativ ausführlich gehalten sind, dürfen diese Hinweise keinesfalls als Musterlösungen für den Klausur-Ernstfall missverstanden werden.

Zu einer vollständigen Klausuraufgaben-Lösung gehören – neben der Beantwortung der ausdrücklich gestellten Fragen – aus Sicht des Autors folgende Aspekte:

- Bei jeder Problemlösung muss der Gedankengang erkennbar sein, die mathematischen Formulierungen sollen kurz, aber nachvollziehbar erfolgen. Ein fertiges Ergebnis ohne erkennbare Gedankenführung ist wertlos. Ausnahme: Aufgaben, bei denen die Antwort lediglich angekreuzt werden muss.
- Falls Schlussfolgerungen aus graphischen Funktions-Darstellungen abzuleiten sind, sollen die dazu notwendigen geometrisch-graphischen „Bemerkungen“ aus der Skizze erkennbar hervorgehen.

- Bei ökonomischen Problemen sind die gefundenen Lösungen verbal zu interpretieren *(unter Verwendung der korrekten Maß-Einheiten)*
- Bei Extremwertproblemen ist stets eine Überprüfung von Existenz und Typ eines Extremums durchzuführen. Ausnahmen: Probleme, die mit Hilfe der Lagrange-Methode gelöst wurden oder wenn ausdrücklich im Text vermerkt.
- Extremwertprobleme bei Funktionen mit mehreren unabhängigen Variablen unter Berücksichtigung von Restriktions-Gleichungen sollen stets mit Hilfe der Lagrange-Methode gelöst werden *(die Extremwert-Überprüfung kann entfallen)*. In jedem dieser Fälle soll die ökonomische Interpretation der Lagrangeschen Multiplikatoren und ihrer Lösungswerte durchgeführt werden.

Bei der Bewertung der „ja/nein"-Ankreuz-Aufgaben-Lösungen wird in der Klausuren-Praxis wie folgt verfahren:

Jede richtige Antwort wird mit einem Punkt bewertet, jede falsche Antwort führt zum Abzug eines Punktes, eine nicht beantwortete Frage wird mit 0 Punkten bewertet *(dabei kommt es nur auf das gesetzte Kreuz an, eine eventuell zusätzlich aufgeführte Herleitung geht nicht in die Bewertung ein)*. Eine negative Punktsumme wird aufgewertet auf 0 Punkte. Wegen unvermeidlicher Rundungsdifferenzen bei numerischen Berechnungen gilt: Wenn die selbst ermittelten Zahlenwerte innerhalb einer Streubreite von ±0,05% der im Aufgabentext angegebenen Werte liegen, so handelt es sich dabei um übereinstimmende Werte.

Der auf den ersten Blick (zu) große Umfang der Klausuren resultiert aus der Tatsache, dass es sich um Auswahlklausuren handelt, zu deren Bestehen in der Regel ein Drittel aller angebotenen Punkte ausreichend ist. Ein „sehr gut" kann bereits bei richtiger Lösung von etwa 70-75% der angebotenen Punkte erreicht werden.

11 Testklausuren – Lösungshinweise

Testklausur Nr. 1

L1: i) Für die Produktionsmenge q im Betriebsoptimum werden die Stückkosten k(q) minimal. Zunächst muss daher die Gleichung der Kostenfunktion K=K(q) ermittelt werden. Da Kosten = bewerteter Faktorverbrauch, d.h. $K(q) = 36 \cdot r(q)$, muss zunächst aus der Produktionsfunktion $q = q(r) = 6 \cdot \sqrt{2r-100}$ die Faktorverbrauchsfunktion $r = r(q)$ durch Umkehrung gewonnen werden:

$$q = 6 \cdot \sqrt{2r-100} \quad \underset{q \geq 0}{\Longleftrightarrow} \quad q^2 = 36 \cdot (2r-100) \quad \Longleftrightarrow \quad r = r(q) = \frac{1}{72}q^2+50$$

Daraus ergibt sich die Kostenfunktion $K(q) = 36 \cdot r(q) = 0{,}5q^2 + 1800$ und daraus die zu minimierende Stückkostenfunktion k: $k(q) = 0{,}5q + \frac{1800}{q}$.

Notwendige Bedingung für $k \rightarrow \min.$: $0 = k'(q) = 0{,}5 - \frac{1800}{q^2} \underset{q>0}{\Longleftrightarrow} q = 60$ ME.

Überprüfung: $k''(q) = \frac{3600}{q^3} > 0$, d.h. k wird tatsächlich minimal für q = 60 ME.

ii) Gewinn = Erlös − Kosten, d.h. $G(q) = E(q) - K(q)$. Wegen $E(q) = q \cdot p(q)$ muss zunächst die Umkehrung p(q) der Nachfragefunktion q(p) gebildet werden:

$$q = 277{,}5 - 0{,}5p \iff 0{,}5p = 277{,}5 - q \iff p = p(q) = 555 - 2q \iff$$
$$E(q) = 555q - 2q^2 \iff G(q) = -2{,}5q^2 + 555q - 1800 \rightarrow \max.$$
$$G'(q) = -5q + 555 = 0 \iff q = 111 \text{ ME} \qquad (G'' = -5 < 0, \text{ also Max.}).$$
$$\iff \text{Marktpreis im Gewinnmaximum:} \quad p(111) = 555 - 222 = 333 \text{ GE/ME}.$$

L2: i) a) partielle Grenzproduktivität bzgl. Arbeit: $\frac{\partial y}{\partial a} = 350\, a^{-0,3} k^{0,9}$.

Zur Überprüfung der Monotonie der part. Grenzprod. muss deren Ableitung $\frac{\partial^2 y}{\partial a^2}$ untersucht werden: $\frac{\partial^2 y}{\partial a^2} = \underbrace{-105}_{<0} \cdot \underbrace{a^{-1,3} k^{0,9}}_{>0} < 0$,

d.h. die partielle Grenzproduktivität bzgl. der Arbeit ist c.p. abnehmend.

b) Analoge Beweisführung für die partielle Grenzproduktivität des Kapitals.

ii) Die Isoquantengleichung erhält man für $y = y_0$ = const. *(z.B. y = 10)*:

$500\, a^{0,7} k^{0,9} = y_0 \quad \Rightarrow \quad k = (0{,}002 y_0)^{1/0,9} \cdot a^{-7/9} = c_0 \cdot a^{-7/9}$ *(mit $c_0 > 0$).*

$\Rightarrow k''(a) = \frac{112}{81} c_0 \cdot a^{-25/9} > 0$, d.h. k'(a) ist steigend, also ist k(a) konvex!

iii) Es gilt: $\varepsilon_{y,a} = \frac{y_a}{y} \cdot a = \frac{350\, a^{-0,3} k^{0,9}}{500\, a^{0,7} k^{0,9}} \cdot a = \frac{350}{500} = 0{,}7 = \text{const.}$ (w.z.b.w.).

Interpretation: Das Sozialprodukt y nimmt – *unabhängig vom Ausgangsniveau der beteiligten Inputs* – stets um 0,7% zu *(ab)*, wenn der Arbeitsinput -c.p.- um 1% zu- *(ab-)*nimmt. *(Analoge Argumentation für $\varepsilon_{y,k} = 0{,}9$ = const.)*

L3: i) Sparsumme bezogen auf den nächsten eingenommenen Euro = Grenzhang zum Sparen = marginale Sparquote = S′(Y):

$S'(Y) \overset{!}{=} 0{,}7 \quad \Leftrightarrow \quad 1-0{,}8\cdot e^{-0{,}8Y} = 0{,}7 \quad \Leftrightarrow \quad e^{-0{,}8Y} = 0{,}375 \quad \Leftrightarrow \quad Y = 1{,}2260\,\frac{GE}{ZE}.$

ii) „Sättigungswert für unbeschränkt wachsendes Einkommen" = „$\lim\limits_{Y\to\infty}$" :

a) $\lim\limits_{Y\to\infty} C(Y) = \lim\limits_{Y\to\infty}(2-e^{-0{,}8Y}) = 2$ GE/ZE ;

b) $\lim\limits_{Y\to\infty} C'(Y) = 0\,\frac{GE/ZE}{GE/ZE}$.

L4: Aus dem Grenzumsatz *(= Grenzerlös)* $U'(x) = -x+120$ gewinnt man zunächst durch Integration die Umsatz- oder Erlösfunktion U(x):

$U(x) = \int U'(x)dx = \int(-x+120)\,dx = -0{,}5x^2+120x+C$.

Wegen $U=p\cdot x$ gilt für $x=0$: $U(0)=0$, d.h. $C=0 \iff U(x) = -0{,}5x^2+120x$.

Gesucht ist $\varepsilon_{U,p}$, d.h. die *Preis*-Elastizität des Umsatzes U, benötigt wird also der Umsatz in Abhängigkeit des Preises p. Daher ermittelt man über $p(x) = U(x)/x$ die Umkehrung x(p) und daraus $U(p) = p\cdot x(p)$:

$p(x) = (-0{,}5x^2+120x)/x = -0{,}5x+120 \iff x(p) = 240-2p \iff$
$U(p) = 240p-2p^2$.

Laut Aufgabenstellung gilt: $\varepsilon_{U,p} = \frac{240-4p}{240p-2p^2}\cdot p \overset{!}{=} -2{,}5 \Leftrightarrow p = 93{,}33$ GE/ME.

L5: i) Die Grenzkosten $K'(x) = 0{,}2x+0{,}4$ sind linear und monoton steigend, also wird das Minimum von K′ am „linken Rand" angenommen
$\Rightarrow$ K′ ist minimal für x = 0 ME.

ii) DB = Deckungsbeitrag = Erlös − variable Kosten = $E(x)-K_v(x) \iff$
$DB(x) = -0{,}2x^3-0{,}1x^2+19{,}6x \to$ max.: $DB' = -0{,}6x^2-0{,}2x+19{,}6 = 0$
$\iff x \approx 5{,}5512$ ME *(2. Lösung ist negativ)*. $DB'' = -1{,}2x-0{,}2<0$ *(⇒ Min.)*.

iii) Gewinn $G(x) = DB(x)-K_f = -0{,}2x^3-0{,}1x^2+19{,}6x-150 \iff$
Stückgewinn $g(x) = -0{,}2x^2-0{,}1x+19{,}6-\frac{150}{x} \to$ max.
Aus $g'(x) = -0{,}4x-0{,}1+\frac{150}{x^2} = 0$ folgt mit Hilfe der Regula falsi: Der Stückgewinn wird maximal *(g″ < 0)* für $x \approx 7{,}129$ ME *(ähnliche Näherungen o.k.)*.

L6: i) Lagrange-Funktion: $L = 60a-0{,}5a^2+10ab+40b-b^2+\lambda(142-3a-2b) \Rightarrow$
$L_a = 60-a+10b-3\lambda = 0$; $L_b = 40+10a-2b-2\lambda = 0 \iff 16a = 13b$
Zusammen mit $L_\lambda = 142-3a-2b$ ergibt sich:
a = 26 h/Monat auf A, b = 32 h/Monat auf B, x_{max} = 9.798 ME/Monat.
λ = 118 ME/GE: Grenz-Ertrag bzgl. Kosten-Budget, d.h. ein um eine Einheit höheres Budget liefert im Optimum einen um 118 ME/Monat höheren Output.

ii) Lagrange-Funktion: $L = 3a+2b+\lambda(25.000-60a+0{,}5a^2-10ab-40b+b^2)$.
Die notwendigen Bedingungen $L_a=0$; $L_b=0$, $L_\lambda=0$ *explizit* hinschreiben!
(für Rechenfreaks hier die Lösung: a = 44,262; b = 54,476; K_{min} = 241,739 GE/Monat.)

L7: $K_I(x) = \begin{cases} 400 + 2x & (x \le 600) \\ 1300 + 0{,}5x & (x > 600) \end{cases}$ $\quad K_{II}(x) = \begin{cases} 600 + x & (x \le 2000) \\ 2100 + 0{,}25x & (x > 2000) \end{cases}$

(x: Anzahl der monatlichen Kopien; K(x): monatliche Gesamt-Kopierkosten bei x Kopien/Monat)
(Beispiel: Kosten $K_I(x)$ für $x > 600$: $K_I(x) = 400 + 600 \cdot 2{,}00 + (x - 600) \cdot 0{,}50 = 1300 + 0{,}5x$)

Aus $K_I = K_{II} \Rightarrow$ Es gibt vier theoretisch mögliche Schnittpunkte zwischen den beiden *(geknickten)* Kostenfunktionen *(x = 200; 971; 1400; 3200)*, von denen allerdings nur drei zulässig sind *(d.h. im passenden Intervall liegen)*, nämlich: $x_1 = 200$ Kopien/Monat; $x_3 = 1400$ Kopien/Monat; $x_4 = 3200$ Kopien/Monat.

Durch Einsetzen von Zwischenwerten für x *(z.B. x=0, x=1000, x=2000, x=4000)* oder anhand einer Skizze *(s.u.)* ergibt sich:

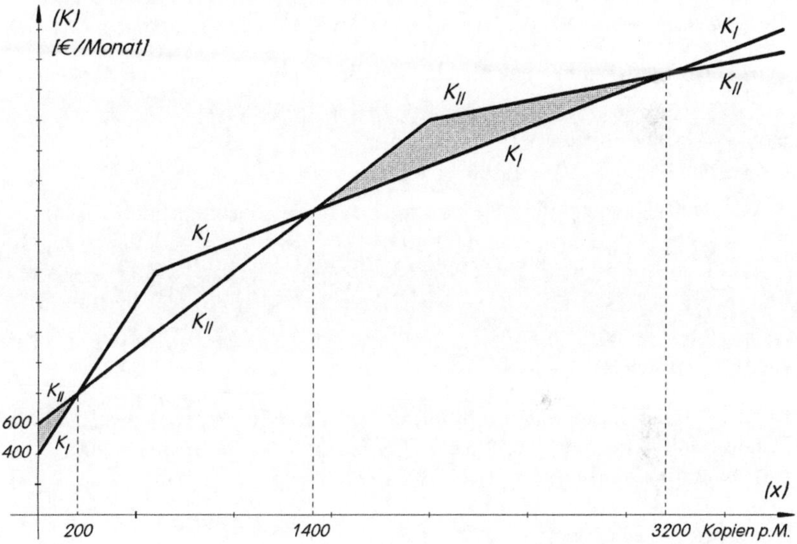

Für eine Kopienzahl bis 200 Kopien/Monat ist Angebot I günstiger.
Für eine Kopienzahl zwischen 200 und 1400 Kopien/Monat ist Angebot II günstiger.
Für eine Kopienzahl zwischen 1400 und 3200 Kopien/Monat ist Angebot I günstiger.
Für eine Kopienzahl über 3200 Kopien/Monat ist Angebot II günstiger.

L8: Durch Analyse/Vergleich der Funktionssteigungen *(„Grenz-...")* bzw. der Fahrstrahlsteigungen *(„Stück-...")* erhält man *(näherungsweise)*:

i) **a)** $x > 9$ ME *(ab hier nehmen die Tangentensteigungen ab)*
b) $4{,}4 < x < 12{,}6$ ME *(in diesem Intervall nehmen die Fahrstrahlsteigungen zu)*

ii) **a)** $x \approx 4{,}4$ ME *(an dieser Stelle ist die Fahrstrahlsteigung minimal)*
b) $x \approx 9$ ME *(an dieser Stelle ist die Tangentensteigung maximal)*

L9: **i)** $\varepsilon_{A,E} = \frac{E}{1+2E} = 0{,}4994$ *(d.h. wenn E um 1% zunimmt, nimmt A um ca. 0,5% zu).*

ii) $A = A(E(Y)) = \sqrt{40Y + 100100} \quad \Leftrightarrow \quad \varepsilon_{A,Y} = \frac{20Y}{40Y+100100} \approx 0{,}3332$
(d.h. wenn Y um 4% steigt, so steigt A um 1,33%).

Testklausur Nr. 2

L1: **i)** Lagrange-Funktion: $L = 2000+85n+40v+2nv-2n^2-v^2+\lambda(1120-12n-8v)$
Über $L_n=0$; $L_v=0$: $L_\lambda=0$ ergibt sich: n = 50 kg Nitrovinum; v = 65 kg Vinoph.
($\lambda=1,25$: Grenzertrag bzgl. Düngemittel-Budget)

ii) Lagrange-Funktion: $L = 12n+8v+\lambda(4300-85n-40v-2nv+2n^2+v^2)$
Daraus ergeben sich die notwendigen Bedingungen über $L_n=0$; $L_v=0$, $L_\lambda=0$.
(für Rechenfreaks hier die Lösung: $n=60,179$; $v=79,250$; $K_{min}=1356,15$ GE/Jahr)

L2: a) f *(Erlös nicht berücksichtigt)* b) f *(Kosten nicht berücksichtigt)* c) f *(siehe b))*
d) f *(eine Stückbetrachtung vernachlässigt die Absatzmenge)* e) r f) f *(siehe d))*
g) f *(Erlös nicht berücksichtigt)* h) r i) f *(Kosten/Erlöse nicht berücksichtigt)* j) r k) r

L3: Typ der Kostenfunktion: quadratisches Polynom, d.h. $K(x) = ax^2+bx+c \Rightarrow$

$\Rightarrow K'(x) = 2ax+b;\quad k(x) = ax+b+c/x;\quad k'(x) = a-c/x^2;$
$\Rightarrow G(x) = 100x-0,5x^2-K(x) = (-0,5-a)\cdot x^2+(100-b)\cdot x-c;$
$\Rightarrow G'(x) = 2\cdot(-0,5-a)\cdot x+100-b = -x-2ax+100-b.$

Aus den vorliegenden Informationen ergeben sich 3 Gleichungen für a, b, c:
(1) $k'(140) = 0$, d.h. $a-c/19600 = 0 \iff 19600a = c$;
(2) $G'(75) = 0$, d.h. $-75-150a+100-b = 0 \iff 150a+b = 25$;
(3) $K'(140) = 38$, d.h. $280a+b = 38$.

Daraus folgt: $a=0,1$; $b=10$; $c=1960$ d.h. $K(x)=0,1x^2+10x+1960$.
Damit ergibt sich als Gewinnfunktion: $G(x) = -0,6x^2+90x-1960$

L4: Kosten = Input · Inputpreis = $r\cdot p_r$ mit $r=r(x)=2x+20$ *($r(x)$ = Umkehrfunktion zu $x(r)$)*
Daraus folgt: $K(x) = (2x+20)(120-0,5(2x+20)) = -2x^2+200x+2200$.
$\Rightarrow$ Gewinnfunktion: $G(x)=-18x^2+800x-2200 \Rightarrow G_{max}$ für x = 22,22 ME.

L5: **i)** $K_I(x)=120+1,2x$; $\quad K_{II} = \begin{cases} 60+2,4x & (0\le x\le 150)\\ 270+x & (x>150)\end{cases}$
(Beispiel: Kosten $K_{II}(x)$ für $x>150$: $K_{II}(x) = 60+150\cdot 2,40+(x-150)\cdot 1,00 = 270+x$)

ii) Die Kostenfunktionen schneiden sich in x = 50 und x = 750. Einsetzen von Zwischenwerten *(z.B. 0; 100; 1000)* zeigt:
Verbrauch bis 50 m^3 sowie über 750 m^3: II günstiger als I
Verbrauch zwischen 50 und 750 m^3: I günstiger als II.

L6: Gewinnfunktion: $G(m,g,s) = 130m+62g+52s-4m^2-2g^2-3s^2-mg-gs-815$
Über die Extremalbedingungen $G_m=0$, $G_g=0$, $G_s=0$ und die Lösung des sich daraus ergebenen Gleichungssystems erhält man das Produktionsprogramm für eine Bezugsperiode:
m = 15 Messer; g = 10 Gabeln; s = 7 Scheren.

L7: **i)** Umsatz ≙ Erlös $E(x) = x\cdot p(x)$: Maximum von $E(x)=200\cdot x\cdot e^{-0,2x}$ gesucht:
$E'(x) = 200\cdot e^{-0,2x}+200\cdot x\cdot e^{-0,2x}\cdot(-0,2) = 200\cdot e^{-0,2x}\cdot(1-0,2x) = 0$
$\iff x=5$ ME $\Rightarrow p=73,58$ GE/ME , *($E''(5)<0$)* .

ii) Gesucht ist der Wert von $\varepsilon_{x,p}$ für die Nachfrage-Menge $x = 10$:

Entweder: Kehrwert von $\varepsilon_{p,x}(10) = \ldots = -2$ bilden $\Rightarrow$ $\varepsilon_{x,p} = -0{,}5$

Oder: Erst x(p) bilden *(= $-5 \cdot ln(p/200)$)* und dann $\varepsilon_{x,p}$ an der Stelle p(10) ermitteln $\Rightarrow$ dasselbe Ergebnis, aber umständlicher zu rechnen.

Interpretation: Bei einer Nachfrage-Menge von 10 ME bewirkt eine 1%ige Preiserhöhung einen Nachfragerückgang um 0,5%.

iii) Marktgleichgewicht: Angebot = Nachfrage, d.h. $p(x) = p_a(x)$, zu lösen ist also die Gleichung: $200 \cdot e^{-0,2x} = 12+0{,}5x$.
Regula falsi: $x = 12{,}035$ ME $\Rightarrow$ $p = 18{,}02$ GE/ME.

iv) G_{max} für $x = 4$; E_{max} für $x = 5$ $\Rightarrow$ Die Behauptung ist falsch.

v) Deckungsbeitrag DB = Erlös − variable Kosten $= E - (K - K_f) = E - K + K_f$
= Gewinn G + Fixkosten K_f
$\Rightarrow$ $DB' = G'$ $\Rightarrow$ Die Behauptung ist richtig.

vi) U_w ist abnehmend, falls $U_{ww} < 0$ gilt: $U_{ww} = 240 \cdot v^{0,5} \cdot w^{-0,8}$ ist stets positiv, d.h. U_w steigt überall $\Rightarrow$ Die Behauptung ist falsch.

L8: Durch Analyse/Vergleich der Funktionssteigungen *(„Grenz-...")* bzw. der Fahrstrahlsteigungen *(„Stück-...")* anhand der Graphik erhält man *(näherungsweise)*:

i) a) Der Grenzerlös ist abnehmend in den Nachfrage-Intervallen [0; 0,6], [4,3; 11,3] und [15; 16,5] *(Funktionssteigungen nehmen dort ab)*

b) Der Stück-Erlös nimmt zu in [1; 6,5] *(dort nehmen die Fahrstrahlsteigungen zu)*.

ii) a) Der Stückerlös ist minimal für $x \approx 16{,}5$ ME *(Fahrstrahlsteigung Null)*

b) Der Grenzerlös ist maximal für $x \approx 4{,}3$ ME *(maximale Funktionssteigung)*.

Testklausur Nr. 3

L1: i) Zur Ermittlung des Gewinnmaximums wird die Gewinnfunktion G(x) mit Hilfe der Deckungsbeitragsfunktion D(x) berechnet:

Deckungsbeitrag: $D(x) = x \cdot d(x) = -2x^2 + 18x$ $\Rightarrow$
Gewinn: $G(x) = D(x) - K_f = -2x^2 + 18x - K_f \rightarrow \max.$

(K_f ist noch unbekannt, soll aber derart bestimmt werden, dass im Gewinnmaximum der Gewinn nicht kleiner als 30 GE ist (d.h. $G \overset{!}{\geq} 30$ im Gewinnmaximum).

Aus: $G'(x) = -4x+18 = 0$ folgt: $x = 4{,}5$ ME $\Rightarrow$ $G(4{,}5) = 40{,}5 - K_f \overset{!}{\geq} 30$
$\Leftrightarrow$ $K_f \leq 10{,}5$ GE. Für Fixkostenwerte kleiner oder gleich 10,5 GE ergibt sich *($G'' < 0$)* daher ein Maximalgewinn von mindestens 30 GE.

ii) Stückgewinn-Maximum: $g(x) = -2x+18-32/x$; $g'(x) = -2+32/x^2 = 0$ $\Rightarrow$ $x = 4$ ME *($g''(4) < 0$)*; $p = 12$ GE/ME $\Rightarrow$ $g_{max} = 2$ GE/ME.

L2: $x(r) = ar^3+br^2+cr \quad \Rightarrow \quad x'(r) = 3ar^2+2br+c \quad \Rightarrow \quad x''(r) = 6ar+2b.$

Aus den vorliegenden Informationen gewinnt man 3 Gleichungen für a, b und c:

(1) $x'(r) \to \max.$, d.h. $x''(3) \stackrel{!}{=} 0 \quad \Longleftrightarrow \quad 0 = 18a + 2b$

(2) $x'(6,5) = 0 \quad \Longleftrightarrow \quad 0 = 126,75a + 13b + c$

(3) $x(4) = 238 \quad \Longleftrightarrow \quad 238 = 64a + 16b + 4c$.

Lösung des Gleichungssystems: $a = -2$; $b = 18$; $c = 19,5$, d.h. die Gleichung der Produktionsfunktion lautet: $x(r) = -2r^3+18r^2+19,5 \cdot r$.

L3: i) Lagrange-Funktion: $L = (x+10)^2 + (y+4)^2 - 116 + \lambda(30-x-y) \quad \Rightarrow$ optimale Aufteilung: x = 12 Mio €; y = 18 Mio € $\quad \Rightarrow$

Rendite = Gewinn/Kapitaleinsatz = (1,2+0,72 Mio €)/30 Mio € = 6,40% p.P.

$\lambda = 44$: Grenz-Risiko bzgl. des Budgets *(Punkte pro Mio €)*, bei einer Erhöhung des Investitionsbudgets um 1 Mio € steigt das minimale Risiko um 44 Punkte.

ii) Lagrange-Funktion: $L = 0,1x + 0,04y + \lambda(1044 - (x+10)^2 - (y+4)^2) \quad \Rightarrow$ optimale Investition: x = 20 Mio €; y = 8 Mio €;

Rendite = (2+0,32 Mio €)/28 Mio € = 0,082857 $\approx$ 8,29% p.P.

$\lambda = 0,001\overline{6}$: Grenz-Gewinn bzgl. Risikoniveau *(in Mio € pro Punkt)*, d.h. geht der Investor ein zusätzliches Risiko von einem Punkt ein, erhöht sich sein maximaler Gewinn um $0,001\overline{6}$ Mio €, d.h. um ca. 1.666,67 €.

iii) Lagrange-Ansatz mit $L = x+y + \lambda(3,7 - 0,1x - 0,04y)$ führt nicht zum Ziel, daher muss die Zielfunktion $Z = x+y$ auf Randextrema untersucht werden.
Wegen $x = 37 - 0,4y$ *(= Nebenbedingung (NB))* lautet die Zielfunktion:

$$Z = x+y = 37 + 0,6y \quad ,$$

ist also steigend, das Minimum wird daher am linken Rand (d.h. für y = 0) angenommen. Aus der NB folgt: x = 37 Mio € .
Es wird somit ausschließlich in das erste Wertpapier investiert (37 Mio €), die Rendite beträgt daher 10% p.P.

(Wird die NB nach y aufgelöst ($y = 92,5 - 2,5x$), so ist zu beachten, dass wegen $y \geq 0$ gelten muss: $92,5 - 2,5x \geq 0$, d.h. $x \leq 37$. Die Zielfunktion lautet jetzt:

$$Z = x+y = x + 92,5 - 2,5x = 92,5 - 1,5x \, ,$$

ist also fallend, nimmt somit ihr Minimum am rechten Rand an, d.h. für $x = 37$. Damit ergibt sich dasselbe Randminimum wie zuvor, nämlich: $x = 37, y = 0$.)

L4: i) Erlös: $E(x) = 8x \cdot e^{-0,2x} \to \max.$: $E'(x) = 8 \cdot e^{-0,2x}(1-0,2x) \stackrel{!}{=} 0 \quad \Rightarrow$ x = 5 ME; p = 2,9430 GE/ME $\quad$ *($E''(5) < 0$, Max.!)*

ii) Zunächst Umkehrfunktion x(p) *($x \geq 0$)* zu p(x) herstellen *($p \leq 8$)*:

$p = 8 \cdot e^{-0,2x} \Longleftrightarrow \ln(p/8) = -0,2x \Longleftrightarrow x(p) = -5 \cdot \ln(p/8) = 5 \cdot (\ln 8 - \ln p)$
$\Longleftrightarrow E(p) = -5p \cdot \ln(p/8)$; $E'(p) = -5 \cdot \ln(p/8) - 5p \cdot (1/p) = -5(\ln(p/8) + 1)$.

$\Rightarrow \quad \varepsilon_{E,p}(7) = \dfrac{\ln(p/8)+1}{\ln(p/8)} = -6,488876 \approx -6,5.$ Wenn der Preis, ausgehend von 7 GE/ME, um 1% steigt, sinkt der Erlös um ca. 6,5%.

L5: i) „Zusätzliche Kosten für eine weitere Outputeinheit" = Grenzkosten → min. !
$GK' = 0{,}6x - 10 = 0 \iff x = 16{,}67\,\text{ME}$ *(GK'' > 0).*

ii) $K(x) = \int(0{,}3x^2 - 10x + 80)\,dx = 0{,}1x^3 - 5x^2 + 80x + K_f$ und $K(10) = 1300$
$\Rightarrow K_f = 900\,\text{GE}$, d.h. $K(x) = 0{,}1x^3 - 5x^2 + 80x + 900 \iff$
$k(x) = 0{,}1x^2 - 5x + 80 + \frac{900}{x}$; $k'(x) = 0{,}2x - 5 - \frac{900}{x^2} = 0$: stimmt für $x = 30$;
Minimum-Nachweis *(k''(30) > 0)*: stimmt!

L6: Durch Analyse/Vergleich der Funktionssteigungen *(„Grenz-...")* bzw. der Fahrstrahlsteigungen *(„Stück-...")* anhand der Graphik erhält man *(näherungsweise)*:

i) **a)** Der Grenzerlös ist zunehmend im Nachfrage-Intervall [20; 40]
(dort sind die Tangentensteigungen an E(x) wieder zunehmend)

b) Die Stückkosten nehmen ab im Output-Intervall [0; 15].
(dort nehmen die Fahrstrahlsteigungen an K(x) „von links nach rechts" ab)

ii) **a)** $x = 0$ *(größte (positive) Steigung der Erlösfunktion)*

b) $x = 40$ ME *(geringste Fahrstrahlsteigung)*

c) $x = 0$ *(geringste Funktionssteigung der Kostenfunktion)*

d) $x = 15$ ME *(Fahrstrahl an die Kostenfunktion mit minimaler Steigung)*

e) $x \approx 9{,}5$ (<10!) ME *(dort ist der Abstand E – K maximal, erkennbar an der Parallelität der Tangentensteigungen an E und K: $G'(x) = 0 \iff E'(x) = K'(x)$).*

L7: i) $\lim\limits_{t\to\infty} B(p,t) = \lim\limits_{t\to\infty}(500 + \frac{2000}{1+t^2} - 40p) = 500 - 40p$. Diese maximale Stückzahl ist eine bzgl. p fallende Funktion, nimmt also ihr Maximum am linken Rand, d.h. für p = 10 GE/Stück an. Die auf lange Sicht ($t \to \infty$) maximale Absatzmenge beträgt daher: $B^{\infty}_{max} = 500 - 40 \cdot 10 = 100$ Stück/Tag.

ii) Tagesgewinn = Erlös – Kosten: $G(t) = E(B(t)) - K(B(t)) = E(t) - K(t) \to \max.$
Wegen $p = 12$: $\Rightarrow B = 20 + \frac{2000}{1+t^2}$. $G(t) = 12 \cdot B(t) - 0{,}1 \cdot B^2(t) - 100 \to \max.$
(Kettenregel!) $G'(t) = 12 \cdot B'(t) - 0{,}2B \cdot B'(t) \overset{!}{=} 0 \underset{B' \neq 0}{\iff} B = 60 \Rightarrow t = 7$ Monate

L8: 1) richtig: $f'(x) = \frac{1}{(x+4)^2} = (x+4)^{-2}$; $f''(x) = \frac{-2}{(x+4)^3} < 0$ *(d.h. f konkav)*

2) falsch: $G(x) = \int G'(x)\,dx + C = \int(-3x^2 + 4x + 60)\,dx + C$
$= -x^3 + 2x^2 + 60x + C$ *($C = -4712 = -K_f$ wäre möglich!)*
$\Rightarrow g(x) = G(x)/x = -x^2 + 2x + 60 + C/x$

3) falsch: Isoquantengleichung: $25 = r_1 \cdot \sqrt{r_2}$, also $r_2 = \left(\frac{25}{r_1}\right)^2 = \frac{625}{r_1^{\,2}}$

4) falsch: $K_f = K(0) = 0 - 0 + 60/0{,}1 + 400 = 1000$ *($\neq 400$)*

5) richtig: $\varepsilon_{f,x} = \frac{f_x}{f(x,y)} \cdot x = \frac{e^y}{x \cdot e^y} \cdot x = 1$

6) falsch: $\lim\limits_{y\to 0^+} \frac{400 + 3y}{10 + 0{,}6y} = \frac{400}{10} = 40$

7) richtig: Mit $\frac{\partial}{\partial x} y^x = \frac{\partial}{\partial x} (e^{\ln y})^x = y^x \cdot \ln y$ gilt *(Produktregel!)*:

$$\frac{\partial}{\partial x}(x^2 \cdot y^x) = 2x \cdot y^x + x^2 \cdot y^x \cdot \ln y = x \cdot y^x (2 + x \cdot \ln y) \ .$$

8) richtig: $\lim\limits_{x \to 0+} \frac{3x^5 + 4x^3}{21x^5 + 20x^3} = \lim\limits_{x \to 0+} \frac{x^3(3x^2+4)}{x^3(21x^2+20)} = \frac{4}{20} = \frac{1}{5}$

9) falsch: $x'(r)$ fallend $\Rightarrow$ wenn r *(Input)* zunimmt, so nimmt der *Grenzertrag x'(r)* ab, x(r) ist also *konkav*.

10) richtig: $U(1{,}1x;1{,}1y) = (1{,}1x)^{0,8}(1{,}1y)^{1,2} = 1{,}1^{0,8}x^{0,8}1{,}1^{1,2}y^{1,2}$
$= 1{,}1^{0,8+1,2}x^{0,8}y^{1,2} = 1{,}1^2x^{0,8}y^{1,2} = 1{,}21 \cdot U(x,y)$.

Testklausur Nr. 4

L1: i) Vorarbeiten zur Ermittlung der Gleichung $G = G(x)$ der Gewinnfunktion:

Wegen $E(p) = p \cdot x(p)$ folgt: $x = x(p) = E(p)/p = 237{,}5 - 0{,}25p$.
Umkehrfunktion: $p = p(x) = 950 - 4x \iff$ Erlös $E(x) = 950x - 4x^2$.
Kostenfunktion $K(x) = K_v(x) + K_f = k_v \cdot x + k_f \cdot x = x^3 - 11x^2 + 50x + 7350 \Rightarrow$

Gewinnfunktion: $G(x) = E(x) - K(x) = -x^3 + 7x^2 + 900x - 7350 \to \max.$

$G'(x) = -3x^2 + 14x + 900 = 0 \Rightarrow$ G ist maximal *($G'' < 0$)* für $x = 19{,}81$ ME und $p = 870{,}76 \frac{GE}{ME}$.

ii) Betriebsoptimum = relatives Minimum der Stückkostenfunktion $k(x)$.
$k'(x) = 2x - 11 - 7350/x^2$. Einsetzen von 17,5 für x $\Rightarrow$ $k'(17{,}5) = 0$;
Überprüfung: $k''(x) = 2 + 14700/x^3 > 0$ *(d.h. tatsächlich liegt an der Stelle 17,5 ME das relative Minimum von k(x), die Behauptung stimmt.)*

iii) Da $a'(p_a) = 50/p_a > 0 \Rightarrow \varepsilon_{a,p_a}$ muss ebenfalls positiv sein. Also lautet die Bedingung: $\varepsilon_{a,p_a} = \frac{a'(p_a)}{a(p_a)} \cdot p_a = \ldots = 1/(\ln(p_a/30)) < 1 \Rightarrow$

$p_a > 30e \approx 81{,}55$ GE/ME.

iv) $0{,}075 \cdot y = 20 \cdot e^{-\frac{300.000}{y^2}} + 4$

v) $\varepsilon_{L,y}(1000) = \frac{L'(y)}{L(y)} \cdot y = \ldots = 0{,}4725$, d.h. bei einem Einkommen von 1000 GE/Monat bewirkt eine 1%ige Einkommenszunahme eine Nachfragesteigerung nach Lederwaren um (nur) ca. 0,47%, d.h. die Lederwaren-Nachfrage ist bei einem Einkommen von 1000 GE/Monat einkommens- unelastisch.

vi) $N_u = -4u + v + 3$. Für $u = 7$ gilt: $N_u = -28 + v + 3 = 30$, d.h. $v = 55\ ME_2$.

vii) $N_u = -4u + v + 3 = 0$; $N_v = u - 2v + 1 = 0 \iff u = 1\ ME_1,\ v = 1\ ME_2$.
Überprüfung: $N_{uu} \cdot N_{vv} = (-4) \cdot (-2) > 1^2 = (N_{uv})^2$ und $N_{uu} < 0 \Rightarrow$ Max.

L2: i) Es gilt sowohl $E_A = 40 \cdot A^{-0,9} t^{0,2} > 0$ als auch $E_t = 80 \cdot A^{0,1} t^{-0,8} > 0$, d.h. E(A,t) ist in beiden Richtungen steigend, also existiert kein relatives Extremum. Das absolute Max. wird bei steigenden Funktionen am rechten Rand angenommen, d.h. E wird maximal für t = 60 h/Woche und A = 100.000 €/Monat.

ii) Zielfunktion = Gesamtkostenfunktion *(zeitliche Basis: 3 Monate)* = K(A,t)

$$K(A,t) = 13 \cdot t \cdot 1500 + 3 \cdot A = 19.500\,t + 3A \rightarrow \min.$$

Nebenbedingung: $E(A,t) = 2.400$, d.h. $2400 - 400 \cdot A^{0,1} \cdot t^{0,2} = 0$.

Lagrange-Funktion: $L = 3A + 19.500t + \lambda \cdot (2400 - 400 \cdot A^{0,1} \cdot t^{0,2})$

Mit $L_A = 0$, $L_t = 0$, $L_\lambda = 0$ folgt $\Rightarrow$ das Optimum wird angenommen für $t \approx 26{,}4978$ h/Wo. ($\triangleq$ 3,8 h/Tag); $A = 3250t \approx 86.117{,}83$ €/Monat

$\lambda = 1076{,}47$ €/Elo-Punkt *(Grenzkosten bzgl. Elo-Punktzahl)*, d.h. wird die Großmeister-Normpunktzahl *(von derzeit 2400 Elo-Punkten)* um einen Punkt angehoben, so benötigt G. Huber zur kostenminimalen Zielerreichung zusätzlich (ca.) 1047 € *(für Trainingszeiten und Leistungsdiät)*.

L3:
1) richtig, denn $p''(x) = e^{-x} + 2$ ist überall positiv.
2) richtig, denn $\lim_{x \to 0} \ln(x+1) = f(0) = \ln(0+1)$ *(= 0)*.
3) falsch, denn $x'(r) = -1500/r^2$ ist überall negativ, d.h. x(r) ist fallend.
4) falsch, denn 1,07 sind 107%.
5) falsch, denn zwar gilt: $U'(x) = 2x - 16/x^2 = 0 \Rightarrow x = 2$, aber wegen $U''(x) = 2 + 32/x^3$ folgt: $U''(2) = 6 > 0$, d.h. *Minimum* in x = 2 *!*
6) falsch, denn $\lim_{p \to \infty} x(p) = 10$.
7) richtig, denn $\frac{\partial}{\partial y} f(x,y) = \frac{\partial}{\partial y} e^{-\frac{x}{y}} = e^{-\frac{x}{y}} \cdot \frac{x}{y^2}$ ist für x,y > 0 positiv.
8) falsch, denn K′ ist dort stetig mit K′(400) = 2, also kein Knick.
9) richtig, denn wegen $f(x) = \log_x 2 = \ln 2 / \ln x$ folgt: $f'(x) = (-\ln 2)/(x \cdot (\ln x)^2) < 0$.
10) falsch, denn im Betriebsoptimum gilt: $k'(x) = 0 \not\Leftrightarrow K'(x) = E'(x)$.

L4: i) Gegebene Werte in x(p,w,s,a) einsetzen und umformen $\Rightarrow$ a = 6.042,07 GE/Jahr *(für Produktentwicklung)*

ii) Lagrange-Funktion: $L = -12 + 4\sqrt{s} + 100 w^{0,5} s^{0,5} + \lambda(10.000 - s - w)$.
Notwendige Extr.bedingungen: $L_s = 0$, $L_w = 0$; $L_\lambda = 0$ *(ausführlich schreiben!)*

L5: **i)** nein *(N → ∞)* **ii)** ja **iii)** ja **iv)** nein *(N → 200)* **v)** nein *(N → 760)* **vi)** nein *(N → 0)* *(alle Grenzwerte müssen erkennbar ermittelt werden!)*

L6: i) $p_a = \begin{cases} 20 + 1{,}5x & (0 \le x \le 40) \\ 160/3 + 2/3\,x & (40 < x \le 100) \end{cases}$ *(über Einsetzen der Wertepaare/Steigungswerte in die allg. Geradengleichung „y = mx + b")*

ii) In beiden Definitionsintervallen jeweils setzen: $p_a = p_N$ und lösen *(und überprüfen, ob der gefundene Gleichgewichtswert auch tatsächlich im betrachteten Intervall liegt!)* $\Rightarrow$ Marktgleichgewicht für: x = 62,11 ME und p = 94,74 GE/ME.

L7: Zur Anwendung kommt ausschließlich die Fahrstrahlanalyse, da Aussagen zur *Durchschnittsfunktion* gesucht sind *(durchschnittl. Produktivität ≙ Fahrstrahlsteigung)*:

i) $r_1 \approx 13\ ME_r$ **ii)** $r_2 \approx 13\ ME_r$ **iii)** $r_3 \approx 25{,}3\ ME_r$ **iv)** $r_4 \approx 2\ ME_r$.

Testklausur Nr. 5

L1: i) $G'(x) = 0$, $G''<0$: $\Rightarrow$ G_{max} für $x = 38{,}1587$ ME; $p = 54{,}6032$ GE/ME

ii) $G''(x) = -0{,}24x - 8 = 0 \iff x = -33{,}33$ ↯ (keine Lösung, d.h. kein rel. Max). Wegen $G''<0 \Rightarrow G'$ ist fallend, d.h. G'_{max} am linken Rand, d.h. für $x \to 0$.

iii) $G(x) = \int(-0{,}12x^2 - 8x + 480)\,dx = -0{,}04x^3 - 4x^2 + 480x + C$.

$G(10) = 200 \iff C = -4160 \Rightarrow G_{max} \underset{i)}{=} G(38{,}1587) = 6.109{,}3359$ GE.

iv) Umkehrfunktion: $p(x) = 150 - 2{,}5x$; $E(x) = 150x - 2{,}5x^2$; $E'(x) = 150 - 5x$

$\Rightarrow \quad \varepsilon_{E,x}(50) = \frac{E'(x)}{E(x)} \cdot x \ldots = -4$, d.h. bei einer Nachfragemenge von 50 ME führt eine 1%ige Nachfragesteigerung zu einem Erlösrückgang von 4%.

L2: i) Da wegen $P_{F_1} = 125 \cdot F_1^{-0,5} \cdot F_2^{0,6} > 0$ und auch $P_{F_2} > 0$ kein relatives Extremum existiert, wird das absolute Maximum von P am rechten Rand, angenommen, d.h. für $F_1 = F_2 = 1024$ ME, maximaler Output: $P_{max} = 512.000$ GE.

ii) $\varepsilon_{P,F_2}(F_1,F_2) = \frac{P_{F_2}}{P(F_1,F_2)} \cdot F_2 \equiv 0{,}6$ *(= const.!)*, d.h. für *jede* beliebige Faktoreinsatzmengen-Kombination (F_1,F_2) führt eine 1%ige Steigerung von F_2 zu einer 0,6%igen Zunahme des Outputs P.

L3: i) $R \to$ max., d.h. $R_a = 5 - 1{,}8a + 0{,}4b \overset{!}{=} 0$; $R_b = 4 - 0{,}4b + 0{,}4a \overset{!}{=} 0 \Rightarrow$
$a \approx 6{,}43$ g von Substanz A; $b \approx 16{,}43$ g von Substanz B;
$R_{aa}R_{bb} = (-1{,}8)(-0{,}4) > (0{,}4)^2 = (R_{ab})^2$ und $R_{aa} = -1{,}8 < 0$, also Maximum.
Maximale Reinigungswirkung $R_{max} = 48{,}93$ Punkte.

ii) Lagrange-Funktion: $L = 5a + 4b - 0{,}9a^2 - 0{,}2b^2 + 0{,}4ab + \lambda(40 - a - b)$
$L_a = 0$, $L_b = 0$, $L_\lambda = 0 \Rightarrow$ optimale Mischung: $a = 11$ g (A); $b = 29$ g (B); $R_{max} = 21{,}5$ Punkte.
$\lambda = -3{,}2$: Grenz-Reinigungswirkung bzgl. des Substanzen-Gewichts, d.h. steigert man das Gesamtgewicht der Substanzen um 1 g, so sinkt (!) die optimale Reinigungswirkung um 3,2 Punkte *(offenbar ist „Blubb" bereits überdosiert...)*

iii) Lagrange-Funktion: $L = a + b + \lambda(20 - 5a - 4b + 0{,}9a^2 + 0{,}2b^2 - 0{,}4ab)$
Notw. Bedingungen: $L_a = 0$, $L_b = 0$, $L_\lambda = 0$ *(explizit hinschreiben!)*

iv) Lagrange-Funktion: $L = 5a + 4b - 0{,}9a^2 - 0{,}2b^2 + 0{,}4ab + \lambda(0{,}8 - 0{,}08a - 0{,}06b)$
$L_a = 0$; $L_b = 0 \Rightarrow 7a = 2{,}8b - 1$. Zusammen mit $L_\lambda = 0$ ergibt sich die optimale Mischung zu: $a \approx 3{,}3851$ g (A); $b \approx 8{,}8199$ g (B); $R_{max} \approx 38{,}2764$ Punkte.
$\lambda \approx 30{,}4348$ (Punkte pro €): Grenz-Reinigungswirkung bzgl. der Substanz-Kosten, d.h. eine Budget-Erhöhung um 1 Cent für den Einsatz der beiden Substanzen in einer Packung „Blubb" bewirkt im Optimum eine um ca. 0,3043 Punkte höhere Reinigungswirkung.

L4: Durch Analyse der Funktionssteigungen *(„Grenz-...")* bzw. der Fahrstrahlsteigungen *(„Stück-...")* anhand der Graphik erhält man *(näherungsweise)*:

i) Die Grenznachfrage ist zunehmend zwischen den beiden Wendepunkten, d.h. im Einkommens-Intervall [2,4 ; 7,2] *(denn dort nehmen die Tangentensteigungen zu)*.

ii) Die durchschnittliche Nachfrage ist abnehmend in den beiden Einkommens-Intervallen [0 ; 5] sowie [9,3 ; 14,7] *(denn dort nehmen die Fahrstrahlsteigungen ab)*.

L5: **i)** $i = 0 \Rightarrow A(0) = 0{,}16 = 16\%$ *(Arbeitslosenquote bei Preisniveau-Stabilität)*
$i = 2\% \Rightarrow A = 0{,}0816 = 8{,}16\%$

ii) **a)** $A_{max} = 100\% = 1 \Rightarrow i = 0{,}03 = -3\%$ *(„Deflation")*

b) $\lim\limits_{A \to 0+} i(A) = \infty$

L6: **i)** $c(Y) := \frac{C(Y)}{Y} = 0{,}6 + \frac{100}{Y} \Rightarrow c'(Y) = \frac{-100}{Y^2} < 0$ für alle Y (> 0) ⇒ c fällt überall.

ii) $s(Y) := \frac{S(Y)}{Y} = 0{,}4 - \frac{100}{Y} \Rightarrow s'(Y) = \frac{100}{Y^2} \Rightarrow s''(Y) = \frac{-200}{Y^3} < 0$ für alle Y (> 0)
⇒ s(Y) ist überall steigend und konkav gekrümmt, für $Y \to \infty$ gilt $s(Y) \to 0{,}4$.

L7:
1) richtig, denn $f''(x) = 2+e^{-x}$ ist überall positiv.
2) falsch, denn dann müsste f für $x \to 4712$ gegen ∞ streben *(und nicht – wie hier – gegen 0)*
3) falsch, denn $k'(x) = \frac{4030}{x^2}$ ist positiv, k ist also monoton wachsend.
4) falsch, denn der Output erhöht sich nicht um 8%, sondern um 0,08 ME.
5) falsch, denn zwar gilt: $k'(x) = 2/x - 2x = 0 \Rightarrow x = 1$, wegen $k''(x) = \frac{-2}{x^2} - 2$ aber folgt: $k''(1) = -4 < 0$, d.h. es liegt ein relatives *Maximum* vor!
6) richtig, denn 3/0,6 = 5.
7) richtig, denn $\frac{\partial}{\partial x} f(x,y) = \frac{\partial}{\partial x} y \cdot e^{-\frac{y}{x}} = y \cdot e^{-\frac{y}{x}} \cdot \frac{y}{x^2}$ ist für x,y > 0 positiv.
8) richtig, denn an der Nahtstelle x = 40 stimmen beide Grenzwerte mit dem Funktionswert überein.
9) richtig.
10) falsch, denn im Betriebsminimum sind die *stück*variablen Kosten minimal.

L8: Aus $U_{x_1}(32 ; 64) = 6{,}5$ folgt: $a \cdot b \cdot x_1^{b-1} \cdot \sqrt{x_2} = ab \cdot 32^{b-1} \cdot 8 = 6{,}5$; (1)
Aus $U/x_2(32 ; 64) = 16{,}25$ folgt: $a \cdot x_1^{b} \cdot x_2^{-0{,}5} = a \cdot 32^{b} \cdot 0{,}125 = 16{,}25$. (2)
Seitenweise Division (1)/(2) der beiden letzten Gleichungen liefert: $\frac{8b}{32 \cdot 0{,}125} = 0{,}4$,
d.h. b = 0,2. Einsetzen in Gleichung (2): a = 65.
Damit lautet die konkrete Nutzenfunktion: $U = U(x_1,x_2) = 65 \cdot x_1^{0{,}2} x_2^{0{,}5}$.

Testklausur Nr. 6

L1: **i)** Vorarbeiten zur Ermittlung der Gleichung G = G(x) der Gewinnfunktion:

Wegen $E(p) = p \cdot x(p)$ folgt: $x = x(p) = E(p)/p = 400 - 0{,}4p$.
Umkehrfunktion: $p = p(x) = 1000 - 2{,}5x \iff$ Erlös $E(x) = 1000x - 2{,}5x^2$.
Kostenfunktion $K(x) = K_v(x) + K_f = k_v \cdot x + k_f \cdot x = 0{,}5x^3 - 5x^2 + 25x + 6000 \Rightarrow$

Gewinnfunktion: $G(x) = E(x) - K(x) = -0{,}5x^3 + 2{,}5x^2 + 975x - 6000 \to \max$.

$G'(x) = -1{,}5x^2 + 5x + 975 = 0 \Rightarrow$ G ist maximal *(G'' < 0)* für
$x = 27{,}22$ ME und $p = 931{,}96 \frac{GE}{ME}$.

ii) Betriebsoptimum = relatives Minimum der Stückkostenfunktion $k(x)$. $k'(x) = x-5-6000/x^2$. Einsetzen von 20 für x $\Rightarrow$ $k'(20) = 0$; Überprüfung: $k''(x) = 1+12000/x^3 > 0$ *(d.h. tatsächlich liegt an der Stelle 20 ME das relative Minimum von k(x), die Behauptung stimmt.)*

iii) Da $a'(p_a) = 0{,}2 \cdot e^{0{,}01p_a} > 0 \Rightarrow \varepsilon_{a,p_a}$ muss ebenfalls positiv sein. Also lautet die Bedingung: $\varepsilon_{a,p_a} = \frac{a'(p_a)}{a(p_a)} \cdot p_a = \ldots = 0{,}01p_a > 1 \iff p_a > 100$

$\Rightarrow \quad a > 20 \cdot e \approx 54{,}37$ ME
(da $a(p_a)$ steigend)

iv) $0{,}18 \cdot y = B(y) = 60 + 50 \cdot e^{-\frac{400.000}{y^2}}$

v) $\varepsilon_{B,y}(1000) = \frac{B'(y)}{B(y)} \cdot y = \ldots = 0{,}2867$, d.h. bei einem Einkommen von 1000 GE/Monat bewirkt eine 1%ige Einkommenszunahme eine Nachfragesteigerung nach Brot um (nur) ca. 0,29%, d.h. die Brot-Nachfrage ist bei einem Einkommen von 1000 GE/Monat einkommens-unelastisch.

vi) **a)** $\lim\limits_{y \to 0+} B(y) = 60+50 \cdot „e^{-\infty}“ = 60+0 = 60$ GE/Monat

b) $\lim\limits_{y \to \infty} B(y) = 60+50 \cdot e^0 = 110$ GE/Monat

vii) $m_{r_1} = 90 \cdot r_1^{-0{,}4} \cdot r_2^{0{,}8}$. Für $r_1 = 243$ gilt: $m_{r_1} = 90 \cdot 243^{-0{,}4} \cdot r_2^{0{,}8} = 160$, d.h. $r_2 = 32\,ME_2$.

viii) Es gilt: $m_{r_1} > 0$; $m_{r_2} > 0 \Rightarrow$ m ist in beiden Richtungen monoton steigend, daher gibt's kein relatives Maximum; allenfalls absolutes Max. am „rechten Rand“.

L2: i) Es gilt sowohl $S_A = 40 \cdot A^{-0{,}8}t^{0{,}3} > 0$ als auch $S_t = 60 \cdot A^{0{,}2}t^{-0{,}7} > 0$, d.h. S(A,t) ist in beiden Richtungen steigend, also existiert kein relatives Extremum. Das absolute Max. wird bei steigenden Funktionen am rechten Rand angenommen, d.h. S wird maximal für t = 40 h/Woche und A = 50.000 €/Monat.

ii) Zielfunktion = Gesamtkostenfunktion *(zeitliche Basis z.B. 1 Monat)* = K(A,t)

$$K(A,t) = 4 \cdot t \cdot 384 + A = 1536t + A \rightarrow \min.$$

Nebenbedingung: $S(A,t) = 400$, d.h. $400 - 20 \cdot A^{0{,}2} \cdot t^{0{,}3} = 0$.
Lagrange-Funktion: $L = A+1536t + \lambda \cdot (400-20 \cdot A^{0{,}2} \cdot t^{0{,}3})$
Mit $L_A = 0$, $L_t = 0$, $L_\lambda = 0$ folgt $\Rightarrow$ das Optimum wird angenommen für t = 25 h/Woche ($\approx$ 3,6 h/Tag); A = 1024t = 25.600 €/Monat

$\lambda = 320$ €/Punkt *(Grenzkosten bzgl. Spielstärke-Punktzahl)*, d.h. will er seine Spielstärke *(von derzeit 400 Punkten)* um einen Punkt anheben, so benötigt er zur kostenminimalen Zielerreichung zusätzlich (ca.) 320 €/Monat.

L3: Aus $\bar{x}(r) = x(r)/r = -r^2+ar+b \rightarrow \max$ *(d.h. $\bar{x}'(5) = -2 \cdot 5+a = 0$, d.h. $a = 10$)* und $\varepsilon_{x,r}(1) = \frac{x'(r)}{x(r)} \cdot r = \frac{-3 \cdot 1^2+20 \cdot 1+b}{-1+10+b} \cdot 1 = 1{,}8$ folgt: $b = 1$,

d.h. die konkrete Produktionsfunktions-Gleichung lautet: $x(r) = -r^3+10r^2+r$.

L4: 1) falsch, denn $g''(x) = 1/x^2$ ist überall positiv, d.h. g ist konvex gekrümmt.

2) falsch, denn dann müsste f für $x \to 7^-$ gegen ∞ streben *(und nicht wie hier gegen 0)*.

3) richtig, denn $x'(t) = \frac{2009}{t^2}$ ist positiv, x(t) ist also monoton wachsend.

4) richtig, denn 0,08 € sind zugleich 8% von einem *(zusätzlichen)* €.

5) falsch, denn zwar gilt: $x'(r) = 2r - 2/r^2 = 0 \Rightarrow r = 1$, wegen $x''(r) = 2 + \frac{4}{r^3}$ aber folgt: $x''(1) = 4 > 0$, d.h. es liegt ein relatives *Minimum* vor!

6) falsch, denn 2,5/0,5 = 5.

7) falsch, denn $\frac{\partial}{\partial y} f(x,y) = \frac{\partial}{\partial y} e^{-\frac{x}{y}} = e^{-\frac{x}{y}} \cdot \frac{x}{y^2}$ ist für x,y > 0 positiv.

8) falsch, denn an der Nahtstelle x = 400 stimmen beide Grenzwerte mit dem Funktionswert überein, d.h. K ist dort stetig.

9) falsch, denn *jede* Funktion $K(x) = 10x + K_f$ hat die Ableitung $K'(x) \equiv 10$.

10) falsch, denn z.B. im Fall einer linearen Kosten- und Erlösfunktion werden der maximale Gesamtgewinn und der maximale Stückgewinn gemeinsam an der Kapazitätsgrenze angenommen *(siehe etwa Lehrbuch Beispiel 6.3.43)*.

L5: Kosten = Input · Inputpreis = $r \cdot p_r$ mit $r = 0{,}5x + 20$; *($r(x)$ = Umkehrfunktion zu $x(r)$)*.
Daraus folgt: $K(x) = (0{,}5x+20)(240 - 0{,}2(0{,}5x+20)) = -0{,}05x^2 + 116x + 4720 \Rightarrow$
Gewinnfunktion: $G(x) = -1{,}45x^2 + 244x - 4720 \Rightarrow G_{max} \approx 5544{,}83$ GE für $x \approx 84{,}14\ ME_x$; $r \approx 62{,}07\ ME_r$, *($G'' < 0$)*.

L6: **i)** **a)** nein *($C \to \infty$)* **b)** ja **c)** nein *($C \to 1000$)* **d)** ja
e) nein *($C \to \infty$)* **f)** nein *($C \to 2010$)* *(Grenzwerte erkennbar ermitteln!)*

ii) Bedingung: $S(Y) = 0{,}2 \cdot Y$. Mit $S(Y) = Y - C(Y) = Y - 2000 \frac{Y}{2Y+1} = 0{,}2Y$ ergibt sich *(Division durch Y)* schließlich: Y = 1249,50 GE.

iii) $S(Y) = Y - C(Y) = Y - (0{,}4Y + 2000) = 0{,}6Y - 2000 \Rightarrow S'(Y) = 0{,}6 = \text{const.}$, d.h. bei *jedem* Einkommen werden von einem zusätzlich einkommenden Euro 0,6 Euro (≙ 60%) gespart *(und niemals nur 20%)*.

L7:

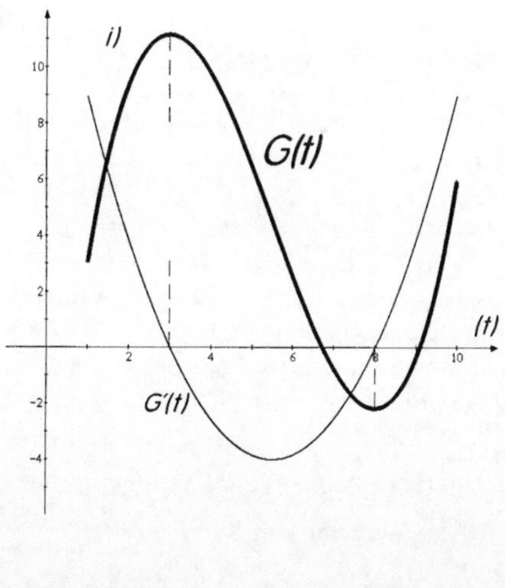

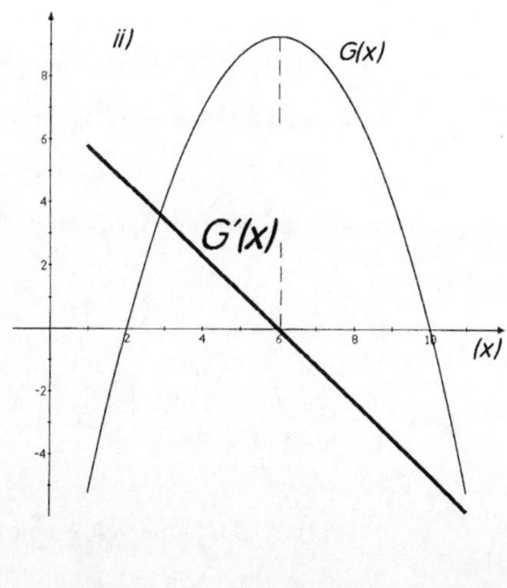

Testklausur Nr. 7

L1: i) Es gilt: $W_k = 1+2 \cdot k^{-0,5} \cdot t^{0,5} > 0$, $W_t = 1+2 \cdot k^{0,5} \cdot t^{-0,5} > 0$, d.h. die Funktion W(k,t) ist in beiden Richtungen zunehmend, somit gibt es kein relatives Extremum von W. Der maximale Wert von W stellt sich daher ein am „rechten" Rand des Definitionsbereiches, d.h. für k = 60 Konzerte pro Periode, t = 135 TV-Werbe-Spots pro Periode. Die maximale Umsatzwirkung beträgt: $W_{max} = 555$ Punkte.

ii) Ziel: Minimum der Werbekosten K = 20k+20t unter der Bedingung: W = 330.
⇒ Lagrange-Funktion: $L = 20k+20t+\lambda(330-k-t-4k^{0,5}t^{0,5})$ ⇒
Aus den beiden ersten Gleichungen von: $L_k = 0$, $L_t = 0$, $L_\lambda = 0$ folgt: k = t.
Damit folgt aus der 3. Gleichung: k = t = 55, d.h. der kostenminimale Mix besteht aus 55 Konzerten und 55 TV-Spots pro Periode. $K_{min} = 2.200$ GE.

$\lambda = 6,\overline{6}$ = Grenzkosten bzgl. der Wirkung, d.h. wenn die Umsatz-Wirkung um einen Punkt steigen soll, erhöhen sich die *(minimalen)* Kosten um $6,\overline{6}$ GE.

iii) Ziel: W → max unter der Bedingung: K = 20k+20t = 1800
⇒ Lagrange-Funktion: $L = k+t+4k^{0,5}t^{0,5}+\lambda(1800-20k-20t)$ ⇒
Aus $L_k = 0$; $L_t = 0$ folgt: k = t. Einsetzen in $L_\lambda = 0$ liefert den optimalen Mix: k = 45 Konzerte pro Periode, t = 45 TV-Spots pro Periode. $W_{max} = 270$ Pkte.

$\lambda = 0,15$: Grenz-Wirkung bzgl. des Budgets, d.h. wenn das Marketing-Budget um 1 GE angehoben wird, steigt die *(maximale)* Umsatzwirkung um 0,15 Punkte.

L2: i) Aus $\lim\limits_{Y \to \infty} N(Y) = \frac{a}{b} = 2700$ und $N(0) = \frac{a}{b+1} = 300$ folgt: a = 337,5; b = 0,125
d.h die konkrete Energie-Nachfrage-Funktion lautet: $N(Y) = \dfrac{337,5}{0,125+e^{-Y}}$.

ii) Gesucht: Wert von N′(Y) für Y = 2,079 (!) *(Y wird in Tausend€/Monat gemessen)*.

Aus i) folgt: $N'(Y) = \dfrac{337,5 \cdot e^{-Y}}{(0,125+e^{-Y})^2}$, d.h. N′(2,079) = 675 kWh/T€ bzw.

N′(2,079) = 0,675 kWh/€, d.h. die bei einem Mehreinkommen von 1€/Monat entstehende zusätzliche Energienachfrage beträgt maximal 0,675 kWh *(nämlich bei einem Einkommen von 2079 €/Monat)*. Bei jedem anderen Einkommen fällt die entsprechende zusätzliche Energienachfrage geringer aus.

L3: Das Betriebsminimum liegt an der Stelle minimaler stückvariabler Kosten, d.h. $k_v \overset{!}{=} \min$. Mit $K_f = K(0) = 210$ folgt: $k_v(x) = 0,5x^2-5x+20+\dfrac{10}{x(x+1)}-\dfrac{10}{x} \to \min$
d.h. zu lösen ist die Gleichung: $k_v'(x) = x-5-\dfrac{10(2x+1)}{x^2(x+1)^2}+\dfrac{10}{x^2} = 0.$

L4: i) Es gilt: $Y_a = 12,8 \cdot a^{-0,6}b^{0,5} > 0$, $Y_b = 16 \cdot a^{0,4}b^{-0,5} > 0$, d.h. es existiert kein relatives Extremum, vielmehr ist Y in beiden Richtungen steigend. Das absolute Max. wird bei steigenden Funktionen stets am „rechten" Rand des Definitionsbereiches angenommen, d.h. Y wird maximal für a = b = 2048 ME, das maximale Sozialprodukt beträgt: $Y_{max} = 30.573,63$ GE.

ii) $\varepsilon_{Y,a}(a,b) = \dfrac{Y_a}{Y} \cdot a \equiv 0,4$ *(= const.!)*, d.h. bei *jeder* Faktorkombination bewirkt eine 1%ige Zunahme von a eine 0,4%ige Zunahme von Y.

iii) Isoquanten: $Y = Y_0 = \text{const.} = 32 \cdot a^{0,4} b^{0,5} \Rightarrow b = b(a) = \left(\frac{Y_0}{32}\right)^2 \cdot a^{-0,8} = c \cdot a^{-0,8}$ *(mit $c = (Y_0/32)^2 = const.\ (>0)$)* $\Rightarrow$ $b'(a) = -0,8 \cdot c \cdot a^{-1,8}$ $\Rightarrow$ $b''(a) = 1,44 \cdot c \cdot a^{-2,8} > 0$ $\Rightarrow$ die Isoquanten sind überall konvex gekrümmt.

L5: 1) richtig, denn $f''(x) = 10+2 \cdot e^{-x}$ ist überall positiv.

2) falsch, denn dann müsste f für $x \to 2010^-$ gegen ∞ streben *(und nicht – wie hier – gegen 0)*

3) falsch, denn $k'(x) = \frac{9426}{x^3}$ ist positiv, k ist also monoton wachsend.

4) falsch, denn der Output erhöht sich nicht um 10%, sondern um 0,10 ME.

5) falsch, denn zwar gilt: $g'(x) = 2x - 2/x = 0 \Rightarrow x = 1$, wegen $g''(x) = 2 + \frac{2}{x^2}$ aber folgt: $g''(1) = 4 > 0$, d.h. es liegt ein relatives *Minimum* vor!

6) falsch, denn $3/0,6 = 5$.

7) richtig, denn $\frac{\partial}{\partial u} f(u,v) = \frac{\partial}{\partial u} v \cdot e^{-\frac{v}{u}} = v \cdot e^{-\frac{v}{u}} \cdot \frac{v}{u^2}$ ist für $u,v > 0$ positiv.

8) falsch, denn nicht der Output nimmt ab, sondern die *Grenz*produktivität.

9) richtig: $\lim\limits_{y \to 0} \frac{(30x + 4y)^2 - 900x^2}{80y} = \lim\limits_{y \to 0} \frac{240xy + 16y^2}{80y} = \lim\limits_{y \to 0} \frac{240x + 16y}{80} = 3x$.

10) alles falsch, richtig: Gesamterlös $= 288 \cdot p$.
Begründung: 180 kg (A) sind zwei Drittel der Gesamtmenge (= 270 kg).
$\Rightarrow$ Gesamterlös $= 180 \cdot p + 90 \cdot p \cdot 1,2 = 288 \cdot p$.

L6: i) $G(x) = E(x) - K(x) = x \cdot (400 - 5x) - 0,4x^2 - 20x - 1000 = -5,4x^2 + 380x - 1000$
$G'(x) = 0$ *($G'' < 0$)* $\Rightarrow$ G_{max} für $x = 35,19$ ME; $p = 224,07$ GE/ME;

ii) $g'(x) = -5,4 + \frac{1000}{x^2} = 0$ *($g'' < 0$)* $\Rightarrow$ g_{max} für $x = 13,61$ ME; $p = 331,96 \frac{GE}{ME}$

iii) Umsatzfunktion: $U(p) = p \cdot x(p) = 80p - 0,2p^2 \Rightarrow \varepsilon_{U,p} = \frac{U'(p)}{U(p)} \cdot p\Big|_{p=350} = -6$,
d.h. bei einem Preis von 350 GE/ME *(Absatzmenge: 10 ME)* führt eine Preiserhöhung um 1% zu einer Umsatzminderung in Höhe von 6%.

iv) Grenzgewinn $G'(x) \to$ max. $G''(x) = -10,8$ besitzt keine Lösung, also gibt es kein relatives Maximum. Wegen $G'' < 0$: G' ist fallend, wird also maximal am linken Rand, d.h. für $x = 0$, d.h. $p = 400$ GE/ME. $G'_{max} = G'(0) = 380$ GE/ME.

v) Betriebsoptimum für k = min; $k'(x) = 0,4 - \frac{1000}{x^2} = 0 \iff x = 50$ ME.
Einsetzen: $K'(50) = 60$ GE/ME; $k(50) = 60$ GE/ME, also Übereinstimmung.
Dies ist stets so, denn: $k'(x) = \left(\frac{K(x)}{x}\right)' = \frac{K'(x) \cdot x - K(x)}{x^2} = 0 \iff K'(x) = k(x)$.

L7: Durch Analyse/Vergleich der Funktionssteigungen *(„Grenz-...")* bzw. der Fahrstrahlsteigungen *(„Durchschnitt...")* anhand der Graphik erhält man *(näherungsweise)*:

i) Der Grenznutzen nimmt zu in den Konsum-Intervallen [1,6 ; 6,9], [11,5 ; 16,8]
(denn in diesen Bereichen nimmt die Tangentensteigung zu)

ii) Der durchschnittliche Nutzen nimmt ab in [1,6 ; 4,4] sowie [8,5 ; 16,8].
(denn in diesen Bereichen nimmt die Fahrstrahlsteigung ab)

iii) **a1)** $X \approx 8,5$ ME *(höchste Fahrstrahlsteigung bezogen auf eine beidseitige Umgebung)*
a2) $\bar{U} \approx 1$ Pkt./ME **b)** $X \approx 4,4$ ME *(min. Fahrstrahlsteigung bzgl. beids. Umgebg)*.

iv) **a)** $X \approx 6,9$ ME *(absolut größte positive Tangentensteigung, relatives Maximum)*
b) $X \approx 1,6$ ME *(absolut größte positive Fahrstrahlsteigung, Randmaximum)*.

Testklausur Nr. 8

L1: i) Gewinn = Deckungsbeitrag – Fixkosten, d.h.
$G(x) = -0{,}02x^3 - 2x^2 + 240x - 2000 \rightarrow$ max. $G'(x) = -0{,}06x^2 - 4x + 240 \overset{!}{=} 0$
$\Rightarrow$ Gewinnmaximum für $x = 38{,}16$ ME *(G'' < 0)*.

ii) $E(p) = p \cdot x(p) = 200p - 0{,}4p^2 \rightarrow$ min. $E'(p) = 0 \Rightarrow p = 250$ GE/ME,
aber: $E''(p) < 0$, d.h. Maximum! Wegen $0 \le p \le 500$ *(wegen $x \ge 0$)*:
Randwerte: $E(0) = 0$; $E(500) = 0$, also an beiden Rändern minimal mit $E_{min} = 0$.

iii) Erlös: $E(p) = p \cdot x(p) = 200p - 0{,}4p^2 \Rightarrow \varepsilon_{E,p}(180) = \frac{E'(p)}{E(p)} \cdot p = \ldots = 0{,}4375$,
d.h. bei einem Preis von 180 GE/ME führt eine 1%ige Preiserhöhung zu einer ca. 0,44%igen Erlössteigerung, d.h. der Umsatz ist preis-unelastisch.

iv) Betriebsminimum = relatives Minimum der stückvariablen Kosten $k_v(x)$.

Ermittlung von $k_v(x)$ über die gegebene Stückdeckungsbeitragsfunktion $g_D(x)$:
Es gilt: Stückdeckungsbeitrag $g_D(x)$ = Preis $p(x)$ – stückvariable Kosten $k_v(x)$.
$p(x)$ = Umkehrung zu $x(p) = 200 - 0{,}4p$, d.h. $p(x) = 500 - 2{,}5x \Rightarrow$
$-0{,}02x^2 - 2x + 240 = 500 - 2{,}5x - k_v(x)$, d.h. $k_v(x) = 0{,}02x^2 - 0{,}5x + 260$.

$k_v'(x) = 0{,}04x - 0{,}5 = 0 \Rightarrow$ *($k_v'' > 0$)* Betriebsminimum für $x = 12{,}5$ ME.

v) $\lim_{Y \to \infty} C(Y) = \frac{90}{1+0} + 11 = 101$ GE

vi) Es gilt: $P_{u_1} = 100 \cdot u_1^{-0{,}5} u_2^{0{,}3} > 0$ sowie $P_{u_2} = 60 \cdot u_1^{0{,}5} u_2^{-0{,}7} > 0$, d.h. P besitzt keine relativen Extrema, sondern ist monoton steigend. Ein *(absolutes)* Maximum kann es daher allenfalls „rechts" an den Ressourcen-Grenzen geben.

vii) $S(Y) = Y - C(Y) \rightarrow$ max/min $\Rightarrow S'(Y) = 1 - \frac{81 \cdot e^{-0{,}1Y}}{(1 + 9e^{-0{,}1Y})^2} \overset{!}{=} 0 \Rightarrow \ldots$
$\Rightarrow 81x^2 - 63x + 1 = 0$ (mit der Substitution $x := e^{-0{,}1Y}$)
$\Rightarrow$ Es gibt zwei stationäre Stellen: $x_1 = 0{,}7616\ldots \Rightarrow Y_1 = 2{,}7238\ldots$ GE
$x_2 = 0{,}0162\ldots \Rightarrow Y_2 = 41{,}2207\ldots$ GE.

L2: i) $Q = 50x + 40y - 9x^2 - 2y^2 + 4xy \rightarrow$ max. $\Rightarrow$ notw. Bedingungen:
$Q_x = 50 - 18x + 4y = 0$; $Q_y = 40 - 4y + 4x = 0 \iff x \approx 6{,}43$ g; $y \approx 16{,}43$ g;
$Q_{xx}Q_{yy} = (-18)(-4) > 16 = (Q_{xy})^2$ und $Q_{xx} < 0$ *(also tatsächlich rel. Maximum!)*
maximaler Qualitätswert $Q_{max} \approx 489{,}286$ Punkte.

ii) Lagrange-Funktion: $L = 50x + 40y - 9x^2 - 2y^2 + 4xy + \lambda(40 - x - y)$
$L_x = 0$, $L_y = 0$, $L_\lambda = 0 \Rightarrow$ optimale Mischung: $x = 11$ g (X); $y = 29$ g (Y);
$Q_{max} = 215$ Punkte.

$\lambda = -32$: Grenz-Qualitätspunktzahl bzgl. des Substanzen-Gewichts, d.h. steigert man das Gesamtgewicht der Substanzen um 1 g, so sinkt (!) die optimale Qualität um 32 Punkte *(offenbar wurde der Wein mit den Substanzen bereits überdosiert ...)*. Umgekehrt steigt die Qualität um 32 Punkte, wenn man 1 g weniger Substanzgewicht einsetzt.

iii) Lagrange-Funktion: $L = x + y + \lambda(200 - 50x - 40y + 9x^2 + 2y^2 - 4xy)$
Notw. Bedingungen: $L_x = 0$, $L_y = 0$, $L_\lambda = 0$ *(explizit hinschreiben!)*

iv) Lagrange-Funktion: $L = 50x + 40y - 9x^2 - 2y^2 + 4xy + \lambda(0{,}7 - 0{,}08x - 0{,}06y)$
$L_x = 0$; $L_y = 0 \Rightarrow 7x = 2{,}8y - 1$. Zusammen mit $L_\lambda = 0$ ergibt sich die optimale Mischung zu: $x \approx 2{,}9503$ g (X); $y \approx 7{,}7329$ g (Y); $R_{max} \approx 350{,}1553$ Punkte.
$\lambda \approx 34{,}7826$ (Punkte pro €): Grenz-Qualität bzgl. der Substanz-Kosten, d.h. eine Budget-Erhöhung – ausgehend von bisher 0,70 € pro Flasche – um 1 Cent für den Einsatz der beiden Substanzen in einer Flasche „Oberföhringer Vogelspinne" bewirkt im Optimum eine um ca. 0,3478 Punkte höhere Qualität.

L3:
1) falsch, denn $g''(x) = 2+2010 \cdot e^{-x}$ ist überall positiv, d.h. g ist konvex gekrümmt.
2) falsch, denn dann müsste f für $z \to 7^-$ gegen ∞ streben *(und nicht – wie hier – gegen 0)*
3) falsch, denn $x'(p) = -\frac{4714}{p^2}$ ist negativ, x(p) ist also monoton fallend.
4) falsch, denn es werden vom *nächsten* Euro 12 Cent konsumiert.
5) falsch, denn zwar gilt: $x'(r) = 2r - 8/r = 0 \overset{r>0}{\Longleftrightarrow} r = 2$, wegen $x''(r) = 2 + \frac{8}{r^2}$ aber folgt: $x''(2) = 4 > 0$, d.h. es liegt ein relatives *Minimum* vor!
6) falsch, denn 4,5/0,5 = 9.
7) richtig, denn $\frac{\partial}{\partial y} f(x,y) = \frac{\partial}{\partial y} e^{-x^2y^2} = -2x^2y \cdot e^{-x^2y^2}$ ist für $x,y > 0$ negativ.
8) falsch, denn an der Nahtstelle $x = 400$ stimmen beide Grenzwerte mit dem Funktionswert „60" überein, d.h. K ist dort stetig.
9) richtig, denn aus $G'(x) > 0$ folgt: G „fällt" für *ab*nehmende x-Werte.
10) falsch, denn im Betriebsminimum sind die *stück*variablen Kosten minimal.

L4: Stückkosten: $k(x) = ax+b+\frac{c}{x} \Longleftrightarrow k'(x) = a - \frac{c}{x^2}$ *(Grenzstückkosten)*
Gesamtkosten: $K(x) = x \cdot k(x) = ax^2+bx+c$. Gesucht: Werte der Parameter a, b, c.
Aus den drei gegebenen Informationen liest man ab:
(1) Im Betriebsoptimum gilt: k = min., d.h. es muss gelten: $0 = k'(5) = a - \frac{c}{25}$;
(2) $k'(10) = 1{,}5$, d.h. $a - \frac{c}{100} = 1{,}5$;
(3) $K(5) = 225$, d.h. $25a+5b+c = 225$.
Daraus folgt: $a = 2$; $b = 25$; $c = 50 \Rightarrow k(x) = 2x+25+\frac{50}{x}$ *(Stückkostenfunktion)*.

L5: Durch Analyse/Vergleich der Funktionssteigungen *(„Grenz-...")* bzw. der Fahrstrahlsteigungen *(„Stück-...")* anhand der Graphik erhält man *(näherungsweise)*:
i) Der Grenzgewinn nimmt zu in den Output-Intervallen [9 ; 17] sowie [36 ; 50] *(denn in diesen Intervallen nimmt die Tangentensteigung zu)*
ii) Der Stückgewinn nimmt ab in [24 ; 42] *(hier nehmen die Fahrstrahlsteigungen ab)*
iii) $x \approx 36$ ME *(hier liegt eine besonders negative (die kleinste) Tangentensteigung vor)*
iv) $x \approx 24$ ME *(hier besitzt die Fahrstrahlsteigung ihren höchsten (positiven) Wert)*.

L6: Im Betriebsminimum gilt: $k_v(x) = \min.$
Mit $K_f = K(0) = 600$ folgt: $k_v(x) = 40 + \frac{4800}{x(x+12)} - \frac{400}{x} \to \min$
d.h. zu lösen ist die Gleichung: $k_v'(x) = \frac{-4800 \cdot (2x+12)}{x^2(x+12)^2} + \frac{400}{x^2} = 0.$
Nach Multiplikation mit $x^2(x+12)^2$ *(> 0)* und etwas Umformung folgt: $x = 0 \notin D_{k_v}$
d.h. es gibt kein Betriebsminimum *(im Sinne eines relativen Minimums von k_v)*.

Testklausur Nr. 9

L1: i) $E(t,x) = 50t+10x+xt-0{,}5x^2-t^2 \rightarrow$ max. Notwendige Bedingungen:
$E_t = 50+x-2t = 0$; $E_x = 10+t-x = 0 \iff t=60$ h/Jahr; $x=70$ GE/Monat;
$E_{tt}E_{xx} = (-2)(-1) > 1^2 = (E_{tx})^2$ und $E_{tt}<0$: Es liegt ein rel. Maximum vor.
Ernteertrag $= E_{max} = 1850$ ME/Jahr; Kosten = 2280 GE/Jahr.

ii) Ziel: Ertrag $E(t,x) \rightarrow$ max., Bedingung: Kosten $= 24t+12x = 900$ (pro Jahr)
$\Rightarrow$ Lagrange-Funktion: $L = 50t+10x+xt-0{,}5x^2-t^2+\lambda(900-24t-12x)$.
Aus $L_t = 0$; $L_x = 0$ folgt: $4t = 3x+30$. Dies eingesetzt in $L_\lambda = 0$ führt zur optimalen Kombination: $t=25{,}5$ h/Jahr; $x=24$ GE/Monat *(E = 1188,75 ME/J.)*

$\lambda = 0{,}958\overline{3}$: Grenzertrag bzgl. des Gesamt-Budgets, d.h. eine Erhöhung des Jahresbudgets von derzeit 900 € um 1 Euro bewirkt im Optimum einen um ca. 0,96 ME/Jahr höheren Ernteertrag.

iii) Ziel: Kosten $K = 24t+12x \rightarrow$ min., Bedingung: Jahresertrag $E(t,x) = 1200$ ME.
$\Rightarrow$ Lagrange-Funktion: $L = 24t+12x+\lambda(1200-50t-10x-xt+0{,}5x^2+t^2)$.
Notw. Bedingungen:

$$L_t = 24-50\lambda-\lambda x+2\lambda t = 0$$
$$L_x = 12-10\lambda-\lambda t+\lambda x = 0$$
$$L_\lambda = 1200-50t-10x-xt+0{,}5x^2+t^2 = 0.$$

L2: $\frac{dB}{di} = -\frac{1000}{(1+i)^2}-\frac{1600}{(1+i)^3}+\frac{3600}{(1+i)^4} \overset{!}{=} 0 \iff (1+i)^2+1{,}6(1+i)-3{,}6 = 0$

Substitution: $x := 1+i \iff x^2+1{,}6x-3{,}6 = 0 \iff x_{1,2} = -0{,}8\pm\sqrt{4{,}24} \underset{x>0}{\iff}$
$x = 1+i \approx 1{,}2591 \iff i = 25{,}91\%$ p.a. $\Rightarrow B_{max} = 297{,}67$ T€

(Überprüfung: $\frac{d^2B}{di^2} = \frac{2000}{(1+i)^3}+\frac{4800}{(1+i)^4}-\frac{14400}{(1+i)^5}\Big|_{1+i\,=\,1{,}2591} \approx -1638{,}46 < 0$: *Max.!)*

L3: i) Gesamtgewinn: $G(x) = x\cdot g(x) = -0{,}02x^3-2x^2+240x-2000 \rightarrow$ max.
$G'(x) = -0{,}06x^2-4x+240 = 0 \underset{x>0}{\iff} x = 38{,}16$ ME, $p = E(x)/x = 309{,}21\ \frac{GE}{ME}$

ii) Stück-Deckungsbeitrag: $db(x) := g(x)+k_f(x) = -0{,}02x^2-2x+240 \rightarrow$ max.
$db'(x) = -0{,}04x-2 = 0 \iff x = -50 \notin D_{db}$, d.h. der Stück-Deckungsbeitrag besitzt kein relatives Maximum. Wegen $db'(x)<0$ gilt: $db(x)$ ist abnehmend, also maximal am „linken" Rand, d.h. für $x \rightarrow 0 \Rightarrow db_{max} = 240$ GE/ME.

iii) Vorbereitung: E(p) ermitteln! Aus $E(x) = 500x-5x^2$ folgt: $p(x) = 500-5x$
Umkehrung: $x(p) = 100-0{,}2p \iff E(p) = x(p)\cdot p = 100p-0{,}2p^2 \Rightarrow$

$\varepsilon_{E,p} = \frac{E'(p)}{E(p)}\cdot p = \frac{100-0{,}4p}{100p-0{,}2p^2}\cdot p\Big|_{p=100} = 0{,}75$, d.h. bei einem Preis von 100 $\frac{GE}{ME}$ führt eine 1%ige Preiserhöhung zu einer 0,75%igen Erlössteigerung, d.h. der Erlös ist preis-unelastisch.

iv) Vorbereitung: Mit G(x) aus i) und E(x) aus iii) folgt: $K(x) = E(x)-G(x)$, d.h.
$K(x) = 0{,}02x^3-3x^2+260x+2000 \Rightarrow$
$K'(x) = 0{,}06x^2-6x+260 \rightarrow$ min.
Notwendige Bedingung: $K''(x) = 0{,}12x-6 = 0 \iff x = 50$ ME.
($K'''(x) = 0{,}12 > 0$, d.h. K' ist tatsächlich minimal für x = 50 ME.)

L4: i) Durchschnittliche Sparsumme $s(Y) := \frac{S(Y)}{Y} = 0{,}4 - \frac{100}{Y} \Rightarrow s'(Y) = \frac{100}{Y^2} > 0$ für *alle* $Y\ (>0) \Rightarrow$ s steigt überall.

ii) Durchscnittskonsum $c(Y) := \frac{C(Y)}{Y} = 0{,}6 + \frac{100}{Y}$

$\Rightarrow c'(Y) = -\frac{100}{Y^2}$; $c''(Y) = \frac{200}{Y^3} > 0$ für *alle* $Y\ (>0) \Rightarrow c(Y)$ ist überall konvex.

L5: 1) falsch, denn $f''(x) = 6x+1/x^2$ ist für $x>0$ überall positiv, d.h. f ist konvex.

2) falsch, denn dann müsste f für $x \to 2^-$ gegen ∞ streben *(und nicht – wie hier – gegen 0)*

3) falsch, denn $k'(x) = \frac{4022}{x^3}$ ist positiv, k ist also monoton wachsend.

4) falsch, denn der Output erhöht sich nicht um 3%, sondern um 0,03 ME.

5) falsch, denn zwar gilt: $v'(x) = 1/x - x = 0 \Rightarrow x = 1$, wegen $v''(x) = \frac{-1}{x^2} - 1$ aber folgt: $v''(1) = -2 < 0$, d.h. es liegt ein relatives *Maximum* vor!

6) falsch, denn $2/0{,}2 = 10$.

7) falsch, denn $\frac{\partial}{\partial y} f(x,y) = \frac{\partial}{\partial y} x \cdot e^{\frac{x}{y}} = x \cdot e^{\frac{x}{y}} \cdot \frac{-x}{y^2}$ ist für $x,y > 0$ negativ.

8) richtig, denn an der Nahtstelle $x = 300$ stimmen beide Grenzwerte mit dem Funktionswert überein.

9) richtig, denn aus $G'(x) < 0$ folgt, dass sich die Mengen und die Gewinne gegenläufig verändern.

10) falsch, denn das Betriebsoptimum liegt an der Stelle minimaler *Stück*kosten.

L6: i) $k(x) = k_1(x)+k_2(x) = 3{,}5x+49+\frac{5600}{x} \to \min \Rightarrow k'(x) = 3{,}5 - \frac{5600}{x^2} \overset{!}{=} 0$

$\underset{x>0}{\Longleftrightarrow}$ $x = 40$ ME/Woche *($k''(x) = 11200/x^3 > 0$, also Min.)*

ii) $K(x) = 49x+3{,}5x^2+5600 \to \min$

$K'(x) = 49 + 7x = 0 \iff x = -7 \notin D_K \Rightarrow K(x)$ besitzt kein rel. Minimum.

Wegen $K'(x)>0$ für alle $x\ (>0)$: K wird minimal für $x \to 0$ ME.

L7: i) $\varepsilon_{x,p_m} = \frac{\partial x/\partial p_m}{x} \cdot p_m = \frac{4 \cdot Y^{0,5}}{Y^{0,5}(3200-3p_x+4p_m+Y)} \cdot p_m = \frac{4 \cdot p_m}{3200-3p_x+4p_m+Y}\Bigg|_{\substack{p_x = 100\\ p_m = 120\\ Y = 225}}$

$= \frac{480}{3605} \approx 0{,}133$, d.h. – ausgehend von den angegebenen Daten für p_x, p_m und Y – bewirkt eine Preisanhebung beim MM-Modell in Höhe von einem Prozent - c.p. - eine Nachfragesteigerung beim HH-Modell in Höhe von ca. 0,133%.

ii) $E(p_x) = x \cdot p_x = 15 \cdot (3200-3p_x+400+225) \cdot p_x = 57.375 \cdot p_x - 45 \cdot p_x^2 \to \max$

$E'(p_x) = 57.375 - 90p_x = 0 \iff p_x = 637{,}50$ GE/ME$_x$ *($E'' < 0$, d.h. Max.)*

L8: Durch Analyse/Vergleich der Funktionssteigungen *(„Grenz-...")* bzw. der Fahrstrahlsteigungen *(„durchschnittliche ...")* anhand der Graphik erhält man *(näherungsweise)*:

i) a) Die Grenzproduktivität nimmt zu im Input-Intervall [3 ; 7,2]
(denn in diesem Intervall nehmen die Tangentensteigungen zu)

b) Die (durchschnittl.) Produktivität nimmt ab im Input-Intervall [10,7 ; 16,2]
(denn in diesem Intervall nehmen die Fahrstrahlsteigungen ab)

ii) Die durchschnittliche Produktivität ist maximal für $A \approx 10{,}7$ AE
(an dieser Stelle ist die (positive) Fahrstrahlsteigung besonders groß (maximal))

iii) Die Grenzproduktivität ist minimal für $A \approx 16{,}2$ AE
(hier ist die Tangentensteigung besonders negativ (minimal)).

Testklausur Nr. 10

L1: i) Gesamtgewinn: $G(x) = -0{,}02x^3 - 2x^2 + 240x - 2000 \rightarrow \max.$
$G'(x) = -0{,}06x^2 - 4x + 240 = 0 \underset{x>0}{\Longleftrightarrow} x = 38{,}16\,\text{ME}.$
$G''(x) = -0{,}12x - 4 < 0$, d.h. es liegt tatsächlich ein Gewinn*maximum* vor.

ii) $E(p) = 100p - 0{,}2p^2 \rightarrow \min;\ E'(p) = 100 - 0{,}4p = 0 \Rightarrow p = 250\,\text{GE/ME}$, wegen $E'' \equiv -0{,}4 < 0$ handelt es sich aber um ein Maximum!
Daher: Randwerte untersuchen $\Rightarrow E_{min} = E(0) = E(500) = 0.$

iii) $\varepsilon_{E,p} = \frac{E'(p)}{E(p)} \cdot p = \frac{100 - 0{,}4p}{100p - 0{,}2p^2} \cdot p \Big|_{p=200} = 0{,}\overline{3}$, d.h. bei einem Preis von 200 $\frac{GE}{ME}$ führt eine 1%ige Preiserhöhung zu einer $0{,}\overline{3}$%igen Erlössteigerung, d.h. der Erlös ist preis-unelastisch.

iv) Vorbereitung: $K(x) = E(x) - G(x)$. $G(x)$ ist bekannt aus i). $E(x) = x \cdot p(x)$: $p(x)$ durch Umkehrung von $x = 100 - 0{,}2p \Longleftrightarrow p = 500 - 5x \Longleftrightarrow$ $E(x) = 500x - 5x^2 \Longleftrightarrow K(x) = 0{,}02x^3 - 3x^2 + 260x + 2000$:

Betriebsminimum: $k_v(x) = 0{,}02x^2 - 3x + 260 \rightarrow \min.$, $k_v'(x) = 0{,}04x - 3 = 0$ $\Longleftrightarrow x = 75\,\text{ME}$ *($k_v'' = 0{,}04 > 0$, also tatsächlich Minimum).*

v) $0{,}84 \cdot U = 200 + 500\,e^{-\frac{100.000}{U^2}}$

vi) $\varepsilon_{w,U} = \frac{w'(U)}{w(U)} \cdot U = \frac{500 \cdot e^{-(100.000/U^2)} \cdot (200.000/U^3)}{200 + 500 \cdot e^{-(100.000/U^2)}} \cdot U \Big|_{U=250} \approx 1{,}07339$, d.h. bei einem Umsatz von 250 GE/Monat bewirkt eine Umsatzsteigerung von 1% eine Steigerung der jährlichen Werbeausgaben in Höhe von ca. 1,07%.

vii) Es gilt für alle I_1, I_2: $P_{I_1} = 150 \cdot I_1^{-0{,}5} I_2^{0{,}4} > 0$; $P_{I_2} = 120 \cdot I_1^{0{,}5} I_2^{-0{,}6} > 0$, d.h. P ist in beiden Richtungen streng monoton steigend, daher gibt's kein relatives Maximum, sondern ein (absolutes) Randmaximum an den Kapazitätsgrenzen $I_1 = 1024\,ME_1$; $I_2 = 1024\,ME_2$ mit $P_{max} = 153.600$ GE.

viii) $\lim_{U \to \infty} w(U) = 200 + 500 \cdot „e^0" = 700$ GE/Jahr.

L2: i) $k(x) = k_1(x) + k_2(x) = 7x + 98 + \frac{11200}{x} \rightarrow \min \Rightarrow k'(x) = 7 - \frac{11200}{x^2} \stackrel{!}{=} 0$
$\underset{x>0}{\Longleftrightarrow} x = 40$ Boote/Tag *($k''(x) = 22400/x^3 > 0$, also Min.)*

ii) $K(x) = 98x + 7x^2 + 11200 \rightarrow \min$
$K'(x) = 98 + 14x = 0 \Longleftrightarrow x = -7 \notin D_K \Rightarrow K(x)$ besitzt kein rel. Minimum.
Wegen $K'(x) > 0$ für alle x (> 0): K wird minimal für $x \rightarrow 0$ [Boote/Tag].

L3: Stückgewinn $g(x) = -x^2 + 60x + 123 \rightarrow \max.$: $g'(x) = -2x + 60 = 0$
$\Longleftrightarrow x = 30\,\text{ME} \Longleftrightarrow g(30) = 1023$ GE/ME *($g'' < 0$).*
Grenzgewinn: $G'(x) = -3x^2 + 120x + 123 \Longleftrightarrow$
$G'(30) = -2700 + 3600 + 123 = 1023$ GE/ME $= g(30)$, w.z.b.w.

L4: i) $G(m,b) = 1 - (b - 0{,}8)^2 - (m - 0{,}2)^2 \rightarrow \max$: $G_m = -2(m - 0{,}2) = 0$;
$G_b = -2(b - 0{,}8) = 0 \Longleftrightarrow m = 0{,}2$ kg Mehl; $b = 0{,}8$ kg Butter; K = 3,30€.
$G_{mm}G_{bb} = (-2)(-2) > 0^2 = (G_{mb})^2$ und $G_{mm} < 0$: Maximum! $G_{max} = 1$.

ii) Ziel: Kosten $K(m,b) = 4b+0{,}5m \rightarrow$ min.; Bedingung: $G(m,b) = 0{,}7 \Rightarrow$
Lagrange-Funktion: $L = 4b+0{,}5m + \lambda(-0{,}3 + (b-0{,}8)^2 + (m-0{,}2)^2)$
Notwendig für ein Minimum unter Berücksichtigung der Nebenbedingung:

$$L_b = 4 + 2\lambda \cdot (b-0{,}8) = 0 \;;$$
$$L_m = 0{,}5 + 2\lambda \cdot (m-0{,}2) = 0 \;;$$
$$L_\lambda = -0{,}3 + (b-0{,}8)^2 + (m-0{,}2)^2 = 0 \;.$$

iii) Ziel: Geschmacksgüte $\rightarrow$ max.; Bedingung: Kosten = 1,35 € $\Rightarrow$
Lagrange-Funktion: $L = 1-(b-0{,}8)^2-(m-0{,}2)^2+\lambda(1{,}35-4b-0{,}5m)$
Aus $L_b = -2\cdot(b-0{,}8)-4\lambda = 0$; $L_m = -2\cdot(m-0{,}2)-0{,}5\lambda = 0$ folgt: $b = 8m - 0{,}8$.
Dies eingesetzt in $L_\lambda = 1{,}35 - 4b - 0{,}5m = 0$ führt zur optimalen Kombination:

$$b = 0{,}32\text{ kg Butter; } m = 0{,}14\text{ kg Mehl. } G_{max} = 0{,}766\,.$$

$\lambda = 0{,}24$ [Index-Punkte/€] = 0,0024 [Index-Punkte/Cent]: Grenz-Geschmacksgüte-Index bzgl. des Suppen-Budgets, d.h. wird das Suppen-Budget *(von derzeit 1,35 €)* um (z.B.) 10 Cent aufgestockt, erhöht sich der optimale Geschmacksgüte-Index um 0,024 Punkte.

L5: i) Nachfragefunktion: $x(p;w;s;t) = x(8;w;s;0) = 100+24\cdot\sqrt{s}+0{,}2\cdot w^{0,5}\cdot s^{0,5}$.
Wegen: $x_w = 0{,}1\cdot w^{-0,5}s^{0,5} > 0$; $x_s = 12\cdot s^{-0,5}+0{,}1\cdot w^{0,5}s^{-0,5} > 0$ folgt:
Die Nachfragefunktion $x(w;s)$ ist überall steigend, d.h. es existiert kein relatives Nachfragemaximum. Es könnte allenfalls ein Randmaximum für die maximal möglichen Werte von w und s existieren.

ii) Gewinn G = Erlös E − Kosten K: $E = 8x$; $K = 500 + 6x + s + w$ *[TGE/Jahr]*.
$\Longleftrightarrow G(s,w) = 2x-500-s-w = -300+48\cdot\sqrt{s}+0{,}4\cdot w^{0,5}\cdot s^{0,5}-w-s \rightarrow$ max.
Notwendige Extremalbedingungen:

(1) $G_w = 0{,}2\cdot w^{-0,5}s^{0,5} - 1 = 0$;
(2) $G_s = 24\cdot s^{-0,5} + 0{,}2\cdot w^{0,5}s^{-0,5} - 1 = 0 \quad \Big| \cdot s^{0,5}$

$$24 + 0{,}2w^{0,5} = s^{0,5} \;\Big|\; \text{in (1):} \quad 0{,}2\cdot w^{-0,5}\cdot(24+0{,}2w^{0,5}) = 1 \Longleftrightarrow$$
$$4{,}8\cdot w^{-0,5} = 0{,}96 \Longleftrightarrow w^{0,5} = 5 \Longleftrightarrow w = 25 \text{ [TGE/Jahr]}$$
$$\Longleftrightarrow s = 625 \text{ [TGE/Jahr]}\,.$$

L6: i) $0{,}8Y = \dfrac{300Y+20.000}{Y+100} \Longleftrightarrow y^2 - 275Y - 25.000 = 0 \Longleftrightarrow Y = 347{,}04$ GE/ZE.

ii) $\lim\limits_{Y\to\infty} S'(Y) = 1 - \lim\limits_{Y\to\infty} C'(Y) = 1 - \lim\limits_{Y\to\infty} \dfrac{10.000}{(Y+100)^2} = 1-0 = 1$, d.h. mit steigendem Einkommen wird schließlich jeder Einkommens-Zuwachs gespart.

L7: Durch Analyse/Vergleich der Funktionssteigungen *(„Grenz-...")* bzw. der Fahrstrahlsteigungen *(„Stück- ...")* anhand der Graphik erhält man *(näherungsweise)*:

i) **a)** [0 ; 16,7] *(denn in diesem Intervall nehmen die Tangenten-Steigungen von E(x) ab)*
b) [0 ; 16,7] *(denn in diesem Intervall nehmen die Fahrstrahl-Steigungen von K(x) ab)*
c) nirgends, denn die Grenzkosten $K'(x)$ sind konstant, da $K(x)$ linear ist.

ii) **a)** x = 0 ME *(größte positive Steigung von E)* **b)** $K' \equiv$ const.
c) $x \approx 6{,}2$ ME *(hier gilt die Bedingung E' = K')* **d)** x = 16,7 ME *(Erlös = 0, x > 0)*
e) x = 16,7 ME *(Fahrstrahl an K besonders flach)* **f)** x = 0 ME *(maximaler Preis!)*.

Literaturhinweise

Allen, R.G.D.:	Mathematik für Volks- und Betriebswirte, Berlin 1972
Archibald, G.C., Lipsey, R.G.:	An Introduction to Math. Economics, New York 1976
Benker, H.	Wirtschaftsmathematik mit dem Computer, Braunschweig, Wiesbaden 1997
Black, J., Bradley, J.F.:	Essential Mathematics for Economists, Chicester, New York, Brisbane, Toronto 1984
Bosch, K.:	Mathematik f. Wirtschaftswissenschaftler, München 2003
Bücker, R.:	Mathematik f. Wirtschaftswissenschaftler, München 2003
Chiang, A.C., Wainwright, K.:	Fundamental Methods of Mathematical Economics, Boston 2005
Cremers, H.:	Mathematik für Wirtschaft und Finanzen, Band 1, Frankfurt/M. 2002
Dantzig, G.B.:	Lineare Programmierung und Erweiterungen, Berlin, Heidelberg, New York 1981
Dinwiddy, C.:	Elementary Methods for Economists, New York, Oxford 1985
Dowling, E.T.:	Mathematics for Economists, New York 1980
Engeln-Müllges, G., Reutter, F.:	Formelsammlung zur Numerischen Mathematik m. FORTRAN 77-Programmen, Mannheim, Wien, Zürich 1993
Fetzer, A., Fränkel, H.:	Mathematik 1, 2, Heidelberg 2008, 2009
Gutenberg, E.:	Grundlagen der Betriebswirtschaftslehre, Band 2, Berlin, Heidelberg, New York 1976
Hackl, P., Katzenbeisser, W.:	Mathematik für Sozial- und Wirtschaftswissenschaften, München 2000
Hettich, G., Jüttler, H., Luderer, B.:	Mathematik für Wirtschaftswissenschaftler und Finanzmathematik, München 2009
Hoffmann, D.:	Analysis für Wirtschaftswissenschaftler und Ingenieure, Berlin, Heidelberg, New York 1995
Huang, D.S., Schulz, W.:	Mathematik für Wirtschaftswissenschaftler, München, Wien 2002
Karmann, A.:	Mathematik f. Wirtschaftswissenschaftler, München 2003
Kemnitz, A.:	Mathematik zum Studienbeginn, Wiesbaden 2009
Krelle, W.	Produktionstheorie, Tübingen 1969
Lewis, J.P.:	An Introduction to Mathematics for Students of Economics, London, Basingstoke 1977
Luderer, B., Würker, U.:	Einstieg in die Wirtschaftsmathematik, Wiesbaden 2009
Luderer, B., Paape, C., Würker, U.:	Arbeits- und Übungsbuch Wirtschaftsmathematik, Wiesbaden 2008

Luh, W., Stadtmüller, K.:	Mathematik für Wirtschaftswissenschaftler, München, Wien 2004
Müller-Merbach, H.:	Operations Research, München 1973
Nollau, V.:	Mathematik für Wirtschaftswissenschaftler, Stuttgart, Leipzig 2006
Ohse, D.:	Mathematik für Wirtschaftswissenschaftler I, II, München 2004, 2005
Opitz, O.:	Mathematik – Übungsbuch für Ökonomen, München 2005
Ott, A.E.:	Grundzüge der Preistheorie, Göttingen 1992
Purkert, W.:	Brückenkurs Mathematik für Wirtschaftswissenschaftler, Stuttgart, Leipzig 2005
Rödder, W., Piehler,G., Kruse, H.-J., Zörnig, P.:	Wirtschaftsmathematik für Studium und Praxis 1, 2, 3, Berlin, Heidelberg, New York 1996
Schierenbeck, H.	Grundzüge der Betriebswirtschaftslehre, München 2003
Schüffler, K.:	Mathematik in der Wirtschaftswissenschaft, München, Wien 1991
Schwarze, J.:	Mathematik für Wirtschaftswissenschaftler I, II, III, Herne, Berlin 2005, 2005, 2005
Solow, R.M.:	Wachstumstheorie, Göttingen 1971
Soper, J.:	Mathematics for Economics and Business, Oxford 2004
Stobbe, A.	Volkswirtschaftslehre II - Mikroökonomik, Berlin, Heidelberg, New York, Tokyo 1991
Stöppler, S.:	Mathematik für Wirtschaftswissenschaftler, Opladen 1982
Sydsaeter, K., Hammond, P.:	Mathematik für Wirtschaftswissenschaftler München 2008
Tietze, J.:	Vom Richtigen und Falschen in der elementaren Algebra, Braunschweig,Wiesbaden 2007
Tietze, J.:	Einführung in die angewandte Wirtschaftsmathematik, Wiesbaden 2010
Tietze, J.:	Einführung in die Finanzmathematik, Wiesbaden 2010
Tietze, J.:	Monotonie und Krümmung – Wechselbeziehungen bei Gesamtkosten- und Stückkostenfunktionen, Aachen 1993
Tietze, J.:	Ökonomische Interpretation optimaler Simplex-Tableaus, Aachen 1992
Weber, J.E.:	Mathematical Analysis, New York 1976
Witte, T., Deppe, J.F., Born, A.:	Lineare Programmierung, Wiesbaden 1975
Wöhe, G.:	Einführung in die Allgemeine Betriebswirtschaftslehre, München 2005
Woll, A.:	Allgemeine Volkswirtschaftslehre, München 2003
Yamane, T.:	Mathematics for Economists, Englewood Cliffs 1968